南京林业大学研究生课程系列教材

人工林培育：进展与方法

Plantation Silviculture: Progress and Methodology

方升佐◎主编

中国林业出版社

内容简介

《人工林培育：进展与方法》为南京林业大学研究生课程系列教材之一。全书共14章，主要内容包括人工林概述、林木开花结实、林木种子贮藏、林木种子休眠与萌发、林木种子质量评价、人工种子技术、林木种苗真实性鉴定方法、容器育苗技术、苗木质量检测与评价、森林立地分类与评价、困难地造林技术、林分结构构建与调控、林地长期立地生产力维护、人工林模式化定向培育等人工林培育过程中的主要技术环节。

本教材是在充分考虑了森林培育学的核心内容和研究热点，并查阅了大量的国内外文献的基础上编写而成，力求充分反映国内外人工林培育理论和技术的基本情况、最新进展及其相关研究方法，不仅为高等农林院校林学一级学科研究生，特别是森林培育专业的研究生提供了一本可选择的教学参考书，还可以供农、林、牧、水等相关专业的科技工作者参考使用。

图书在版编目(CIP)数据

人工林培育：进展与方法／方升佐主编. —北京：中国林业出版社，2018.6
南京林业大学研究生课程系列教材
ISBN 978-7-5038-9561-6

Ⅰ.①人…　Ⅱ.①方…　Ⅲ.①人工林－森林抚育－研究生－教材　Ⅳ.①S725.7

中国版本图书馆CIP数据核字(2018)第099784号

国家林业和草原局生态文明教材及林业高校教材建设项目

中国林业出版社·教育出版分社

策划编辑：康红梅　　**责任编辑**：肖基浒　张佳
电　　话：(010)83143551　　**传　　真**：(010)83143516

出版发行　中国林业出版社(100009　北京市西城区德内大街刘海胡同7号)
　　　　　E-mail:jiaocaipublic@163.com　电话：(010)83143500
　　　　　http：//lycb.forestry.gov.cn
经　　销　新华书店
印　　刷　固安县京平诚乾印刷有限公司
版　　次　2018年6月第1版
印　　次　2018年6月第1次印刷
开　　本　850mm×1168mm　1/16
印　　张　27.5
字　　数　649千字
定　　价　80.00元

《人工林培育：进展与方法》编写人员

主　　编：方升佐

副 主 编：洑香香　喻方圆　唐罗忠

编写人员（按姓氏笔画为序）：

方升佐　尚旭岚　洑香香

梁　军　唐罗忠　喻方圆

序

林业类学科是应用型学科，应重点培养研究生的动手能力和创新能力。课程教学是培养研究生科研自主创新能力的基础，对研究生知识结构的拓宽、批判思维的形成、科研能力的提升都具有非常重要的作用。高水平大学很重视研究生的全球视野培养，因此，加大课程建设投入力度、明确课程学习效果，提高课程教学实效是课程建设的重中之重。2011 年，针对林业专业学位研究生，由北京林业大学翟明普教授主编的《现代森林培育理论与技术》出版，为我国林业专业学位研究生的教学提供了参考教材。然而，在林学一级学科研究生教育的课程体系设置中，尚缺乏一级学科范围的平台课，特别是实验实践类课程、方法类课程、专题类课程设置普遍欠缺。《人工林培育：进展与方法》作为南京林业大学研究生课程系列教材之一，旨在为农林院校林学一级学科的研究生，特别是森林培育专业的研究生提供一本可选择的教学参考书。相信该书的出版将进一步完善林学学科研究生教学的课程体系。

我国人工林发展迅速，已成为世界上人工林保存面积最大的国家。但我国人工林发展仍然面临着质量不高、结构不合理、立地条件差、病虫害严重、地力衰退、生物多样性下降等问题。发展定向、速生、丰产、优质、稳定和高效的人工林，是我国现代林业建设的一项重要内容，是生态林业与民生林业最佳的结合点，是建设现代林业、促进绿色增长和实现科学发展的重要举措。通过培育珍稀和乡土树种人工林，维护生物多样性，增强生态系统的协调性和稳定性，是对自然生态系统的最好保护。《人工林培育：进展与方法》围绕国家需求，在编写过程中，编者对教材内容和形式进行了精心设计，充分考虑了森林培育学的核心内容和研究热点，查阅了大量的国内外文献，遵循理论与实践相结合的原则，充分反映了国内外人工林培育理论和技术的基本情况、最新进展及相关研究方法。全书共 14 章，包含了人工林培育过程中的主要技术环节。通过章节介绍，引导研究生了解人工林培育的相关理论、最新研究进展和相关研究方法，提升创新意识和学术素养，体现了研究生教学的特点。另外，本教材还体现了系统性和独立性兼顾的特点。教师和学生可以根据自身需要、兴趣和学术背景来对内容进行选择，帮助不同的学生探索不同的科学和技术问题。

出版一本研究生教材，对于编者来说是一项艰巨的任务。以方升佐教授为主编的编写团队不论从框架、内容和编排形式上都进行了有益的尝试和实践，期待《人工林培育：进展与方法》在研究生培养中发挥积极的作用。当然，科学技术日新月异，知识更新很快，学科的热点领域和相关研究方法也在发展，希望该教材在使用过程中不断完善，更上一层楼。

中国工程院院士 曹福亮

2017 年 10 月

前　言

森林培育学是研究森林培育的理论和实践的学科，是林学的主要二级学科。森林培育的内容包括从林木种子、苗木、造林更新到林木成林、成熟的整个培育过程中按既定培育目标和客观自然规律所进行的综合培育活动。大力发展人工林有利于解决当今世界在社会经济和环境方面所面临的重大挑战，促进人与自然的和谐发展，满足社会对森林资源及其多重效益的综合需求。第八次森林资源清查数据表明，我国人工林面积已达 $6933 \times 10^4 hm^2$，居世界第一，但如何使人工林培育向定向、速生、丰产、优质、稳定和高效的方向发展，并实现可持续经营和充分发挥人工林的综合效益是人工林培育过程中需要进一步研究和解决的问题。

本书编写过程中充分考虑了森林培育学的核心内容和研究热点，查阅了大量的国内外文献，遵循理论与实践相结合的原则，力求充分反映国内外人工林培育理论和技术的基本情况、最新进展及其相关研究方法。全书共 14 章(包括绪论)，各章编写人员分工如下：前言、第 0 章，方升佐教授；第 1 章和第 2 章，喻方圆教授；第 3 章，尚旭岚副教授、方升佐教授；第 4 章、第 5 章和第 6 章，洑香香教授；第 7 章，方升佐教授、尚旭岚副教授；第 8 章和第 9 章，方升佐教授；第 10 章和第 11 章，唐罗忠教授；第 12 章，方升佐教授；第 13 章，梁军研究员、方升佐教授。

本书的出版，得到了“南京林业大学研究生课程系列教材”计划、科技部重点研发项目“美洲黑杨工业资源材高效培育技术研究”(编号：2016YFD0600402)和江苏省“333 高层次人才培养工程”的支持和经费资助，在此，笔者一并表示诚挚的谢意！在本书撰写过程中，我们查阅了大量的文献资料，引用了国内外人工林培育相关研究的理论和技术。在此，笔者对所引用资料的论文作者也表示最衷心的感谢！

本书可作为森林培育学科研究生的教学用书，也可供与林学学科相关的科技工作者和大专院校师生参考。由于编写时间仓促和作者水平有限，书中错误之处在所难免，恳请读者批评指正。

方升佐
2017 年 10 月

前言

目　录

第0章

人工林概述

【内容提要】人工林有利于解决当今世界在社会经济和环境方面所面临的重大挑战。大力发展人工林，促进人与自然的和谐发展，满足社会对森林资源及其多重效益的综合需求是今后人工林的发展趋势。本章主要介绍了世界及各大洲人工林的发展概况，我国人工林的发展历程、主要造林树种区域分布及速生丰产人工林基地建设，人工林资源分布状况、人工林现实生长量和生产潜力，以及我国人工林存在的主要问题与发展趋势，阐明了针对人工林培育向定向、速生、丰产、优质、稳定和高效方向发展，并实现可持续经营是人工林培育过程中需要进一步研究和认真对待的问题。

森林培育学(silviculture)是研究森林培育的理论和实践的学科，是林学的主要二级学科。森林培育的内容包括从林木种子、苗木、造林更新到林木成林、成熟的整个培育过程中按既定培育目标和客观自然规律所进行的综合培育活动，其培育的对象可以是人工林(plantation)，也可以是天然林(沈国舫和翟明普，2011)。自19世纪以来，人工林在森林中的比重逐渐提高，特别是20世纪中叶以后，人工林的发展加强，人工林的速生丰产特点使一些国家以少量的人工林面积满足了大部分用材需求，甚至出口(如新西兰)。人工林在木材供给方面发挥着重要的作用，目前全球2/3的工业木材来源于人工林。新西兰用占林地16.1%面积的人工林生产出了93%的木材；智利用17.1%林地面积生产出95%的木材；委内瑞拉用0.2%的林地生产出50%的木材；赞比亚用1.3%的林地生产出50%的木材；巴西用1.2%的林地生产出60%的木材；澳大利亚用2%的林地生产出50%的木材；阿根廷用2.2%的林地生产出60%的木材；意大利杨树人工林面积仅占全国林地面积的1%，但产量占全国木材采伐量的50%。与此同时，人工林在减缓气候变化方面发挥着重要的作用，每年能够吸收近1.5×10^9t的温室气体。联合国粮农组织(FAO)预计，到2030年人工林的面积将增加30%左右。然而，随着时间的推移和人工林面积的扩大，培育人工林的一些弊病也逐渐表现出来，如生物多样性降低，生态功能减弱，立地生产力退化，抗病虫与自然灾害的能力下降等。因此，如何使人工林培育向定向、速生、丰产、优质、稳定和高效的方向发展，并实现可持续经营和充分发挥人工林的综合效益是人工林培育过程中需要进一步研究和认真对待的问题。

0.1　世界人工林发展概况

最新资料表明，从 1999—2015 年，全球森林面积呈下降趋势，从 $42.8\times10^8\,hm^2$ 减至 $39.9\times10^8\,hm^2$，森林覆盖率从 31.85% 下降到 30.85%；但在此期间人工林面积明显增大，从 $1.68\times10^8\,hm^2$ 增加到 $2.78\times10^8\,hm^2$（Payn *et al.*，2015）。这种增长主要在亚洲，而在欧洲、南美洲、大洋洲和北美洲的一些国家，新增造林和再造林面积有所减少(图 0-1)，其原因包括地价高、缺乏财政鼓励以及环境方面的限制(徐芝生，2013)。从分布看，全球人工林主要分布在温带地区，热带次之，亚热带最少(图 0-2)。

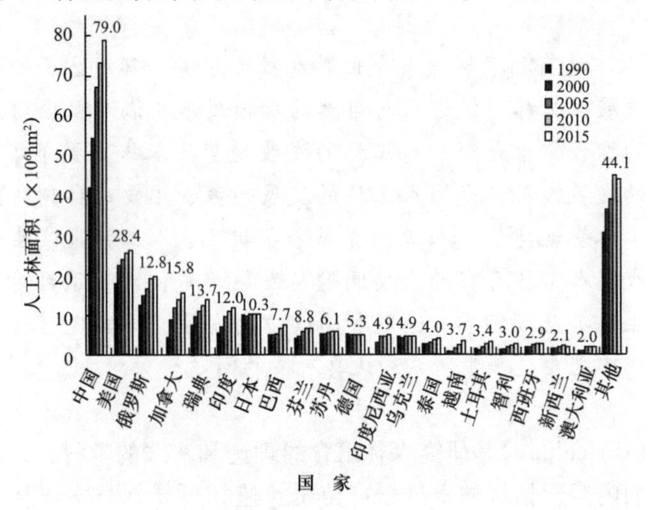

图 0-1　1990—2015 年间面积最大的前 20 个国家人工林发展趋势

(引自 Payn *et al.*，2015)

Fig. 0-1　Planted forest area and trends (1990—2015) for the top 20 countries byplanted forest area(Payn *et al.*，2015)

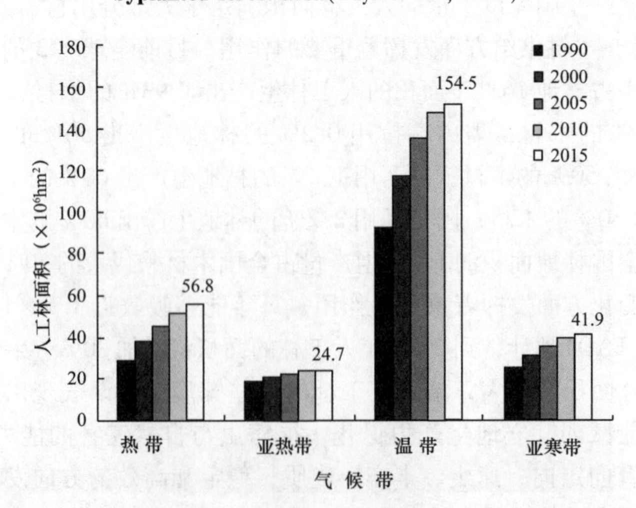

图 0-2　1990—2015 年间不同气候区域人工林面积发展趋势

(引自 Payn *et al.*，2015)

Fig. 0-2　Trends in planted forest area 1990－2015 by climate domain(Payn *et al.*，2015)

人工林有利于解决当今世界在社会经济和环境方面所面临的重大挑战，包括扶贫、粮食安全、可再生能源、气候变化和生物多样性保护等。在许多发展中国家和一些发达国家，人工林已成为生产林和保护林资源的一个重要组成部分。据 FAO 估计，人工林可以满足全球工业原木需求量的1/3~2/3，并且每年可固碳约 15×10^{8}t。全球有非常广泛的土地可进行森林恢复或造林，但这些活动必须以包括各种土地利用方式的综合土地利用计划为依据，因此，需要建立跨部门合作的新机制。除土地因素外，资金、劳动力和投资保障机制等对于人工林发展也是不可忽视的重要因素。

0.1.1 非洲人工林发展状况

非洲人工林面积为 $1540\times10^{4}hm^{2}$，占全球人工林面积的5.8%。非洲的大多数木材仍然来自天然林，人工林投资集中于森林覆盖率相对较低的国家，如阿尔及利亚、摩洛哥、尼日利亚、南非和苏丹等。大多数造林计划旨在确保工业用材和木材燃料的供应，也有一些造林目的是为了防治荒漠化。人工林大部分由外来物种(如松树、桉树、橡胶树、相思树和柚木)构成，这些树种具有速生性或其他经济性状(如可以生产阿拉伯树胶或橡胶)。对于那些仅依靠少数几个树种营造人工林的非洲国家，应鼓励造林树种的多样化以防止病虫害和气候灾害，同时还有利于保障市场供应和增加产品多样化。

人工林经营质量和生产力在很大程度上取决于森林所有权的类型。非洲大多数人工林由公共林业机构营造和管理。公有林经营状况一般较差，原因是国家管理体制不完善、未做到集约经营、财政预算不足及科学研究滞后。在所有非洲国家中，科特迪瓦和津巴布韦的公有人工林经营相对较好。南非、斯威士兰和津巴布韦是私有人工林所占比例较高的国家。私有林经营状况总体良好，具有较高生产力，而且通常在经营人工林的同时也经营木材加工厂，实现了利润最大化。

由于木材需求日益增长，家庭农场营造的小片林地增多，这些小片林地已成为木材和非木材林产品的重要来源，并且在农村社区的生计和国民经济中发挥了重要作用。据 FAO 估计，农场小规模林业还将继续维持良好的发展势头，当然也存在一些不利于其发展的因素，如缺乏吸引投资的激励机制，缺乏配套的林业推广服务，农场林主缺乏林学知识以及造林所用种源的遗传质量差异等。

0.1.2 亚洲人工林发展状况

亚洲有 $1.23\times10^{8}hm^{2}$ 人工林，占全球总量的近50%。人工林面积在过去10年大幅增加，尤其在中国、印度和越南。造林目的包括扩大森林资源、保护流域、控制土壤侵蚀和沙漠化以及保持生物多样性。中国国家林业战略制定了到2020年新增人工造林 $4000\times10^{4}hm^{2}$ 的目标。在亚洲，随着越来越多的天然林被禁止用于木材生产，人工林成为该地区木材的主要来源。未来提高人工林木材供应潜力的主要途径包括：①通过技术措施(如生物技术)提高现有人工林的生产力；②在城区和城郊的空地开展植树造林；③发展农场林业，将农场林作为重要的木材来源之一。有利于农场林业发展的条件包括：土地使用权保障程度提高，有利于农民从事长周期的森林经营；农业盈利能力下降，使农主比以前更倾向于弃农从林；木材产品需求量和价格上升使林业具有较好的盈利前景。

另外，人工林所提供的生态系统服务的价值正日益被决策者和公众重视。如中国林业政策重心已经由木材生产和利用转向提高森林生态系统服务功能。中国2013年国家发展战略强调了生态文明建设，人工林将越来越多地发挥保护功能和多种用途。

0.1.3 欧洲人工林发展状况

欧洲(包括俄罗斯联邦)拥有约$6900\times10^4hm^2$人工林，占全球人工林面积的26%。在欧洲，人们对大多数的森林都采取积极的措施来经营，森林类型、树种和森林经营目标都具有极大的差异。与其他地区相比，天然林和人工林之间的区别不太明显，因为自数百年前天然林被砍伐后就已经营造了人工林。2000—2010年，欧洲森林面积年均增加$40\times10^4hm^2$，其中包括使用本地树种营造的人工林和农业用地经天然更新形成的森林。由于环境政策的限制，再加上许多小林主更愿意把林木遗留给后代而不是采伐掉，欧洲将来可能会出现阔叶材供过于求而针叶材供应短缺的情况。

许多欧洲国家纷纷出台政策，增加可再生能源在能源消费总量中的份额，以应对化石燃料价格上涨，保障能源安全和减缓气候变化。这些政策使能源用木材需求不断增加，从而带动大量来自公共部门和私营部门的生物能源投资，营造大量速生短轮伐期矮林(如杨树人工林等)。可以预计，如果油价进一步上涨将促进能源林需求大幅上升。欧洲在未来人工林经营中面临的挑战是：①庞大的私有林主数量导致森林分散化(欧盟有1600万个林主)；②经济危机下的需求疲软；③开发新产品和优化增值链；④提高林业部门在生物经济中的作用。

0.1.4 大洋洲人工林发展状况

大洋洲(主要国家为新西兰和澳大利亚)人工林约$410\times10^4hm^2$，占全球人工林面积1.6%。大洋洲人工林经营历史悠久，同时又具有适合桉树和辐射松等速生树种生长的良好条件。营造人工林的动机是在不破坏天然林的情况下实现木材的可持续生产。总体上，大洋洲生产的木材不但能够满足本地区需求，还可大量出口(主要出口中国)。尽管该地区新增造林没有明显增长，但由于现有人工林生产力的提高，预计木材供应量的增长将持续至2020年。已有的财政体制和政策(补贴、贷款和税收优惠等)曾经促进了该地区人工林的发展，但其作用是短期的。虽然目前人工林投资仍有相当大的发展潜力，但受到管理体制、土地使用权和产权等问题的制约。人工林固碳所产生的生态系统服务效益越来越得到政府和广大公众的认可，但人工林投资者却很难通过提供生态服务获得切实回报。

0.1.5 南美洲人工林发展状况

南美洲拥有约$1500\times10^4hm^2$人工林。虽然人工林面积比较小，占全球人工林面积不足6%，但在过去10年中以每年3.2%的速度增长，并且预计还将进一步增长，如巴西人工林面积预计到2020年将翻一番。在政府的有利政策和金融激励计划的支持下，该地区由私营部门主导的速生人工林和可再生燃料利用正在走向世界先进行列。政府的鼓励政策使南美洲成为本地区和全球纸浆和纸生产者以及包括木材投资管理机构在内的北美洲投资者的首选投资地区。该地区一些主要国家(如阿根廷、巴西、智利、哥斯达黎加和乌拉圭等）的人工林发展主要特点如下：①增加在提高人工林生产力技术（特别是无性繁殖技术）上的投资，使人工林每公顷年生长量超过 $50m^3$；②采用桉树、辐射松、火炬松、湿地松和柚木等短轮伐期树种造林，并进行集约经营；③人工林经营与木材加工相结合，特别是与纸浆、纸和人造板的生产相结合；④先进的生物技术。有关土地利用的环境立法为减少速生丰产人工林对环境的负面影响做出了积极贡献。

智利林业部门已经在很大程度上实践了人工林可持续集约化经营技术。以生产木材为主的人工林为智利林产工业的蓬勃发展奠定了坚实基础，使林产工业成为智利的第三大出口行业，为促进就业和提高国内生产总值做出了显著贡献。智利人工林在减少水土流失和涵养水源方面所发挥的作用也得到国际认证计划的承认。许多营造人工林的公司还成功地开展了社区支持项目。

随着粮食、纤维和燃料生产对有限土地资源的争夺不断增强，最近已有几个南美洲国家政府出台了限制在农业用地进行人工林投资的规定。有些人工林经营公司是许多年前以低廉成本购置的土地，因此，仍然可获得优异的投资回报；虽然新投资人工林的公司因土地成本较高回报率有所下降，但仍然高于其他许多行业的资产回报率。

0.1.6 北美洲人工林发展状况

北美洲人工林约 $3750\times10^4hm^2$，约占全球人工林面积 14%。美国、墨西哥、加拿大的人工林面积分别占本国森林总面积的 8%、5% 和 3%。这 3 个国家人工林面积均呈小幅上升趋势。然而，气候变化可能会加剧对森林健康的威胁。在加拿大和美国，森林火灾和虫害（如松甲虫）的发生频率和危害程度上升，而气候变化导致的长期干旱进一步加剧了这些森林灾害的发生。

随着时间的推移，美国林地所有权模式发生较大变化，特别是出现了木材投资管理机构等大规模林地所有者，人工林经营集约化程度提高，北美黄杉和南方松人工林的生产力大幅增长，轮伐期缩短。美国南方地区制浆造纸业和西北地区锯材、胶合板和定向刨花板工业的繁荣带动了美国人工林投资规模的提升。尽管林业部门对整体经济的贡献很大，但生态系统服务市场的发展和开拓还有待加强。

0.2 我国人工林的发展历程

我国的造林历史很悠久，已有许多人加以研究考证，并将其发展进程划分为若干历史时期（国家林业局，1999；盛炜彤，2014），如中国古代造林技术、中国近代造林技术（从清道光二十年的鸦片战争起）和中国现代造林技术（从中华人民共和国成立时起）。盛炜彤（2014）认为，我国人工林发展当以杉木为代表，迄今仍保存有历史悠久的产杉老区，历史上的传统技术仍具有科学性和传承性。据对杉木造林历史的考证和产杉区地方志的记载，杉木人工林产区、栽培制度和产运销体系形成于明末清初，距今约 400 年。我国杉木人工林的栽培技术在历史上是比较先进和具有科学价值的，而且产量高。但遗憾的是，当时我国生物科技相对落后，且山区交通不便，很少有知识阶层去总结，杉木的栽培制度并没有被完整和科学地整理出来（盛炜彤，2014）。虽然历史上《农书》《农政全书》《齐民要术》等书对杉木栽培技术作了记述，但均很零星和不完整，直到中华人民共和国成立以后，才有了杉木的专著问世。我国人工造林历史从现有的历史考证和有关记载看，要早于欧洲(如德国约有200年造林历史)，但人工林造林技术的科学总结和发展远晚于欧洲，这是我国造林技术落后的一个原因。

在古代传统的造林基础上，我国的近代(指1840鸦片战争以后)造林事业吸收了西方林业建设思想和技术，育林事业有所发展，但规模小，发展缓慢。当时也有一些民族资本家兴办林场造林，中央实行兴林政策，划分林区，广设苗圃。民国初年浙江、江苏、安徽、广东等省私营林业公司有所发展，仅浙江就有10余家。这些公司主要承包荒山，种植松、杉、桐、竹等林木；广西先后由33家私营林业公司承领荒山营造油桐、油茶、八角、杉、松、樟、桉等林木；海南也有不少私人种植园。但近代真正营造大面积人工林的还是南方山区农民，按传统的方法营建杉木人工林(盛炜彤，2014)。除此之外，其他树种造林虽然面积小，但有造林技术的树种已不少。按陈嵘《造林学各论》所述，就有针叶树36种，阔叶树210种，竹类、椰子共57种，合计300余种。

中华人民共和国成立后，我国政府高度重视林业建设，森林资源步入了恢复发展时期。经过60多年的不懈努力，我国森林资源保护与发展取得了巨大成就，森林资源数量和质量发生了显著变化。特别是进入21世纪后，林业建设步入以生态建设为主的新时期，把森林资源保护与发展提升到建设生态文明和美丽中国、维护国家生态安全、实现经济社会可持续发展的战略高度，坚持严格保护、积极发展、科学经营和持续利用森林资源的基本方针，我国森林资源进入了数量增长、质量提升的稳步发展时期。

中华人民共和国成初期，林业工作贯彻“普遍护林，重点造林”的方针，华北、西北和东北以营造防护林为主。第一个五年计划时期，造林工作逐步转向有计划地进行，在重点建设防护林的同时，积极营造用材林、经济林，广泛开展“四旁”植树。我国南方山区农民素有经营杉、松、竹、油桐、油茶的习惯。1953年后，国家要求“在水土条件较好、林木生长迅速的地方应大力培育用材林”。同时林业部决定“一五”期间每年平均营造用材林共$90\times10^4\,hm^2$，并要求各地进行林地区划、树种规划和种苗准备工作。当时，南方山区用材林以马尾松和杉木为主要树种，马尾松以直播为主。1954年，用材林造林面积中，马尾松占了77%，但马尾松成苗率不高，直播穴有苗率平均仅为30%左右(盛炜彤，2014)。杉木多采用插条造林，但插穗有限，影响大面积造林的开展。1960年林业部提出造林要实行“基地化，林场化与丰产化”建设方针，并在1964—1965年间制定了全国用材林基地规划，规划基地240片，但由于当时特殊时期原因用材林基地建设规划未能全面实施。20世纪70年代初，农林部又提出在南方发展以杉木为主的用材林和建设用材林基地，制定了大片用材林基地规划。1976年起，由国家拨款扶持南方9省(自治区)建立以杉木为主的用材林基地；1980年起，建设范围扩大到12省(自治区)212个县，加上地方财政和育林基金补助建设，共约500个县。1982—1986年，我国还利用外资发展速生丰产林。1988年，林业部制定的《全国造林绿化规划纲要》(1989—2000年)，营造$667\times10^4\,hm^2$速生丰产工业用材林，经国务院批准，并将基地建设规模扩大到$988.1\times10^4\,hm^2$。同时也同意了林业部利用世界银行贷款建设速生丰产林的方案。从此，我国速生丰产用材林基地建设进入到科学规划、有较良好的技术支撑、有造林质量的规模化发展阶段。特别是世界银行贷款造林，从1990年始，到2005年共营造用材林$204.5\times10^4\,hm^2$。贷款造林从项目确立、规划设计、技术要求到管理措施，均十分严格，造林质量高、效果好，为中国工程造林做出了示范，积累了经验。

进入20世纪90年代，中国的林业科技有了长足的进步，与营造速生丰产林有关的科技也有了良好发展，造林种植材料从使用非改良的种子，到选择优良种源，种子园种子，优良家系到无性系，如世界银行贷款造林良种率已达90%以上；桉树、杨树已多采用优良无性系造林，杉木已有部分无性系造林。育苗上已使用容器、菌根接种、截根及组培等技术培育壮苗；在栽培技术上已提出比较先进的优化栽培模式，特别在世界银行贷款项目中，已可以按定向目标和造林模式进行造林，造林后的生长及经济效果可以做到预测，集约育林已有了较好基础。

我国是世界最大的木材进口国，如何进一步提高森林生产力和固碳能力是中国林业面临的挑战(Bai *et al.*，2015)。进入21世纪后，由于我国商品材的供不应求，而且缺口越来越大，加上我国林业产业化的加速发展，要求速生丰产林的发展与林业产业化紧密结合，如林纸一体化，定向集约栽培已成为速生丰产林培育的必然要求，因此，今后人工林的培育要向定向、速生、优质、丰产、高效和稳定6个目标发展。随着纸浆工业、人造板工业的发展，当前纤维林、胶合板林等已成为定向培育的焦点，同时，珍贵阔叶材也受到了重视。根据我国速生丰产林基地规划，今后工业人工林主要基地设在长江以南各省(自治区、直辖市)和东北与内蒙古林区，但战略重点在长江以南各省(自治区、直辖市)。自此我国工业人工林已进入有科学规划，能做到集约栽培和经营与利用紧密结合的新时期。由于人工林发展的社会条件，经济条件和技术条件有了很大改变，我国人工林从历次资源清查可以看出是在不断地迅速发展，特别是20世纪90年代后进入较快增长时期(表0-1)。然而，国家林业管理机构如何进一步完善国有林特别是商品林(commercial forests)最大采伐限额和轮伐期的相关规定，对于提高社会经营林业和提高林分生产力非常重要(Bai *et al.*，2015)。

表0-1 中国历次清查森林和人工林面积及蓄积情况

Tab. 0-1 The 1st to 8th forest resources inventory results in China

清查年度	次数	人工林面积($\times 10^4 hm^2$)	人工林蓄积($\times 10^8 m^3$)	森林面积($\times 10^4 hm^2$)	森林蓄积($\times 10^8 m^3$)	森林覆盖率(%)
1973—1976	第一次	2385	1.64	12186	86.56	12.70
1977—1981	第二次	2219	2.73	11528	90.28	12.00
1984—1988	第三次	3101	5.30	12465	91.41	12.98
1989—1993	第四次	3425	7.12	13370	101.37	13.92
1994—1998	第五次	4667	10.13	15894	112.67	16.55
1999—2003	第六次	5326	15.05	17491	124.56	18.21
2004—2008	第七次	6169	19.61	19545	137.21	20.36
2009—2013	第八次	6933	24.83	20769	151.36	21.63

0.3 我国人工林主要造林树种及资源分布

0.3.1 主要造林树种区域分布

中国幅员广阔，不同的地理区域有不同造林树种。根据国家林业分区方案，将全国划为7个区，即东北地区、三北地区、华北中原地区、南方地区、东南热带沿海地区、西南峡谷地区及青藏高原地区。按现有人工林树种分布状况和其适宜性，各分区主要造林树种情况见表0-2(盛炜彤，2014)。作为用材树种来栽培，按《中国主要树种造林技术》记载共155种，其中包括10个竹种。目前，许多造林树种在育种上进步较快，如桉树、杨树、泡桐、杉木、刺槐已选育出优良无性系，实现了优良无性系造林，其他主要造林树种也已利用优良种源或优良家系，或种子园种子进行造林。总体看，我国造林技术已有很大进步，人工林生产力都在不断提高。

表0-2 人工林主要树种区域分布

Tab. 0-2 Distribution areas of main species of plantations in China

区域	区域范围	人工林主要树种
东北地区	内蒙古、辽宁东部、吉林大部分地区，以及黑龙江省全部	红松，樟子松，红皮云杉，长白落叶松，兴安落叶松，日本落叶松，蒙古栎，核桃楸，紫椴，黄波罗，水曲柳
三北地区	内蒙古中部、西部，辽宁西部，吉林西部，河北北部，北京北部，山西除东南部外大部分，陕西西安以北，甘肃兰州以北，青海北部，新疆和宁夏	油松，樟子松，云杉，杨树(树种组)，柳树(树种组)，刺槐，榆树，泡桐，臭椿，大叶白蜡
华北中原地区	北京，天津，河北南部，山西东南部地区，河南大部分地区，山东，安徽北部和江苏长江以北	油松，赤松，樟子松，华北落叶松，侧柏，云杉，水杉，银杏，栓皮栎，麻栎，辽东栎，蒙古栎，白榆，榉树，杨树(树种组)，柳树(树种组)，黄连木，元宝枫，楸树，泡桐，臭椿，绒毛白蜡
南方地区	江苏长江以南地区，安徽南部，上海，浙江，福建大部分，江西大部分，湖南，广西北部，贵州，云南东部和中部，四川东部，重庆，陕西南部，湖北，河南南部	马尾松，湿地松，火炬松，云南松，思茅松，日本扁柏，福建柏，柏木，杉木，水杉，池杉，柳杉，秃杉，樟树，檫树，火力楠，红锥，栓皮栎，麻栎，西南桦，光皮桦，桤木，拟赤杨，红木荷，南酸枣，楠木，闽楠，鹅掌楸，红豆树(花梨木)，楝树，川楝，麻楝，香椿，红椿，滇楸，毛竹，淡竹，慈竹
东南热带沿海地区	福建东南部，广东、广西南部，云南南部，海南，除台湾、香港、澳门外	马尾松，思茅松，加勒比松，杉木，桉树(树种组)，火力楠，樟树，红锥，黧蒴栲，木麻黄，相思树(树种组)，南洋楹，格木，铁力木，降香黄檀，枧木，柚木，海南石梓，桃花心木，米老排，团花，红花天料木(母生)，青梅，坡垒，青皮竹
西南峡谷地区	云南西部，四川西部，西藏东南部，甘肃兰州以南大部分地区	云南松，华山松，高山松，云杉属，秃杉，落叶松属，西南桦，杨树(如滇杨)，桤木
青藏高原地区	甘肃玛曲县，四川西北部，青海南部，西藏除东南部外地区	云杉属，落叶松属，杨树(树种组)，柳树(树种组)

在人工林主要树种中按用途分，用作纤维用的树种如桉属、杨属、松属、云杉属、落叶松属、相思属、桤木属等；用作建筑用材的树种如杉木、华山松、落叶松属、二针松类等；用作胶合板树种有杨属、松属、泡桐属、桦木属、水曲柳、椴树、枫香等；作为珍贵用材(如装饰、高级家具等用材)树种的有樟树、楠木、大叶榉、水曲柳、黄波罗、核桃楸、红锥、柚木、福建柏、红松、桃花心木、石梓、西南桦、光皮桦、楸树等。我国长期以来营造大面积的人工林树种不多，主要有桉树(树种组)、杉木、马尾松、湿地松、火炬松、柏木、云南松、华山松、杨树(树种组)、落叶松(树种组)等，以针叶树为主，占人工林面积的70%以上，阔叶树特别珍贵阔叶树发展很少，近些年得到重视，发展较多，但面积比重仍不大。

0.3.2 速生丰产人工林基地建设

为了解决我国森林资源不足的问题，缓解对天然林资源的压力，解决木材供需矛盾，我国除了大力绿化荒山荒地外，还大力建设用材林基地。从1964年国家就开始重视用材林基地建设，并进行了基地规划。1949—1997年全国共营造用材林面积11 315hm^2，其中速生丰产用材林面积819.9 $\times 10^4$hm^2，占7.2%；1980—1997年营造用材林面积5180 $\times 10^4$hm^2，占中华人民共和国成立后发展用材林面积的45.8%，其中营建速生丰产林面积773 $\times 10^4$hm^2，占这一时期用材林面积的14%；1988—1997年营造用材林面积2753 $\times 10^4$hm^2，占中华人民共和国成立后发展用材林面积的24.3%，其中营造速生丰产林面积占这一时期发展用材林面积的15.1%(盛炜彤，2014)。这些速生丰产林面积多分布于年降水量400mm等水线以东省(自治区、直辖市)，全国规划20大片，5小片国有林杨群，包括297个基地县、905个国有林场、82个森工企业局，规划总面积为798 $\times 10^4$hm^2；1990年后基地规模扩大到988.1 $\times 10^4$hm^2，从此我国速生丰产林基地建设进入了大规模、规范化发展的新阶段。20大片基地涉及亚热带、暖温带和温带的11省(自治区、直辖市)。造林后形成一定规模的木材生产基地，如海南省、广东省湛江规划达15 $\times 10^4$~20 $\times 10^4$hm^2，年生产木材达50 $\times 10^4$~60 $\times 10^4$m^3。各速生丰产林基地在立地选择、良种选育、林分密度、地力维护与采伐周期上，都制订了技术方案(盛炜彤，2014)。在种植材料上，应用了一大批科技成果及实用技术，如采用杉木、马尾松、落叶松、杨树、泡桐等优良种源、家系、无性系作为速生丰产林基地建设造林材料；在栽培技术上，采用了立地类型划分与评价、林分密度(间伐)、整地方式方法、病虫害防治等方面研究成果，从而使速生丰产基地人工林的生长量远比普通造林的要高。如杨树一般造林在暖温带年生长量小于10m^3/hm^2，而速生丰产林可达12~27m^3/hm^2，在温带地区也可达到10.5~15m^3/hm^2；杉木速生丰产林年生长量比一般人工林可提高19%左右(盛炜彤，2014)。

特别值得一提的是我国速生用材林基地建设还利用了世界银行贷款项目。在上述世界银行贷款项目进行营建人工林的过程中，1990年林业部世界银行贷款项目管理中心制定了“中国国家造林项目环境保护规程”(简称“规程”)。这个“规程”的贯彻对于人工林营建中特别是在人工林基地的环境保护得到明显加强，尤其是人工林营建中及人工林区的天然林保护、生物多样性保护以及水土保持，有了技术政策上的支持，有利于人工林多功能的发挥。这个规程中包括了5个部分：①保持生态环境的多样性。如要注意保护好造林地的原始林和天然次生林，不得以砍伐或变相砍伐有价值的天然林为代价来发展人工林；在规划设计新造林地时，对范围内的一切有价值的人类历史文化遗产、珍稀植物、野生动物栖息繁殖地、保护区及植物多样化地域的保护区，均应加以保留，不得破坏。②保护水土、防止土壤肥力退化。在这一规定下，也要求保留一定宽度的植被带与山顶、山腰、山脚、沟边等容易发生水土流失地段的自然植被。③防治森林病虫害。④防火系统。⑤环境的监测和预报。这个“规程”的执行，提高了人工林的稳定性和生产力，并防止人工林区植被单一化和人工林的针叶化，非常有利于人工林的环境维护。

0.3.3　人工林资源状况及生长量

0.3.3.1　人工林资源状况

根据《2010 全球森林资源评估报告》分析，我国森林面积占世界森林面积的 5.15%，居俄罗斯、巴西、加拿大、美国之后，列第 5 位；人工林面积继续位居世界首位。按第八次森林资源清查公布的结果，全国森林面积 $2.08 \times 10^8 hm^2$，森林覆盖率 21.63%，森林蓄积 $151.37 \times 10^8 m^3$。森林面积按林种分，防护林 $9967 \times 10^4 hm^2$，占 48.49%；特用林 $1631 \times 10^4 hm^2$，占 7.94%；用材林 $6724 \times 10^4 hm^2$，占 32.71%；薪炭林 $177 \times 10^4 hm^2$，占 0.86%；经济林 $2056 \times 10^4 hm^2$，占 10.00%（国家林业局，2014）。按照森林主要用途的不同，将防护林和特用林归为公益林，将用材林、经济林和薪炭林归为商品林，公益林与商品林的面积之比为 56∶44。

我国人工林总面积 $6933 \times 10^4 hm^2$，占有林地面积的 36.27%；人工林蓄积 $24.83 \times 10^8 m^3$，占森林蓄积的 16.80%。人工林面积中，乔木林 $4707 \times 10^4 hm^2$，占 67.89%；经济林 $1985 \times 10^4 hm^2$，占 28.64%；竹林 $241 \times 10^4 hm^2$，占 3.48%。人工林面积较多（面积占全国的 5% 以上）的省份（自治区）有广西、广东、湖南、四川、云南、福建，6 省（自治区）人工林面积、蓄积合计均占全国的 41.94%。广西人工林面积最大，占全国的 9.15%；福建人工林蓄积最多，占全国的 10.01%。

人工乔木林按优势树种（组）分，面积比例排名前 10 位的优势树种（组）为杉木、杨树、桉树、落叶松、马尾松、油松、柏木、湿地松、刺槐、栎树，面积合计 $3439 \times 10^4 hm^2$，占人工乔木林面积的 73.07%；蓄积合计 $18.52 \times 10^8 m^3$，占人工乔木林蓄积的 74.58%。人工乔木林主要优势树种（组）面积和蓄积见表 0-3。最近 30 年来，各地开展了大规模的植树造林，我国人工林面积一直呈上升趋势。人工造林以杉木、马尾松、落叶松、油松、柏木等针叶树种和杨树、桉树、槐树等阔叶树种为主；人工林面积中，纯林占 85%，混交林占 15%。

人工乔木林按龄组分，幼龄林面积 $1866 \times 10^4 hm^2$，蓄积 $3.57 \times 10^8 m^3$；中龄林面积 $1515 \times 10^4 hm^2$，蓄积 $9.27 \times 10^8 m^3$；近熟林面积 $668 \times 10^4 hm^2$，蓄积 $5.82 \times 10^8 m^3$；成熟林面积 $510 \times 10^4 hm^2$，蓄积 $4.84 \times 10^8 m^3$；过熟林面积 $148 \times 10^4 hm^2$，蓄积 $1.33 \times 10^8 m^3$。人工乔木林以中幼龄林为主，面积占 71.83%，蓄积占 51.72%。

表 0-3　人工乔木林主要优势树种(组)面积和蓄积

Tab. 0-3　Area and stock volume of main dominant tree species (group) in plantation forest

优势树种(组)	人工林面积 ($\times 10^4 hm^2$)	面积比例 (%)	人工林蓄积 ($\times 10^8 m^3$)	森林覆盖率 (%)
杉　木	895	19.01	6.25	25.18
杨　树	854	18.14	5.03	20.25
桉　树	445	9.47	1.60	6.46
落叶松	314	6.66	1.84	7.42
马尾松	306	6.51	1.72	6.91
油　松	161	3.42	0.66	2.66
柏　木	146	3.11	0.61	2.46
湿地松	134	2.85	0.41	1.63
刺　槐	123	2.60	0.27	1.09
栎　树	61	1.30	0.13	0.52
10 个树种合计	3439	73.07	18.52	74.58

0.3.3.2　人工林生长量及其潜力

根据第八次全国森林资源清查结果，我国人工林每公顷蓄积量 52.76m^3，每公顷年均生长量 5.49m^3，每公顷株数 884 株，平均胸径 12.0cm，平均郁闭度 0.51(国家林业局，2014)。中国人工林生产力有一个历史发展过程，20 世纪 90 年代以前，林木改良及栽培技术尚较落后，生产力普遍较低，如桉树、杨树，大面积丰产林的年生长量约为 15m^3/hm^2，杉木、马尾松约为 7.5~10.0m^3/hm^2(盛炜彤，2014)。随着我国林木改良及栽培技术的进步，目前主要造林树种的人工林有明显提高。由于树种生产力与树种中的品种和分布的区域有关，且各树种不同立地类型的生产力也不同，盛炜彤(2014)总结了我国主要造林树种及其品系的生长量情况(表 0-4)，并认为所列的我国主要树种年生长量经过努力可以在大面积造林中实现。但从现有实践看，小面积上均能达到，但在大面积上一般尚未达到。

表 0-4　我国主要造林树种及其品系生长量

Tab. 0-4　Growth of main afforestation tree species and their varieties in plantation forest

树　种	种植材料	生长区域	年龄 (a)	每公顷年生长量(m^3)
巨　桉		南亚热带，北热带	5~7	30
尾赤桉、尾巨桉	无性系	南亚热带，北热带	5~7	37.5~45.0
亮果桉、直杆蓝桉		云南，四川	7	25.5~30.0
直杆大叶相思		南亚热带	10	25.5~30.0
厚荚相思	母树林、种子园	北热带	10	30.0
马占相思				

（续）

树 种	种植材料	生长区域	年龄(a)	每公顷年生长量(m^3)
马尾松	优良种源、种子园	南亚热带500m以上	20	13.5～30.0
		中亚热带	20	10.5～13.5
		北亚热带	20	9.0～10.5
杉 木	优良种源、种子园	中亚热带	20	10.5
		南亚热带及北亚热带	20	9.0
木 荷	母树林、优良种源	中亚热带	17	7.0
云南松	母树林、种子园		20	9.0～10.5
华山松			40	7.5～9.0
泡 桐	无性系		10	10.5～13.5
刺 槐	母树林、种子园		15	7.5～9.0
	无性系		6	10.5～12.0
欧美杨、美洲黑杨等	无性系	长江下游平原	10	22～35
欧美杨 I-214 等		黄淮流域平原	10	15～25
美洲黑杨中林－46 等		黄淮流域平原	10	15～25
欧美杨 107、108 等			10	20～30
毛白杨			20	10～15
小黑杨		东北	15	10～15
日本落叶松	优良种源、种子园	中亚热带中山	15～17	9.0～10.5
长白落叶松		暖温带		7.5～9.0
湿地松	优良种源或杂交种	南亚热带，中亚热带	20	9.0～12.0
火炬松		中北亚热带	20	10.5～12.5
加勒比松		南亚热带	20	19.5～22.5

我国林地生产力低，每公顷蓄积量只有世界平均水平的69%。为实现“到2020年，森林面积比2005年增加$4000\times10^4hm^2$，森林覆盖率达到23%以上，森林蓄积量比2005年增加$13\times10^8m^3$，重点地区的生态问题基本解决，全国的生态状况明显改善，林业产业实力显著增强”之目标，进一步加大造林绿化力度，扎实推进森林科学经营，提高人工林林地生产力、增加森林蓄积量和增强生态服务功能的潜力还很大。

据国外研究，天然杨树林仅利用太阳能的0.1%～1.0%，年生物产量为$3t/hm^2$；而短轮伐期经营的杨树林分，太阳能利用率在1.7%～3.7%，年生物量达$20t/hm^2$，使更多的太阳辐射能转变成有用的木材生物量（方升佐，2008），如在最适宜的环境条件下，毛果杨及其杂交种的年生物生产力可达$27.8t/hm^2$（Heilman and Stettle，1985）。目前，我国集体杉木人工林现实生产力多为气候生产力的11%～18%，国有林多为20%～40%；若达正常经营状态，集体和国有杉木人工林其生产力可在现有水平上分别再提高70%以上和40%；集约经营条件下，杉木可达气候生产力的50%，马尾松可达80%左右（孙长忠和沈国舫，2000）。

孙长忠等（2001）报道在我国热带和南亚热带地区，桉树在良种及集约栽培条件下，生产力完全可以达到和超过气候生产力。广东西部、海南桉树现实林分的生产力分别仅为其气候生产力的22.81%和41.08%。在现有技术与经济条件下，集约经营的桉树人工林，应达其气候生产力的80.00%以上。黑龙江省现实落叶松和樟子松人工林各龄级材积年生产量均值分别为5.80m^3/hm^2和5.75m^3/hm^2，分别达气候生产力的61.70%和67.02%，其中最高的林分已分别达气候生产力的127.80%和131.20%；而生物量生产力均值分别达气候生产力的63.67%和71.75%。在东北林区，落叶松在≥14指数立地上，樟子松在≥12指数立地上的生产力应分别达气候生产力的70.00%和80.00%以上。在现有技术、经济条件下，就黑龙江省森工系统而言，落叶松生产力应较现有水平再提高70.00%左右(孙长忠等，2001)。王健等(2004)的研究结果表明，与气候生产力相比，辽西地区现有人工林生产力水平仍处于较低水平，平均仅相当于气候生产力的18.16%，其人工林生产力水平潜力巨大。因此，我国人工林的增产潜力很大，关键取决于林木遗传改良进程的快慢(种植材料的速生、丰产和优质及抗病虫性)、适地适树(品种)技术以及配套丰产栽培技术措施的研制和实施。

0.4　我国人工林存在的主要问题与发展趋势

森林有效供给与日益增长的社会需求的矛盾依然突出。我国木材对外依存度接近50%，木材安全形势严峻；现有用材林中大径材林木和珍贵用材树种少，木材供需的结构性矛盾更加突出。同时，森林生态系统功能脆弱的状况尚未得到根本改变，生态产品短缺的问题依然是制约我国可持续发展的突出问题。随着对森林多种效益需求的日益增加以及森林生态系统稳定性等方面问题的出现，人们越来越把注意力集中在提高人工林产量和质量上。不少林业发达国家的森林资源建设已经从以造林为主转变为以培育和发展健全的森林、提高森林质量为核心的森林抚育阶段。我国大面积造林并取得宏伟成就的同时，重造林轻抚育造成的人工林产量和质量低下的问题愈显突出，大量人工林处于亟待抚育的幼中龄林阶段，因此，迫切需要提高人工林经营的科技含量，实施提升人工林产量和质量工程。

0.4.1　人工林存在的主要问题

众所周知，我国人工林发展取得了可喜成绩，也取得了一系列科技成果，有些领域的研究成果达到了国际水平或居于国际领先地位。在实践中也出现了高产高效人工林，如福建省南平市溪后村的39年生杉木人工林林分蓄积量达1170.0m^3/hm^2；贵州省锦屏县18年生杉木人工林产量达729.0m^3/hm^2；辽宁省新宾县32年生日本落叶松产量达443.7m^3/hm^2。然而，我国仍然是一个缺林少绿、生态脆弱的国家，森林资源总量不足、质量不高、分布不均的状况仍未改变。我国森林覆盖率远低于全球31%的平均水平，只有世界平均水平的70%；人均森林面积0.15hm^2，仅为世界人均水平的1/4；人均森林蓄积10.98m^3，只有世界人均水平的1/7。用仅占全球5%的森林资源来支撑占全球23%的人口对生态和林产品的巨大需求，中国森林资源总量明显不足。此外，人工林质量不高，人工林每公顷蓄积量只有52.76m^3。因此，大力发展优质、高产和稳定的人工林，满足社会对森林资源及其多重效益的综合需求是我国林业发展必然趋势。目前，我国人工林发展过程中存在的问题，主要表现在以下几个方面：

(1)未做到适地适树(品种)，林分生产力低

适地适树是人工林营造应遵循的基本原则，要做到适地适树必须建立在对造林地的立地条件和树种的生态学和生物学特性正确认识的基础上。就整体而言，我国对"地"和"树"的基础研究还比较薄弱，除了杉木、落叶松、杨树、桉树、泡桐以及有些松类(如红松、马尾松、油松、湿地松等)的树种生态学和生物学特性有比较深入的研究外，大多数造林树种的研究还比较肤浅；在"地"的研究上，我国进行了大量的立地质量评价和立地类型划分方面的研究，获得了不少成果。但是，有些地区对于立地条件的研究、认识和分析还不够，或者没有充分利用已有的科学技术成果，难以全面反映立地特性。因此，目前关于对"地"和"树"的认知水平限制了对"地"和"树"关系的正确处理，也就很难完全做到适地适树。

随着我国林木遗传改良技术取得的进步，适地适树的内容不断丰富。"树"的内涵应该包括树种、种源、类型、品种和无性系等。据报道，用优良家系和无性系造林，材积增幅在10%~15%；用初级种子园的种子造林，材积增益可达10%左右(翟明普，2011)。据初步统计，我国共有27个主要造林树种的种子园面积达到$1.3\times10^4hm^2$；人工林良种化程度还很低，约为20%。由于我国人工林造林的立地条件较差，部分造林良种使用不当，没有真正做到适地适树(品种)，导致造林成活率、保存率和林分生产力不高，造林质量总体水平较低。例如，1988年以前造林保存率只有造林面积的30%；2009年报道的第七次森林资源清查的结果表明，人工林蓄积量仅为$31.6m^3/hm^2$(翟明普，2011)。虽然，第八次森林资源清查结果表明，我国人工林平均蓄积量有较大提高，但也只有$52.76m^3/hm^2$，只有世界森林平均蓄积量平均水平$131m^3/hm^2$的69%(徐济德，2014)。

(2)树种和林分结构单一，病虫害发生严重

近年来，随着对生物多样性和生态环境保护的重视，以及纯林病虫害发生严重、火险等级高、地力下降等弊端的出现，营造混交林的呼声也越来越高。但是，总体看，目前我国人工林面积中纯林占绝对优势，即纯林占85%，而混交林仅占15%(国家林业局，2014)。一般而言，纯林的生物多样性差，导致林分生态稳定性差，林分健康状况低下，病虫害发生严重，有的会酿成巨大的灾害和经济损失。据不完全统计，全国每年发生松毛虫危害面积达$267\times10^4hm^2$，每年约造成立木生长量损失$1000\times10^4m^3$，年损失松脂约5000×10^4kg(盛炜彤，2014)；"三北"地区营造的大面积杨树纯林不少形成了"小老树"，有的遭受了天牛的毁灭性危害，如1994年天牛危害面积达$33.3\times10^4hm^2$，对约$1.3\times10^4hm^2$杨树人工林造成毁灭性灾害，经济损失达10亿元；在湖南、湖北和安徽3省，杨树人工林桑天牛和云斑天牛也蔓延成灾，严重的地区虫株率达80%~90%。虽然，人们已认识到营造混交林和构建合理林分结构的重要性，但是对于混交林营造理论基础(种间关系)和营造技术的研究比较薄弱，制约了我国混交林的发展。

(3)造林密度偏大，未及时调控林分密度

造林时未按照定向培育目标来进行造林密度的控制，现有人工林的造林密度普遍过大，致使林分的生长速度因密度过大而降低了生产力，尤其是以大径材为培育目标的人工林，很少能够达到合理的造林密度。近半个世纪以来，我国人工林造林密度大体上经历了从高密度向相对比较合理密度转变的过程，国家和地方的造林技术规程也对主要造林树种的造林密度范围做了明确的界定，所确定的密度范围相对较宽。实际上生产中普遍采用的造林密度远远大于合理的密度范围(翟明普，2011)。例如，在南方地区按定向培育目标和立地条件的差异，杨树胶合板材培育的合理密度应为208～625株/hm^2，而纤维材培育的合理密度在1000～4000株/hm^2(方升佐等，2004)，但生产上常采用4000株/hm^2以上的密度进行造林；油松的合理造林密度为3000～4000株/hm^2，而在生产中采用5000株/hm^2也不罕见(翟明普，2011)。在造林初期，适当加大造林密度有利于保证单位面积上达到林木保存额定株数的作用。但在林分郁闭后，如未及时对林分密度进行调控，则过高的造林密度会造成个体分化严重、单株生长势弱、单位面积经济产量低、防护效益和林分稳定性差等结果。尤其在干旱和半干旱地区，由于林木个体对水分争夺激烈，加重了土壤的干化进程，导致林分过早衰退。

(4)经营管理粗放，生产潜力和生态功能未充分发挥

我国大部分地区人工林的经营管理水平较低，不能做到集约栽培。很多地方只是在造林的前几年进行一些简单的抚育管理，没有根据立地条件和林分生长的需要进行科学合理的灌溉和施肥，没有对树木进行合理的间伐、整形和修枝，导致林分生长量不高、质量较差和生态功能未能充分发挥。究其原因主要表现在以下3个方面：①森林经营的基础设施落后，无法满足森林经营活动的需要。如我国林区的林道密度平均不到2 m/hm^2，而按满足森林经营活动需要，林区的林道密度至少要达到4 m/hm^2以上(翟明普，2011)，从而造成难以开展正常的森林经营活动。②亟待抚育的人工林面积很大，无法按时实施抚育措施。第八次森林资源清查的数据表明，我国现有人工用材林(乔木林)占人工林面积的67.89%，其中中幼龄林和中龄林面积分别为1866×10^4hm^2和1515×10^4hm^2，分别占人工用材林总面积的39.64%和32.19%(国家林业局，2014)，人工乔木林以中幼龄林为主，应抚育面积约占人工用材林面积的71.83%。此外，每年新增面积约200×10^4hm^2，导致出现抚育“旧账未还、又添新账”的局面。③抚育管理成本高，入不敷出。由于我国的人工林大多分布在偏远山区，交通不便，再加上林区道路密度低和劳动力成本上涨，造成人工林抚育成本大大增加、抚育管理经费短缺和抚育管理工作跟不上。据估计，每年因抚育管理不力造成的直接森林资产损失超过100亿元(翟明普，2011)。

(5)短轮伐期经营和纯林连作，造成地力衰退

人工林养分循环是决定生态系统能否健康和和可持续发展的关键生态过程。我国人工林养分循环中存在的两大问题是：一是针叶林面积大，其凋落物易积累，养分循环速率低，地力易于退化；二是短轮伐期经营人工林多为多代经营导致养分过度消耗，地力衰退也易于发生。人工林的地力衰退不是突然发生的，而是由量变到质变的过程，目前，我国人工林地力退化最明显的是杉木、桉树、落叶松、杨树等。我国杉木人工林第二代比第一代下降了15%～30%，第三代比第一代下降了30%～50%；桉树(刚果12号W_5无性系)人工林第二代比第一代下降了19.6%，第三代比第一代下降了26.2%，第四代比第一代下降了44.6%；落叶松人工林第二代比第一代下降了34%(盛炜彤，2014)。人工林地力衰退的原因和机理是综合的，有树种本身的特性问题，也有育林技术措施问题。其地力衰退的主要表现是：①种植人工林后土壤物理性质变劣；②人工林土壤中有机质含量减少；③人工林土壤中 pH 值普遍下降；④人工林土壤中有效 P 和有效 N 含量下降；⑤人工林土壤中微生物种类、数量和酶活性下降。

0.4.2　人工林研究的发展趋势

森林资源短缺及生态环境日趋恶化是制约我国林业生产乃至国民经济发展的两个重要障碍。为了实现到 2050 年森林覆盖率达到并稳定在 26% 以上，基本实现山川秀美，生态状况步入良性循环，林产品供需矛盾得到缓解，建成比较完备的林业生态体系、比较发达的林业产业体系和比较繁荣的生态文化体系的国家目标，发展速生丰产林和林农复合经营，加快绿化荒芜地(困难地)，加强现有林抚育管理，是发展森林资源、提升森林资源质量和维护改善生态环境的重要举措。以现代森林培育学原理为指导，吸收和运用植物生理学、土壤学、生态学、生物工程和信息技术等多学科的新手段、新观点和新方法，建立结构合理、功能完善和效益最高的人工林生态系统，逐步提高人工林的生产能力和服务功能，进一步促进人与自然的和谐发展，满足社会对森林资源及其多重效益的综合需求是我国人工林的发展趋势。

在理论上，重点要解决林木种子萌发的生理生态学机理、林木种子超干贮存与种子活力的关系、立地条件与森林生长的相互作用关系、人工林培育中人工林生物多样性与生产力的关系、经济林培育中次生代谢物质积累与基因型和环境的关系、速生人工林的生态稳定性和长期生产力维持，以及各种育林措施的生理生态学机制等重要理论问题。

在技术上，我国人工林应重点围绕以下几个方面开展研究：

(1)短周期工业用材林培育技术体系

以杨树、桉树、松树、杉木、竹子、泡桐等工业用材树种为研究对象，围绕 6 个目标和 5 个主要技术环节来发展技术和开展研究。6 个目标即定向、速生、高产、优质、稳定和高经济效益；5 个主要环节即遗传控制、立地控制、密度控制、维护与提高土壤肥力及生态系统管理。主要解决定向培育人工林合理栽培制度，同时对人工林的长期生产力保持及生态问题开展系统和定位研究。

(2)珍贵阔叶用材林定向培育关键技术

以提高我国珍贵用材林产量和质量为目标，以红木类、楠木类、柚木、水曲柳、核桃楸、鹅掌楸等为研究对象，重点开展良种选育、种子园营建、种苗高效扩繁(扦插、组培和体胚发生)、容器育苗等规模化繁育技术以及优质高产定向培育技术，为国家珍贵木材战略储备基地建设提供科技支撑。

(3)各类经济林定向培育技术

针对木本油料树种(如油茶、核桃、薄壳山核桃、扁桃、油桐、油橄榄等)，木本粮食树种(如枣、板栗、锥栗、榛子等)，香料树种(如花椒、山苍子、八角、肉桂等)，木本药材(如杜仲、银杏、青钱柳、厚朴、红豆杉等)，优势特色经济树种(如枸杞、果用红松、蓝莓、香榧、文冠果、麻疯树、漆树等)等主要经济林树种，重点开展良种选育、采穗圃营建、高产稳产砧木品种选择、高效嫁接脱毒、高效组培快繁、容器育苗、优化栽培技术等研究，为保障国家粮油安全和能源安全提供科技支撑。

(4)困难地造林和植被恢复技术

针对防沙治沙、石漠化综合治理、荒山荒地及困难地(如工业废弃地和盐碱地等)造林、退化土地植被恢复等生态系统改善与治理的技术需求，突破植物材料筛选、植被恢复与重建、综合治理、效益监测与评价等核心技术。重点要丰富造林树种，解决树种品种选择，改变树种单一化状态；要研制特殊困难立地造林的新技术和新方法；同时研究优良造林绿化树种生态、经济价值与育苗造林技术，并发展能兼顾生态与经济效益的人工林模式。

(5)林农复合经营技术研究

林农复合经营在充分利用空间和地力，提高作物产量，提供更多的产品和增加农村收入等方面有重要作用，我国在广大的人口密集的农区以及南方山区大有发展的前景。今后应进一步用生态系统的观点总结林农复合经营的模式，重点开展：①人工林复合经营在农村发展中的社会经济学研究；②设计和构建合理人工林复合经营模式的理论基础研究(如不同模式的种群作用机理，他感作用等)；③人工林复合经营体系在环境改良效果及人工林可持续经营中的作用；④人工林复合经营系统中生物资源的综合开发与加工利用。

(6)人工林生态服务功能研究

针对人工林应对气候变化、森林碳汇、生物多样性等生态服务功能研究基础薄弱和技术储备不足等现实问题，重点研究气候变化对我国重要造林树种、珍稀濒危物种以及森林植被类型地理分布和森林生产力的影响；人工林生产力与生物多样性的关系；不同人工林碳汇/源的时空格局，退化土地造林再造林固碳，高碳储量人工林结构优化，碳汇人工林定向培育和土壤碳管理技术；人工林的环境功能(防风固沙、保持水土、降低噪声、植物修复、废水再利用及景观美化等)，并加强人工林培育的区域化研究或景观水平上的研究，使长久的森林健康和生产力以及森林的多功能作用成为可能。

参考文献

方升佐. 2008. 中国杨树人工林培育技术研究进展[J]. 应用生态学报，19(10)：2308 – 2316.

方升佐，徐锡增，吕士行. 2004. 杨树定向培育[M]. 合肥：安徽科学技术出版社.

国家林业局. 2014. 中国森林资源报告(2009—2013)[M]. 北京：中国林业出版社.

国家林业局. 1999. 中国林业五十年(1949—1999)[M]. 北京：中国林业出版社.

国家林业局中国林业区划办公室. 2011. 中国林业发展区划图集[M]. 北京：中国林业出版社.

沈国舫，翟明普. 2011. 森林培育学[M]. 2版. 北京：中国林业出版社.

盛炜彤. 2014. 中国人工林及其育林体系[M]. 北京：中国林业出版社.

孙长忠，沈国舫. 2000. 我国主要树种人工林生产力现状及潜力的调查研究. I. 杉木、马尾松人工林生产力研究[J]. 林业科学研究，13(6)：613 – 621.

孙长忠，沈国舫，李吉跃，等. 2001. 我国主要树种人工林生产力现状及潜力的调查研究. Ⅱ. 桉树、落叶松及樟子松人工林生产力研究[J]. 林业科学研究，14(6)：657 – 667.

王健，刘作新，蔡崇光. 2004. 辽西人工林气候生产力分析[J]. 应用生态学报，15 (8)：1313 – 1317.

徐济德. 2014. 我国第八次森林资源清查结果及分析[J]. 林业经济(3)：6 – 8.

徐芝生 . 2013. 世界各大洲人工林发展概况[EB/OL]. http：//www. forestry. gov. cn/main/241/content - 635354. html.

翟明普 . 2011. 现代森林培育：理论与技术[M]. 北京：中国环境科学出版社 .

Bai G X, Wang Y Y, Dai L M, *et al.* 2015. Market-oriented forestry in China promotes forestland productivity [J]. New Forests, 46：1 - 6.

Heilman P E, Stettler R F. 1985. Genetic variation and productivity of *Populus trichocarpa* and its hybrids. II. Biomass production in a 4-year plantation[J]. Canadian Journal of Forest Research, 15：384 - 388.

Payn T, Carnus J, Freer-Smith P, *et al.* 2015. Changes in planted forests and future global implications[J]. Forest Ecology and Management, 352：57 - 67.

（编写人：方升佐）

第1章

林木开花结实

【内容提要】林木开花结实是木本植物个体发育的重要阶段，它包括花芽分化、传粉受精和种实发育等过程。掌握林木开花结实的理论知识，用于指导林木种子生产实践，是生产高质量林木种子的重要前提。本章对激素、树体营养和酶活性等内因和温度、水分和光照等外因影响和调控林木花芽分化的研究进展进行了综述，对花粉的耐脱水性和自交不亲和性等与传粉受精相关的研究进展进行了介绍。在种实发育方面，对胚、种子、果实的发育和成熟，种实发育的生理生化变化及其调控以及结实的周期性等进行了阐述。本章还从物候、解剖、生理生化和分子生物学等角度对如何开展林木开花结实研究进行了探讨。

林木种子是木本植物繁殖后代的主要材料，其肩负着将林木优良基因由上一代传递给下一代的重任。种子质量的好坏，不仅影响种子本身的播种品质，同时也会影响到下一代的生长发育。为了提高我国森林的数量和质量，必须从生产品质优良的林木种子开始。掌握林木开花结实的理论知识，用于指导林木种子生产实践，是生产高质量林木种子的重要前提。

1.1 林木开花结实概述

林木开花结实是木本植物个体发育的重要阶段。它包括成花诱导、花原基发端、开花、传粉受精、胚的生长与分化和果实种子的成熟等发育过程(翟明普，2011)。与草本植物相比，木本植物由于生长周期长，其开花结实也有自身显著的特点：

一是幼年期长，且因树种而异，始花年龄短则1~3年，长者可能20~30年，甚至更长。如紫穗槐、胡枝子等灌木树种，1~2年即能开花结实；而实生水杉12年才出现雌花，雄花要20年才出现；水杉30年才能大量开花结实(随州市森林病虫害防治检疫站，2001)。通常，幼年期短的树种，其衰老也快，结实持续年限短。相反，幼年期长的树种，其衰老也慢，结实持续年限长，有的可达几百年，甚至上千年。

二是从花芽分化到种子成熟所经历的时间较长，多数在1年以上，有的树种需要跨越3个年度。如蒋恕(1980)开展了杉木开花结籽的解剖学观察，发现在南京地区杉木花芽通常在8月开始分化，翌年3月底或4月初开花传粉，6月中旬受精，9月胚胎发育完成，10 月种子成熟。从花芽分化到种子形成约需经过 14 个月的时间，其中必须经过越冬。谢国阳等(2009)在“马尾松开花结实规律研究进展”一文中指出，一般将马尾松有性生殖过程分为 2 个时期：一是从花芽分化到花粉成熟时间约 8 个月；二是从授粉、受精直至球果和种子成熟，时间约 1.5 年。因此，马尾松花芽分化到种子成熟所经历的净时间在 2 年以上，跨 3 个年度。

三是头年的结实量对次年的花芽分化和结实有很大的影响，即结实存在周期性，或称为大小年现象。如长白落叶松每 2~3 年才能大量结实 1 次(索启善，1982)。

林木开花结实过程较长，其中需要经历 3 个重要时期，即花芽分化期(flower bud differentiation)、传粉受精期(pollination and fertilization)和果实形成发育期(fruit and seed development)。花芽分化是指林木每年形成的顶端分生组织由营养生长向生殖生长转化的过程，即树木枝条上的生长点由分生出叶片、腋芽转变为分化出花芽的过程。早在 200 多年前，科学家就发现花是变异的嫩枝(van Goethe，1790)，花器官是高度变异的叶片(Goto *et al.*，2001)。花芽分化是由营养生长向生殖生长转变的生理和形态标志。这一全过程由花芽分化前的诱导阶段及之后的花序与花分化的具体进程所组成。一般花芽分化可分为生理分化、形态分化 2 个阶段。芽内生长点在生理状态上向花芽转化的过程，称为生理分化。花芽生理分化完成的状态，称作花发端(flower initiation)。此后，便开始花芽发育的形态变化过程，称为形态分化。花芽分化是林木开花结实的基础。传粉是成熟花粉从雄蕊花药或小孢子囊中散出后，传送到雌蕊柱头或胚珠上的过程。受精是卵子和精子融合为 1 个合子的过程。在林木种子生产实践中，往往会发生结实率低、胚胎败育、种子活力不高等不正常现象，以致严重影响种子的产量和质量。而这些现象的发生首先涉及花粉的飞散是否与雌花的可授期一致，其次与传粉受精过程中所接触到的各种环境因素密切相关。坐果是指受精后子房在花粉分泌的生长激素的作用下开始膨大并稳定的过程。果实的发育是指坐果后果实生长、膨大、成熟的一系列复杂的变化过程。种子的发育是树木个体发育的最初阶段，它的可塑性最强，对外界环境条件非常敏感。这一阶段发育的好坏，直接影响种子的播种品质，甚至个体的生长。

林木开花结实是在一系列内在因子和环境因子的共同作用下进行的，其中任何一个因素都可能对最终的种子产量和质量造成很大影响。其中树体营养、激素水平、开花传粉生物学特性、果实发育特性等是内在因子，气候条件、土壤营养和生物因素等是影响林木开花结实的重要环境因素。

1.2 林木开花结实研究进展

1.2.1 花芽分化

1.2.1.1 花芽分化期

林木花芽分化期，多数树种是在开花前一年夏季到秋季之间进行的。如杉木雄球花在结实头年的 6 月下旬开始分化，7 月下旬至 8 月上旬雄球花芽外形明显膨大，容易与一般叶芽区别(表1-1)。雌球花在结实头年的9月上、中旬开始分化，到10月中、下旬出现大孢子叶球雏形。雌球花花芽开始分化时间比雄球花晚70～80d(俞新妥等，1981)。据报道，诱导苹果成花的基因*APETELA*1（*AP*1）和*LEAFY*（*LFY*)的表达在夏末的顶芽中增加，同时，显微镜能观察到花芽的萌动和花结构的分化(Hattasch *et al.*，2008)，这表明苹果树的花芽分化期为夏末。也有树种从花芽分化到开花的时间很短，如柑橘、杧果和美洲山核桃等，仅在开花前1～2个月进行花芽分化(Samacha and Smith，2013)(表1-1)。

表1-1　部分树种的花芽分化期

Tab. 1-1　Period of Flower bud differentiation in some tree species

树　种	花芽分化期	分化持续时间(d)	文　献
杉木(*Cunninghamia lanceolata*)	雄花：6月下旬至8月上旬 雌花：9月上旬至10月下旬	30～40 40～50	俞新妥等(1981)
日本柳杉(*Cryptomeria japonica*)	雄花：6月下旬至9月下旬 雌花：7月中旬至9月下旬	90～100 70～80	孙时轩(1992)
赤松(*Pinus densiflora*)	雄花：9月上旬至10月中旬 雌花：9月中旬至10月中旬	40～50 30～40	孙时轩(1992)
马尾松(*Pinus massoniana*)	雄花：6月下旬至8月上旬 雌花：6月下旬至8月上旬	60～70 60～70	汪企明(1994)
油茶(*Camelia oleifera*)	5月上旬至9月下旬	140～150	严学成(1980)
温州蜜橘(*Citrus unshiu*)	9月中旬至12月初	80～90	Osaki and Saso (1942)
杏树(*Prunus armeniaca*)	8月中旬至10月中旬	60～70	Brown(1952)
甜樱桃(*Prunus avium*)	7月初至8月底	40～50	Engin and ÜNAL(2007)
扁桃(*Prunus persica*)	7月初至9月底	70～80	Engin and ÜNAL(2007)
杧果(*Mangifera indica*)	10月底至翌年2月上旬	90～110	Wilkie *et al.* (2008)

1.2.1.2　模式植物拟南芥的花芽分化

拟南芥因其结实周期短，变异大(突变体丰富)，种子产量高，分子生物学研究基础好而成为研究植物开花结实的模式植物。已有的研究表明，诱导拟南芥开花的因素有4个：光周期、成花基因、赤霉素和春化作用。上述因素的作用原理由图1-1所示。

1.2.1.3　影响花芽分化的内在因素

1)植物激素

(1)赤霉素

在赤霉素对木本植物花芽分化的影响方面，相关文献可以说是浩瀚的，其中不乏相互矛盾之处(Wilkie *et al.*，2008)。但有证据表明，内源赤霉素对大多数阔叶树种的花芽分化具有抑制作用，赤霉素还能通过影响枝条的生长来抑制花芽分化。例如，施用赤霉素会抑制鳄梨(Salazar-Garcia and Lovatt，1998)、柑橘(Lord and Eckard，1987)、樱桃(Lenahan *et al.*，2006)和桃(Garcia-Pallas *et al.*，2001)的花芽分化；降低内源赤霉素的水平，能促进柑橘(Koshita *et al.*，1999)和荔枝(Chen，1990)的花芽分化；赤霉素

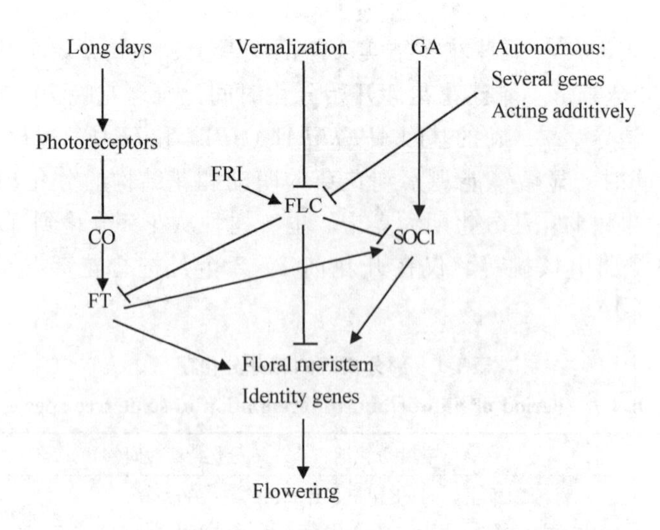

图 1-1　拟南芥花芽分化诱导因素光周期、春化作用、赤霉素和成花基因作用原理
(引自 Wilkie *et al.*, 2008)

Fig. 1-1　Floral initiation in Arabidopsis occurs through the photoperiodic, vernalization, GA or the autonomous pathways(Wilkie *et al.*, 2008)

箭头表示上调，“T”表示下调。

合成抑制剂能改善杧果(Winston, 1992)、荔枝(Menzel and Simpson, 1990)和澳洲坚果树(Nagao *et al.*, 1999)的花芽分化；对赤霉素不敏感的突变能使葡萄藤蔓的分生组织向花芽方向发展(Boss and Thomas, 2002)。

研究也指出，施用赤霉素抑制柑橘花芽分化，实际上是减少了春季花芽和营养芽萌发的总量，而不是花芽所占的比例(Garcia - Luis *et al.*, 1986)。这说明赤霉素实际上是抑制了新稍的生长而不是花芽的分化。施用赤霉素也会通过减少枝节的比率而影响苹果树新稍的生长(Bertelsen *et al.*, 2002)。柑橘大量结实会抑制花芽分化，结实大年导致翌年花芽分化很少，其原因是果实和种子中的赤霉素转运到芽里面了(Garcia - Luis *et al.*, 1986)。

赤霉素抑制开花的程度取决于物候期、芽的位置、赤霉素的类型和应用方式(如喷洒、注射)等(Bangerth, 2009)。有趣的是，如果苹果树上没有发育中的幼果，则赤霉素对其花芽的抑制作用无效。而在果树上一半花序被摘除的情况下，外源赤霉素能显著抑制开花。这说明外源赤霉素能加强果树本身的花抑制信号(Schmidt *et al.*, 2009)。确定外源赤霉素对开花的抑制作用，其应用时间非常重要。虽然美洲山核桃的花芽分化发生在早春，但前一年盛花后 3~7 周施用赤霉素能够抑制次年的开花。因此，作者认为美国山核桃的花芽诱导可能发生在初夏(Wood, 2011)。如果在 11 月对油橄榄进行赤霉素处理，则来年花量显著减少，而如果处理时间在当年 2 月，则赤霉素的作用甚微。因此，作者推测，油橄榄的花芽诱导在开花前一年的夏季，开花前一年的 11 月施用赤霉素，其作用是抑制花芽的形成(Fernandez-Escobar *et al.*, 1992)。高赤霉素水平可在树木中保持数月之久，或其引起的变化能持续数月。因此，由赤霉素处理引起的开花减少可能是抑制了花芽诱导，也可能是花芽分化，或促进了营养芽的生长。对柑橘的研究表明，开花前一年 11 月到翌年 1 月初，施用赤霉素会引起营养枝/花枝比的增加(Muñnoz – Fambuena *et al.*, 2012)。用赤霉素处理经低温预处理的柑橘外植体，能够抵消其低温诱导的成花效应，说明赤霉素能抑制依靠低温刺激的花芽诱导(Goldschmidt *et al.*, 1997)。在12月对树木施用赤霉素或赤霉素合成抑制物质，能够显著改变翌年营养枝/花枝的比值。与未处理的林木相比，赤霉素处理降低了*FT*(成花)基因的转录(Muñoz – Fambuena *et al.*, 2012)。赤霉素会在许多林木种子中积累，因此，无籽品种比有籽品种发生结实大小年现象的可能性更低(Samacha and Smith, 2013)。

Guardicola 等(1982)的研究表明，从当年11月初至翌年萌芽期间，任何时候施用赤霉素都能起到抑制甜橙(*Citrus sinensis*)花芽分化和开花的作用。其中，第一次抑制高峰发生在未知的促花信号由叶片向芽传输之时；第二次抑制高峰出现在芽即将萌发，也就是花原基开始分化之时。

González-Rossia 等(2006)的研究指出，日本李花芽分化期间施用赤霉素能显著降低‘Black Diamond’和‘Black Gold’等品种的开花数量。抑花效果取决于赤霉素的浓度和枝条类型。对于混合枝，两品种的抑花效果相同，GA_3 50mg/L 处理减少40%的花量，GA_3 75mg/L 以上的处理减少75%~90%的花量。对带刺的枝来说，GA_3 50mg/L 处理分别减少‘Black Gold’和‘Black Diamond’两品种开花量的40%和25%。GA_3 75mg/L 以上的处理则分别减少其开花量的70%和50%。赤霉素的抑花作用大大减少了人工疏花的成本。最佳赤霉素浓度为50mg/L 处理，其能降低疏花成本的45%~47%，分别使‘Black Diamond’和‘Black Gold’两品种的果重增加7%~33%。但与未处理的植株相比，处理组的果实产量和果实品质差异不显著。

花芽分化期间施用赤霉素能显著减少水蜜桃和油桃的花量。赤霉素抑花的程度与其施用浓度有关，每棵树施用0.5~1.0g 赤霉素，水蜜桃和油桃的花量能减少50%，这将节省50%的手工疏花成本(González-Rossia *et al.*, 2007)。Koshita 等(1999)的研究指出，温州蜜橘果枝上的花芽较少，着生于果枝上的叶片中的$GA_{1/3}$含量比着生于营养枝上的含量高。这说明无论外源还是内源 GAs 均抑制花芽的形成。

赤霉素抑制花芽分化的作用机理仍有待于研究。Goldberg-Moeller 等(2013)的研究发现，GA 处理导致柑橘2000余个功能基因的表达发生变化，其中300个基因的表达量至少发生了两倍的变化。研究还证实赤霉素使黄酮类和海藻糖的代谢途径发生改变。GA 处理还使*FT*(成花基因)、*AP*1(诱导苹果成花的基因)的 mRNA 水平降低。

虽然赤霉素抑制阔叶树的花芽分化，但对针叶树而言，情况则正好相反。赤霉素(GA_3)首先被证实能促进柏科和杉科树木的花芽分化(Kato *et al.*, 1958; Pharis and Morf, 1967)。以后的研究证明，赤霉素能够促进松科树木的开花，如扭叶松(*Pinus contorta*)(Pharis *et al.*, 1975)。研究证实，赤霉素对扁柏属、柏木属、刺柏属、崖柏属、罗汉柏属、四鳞柏属、柳杉属、杉木属、水松属、水杉属、红杉属、巨杉属、落羽杉属、落叶松属、云杉属、松属、黄杉属和铁杉属等树木的开花均有促进作用(Bonnet – Masimbert, 1987a)。Pharis 等(1987)在一篇关于赤霉素及栽培处理促进林木开花的综述文章中指出，赤霉素对19种松属树木的开花均有促进作用，这种促进作用也伴随着枝条的生长。赤霉素的促花作用与树体的营养状况和分生组织的活跃程度没有直接关系，水分胁迫、修根、环割、硝态氮肥料和氮饥饿等栽培措施与赤霉素协同作用，能减缓氧化代谢，促进低极性的内源赤霉素($GA_{4/7}$)的积累。文章同时指出，赤霉素浓度必须超过某一阀值才能起作用。研究发现，异叶铁杉(*Tsuga heterophylla*)的幼年期很长，通常为20~25年，但叶面喷施$GA_{4/7}$和水分胁迫能使盆栽的2年生苗开花。通过树干注射赤霉素，能缩短挪威云杉(*Picea abies*)的童期，并显著促进雌球花的产生，但环割对缩短童期不起作用(Bonnet－Masimbert，1987b)。

给嫁接14年的西加云杉树干注射赤霉素$GA_{4/7}$能显著促进成花和球果产量，但赤霉素处理能否成功，还与天气条件有关，在正常天气情况下，赤霉素处理是成功的。但环境条件使花芽着生数量较少时，环割能促进开花，还能在一定程度上强化赤霉素处理的效应。球果通常着生在树冠上部4轮枝条上，但如果修剪树冠上部6轮枝条，同时辅以赤霉素$GA_{4/7}$＋环割处理，则能使原来不着生球果的下部枝条大量结实，而剪去上部枝条能大大降低采种难度(Philipson，1987)。通常，人工合成的生长素NAA单独使用时，对开花促进作用不大。但NAA与GA结合使用，却能够促进许多树种的开花。成功的例子有北美黄杉(*Pseudotsuga menziesii*)(Ross，1976)、北美云杉(*Picea sitchensis*)(Tompsett，1977)和扭叶松(*Pinus contorta*)(Wheeler *et al.*，1980)等。因此，NAA与GA配合使用已成为促进开花的常规药剂。

(2)其他植物激素

生长素能通过一种独立于维管系统的极性生长素运输系统从发育中的果实中输出，但没有直接证据表明从果实中输出的生长素抑制花芽分化。然而，一些研究还是认为，生长素的输出在某种程度上对花芽分化有抑制作用。例如，用极性生长素运输抑制物质2,3,5-三碘苯甲酸(2,3,5-triiodobenzoic acid，TIBA)进行处理，能促进丰年后苹果的开花(Bukovac，1968)。TIBA处理还能促进梨树的花芽分化，如果与细胞分裂素结合使用，还能促进美洲山核桃开花(Wood，2011)。施用赤霉素能促进生长素从苹果果实中转运出来，因此，赤霉素对开花的抑制作用在某种程度上可能是通过生长素的作用来实现的(Callejas and Bangerth，1997)。

细胞分裂素在林木花芽分化过程中起重要作用。Chen(1991)测定了荔枝(*Litchi chinensis*)花芽分化前后玉米素等4种细胞分裂素含量的变化。结果发现，花芽分化过程中细胞分裂素含量增加。在芽休眠期间，内源细胞分裂素含量较低，而且休眠芽对外源细胞分裂素的应用没有反应。但芽休眠解除后，激动素能显著促进花芽的分化。这说明，花芽分化过程中内源细胞分裂素的增加不仅是引起花芽分化的原因，而且与花芽分化过程密切相关。虽然没有证据表明细胞分裂素能替代花芽诱导物质，但对日本梨施用生长延缓剂马来酰肼，既能提高内源细胞分裂素的水平，也能增加花芽分化数量(Ito *et al.*，2001)。

很久以来，乙烯就被商业上用于促进菠萝(*Ananas comosus*)开花(Turnbull *et al.*，1999)。也有证据表明，乙烯能用于促进苹果树的开花(Bukovac *et al.*，2006)。

Malik and Bradford(2006)的研究发现，油橄榄从营养芽转换成花芽的过程中，橄榄苦苷的含量会急剧下降。橙皮苷含量虽然较低，但在油橄榄花芽早期形成过程中，其含量也会大幅下降。

大量研究认为，杧果树存在某种成花促进物质Florigenic Promoter(FP)，该物质是在叶片中不断合成并诱导开花。物质迁移试验表明，杧果树体中的成花促进物质(FP)由叶片中生成，并通过枝条的韧皮部转运到芽中。花芽的诱导是由成花促进物质(FP)

和营养促进物质 Vegetative Promoter（VP）的相互作用而控制的。在亚热带条件下成花促进物质（FP）的转运距离可达 100cm，在热带条件下可转运 52cm。在热带地区，花芽着生在枝条上，这些枝条萌发后获得了较为充足的营养积累时间。在哥伦比亚的试验表明，最新萌发枝条的年龄是影响热带地区杧果开花的主要因素。打顶是使树冠枝条同步萌发的理想方法。研究表明，硝酸钾（KNO_3）能促进充分成熟的枝条开花。打顶和叶面喷施硝酸钾（KNO_3）是诱导同步开花的有效方法。在亚热带条件下，凉爽的气温有利于杧果花芽诱导。生长在热带低海拔地区的杧果，其花芽诱导对低温的依赖程度低（Ramírez and Davenport，2010）。

2）树体营养

树体营养包括碳水化合物、蛋白质、脂肪和矿质养分等，其中以碳水化合物最为重要。碳水化合物在植物生长发育过程中有两大作用：一是为生长提供能量和碳骨架；二是代谢调控。研究碳水化合物对花芽分化的影响，其困难之处在于设计合理的试验，将不同作用的碳水化合物分开。

研究碳水化合物对花芽分化的作用时，常常测定贮藏碳水化合物的含量，或者对树体实施环割，调节贮藏碳水化合物的水平，建立碳水化合物含量与开花强度的关系。在此领域的研究结果是多样的。如有研究发现，环割能提高油橄榄（Lavee *et al.*，1983）、荔枝（Menzel and Simpson，1987）和柑橘（Goldschmidt *et al.*，1985）的开花强度，表明贮藏碳水化合物的提高能促进花芽分化。但是，研究也发现，低温、植物生长调节物质、果实产量、环割处理等各种因素对柑橘开花强度的影响是复杂的和相互作用的（Goldschmidt *et al.*，1985）。对油橄榄的研究发现，无论碳水化合物含量高还是低，其对花芽分化的影响都不大，只有果实产量对花芽分化有明显抑制作用（Stutte and Martin，1986）。现在还不清楚，提高开花强度的处理，是否也提高了作为开花刺激物和能量来源的碳水化合物的含量。

长日照多年生灌木倒挂金钟（*Fuchsia hybrida*）在长日照或短日照但高辐射的条件下出现花芽分化（King and Ben-Tal，2001）。其在短日照但高辐射的条件下花芽分化的量与枝顶端蔗糖的浓度相关，蔗糖起成花素的作用。但长日照条件下情况却不同，因为长日照条件下枝顶端的蔗糖浓度并没有升高（King and Ben-Tal，2001），这在一定程度上说明碳水化合物对多年生植物的花芽分化起信号作用。

众所周知，光照不足会减少苹果及其他树木的开花数量。对于林木来说，稠密的树冠使到达树木内膛的光照减少，而光照减少的结果是降低光合作用及碳水化合物的水平，还可能改变激素水平。总体来说，贮藏营养物质的变化会影响花芽诱导，环割的效果就是例证（Wilkie *et al.*，2008；Samacha and Smith，2013）。环割的效果实际上就是增加了结实枝碳水化合物的含量。环割时机的选择非常重要，如果错过时机，则环割不起作用，因为花芽诱导已经结束。例如，开花头年 9~10 月对柑橘进行环割，来年春天花量增加，但如果 11 月份环割，则没有效果。环割以后，芽的重量及蛋白质浓度会增加，茎分生组织的高度也会增加，这一切在冬季之前就发生了（Iwahori *et al.*，1990）。10 月中旬对温州蜜橘进行环割处理，能增加翌年春天花芽的数量（Koshita *et al.*，1999）。

亚热带树种荔枝、鳄梨和澳洲坚果树等，花芽的数量取决于低温诱导期间营养芽的数量(Olesen, 2005)，而且很大程度上受新芽成熟度的影响。当然，芽和花萌发的可能性还受枝条状况的影响。但是，温带落叶树种已分化的花芽或营养芽，其春天的萌发主要取决于需冷量的满足程度(Rohde and Bhalerao, 2007)。

荔枝的营养生长主要通过周期性的抽梢，两次抽梢之间存在生长间歇期，这取决于当时的天气条件(Olesen *et al.*, 2002)。在营养生长周期中，仅少部分新梢能进行花芽分化，这部分新梢处于萌发早期，长度仅几毫米(Batten and McConchie, 1995)。因此，秋末还未成熟的营养枝通常不开花，因为其周期性生长特性决定了这些枝条重新生长的时间在冬天诱导花芽结束之后。澳洲坚果的情况有些类似，所不同的是，其萌发周期影响的是离最新顶芽有一段距离的成熟枝条，而不是最新顶芽本身(Olesen, 2005)。

营养生长的时间也影响温带落叶树种的花芽分化。这些树种花芽分化发生在开花前的生长季节。葡萄藤的分生组织可能产生花芽，也可能产生卷须，这取决于其所在的地理位置及其气候条件。花芽常形成于发育中的潜伏芽，而卷须常着生于生长中的枝条(Boss *et al.*, 2003)。桃的花芽分化亦取决于营养生长，但不会因营养生长而抑制。花芽由当季生长的芽分化而来。

对苹果等温带树种来说，许多文献认为过度的影响生长会抑制花芽分化(Forshey and Elfving, 1989)。与此一致的是，矮化砧能增加苹果早期的开花数量(Luckwill, 1974)。生长抑制物质如丁酰肼能抑制苹果的花芽分化(McLaughlin and Greene, 1984)。

Wesoly 等(1987)的研究指出，矿质肥料对欧洲赤松的开花有显著的促进作用。Smith(1987)对黑云杉的研究发现，硝态氮肥料能显著促进不同大小黑云杉的结实，施肥虽然没有增加芽的总数，但增加了生殖芽的比例。

3)酶活性

研究指出，无核小蜜橘的花芽分化与过氧化物酶活性及其同功酶有关，花芽分化期间，开花树芽和叶中的过氧化物酶活性高，不开花树活性低(Monerri and Guardiola, 2001)。

Li 等(2003) 对杨梅(*Myrica rubra*)的研究结果表明，林木花芽分化会大量消耗枝条中的木质素。花芽分化期间喷施 GA_3能显著抑制苯丙氨酸裂解酶(PAL)、多酚氧化酶(PPO)、过氧化物酶(POD)和吲哚乙酸氧化酶(IAAo)的活性，增加吲哚乙酸(IAA)的含量，会延迟着生在当前枝条上叶片中木质素的生物合成，诱导旺盛的营养生长，抑制花芽分化。

1.2.1.4 影响花芽分化的外界因素

(1)温度

许多热带和亚热带树木的花芽分化是由低温诱导的，如杧果、荔枝(*Litchi chinensis*) (Menzel and Simpson, 1995)，甜橙(*Citrus sinensis*) (Moss, 1976)和油橄榄(*Olea europaea*) (Hackett and Hartmann, 1964)等。其与草本植物春化作用的不同是对低温的需求不同，热带亚热带树木需要的低温是 15~20℃，而草本植物春化作用需要的低温是 -1~10℃。而对温带落叶树种来说，高温(30℃以上)增加葡萄(*Vitis vinifera*)花芽的诱导，21℃或更低的温度则增加葡萄藤蔓的生长(Buttrose，1970)。但是，对于美国南部的蓝莓(*Vaccinium corymbosum*)来说，与21℃相比，28℃会抑制花芽分化(Spann *et al.*，2004)。Núñez - Elisea and Davenport(1995)的研究指出，15℃低温有利于杧果的花芽诱导，30℃的高温则抑制已诱导的花芽进行分化。因此，较低的温度能诱导热带和亚热带多个园艺树种花芽的分化。然而，对温带园艺树种来说，温度会影响花芽分化的强度，但是否诱导花芽分化还不清楚(Wilkie *et al.*，2008)。Legave (1978) 指出，需冷量不足会导致杏树落花，但也有研究认为，一些杏树品种的花芽生长异常与需冷量的缺乏无关(Viti and Monteleone，1991)。Alburquerque 等(2003) 的研究发现，杏树品种‘Guillermo’的需冷量约为850~950个单位，当冷处理时间能够满足需冷量的基本要求时，冷处理时间的长短对花芽分化影响不大。但当冷处理时间低于需冷量的基本要求时，则会明显延缓花芽分化时间。Beppu and Kataoka(1999)比较了昼/夜温度在25℃/25℃、30℃/25℃和35℃/25℃的条件下，樱桃品种‘Satohnishiki’的花芽分化情况，结果发现，高温会抑制花芽分化，温度越高，花芽分化速度越慢。在白天30℃以上温度条件下，樱桃双雌蕊的发生率大大提高。其中在白天35℃条件下，双雌蕊发生率高达80%。研究还指出，干旱不影响樱桃的花芽分化。

不同树种感受低温的器官不同，这方面的研究还不够全面。杧果是通过成熟的叶片来感受低温的，成熟叶片对荔枝的花芽分化也是必需的(Ying and Davenport，2004)。然而，既使荔枝的枝叶暴露在花芽诱导的温度条件下，过高的根系温度也会抑制花芽分化，这意味着根系或通过长距离信号感知，或热量通过蒸腾流从根部带到了枝叶(O′Hare，2004)。相比之下，柑橘的叶片对低温诱导花芽分化来说可能不是必须的，或者柑橘通过干旱来诱导花芽分化，这意味着低温或干旱诱导柑橘花芽分化的感知器官可能是枝或芽(Wilkie *et al.*，2008)。

有研究认为，油橄榄的花芽在仲夏已经形成，但需要冬季的低温解除其休眠状态，虽然还没有证据证实油橄榄的花芽是在冬季之前形成的(Rallo and Martin，1991)。不同树种对冬季低温的需求也是不同的。例如，柑橘和荔枝对低温的需求可以被水分胁迫替代，在热带条件下，干旱季节后柑橘和荔枝也会开花。也许有人会将这一现象解释为在热带花芽分化不需要低温过程，但更合理的解释是不同的环境因子诱导同一基因型的花芽分化。

花芽分化期间温度较高能促进温带树种的花芽分化，其中高温的时机很重要，这可以通过种子园的选址和将盆栽母树移入温室来解决。但这一措施对热带树种不起作用，相反，低温能促进亮叶桉(*Eucalyptus nitens*)开花。

(2)水分

已有研究表明，水分状况与花芽分化关系密切。通常认为，适度干旱对花芽分化有促进作用。如研究证实，水分胁迫能诱导两个柑橘属树种的花芽分化。在周期性或连续水分胁迫两周后，复水后的塔西提酸橙和普通酸橙开花(Southwick and Davenport，1986)。当塔西提酸橙的营养芽萌发2个月后，经水分胁迫及复水后适宜的浇水，能够再次诱导花芽分化。水分胁迫后的复水处理还能诱导柠檬花芽分化，但不能诱导荔枝、杧果和鳄梨的花芽分化。当然，究竟是水分胁迫还是随后的复水诱导了花芽分化，还需要进一步的研究(Chaikiattiyos *et al.*，1994)。水分胁迫还能通过抑制营养芽的萌发间接促进花芽分化，如荔枝就存在这种情况(Stern *et al.*, 1998)。

在实施水分胁迫促进花芽分化的过程中，掌握好水分胁迫的时机和程度十分重要。Alburquerque 等(2003)比较了三种灌溉处理对杏树花芽分化的影响，结果发现，秋季缺乏灌溉会导致花芽发育缓慢，但当恢复灌溉以后，花芽发育进程会加快。与灌溉相比，冬季不灌溉也不会对花芽发育有明显影响。对柑橘的研究表明，重度干旱比中度干旱能产生更多的花芽(Southwick and Davenport, 1986)。

水分胁迫不仅直接影响花芽分化，还会影响内源激素水平，从而影响花芽分化。对温州蜜橘(*Citrus unshiu*)的研究表明，秋天重度干旱胁迫(-2.0~-1.5MPa)比中度干旱胁迫(-0.5~-1.0MPa)的花枝数减少1/3。10月中旬至12月初，叶片中$GA_{1/3}$的含量显著偏高，说明重度水分胁迫提高了$GA_{1/3}$的含量，果枝叶片中$GA_{1/3}$含量高，而花芽少(Koshita and Takahara, 2004)。

Johnson 等(1992)的研究则认为，对收获后的桃树(*Prunus persica*)进行干旱处理，能够提高来年的花量和果量。采取一定的疏花、疏果措施后，果实的产量和规格不受影响。收获后进行干旱处理的不足会增加双果的数量。

(3)光照

通过疏伐、控制株行距和树体管理等措施改善光照条件，是温带地区促进开花的常用做法。光照强度对多年生植物的花芽分化有影响，如苹果的花芽分化就受光照强度影响。遮阴会减少猕猴桃(*Actinida chinensis*)的花芽和开花数量(Grant and Ryugo, 1984)。光照过强和过弱都会减少油橄榄的花芽分化(Stutte and Martin, 1986)。与油橄榄类似，观赏树种新西兰圣诞树(*Metrosideros excelsa*)在中等光照强度下开花最多(Henriod *et al.*, 2003)。虽然光照强度的变化影响花芽分化数量，但光照强度也许并没有起到诱导花芽分化的作用，而是因为其影响同化产物及生长而对开花起次要作用。

在温带地区，甜樱桃生产中的一个重要问题是双果的出现(Ryugo, 1988)，而出现双果的原因是结实头年夏天雌蕊原基的异常分化(Micke *et al.*, 1983)。研究表明，在控制条件下，当樱桃品种'Satohnishiki'置于30℃以上的温度环境下时，双雌蕊出现的概率大大增加(Beppu and Kataoka, 1999). 对田间种植的樱桃来说，向阳面的树冠比遮阴面的树冠其双果的发生概率要高很多，这一事实表明，较强的太阳辐射会提高芽的温度，从而促使双雌蕊的形成。与此相反，通过人工遮阴，能够减少双雌蕊的发生。研究表明，未遮阴的樱桃有47%的花芽会形成双雌蕊原基。减少光照78%的遮阴能使花芽形成双雌蕊的发生率降为24%，但减少光照53%的遮阴降低双雌蕊发生率的作用很小(Beppu and Kataoka, 2000)。

光周期诱导花芽分化是草本植物普遍存在的机制，但木本植物还鲜有例证。对哥斯达黎加25种热带落叶和半落叶树种的研究发现，在低纬度地区，虽然年光照时间的变化幅度只有1h左右，但有间接证据证明这些树种花芽的分化是由于日照时间的变化所诱导的，日照时间仅缩短30min就能起作用(Rivera and Borchert, 2001)。美国南方高丛蓝莓的花芽分化受8h短日照影响，但不受长日照影响，短日照如果在夜晚被打断1h，对美国南方高丛蓝莓的花芽分化也不起作用(Spann *et al.*, 2003)。这是树木花芽分化与光周期关系的最可能例证。与15h的长日照相比，美洲鳄梨的花芽分化及开花时间均因9h的短日照而减少，但这一现象可能与光合作用的时期和日常碳同化有关，而不是因为受光周期的影响（Buttrose and Alexander，1978）。

有研究指出，在不同的环境因素诱导下，树木累积的成花素可能是相同的。*FT*（*Flowering locus T*）基因的表达可能因低温诱导，也可能由长日照或短日照诱导。中间型植物的日照也会诱导 *FT* 基因的表达。长日照诱导拟南芥 *FT* 基因在叶片中积累，而适宜的温度或高盐环境能通过积累 *FT* 蛋白诱发拟南芥提前开花（Balasubramanian *et al.*，2006；Ryu *et al.*，2011）。

1.2.1.5 花芽分化的调控

虽然花芽是由枝条的分生组织分化而来的，但许多植物引发花芽分化的第一次生化变化却发生在叶片中。因此，抑制或引起花芽分化的内外因素是由叶片来整合的，最终影响花芽诱导的程度。例如，光周期对开花的诱导是由叶片来感知的，叶片感知日照时间变化后，产生一种被称为成花素（Florigen）的可移动蛋白，这种蛋白通过韧皮部转运到茎分生组织。当然，也有研究发现，环境因素通过直接作用到分生组织来影响开花基因（Searle *et al.*，2006）。抑制牵牛花开花的环境信号会直接作用于分生组织，使其不能开花，即使让牵牛花的叶片曝露在诱导开花的环境下，也不能使其开花。因此，对不同的植物来说，花芽分化的原始诱导可能来自叶片，也可能来自叶片和分生组织，也可能只来自分生组织（Samacha and Smith，2013）。

有证据表明，成花素是一种蛋白质，由拟南芥的 *FT*（*Flowering locus T*）及其孪生基因编码（Turck *et al.*，2008）。许多植物具有拟南芥开花抑制基因（*TERMINAL FLOWER* 1）（*TFL*1），*TFL*1 编码的蛋白抑制拟南芥分生组织进行花芽分化（Ratcliffe *et al.*，1999）。试验表明，*TFL*1 和 *FT* 调控同一组具有促进开花功能的基因。*FT*/*TFL*1 的比值不仅能调控开花，还能控制分生组织的稳定性。叶片或分生组织中 *FT* 编码的转录子的积累或 *TFL*1 编码的转录子的减少，发生在许多木本植物分生组织花芽分化之前（Pin and Nilsson，2012）。杨树基因组中包含两个旁系同源的 *FT* 基因，它们的功能似乎不同。杨树 *FT*1 响应冬天的低温，在休眠芽的早期成型叶中即时转录，当春夏之际温度上升时，*FT*1 下调。*FT*2 则在叶和生殖芽中转录。*FT*1 是促进花芽分化的，而 *FT*2 则促进营养生长，抑制休眠。果树也存在这种调控作用，例如，*FT* 编码基因的过量表达能引起柑橘和苹果提前开花，而 *TFL*1 编码基因的减少表达也能导致苹果和梨提前开花（Samacha and Smith，2013）。

分生组织向花原基转变的过程中，许多基因和生物信号参与了调控。其中大多数基因集中在成花位点 T（*Flowering locus T*，*FT*）（图 1-2）。*FT* 被看成是能形成成花素的重要基因位点（Turck *et al.*，2008）。*FT* 主要在成熟叶片组织中表达，以回应有利于开花的环境条件。当然，也有证据表明，*FT* 在幼叶、茎尖和休眠芽中表达（Ruonala *et al.*，2008）。科学界已经知道，叶片中表达的 *FT* 能够通过韧皮部传递，运送到分生组织，并在分生组织中诱导花芽的形态发生。

诱导成花的基因有 *APETELA*1（*AP*1）和 *LEAFY*（*LFY*）。其中 *AP*1 直接由 *FT* 基因诱导；*LFY* 则直接由过表达抑制常数（SUPPRESOR OF OVEREXPRESSION OF CONSTANS 1，*SOC*1）基因诱导。而 *FT* 和 *SOC*1 则已明确由 *CONSTANS*（*CO*）基因上调，由转录子（*Flowering locus C*，*FLC*）基因下调。*CO* 基因则是由光照通过构成生物钟的基因编码组

成和光敏素 A 调控(Horvath, 2009)。

环境和发育信号，如染色质重构和对长期低温春化作用的反应等，也对 *FT* 基因具有调控作用(Pineiro *et al.*, 2003)。*FT* 基因的表达也受另一个称为短营养期(*SHORT VEGETATIV PHASE*, *SVP*)MADs-box 转录子的抑制。与转录子 *FLC* 类似，*SVP* 绑定于 *FT* 基因的多种调控序列上，抑制 *FT* 基因的表达。当然，*SVP* 主要涉及适宜温度下对 *FT* 的调控，而 *FLC* 则在对春化作用的回应中起主要作用(Lee *et al.*, 2007)。除 *FLC* 基因外，所有植物都具有功能同源的花芽调控基因。两种典型的多年生模式植物杨树和多叶大戟，具有与 *FLC* 相关的同源基因，即 *MDAS AFFECTING FLOWERING* 2(*MAF*2)。另外，*FT* 基因家族在多年生植物杨树中的扩大也是值得注意的(Igasaki *et al.*, 2008)。

光照和温度通过影响生物钟基因的表达来影响植物开花。现已发现许多与开花相关的生物钟调控基因，如早花3(*EARLY FLOWERING* 3, *ELF*3)和早花4(*EARLY FLOWERING* 4, *ELF*4)等基因。很显然，日照时间有助于生物钟调控基因的激活。但日照时间同时更会通过激活红光感受器光敏色素 *A*(*PHYA*)基因直接改变开花时间。在低光照强度的情况下，*PHYA* 基因表达，将生物钟打乱，从而改变开花时间(Somers *et al.*, 1998)。*PHYA* 基因表达还会抑制拟南芥在长日照条件下对开花诱导的感知(Reed *et al.*, 1994)。*PHYA* 基因表达对开花的影响至少有一部分是由于 *PHYA* 基因连同 *GIGANTEA* (*GI*)基因直接调控 *CO* 基因的表达，而 *CO* 基因诱导 *FT* 基因表达，*FT* 调控花芽诱导。短日照抑制拟南芥开花。*SVP* 和 *FLC* 也调控 *FT* 的表达(Lee *et al.*, 2007)。

有大量报道涉及温度对开花时间的调控。温度与光照信号交互作用，调控 *FLC*、*CO* 和 *FT* 等与开花有关的基因(Franklin, 2009)。有证据表明，光反应通过传输光敏素来改变温度反应(Halliday *et al.*, 2003)。也有报道认为，温度直接影响光敏色素 *B* (*PHYB*)基因的表达，继而影响 *FT* 基因的表达，最终调控开花(Halliday *et al.*, 2003)。虽然 Halliday 等(2003)的研究强调了 *CO* 和 *FLC* 基因的作用，但在低温条件下，*FLC* 的表达水平提高了，这可能是 *FT* 下调的原因。同样，温度也会改变 *CO* 基因的稳定性，其结果是减少 *FT* 的表达。同样的可能性是，*FLC* 类似蛋白改变 *FT* 的表达(Horvath, 2009)。

在短日照条件下，需要 GA 来诱导开花，通过 *SOC*1 和 *LFY* 来调控(Blazquez et *al.*, 1998; Moon *et al.*, 2003)。事实上，缺失 GA 的基因型在短日照条件下是不能开花的。然而，这样的基因型如果 FT 过度表达，则也会开花。这说明 GA 在 *FT* 诱导的上游至少起部分调控作用(Blazquez *et al.*, 2000)。ABA 通常与 GA 起相反的作用，其抑制花芽的形成。ABA 和乙烯都是通过影响 DELLA 蛋白来影响开花，而 DELLA 蛋白是传导 GA 信号所必需的(Achard *et al.*, 2006)。

水杨酸(salicylic acid, SA)也是已知能促进开花的生长调节物质。其作用机理是通过与小泛素相关修饰物 SMALL UBIQUITIN - RELATED MODIFIER(SUMO) E3 连接酶以及 SAP AND MIZ1 (SIZ1)相互作用，改变 *FLC* 基因核染色质的结构(Jin *et al.*, 2008)。生长素和细胞分裂素也是花芽形成所需要的激素。但这些激素对 *FT* 基因起下调作用，通常认为是花器官生长和发育所需要的。

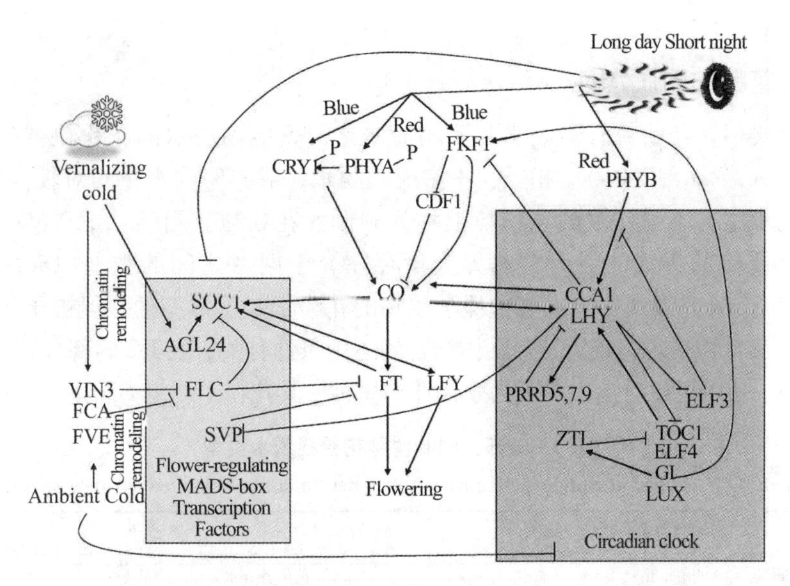

图 1-2 成花基因调控过程简图(引自 Horvath, 2009)

Fig. 1-2 A simplified schematic showing some of the floral regulatory genes that control flowering through regulation of *FLOWERING LOCUS T* (*FT*) (Horvath, 2009)

1.2.2 传粉受精

1.2.2.1 花粉传播

大多数温带树种都是风媒传粉，开花时间短，受温度等环境因子影响大。而对热带树种来说，环境因子的影响相对较小。松树花粉飞散期与雌球花可授期不同步，是造成受精率偏低的重要原因。对许多风媒传粉的树种来说，花粉云对坐果非常重要，如果不能形成花粉云，则往往会造成授粉不足。人工辅助授粉能在一定程度解决授粉不足的问题，但对树体高大的母树难以实施(Owens, 1995)。

大多数热带阔叶树种都是虫媒传粉，了解树木和传粉者的物候非常必要。有的树种其传粉昆虫很单一，有的树种传粉昆虫种类较多，昆虫取食的植物种类也较多。为了解决昆虫的巢穴和食物问题，完全清除林分中杂草灌木的做法并不可取。因此，对许多热带阔叶树木种子园来说，应加大株行距和加大修剪，增加授粉空间，同时有选择的保留林下杂草灌木，增加授粉昆虫的种群数量(Owens, 1995)。

南美洲安第斯山脉南麓有一种斛寄生植物(*Tristerix corymbosus*)，其花期在冬季，由于温度低，其传粉媒介蜂鸟的传粉具有不确定性，因此，该植物自花授粉是可育的。但研究表明，如果缺少蜂鸟传粉，则斛寄生植物的坐果率较低，而蜂鸟较多时，其坐果率能显著提高，说明异花传粉的重要性(Aizen, 2005)。受传粉者的限制，一些兰科植物会通过延长花期来提高坐果率。这就需要花粉具有耐脱水能力和较长寿命。研究表明，4 种依靠虫媒传粉的兰科植物(*Anacamptis morio*, *Dactylorhiza fuchsii*, *D. maculata* and *Orchis mascula*)，其花粉在开花前萌发率和耐脱水能力显著增加，花粉寿命和耐脱水能力与正常型种子相当，这是其适应传粉者不确定的一种生存策略(Marks *et al.*, 2014)。

1.2.2.2　花粉的耐脱水性

与种子类似，花粉粒有耐脱水和不耐脱水之分，能耐脱水的花粉粒被称为正常型花粉粒(Pacini *et al.*，2006)。相反，不耐成熟脱水，成熟时含水量相对较高，易萌发，对脱水损伤敏感，不耐贮藏的花粉粒被称为顽拗性花粉粒。当然，正常型与顽拗性的划分并没有严格的界线，因为自然界大量存在介于两者之间的类型(Dickie and Pritchard, 2002)。研究发现，绝大多数裸子植物的花粉都是正常型的。但被子植物就相对复杂一些，其花粉是否为顽拗性与具体树种的适生条件有关。表1-2为部分阔叶树种花粉耐脱水类型，从中可以看出，种子为顽拗性的树种，其花粉不一定为顽拗性；反之亦然。

表1-2　部分阔叶树种花粉耐脱水类型

Tab. 1-2　Types of pollen desiccation tolerance in some broadleaved tree species

正常型	顽拗性
Acer platanoides L.（Aceraceae）	*Bauhinia forficata* Link（Fabaceae）
A. saccharum Marshall（Aceraceae）	*Betula alba* L.（Betulaceae）
A. circinatum Pursh（Aceraceae）	*B. pendula* Roth.（Betulaceae）
A. pseudoplatanus L.（Aceraceae）	*Betula alnus* L.（Betulaceae）
A. saccharinum Wangenh.（Aceraceae）	*Alnus glutinosa* Medik.（Betulaceae）
Aesculus hippocastanum L.（Hippocastanaceae）	*Celtislaevigata* Willd.（Ulmaceae）
Arbutus unedo L.（Ericaceae）	*Liquidambarstyraciflua* L.（Hamamelidaceae）
Camellia thea Link ¼ *C. sinensis* Kuntze（Theaceae）	*Opuntia* spp.（Cactaceae）
Castanea sativa Mill.（Fagaceae）	*Ostryacarpinifolia* Scop.（Corylaceae）
Fagus sylvatica L.（Fagaceae）	*Pistacia vera* L.（Anacardiaceae）
Ceratonia siliqua L.（Fabaceae）	*Carya oliviformis*（Michx.）Nutt.（Juglandaceae）
Fraxinus spp.（Oleaceae）	*Corylus avellana*L.（Corylaceae）
Myrtus communis L.（Myrtaceae）	*Juglans regia* L.（Juglandaceae）
Olea europea L.（Oleaceae）	*Laurus nobilis* L.（Lauraceae）
Prunus spp.（Rosaceae）	*Mangifera indica* L.（Anacardiaceae）
Quercus emoryi Torr.（Fagaceae）	*Persea gratissima* C. F. Gaertn.（Lauraceae）
Rosmarinus officinalis L.（Lamiaceae）	*P. americana* Mill.（Lauraceae）
Pandanus spp.（Pandanaceae）	*Populus tremula* L.（Salicaceae）
Phoenix dactylifera L.（Arecaceae）	*Populus* spp.（Salicaceae）
Eriobotrya japonica（Thunb.）Lindl.（Rosaceae）	*Ulmus campestris* L.（Ulmaceae）
Litchi chinensis Sonn.（Sapindaceae）	*U. minor* Mill.（Ulmaceae）
Quercus spp.（Fagaceaee）	
Salix caprea L.（Salicaceae）	
Cocos nucifera L.（Arecaceae）	

注：引自Franchi *et al.*，2011。

研究表明，一些植物的花粉在开花后会迅速死亡，因为这些植物的花粉不能维持较高含水量，这类花粉属于顽拗性，如鳄梨、核桃等(Hoekstra *et al.*，1988)。通常可以根据花粉粒的大小判断其是否为顽拗性，花粉粒直径大于100μm通常为顽拗性(Dickie and Pritchard, 2002)。另外，花粉粒表面没有沟槽者为顽拗性，有沟槽者为正常型，因为沟槽有利于花粉粒脱水后体积和形状发生变化(图1-3、图1-4)。

1.2.2.3 自交不亲和性

通常认为，针叶树不会发生自交不亲和现象(Sedgley and Griffin, 1989)。但自交产生的合子存在败育机制。由于存在多次受精，因此，出现多胚现象，但种子发育过程中，源于自交的胚将会败育，而杂交胚则存活下来。对大多数针叶树种来说，如果自交比率很高，种子产量将显著下降。当然，北美黄杉的自交不亲和可能是花粉不萌发，或花粉管不生长，或受精被抑制(Takaso and Owens, 1994)。珠被、珠心、雌配子体或卵细胞的分泌物通常能在一定程度上起到减少自交的作用。

对阔叶树来说，自交不亲和受配子体或孢子体的遗传特性控制，可能出现在不同时期。如花粉发育过程中受雄孢子体母树影响出现花粉膜，其与雌孢子体共同作用，阻止花粉附着在柱头上，或阻止花粉吸水萌发，或抑制花粉管生长。花粉内壁完全是受雄配子体控制而形成的，其与柱头或胚珠组织产生作用，抑制花粉管的生长(Sedgley and Griffin, 1989)。自交不亲和性使种子产量降低，但有利于提高种子质量。银桦(*Grevillea robusta*)具有雄蕊先熟和自交不亲和特性。控制授粉的坐果率由自由授粉的3.3%(7月)提高到17.5%。自花授粉则不结实，其原因是花粉管不生长。因此，自由

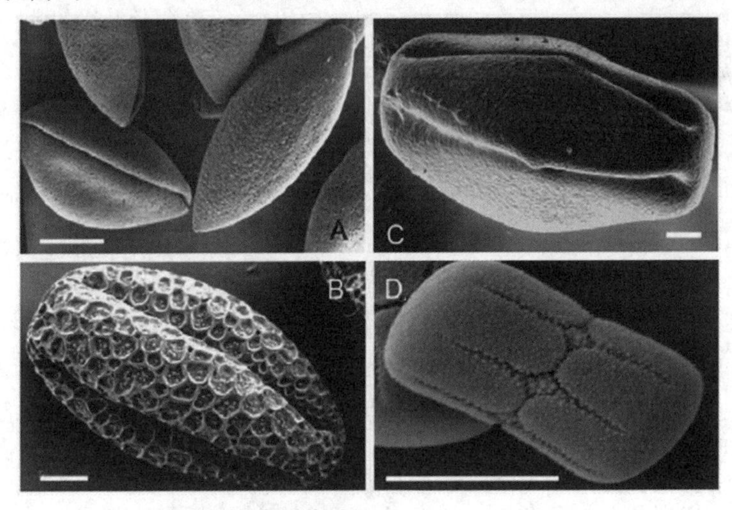

图1-3 正常型花粉(引自 Franchi *et al.*, 2011)

Fig. 1-3 Representative example images of orthodox pollen at presentation(Franch *et al.*, 2011)

A. *Convallaria majalis* L., Liliaceae. B. *Citrullus lanatus* (Thunb.) Mansf., Cucurbitaceae. C. *Cyclanthera pedata* Schrad., Cucurbitaceae. D. *Cerinthe major* L., Boraginaceae. 扫描电子显微镜下(SEM)正常型花粉与顽拗性花粉的区别在于正常型花粉具有沟槽，有利于花粉在脱水或水合状态下体积的减少或增加。图中 *Convallaria majalis* 具一个沟槽，*Citrullus lanatus* 和 *Cyclanthera pedata* 具三个沟槽，*Cerinthe major* 具六个主沟槽。标尺 = 10μm。

A. *Convallaria majalis* L., Liliaceae. B. *Citrullus lanatus* (Thunb.) Mansf., Cucurbitaceae. C. *Cyclanthera pedata* Schrad., Cucurbitaceae. D. *Cerinthe major* L., Boraginaceae. Orthodox and recalcitrant pollen under SEM differ because of the presence of furrows in orthodox pollen, allowing a wider increase and decrease in volume during dehydration and rehydration. Furrows can be one as in *Convallaria majalis*, three as in *Citrullus lanatus* and *Cyclanthera pedata*, or six as in *Cerinthe major*. Sizes vary widely in orthodox and recalcitrant pollen. Cucurbitaceae has members with both orthodox and recalcitrant pollen. Scale bar = 10μm.

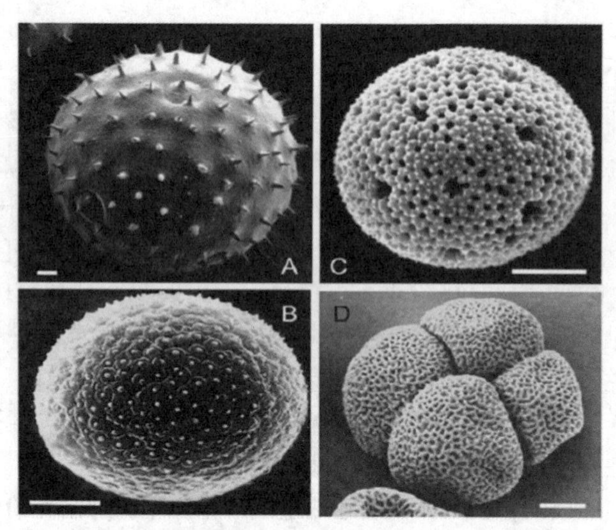

图1-4 顽拗性花粉(引自 Franchi *et al.*, 2011)

Fig. 1-4 Representative example images of recalcitrant pollen at presentation(Franch *et al.*, 2011)

A. *Cucurbita pepo* L., Cucurbitaceae. B. *Laurus nobilis* L., Lauraceae. C. *Daphne sericea* Vahl, Thymelaeaceae. D. *Typha latifolia* L., Typhaceae. 扫描电子显微镜下(SEM)正常型花粉与顽拗性花粉的区别在于正常型花粉具有沟槽(如图1-3),顽拗性花粉不具沟槽。*L. nobilis* 和 *T. latifolia* 为既无沟槽又无孔隙的花粉粒(图1-4B 和图1-4D)。*C. pepo* 和 *D. sericea* 具有较多孔隙(图1-4A 和图1-4C)。标尺 = 10μm。

A. *Cucurbita pepo* L., Cucurbitaceae. B. *Laurus nobilis* L., Lauraceae. C. *Daphne sericea* Vahl, Thymelaeaceae. D. *Typha latifolia* L., Typhaceae. Orthodox and recalcitrant pollen under SEM differ because of the presence of furrows in orthodox pollen (see Fig. 1-3). Furrows are always absent in recalcitrant pollen. Recalcitrant pollen are devoid of furrows and may have no pores as in *L. nobilis* and *T. latifolia* where grains are dispersed in tetrads, or many pores as in *C. pepo* and *D. sericea*. Sizes vary widely in orthodox and recalcitrant pollen. Cucurbitaceae has members with both orthodox and recalcitrant pollen. Scale bar = 10μm.

授粉情况下，自交比率越大，结实率越低(Kalinganire *et al.*, 2000)。

通过人工辅助授粉、合理的无性系配置和种子园管理，有利于解决针叶树种子园的自交不亲和问题，提高种子产量(Webber, 1991)。对热带阔叶树种来说，通过合理控制种植密度，增加授粉昆虫种群数量，有利于减少因自交不亲和造成的胚珠或幼果败育，提高种子产量。

1.2.3 种实发育

林木种实发育(seed development)通常需要经历较长时间。发育过程中，受各种内外因素影响，幼果存在败育现象，不同树种的雌花成果率差异较大。有的树种 1000 朵雌花才可能得到一个果实，有的树种两朵雌花就能得到一个果实。影响果实发育的因素主要有雌花的受精情况、果实和种子的天敌、气候条件、母树提供果实发育所需营养的能力等(Stephenson, 1981)。Owens(1995)在种子生产的限制因素一文中指出，种实发育过程中林木结实的生物学限制因素主要有胚珠败育、胚败育和果实或种子没能充分成熟等。

1.2.3.1 胚胎败育

种子/胚珠(S/O)因树种和结实年份不同而不同。针叶树每球花的胚珠数有的只有几个(如柏科)，有的有几百个(如松科和南洋杉科)。在温带地区，早期的胚胎败育可能是春季传粉后出现低温引起的(Owens *et al.*, 1990)。种子害虫可能会在小球果中产卵，病菌也会危害胚珠或幼小的种子。通过科学的种子园管理能使损伤减少。许多针叶树在球果的底部或顶部存在较多发育不良的种子，这种发育现象还没有好的解决办法。大多数针叶树胚胎败育的原因是传粉受精不良。松科、柏科和南洋杉科的许多树种未受精的胚珠在受精前发育良好。未受精的种子会发育种皮，外观良好，但是空粒或仅含退化的雌配子体(Owens *et al.*, 1990、1991)。有研究发现，对松树来说，一个球果中如果有20%的胚珠败育，则整个球果将会败育。对针叶树来说，解决胚胎败育的主要方法就是通过种子园的无性系配置及经营管理，确保充分的杂交。

热带阔叶树种每朵花的胚珠数量也有较大差异，有的仅4个(如柚木和紫檀)，有的有16个(如金合欢)，龙脑香科树种有6个。每个果实中的种子数通常会大大少于每朵花中的胚珠数，如柚木和紫檀1~2个，金合欢2~16个，龙脑香科树种通常仅1个。温带阔叶树种栎类和桦木类，每朵花有4~6个胚珠，但能存活的胚珠只有1个。胚珠败育减少种子产量，但这也是树木的自然选择机制，其能确保存活的胚珠具有更高的活力。败育实际上是种子产量和种子质量的天然平衡(Stephenson and Winsor, 1986)，使母树的种子产量与可用的自然资源相适应。

阔叶树胚胎败育通常是因为缺少花粉而引起的，但也存在一些别的复杂因素。例如，靠近营养源的胚珠存活几率高。从生化角度分析，受精情况越好，产生的植物激素越多，则胚珠能获得更多营养，其存活概率越大。

1.2.3.2 胚、种子和果实的发育和成熟

胚可能因为雌配子体的退化而败育。许多针叶树存在多胚现象，这提高了每个胚珠存活1个胚的可能性。因此，尽管胚败育是普遍现象，但只有胚珠中所有的胚都败育才会引起种子产量的降低。相比之下，阔叶树多胚现象很少，因此，任何胚的不正常均影响整个种子产量。无论针叶树还是阔叶树，随着胚的发育，胚败育的几率逐步变小。表1-3为部分树种雌花坐果率、成果率和果实保留率，从中可以看出，不同树种的成果率差异很大。

表1-3 部分树种雌花坐果率、成果率和果实保留率

Tab. 1-3 Fruit set rate of female flowers, fruit bearing rate and fruitretention rate in some tree species

树 种	雌花坐果率(%)	雌花成果率(%)	果实保留率(%)	文 献
杧果(*Mangifera indica*)	13~28	<0.1~0.4	—	Singh(1960)
橡胶树(*Hevea brasiliensis*)	16.7	4.0	24	Purseglove(1968)
北美红栎(*Quercus alba*)	44.4~71.6	1.3~5.1	3.7	Williamson(1966)
加州七叶树(*Aesculus californica*)		5.1		Benseler(1975)
红花七叶树(*Aesculus pavia*)		1.2~11.5		Bertin(1980)
西黄松(*Pinus ponderosa*)		28		Roeser(1941)
辐射松(*Pinus radiata*)		50		Sweet and Thulin(1969)
欧洲赤松(*Pinus sylvestris*)		0~80		Sarvas(1962)
火炬松(*Pinus taeda*)		17		Goyer and Nachod(1976)
橙子(*Citrus sinensis*)	34.9~61.5	0.2~1.0	0.6~1.6	Erickson and Brannaman(1960)

1.2.3.3 种实发育过程中的生理生化变化

Hakman(1993)对挪威云杉(*Picea abies*)的研究发现，贮藏蛋白在雌配子体阶段就开始积累，几周后，胚生长和器官分化进入快速期，此时贮藏蛋白也在胚中出现。成熟的挪威云杉种子中，油体逐渐富集。虽然种子发育过程中雌配子体和胚中的质体均以淀粉粒为主，但脱水干燥后的种子组织中没有发现淀粉粒。

Chiwocha and Aderkas(2002)用酶联免疫法分析了北美黄杉种子发育过程中内源生长调节物质的变化，结果发现，玉米素(Z)的含量范围为0～25 ng/g DW，授粉后8周在雌配子体中出现峰值。在胚胎发生期，玉米素(Z)的含量在授粉后13周达到峰值。研究期间没有检测到玉米素核苷的存在。异戊烯腺嘌呤(iP)含量在授粉后10～13周上升，而异戊烯腺苷(iPA)浓度则在受精后13周升高。授粉后9周，吲哚乙酸(IAA)含量最高，在胚胎发生期间，IAA的积累出现在授粉后的11、13和15周。IAA的含量范围为0～0.43μg/g DW。吲哚天冬氨酸(IAAsp)浓度在授粉后14周达到峰值。脱落酸(ABA)的含量在授粉后11～13周上升，变化范围为0.1～13μg/g DW，相比之下，脱落酸葡萄糖酯(ABA-GE)则在9周的分析期间相对稳定。

Dodd等(1989)研究了受精后长叶罗汉松24周的种子发育过程，结果发现，虽然胚和雌配子体的干重稳步上升，但糖类、氨基酸、蛋白质和脂肪的变化趋势不尽相同。只有淀粉在发育过程中稳定增加，成熟的胚中脂肪含量较高，游离氨基酸含量一直增加，直到种子成熟脱落。种子成熟脱落时含水量较高，为顽拗性种子，其贮藏营养物质含量丰富，各细胞器功能发育完全。

1.2.3.4 种实发育过程中的生化调控

生长调节物质(生长素、赤霉素和细胞分裂素)在种实发育过程中起重要作用。无机养分和水以及来自叶片的碳水化合物也非常重要，果实总是从离其最近的叶片中吸取营养(Stephenson, 1981)。

对非单性结实的林木来说，子房在成功受精以后开始膨大，果实开始发育，同时花瓣萎蔫并凋落(Leopold and Kriedemann, 1975)。这一变化是由植物激素调控的(Schwabe and Mills, 1981)。开花期间，单性结实脐橙花柱中的ABA含量会显著上升(Harris and Dugger, 1986)。而ABA含量的上升与受精和坐果是否相关，则还需要进一步研究。Kojima(1996)的研究发现，柑橘开花之时，其雄蕊中的ABA含量比花前5d下降30%，而雄蕊和花瓣中的IAA含量则上升两倍。花后8d(DAA)，花柱和幼果中的ABA和IAA含量则显著升高，特别是受精的花中，ABA和IAA含量达到最高峰。受精的幼果中，GA含量持续上升，而未受精的幼果则在花后8d无变化。这说明，花器和幼果的发育与激素调控密切相关。

柑橘子房中赤霉素的积累通常看作坐果的激活信号。正常发育的果实，通常果皮中叶绿素含量高，而败育的果实，其果皮的叶绿素含量则低。赤霉素/抑制物质(G/I)比值越大，果实发育越好。同时，在败育的果实中会有ABA及其他生长物质的积累。另外，发育的花器官或果实中如果茉莉酸含量高，则果实容易败育。因此，ABA和茉莉酸类物质在柑橘坐果及早期发育中起重要抑制作用(Pozo, 2001)。

油橄榄果实在采前和采后都会因遭受昆虫危害而严重变质，从而使果实质量下降。遭受病虫危害后，油橄榄的自我防御机制与E型葡萄糖苷酶有关，该酶水解橄榄苦苷，产生非常活跃的乙醛分子(Spadafora *et al*., 2008)。Spadafora等(2008)研究了对虫害敏感性不同的两个油橄榄品种，对E型葡萄糖苷酶的组织化学分析结果表明，害虫侵染20分钟内，两个品种受侵害组织的E型葡萄糖苷酶活性很强。随后，受侵染组织周围细胞的E型葡萄糖苷酶活性逐渐减弱，3h后完全失活。生物化学分析表明，受侵染油橄榄果实的E型葡萄糖苷酶活性在受伤的20min内迅速上升，随后下降，直至未受伤组织的水平。穿刺试验结果表明，对虫害敏感品种的橄榄苦苷含量没有显著变化，但对虫害敏感品种的橄榄苦苷含量迅速下降，这一结果说明，对虫害敏感的油橄榄品种，受侵染后通过降解橄榄苦苷，提高E型葡萄糖苷酶活性，在受伤组织中产生活跃分子。穿刺研究结果还发现，高活性的过氧化氢酶可能在油橄榄防御害虫的过程中起关键作用(Spadafora *et al*., 2008)。

1.2.4 结实周期性

林木结实量有大(丰)、小(歉)年之分，这种丰歉年交替出现的现象称为结实的周期性(alternate bearing)。林木结实周期性出现的首要原因是营养问题。大量结实会抑制营养生长和花芽分化，林木当年大量结实就意味着来年开花结实很少。同时，来年的营养生长会比较旺盛(Samacha and Smith, 2013)。由于大量结实抑制营养生长，导致腋芽少，而腋芽是形成花芽的基础。同时，大量结实还会降低腋芽分化成花芽的几率(Monselise and Goldschmidt, 1982)。大多数林木春季开花，但花芽分化通常发生在9个月以前，即结实头年的夏季。也有部分树木开花前数周开始花芽分化，但这时的花芽分化也可能与冬天的低温有关(Wilkie *et al*., 2008)。林木结实的周期性受正反两方面的因素调控，正向因素包括低温、干旱等环境因子，负向因素包括高赤霉素含量、高果实产量等因子，而开花位点T(*FT*)编码基因(成花基因)的转录调控则承担整合上述正反因素的任务(Samacha and Smith, 2013)，如图1-5所示。

油橄榄(*Olea europaea*)结实存在大小年现象，结实量与环境条件关系密切，特别是因各产区的气候条件而异。气候等环境条件不仅直接影响生殖器官的生长，而且对树木的内源代谢过程有重要影响，结实周期性的产生与内源代谢途径的激活或抑制有关(Lavee, 2007)。在无灌溉的条件下，油橄榄的产量仅7~8t/hm^2，在水肥条件好的情况下则生产潜力巨大。油橄榄丰歉年的变化幅度在5~30t/hm^{2}之间。

Monerri等(2011)对甜橙的研究表明，与结实歉年相比，大量结实不会影响树木的光合作用。结实树木在成熟果实中积累大部分的光合产物，果实采收前没发现根系中有光合产物积累。未结实的树木将部分光合产物运送至根部，并用于生长过程。在生长季末，这些光合产物被贮存起来。无论结实树还是未结实树，12月初在叶中贮存碳水化合物，其水平相当，直到次年春天芽萌发。结实歉年后出现结实大年，贮存碳水化合物得到动员，并在完全开花后耗尽。研究发现，没有证据表明结实需求或碳水化合物水平对光合碳固定具有调节作用。贮藏的碳水化合物与坐果没有关系或作用微弱。坐果与新的光合产物关系密切(Monerri *et al*., 2011)。

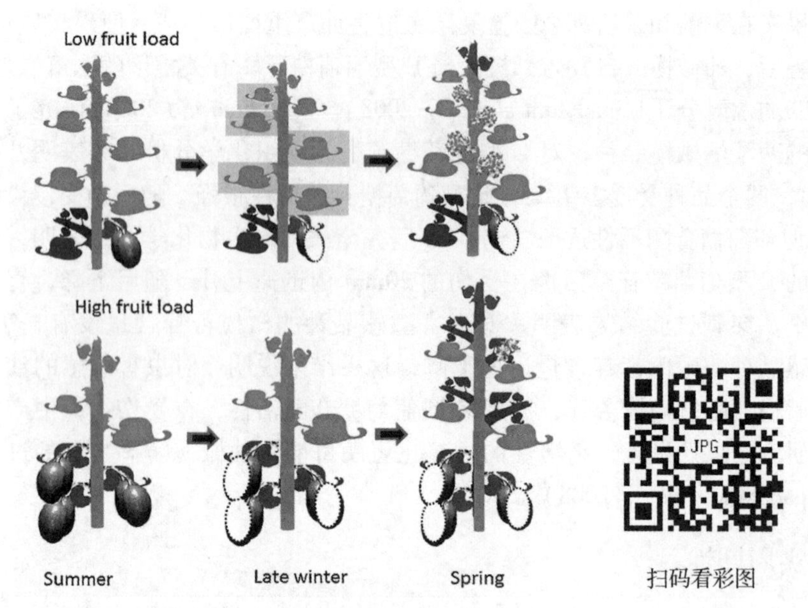

图 1-5　大量结实和环境因素对开花的影响(引自 Samacha and Smith, 2013)

Fig. 1-5　The effect of fruit load and environment on flowering(Samacha and Smith, 2013)

某假定植物叶腋花芽分化模型(红色箭头)。模型中，大量结实抑制叶腋花芽分化。大量结实植株枝条顶端的节数减少。该假定植物夏季结实，冬季结束前果实成熟，并保持大量结实的记忆(见果实上的圆点)。春天萌芽期着生花序，营养芽也萌发。叶片颜色不同表示其生长年龄不同。

This model describes a hypothetical species in which floral induction (red glow) occurs in leaves in response to cold winter temperatures. In this model, we propose that high fruit load inhibits flower induction in the leaves. The number of nodes formed by the shoot apex (SA) is reduced in branches with high fruit load. Fruit are present in the summer, yet in this hypothetical species, fruit reaches ripening before the end of winter. Yet, these trees maintain a memory of the fruit load (dotted circle on fruit). Bud release in the spring produces inflorescences in buds in which floral evocation and initiation have occurred. At this time, vegetative buds are also released. Leaf colors correspond to the year in which they developed.

1.3　林木开花结实研究方法

1.3.1　物候学研究

开花结实物候学是研究开花结实的简便易行手段，一般不需要复杂的仪器设备，种子生产基地的技术人员就能开展开花结实的物候学研究工作。通过对不同树种开花结实过程的实时观测，了解林木的始花期、盛花期、末花期，果实发育期、成熟期、脱落期等重要物候，有利于及时采取适当的经营措施，如花期的人工授粉，果期的水肥管理，果实的及时采收等。这对提高种实产量和质量十分重要。

研究过程中，还可以观测记录气温、降雨等气候因子对开花结实的影响，如温度对花期、果实成熟期的影响，降雨对传粉受精的影响等，从而为林木种子生产提供更精准的物候信息，为林木种子生产基地的科学管理打下坚实基础。

1.3.2　解剖学研究

解剖学研究是指利用光学显微镜、扫描电子显微镜、透射电子显微镜、荧光显微镜、激光扫描共聚焦显微镜等技术手段，对林木开花结实过程中的显微结构变化进行观察，揭示林木开花结实过程的解剖学机制。林木花芽分化、传粉受精、种胚发育是解剖学观察的重要时期，通过观察，可以掌握花芽分化、传粉受精和种胚发育的精确时间和变化过程，了解胚胎败育的过程，掌握种子发育过程中淀粉、脂肪和蛋白质等贮藏营养物质积累的过程。如 Engin and ÜNAL(2007)利用扫描电子显微镜观察了甜樱桃(*Prunus avium*)和扁桃(*P. persica*)花芽分化的过程。通过观察甜樱桃和扁桃腋芽顶端分生组织的变化，结果发现，甜樱桃于7月5日(花后85d)顶端分生组织开始膨大，意味着从营养生长向生殖生长转变。花原基于7月15日开始分化，花萼原基于7月25号分化，花瓣原基则于8月4日形成，雄蕊原基于8月4日~8月24日完成分化，随后是雌蕊，花器于8月底全部完成分化。扁桃于7月8日(花后109d)顶端分生组织开始膨大，即从营养生长向生殖生长转变。各花部器官原基的分化顺序为花萼、花瓣、雄蕊、雌蕊。花萼原基出现于8月17日，花瓣原基出现于8月27日，雄蕊出现于9月16日，随后是雌蕊，花器分化于9月底结束。

1.3.3 生理生化研究

林木开花结实是在一系列内外因素的共同作用下发生的，其中有许多重要的生理生化变化值得研究。如激素水平、树体营养和酶活性与花芽分化的关系，光周期、干旱胁迫和低温对花芽分化的影响及其生理生化机制，自交不育和胚胎败育的生理生化机制，种子和果实发育过程中营养物质的积累和激素水平的变化等。

目前生理生化研究的技术手段包括常规生理生化测定，如用蒽酮比色法测定可溶性糖和淀粉含量，考马斯亮蓝 G-250 法测定可溶性蛋白质含量，索氏提取法测定粗脂肪含量等。先进的生理生化测定手段则有高效液相色谱分析、气相-质谱分析等。激素含量传统的测定方法是酶联免疫法，更先进的方法有高效液相色谱法和质谱法等。矿质营养可以采用元素分析仪和电感耦合等离子质谱仪等进行测定。

林木开花结实领域生理生化测定的指标有以下几类：①植物激素含量，如赤霉素、生长素、细胞分裂素、脱落酸和乙烯等；②树体和种实营养，如碳水化合物、蛋白质和脂肪及其组分等；③种实发育过程中相关酶活性，如淀粉合成相关酶、蛋白合成相关酶、脂肪合成相关酶等；④与低温诱导、干旱胁迫、光周期相关的代谢产物及其酶活性，与自交不育、胚胎败育和种子腐烂等相关的代谢产物及其酶活性等。

1.3.4 分子生物学研究

随着分子生物学技术的不断进步，林木开花结实领域的分子生物学研究得到了快速发展，在林木花芽分化、传粉受精、胚胎发育、种子成熟等方面的基因调控、蛋白质调控和代谢调控方面的研究取得了巨大进展，发现了一系列与开花结实相关的基因，这些基因的功能及其作用机理不断被揭示。与开花结实相关的蛋白质组及其功能，代谢组及其功能也在逐步阐明。这些基础研究成果将为未来林木种子生产带来革命性变化，使林木种子播种品质和遗传品质产生质的飞越。

林木开花结实领域的分子生物学研究主要包括三大领域，即基因组、蛋白质组和代谢组。基因组学(genomics)是研究生物基因组和如何利用基因的一门学问。其中包括以全基因组测序为目标的结构基因组学(structural genomics)和以基因功能鉴定为目标的功能基因组学(functional genomics)。目前，诱导成花的基因 *Flowering locus T*(*FT*)、*APETELA*1 (*AP*1) 和 *LEAFY* (*LFY*)，开花抑制基因 *TERMINAL FLOWER* 1 (*TFL*1)等许多与开花结实相关基因的结构和功能都已经被阐明。

蛋白质组学(proteome)是指在大规模水平上研究蛋白质的特征，包括蛋白质的表达水平，翻译后的修饰，蛋白与蛋白相互作用等，由此获得蛋白质水平上的关于细胞代谢等过程的整体而全面的认识。在林木开花结实蛋白质组学方面，占志勇(2013)利用经典蛋白质组学研究方法成功构建出油桐种仁在发育过程中的蛋白质表达谱，从蛋白质水平对油桐种仁中脂肪酸代谢过程进行了阐述，发现油桐种仁中油脂含量与参与脂肪酸代谢的蛋白表达情况密切相关，油脂含量是由一系列参与脂肪酸代谢的蛋白(酶)共同决定的。研究还发现，在油桐种仁发育的 3 个不同阶段中有 144 个蛋白质发生了差异表达，通过 MALDI - TOF/MS/MS 成功鉴定出其中 76 个，将其分为能量代谢(25%)、脂肪酸代谢(15.79%)、抗性(14.47%)、蛋白酶(11.84%)等 11 个功能类别。

代谢组学(metabonomics)是效仿基因组学和蛋白质组学的研究思想，对生物体内所有代谢物进行定量分析，并寻找代谢物与生理变化的相对关系的研究方式，是系统生物学的组成部分。在林木开花结实领域，碳水化合物、蛋白质和脂肪代谢等都是代谢组学的研究内容，目前这一领域的研究还处于萌芽状态。

参考文献

蒋恕 . 1980. 杉木开花结实的解剖学观察[J]. 南京林产工业学院学报(1)：109 - 114.

随州市森林病虫害防治检疫站 . 2001. 水杉的开花传粉特性[J]. 湖北林业科技(1)：41.

孙时轩 . 1992. 造林学[M]. 2 版. 北京：中国林业出版社 .

索启善 . 1982. 长白落叶松天然林结实规律的研究[J]. 林业科学，18(4)：347 - 356.

汪企明 . 1994. 松树[M]. 南京：江苏科学技术出版社 .

谢国阳，梁一池，林思祖 . 2009. 马尾松开花结实规律研究进展[J]. 三明学院学报，26(4)：446 - 449.

严学成 . 1980. 油茶的花芽分化[J]. 华南农学院学报，1(2)：136 - 144.

俞新妥，陈存及，白育玲，等 . 1981. 杉木花芽分化的观察[J]. 林业科学(1)：46 - 49.

翟明普 . 2011. 现代森林培育理论与技术[M]. 北京：中国环境科学出版社 .

占志勇 . 2013. 油桐种仁不同发育时期表达蛋白质组学研究[D]. 北京：中国林业科学研究院 .

Achard P and Harberd N P 2006. Integration of plant responses to environmentally activated phytohormonal signals[J]. Science, 311: 91 - 94.

Aizen M A. 2005. Breeding system of *Tristerix corymbosus* (Loranthaceae), a winter-flowering mistletoe from the southern Andes[J]. Australian Journal of Botany, 53: 357 - 361.

Alburquerque N, Burgos L, Egea J. 2003. Apricot flower bud development and abscission related to chilling, irrigation and type of shoots[J]. Scientia Horticulturae, 98: 265 - 276.

Balasubramanian S, Sureshkumar S, Lempe J, *et al.* 2006. Potent induction of *Arabidopsis thaliana* flowering by elevated growth temperature[J]. PLoS Genetics, 2: e106.

Bangerth K F. 2009. Floral induction in mature, perennial angiosperm fruit trees: similarities and discrepancies with annual/biennial plants and the involvement of plant hormones[J]. Scientia Horticulturae , 122: 153 -

163.

Batten D J and McConchie C A. 1995. Floral induction in growing buds of lychee (*Litchi chinensis*) and mango (*Mangifera indica*)[J]. Australian Journal of Plant Physiology, 22: 83 - 791.

Benseler R W. 1975. Floral biology of California buckeye[J]. Madrono, 23: 41 - 53.

Beppu K, Kataoka I. 1999. High temperature rather than drought stress is responsible for the occurrence of double pistils in 'Satohnishiki' sweet cherry[J]. Scientia Horticulturae, 81: 125 - 134.

Beppu K, Kataoka I. 2000. Artificial shading reduces the occurrence of double pistils in 'Satohnishiki' sweet cherry[J]. Scientia Horticulturae, 83: 241 - 247.

Bertin R I. 1980. The reproductive biologies of some hummingbird-pollinated plants[D]. Ph. D. Dissertation. University of Illinois, Urbana, IL.

Bertelsen M G, Tustin D S, Waagepetersen R P. 2002. Effects of GA3 and GA4 + 7 on early bud development of apple[J]. Journal of Horticultural Science and Biotechnology, 77: 83 - 90.

Blazquez M A, Green R, Nilsson O, *et al.* 1998. Gibberellins promote flowering of *Arabidopsis* by activating the LEAFY promoter[J]. Plant Cell, 10: 791 - 800.

Blazquez M A and Weigel D. 2000. Integration of floral inductive signals in *Arabidopsis*[J]. Nature, 404: 889 - 892.

Bonnet-Masimbert M. 1987a. Floral Induction in Conifers: a Review of Available Techniques[J]. Forest Ecology and Management, 19: 135 - 146.

Bonnet-Masimbert M. 1987b. Preliminary results on gibberellin induction of flowering of seedlings and cuttings of Norway spruce indicate some carry-over effects[J]. Forest Ecology and Management, 19: 163 - 171.

Boss P K and Thomas M R. 2002. Association of dwarfism and floral induction with a grape 'green revolution' mutation[J]. Nature, 416: 847 - 850.

Boss P K, Buckeridge E J, Poole A *et al.* 2003. New insights into grapevine flowering[J]. Functional Plant Biology, 30: 593 - 606.

Brown D S. 1952. Relation on irrigation practice to the differentiation and development of apricot flower buds [J]. Proceedings of American Society of Horticulture Science, 114: 95 - 102.

Bukovac M J. 1968. TIBA promotes flowering and wide branch angles[J]. American Fruit Grower, 88: 18.

Bukovac M J, Sabbatini P and Schwallier P G. 2006. Modifying alternate bearing of spur-type 'Delicious' apple with ethephon[J]. HortScience, 41: 1606 - 1611.

Buttrose M S. 1970. Fruitfulness in grape-vines: the response of different cultivars to light, temperature and daylength[J]. Vitis, 9: 121 - 125.

Buttrose M S, Alexander D M. 1978. Promotion of floral initiation in 'Fuerte' avocado by low temperature and short daylength[J]. Scientia Horticulturae, 8: 213 - 219.

Callejas R and Bangerth F. 1997. Is auxin export of apple fruit an alternative signal for inhibition of flower bud induction[J]. Acta Horticulturae, 463: 271 - 277.

Chaikiattiyos S, Menzel C M, Rasmussen T S. 1994. Floral induction in tropical fruit trees: effects of temperature and water supply[J]. Journal of Horticultural Science, 69: 397 - 415.

Chen W. 1990. Endogenous growth substances in xylem and shoot tip diffusate of lychee in relation to flowering [J]. HortScience, 25: 314 - 315.

Chen w. 1991. Changes in Cytokinins before and during Early Flower Bud Differentiation in Lychee (*Litchi chinensis* Sonn.)[J]. Plant Physiology, 96: 1203 - 1206.

Chiwocha S and Aderkas P. 2002. Endogenous levels of free and conjugated forms of auxin, cytokinins and abscisic acid during seed development in Douglas fir[J]. Plant Growth Regulation, 36: 191 - 200.

Dickie J B and Pritchard H W . 2002. Systematic and evolutionary aspects of desiccation tolerance in seeds. In: Black M, and Pritchard H W, eds. Desiccation and survival in plants. Drying without dying[M]. Wallingford, UK: CABI Publishing, 239 - 259.

Dodd M C, Van Staden J and Smith M T. 1989. Seed Development in *Podocarpus henkelii*: an Ultrastructural and Biochemical Study[J]. Annals of Botany, 64: 297 - 310.

Engin H and ÜNAL A. 2007. Examination of Flower Bud Initiation and Differentiation in Sweet Cherry and Peach by Scanning Electron Microscope[J]. Turkish Journal of Agriculture and Forestry, 31: 373 - 379.

Erickson L C and Brannaman B L. 1960. Abscission of reproductive structures and leaves of orange trees. Proceedings of American Society of Horticulture Sciences, 75: 222 - 229.

Fernandez-Escobar R, Benlloch M, Navarro C *et al.* 1992. The time of floral induction in the olive[J]. Journal of American Society of Horticulture Science, 117: 304 - 307.

Forshey C G, Elfving D C. 1989. The relationship between vegetative growth and fruiting in apple trees[J]. Horticultural Reviews, 11: 229 - 287.

Franchi G G, Piotto B, Nepi M, *et al.* 2011. Pollen and seed desiccation tolerance in relation to degree of developmental arrest, dispersal, and survival[J]. Journal of Experimental Botany, 62(15): 5267 - 5281.

Franklin K A. 2009. Light and temperature signal crosstalk in plant development[J]. Current Opinion in Plant Biology, 12: 63 - 68.

Garcia-Luis A, Almela V, Monerri C, *et al.* 1986. Inhibition of flowering in vivo by existing fruits and applied growth regulators in *Citrus unshiu*[J]. Physiologia Plantarum, 66: 515 - 520.

Garcia-Pallas I, Val J and Blanco A. 2001. The inhibition of flower bud differentiation in 'Crimson Gold' nectarine with GA(3) as an alternative to hand thinning[J]. Scientia Horticulturae, 90: 265 - 278.

Goldberg-Moeller R, Shalom L, Shlizerman L, *et al.* 2013. Effects of gibberellin treatment during flowering induction period on global gene expression and the transcription of flowering-control genes in Citrus buds[J]. Plant Science, 198: 46 - 57.

Goldschmidt E E, Aschkenaki N, Herzano Y, *et al.* 1985. A role for carbohydrate levels in the control of flowering in citrus[J]. Scientia Horticulturae, 26: 159 - 166.

Goldschmidt E E, Tamim M and Goren R. 1997. Gibberelins and flowering in citrus and other fruit trees: a critical analysis[J]. Acta Horticulturae, 463: 201 - 208.

González-Rossia D, Juan M, Reig C, *et al.* 2006. The inhibition of flowering by means of gibberellic acid application reduces the cost of hand thinning in Japanese plums (*Prunus salicina* Lindl.)[J]. Scientia Horticulturae, 110: 319 - 323.

González-Rossia D, Reig C, Juan M, *et al.* 2007. Horticultural factors regulating effectiveness of GA3 inhibiting flowering in peaches and nectarines (*Prunus persica* L. Batsch)[J]. Scientia Horticulturae, 111: 352 - 357.

Goto A, Matsushima Y, Kadowaki T, Kitagawa Y. 2001. Drosophila mitochondrial transcription factor A (d-TFAM) is dispensable for the transcription of mitochondrial DNA in Kc167 cells[J]. Biochemical Journal, 354(2): 243 - 248.

Goyer R A and Nachod L H. 1976. Loblolly pine conelet, cone, and seed losses to insects and other factors in a Louisiana seed orchard[J]. Forest Science, 22: 386 - 391.

Grant J A, Ryugo K. 1984. Influence of within-canopy shading on fruit size shoot growth, and return bloom in kiwifruit[J]. Journal of the American Society for Horticultural Science, 109, 799 - 802.

Guardiola J L, Monerri C and Agusli M. 1982. The inhibitory effect of gibberellic acid on flowering in Citrus [J]. Physiologia Plantarum, 55: 136 - 142.

Hackett W P, Hartmann H T. 1964. Inflorescence formation in olive as influenced by low temperature, photoperiod, and leaf area[J]. Botanical Gazette, 125: 65 - 72.

Hakman I. 1993. Embryology in Norway spruce (*Picea abies*). An analysis of the composition of seed storage proteins and deposition of storage reserves during seed development and somatic embryogenesis[J]. Physiologia Plantarum, 87: 148 - 159.

Halliday K J, Salter M G, Thingnaes E , *et al.* 2003. Phytochrome control of flowering is temperature sensitive and correlates with expression of the floral integrator FT[J]. Plant Journal 33: 875 - 885.

Harris M J, Dugger W M. 1986. Levels of free and conjugated abscisic acid in developing floral organs of the navel orange (*Citrus sinensis*[L.]Osbeck cv. Washington)[J]. Plant Physiology, 82: 1164 - 1166.

Hattasch C, Flachowsky H, Kapturska D, *et al.* 2008. Isolation of flowering genes and seasonal changes in their transcript levels related to flower induction and initiation in apple(*Malus domestica*)[J]. Tree Physiology, 28: 1459 - 1466.

Henriod R E, Jameson P E, Clemens J. 2003. Effect of irradiance during floral induction on floral initiation and subsequent development in buds of different size in *Metrosideros excelsa* (Myrtaceae)[J]. Journal of Horticultural Science and Biotechnology, 78: 204 - 212.

Hoekstra F A, Crowe L M and Crowe J H. 1988. Differential desiccation sensivity of corn and Pennisetum pollen linked to their sucrose contents[J]. Plant, Cell and Environment, 12: 83 - 91.

Horvath D. 2009. Common mechanisms regulate flowering and dormancy[J]. Plant Science, 177: 523 - 531.

Igasaki T, Watanabe Y, Nishiguchi M, *et al.* 2008. The FLOWERING LOCUS T/TERMINAL FLOWER 1 family in Lombardy poplar[J]. Plant and Cell Physiology, 49: 291 - 300.

Ito A, Hayama H, Kashimura Y, *et al.* 2001. Effect of maleic hydrazide on endogenous cytokinin contents in lateral buds, and its possible role in flower bud formation on the Japanese pear shoot[J]. Scientia Horticulturae, 87: 199 - 205.

Iwahori S, Garcialuis A, Santamarina P, *et al.* 1990. The influence of ringing on bud development and flowering in 'Satsuma' mandarin[J]. Journal of Experimental Botany, 41: 1341 - 1346.

Jin J B, Jin Y H, Lee J, *et al.* 2008. The SUMO E3 ligase, AtS1Z1, regulates flowering by controlling a salicylic acid-mediated floral promotion pathway and through affects on FLC chromatin structure[J]. Plant Journal, 53: 530 - 540.

Johnson R S, Handley D F and DeJong T M. 1992. Long-term response of early maturing peach trees to postharvest water deficits[J]. Journal of American Society of Horticulture Science, 117(6): 881 - 886.

Kalinganire A, Harwood C E, Slee M U, *et al.* 2000. Floral Structure, Stigma Receptivity and Pollen Viability in Relation to Protandry and Self-incompatibility in Silky Oak (*Grevillea robusta* A. Cunn.)[J]. Annals of Botany, 86: 133 - 148.

Kato Y, Miyake I and Ishikawa H. 1958. Initiation of flower bud by gibberellin in *Cryptomeria japonica*[J]. Journal of Japanese Forestry Society, 40: 35 - 36.

King R W and Ben-Tal Y. 2001. A florigenic effect of sucrose in *Fuchsia hybrida* is blocked by gibberellin-induced assimilate competition[J]. Plant Physiology, 125: 488 - 496.

Kojima K. 1996. Changes of abscisic acid, indole-3-acetic acid and gibberellin-like substances in the flowers and developing fruitlets of citrus cultivar 'Hyuganatsu'[J]. Scientia Horticulturae, 65: 263 - 272.

Koshita Y, Takahara T, Ogata T, *et al.* 1999. Involvement of endogenous plant hormones (IAA, ABA, GAs) in leaves and flower bud formation of satsuma mandarin (*Citrus unshiu* Marc.)[J]. Scientia Horticulturae, 79: 185 - 194.

Koshita Y and Takahara T. 2004. Effect of water stress on flower-bud formation and plant hormone content of satsuma mandarin (*Citrus unshiu* Marc.) [J]. Scientia Horticulturae, 99: 301 – 307.

Lavee S, Haskal A, Bental Y. 1983. Girdling olive trees, a partial solution to biennial bearing. I. Methods, timing and direct tree response[J]. Journal of Horticultural Science, 58: 209 – 218.

Lavee S. 2007. Biennial bearing in olive(*Olea europaea*) [J]. Annals for Istrian and Mediterranean Studies, Series historia naturalis, 17(1): 101 – 112.

Lee J H, Yoo SJ, Park SH, *et al.* 2007. Role of SVP in the control of flowering time by ambient temperature in *Arabidopsis*[J]. Genes & Development, 21: 397 – 402.

Legave J M. 1978. Aspects of floral necrosis before flowering in apricot[J]. Ann. Amelior. Plantes, 28: 333 – 340.

Lenahan O M, Whiting M D and Elfving D C. 2006. Gibberellic acid inhibits floral bud induction and improves 'Bing' sweet cherry fruit quality[J]. HortScience, 41: 654 – 659.

Leopold A C and Kriedemann P E. 1975. Plant Growth and Development[M]. McGraw-Hill, New York, pp. 305 – 336.

Li X, Li S and Lin J. 2003. Effect of GA3 spraying on lignin and auxin contents and the correlated enzyme activities in bayberry (*Myrica rubra* Bieb.) during flower-bud induction[J]. Plant Science, 164(4): 549 – 556.

Lord E M and Eckard K J. 1987. Shoot development in *Citrus sinensis* L. (Washington navel orange). II. Alteration of developmental fate of flowering shoots after GA3 treatment[J]. Botanical Gazette, 148: 17 – 22.

Luckwill L C. 1974. A new look at the process of fruit bud formation in apple[J]. XIX International Horticultural Congress Warszawa, Poland, 237 – 245.

Malik N S A, Bradford J M. 2006 Changes in oleuropein levels during differentiation and development of floral buds in 'Arbequina' olives[J]. Scientia Horticulturae, 110: 274 – 278.

Marks T R, Seaton P T and Pritchard H W. 2014. Desiccation tolerance, longevity and seed-siring ability of entomophilous pollen from UK native orchid species[J]. Annals of Botany, 114: 561 – 569.

McLaughlin J M, Greene D W. 1984. Effects of BA, GA4 + 7, daminozide on fruit set, fruit quality, vegetative growth, flower initiation, and flower quality of 'Golden Delicious' apple[J]. Journal of the American Society for Horticultural Science, 109: 34 – 39.

Menzel C M and Simpson D R. 1990. Effect of paclobutrazol on growth and flowering of lychee (*Litchi chinensis*) [J]. Australian Journal of Experimental Agriculture, 30: 131 – 137.

Menzel C M and Simpson D R. 1987. Effect of cincturing on growth and flowering of lychee over several seasons in subtropical Queensland[J]. Australian Journal of Experimental Agriculture, 27: 733 – 738.

Menzel C M and Simpson D R. 1995. Temperatures above 20℃ reduce flowering in lychee (*Litchi chinensis* Sonn.) [J]. Journal of Horticultural Science, 70: 981 – 987.

Micke W C, Doyle J F, Yeager J T. 1983. Doubling potential of sweet cherry cultivars[J]. California Agriculture, 37: 24 – 25.

Monerri C, Guardiola J L. 2001. Peroxidase activity and isoenzyme profile in buds and leaves in relation to flowering in 'Satsuma' mandarin (*Citrus unshiu*) [J]. Scientia Horticulturae, 90: 43 – 56.

Monerri C, Fortunato-Almeida A, Molina R V, *et al.* 2011. Relation of carbohydrate reserves with the forthcoming crop, flower formation and photosynthetic rate, in the alternate bearing 'Salustiana' sweet orange (*Citrus sinensis* L.) [J]. Scientia Horticulturae, 129 : 71 – 78.

Monselise S P and Goldschmidt E E. 1982. Alternate bearing in fruit trees[J]. Horticulture Review, 4: 128 – 173.

Moon J, Suh SS. , Lee H, *et al.* 2003. The SOC1 MADS-box gene integrates vernalization and gibberellin signals for flowering in *Arabidopsis*[J]. Plant Journal, 35: 613 - 623.

Moss G I. 1976. Temperature effects on flower initiation in sweet orange (*Citrus sinensis*)[J]. Australian Journal of Agricultural Research, 27: 399 - 407.

Muñnoz-Fambuena N Mesejo C, Gonzǘlez-Mas M C, *et al.* 2012. Gibberellic acid reduces flowering intensity in sweet orange [*Citrus sinensis* (L.) Osbeck] by repressing CiFT gene expression[J]. Journal of Plant Growth Regulations, 31: 529 - 536.

Nagao M A, Ho-a E B, Yoshimoto J M. 1999. Uniconazole retards growth and increases flowering of young macadamia trees[J]. HortScience, 34: 104 - 105.

Núñez-Elisea R and Davenport T L. 1995. Effect of leaf age, duration of cool temperature treatment, and photoperiod on bud dormancy release and floral initiation in mango[J]. Scientia Horticulturae, 62: 63 - 73.

O'Hare T J. 2004. Impact of root and shoot temperature on bud dormancy and floral induction in lychee (*Litchi chinensis* Sonn.)[J]. Scientia Horticulturae, 99: 21 - 28.

Olesen T. 2005. The timing of flush development affects the flowering of avocado (*Persea americana*) and macadamia (*Macadamia integrifolia* × *tetraphylla*)[J]. Australian Journal of Agricultural Research, 56: 723 - 729.

Olesen T, Menzel C M, Wiltshire N, *et al.* 2002. Flowering and shoot elongation of lychee in eastern Australia [J]. Australian Journal of Agricultural Research, 53: 977 - 983.

Osaki M, Saso H. 1942. Studies on seasons of citrus flower bud formation[J]. I. J. Japan Soc. Hort. Sco, 13: 24 - 29 (in Japanese).

Owens J N, A M Colangeli and S J Morris. 1990. The effect of self, cross and no pollination on ovule, embryo, seed and cone development in western red cedar (Thuja plicata Donn)[J]. Canadian Journal of Forest Research, 20: 66 - 75.

Owens J N. 1995. Constraints to seed production: temperate and tropical forest trees[J]. Tree Physiology, 15: 477 - 484.

Pacini E, Guarnieri M and Nepi M. 2006. Pollen carbohydrates and water content during development, presentation, and dispersal: a short review[J]. Protoplasma, 228: 73 - 77.

Pharis R P and Morf W. 1967. Experiments on the precocious flowering of western red cedar and four species of Cupressus with gibberellin A3 and A4/7 mixture[J]. Canadian Journal of Botany, 65: 1519 - 1524.

Pharis R P. 1975. Promotion of flowering in conifers by gibberellins[J]. The Forestry Chronicle, 51: 244 - 248.

Pharis R P, Webber J E and Ross S D. 1987. The Promotion of Flowering in Forest Trees by Gibberellin $A_{4/7}$ and Cultural Treatments: A Review of the Possible Mechanisms[J]. Forest Ecology and Management, 19: 65 - 84.

Philipson J J. 1987. Promotion of cone and seed production by gibberellin $A_{4/7}$ and distribution of pollen and seed cones on Sitka spruce grafts in a clone bank[J]. Forest Ecology Management, 19: 147 - 154.

Pin P A and Nilsson O. 2012. The multifaceted roles of FLOWERING LOCUS T in plant development[J]. Plant Cell Environment, 35: 1742 - 1755.

Pineiro M, Gomez-Mena C, Schaffer R, *et al.* 2003. EARLY BOLTING IN SHORT DAYS is related to chromatin remodeling factors and regulates flowering in *Arabidopsis* by repressing FT[J]. Plant Cell, 15: 1552 - 1562.

Pozo L V. 2001. Endogenous hormonal status in citrus flowers and fruitlets: relationship with postbloom fruitdrop[J]. Scientia Horticulturae, 91: 251 - 260.

Rallo L and Martin G C. 1991. The role of chilling in releasing olive floral buds from dormancy[J]. Journal of

American Society of Horticulture Science, 116: 1058 – 1062.

Ramíreza F and Davenportb T L. 2010. Mango (*Mangifera indica* L.) flowering physiology[J]. Scientia Horticulturae, 126: 65 – 72.

Ratcliffe O J, Bradley D J and Coen E S. 1999. Separation of shoot and floral identity in *Arabidopsis*[J]. Development, 126: 1109 – 1120.

Reed J W, Nagatani A, Elich T D, *et al.* 1994. PHYTOCHROME-A and PHYTOCHROME-B have overlapping but distinct functions in *Arabidopsis* development[J]. Plant Physiology, 104: 1139 – 1149.

Rivera G and Borchert R. 2001. Induction of flowering in tropical trees by a 30-min reduction in photoperiod: evidence from field observations and herbarium specimens[J]. Tree Physiology, 21: 201 – 212.

Rohde A and Bhalerao R P. 2007. Plant dormancy in the perennial context[J]. Trends in Plant Science, 12: 217 – 223.

Ross S D. 1976. Differential flowering responses by young Douglas-fir grafts and equisized seedlings to gibberellins and auxin[J]. Acta Horticulturae, 56: 163 – 167.

Ruonala R, Rinne P L H, Kangasjarvi J, *et al.* 2008. CENL1 expression in the rib meristem affects stem elongation and the transition to dormancy in Populus[J]. Plant Cell, 20: 59 – 74.

Ryu J Y, Park C M and Seo P J. 2011. The floral repressor BROTHER OFFT AND TFL1 (BFT) modulates flowering initiation under high salinity in *Arabidopsis*[J]. Molecules and Cells, 32: 295 – 303.

Ryugo K. 1988. Fruit Culture-Its Science and Art[M]. Wiley, New York.

Salazar-Garcia S and Lovatt C J. 1998. GA3 application alters flowering phenology of 'Hass' avocado[J]. Journal of the American Society for Horticultural Science, 123: 791 – 797.

Samacha A and Smith H M. 2013. Constraints to obtaining consistent annual yields in perennials. II: Environment and fruit load affect induction of flowering[J]. Plant Science, 207: 168 – 176.

Schmidt T, Elfving D C, McFerson J R, *et al.* 2009. Crop load overwhelms effects of gibberellic acid and ethephon on floral initiation in apple[J]. Hortscience, 44: 1900 – 1906.

Schwabe W W and Mills J J. 1981. Hormones and partbenocarpic fruit set[J]. Horticulture Abstract, 51: 661 – 698.

Searle I, He Y, Turck F, *et al.* 2006. The transcription factor FLC confers a flowering response to vernalization by repressing meristem competence and systemic signaling in *Arabidopsis*[J]. Genes & Development, 20: 898 – 912.

Sedgley M and Griffin A R. 1989. Sexual reproduction of tree crops [M]. Academic Press Ltd., London, 378p.

Smith R F. 1987. The effects of fertilization on flowering of various-sized black spruce (*Picea mariana*) trees [J]. Forest Ecology and Management, 19: 189.

Somers D E, Devlin P F and Kay S A. 1998. Phytochromes and cryptochromes in the entrainment of the Arabidopsis circadian clock[J]. Science, 282: 1488 – 1490.

Southwick S M, Davenport T L. 1986. Characterization of water stress and low temperature effects on flower induction in citrus[J]. Plant Physiology, 81: 26 – 29.

Spadafora A, Mazzuca S, Chiappetta F F, *et al.* 2008. Oleuropein-Specific-E-Glucosidase Activity Marks the Early Response of Olive Fruits (*Olea europaea*) to Mimed Insect Attack[J]. Agricultural Sciences in China, 7(6): 703 – 712.

Spann T M, Williamson J G, Darnell R L. 2003. Photoperiodic effects on vegetative and reproductive growth of *Vaccinium darrowi* and *V. corymbosum* interspecific hybrids[J]. HortScience, 38: 192 – 195.

Spann T M, Williamson J G, Darnell R L. 2004. Photoperiod and temperature affects growth and carbohydrate storage in southern highbush blueberry interspecific hybrid[J]. Journal of the American Society for Horticultural Science, 129: 294 - 298.

Stephenson A G. 1981. Flower and Fruit Abortion: Proximate Causes and Ultimate Functions[J]. Annual Review of Ecology and Systematics, 12: 253 - 279.

Stephenson A G and J A Winsor. 1986. *Lotus corniculatus* regulates offspring quality through selective fruit abortion[J]. Evolution, 40: 453 - 458.

Stern R A, Naor A, Wallach R, *et al*. 1998. Effect of fall irrigation level in '*Mauritius*' and '*Floridan*' *lychee* on soil and plant water status, flowering intensity, and yield[J]. Journal of the American Society for Horticultural Science, 123: 150 - 155.

Stutte G W and Martin G C. 1986. Effect of light intensity and carbohydrate reserves on flowering in olive[J]. Journal of the American Society for Horticultural Science, 111: 27 - 31.

Takaso T and J N Owens. 1994. Effects of ovular secretions on pollen in *Pseudotsuga menziesii* (Pinaceae) [J]. American Journal of Botany, 81: 504 - 513.

Tompsett P B. 1977. Studies of growth and flowering in *Picea sitchensis* (Bong.) Carr. I. Effect of growth regulator applications to mature scions on seedling rootstocks[J]. Annals of Botany, 41: 1171 - 1178.

Turck F, Fornara F and Coupland G. 2008. Regulation and identity of florigen: FLOWERING LOCUS T moves center stage[J]. Annual Review of Plant Biology, 59: 573 - 594.

Turnbull C G N, Sinclair E R, Anderson K L, *et al*. 1999. Routes of ethephon uptake in pineapple (*Ananas comosus*) and reasons for failure of flower induction[J]. Journal of Plant Growth Regulation, 18: 145 - 152.

Van Goethe J W. 1790. Metamorphosis of Plants[M]. MIT Press edition.

Webber J E. 1991. Interior spruce pollen management manual[M]. Land Management Report. No. 70., B. C. Ministry of Forests, 25 p.

WesoJy W, Urbański K, Barzdajn W. 1987. Effect of mineral fertilization on flowering of Scots pine (*Pinus sylvestris*) grafts[J]. Forest Ecology and Management, 19: 191 - 198.

Wheeler N C, Wample R L and Pharis R P. 1980. Promotion of flowering in the Pinaceae by gibberellins. IV. Seedlings and sexually mature grafts of lodgepole pine[J]. Physiologia Plantarum, 50: 340 - 346.

Wilkie J D, Sedgley M and Olesen T. 2008. Regulation of flower initiation in horticultural trees[J]. Journal of Experimental Botany, 59: 3215 - 3228.

Winston E C. 1992. Evaluation of paclobutrazol on growth, flowering and yield of mango cv. Kensington Pride [J]. Australian Journal of Experimental Agriculture, 32: 97 - 104.

Wood B W. 2011. Influence of plant bioregulators on pecan flowering and implications for regulation of pistillate flower initiation[J]. Hortscience, 46: 870 - 877.

Ying Z, Davenport T L. 2004. Leaves required for floral induction of lychee[J]. Plant Growth Regulation Society of America Quarterly, 32: 132 - 137.

（编写人：喻方圆）

第2章

林木种子贮藏

【内容提要】由于受内外因素的影响，林木种子贮藏过程中会发生一系列生理生化变化，使种子出现不同程度的老化与劣变，直接影响种子的质量。林木种子贮藏的目的就是根据种子的生物学特性，采用科学的贮藏技术，使种子老化与劣变降到最低限度，确保种子的种用价值。本章首先介绍了林木种子寿命及其影响因素，林木种子贮藏原理和技术。其次对林木种子贮藏期间的生理生化变化，种子脱水耐性及其生理机制，种子细胞质玻璃化与耐藏特性，种子超干燥贮藏，种子超低温贮藏和顽拗性种子贮藏等方面的研究进展进行了综合论述。本章还从种子老化，种子耐脱水能力和种质资源长期保存等层面探讨了种子贮藏的研究方法。

林木种子从采收到播种，通常都需要经历或长或短的贮藏阶段。但由于受内外因素的影响，在林木种子贮藏过程中会发生一系列生理生化变化，使种子出现不同程度的老化与劣变，直接影响种子的种用价值。种子贮藏的目的就是根据种子的生物学特性，采用科学合理的贮藏技术，创造适宜的贮藏条件，使种子老化与劣变降到最低限度，尽可能使种子活力和发芽率维持在较高水平，确保种子的种用价值。

2.1　林木种子贮藏概述

研究林木种子贮藏，首先要了解林木种子的寿命及其影响因素，弄清林木种子老化与劣变的生理生化和分子生物学机制，在此基础上，提出科学的林木种子贮藏方法。

2.1.1　种子寿命

2.1.1.1　种子寿命的概念

种子寿命(seed longevity)是指种子生活力在一定环境条件下能够保持的期限。当一批种子的发芽率从收获后降低到半数种子存活所经历的时间，即为该批种子的平均寿命，也称半活期。因为一批种子的死亡是呈正态分布的，因此半活期就是该批种子死亡的高峰期，所以，到了半活期的种子，虽然发芽率还有其初始发芽率的50%，但该批种子的种用价值已经很低。

尽管每粒种子都有它们各自的生存期限，但因为种子数量很多，且到目前为止种子生活力或发芽率的测定方法都是破坏性的，不可能测定每粒种子的生物学寿命。因此，只能从种子群体中抽取一小部分样品，测定其生活力或发芽率，用来估算种子的寿命。所以，种子寿命是一个群体的概念。

2.1.1.2 种子寿命的差异性

在植物界，种子寿命的差异是相当大的。寿命短的种子，如杨树和柳树种子，通常只能存活 2~3 周；而寿命长的种子，则可能存活几百年甚至上千年。如 1967 年，美国曾有资料报道，世界上最长命的种子为北极的羽扇豆，经测定，其寿命为 1 万年，是在北美育空河中心地区冻土层的旅鼠洞中发现的，共有 20 粒，其中 6 粒长出了正常植株。而 1923 年在我国辽东半岛的普兰店河流域发现的古莲子，经 Libby(1931)以 ^{14}C 确定其种龄为 1040 年 ±210 年，这些莲子不仅能发芽，而且长成了正常植株(胡晋，2006)。

为了更好地研究种子寿命的差异性，自 20 世纪初以来，种子科学家们在对不同植物种子寿命进行研究的基础上，提出了划分种子寿命长短的标准。例如，Ewart(1908)对 1400 个种及变种的老陈种子生活力进行过测定研究，按种子寿命长短分为 3 类，即短命种子(Microbiotic，寿命不超过 3 年)、常命种子(Mesobiotic，寿命在 3~15 年之间)，长命种子(Macrobiotic，寿命在 15 年以上)(汤学军等，1996)。

(1)长命种子

寿命 15 年以上。经科学家研究发现，凡是寿命较长的种子，都有一个共同特点，即在种子外部有一层坚韧的果皮或种皮，导致透水、透气性不良。如古莲籽之所以能活千岁，主要是由于它们有一层坚固的、透水、透气性不良的种皮，其次是由于它们被深埋在低温缺氧环境中。豆科植物因种皮坚硬，通常贮藏寿命较长，如合欢 149 年，决明 158 年等。

(2)常命种子

寿命 3~15 年，它们大多数是含脂肪、蛋白质多的种子。由于脂肪、蛋白质的分解速度较慢，其养分消耗慢，因此生命力强容易保存。农作物种子寿命通常都在这一范围，如水稻、小麦、高粱、玉米、向日葵、油菜等。松、柏、云杉等林木种子也属于常命种子(孙时轩，1992)。

(3)短命种子

寿命 3 年以下，通常为高含水量的种子或淀粉含量高的种子，或夏季成熟的种子，这些种子在成熟后仍然维持较高的代谢活动，营养物质消耗较快，种子寿命不易保持。多数林木种子为短命种子，如杨树、柳树、榆树、栗树、栎树、七叶树、油茶、银杏等。

2.1.1.3 影响种子寿命的因素

影响种子寿命的内外因素有很多，只有充分了解这些因素对种子寿命的影响，才能更好地采取措施，最大限度地保持种子的贮藏寿命。

1)影响种子贮藏寿命的内在因素

(1)种子含水量

种子含水量与种子生活力的关系极为密切，因为种子含水量的高低不仅影响种子呼吸作用的强度和性质，而且影响种子的新陈代谢，以及种子所带微生物的活动。当种子含水量低时，种子中的大部分水分处于结合水(束缚水)状态，牢固地和种子中的亲水胶体(蛋白质、糖类、磷脂等)结合在一起，不容易蒸发，不具有溶剂的性质，低温下不会结冰。这时的水分不易散失，种子中的酶呈吸附状态，生理活性低，种子的代谢活动非常微弱。当种子含水量高时，种子中的大部分水分处于游离水(自由水)状态，游离水具有一般水的性质，可作为溶剂，0℃能结冰，容易从种子中蒸发出去。种子中的游离水占主导地位的时候，种子中的酶容易活化，使不溶性物质转变成可溶性物质，种子呼吸加强，代谢旺盛，释放能量多，使种子产生自热，营养消耗，甚至丧失生命力，也可能导致种子发霉(洑香香等，2008)。

当种子中的结合水达到饱和程度并将出现游离水的时候，种子中的酶也将由钝化状态转变为活化状态。这个转折点的种子水分称为临界水分。在临界水分以下，种子耐贮藏，否则，不耐贮藏。种子水分与耐藏性的关系可用表 2-1 来说明(Bonner and Karrfalt，2008)。

由此可以看出，种子的耐藏性在很大程度上取决于种子的含水量。对正常型(可以忍受干燥)种子来说，通常种子含水量越低，种子的贮藏寿命就越长。如对杉木种子的研究结果就是如此(表 2-2)(吴中伦，1984)。

表 2-1 种子水分与耐藏性的关系

Tab. 2-1 The relationship between seed storability and moisture content

种子含水量(%)	对种子贮藏的影响
>30	种子开始发芽
18~20	呼吸使种子自热
10~18	种子所带的真菌活跃
>9	种子所带昆虫活跃
5~8	种子密封贮藏的最佳水分含量
<5	有些树种的种子可能出现干燥损伤

注：引自 Bonner and Karrfalt，2008。

表 2-2 杉木种子含水量与发芽率的关系

Tab. 2-2 The relationship between germination percentage and moisture content in Chinese fir seeds

含水量(%)	发芽率(%)	4 个月后的发芽率(%)	10 个月后的发芽率(%)
11.6	32	30	18
14.0	38	30	12
15.5	25	16	4
17.3	30	17	0

注：引自吴中伦，1984。

当然，种子的干燥也是有限度的，当种子含水量低于 5% 时，可能会导致种子内部生理结构变形解体，尤其是使酶钝化，膜受到伤害，组织变性，染色体突变等，从而使种子失去生活力，这取决于不同种子的具体情况。

树种不同，种子贮藏期间维持种子生命活动所需的含水量不一致，在贮藏期间，维持种子生命力所必需的含水量称为安全含水量。

根据种子安全含水量的高低，可以把种子区分成两大类：一类是能够忍受干燥的种子，如杉木、马尾松、刺槐、木荷、喜树、泡桐、枫香、红松等；另一类是不能够忍受干燥的种子，如油茶、板栗、樟树、檫树、栎类、银杏等。表2-3是我国主要造林树种种子的安全含水量(洑香香等，2008)。

安全含水量低于气干状态的种子，可视为低含水量类型。低含水量类型种子的安全含水量大多数在5%~12%，其中针叶树大多在5%~10%，阔叶树种的安全含水量5%~12%。安全含水量在20%以上的种子可视为高含水量类型，该类型种子的安全含水量多在20%~50%。安全含水量低的种子入库前一定要充分干燥，但每一批种子的耐藏性并不取决于该批种子的平均含水量，如果该批种子的平均含水量处于安全范围，其中可能出现了某些危险的区域，这些地方霉菌发生很快，昆虫活动活跃，且随着时间的延长，这种变化的区域会逐渐扩大，最终使该批种子状况严重恶化。因此，不能满足于一个种子批含水量的平均状况，要力求迅速检查出其中含水量偏高的部分，以便及时采取措施消除隐患。

表2-3 主要树种种子的安全含水量

Tab. 2-3 Seed safety moisture content of main tree species

树　种	安全含水量(%)	树　种	安全含水量(%)
杉　木	7%~8%	刺　槐	6%~8%
柳　杉	8%~9%	喜　树	<12%
柏　木	11%~12%	杨　树	5%~7%
侧　柏	8%~9%	木　荷	<12%
湿地松	7%~8%	桉　树	<6%
马尾松	8%~10%	白　桦	8%~9%
红　松	7%~9%	白　榆	7%~8%
火炬松	5%~7%	臭　椿	8%~9%
油　松	8%~10%	白　蜡	9%~10%
黄山松	8%~9%	元宝枫	9%~10%
落叶松	9%~10%	紫　椴	9%~10%
云　杉	7%~8%	樟　树	18%~20%
银　杏	20%~25%	檫　树	18%~20%
板　栗	25%~30%	麻　栎	30%~40%
七叶树	40%~55%	水青冈	20%~25%
油　茶	30%	青　冈	20%~25%

注：引自洑香香等，2008。

(2)其他因素

①种子的遗传特性　种子寿命的长短，不仅在不同植物间表现有明显差异，就是同一植物的不同品种之间，差异也很显著。

②种皮结构　凡种皮构造致密、坚硬或具有蜡质的种子寿命长，易贮藏。

③化学成分 各种实验证明，富含脂肪、蛋白质的种子寿命长，而富含淀粉的种子寿命短，不易贮藏。

④种子的生理状态 生理状态主要包括种子的成熟度、休眠状态及受冻受潮情况。通常种子的成熟度越好，贮藏寿命越长。

⑤种子的物理性质 同一植物的种子，因子粒大小、饱满度、完整性不同，其寿命存在明显差异。

2)影响种子贮藏寿命的外内在因素

①湿度 湿度和水分是影响种子寿命的关键因素。在贮藏环境条件下，种子水分随着贮藏环境湿度而变化。种子水分越高，种子的贮藏寿命就越短。

②温度 贮藏温度是影响种子寿命的另一个关键因素。在水分得到控制的情况下，贮藏温度越低，正常型种子的寿命就越长。

③气体 除水分和温度外，气体也是影响种子寿命的重要因子。据研究，氧气会促进种子的劣变和死亡，而氮气、氦气、氩气和二氧化碳则延缓低水分种子的劣变进程。

④生物因素 在贮藏期间，微生物、昆虫及鼠类都直接危害种子，使种子的生命力下降，寿命缩短。为防止种子发霉，在贮藏前要严格进行净种，使种子净度达到要求的标准。

尽管影响种子贮藏寿命的内外因素有很多，但其中最关键的因素是种子含水量和贮藏温度。

2.1.1.4 种子贮藏寿命的预测

准确地预测种子的贮藏寿命在生产上具有重要的实际意义。对许多植物种子贮藏寿命的研究结果表明，一个种子群体所有种子生活力的丧失是呈正态分布的，如已探明其前半期的变化情况，就可推知后半期的变化趋势。根据影响种子贮藏寿命的关键因素是种子含水量和贮藏温度这一原理，Roberts(1973)提出了预测正常型种子贮藏寿命的对数直线回归方程：

$$\log P_{50} = Kv - C_1 m - C_2 T \tag{2-1}$$

式中 P_{50}——种子发芽率降低到50%的平均时间(d)，即半活期或者平均寿命；

m——贮藏期间种子的含水量(%)；

T——种子的贮藏温度(℃)；

Kv，C_1，C_2——常数，可根据不同树种多次贮藏试验结果推算获得。

表2-4是北美几个树种的 Kv、C_1 和 C_2 值(洑香香等，2008)。

表 2-4 北美几个树种种子活力方程的 Kv、C_1 和 C_2 值

Tab. 2-4 Kv、C_1 and C_2 value in viable equations of several North American tree species

树 种	Kv	C_1	C_2
北美枫香	5.343 5	1.761 6	0.030 7
湿地松	5.246 3	0.983 2	0.050 8
火炬松	3.278 3	0.730 0	0.034 8

（续）

树种	Kv	C_1	C_2
一球悬铃木	5.101 3	1.674 2	0.035 4
榴榄仁	4.999 0	2.149 0	0.035 0
光叶榆	5.715 0	2.966 0	0.034 0

注：引自洑香香等，2008。

应用表2-4，可由任何一种贮藏温度和水分组合求出种子保持50%生活力的期限，或根据预先所要求保持生活力的期限，求出所需的贮藏温度和种子含水量，以便选择适宜的贮藏策略。

上述方程的不足之处是只能求出种子保持50%发芽率所经历的时间，因为生产上要求的种子发芽率常常高于50%，这就要求重新拟合种子寿命预测方程的参数，以用于不同发芽率的保持所经历时间的预测。

2.1.2 种子贮藏原理与技术

2.1.2.1 种子贮藏的原理

种子从采收到播种，都需要经历或长或短的贮藏阶段。种子在贮藏期间发生的生理生化变化，直接影响种子的贮藏安全。因此，了解种子贮藏期间可能发生的生理生化变化，对采取相应的技术措施，最大限度地保持种子的贮藏寿命具有重要的实际意义。

1）种子的呼吸

种子是活的生命有机体，每时每刻都在进行着呼吸作用。即使是非常干燥或处于休眠状态的种子也不例外，只是呼吸强度非常微弱而已。种子的呼吸作用与种子的安全贮藏有密切的关系，因此，掌握种子的呼吸规律及其影响因素非常重要。

（1）种子呼吸的概念

种子呼吸是种子内部的活组织在酶和氧的参与下将本身的贮藏物质进行一系列氧化还原反应，放出二氧化碳和水，同时释放能量的过程。呼吸作用是种子内贮藏物质不断分解的过程，它为种子提供生命活动所需要的能量，保持种子内部生理生化反应的正常进行。种子呼吸过程中所释放的能量一部分消耗于种子内部的生理生化反应中，另一部分以热能的形式散发到种子外面。

（2）种子呼吸的性质

根据是否有外界氧气的参与，种子呼吸的性质可分为有氧呼吸和无氧呼吸。

有氧呼吸就是通常所指的呼吸作用，其过程如下：

$$\underset{\text{葡萄糖}}{C_6H_{12}O_6} + \underset{\text{氧气}}{6O_2} \longrightarrow \underset{\text{二氧化碳}}{6CO_2} + \underset{\text{水}}{6H_2O} + \underset{\text{能量}}{2\,870.224\text{kJ}}$$

无氧呼吸一般指在缺氧条件下，细胞把种子贮存的某些有机物分解成为不彻底的氧化产物，同时释放能量的过程。反应式如下：

$$\underset{\text{葡萄糖}}{C_6H_{12}O_6} \longrightarrow \underset{\text{酒精}}{2C_2H_5OH} + \underset{\text{二氧化碳}}{6CO_2} + \underset{\text{能量}}{100.416\text{kJ}}$$

从以上化学反应式可以看出，有氧呼吸需要外界氧气参加，将物质彻底分解，释放出大量能量；无氧呼吸不需要外界氧气参加，物质分解不彻底，释放出的能量要大大低于有氧呼吸。

种子呼吸的性质因贮藏的环境条件、种子的种类和品质而有不同。种皮致密、完整饱满的种子处于干燥低温、密闭缺氧的条件下，以无氧呼吸为主，呼吸强度很低；反之，则以有氧呼吸为主，呼吸强度高。在贮藏过程中，两种呼吸形式往往同时存在。通风透气的种子堆，一般以有氧呼吸为主。若通气不良，氧气供应不足，则以缺氧呼吸为主。

(3)影响种子呼吸强度的环境因素

呼吸强度是指一定时间内，单位重量种子放出的二氧化碳量或吸收的氧气量。种子贮藏过程中，高的呼吸强度对种子是不利的，因为高强度的呼吸会加大水分和热量的释放，加速贮藏物质的消耗和种子生活力的丧失。影响种子呼吸强度的环境因素主要有水分、温度和通气状况。

2)种子的老化与劣变

(1)种子老化与劣变的概念

种子老化与劣变是指种子的品质及其性能或生活力自较高的水平下降至较低的水平。实际上，种子与其他生物体一样，都要经历生长、发育和衰老的过程，只不过这一过程的长短有差距，人们尚无法去改变这一规律。但若能揭示种子老化与劣变的生物学机制，则可能采取切实可行的措施，在一定程度上延缓种子老化的进程。

种子老化与劣变是一个渐进和积累的过程，也是一个由量变到质变的过程。导致种子老化与劣变的原因很多，既有种子本身的遗传和生理原因，也有外界环境的作用结果。掌握种子老化过程中的生理生化变化规律，将有助于我们了解种子老化与劣变的机制。

(2)种子老化与劣变的生理生化变化

①膜系统损伤及膜脂过氧化　脂质过氧化是由种子细胞膜中常见的不饱和脂肪酸如油酸和亚油酸周围的氧引起的。其结果是产生自由基。这些自由基一旦产生，将对细胞膜产生深远伤害，并继续产生更多的自由基。膜脂过氧化可能从引起线粒体机能障碍、降低酶活性、使细胞完整性遭损坏和遗传物质受损 4 个方面对细胞产生伤害。

②营养物质的消耗　由于长期呼吸消耗，可能导致胚或胚轴中可利用的营养物质匮乏，从而使种子丧失生活力。

③有毒物质的积累　种子在贮藏过程中，各种生理活动产生的有毒物质逐渐积累，使正常代谢活动受到抑制，导致种子的劣变逐渐加深直至死亡。

④生理活性物质的破坏与失衡　许多研究表明，酶、维生素、植物激素、谷胱甘肽等生理活性物质的破坏和失衡，也是种子衰老的重要原因。

⑤物质合成能力下降　老化种子中糖类和蛋白质等重要有机物质合成能力的下降，也是引起种子衰老的原因之一。

2.1.2.2　种子贮藏的方法

根据种子特性和贮藏目的，种子贮藏的方法通常可分为干藏和湿藏。

1) 干藏

干藏就是把充分干燥的种子置于干燥的环境中贮藏。该法要求一定的低温和适当的干燥条件，适合于安全含水量低的种子，如大部分针叶树种的种子，杨、柳、榆、刺槐、紫穗槐、白蜡、香椿、臭椿、苦楝、皂荚、合欢等阔叶树的种子。根据贮藏时间和贮藏方式，干藏又分为普通干藏和密封干藏。

(1) 普通干藏法

将充分干燥的种子装入麻袋、纸箱、木桶、缸和罐等容器中，放在经过消毒、低温、干燥、通风的仓库或地下室内贮藏。此法适用于大多数针、阔叶树种种子的短期贮藏。

(2) 密封干藏法

将充分干燥的种子装入已消毒的玻璃瓶、铅桶、铁桶或聚乙烯袋等容器密封贮藏。此法适用于长期贮藏的种子和粒小、种皮薄、易吸湿、易丧失生活力的种子，如杨、柳、榆、桉、桦等。为防止种子湿度过大可在容器中放干燥剂如氯化钙、生石灰、木炭块、草木灰等。这种贮藏方法，能长期保持种子发芽力。

2) 湿藏

湿藏就是将种子置于湿润、适度低温和通气的环境中贮藏。此法适用于安全含水量高的栎类、板栗、七叶树、核桃、银杏、油桐、油茶等树种的种子。低温湿藏也是解除种子休眠的方法之一，特别是内源性休眠的解除。因此，红松、铅笔柏、椴树、山楂、槭树、冬青、玉兰等树木种子也多采用湿藏。湿藏的具体方法很多，如坑藏、堆藏、雪藏和流水贮藏等，但不管采用哪种方法，贮藏期间都必须具备以下几个基本条件：①经常保持湿润，防止种子干燥失水；②温度以0~5℃为宜；③通气良好。

(1) 坑藏法

一般选择地势较高，排水良好，背风和管理方便的地方挖坑，坑宽1~1.5m，长由种子数量决定，深要求在地下水位以上，坑底铺一些石子或粗沙，然后将种子和沙按1∶3的比例混合堆放在坑内；或者一层沙子一层种子相间铺放。当种子距地面10~30cm时为止，其上覆以沙子，湿沙上堆土，为流通空气，每隔1~1.5m竖一把秸秆。沙子湿度还可根据树种不同而调整，一般以手握之成团但不出水为适宜。坑内温度可用增加和减少坑上覆盖物来调整。

(2) 堆藏法

我国北方冬季温度很低，可在室内外堆藏，选择干燥、空气流通、阳光直射不到的地方，先铺一层沙子，然后一层沙子一层种子相间铺放，堆至适当高度即可，堆内每隔1m竖一把草以通气。室外再加覆盖，以防雨水。

另外，也可用雪藏法贮藏种子。在冬季河水不冻结的地方也可以在流水中贮藏种子，只要河水常流动，河底没有烂草之类杂物，流水贮藏效果也很好。

2.2 林木种子贮藏研究进展

2.2.1 种子贮藏期间的生理生化变化

种子是有生命的有机体，其达到生理成熟的一刻，种子活力水平最高，以后无论种子是宿存在母树上，还是已经采收，随着时间的延长，其活力将逐渐降低，这种不停的衰老过程就是老化和劣变(aging and deterioration)，其逐渐加深和累积的结果会导致种子生命力的最终丧失(颜启传，2001)。

2.2.1.1 膜结构与功能的变化

细胞膜对细胞的生命活动起保护作用，可防止细胞内物质流失，维护细胞的一定形态和许多重要的生理生化功能。细胞膜系统的完整性是种子活力的生理基础。细胞膜也是细胞功能的重要调节器，物质运输、能量转换、信息传递、细胞表面识别、细胞运动、细胞分化等功能都与细胞膜有着密切的关系。

当种子老化或劣变时，细胞膜解体，溶质外渗，其中包括无机离子(Lott *et al.*，1991)、糖(傅家瑞，1985)、蛋白质、氨基酸(陈禅友，1992)、淀粉(张保恩等，1999)、核酸(Deswal *et al.*，1993)和酚类物质(黄学林，1990；黄学林等，1995)等，同时还有特定的气体释放(Zhang *et al.*，1994)，而有些泄漏物与种子的活力密切相关。从细胞质中渗出的蛋白质有些是可溶性酶，如6-磷酸葡萄糖酶、谷氨酸脱氢酶、细胞色素氧化酶及延胡索酸酶，后两种酶是线粒体中的酶，说明线粒体膜亦产生渗漏(陶嘉玲和郑光华，1991)。

细胞膜的完整性是基于极性和非极性部分的整齐排列，在膜两侧水相的作用下形成双片层状，从而保证了膜结构和功能的统一性。细胞结构的完整性是种子活力的基础(Ellis *et al.*，1990)，而细胞膜受损是种子劣变的重要原因(王海华等，2003)。膜对于细胞内的区域化具有极其重要的作用，一旦膜系统遭到破坏即引起代谢异常，就会加速种子生活力和活力的丧失(Bewley，1984)。种子劣变使膜端的卵磷脂和磷脂酰乙醇胺分解，使膜端失去了亲水基团，因而失去了水合和修复功能，无法使膜恢复到正常的双层结构，造成永久性的损伤，致使可溶性营养物质以及生理上重要物质的渗漏，使新陈代谢受到严重的影响，膜上酶的功能无法进行；还会产生大量的自由基离子，使物质的氧化分解更加快速，最终会导致 DNA 的突变和解体(颜启传，2001)。膜结构的稳定首先体现在膜的选择透性上，种子活力下降过程中胞内大量电解质外渗是生物受害的一个重要标志，因而电导率的高低取决于膜系统完整与否。种子老化最初是由于膜系统受损，渗漏量增加引起的，正常种子的膜系统是在酶的催化下促使细胞膜不断更新、修复，并且清除由于磷脂中不饱和脂肪酸自身氧化产生的有毒物质，当种子处于自然老化或人工(高温高湿)老化等不利条件时，酶的活性降低，更新修复作用脆弱，因而造成累积性伤害，导致膜的损伤，引起电导率的增加(王飞等，1999)。在高温条件下贮藏的菜豆(*Phaseolus vulagaris*)种子，由于劣变加剧，其种子浸出液的电导率及紫外吸收值均比在低温条件下贮藏的种子高，这说明高温会使膜的完整性受到破坏，从而引起大量代谢物质外渗(吴晓珍等，1998)。

种子干燥时，细胞收缩，细胞壁高度扭曲，细胞核和线粒体呈不规则状态，磷脂的排列发生转向，膜的连续性界面不能保持，膜遭到不同程度的破坏，这一变化大大减弱了种子的生理活动，有利于种子的安全贮藏。然而种子吸胀时，膜结构又恢复原状，因而膜相调整即修复过程所需时间的长短以及最终整合的完善程度决定着种子活力的水平。

2.2.1.2　超微结构的变化

种子发生劣变时，超微结构也发生一系列变化，其中线粒体的反应最敏感，劣变时线粒体内膜出现显著的不完整性，氧化磷酸化解联，且产生肿胀的脊，劣变的种子在萌发时，内质网发生暂时性的肥大。活力下降的种子在吸水后其劣变现象更加显露出来，表现为液泡膜破裂，线粒体及质体接着解体，然后是核膜解体，质膜与细胞壁分裂，脂质溶合成不规则的一大团，溶酶体渗出水解酶到胞质中(傅家瑞，1985)。

傅家瑞等(1980)对不同活力的花生种子超微结构进行电镜观察，发现活力的变化与膜的不完整性密切相关，种子一旦发生劣变，细胞器及膜系统均出现损伤，其中线粒体的反应较敏感，核及内质网也易受损伤；失去活力的种子，圆球体溶合成团，占据细胞大部分，细胞结构难以辨认；当劣变处于中等程度时，线粒体结构也受到损伤，内质网出现断裂或肿胀，核的双层膜难以辨认，大量圆球体中空，往往沿壁排列，并且质膜从壁处向内拉开。

种子发生劣变时，细胞代谢活性随着种子活力的下降而降低，细胞学上的劣变现象也随之发生，首先表现在胚根尖端分生组织的超微结构变化上(程红焱等，1991)。亚细胞结构如线粒体受到破坏，无法维持独立的结构而丧失其功能。胡小荣等(2006a)发现大葱种子老化是由于半纤维素和果胶物质的分解而导致细胞壁及胞间物质的破坏，使细胞失去了原有的支架保护而死亡。

2.2.1.3　脂质过氧化作用

Smith and Berjak(1995)指出，脂质过氧化是种子老化的主要原因之一，膜脂过氧化最终产物丙二醛(MDA)会严重损伤生物膜(杨淑慎等，2001)。在种子贮藏过程中，膜磷脂分子的不饱和脂肪酸受到自由基的攻击，引起不饱和脂肪酸破坏，进而产生更多的自由基及分解产物，使膜结构破坏，导致种子劣变和活力下降(汪晓峰等，1997)。脂质是所有细胞膜系统的主要组成成分，当种子含水量低至1%~5%时，包围着大分子(如酶)的单层水膜变成不连续，这样酶等大分子就可与脂质直接接触，导致脂质自动氧化，产生自由基、过氧化氢和丙二醛等，引起一系列复杂的连锁反应(傅家瑞，1985)。在正常生理状态下，自由基的产生和消除处于平衡状态，只有当种子处在不利的物理和化学因素下，产生的自由基得不到消除，或者内源性自由基的产生和消除失去了正常平衡时，自由基才会对机体造成损伤(Droillard *et al.*，1987)。在大白菜(*Brassica campestris*)种子和辣椒(*Capsicum annuum*)种子劣变过程中，膜脂过氧化作用加剧，膜受到伤害，膜透性增大，大白菜种子人工老化及劣变的主要机制在于膜脂过氧化作用的加剧(唐祖君等，1999；李雪峰等，2005)。

2.2.1.4 酶活性的变化

种子衰老过程中蛋白质的变性首先表现在酶蛋白的变性上，其结果使酶的活性丧失和代谢失调。在种子人工老化过程中脱氢酶、酸性磷酸酶和脂肪酶活性降低，这表明种子内基本代谢受到破坏。因此，细胞内酶活性的变化也是引起种子变劣的内在原因之一。种子活力与脱氢酶活性之间的关系十分密切，超氧化物歧化酶(SOD)、过氧化物酶(POD)和过氧化氢酶(CAT)是清除生物体内活性氧或其他过氧化物自由基的关键酶类，能清除细胞中因脂质过氧化产生的有毒物质，维持膜结构的完整性(李玉红等，2005)。它们的活性降低，将致使活性氧增多，膜脂过氧化作用增强，从而使细胞膜的正常组分和膜结构受到破坏而严重影响膜的功能(Scandalios，1993)。

SOD 能以超氧阴离子为基质进行歧化反应，将毒性较强的超氧阴离子转化为毒性较轻的 H_2O_2，有利于清除活性氧的毒害，减轻脂质过氧化作用(朱诚等，2000)。CAT 在细胞代谢过程中具有重要作用，特别是与种子的萌发休眠的代谢以及抗病、抗逆有关。酯酶能有效地水解苯酚或萘酚的酯。种子酯酶活力下降幅度小，则老化速度慢，反之则老化速度快。可见酯酶在延缓种子衰老，抵抗逆境方面亦有一定作用。脱氢酶是植物生理生化反应中重要的酶，它与呼吸作用关系密切，在种子萌发时对动员和利用贮藏物质起重要作用。种子死亡可能与核苷酸辅酶作用于脱氢酶有关(黄学林等，1990)。脱氢酶活性已经被作为种子活力测定的一个内容，以三苯基甲的生成量表示脱氢酶活性是国际上公认的最可靠的种子生活力与活力测定的一个指标。POD 对各种不良环境十分敏感，是一种诱导酶，可和其他酶共同作用，清除体内的活性氧等有害物质，延缓衰老过程。

研究还发现，种子内还存在一些非酶促反应过程的自由基清除剂(程红焱，1994)。如抗坏血酸(AsA)是植物体内的一种抗氧化剂，可以清除超氧自由基和 H_2O_2 而抑制脂质过氧化，对减轻老化具有明显的防护作用，抗坏血酸虽没有抗氧作用，但可以与 α-生育酚协同作用而增强抗氧性；抗氧剂维生素 C(VC)、β-胡萝卜素和谷胱甘肽，以及其他酚类物质等均能阻止脂氧化酶对多聚不饱和脂肪酸的氧化作用(任晓米等，2000)。

唐祖君等(1999)的研究发现，随着种子老化的加深，大白菜种子活力指数、超氧化物歧化酶、过氧化物酶、脱氢酶、酸性磷酸酶和脂肪酶等活性都逐渐降低。对黄芩(*Soutellaria baicalensis*)种子的研究也表明，老化过程中其超氧化物歧化酶和过氧化物酶的活性随种子老化程度的增加呈规律性下降(张兆英等，2003)。柳杉(*Crytomeria fortunei*)和福建柏(*Fokienia nodginsii*)种子在老化时细胞膜的完整性被破坏，α-淀粉酶、脱氢酶活性和呼吸强度下降(吴淑芳，2005a)。结缕草(*Zoysia japonica*)种子在自然条件下老化时，酸性磷酸酶活性在贮藏期较短的种子中有所下降，随着贮藏年限的延长，活性反而有所增长，但均低于收获而未经贮藏的结缕草种子，在萌发初期过氧化物酶活性下降显著(钱俊芝等，2000)。

2.2.1.5 蛋白质的变化

贮藏蛋白也与种子活力有一定的相关性(黄上志等，1999)。贮藏蛋白的特点是：不具酶活性；贮藏于种子体内；成熟期才大量积累；发芽时作为氮源(魏琦超等，

2005)。因而蛋白质的减少对种子寿命的维持和活力的保持是不利的。傅家瑞(1985)研究认为，种子的大小和成熟度是花生种子发育过程中引起活力差异的主要原因，其中种子大小造成活力差异的实质是种子贮藏物质如贮藏蛋白等含量上的差异，这说明种子活力与贮藏蛋白含量的关系十分密切。

嵌合在膜脂内的膜蛋白实现膜的功能，膜脂的物理状态对膜蛋白具有调控作用，膜脂状态的变化会引起膜蛋白结构和功能的改变(Heyes *et al.*，1997)。膜的损害主要是过氧化反应引起的，由于过氧化作用，细胞内的溶酶体受到破坏，从而加强了细胞内大分子物质的降解速度。种子可溶性蛋白含量随贮藏时间延长、贮藏温度的提高而降低(高平平等，1996)。种子劣变发生时，种子中蛋白质含量的减少在一定程度上反映出膜损坏程度的增加。随着辣椒种子老化加深，可溶性蛋白质含量逐渐降低(刘月辉等，2003)。

研究还表明，Ubi、HSPs、Chaperones、LEA 蛋白等都是维持细胞正常功能和生存所必须的一类功能蛋白，并发挥重要的保护作用(Basha，1979)。大豆(*Glycine max*)、玉米(*Zea mays*)种子随着老化时间延长，老化程度不断加重，程度加剧，种子活力降低，同工酶酶谱出现酶带带级变化和丢失现象，表明蛋白质发生了变性或降解，无论是结构蛋白或活性蛋白在其构象完整性上的改变都会反映到功能上的障碍或破坏，是直接关系到种子活力和生命力的极为重要的因素(高平平等，1996)。

2.2.1.6 核酸的变化

种子的劣变表现在核酸方面的反应，一是原有核酸解体，二是新的核酸合成受阻。有研究表明，在自然和人工老化过程中，种子劣变与 DNA 代谢密切相关。核酸的分解是因核酸酶和磷酸二酯酶作用的结果。衰老种子中，这两种酶的活性均比新鲜种子高。Roberts(1973)等的研究发现，发芽率在 95% 以上的黑麦草种子，当其衰老时，种子中 DNA 开始大量解体。衰老种子中胚发生 DNA 损伤，DNA 的修复功能降低，必然反映到转录和转译能力的下降以及错录和错译的可能性增加，因此衰老种子中常有染色体畸形，断裂，有丝分裂受阻等情况的发生。在生产上，由衰老的种子长成的幼苗畸形，矮小，早衰，瘦弱苗明显增多，最终导致产量降低。

种子贮藏中的染色体畸变是一种普遍现象，是种子老化作用的结果，而不是贮藏时间长短的结果，种子发芽率与染色体畸变率间存在着负相关性(Roberts，1988)。据报道，在某些种质资源保存库中，多达 50% 的贮存样品已丧失生活力或更新后发生了遗传漂变(Singh *et al.*，1984)。Stoyanova(1991)用醇溶蛋白谱带分析技术对老化处理后的小麦(*Triticum aestivum*)品种研究后发现，低发芽率混合群体的小麦品种更新后，子代群体中醇溶蛋白的遗传组成出现了遗传漂移。

张晗等(2005)对经老化处理得到的不同发芽率水平的玉米地方品种条花糯进行农艺性状观察和 SSR 分子标记分析，发现老化处理后群体内的遗传多样性低于对照群体的遗传多样性，群体内遗传变异出现下降，并认为对于异质种质资源材料，低的发芽率更新标准不利于种质资源遗传完整性的保持。发芽率低的玉米种子其根尖染色体畸变率相对较高，单桥、双桥、断片、落后及其他染色体畸变类型均被观察到。Radha 等(2014)的研究发现，老化的玉米种子，细胞膜受到损伤，线粒体脱氢酶活性降低、

DNA 降解加剧。裂解的 DNA 碎片在老化种子中积累(Tuteja *et al.*, 2001)，DNA 碎片也与顽拗性种子脱水死亡相关(Faria *et al.*, 2005；Kranner *et al.*, 2006)，因此，研究加速老化引起的种子分子水平的变化十分必要。

2.2.1.7　呼吸作用与 ATP 含量的变化

种子的呼吸是种子贮藏期间生命活动的集中和具体的表现，种子的呼吸强度和种子的安全贮藏有着密切的联系，是种子活力的最重要的生理指标之一。呼吸作用对种子贮藏有两方面的影响，有利方面是呼吸可以促进种子的后熟作用，利用呼吸自然缺氧，可以达到驱虫的目的。不利方面是在贮藏期间呼吸强度过高会因为消耗过多的营养物质而加速种子老化，呼吸强度过高还会引起种子堆发热、发潮，容易遭受病菌侵染。

对于种子贮藏时的挥发性代谢物的酶促转化研究表明，乙醛和乙醇在干种子中可以相互转化，一旦种子代谢物乙醛增加，种子可以有效地将其转化为乙醇，并通过种皮扩散到种子外，降低代谢物乙醛对种子活力的影响(Vertucci *et al.*, 1991)，而这一过程是通过呼吸作用实现的。种子耗氧量与生活力成正比，种子耗氧量极微表示呼吸停滞劣变严重。对木豆的研究表明，种子老化时耗氧量减少，线粒体超微结构和膜完整性受损，膜上结合的呼吸链功能受损(Kalpana *et al.*, 1993、1995)。Bettey and Finch-Savage(1996)的研究指出，人工老化的卷心菜种子，其吸胀和萌发过程中的呼吸耗氧速率明显下降，说明其氧化底物已经不足。种子老化时一部分呼吸酶活性降低，这引起种子吸水时呼吸速率上升缓慢，呼吸强度下降。黄真池等(1998)的研究发现，高活力白菜种子和中等活力种子的呼吸速率显著高于低活力种子的呼吸速率。对大葱和油菜种子的呼吸作用研究也表明，随着贮藏温度的升高，大葱和油菜种子的 CO_2 释放量增大，同一贮藏温度下，随着含水量的降低，种子 CO_2 释放量减少(胡小荣等，2006b)。钟希琼等(2003)研究发现水稻种子(*Oryza sativa*)活力指标的差异与质膜相对透性的差异呈(极)显著负相关；而与呼吸速率的差异呈(极)显著正相关。浦心春等(1998)发现老化的高羊茅(*Festuca arundinacea*)种子在发芽过程中 ATP 含量明显降低，严重老化的种子虽在发芽前期因 ATP 利用受到限制，ATP 含量较高，但随着发芽时间的延续，其含量大幅度下降。H^+-ATP 酶是位于质膜上的专一酶，在种子萌发时的能量转换中起着十分重要的作用，随着劣变的进行，H^+-ATP 酶活力下降，影响种子内部正常代谢的进行。

2.2.1.8　合成能力的变化

当发生劣变时种子合成能力下降，首先表现为蛋白质合成能力的降低，如人工老化的木豆种子蛋白质的合成能力下降(Kalpana *et al.*, 1994)。研究证实，在无生活力的水稻种子胚中所有的控制蛋白质合成的多聚鸟苷酸含量显著降低(Gosh *et al.*, 1984)；而人工老化小麦种子的胚中蛋氨酸的含量降低，胚根萌发推迟，且某些多肽的合成也推迟(Guy and Black, 1991)。黄上志(2000)的研究发现，高活力卷心菜种子的蛋白质合成能力显著高于中等和低活力种子，且高活力和中等活力种子主要合成相对分子质量为 70kD 和一些小相对分子质量的热激蛋白，在低活力种子中检测不到热激蛋白的合成；对4种热激蛋白(1种HSP90和3种HSP70)的Western blot检测结果表明，只有1种热激蛋白(HSP70)与种子活力有关。

2.2.1.9 内源激素的变化

种子劣变往往伴随着内源激素的变化，通常是赤霉素类(GA)物质减少，脱落酸类(ABA)物质增加。傅家瑞(1985)研究发现，活力高的花生(*Arachis hypogaea*)种子，GA含量高，而失去活力的花生种子，ABA积累多，并认为两者的比例可能与种了活力表现有一定的相关性。在油料种子中，乙烯与种子活力的关系较为密切，如花生、油菜籽等，活力下降与内源乙烯的产生能力密切相关(李卓杰等，1988)。研究表明，黄瓜(*Cucumis sativus*)人工老化种子在劣变的过程中，乙烯的释放量呈现出规律性的下降，并且乙烯释放的高峰期发生了推迟(崔鸿文等，1992)。对大葱(*Allium fistulosum*)种子内源激素——乙烯释放量的研究表明，随着含水量的下降，种子乙烯释放量明显下降，过分干燥导致乙烯释放量升高(胡小荣等，2006b)。

2.2.1.10 有毒物质的积累

种子无氧呼吸产生酒精和二氧化碳、脂质过氧化产生丙二醛、蛋白质分解产生胺类物质等都对种子有毒害作用。油菜种子贮存期间，种子内的代谢活动使一些蛋白质大分子物质分解为小分子含氮化合物，有些小分子含氮化合物的存在对种子具毒害作用(王煜等，1994)。

丙二醛(MDA)的积累来自不饱和脂肪酸的降解，它的生成是体内自由基引发而产生的。MDA具有强交联性质，能与氨基酸或游离氨基蛋白质、磷脂酰乙醇胺及核酸结合，形成类脂褐色素(LPP)，LPP是干扰细胞内正常生命活动代谢的不溶性化合物。MDA能与蛋白质结合，引起蛋白质分子内和分子间的交联及生物膜中结构蛋白酶的聚合和交联，使它们的结构功能和催化功能发生变化而受到破坏(杨剑平等，1995)。由于MDA是脂质过氧化产物，且随着劣变发生逐渐积累，因此可预测种子的劣变程度；而挥发性醛类物质的释放是种子脂质经过各种途径氧化的综合结果，也可以反映脂质过氧化导致的劣变程度。棉花(*Gossypium hirsutum*)种子随着老化处理时间的延长，活力均表现为先升高而后逐渐降低的变化趋势，而MDA含量与种子活性变化达到了极显著的负相关(马金虎等，2005)。

研究表明，在种子衰老过程中会发生美拉德反应(Maillard reactions)和阿马多瑞反应(Amadori reactions)等化学变化，并且随着老化程度的加剧而加剧，最终导致种子不可逆死亡(贾立国等，2006)。杨剑平等(1995)发现人工老化小麦衰老种胚的过氧化氢酶活性明显低于正常种胚，并认为小麦种子衰老的一个重要原因是过氧化氢酶活性降低，导致H_2O_2积累，从而造成了细胞毒害。其他许多代谢产物，如游离脂肪酸、乳酸、肉桂酸、香豆素等多种酚类、醛类和酸类化合物、植物碱等均对种子有毒害作用。种子中存在过多的IAA、ABA也成为抑制种子萌发和生长的有毒物质(申丽霞等，2004)。

2.2.2 种子脱水耐性及其生理机制

脱水耐性(也称耐脱水性、脱水耐力或耐干性)是种子发育过程中获得的一种综合特性(黄祥富等，1998；任晓米等，2001)。指的是种子对低含水量或脱水的忍耐程度，即植物种子在脱水后的活力或发芽率的变化情况，其反面称为顽拗性或脱水敏感性。

种子在发育过程中不断获得脱水耐性，这可能是发育时逐渐发生的生理和形态结构变化的结果，其中包括后期阶段专一性保护物质的合成。Vertucci and Farrant(1995)提出，种子耐脱水性可能是一种数量性状，与种子内蛋白质、脂肪、碳水化合物的积累呈正相关。这些与脱水耐性有关的保护性物质主要有糖、蛋白质和自由基清除系统等，它们保护亚细胞结构和授予细胞最大的脱水耐性，又称为保护系统。

2.2.2.1　糖与种子脱水耐性

在成熟的正常型种子中，蔗糖的含量为可溶性碳水化合物的15%~90%，单糖的含量极微；一般认为，耐脱水蛋白和蔗糖、寡糖及半乳糖环多醇等非还原性糖是种子获得耐脱水性的重要物质(Vertucci and Farrant，1995)。在玉米、大豆、花生等正常型种子的成熟末期，耐脱水性的获得与种子中可溶性糖的积累有关，尤其与非还原性糖(如蔗糖、棉籽糖、水苏糖)或脱水保护组分(如半乳糖环多醇系列物质)有密切的关系，它们在脱水中起稳定大分子和膜的作用(任晓米等，2001)。

糖对种子脱水耐性的作用机理主要表现在以下几个方面：

(1)脱水保护剂

单糖属于还原性糖，它的存在是代谢旺盛的标志。在极度干燥的条件下，单糖参与了一种称为 Maillard 反应的非酶化反应，这种反应需要氨基基团的参加，从而导致蛋白质的变性(Narayana Murthy *et al.*，2003)。在脱水过程中，糖在膜上大分子表面代替水分子，使膜在脱水状态下稳定，防止细胞内含物渗漏，是膜系统的有效保护剂(Crowe *et al.*，1988；Koster *et al.*，1988)。以脂质体作为模拟系统，对糖在膜相转变中所起的作用进行研究后发现，脂质体在无糖存在的情况下脱水，磷脂头部被迫挤压在一起形成凝胶相，在回水过程中要经历凝胶和液晶相混合存在的状态，膜的屏障作用在这种状态下减弱，致使大量物质外渗；如在有糖存在的条件下进行脱水，则糖可以取代水分子插入膜结构中，阻止膜相转变，使膜的屏障作用在回水过程中得以保持(任晓米等，2001)。

(2)水分替代

水分不仅是一种溶剂，而且是细胞的稳定因子，膜及大分子的稳定性完全依赖于亲水基团与疏水基团之间的相互作用，特别是膜的液晶态依赖于水分的存在(任晓米等，2001)。脱水可使磷脂双分子层相互叠加或堆积，由液晶态转变为凝胶态，从而导致膜系统化学反应的紊乱与膜渗调功能的丧失。当脱水的细胞失水时，二糖(海藻糖或蔗糖)可以取代水分子与膜脂的极性头端结合，充当了膜脂极性头端之间的衬片，避免了膜脂的叠加与堆积，从而稳定了膜结构(Crowe *et al.*，1988)。

(3)维持蛋白质的稳定性

细胞脱水不仅影响膜系统，也会影响细胞质。细胞质的极度干燥可以引致蛋白质的变性与溶质的结晶，造成整个细胞的伤害。而可溶性糖(主要指蔗糖)可促进细胞质玻璃化，其中低聚糖亦可起到提高细胞质的玻璃化转变温度(T_g)值的作用，使种子或胚轴在较高温度范围内进入玻璃化状态，从而避免脱水对细胞造成的伤害(任晓米等，2001)。杨晓泉等(1998)在花生发育过程中耐脱水性的研究中指出，非还原性糖(二糖及寡糖)的积累增加了花生蛋白质的热稳定性，稳定了蛋白质在干燥状态下的结构与功能，促使胚轴或子叶在较高温度进入玻璃化状态，从而使种子能够抵御脱水的伤害。

糖类除了以上3种主要方式保护细胞免受干燥损伤外，还存在其他作用方式。首先，蔗糖、半乳糖环多醇等可以起到清除细胞体内自由基的作用。植物在遭受逆境时，正常的代谢过程被打乱，植物体内会发生一系列的歧化反应而产生大量的自由基。蔗糖、半乳糖环多醇类物质的存在可以协助SOD、POD、CAT一起及时清除细胞内迅速积聚的多余自由基，使细胞免受自由基的攻击。其次，低聚糖等非还原性糖的合成有利于种子贮藏过程中产生的物质以无毒性和非还原性形式积累。最后，糖与高亲水性的LEA蛋白形成复合物协同控制脱水速度，作为水的缓冲剂起到保护种子的作用(任晓米等，2001)。

虽然正常型种子在成熟过程中耐脱水性的获得与成熟末期非还原性糖的积累密切相关，但糖在顽拗性种子脱水过程中所起的作用尚未有定论。Connor and Sowa(2003)对顽拗性美国白栎(*Quercus alba*)种子进行脱水处理研究后发现，随着脱水时间的延长，种子内蔗糖积累增多，但增多的蔗糖并未阻止种子活力的丧失。他们认为，增多的糖是在水分胁迫时起到糖保护剂的作用，并未起到阻止细胞和膜结构在脱水中死亡、破裂的作用。

在已经研究过的大多数顽拗性种子组织中，明显缺乏蔗糖、棉籽糖和水苏糖等非还原性糖。这些糖类的缺乏可能是顽拗性种子成熟末期不耐脱水的原因之一(Berjak and Pammenter，1997)。但也有相反的报道，一些顽拗性种子如黄皮(陆旺金等，2001)、板栗(陶月良等，2003)种子，在成熟过程中也有可溶性糖的积累，而且在板栗种子中检测到与正常型种子耐脱水性有关的棉籽糖和水苏糖的积累。因此，糖，尤其是二糖和低聚糖，在种子耐脱水性方面所起的作用还有待于更进一步的研究。

2.2.2.2　蛋白质与种子脱水耐性

研究表明，发育过程中花生种子的大小和成熟度是引起种子活力差异的主要原因。其中种子大小造成活力差异的实质是种子贮藏物质如贮藏蛋白等含量上的差异；种子活力与贮藏蛋白质含量的关系十分密切，种子成熟度影响种子活力的原因也与贮藏蛋白有关(黄上志等，1992)。但与种子耐脱水性关系更为密切的是另外一组蛋白，即LEA蛋白(胚胎后期富集蛋白)。

在种子发育后期，贮藏物质积累达到高峰后，种子开始脱水，这时有一类基因特异性地表达，产生一类低相对分子质量的蛋白，称为胚胎后期富集蛋白。正常型种子在胚胎发育后期合成了大量的LEA蛋白，这类蛋白质含高度保守性序列区，但功能不详。由于LEA蛋白出现在正常型种子发育晚期的脱水过程中，而且常伴随着种子耐脱水力的形成，故认为它们与种子耐脱水力形成有关(Farrant *et al.*，1993)。目前已经在发育的棉花、豌豆、大豆、油菜、胡萝卜、蓖麻籽、拟南芥和一些禾谷类植物种子的胚中均检测出有LEA蛋白存在。LEA蛋白具有很高的亲水性和热稳定性，在成熟种子中的比例很高，一般认为它们的功能是在脱水过程中保持组织细胞免受伤害。LEA蛋白有助于细胞维持最小的需水量，因为其中一些蛋白质能够和水分子结合，他们可以起到捕获和隔离脱水过程中聚集离子的作用。在细胞缺水时，LEA 蛋白可能协助糖扮演维持细胞质结构这一功能。LEA 蛋白被认为是比蔗糖更好的保护剂，因为它们不会结晶（Nedeva and Nikolova，1997）。不过也有相反的结论，Robertson and Chandler（1994）的研究认为，豌豆种子发育中 LEA 蛋白（脱水素）的合成与耐脱水性之间没有关系。

顽拗性种子在发育后期不经历或只经历轻度成熟脱水过程，成熟时不具耐脱水性，是否也存在 LEA 蛋白有不同的结果报道。Farrant 等（1993）报道，海榄雌和享氏罗汉松种子中不存在 LEA 蛋白；刘箭等（1998）对黄皮种子的耐脱水性进行研究后也得出了类似的结果。而 Finch-Savage（1994）用棉花 *LEAD*11cDNA 探针检测到 5 种顽拗性种子中有 LEA 蛋白的存在，结合体外翻译证明英国白栎和欧洲栗种子中存在脱水素（LEA 蛋白的一种），而且英国白栎特异 mRAN 还能为有限度的脱水和 ABA 所诱导。此外，Farrant 等（1996）检测到澳大利亚栗籽豆种子的胚轴和子叶中也有 LEA 蛋白的存在。因此，顽拗性种子成熟末期不耐脱水是否与 LEA 蛋白缺乏有关还值得进一步研究。

2.2.2.3 ABA 与种子脱水耐性

在种子和其他植物体中，ABA 的主要作用是调控基因表达。ABA 会诱导几种不同蛋白质的合成，这些蛋白质在种子发育过程中起着重要的生理作用。ABA 作为调控基因最典型的例子是调控 *Lea* 基因的表达，它在胚成熟后期表达，也在植物体对各种环境胁迫做出应答时表达。有证据显示，脱水时，应答 *Lea* 基因的表达是由于其化学特性的专一性，隔离离子、保护其他蛋白质和膜结构片状蛋白的结构恢复。ABA 可能正是 *Lea* 基因表达的内源调节者（Nedeva and Nikolova，1997）。但是，据 Still 等（1994）报道，在 ABA 含量还很低时，水稻和野生稻胚轴已有脱水素（LEA 蛋白）合成。脱水素或其 mRNA 的起始合成和后续量的增加并不需要高浓度的 ABA，在发育过程中脱水素和其 mRNA 表达与 ABA 之间并无相关性。

顽拗性种子不耐脱水，不能产生 LEA 蛋白，是由于其缺乏 ABA，或对 ABA 不敏感（Nedeva and Nikolova，1997）。姜孝成等（1997）对发育中的黄皮种子研究后指出，ABA 也能促进发育后期黄皮种子的蛋白质特别是胚轴中 20kD 热不稳定蛋白的合成，但对 20kD 的热稳定蛋白和其他蛋白的调控作用则几乎没有或看不到，因此未能改变该种子对脱水的敏感性。在已经成熟但尚未采收的荔枝和龙眼种子中，ABA 含量比高峰时分别下降近 6 倍，随着种子的发育，种子及其胚轴对外源 ABA 的敏感性亦持续下降，与其成熟时不耐脱水相一致（彭业芳和傅家瑞，1995）。

总之，种子的脱水耐性受细胞自身的保护系统所调控，以避免细胞膜、蛋白质和细胞质等成分受到脱水伤害。种子表现为细胞、亚细胞结构和物质代谢水平发生变化以适应脱水。这一保护系统包括受 ABA 调控的 LEA 蛋白、非还原性糖的积累和脱水过程中防止、忍耐或修复自由基攻击的抗氧化剂和酶等。这些保护机制都不能单独解释耐脱水性的原因，它们在脱水过程中可能有同等重要的作用（杨期和等，2002）；缺少一种或几种机制都可使不同种子具有不同的耐脱水性（Pammenter and Berjak，1999）。

2.2.3 种子细胞质玻璃化与耐藏特性

为了研究种子寿命同贮藏温度和种子含水量的关系，Roberts(1973)首次建立了预测种子贮藏寿命的基本活力方程，认为种子含水量的作用和贮藏温度的作用在某种意义上可以相互替代。例如，通过降低种子含水量可以在适当提高温度的条件下，达到在较高含水量和低温条件下同样的贮藏效果。后来，Ellis and Roberts(1980a、1980b)又提出预测种子寿命的改进活力方程，该方程可以预测任何种批的大麦种子，当含水量在5%~25%的范围内，贮藏温度在-20~40℃之间时，贮藏任一时间后的生活力百分数。这一方程定量地描述了种子含水量和贮藏温度对种子贮藏寿命的作用规律，对种子贮藏实践具有重要指导意义。

尽管Ellis等人的种子活力方程很有价值，但该方程只是一个基于有限资料的经验公式，没有对种子老化的机理作出解释。在实际应用中，Ellis等人的种子活力方程也存在问题：①该活力方程的应用是有限制条件的，在低温和低含水量的情况下，该活力方程的预测可靠性便会大受影响(Vertucci *et al.*，1990、1993、1994)。②在Ellis等人的种子活力方程中，温度和含水量被看作是两个独立变量(Roberts and Ellis 1989)。然而，理论研究(Vertucci *et al.*，1993)和实验数据(Vertucci *et al.*，1993、1994)都表明，温度和含水量对种子老化的影响是存在交互作用的。③不同种的种子，种子活力方程存在较大的差异。因此，依照种子活力方程所制订的种子贮藏策略很可能不是最佳的，种子贮藏的研究需要有新的突破。

近年来，一些研究者认为，要透彻地解释含水量及贮藏温度对种子耐藏性的作用机理，必须研究种子细胞质分子运动与种子老化的关系。已有研究表明，细胞质分子运动是影响种子和花粉贮藏稳定性的关键因子，细胞质分子运动的快慢决定种子和花粉老化的速率(Leopold *et al.*，1994；Buitink *et al.*，1998a、1998b；Buitink *et al.*，2000)。

众所周知，高温和高湿会导致种子老化，而已有研究表明，高温高湿首先是导致细胞质分子运动加速(Buitink *et al.*，1998a)。因此，研究细胞质分子运动规律与种子老化的关系，将有可能在深层次上揭示种子老化的机理。

与细胞质分子运动相关的一个重要问题是细胞质玻璃化状态的形成。所谓玻璃化，是指溶液在一定条件下形成的黏滞度近似于固体的状态。玻璃化状态通常在低温或干燥的条件下形成。许多研究表明，在干燥状态下的生物组织会形成玻璃化(Leopold *et al.*，1994；Buitink *et al.*，1996)。细胞质玻璃化状态的形成将大大提高其黏滞性(Leopold *et al.*，1994)。高的黏滞性将大大降低细胞内有害化学反应的发生，减缓细胞质化学组成和结构的变化，从而延缓种子老化的进程(Leopold *et al.*，1994；Buitink *et al.*，1998b)。为了证实细胞质玻璃化状态与种子贮藏寿命的关系，Sun等人(1994)研究了大豆、豌豆和玉米种子细胞质玻璃化状态与Ellis等人(1980a)的种子活力方程的关系。结果发现，利用Ellis等人(1980a)的种子活力方程计算不同含水量下种子贮藏一定时期的最高温度，其结果与相应含水量下，种子贮藏一定时期的细胞质玻璃化形成温度高度吻合。该研究同时指出，如果细胞质玻璃化状态消失，种子的老化速率将大大加快。这说明，种子细胞质玻璃化状态的形成是保持种子寿命的关键所在。Sun等人(1993)对大豆加速老化的实验也验证了这一点。

碳水化合物是有利于形成玻璃化的主要物质，在种子中的含量通常较高(Amuti and Pollard, 1977)。因此，通常认为生物组织玻璃化的形成主要与碳水化合物有关(Hirsh, 1987; Koster, 1991)。碳水化合物玻璃化的特征之一是：一旦玻璃化状态溶化，其黏滞性将大大降低，这一现象不符合通常的阿雷纽斯黏度公式的规律(Roozen and Hemminga, 1990; Champion *et al.*, 1997)。最新的研究表明，除碳水化合物以外，细胞中可能还有别的分子参与玻璃化的形成(Leopold *et al.*, 1994; Sun and Leopold, 1997; Wolkers *et al.*, 1998; Buitink *et al.*, 1999)。例如，增加蛋白质会改变玻璃化形成的特性(Wolkers *et al.*, 1998)。由于不同树种种子内含物组份存在很大差异，对于一个具体树种的种子，研究细胞质玻璃化的特性具有重要意义。

因为细胞质玻璃化状态融化后，其黏滞性不符合通常的阿雷纽斯黏度公式的规律，即细胞质黏滞性会迅速降低，分子运动将大大加快，从而导致种子老化加速。因此，在不同含水量和贮藏温度下，细胞质玻璃化状态的熔化点将是影响种子耐藏性的临界点，对这一要点的掌握与否，将直接关系到种子贮藏的成败。

细胞质玻璃化状态的形成有两条途径：一是降低种子含水量；二是降低贮藏温度(Leopold *et al.*, 1994; Buitink *et al.*, 1998b)。从上文的论述可以看出，无论通过什么途径，只要种子细胞质形成玻璃化状态，则对保持种子寿命十分有利。相反，种子贮藏寿命则很难保持。而在种子形成玻璃化状态以后，继续降低贮藏温度或种子含水量的意义则可能不大。因此，掌握不同含水量种子贮藏时细胞质玻璃化状态形成的临界温度，对进一步完善 Ellis 等人的种子活力方程，制定经济而高效的种子贮藏策略具有十分重要的意义。

2.2.4 种子超干燥贮藏

2.2.4.1 种子超干燥贮藏研究概况

超干燥贮藏是指将种子含水量降至5%以下，密封后在室温或低温条件下贮藏种子的一种方法。该法可用于种质资源的长期保存。传统的种质资源保存方法是采用低温贮藏，而超干燥贮藏是通过降低种子含水量来适当提高贮藏温度，从而达到同样的贮藏效果。因此，超干燥贮藏可以大大节约制冷费用，这一技术在热带地区，特别是发展中国家应用，具有特别重要的意义。

传统的种子贮藏大都是针对正常型种子，在低温、干燥的环境条件下保存，这类种子贮藏时的含水量在5%~10%之间。通常认为种子含水量低于5%时，脂类物质发生自动氧化，不利于贮藏。但近年来很多学者提出了超干燥贮藏的概念，即将种子含水量降至5%以下进行贮藏。英国里丁大学的 Ellis 等(1988, 1989)将藜麦(*Chenopodium quinoa*)、向日葵(*Helianthus annuus*)、亚麻(*Linum usitatissimum*)等种子的含水量降至3%左右，大大提高了种子的贮藏寿命。藜麦、向日葵和亚麻种子的含水量甚至可分别降至1.8%~3.1%，1.1%~1.9%和1.1%~2.1%。将这些超干状态下的种子密封，贮藏于65°C 条件下，其生活力与含水量3%以上的种子相比没有差异。Ellis 等(1988、1989)最后的研究结论认为，藜麦、向日葵和亚麻种子的含水量下限分别为4.1%、2.04%和2.7%。

我国程红焱、郑光华等人(1991、1992)以及林坚、郑光华等人(1993)先后研究了芸薹属植物种子、榆树种子和高粱种子的超干燥贮藏，大大延长了种子的贮藏寿命。超干燥贮藏的显著特点是能在常温下贮藏，不需要制冷设备，既省钱又节省能源。

多数正常型种子可以进行超干燥贮藏，但不同类型的种子耐干燥的程度不同。油料种子耐脱水能力强，含水量容易降到5%以下，有的可以降到1%以下，适于进行超干燥贮藏。淀粉和蛋白质类种子的含水量不易降到5%以下，且不同种的种子差异较大，是否适于超干燥贮藏，需要做更多的研究。种子超干燥贮藏也不是越干越好，不同类型的种子均有其最适及安全的含水量幅度，超限则有损种子活力甚至丧失生命力。

种子超干燥贮藏的技术包括两个方面：一是如何在不伤害种子的情况下获得超低含水量的种子。通常采用冰冻真空干燥、鼓风硅胶干燥、干燥剂室温下干燥等方法。张庆昌、郑光华等(1992)提出先低温(15℃)后高温(35℃)的逐步升温干燥法，能有效避免大豆种子的干燥损伤。二是如何避免超干燥种子萌发前的吸胀损伤。通常采用PEG引发或吸湿—回干处理，使种子缓慢吸水，防止产生吸胀损伤。

2.2.4.2 超干种子耐贮藏的细胞学和生理生化机制

超干种子耐贮藏的细胞学机制，首先表现在细胞超微结构的完整性没有受到破坏。张明方等(1999)用透射电镜观察经老化而未超干处理的洋葱种子胚根尖的细胞超微结构，发现细胞核膜界限不清晰，有的细胞核有胞饮现象，有的呈解体状，线粒体变形，脂质体融合成团且排列不规则，出现电子致密物质(脂肪消耗后的残留物)。而经同样老化处理的超干种子，细胞核正常，核膜界限清晰，内质网正常且丰富，脂质球沿细胞壁呈环状排列，无中空的电子致密物质。

油菜、白菜(程红焱等，1991)，花生、榆树(程红焱，1994)及高粱(林坚等，1993)等超干种子若直接浸种会引起细胞内物质的大量外渗，而经严格回水处理后胞内电解质的外渗量会显著降低，表明回水处理对超干种子细胞膜的物理修复具有良好的效果。经过一定时间贮藏后，超干种子在吸胀时细胞内电解质的外渗量比未经超干处理的种子明显降低，这表明在贮藏过程中超干种子细胞膜的选择透性比未超干种子保持得完善(程红焱，1994)。

红花种子经超干处理后，自由水/束缚水的比率随含水量下降而降低，在超干状态下种子中大部分束缚水仍然保持着，这为超干种子保持高活力提供了有利的内部环境条件(程红焱，1994)。程红焱等(1996)以油菜、芝麻、花生、大豆和榆树种子为材料，用热力学分析方法对种子水分的热力学吸附特征进行了分析，结果表明，对干燥较敏感的榆树和大豆种子保持束缚水的能力低于耐干性较强的油菜、芝麻和花生种子，较易失去等温线第一吸附区域的强吸附水，即在相同干燥条件下比较容易丢失关键性的束缚水，从而引起大分子构象的变化。在水稻种子中也发现，吸湿回干处理可以提高种子的热力学K′和K值，增加种子对等温线上第一吸附区域水分的束缚能力。种子对束缚水的保持能力越大，其超干贮藏的效果越好(程红焱，1994)。

丙二醛是脂质过氧化的最终产物，种子在贮藏过程中随着劣变的发生而逐渐积累MDA。超干种子在贮藏过程中的MDA含量和挥发性醛类物质的释放量都低于未超干处理的种子，表明超干种子在贮藏过程中脂质过氧化作用降低，可以认为脂质过氧化作用降低是超干种子耐贮藏性提高的生理原因之一(胡家恕等, 1999)。

抗氧化系统分为酶促抗氧化系统和非酶促抗氧化系统。酶促抗氧化系统有超氧化物歧化酶 SOD、过氧化氢酶 CAT、抗坏血酸过氧化物酶(ascorbate peroxidise, AsP)、谷胱甘肽还原酶(glutathione reductase, GR)、脱氢抗坏血酸还原酶(dehydroascorbate reductase, DHR)和半脱氢抗坏血酸还原酶(monodehydroascorbate reductase, MDHR)等。酶促抗氧化系统中起主要作用的是 SOD、CAT 和 AsP, 三者协同作用共同清除活性氧的伤害(Møller, 2001; Apel and Hirt , 2004)。经过一定时间贮藏的白菜、油菜、黄瓜等超干种子吸胀萌发后仍能保持较高的抗氧化酶活性, 与低温贮藏种子并无明显的差异, 而未超干种子的抗氧化酶活性则大部分丧失。说明种子在超干贮藏过程中, 抗氧化酶活性的保持比含水量高的种子要好, 为种子在随后的萌发过程中清除细胞内因脂质过氧化产生的毒素奠定了有利的基础。

种子内存在一些非酶促抗氧化系统, 包括 β-胡萝素、抗坏血酸(ascorbic acid, AsA)、α-生育酚、还原型谷胱甘肽(reduced glutathione, GSH)等。程红焱(1994)测定了不同含水量的油菜种子中的 AsA、α-生育酚和 GSH 的含量, 发现这些抗氧化剂的含量与种子脱水程度无关。经过老化后的油菜种子其 AsA 和 GSH 的含量在不同含水量的种子中以相同的幅度下降, 可以认为在超干贮藏过程中 AsA 和 GSH 对清除活性氧的能力与种子在较高含水量时一样。但 α-生育酚的变化则不同, 经过同等老化处理后超干种子的 α-生育酚含量比对照种子高, 一方面表明种子劣变程度低, 消耗的 α-生育酚要少, 另一方面也表明超干种子具有相对高的 α-生育酚含量, 清除活性氧的潜在能力比含水量高的种子强。

种子脱水至一定的含水量, 细胞膜由流动相转变为凝胶相。细胞膜在失去水分时, 在低水分下糖类物质以及两性物质可以替代水分子通过氢键与极性大分子结合, 从而避免细胞膜由于水分的丧失导致不可逆的伤害, 在含水量极低的状态下起到稳定膜系统的作用。

Crowe 等(1992)的研究表明, 脱水过程中能产生大量的双糖, 双糖能与膜磷脂的极性头部之间形成氢键, 氢键使每个磷脂分子之间保持一定的空间距离, 从而使得膜的液晶态得以保持。虽然科学家们都认为, 糖与膜相变有密切的关系, 但糖在其中所起的作用如何? 不同学者有着不同的观点。Oliver 等(1998)认为在脱水过程中, 糖溶液的玻璃化能阻止 T_m 的升高, 推断糖的玻璃化温度(T_g)与其阻止膜相变温度(T_m)升高的能力有必然的联系。而 Crowe 等(1996)却认为, 是糖类物质的渗透效应和体积效应限制了 T_m 的升高, 与糖类的玻璃化无关。

可溶性糖能阻止膜脂由流动相转变为凝胶相(Crowe *et al.* , 1998), 但不同类型的糖所起的作用如何? 不同的学者也持有不同的观点。Crowe 等(1996)认为在脱水过程中二糖酰胺(如海藻糖酰胺和蔗糖酰胺)能够使二棕榈酰磷脂酰胆碱(DPPC)的 T_m 降至 T_0 以下, 这不是由于糖溶液玻璃化的结果, 而是这些糖分子插入到毗邻的脂分子之间的结果。该研究还指出, 插入到脂类分子间的分子必须有一定大小的体积, 像葡萄糖这样的单糖酰胺, 由于其分子体积比二糖酰胺的小, 即使插入到脂类分子间也达不到像二糖酰胺那样插入脂类双层结构而使膜面积延展的程度, 也就不能降低脱水状态下 DPPC 的 T_m。不同于 Crowe 等(1996)的观点, Koster 等(1994)认为, 单糖(如葡萄糖)与二糖

(如海藻糖)都可以通过在脂双层之间形成玻璃态而使得脂类的相变温度降低至 T_0以下，只不过是看组成脂双层的 T_0(纯磷脂的相变温度)是否低于葡萄糖溶液的 T_g。

干种子、花粉和复苏植物中大量存在两性物质，如苯酚、类黄酮和生物碱，这些物质被认为能够阻止脱水引起的膜相变，同时它们又是有效的抗氧化剂(Hoekstra *et al.*，1997；Oliver *et al.*，1998)。Crowe 等(1996)的研究也表明两性物质在脱水过程中从水相进入脂相的行为有利于种子细胞忍耐水分丧失，是种子耐脱水性的主要因子之一。

2.2.5 种子超低温贮藏

2.2.5.1 种子超低温贮藏研究概况

种子超低温贮藏是指利用液态氮为冷源，将种子置于超低温(-196℃)下，使其新陈代谢活动处于基本停止状态，从而达到长期保持种子寿命的贮藏方法。由于种子被贮藏在-196℃的液氮中，其新陈代谢几乎完全停止，因此可无限期的保存种子活力。

近50年来，超低温冷冻保存技术发展很快，尤其在医学和畜牧业中，利用超低温冷冻保存技术成功地保存了血红细胞、淋巴细胞、骨髓、人和动物的精液、动物胚胎等。在植物领域，自20世纪70年代以来，超低温保存技术也有较快发展，利用液氮可以保存许多植物的种子、花粉、分生组织、芽、愈伤组织和细胞等。在林木种子方面，超低温贮藏研究也是热点问题之一，已见报道的有栎类、欧洲栗、欧洲七叶树和黄皮等顽拗性种子(李庆荣等，2003)和松树、榆树等正常型种子(王君晖等，1998)。

超低温贮藏需要解决的问题主要有确定液氮保存的适宜含水量范围、冷冻方式和解冻方式的选择、冷冻保护剂的选择与应用等。

2.2.5.2 种子超低温贮藏与含水量

研究表明，含水量是影响超低温贮藏的最主要因素。王君晖等(1999)对4个月龄的铁皮石斛(*Dendrobium candidum*)种子脱水至含水量为12%~19%，能获得较高的冻后存活率(95%)和较快的恢复生长速率，将生长旺盛的暗培养类原球茎体的含水量在6~7d内干燥至30%±2%，其冻后存活率可达48%~80%。陈礼光和郑郁善等(2000，2001)分别对锥栗(*Castanea henryi*)和闽粤栲(*Castanea fissa*)进行了超低温保存研究，结果表明，含水量是影响锥栗和闽粤栲种子离体胚超低温保存的重要因素，认为超低温保存应进行适度脱水。郑郁善等(2001)也发现苦槠种子(*Castanopsis sclerophylla*)含水量是超低温保存成功的关键，适度脱水可大幅度降低苦槠种子和离体胚超低温保存过程中的质膜伤害；随着含水量的降低，其电导率的变化呈先降后升，15%含水量的电解质外渗率最低；而在冷冻保护剂作用下，离体胚保存最佳含水量为10%，其质膜所受的伤害比较轻，电解质外渗量较小，膜修复能力强。郑郁善等(2002)又对板栗(*Castanea mollissima*)种子进行超低温保存研究，发现发芽率受种子含水量影响较大。陈礼光等(2005)对杉木种子超低温保存的研究结果表明，9%含水量的杉木种子贮藏效果要比超干燥处理后贮藏好，可用于种子的中长期保存。

2.2.5.3　种子超低温保存与冷冻保护剂

冷冻保护剂是影响超低温保存的又一个重要因素。冷冻保护剂的种类很多，按其是否能渗透到细胞内，可将冷冻保护剂分为两类：渗透性冷冻保护剂，包括二甲基亚砜、甘油、乙二醇、丙二醇、乙酰胺等，此类冷冻保护剂多数为低分子中性物质，在溶液中易结合水分子发生水合作用，使溶液的黏性增加，弱化了水的结晶过程，从而起到了保护效果；非渗透性冷冻保护剂，包括蔗糖、葡萄糖、聚乙二醇等，这类物质能溶于水，但不能进入细胞，它能使溶液呈过冷状态，从而起到保护作用(刘云国和王晓云，2001)。陆旺金等(1998)用梯度蔗糖预培养的黄皮(*Clausena lansium*)胚轴生根率为50%，而经梯度蔗糖加ABA及110g/L Suc +20μmol/L ABA预培养的胚轴则分别保持30%及10%的生根率，并能诱导产生少量的愈伤组织；用新鲜的胚轴及子叶为外植体，能诱导产生愈伤组织并分化成苗，认为蔗糖诱导黄皮胚轴脱水耐性的提高为超低温保存提供了重要的基础，蔗糖预培养能提高一些顽拗性种子胚轴的脱水耐性并提高超低温存活率。油棕体胚经过蔗糖预培养后进行脱水和超低温保存，存活率高达57%(Dumet and Berjak 1997)；橡胶包被胚经0.3~0.5mol/L蔗糖预培养后脱水耐性提高，脱水至16%~18%后超低温保存，有43.3%~60.0%的存活率(Yap *et al.*，1998)。

在超低温保存中，通常不是只使用一种冷冻保护剂，而是使用复合冷冻保护剂，其优越性在于它能充分发挥各种成分的保护作用，从而产生累加效应(Jahn and Westwood，1982)。冷冻保护剂处理应在低温下进行，而且处理时间不宜过长，一般为20~120min(Niino *et al.*，1990)。王家福(2006)用60% PVS2预处理，发现枇杷(*Eriobotrya japonica*)茎尖的成活率明显高于对照，预处理30 min成活率最高；低于20 min，由于预处理时间过短而未能完全达到缓冲作用，茎尖不易成活；超过40 min，则由于溶液对茎尖的毒害而使成活率有所下降；0℃的长时间处理可以充分发挥保护剂的脱水作用和降低其负面影响。Leunufina等(2003)对薯蓣(*Dioscorea*)4个品种(*D. bulbifera*，*D. oppositifolia*，*D. alata*和*D. cayenesis*)的茎尖(2~4mm)进行玻璃化超低温保存时，发现13.7%蔗糖+30%甘油+15% 乙二醇+15% DMSO作保护剂的效果较好，成活率和再生率高达86%和100%。Shibli等(2004)对非洲紫罗兰(*Saintpaulia ionantha*)的茎尖进行玻璃化超低温保存时，采用10% DMSO +0.5mol/L蔗糖或5% DMSO +0.75mol/L蔗糖作玻璃化保护剂也能达到80%~100%的存活率和80%的再生率。刘燕等(2001)发现拟南芥幼苗细胞膜ATPase活性与幼苗耐受LN_2冻融后的成活率相关联，而玻璃化处理可以提高幼苗细胞膜ATPase活性，对2d龄幼苗抗LN_2冻融伤害有保护作用。

2.2.5.4　种子超低温保存与冷冻、解冻方式

在进行超低温保存时，选择符合试验材料特性的冷冻和化冻方式对保存效果也有一定的影响。目前，超低温保存中使用的冷冻方式主要有快速、慢速、逐级冷冻法。对于不同的材料，化冻方式也不同，一般以35~40℃水浴快速化冻的效果较好。

在解冻过程中，要尽量避免使细胞内发生剧烈变化，防止细胞死亡。解冻时一般不采用缓慢解冻的方式，快速解冻能使材料通过略低于冰融点的危险温度区而防止降温过程中所形成的晶核生长对细胞损伤，因而比慢速解冻效果好。胡晋等(1994)报道，

缓慢解冻以及低含水量对水稻、油菜种子的生活力及活力有更佳的效果。吴淑芳(2005b)发现甜槠(*Castanopsis eyrei*)种子超低温保存后的解冻方式造成的生活力含量差异较大，认为含水量与解冻方式是两个重要因素，缓慢解冻方式明显优于其他两种解冻方式。

2.2.6 顽拗性种子贮藏

2.2.6.1 顽拗性种子贮藏研究概况

顽拗性种子是指那些不耐干燥和零上低温的种子。顽拗性种子的生理和贮藏特性与正常型种子有很大的不同，贮藏难度较大，贮藏寿命较短，通常只能保存几个月甚至数周的时间。

顽拗性种子主要有以下特点：①不耐干燥。种子含水量低于某一临界值，通常为12%~35%，种子即死亡。如毛红丹种子含水量低于13%、榴莲低于20%、七叶树低于32%，种子就会丧失生活力。②不耐低温。顽拗性种子的含水量高，在零下低温的情况下，由于细胞内形成冰晶，会使细胞遭受机械损伤，从而导致种子死亡。而生活在热带地区的一些顽拗性种子如可可、坡垒、海榄雌等，种子在0~15℃的低温条件下也会受到低温伤害。③种粒大。顽拗性种子通常种粒较大，千粒重在500g以上。如七叶树为10 000~35 000g，板栗为7000~29 000g，茅栗为1100~1600g，油茶为1500g等。④不耐贮藏、寿命短。顽拗性种子如不采取特殊方法贮藏，通常只能保存几个月甚至数周的时间，最多也只能保存1~2年。⑤多属于热带和水生植物，少数为温带植物。如可可、橡胶、坡垒和海榄雌等都为热带植物，七叶树、榛等为温带植物，水浮莲和菱角等为水生植物。

影响顽拗性种子贮藏寿命的因素主要有：①脱水损伤。种子离开母体时种子含水量很高，一旦失水，种子便会丧失生活力。如七叶树种子，刚采收时的含水量达50%~60%，当含水量下降到30%时，种子便完全丧失生活力(Yu *et al.*, 2006)。②易遭冻害(冷害)：如果气温低于零度，种子会因为细胞中形成冰晶而遭受机械损伤，导致死亡。有些种子在零上低温也会遭受冷害。③微生物生长旺盛：一般来说，种子水分在9%~10%以上，细菌就开始为害；种子水分11%~14%以上，真菌开始为害。顽拗性种子的致死临界含水量通常在15%以上，因此，遭受病菌为害在所难免。④呼吸作用强。种子水分和贮藏温度高，所以种子代谢旺盛，需氧量大，呼吸作用强。⑤贮藏期间易发芽。顽拗性种子没有明显的成熟干燥阶段，含水量高，代谢一直旺盛，常常在贮藏期间萌发。

为了保持顽拗性种子的贮藏寿命，必须做到以下几点：①控制水分。尽管顽拗性种子不耐干燥，但含水量太高不利于种子的贮藏。因此，应尽量使种子含水量控制在略高于致死临界含水量的水平。②防止发芽。顽拗性种子成熟时不经历脱水干燥而进入静止阶段，贮藏期间很容易发芽，即使在较低的温度下也是如此。如板栗和七叶树等种子，在低于10℃的低温条件下贮藏时也会萌发。可通过喷洒发芽抑制物质和适当提前采收等方法来延缓种子的萌发。③适当低温贮藏。尽管顽拗性种子对低温敏感，但在不低于致死临界温度的情况下，温度越低，越有利于种子贮藏寿命的保持。如

Connor 等(2005)对红花七叶树种子的研究表明，同样贮藏 1 年，在 4℃条件下种子完全死亡；而在 -2℃的条件下种子仍然有 43%的发芽率。

2.2.6.2 顽拗性种子脱水敏感的细胞学和生理生化机制

宋学之等(1983)对坡垒、青皮种子脱水敏感性的细胞学机制进行了研究，结果发现，含水量为 38.3%的坡垒种子发芽率为 100%，根尖细胞的超微结构正常，各个细胞器的膜系统清晰。随着种子脱水，内质网上的核糖体明显减少，其后内质网解体，质体中的淀粉消失，细胞质空泡化，线粒体的嵴损坏，核内结构模糊，染色质均质化。当含水量下降至 20.3%时，种子死亡，细胞结构及细胞器均无法辨认。青皮根尖细胞超微结构的变化与坡垒相似，当含水量为 41.6%时，结构正常，含水量下降至 31%时，超微结构开始出现明显变化，含水量为 23.1%时细胞处于解体状态。

Berjak 等(1984)的研究认为，顽拗性种子脱水敏感性的原因可能是种子在贮藏中发生萌动所致，这种反应同吸收水分萌发的正常型种子一样。Farrant 等(1988)为了证明这一假说的真实性，以海榄雌种子为实验材料，研究其发芽力丧失的原因，结果发现，海榄雌种子刚刚脱落时，虽然外表上呈静止状态，但仍有代谢活性。根原基的超微结构细胞紧密，极少液泡化，高尔基体、多聚核糖体和线粒体有清晰的嵴及相对电子透明基质，质体不含贮藏物质。脱落后不久，超微结构发生变化，这种变化与萌发早期的变化相似，包括线粒体的形成加速，呼吸酶(如琥珀酸脱氢酶)活性增强，高尔基体活性增加，质体中淀粉积累，蛋白质合成也增加。这些现象表明种子已从静止状态进入萌发状态。Farrant 等(1988)认为这种变化反映了种子内部与萌发有关的活动正在进行，此时种子对水分的要求提高，因而对脱水变得敏感。即使种子含水量不变，水分也成为限制因子。

顽拗性种子成熟脱落时，植物没有赋予它像正常型种子那样能抵抗自然逆境的机制(如休眠、成熟脱水等)，只是让种子包裹在高含水量的果肉中(如热带水果)。而种子含水量仍然很高，生理代谢活动旺盛 ，因此只能湿藏，干燥脱水或低湿贮藏都将不同程度的导致种子活力的下降(金剑平等，1993)。

顽拗性种子在低温、脱水时的生理行为与植物体受冷害、旱害时的生理行为十分相似，植物遇到冷害或旱害时，都会破坏膜上脂层分子的排列，破坏膜的结构，增加细胞质膜的透性(金剑平等，1993)。Li and Sun(1999)用可可种子为材料进行脱水研究，当含水量下降至一定程度时，细胞渗漏明显增加，脂质过氧化及自由基的积累增加，同时出现 SOD，POD，AsP 等的下降。据傅家瑞(1991)综述，杧果种子在脱水过程中，电导率和褐变值明显上升，而酸性磷酸酶和脱氢酶活性都明显上升；荔枝、龙眼种子不仅电导率上升，而且紫外线(UV)吸收物质及可溶性糖的渗出量也有影响，这些生理变化反映膜透性发生了变化。Chin 等(1981)研究了橡胶种子的脱水过程，得知其临界含水量为 15%~20%，在安全含水量范围内贮藏于 22℃和 28℃中，在 96h 内发芽力基本不变，当种子日晒 32h 后，细胞壁与膜系统受到伤害，其中核膜界限不清楚，核仁模糊。他们把橡胶种子死亡原因归结为不饱和脂肪酸降解，释放自由基引起伤害所致。宋松泉等(1992)报道，随着种子水分丧失，黄皮种子浸出液的电导率和可溶性物质含量大大增加，线粒体膜和膜微囊 ATPase 活性下降；木菠萝和黄皮种子发生冷害时，种子中 SOD 酶活性下降，丙二醛和脂质过氧化物含量大大增加。

脂质过氧化被认为是正常型种子加速衰老、劣变的主要原因之一。一些研究表明，脂质过氧化作用对顽拗性种子的衰老也有类似的影响。Smith and Berjak(1995)的研究认为，顽拗性种子活力丧失与自由基的伤害有关，其中脂质过氧化是种子老化的主要原因之一。而在细胞膜氧化代谢和脂质过氧化过程中，与除去有毒中间产物有关的酶，可能在耐脱水方面起着重要作用，如细胞色素氧化酶、超氧化物歧化酶(SOD)、过氧化物酶(POD)、过氧化氢酶(CAT)等(Nedeva and Nikolova, 1997)。脂质氢过氧化物和 MDA 分别是膜脂过氧化的中间产物和终产物。脂质氢过氧化物不稳定，能自发地或在过渡金属离子催化下发生均裂形成脂性自由基。这些自由基非常活泼，一方面能连锁地引发脂质过氧化作用；另一方面又能使蛋白质分子脱去 H^+ 和发生加成反应，生成蛋白质分子的聚合物。MDA 本身对植物细胞也是非常有害的，能降低 SOD、CAT、POD 的活性，加剧膜脂过氧化作用；与蛋白质结合，使蛋白质(酶)的结构发生变化，催化功能丧失；降低膜脂的不饱和度和膜的流动性，使膜的透性增大等。顽拗性的欧洲白栎(*Quercus robur*)种子胚轴在脱水时生活力丧失，伴随着自由基的积累；细胞质浓度增加，水介质流动性随之下降，代谢因此失衡并积累有毒物质。由于细胞失去膨压，导致细胞出现萎缩，质膜囊泡化，溶泡或产生脂质体。脂质相变，膜系统伤害致使膜功能丧失(Farrant *et al.*, 1997)。宋松泉等(1997)研究了脂质过氧化作用对黄皮种子生活力丧失的影响，结果发现，二乙基二硫代氨基甲酸钠(DOC)、MDA 和 Fe^{2+} 能够促进脂质过氧化、降低种子生活力，而 AsA 和甘露醇则可以抑制脂质过氧化，提高种子活力。

2.3 林木种子贮藏研究方法

2.3.1 种子老化研究

研究种子贮藏寿命，实际上是考察种子耐老化的能力。因此，监测种子老化过程是研究种子贮藏寿命的常用手段。研究种子老化时，通常将种子置于一定的环境条件下进行贮藏，通过监测种子在贮藏过程中发芽率、活力和生化指标的变化情况来评价种子的耐藏性能和种用价值，并提出改进贮藏方法的建议。常规种子老化研究用时较长，短者可能需要数月时间，长者可能需要数年甚至数十年时间。为了能在较短的时间内了解某一植物种子的耐藏性能，人们提出采用人工老化的方法来加速种子老化，大大缩短了研究时间。人工加速老化是指将种子置于高温(40~50℃)和高湿(相对湿度100%)的环境条件下，研究种子发芽率、活力和生理生化特性的变化，这一老化过程通常仅持续数天或1~2周时间，种子便可能完全丧失生活力。

目前种子老化研究的技术手段包括老化条件的创造和常规生理生化测定，如种子冷库、加速老化箱等可以创造不同的贮藏条件。常规生理生化指标的测定方法包括用种子检验手段测定种子含水量、发芽率等；用蒽酮比色法测定可溶性糖和淀粉含量，考马斯亮蓝 G-250 法测定可溶性蛋白质含量，索氏提取法测定粗脂肪含量等；先进的生理生化测定手段则有紫外分光光度计比色分析、高效液相色谱分析、气相质谱分析等。

种子老化领域生理生化测定的指标有以下几类：①种子含水量、发芽率、活力等品质指标。这是衡量种子老化程度最直接、最基本的参数。②贮藏期间种子营养成分含量的变化，如碳水化合物、蛋白质和脂肪及其组分等。贮藏期间营养成分的消耗是种子老化的重要原因之一。③种子老化过程中相关酶活性的变化。其中最重要的是保护酶活性的变化，如超氧化物歧化酶(SOD)、过氧化物酶(POD)和过氧化氢酶(CAT)等。④种子老化过程中非酶促抗氧化物质含量的变化。包括β-胡萝素、抗坏血酸(ascorbic acid，AsA)、α-生育酚、还原型谷胱甘肽(reduced glutathione，GSH)等。⑤脂质过氧化产物的监测。包括自由基含量、丙二醛含量等。⑥细胞膜完整性的监测。如测定种子浸出液相对电导率等。杨国会等(2000)的研究指出，紫苏(*Perella frutescens*)种子随贮存时间的延长，种子老化严重，电导率增大，贮藏时间与电导率呈正相关。⑦对老化期间种子超微结构的变化进行显微观察。如红松(*Pinus koraiensis*)种子老化过程中，线粒体首先出现伤害；随着种子劣变的加深，氨基酸大量外渗、溶酶体破裂、细胞全面降解(赵垦田等，2000)。⑧监测核酸和蛋白质等大分子物质的变化。如张晗等(2004)通过对 20 份小麦种质发芽率和根尖细胞染色体畸变的测定，发现同一品种贮藏于中期库的低发芽率种质，其染色体畸变率明显高于贮藏于长期库的高发芽率种质，种子根尖细胞染色体畸变率与发芽率呈显著负相关，而与贮藏年限相关性并不显著，并且种子生活力下降和不同生物型种子存活能力存在差异，可能导致了异质种质材料遗传选择和漂变的发生。而张兆英等(2005)的研究则发现，白术(*Atractylodes macrocephala*)随老化程度加剧，种子中蛋白质含量表现出下降的趋势。

2.3.2 种子耐脱水能力研究

在研究种子贮藏时，含水量是十分重要的参数之一。无论是研究顽拗性种子，还是研究种子超干燥或超低温贮藏，都必须考虑种子含水量问题。而种子含水量的关键在于不同种子的耐脱水能力，因此，种子耐脱水能力成为研究的焦点。

种子耐脱水能力研究的手段有热力学分析、生理生化分析等。如通过测定种子中水分的吸附等温线，利用 Van't Hoff 和 D'Acry /watt 分析方法测得束缚水分的不同吸附类型和各自的吸附情况，利用等温微量热法测定种子细胞质玻璃化转变温度等。生理生化分析方面包括用高效液相色谱分析、气相质谱分析等方法测定不同种子成熟后的糖组分含量，分析种子脱水耐性获得的机制，以及用常规生理生化分析方法研究种子脱水死亡的原因等。

2.3.3 种子耐藏性的分子生物学研究

林木种子贮藏领域的分子生物学研究包括基因组、蛋白质组和代谢组等。随着分子生物学技术的不断进步，林木种子贮藏领域的分子生物学研究也得到了快速发展，在种子衰老与劣变和种子耐脱等方面的基因调控、蛋白质调控和代谢调控方面的研究取得了一定进展，发现了一系列与种子老化与劣变相关的基因，这些基因的功能及其作用机理不断被揭示。与种子老化与劣变相关的蛋白质组及其功能，代谢组及其功能也在逐步阐明。这些基础研究成果将为未来林木种子贮藏研究带来革命性变化。

在基因组方面，那潼(2007)的研究发现，柠条锦鸡儿和小叶锦鸡儿种子在人工老化过程中其基因组 DNA 的损伤是随机发生的。随着老化程度的加重，随机引物在基因组 DNA 上的特定结合位点被破坏，表现为 ISSR 扩增的 DNA 带的减少甚至消失。在蛋白质组方面，孔令琪(2015)的研究发现，燕麦种子老化后，在 70kD 处有 22 个差异蛋白下调，包括贮藏蛋白、能量代谢相关蛋白、氨基酸代谢相关蛋白、氧化还原蛋白等。在 35kD 处有 5 个下调蛋白，分别是 2 个能量代谢相关蛋白，1 个氧化还原蛋白，1 个翻译蛋白以及 1 个其他蛋白。在 25kD 处有 6 个差异蛋白，其中 1 个为上调蛋白，5 个为下调蛋白。王丽群(2012)通过对高温高湿胁迫处理的'宁镇一号'和'湘豆三号'处于发育过程中的种子进行双向电泳及质谱分析，成功鉴定出 87 个差异表达蛋白点，这些差异蛋白点共涉及 15 个代谢途径和细胞过程。其中在'湘豆三号'处于发育过程中的种子中共检测到 45 个差异表达蛋白点，涉及 33 个差异表达蛋白；其中 21 个蛋白点上调表达，24 个蛋白点下调表达，涉及 13 个代谢途径和细胞过程，分别为碳素代谢、信号转导、蛋白合成、光合作用、蛋白折叠和组装、能量代谢、细胞修复和防御、脂代谢、氨基酸代谢、转录调控、次生代谢产物合成途径、蛋白降解及转运蛋白等。在代谢组方面，王丽群(2012)采用 GC-MS 技术对'湘豆三号'和'宁镇一号'处于发育过程中的种子进行代谢谱分析，共检测到 46 种有差异表达的代谢产物，其中从抗性品种'湘豆三号'种子中检测出差异表达的代谢产物共 34 种，从不抗品种'宁镇一号'种子中检测出 31 种。这些代谢物质共涉及光合作用、三羧酸循环、氨基酸合成途径、次生代谢产物合成途径、磷酸戊糖途径和光呼吸 6 大代谢途径。

2.3.4 种质资源长期保存研究

林木种质资源是森林资源的重要组成部分。它包括栽培品种、古老的地方品种、引种材料、新选育的品种、类型、家系，突变种以及它们的野生种等。林木种质资源是经过长期自然演化和人工创造而形成的一种重要自然资源，是培育林木良种的物质基础。保护林木种质资源具有重要的战略意义。种子、花粉、茎尖、愈伤组织、体细胞胚等是林木种质资源的重要组成部分，这些种质资源的离体保存方法一直是科学工作者研究的热点问题之一。

种质资源保存的重要属性之一是长期保存，即希望被保存的材料能够完整保存数十年，甚至数百年。因此，选择合适的保存方法十分重要。目前，林木种质资源长期保存可能的方法主要有超干燥贮藏和超低温贮藏。其中超干燥贮藏研究的重点一是如何在不伤害种子的情况下获得超低含水量的种子。通常采用冰冻真空干燥、鼓风硅胶干燥、干燥剂室温下干燥等方法。二是如何避免超干燥种子萌发前的吸胀损伤。通常采用 PEG 引发或吸湿—回干处理，使种子缓慢吸水，防止产生吸胀损伤。而超低温贮藏需要解决的问题主要有确定液氮保存的适宜含水量范围、冷冻方式和解冻方式的选择、冷冻保护剂的选择与应用等。

参考文献

陈禅友. 1992. 虹豆种子活力研究进展[J]. 种子(5)：45-48.
陈礼光，郑郁善. 2000. 闽粤栲种子和离体胚超保存效果研究[J]. 江西农业大学学报，22(4)：

571 - 575.

陈礼光，郑郁善. 2001. 锥栗种子离体胚超低温保存脱氢酶活性研究[J]. 福建林学院学报，21(1)：32 - 35.

陈礼光，高培军，谢安强，等. 2005. 杉木种子超干燥和超低温贮藏研究 I 种子质量贮藏效果[J]. 西南林学院学报，25(4)：113 - 117.

程红焱，郑光华，陶嘉龄. 1991. 超干处理对几种芸薹属植物种子生理生化和细胞超微结构的效应[J]. 植物生理学报，17(3)：273 - 284.

程红焱，郑光华，景新明. 1992. 超干处理提高榆树种子的耐藏性[J]. 植物生理学通讯，28(5)：340 - 342.

程红焱. 1994. 种子超干保存种质的研究[D]. 北京：中国科学院植物研究所.

程红焱，郑光华，秦红，等. 1996. 3 种子的耐干性及其超干贮藏下的水分热力学分析[J]. 中国农业科学，29(6)：65 - 73.

崔鸿文，王飞. 1992. 黄瓜种子人工老化过程中某些生理生化规律研究[J]. 西北农业大学学报，20(1)：51 - 54.

傅家瑞，李卓杰，张志宇，等. 1980. 花生种子活力的研究[J]. 花生科技(2)：23 - 24.

傅家瑞. 1985. 种子生理[M]. 北京：科学出版社.

傅家瑞. 1991. 顽拗性种子[J]. 植物生理学通讯，27(6)：402 - 406.

洑香香，渝方圆，郑欣民，等. 2008. 林木种子采集、加工和贮藏技术[M]. 北京：中国林业出版社.

高平平，乔燕祥，李莹. 1996. 贮存温度对大豆种子活力影响及其生理效应[J]. 华北农学报，11(4)：114 - 118.

胡家恕，朱诚，曾广文，等. 1999. 超干红花种子抗老化作用及其机理[J]. 植物生理学报，25(2)：171 - 177.

胡晋，徐湲，陈叶平，等. 1994. 超低温保存对某些作物种子生活力和活力的影响[J]. 浙江农业大学学报，20(4)：411 - 416.

胡晋. 2006. 种子生物学[M]. 北京：高等教育出版社.

胡小荣，陶梅，卢新雄，等. 2006a. 不同含水量大葱种子贮藏过程中的糖代谢研究[J]. 植物遗传资源学报，7(1)：85 - 88.

胡小荣，陶梅，卢新雄，等. 2006b. 超干燥种子贮藏于不同温度下的呼吸作用及乙烯释放量的研究[J]. 种子，25(2)：13 - 16.

黄上志，傅家瑞. 1992. 花生种子贮藏蛋白质与活力的关系及其在萌发时的降解模式[J]. 植物学报，34(7)：543 - 550.

黄上志，王冬梅，卢春斌，等. 1999. 萌发中花生胚轴的耐干性与热稳定蛋白[J]. 植物生理学报，25(2)：142 - 150.

黄上志. 2000. 人工老化处理的卷心菜种子的热激蛋白合成[J]. 植物生理学报，26(1)：7 - 10.

黄学林. 1990. 甜玉米种子浸出液中异株相克物质初探[J]. 种子(6)：14 - 16.

黄学林，李燕红，傅家瑞. 1995. 芸薹属几种蔬菜种子的劣变及荧光泄漏物质 Ⅱ. 荧光泄漏物质的鉴定和种子活力与泄漏液中芥子碱含量的相关性[J]. 中山大学学报(1)：67 - 71.

黄祥富，傅家瑞，黄尚志. 1998. 种子脱水耐性的生理机制[J]. 种子(3)：33 - 37.

黄真池，黄上志. 1998. 不破坏种子活力测定方法研究 Ⅱ 种子活力与呼吸速率的关系[J]. 种子(5)：3 - 5.

贾立国，樊明寿. 2006. 种子理化反应与种子衰老关系的研究进展[J]. 植物生理科学，22(4)：260 - 263.

姜孝成，杨晓泉，傅家瑞．1997. 脱水敏感的黄皮种子在发育中的可溶性蛋白变化[J]. 植物生理学报，23(4)：324－330.

金剑平，傅家瑞．1993. 顽拗性种子行为的基础[J]. 热带农业科学，3：92－95.

孔令琪．2015. 不同老化处理对燕麦种子生理、蛋白质及抗氧化基因的影响[D]. 北京：中国农业大学.

李庆荣，郑郁善．2003. 顽拗性种子种质超低温保存研究进展[J]. 江西农业大学学报，25(4)：608－612.

李雪峰，邹学校，刘志敏．2005. 辣椒种子人工老化及劣变的生理生化变化[J]. 湖南农业大学学报(自然科学版)，31(3)：265－268.

李玉红，陈鹏，唐爱均，等．2005. 不同含水量菜豆种子老化过程中生理特性的研究[J]. 园艺学报，32(5)：908－910.

李卓杰，傅家瑞．1988. 人工老化和聚乙二醇(PEG)对花生种子活力及乙烯释放的影响[J]. 种子，(5)：1－5.

林坚，郑光华．1993. 高粱种子的超干研究[J]. 植物生理学通讯，29(6)：435－436.

刘箭，陆旺金，傅家瑞．1998. 黄皮种子发育、萌动和脱水胁迫时蛋白的合成[J]. 中山大学学报(自然科学版)，37(3)：128－130.

刘月辉，王登花，黄海龙，等．2003. 辣椒种子老化过程中的生理生化分析[J]. 种子，(2)：51－52，87.

刘云国，王晓云．2001. 果树种质资源超低温保存研究进展[J]. 生命科学研究，5(3)：227－231.

刘燕，高荣孚，周晓阳．2001. 玻璃化超低温保存中拟南芥幼苗细胞膜 ATPase 的变化[J]. 北京林业大学学报，23(5)：1－5.

陆旺金，金剑平，向旭，等．1998. 黄皮种子的保湿贮藏及胚轴的超低温保存[J]. 华南农业大学学报，19(1)：7－11.

陆旺金，姜孝成，金剑平，等．2001. 黄皮种子脱水敏感性与胚轴中可溶性糖含量的关系[J]. 植物生理学报，27(2)：114－118.

那潼．2007. 两种锦鸡儿种子人工老化中生理生化变化及基因组 DNA 损伤的 ISSR 研究[D]. 扬州：扬州大学.

马金虎，杨小环，王宏富，等．2005. 棉花不同品种在加速老化过程中种子生理特性的变化[J]. 山西农业大学学报，25(2)：135－137.

彭业芳，傅家瑞．1995. 荔枝和龙眼种子发育过程中 ABA 含量及对外源 ABA 敏感性的变化[J]. 植物生理学报，21(2)：159－165.

浦心春，韩建国，毛培胜，等．1998. 加速老化对高羊茅种子生理生化特性的影响[J]. 草地学报，6(3)：191－196.

钱俊芝，韩建国，倪小琴，等．2000. 贮藏期对结缕草种子生理生化的影响[J]. 草地学报，8(3)：177－185.

任晓米，朱诚，曾广文．2000. 超干处理种子的某些生理生化特性[J]. 植物生理学通讯，36(5)：265－268.

任晓米，朱诚，曾广文．2001. 与种子耐脱水性有关的基础物质研究进展[J]. 植物学通报，18(2)：183－189.

申丽霞，王璞，张软斌．2004. 种子寿命与超干贮藏[J]. 种子，23(2)：45－47.

宋松泉，傅家瑞．1992. 荔枝种子脱水敏感性与组织褐变的关系[J]. 中山大学学报，31(2)：130－133.

宋松泉，傅家瑞．1997. 黄皮种子脱水敏感性与脂质过氧化作用[J]. 植物生理学报，23(2)：

163 - 168.
宋学之，陈青度，王东馥，等．1983. 坡垒、青皮种子失水过程中活力与根尖细胞中显微结构变化研究[J]. 林业科学，19(2)：121 - 126.
孙时轩．1992. 造林学[M]. 北京：中国林业出版社．
汤学军、傅家瑞、黄上志．1996. 决定种子寿命的生理机制研究进展[J]. 种子，(6)：29 - 32.
唐祖君，宋明．1999. 大白菜种子人工老化及劣变的生理生化分析[J]. 园艺学报，26(5)：319 - 322.
陶嘉玲，郑光华．1991. 种子活力[M]. 北京：科学出版社.
陶月良，朱诚．2003. 顽拗性板栗种子成熟前后褐变与可溶性糖的关系[J]. 农业工程学报，19(4)：201 - 204.
王飞，丁勤，杨峰．1999. PEG 预处理对老化杜梨种子活力的影响[J]. 种子，(4)：20 - 22.
王海华，蒋明义，康健，等．2003. 低浓度镍处理下玉米种子的萌发与活性氧代谢的关系[J]. 作物学报，29(4)：601 - 605.
王家福，刘月学，林顺权．2006. 枇杷茎尖二步玻璃化法超低温保存的研究[J]. 植物资源与环境学报，15(2)：75 - 76.
王君晖，黄纯农．1998. 木本植物种质超低温保存的研究进展[J]. 世界林业研究，(5)：6 - 11.
王君晖，张毅翔，刘峰，等．1999. 铁皮石斛种子、原球茎和类原球茎体的超低温保存研究[J]. 园艺学报，26(1)：59 - 61.
王丽群．2012. 春大豆种子田间劣变抗性的评价及抗性机理的研究[D]. 南京：南京农业大学．
王煜，田廷亮，扶惠作，等．1994. 油菜种子老化过程中的生理生化变异[J]. 中国油料，16(3)：11 - 14.
汪晓峰，从滋金．1997. 种子活力的生物学基础及提高和保持种了活力的究进展[J]. 种子，(6)：36 - 39.
魏琦超，周蕾，杨贤松，等．2005. 种子贮藏蛋白的基因启动子及其应用研究概述[J]. 河南农业科学，(12)：10 - 13.
吴淑芳．2005a. 柳杉福建柏种子超干处理的生理生化特征[J]. 福建林业科技，32(3)：27 - 30.
吴淑芳．2005b. 液 N_2 保存甜槠种子脱氢酶特性研究[J]. 林业勘察设计 (1)：52 - 55.
吴晓珍，傅家瑞．1998. 不同贮藏条件和低水分处理对菜豆种子活力的影响[J]. 种子，(4)：4 - 7.
吴中伦．1984. 杉木[M]. 北京：中国林业出版社．
颜启传．2001. 种子学[M]. 北京：中国农业出版社．
杨国会，马尧，李如升，等．2000. 紫苏种子贮藏时间与其发芽率及膜透性关系的研究[J]. 特产研究(4)：41 - 42.
杨剑平，唐玉林，王文平．1995. 小麦种子衰老的生理生化分析[J]. 种子，(2)：13 - 14.
杨期和，叶万辉，宋松泉，等．2002. 种子脱水耐性及其与种子类型和发育阶段的相关性[J]. 西北植物学报，22(6)：1518 - 1525.
杨淑慎，高俊凤．2001. 活性氧、自由基与植物的衰老[J]. 西北植物学报，21(2)：215 - 220.
杨晓泉，姜孝成，傅家瑞．1998. 花生种子耐脱水力的形成与可溶性糖累积的关系[J]. 植物生理学报，24(2)：165 - 170.
张保恩，黄学林．1999. 种子吸胀期间的泄漏物与活力的关系[J]. 植物生理学通讯，35(3)：231 - 235.
张晗，卢新雄，张志娥，等．2004. 种子老化诱导小麦染色体畸变及大麦醇溶蛋白带型频率变化的研究[J]. 植物遗传资源学报，5(1)：56 - 61.
张晗，卢新雄，张志娥，等．2005. 种子老化对玉米种质资源遗传完整性变化的影响[J]. 植物遗传资源学报，6(3)：271－275.

张明方，朱诚，胡家恕，等．1999. 洋葱种子种质超干保存的效果及其对膜系统的影响[J]. 浙江农业大学学报，25(3)：255－259.

张庆昌，郑光华，林坚．1992. 超干前的“渗控”处理对增强大豆种子耐干力的效果[J]. 科学通报(6)：575－576.

张兆英，秦淑英，王文全，等. 2003. 人工老化过程中黄芩种子发芽率、酶活性等变化规律的研究[J]. 河北林果研究，18(2)：120－123.

张兆英，秦淑英，王文全，等. 2005. 不同贮藏条件下白术种子蛋白质含量的研究[J]. 河北林果研究，20(3)：207－209.

郑郁善，陈礼光，王舒凤，等．2001. 液 N_2 保存处理后苦槠种子的膜透性[J]. 福建农业大学学报，30(3)：315－319.

郑郁善，陈礼光，李庆荣，等．2002. 板栗种子超低温保存研究[J]. 林业科学，38(6)：146－149.

钟希琼，林丽超，上官国莲. 2003. 水稻老化种子活力与生理性状关系的研究[J]. 佛山科学技术学院学报(自然科学版)，21(1)：64－66.

赵垦田，李立华. 2000. 人工老化过程红松种胚细胞物质外渗和超微结构变化[J]. 东北林业大学学报，28(3)：5－7.

朱诚，曾广文，郑光华. 2000. 超干花生种子耐藏性与脂质过氧化作用[J]. 作物学报，26(2)：235－238.

Amuti K S and Pollard C J. 1977. Soluble carbohydrates of dry and developing seeds[J]. Phytochemistry, 16: 529－532.

Apel K and Hirt H. 2004. Reactive oxygen species: metabolism, oxidative stress, and signal transduction[J]. Annual Review of Plant Biology, 55: 373－399.

Basha S M M. 1979. Identification of cultivar of differences in seed polypeptide composition of peanut(*Arachis hypogaea* L.) by two dimensional polyacrylamide gel electrophoresis[J]. Plant Physiology, 63(2): 301－306.

Berjak P, Dini M and Pammenter N W. 1984. Possible mechanisms underlying the differing dehydration responses in recalcitrant and orthodox seed[J]: desiccation-associated subcellular changes in propagules of *Avicennia marina*, Seed Science & Technology, 12: 365－384.

Berjak P and Pammenter N M. 1997. Progress in the understanding and manipulation of desiccation-sensitive (Recalcitrant) Seeds. In: Ellis, R H, *et al.* (eds) Basic applied aspects of seed biology. Kluwer Academic Publishers. pp689－703.

Bettey M and Finch-Savage W E. 1996. Respiratory enzyme activities during germination in *Brassica* seeds lots of different vigor[J]. Seed Science Research, 6: 165－173.

Bewley J D. 1984. A physiological perspective on seed vigour testing[J]. Seed Science & Technology, 12: 561－575.

Bonner F T and Karrfalt R P. 2008. The woody plant seedmanual[M]. Agriculture Handbook 727. USDA Forest Service.

Buitink J, Waiters-Vertucci C, Hoekstra F A, *et al.* 1996. Calorimetric properties of dehydrating pollen: analysis of a desiccation-tolerant and an intolerant species[J]. Plant physiology, (111): 235－242.

Buitink J, Claessens M M A E, Hemminga M A, *et al.* 1998a. Influence of water content and temperature on molecular mobility and intracellular glasses in seeds and pollen[J]. Plant physiology, (118): 531－541.

Buitink J, Walters C, Hoekstr, *et al.* 1998b. Storage behavior of *Typha latifolia* pollen at low water contents: interpretation on the basis of water activity and glass concepts[J]. Physiologia Plantarum, (103):

145 - 153.

Buitink J, Hemminga M A, Hoekstra F A. 1999. Characterization of molecular mobility in seed tissues: an electron paramagnetic resonance spin probe study[J]. Biophysical Journal, (76): 3315 - 3322.

Buitink J, Leprince O, Hemminga M A, *et al.* 2000. The effects of moisture and temperature on the ageing kinetics of pollen: interpretation based on cytoplasmic mobility[J]. Plant, Cell and Environment, (23): 967 - 974.

Champion D, Hervet H, Blond G, *et al.* 1997. Translational diffusion in sucrose solutions in the vicinity of their glass transition temperature[J]. Journal of Physical Chemistry B, (101): 10674 - 10679.

Chin H F, Aziz M, Ang B B, *et al.* 1981. The effect of moisture and temperature on the ultrastructure and viability of seeds of *Hevea brasiliensis*. Seed Science & Technology, (9): 411 - 422.

Connor K F and Sowa S. 2003. Effects of desiccation on the physiology and biochemistry of *Quercus alba* acorns [J]. Tree Physiology, 23(16): 1147 - 1152.

Connor K F and Sowa S. 2005. Biochemistry of Recalcitrant Seeds: Carbohydrates, Lipids, and Proteins[J]. 南京林业大学学报, 29(1): 5 - 10.

Crowe J H, Hoekstra F A and Crowe L M. 1992. Anhydrobiosis[J]. Annual Review of Physiology, 54: 579 - 599.

Crowe J H, Crowe L M, Carpenter J F, *et al.* 1988. Interactions of sugars with membranes[J]. Biochimica et Biophysica Acta, 9947(2): 367 - 384.

Crowe L M, Reid D S and Crowe J H. 1996. Is trehalose special for preserving dry biomaterials[J]. Biophysical Journal, 71(4): 2087 - 2093.

Crowe J H, Carpenter J F and Crowe L M. 1998. The role of vitrification in anhydrobiosis[J]. Annual Review of Physiology, 60: 73 - 103.

Deswal D P and Sheoran L S. 1993. A simple method for seed leakage measurement: Applicable to single seeds of any size[J]. Seed Science and Technology, 21: 179 - 185.

Droillard M J, Paulin A and Massot J C. 1987. Free radical production, catalase and superoxide dismutase activities and membrane integrity during senescence of petals of cut carnations (Dianthus caryophyllus) [J]. Physiologia Plantarum, 71(2): 197 - 202.

Dumet D and Berjak P. 1997. Desiccation tolerance and cryopreservation of embryonic of recalcitrant species. in: Ellis R H, Black M, Murdoch A J, *et al.* Basic and applied aspects of seed biology[M]. Kluwer Academic Publishers: 771 - 776.

Ellis R H and Roberts E H. 1980a. Improved equations for the prediction of seed longevity[J]. Annals of Botany, (45): 13 - 30.

Ellis R H and Roberts E H. 1980b. The influence of temperature and moisture on seed viability period in barley (*Hordeum distichum* L.)[J]. Ibid, (45): 7 - 31.

Ellis R H, Hong T D and Roberts E H. 1988. A low-moisture-content limit to logarithmic relations between seed moisture content and longevity[J]. Annals of Botany, 61: 405 - 408.

Ellis R H, Hong T D and Roberts E H. 1989. A comparison of the low-moisture-content limit to the logarithmic relation between seed moisture and longevity in twelve species[J]. Annals of Botany, 63: 601 - 611.

Ellis R H, Hong T D and Roberts E H. 1990. Moisture content and the longevity of seeds of *Phaseolus ulgaris* [J]. Annals of Botany, 66: 341 - 348.

Faria J M R, Buitink J, Van Lammeren A A M, *et al.* 2005. Changes in DNA and microtubules during loss and re-establishment of desiccation tolerance in germinating *Medicago truncatula* seeds[J]. Journal of Experimental Botany, 56: 2119 - 2130.

Farrant J M, Pammenter N W and Berjak P. 1988. Recalcitrance-a current assessment[J]. Seed Science & Technology, 16: 155 - 166.

Farrant J M, Pammenter N W, Berjak P. 1993. Seed development in relation to desiccation tolerance: a comparison between desiccation-sensitive(recalcitrant) seeds of *Avicennia marina* and desiccation tolerant types [J]. Seed Science Research, 3(1): 1 - 13.

Farrant J M, Pammenter N W, Berjak P, *et al.* 1996. Presence of dehydrin-like proteins and levels of abscisic acid in recalcitrant(desiccation sensitive) seeds may be related to habitat[J]. Seed Science Reserach, 6: 175 - 182.

Farrant J M, Pammenter N W, Berjak P, *et al.* 1997. Subcellular organization and metabolic activity during the development of seeds that attain different levels of desiccation tolerance[J]. Seed Science Research, 7 (2): 135 - 144.

Finch-Savage W E, Pramanik S K and Bewley J D. 1994. The expression of dehydrin proteins in desiccation-sensitive (recalcitrant) seeds of temperate trees[J]. Planta, 193: 478 - 485.

Gosh B and Chaudhari M M. 1984. Ribonucleic acid breakdown and loss of protein synthetic capacity with loss of viability of riceembryos[J]. Seed Science and Technology, 12: 561 - 575.

Guy P A and Black M. 1991. Germination related proteins in wheat revealed by differences in seed vigor[J]. Seed Science & Research, 1: 273 - 296.

Heyes J A, Sealey D F and de vré L A. 1997. Plasma membrane ATPase activity during pepino (*Solanum muricatum*) ripening[J]. Physiologia Plantarum, 101(3): 570 - 576.

Hirsh A G. 1987. Vitrification in plants as a natural form of cryoprotection [J]. Cryobiology, (24): 214 - 228.

Hoekstra F A, Wolkers W F, Buitink J, *et al.* 1997. Membrane stabilization in the dried state[J]. Comparative Biochemistry and Physiology Part A: Physiology, 117(3): 335 - 341.

Jahn O L and Westwood M N. 1982. Maintenance of clonal plant germplasm[J]. HortScience, 17(2): 122 - 131.

Kalpana R and Madhava Rao V. 1993. Ultrastructural and physiological changes associated with lost of seed viability in pigeonpea[J]. Indian Journal of Plant Physiology, 36: 86 - 89.

Kalpana R and Madhava Rao V. 1994. Protein metabolism of seeds of pigeonpea cultivars during accelerated aging[J]. Seed Science & Technology, 22: 99 - 105.

Kalpana R and Madhava Rao V. 1995. On the aging mechanism in pigeonpea(*Cajanus cajan* (*L.*) *Millsp.*) seeds[J]. Seed Science & Technology, 23: 1 - 9.

Kranner I, Birtic S, Anderson K M, *et al.* 2006. Glutathione half-cell reduction potential: A universal stress marker and modulator of programmed cell death[J]. Free Radical Biology & Medicine, 40: 2155 - 2165.

Koster K L and Leopold A C. 1988. Sugars and desiccation tolerance in seeds[J]. Plant physiology, 88(3): 829 - 832.

Koster K. 1991. Glass formation and desiccation tolerance in seeds[J]. Plant Physiology, 96: 302 - 304.

Koster K, Webb M, Bryant G, *et al.* 1994. Interaction between soluble sugars and POPC (1-palmitoyl-2-oleoylphosphatidylcholine) during dehydration: vitrification of sugars alters the phase behavior[J]. Biochimica et Biophysica Acta, 1193: 143 - 150.

Leopold A C, Sun W Q and Bernal-Lugo I. 1994. The glassy state in seeds: analysis and function[J]. Seed Science Research, (4): 267 - 274.

Leunufina S and Keller E R J. 2003. Investigating a new cryopreservation protocol for yams(*Dioscorea* spp.) [J]. Plant Cell Report, 21(12): 1159 - 1166.

Li C and Sun W Q. 1999. Desiccation sensitivity and activities of free radical-scavenging enzymes in recalcitrant *Theobroma cacao* seeds[J]. Seed Science Research, 9: 209 – 217.

Lott J N A, Cavdek V and Carson J. 1991. Leakage of K, Mg, Cl, Ca and Mn from imbibing seeds, grains and isolated seed parts[J]. Seed Science Research, 1(4): 229 – 233.

Moller I M. 2001. Plant mitochondria and oxidative stress: Electron transport, NADPH turnover, and metabolism of reactive oxygen species[J]. Annual Review of Plant Physiology and Plant Molecular Biology, 52: 561 – 591.

Nedeva D and Nikolova A. 1997. Desiccation tolerance in developing seeds[J]. Bulgarian Journal of Plant Physiology, 23(3 – 4): 100 – 113.

Narayana Murthy U M, Kumar P P and Sun W Q. 2003. Mechanisms of seed ageing under different storage conditions for *Vigna radiata* (L.) Wilczek: lipid peroxidation, sugar hydrolysis, Maillard reactions and their relationship to glass state transition[J]. Journal of Experimental Botany, 54(384): 1057 – 1067.

Niino T, Sakai A and Yakuwa H. 1990. Cryopreservation of *in vitro* grown shoot tips of apple pear shoots[J]. Plant Cells, Tissue and Organs Culture, 28: 261 – 266.

Oliver A E, Hincha D K, Crowe L M, *et al.* 1998. Interactions of arbutin with dry and hydrated bilayers[J]. Biochimica et Biophysica Acta, 1370(1): 87 – 97.

Pammenter N W and Berjak P A. 1999 A review of recalcitrant seed physiology in relation to desiccation-tolerance mechanisms[J]. Seed Science Research, 9: 13 – 37.

Radha B N, Channakeshava B C, Bhanuprakash K, *et al.* 2014. DNA Damage During Seed Ageing[J]. Journal of Agriculture and Veterinary Science, 7(1): 34 – 39.

Roberts E H. 1973. Predicting the storage life of seeds[J]. Seed Science and Technology, 1: 499 – 514.

Roberts E H. 1988. Seed aging: the genome and its expression[M]. In Noodén, L. D. and Leopold, A. C. (eds.) Senescence and Aging in Plants (pp. 465 – 498). San Diego, CA: Academic Press.

Roberts E H and Ellis R H. 1989. Water and seed survival[J]. Annals of Botany, 63: 39 – 52.

Robertson M and Chandler P M. 1994. A dehydrin cognate protein from pea (*Pisum sativum* L.) with an atypical pattern of expression[J]. Plant Molecular Biology; 26(3): 805 – 816.

Roozen M J G W and Hemminga M A. 1990. Molecular motion in sucrose-water mixtures in the liquid and glassy state as studied by spin probe ESR[J]. Journal of Physical Chemistry, (94): 7326 – 7329.

Scandalios J G. 1993. Oxygen stress and superoxide dismutase[J]. Plant Physiology, 101: 7 – 12.

Shibli A R, Moges D A and Karam S N. 2004. Cryopreservatlon of Africa violet(*Saintpaulia ionantha* wendl.) shoot tips[J]. *In Vitro* Celular and Developmental Biology-Plant, 40(4): 389 – 395.

Singh R B and Williams J T. 1984. Maintenance and multiplication of plant genetic resources. In: Crop Genetic Resources: Conservation and Evaluation. Allen and Unwin, London, UK, pp: 120 – 130.

Smith M T andBerjak P. 1995. Deteriorative changes associated with the loss of viability of stored desiccation tolerant and desiccation sensitive seeds. In Kigel, J. and Galili G. (eds). Seed development and germination. NewYork: Marcel Dekker Inc.

Still D W, Kovach D A and Bradford K J. 1994. Development of Desiccation Tolerance during Embryogenesis in Rice (*Oryza sativa*) and Wild Rice (*Zizania palustris*)[J]. Plant Physiology, 104: 431 – 438.

Stoyanova S D. 1991. Genetic shifts and variations of gliadins induced by seed aging[J]. Seed Science &Technology, 19: 363 – 371.

Sun W Q and Leopold A C. 1993. The glassy state and accelerated aging of soybeans[J]. Physiologia Plantarum, 89: 767 – 774.

Sun W Q and Leopold A C. 1994. Glassy state and seed storage stability: A viability equation analysis[J].

Annals of botany, 74: 601 - 604.

Sun W Q and Leopold A C. 1997. Cytoplasmic vitrification and survival of anhydrobiotic organisms[J]. Comparative Biochemistry and Physiology, (117A): 327 - 333.

Tuteja N, Singh M B, Misra M K, *et al.* 2001. Molecular mechanisms of DNA damage and repair: Progress inplants[J]. Critical Reviews in Biochemistry and Molecular Biology, 36: 337 - 397.

Vertucci C W and Roos E E. 1990. Theoretical basis of protocols for seed storage[J]. Plant physiology, (94): 1019 - 1023.

Vertucci C W and Roos E E. 1991. Seed moisture content, storage, viability and vigour (correspondence) [J]. Seed Sci Research, 1: 277 - 279.

Vertucci C W and Roos E E. 1993. Theoretical basis of protocols for seed storage II. The influence of temperature on optimal moisture levels[J]. Seed Science Research, 3: 201 - 213.

Vertucci C W, Roos E E and Crane J. 1994. Theoretical basis of protocols for seed storage III. Optimum moisture contents for pea seeds stored at different temperature[J]. Annals of Botany, 74: 531 - 540.

Vertucci C W and Farrant J M. 1995. Acquisition and loss of desiccation tolerance. In Kigel, J. and Galili G. (eds). Seed development and germination. NewYork: Marcel Dekker Inc.

Wolkers W F, van Kilsdonk M G and Hoekstra F A. 1998. Dehydration-induced conformational changes of poly-L-lysine as influenced by drying rate and carbohydrates[J]. Biochimica et Biophysica Acta, (1425): 127 - 136.

Yap L V, Hor Y L and Normah M N. 1998. Effects of sucrose preculture and subsequent desiccation on cryopreservation of alginate_ encapsulated *Hevea brasiliensis* embryo[C]. In: Marzalina, M. IUFRO Seed Symposium 1998 "Recalcitrant Seeds", Proceedings of the Conference, 140 - 145.

Yu F, Du Y and Shen Y. 2006. Physiological characteristic changes of *Aesculus Chinensis* Seeds during natural dehydration[J]. Journal of Forestry Research, 17(2): 103 - 106.

Zhang M, Maeda Y, Furihata Y, *et al.* 1994. A mechanism of seed deterioration in relation to the volatile compounds evolved by dry seeds themselves[J]. Seed Science Research, 14: 49 - 56.

（编写人：喻方圆）

第3章

林木种子休眠与萌发

【内容提要】种子休眠(seed dormancy)是植物界普遍存在的一种现象，尤其是木本植物，休眠时间可长达1~3年。种子休眠是植物适应环境的繁殖策略之一，具有重要的生态学意义，但往往给我们的苗木生产带来不便。因此，深入了解种子的休眠机理和萌发机制，对于利用和解除种子的休眠具有重要的意义。本章主要介绍了种子休眠的类型、种子结构和种子休眠进化的关系、种子休眠的机理、种子休眠与萌发的调控研究进展，并对种子休眠机理和休眠解除的研究方法进行了概述。在种苗生产工作中，首先应该了解种子休眠的机理，根据其休眠的类型有针对性地选择适宜的方法解除种子休眠，以提高育苗的效率。

种子休眠和萌发是植物2个复杂的生理过程，涉及的影响因子也多种多样。前人对此进行了广泛且深入的研究，并取得很大的进展，但关于种子休眠和萌发仍存有很多的疑问亟待解决：生态学研究把种子休眠和种子保存在土壤中(Thompson *et al.*，2003；Walck *et al.*，2005)混淆不清，这是因为对休眠的不同理解所造成的；生理学研究以拟南芥(*Arapidosis thaliana*)、茄科(Solanaceae)和谷类(Koornneef *et al.*，2002；Gubler *et al.*，2005；Kucera *et al.*，2005)等为模式植物研究种子休眠与萌发机理，但这些物种种子休眠很浅，不能完全代表休眠种子；目前对休眠还没有一个准确描述或定义(Baskin *et al.*，2004)。一个完整的非休眠种子，在适宜的环境条件下都能萌发(Baskin *et al.*，2004)。种子萌发除了对水、氧气和适宜的温度外，还对其他因子如光和/或硝酸盐等敏感。干燥种子吸涨后开始萌发，初始的快速吸水阶段为吸涨阶段(阶段Ⅰ)，随后是稳定阶段(阶段Ⅱ)，再次的大量吸水阶段(阶段Ⅲ)出现在胚轴伸长、胚根突出直到萌发完成(Schopfer *et al.*，1984；Manz *et al.*，2005)。而休眠种子，即具生命力的种子在适宜的环境条件下仍不能萌发。这种萌发障碍在各物种间通过对不同环境的适应，进化差异很大。Baskin等(2004)提出了一个较复杂但具实验利用价值的休眠定义：休眠种子，在任何一种适宜于萌发的综合环境条件下和特定的时期内都不能萌发。

3.1 林木种子休眠与萌发概述

Bewly等(2013)将种子萌发定义为，起始于水分吸收(吸胀)，结束于胚轴的伸出，通常是胚根突破周围结构。当具有生活力的干燥种子吸收水分时，一系列的事件被启动，最终引起胚通常是胚根的伸出，表明种子已成功地完成萌发。种子萌发过程中发生的细胞变化是复杂的，当吸胀时，代谢活性迅速增加，由成熟干燥和干燥种子时氧化所引起的结构伤害被恢复，基本的细胞活性被重新激活，胚为出苗和随后的早期幼苗生长做好准备。

种子休眠通常被认为是具有正常活力的种子在适宜的环境条件(光照、温度、水分和氧气等)下仍不能萌发的现象。休眠不仅仅和不能萌发联系在一起，更应该是种子的特性，它确定了种子萌发时需要的条件(Vleeshouwers *et al.*，1995；Thompson，2000)。任何对萌发环境条件的改变就是改变了休眠。一些研究者认为种子脱落后在种子库中进入休眠周期时，温度就可以改变生理休眠(Probert，2000)。Krock 等(2002)发现覆盖在烟草(*Nicotiana attenuata*)种子上的枯枝落叶层所产生的天然化学物质(ABA 和其他的萜烯物质)诱发了次生休眠；而外源硝酸盐可能影响了种子对光的需求，光能促进拟南芥种子的萌发(Batak *et al.*，2002)，由母本遗传给种子的初始休眠程度也受到了硝酸盐的影响(Aloresi *et al.*，2005)。

普遍认可的是温度既调节了休眠也调节了萌发；光调节了萌发，是否调节了休眠争议较大(Kucera *et al.*，2005)。研究认为光既刺激了萌发(Vleeshouwers *et al.*，1995)，又解除了休眠(Batlla *et al.*，2004)，这取决于休眠与萌发过程界限的确定。影响种子生理休眠的因素很多，但种子对这些因素的反应有明显的区别：①这些因素和缓慢的季节变化有关，且需较长的时间改变种子休眠程度和种子对这些因素的敏感度(如光)；②另外一些因素直接影响了种子的萌发(如光)，因此，认为这些因素结束了休眠从而诱导了萌发。各因素解除萌发障碍，其作用效果有一定顺序，如光照在最后作用才有效。

初始休眠和次生休眠的区别得到普遍认可。新鲜收获且能透水的休眠种子被认为是初始休眠，它在母树上成熟时由 ABA 所诱导(Hilhorst，1995)，种子脱落后在地里休眠随即被解除。可能原因为：或在相对干燥状态下种子的后熟作用；或在吸胀状态下解除休眠。与初始休眠相比，次生休眠为浅生理休眠种子在脱落后诱导而成，如青钱柳(*Cyclocarya paliurus*)(尚旭岚等，2006)，在种子库中它和年休眠周期相关(Baskin and Baskin，1998；Fenner *et al.*，2005)。一旦初始休眠消失，即满足打破休眠的条件而不具备萌发条件时，就产生了次生休眠。随着季节的变化重复着打破初始休眠和诱导次生休眠，直到具备萌发条件时才结束。休眠程度是一个渐变的过程，一般认为处于中间状态的种子为有条件休眠或相对休眠，因为适合于种子萌发的环境因素受到了限制。当休眠解除时，萌发窗口逐渐加大；当休眠渐深时萌发窗口关闭。这是一个可变的过程，在解除休眠的过程中，任何时候都有可能诱发更深的休眠。

3.2　林木种子休眠与萌发研究进展

3.2.1　种子休眠类型

种子休眠的分类方法有多种，根据不同的标准可将林木种子休眠分成不同的类型：根据种子休眠产生的时间可分为初生休眠或先天性休眠(收获时即已具有的休眠现象)

和次生休眠或二次休眠(原来不休眠或解除休眠后的种子由于高湿、低氧、高二氧化碳、低水势或缺乏光照等不适宜环境条件的影响诱发的休眠)；根据休眠因素所在种子中的解剖位置可分为外源休眠(种壳休眠)、内源休眠(胚休眠)以及综合休眠；根据休眠的机制可分为物理休眠、化学休眠、生理休眠等(Baskin and Baskin，2014)。

种子休眠类型最早由 Nikolaeva(1967)根据种子形态特征和生理特征提出的，通常有以下几类：

①胚休眠(embryo dormancy)：有生命力的成熟胚即使把它从种子或传播单位上剥离下来也不能萌发。一般认为胚或子叶中存在的抑制性物质是萌发的障碍。胚休眠还包括胚后熟，即种胚从母株上脱落时形态不成熟，需要层积一段时间后才能萌发。

②种皮强迫休眠(coat-imposed dormancy)：由胚的包被结构造成的，包被层一般指种皮，包括颖片、内稃、外稃、外果皮、种皮、外胚乳和胚乳。种皮强迫休眠的主要原因是种皮中含有某些抑制物质或具机械束缚作用，从而阻碍水分吸收、气体交换、光线的进入及胚中抑制剂逸出等。

③综合休眠(combinational dormancy)：种皮强迫休眠和胚休眠两种情况都存在，这普遍存在于木本植物，如欧亚槭(*Acer pseudoplatanus*)。

以上分类方法比较笼统，即使是同一类休眠，可能包括几个休眠原因，这对于阐述休眠及萌发机理存在一定的困难。Baskin 和 Baskin(1998，2004，2014)提出了一个更为复杂的分类系统，他们把休眠分为五类：生理休眠(physiological dormancy，PD)、形态休眠(morphological dormancy，MD)、形态生理休眠(morphophysiological dormancy，MPD)、物理休眠(physical dormancy，PY)和综合休眠(combinational dormancy，physical plus physiological dormancy，PY + PD)，见表 3-1。

表 3-1　植物种子休眠分类检索表

Tab. 3-1　A dichotomous key to distinguish seed dormancy

检索项	结果
1. 种胚分化且发育完全	2
2. 种子能吸水	3
3. 胚根在 4 周内伸出(通常几天)	4
4. 胚根伸出后几天内芽开始萌发	无休眠
4. 胚根伸出后 3~4 周或更长时间芽才开始萌发	上胚轴生理休眠
3. 胚根伸出需要 4 周以上	5
5. 胚根伸出后几天内芽开始萌发	正常的生理休眠
5. 胚根伸出后 3~4 周或更长时间芽才开始萌发	上胚轴生理休眠
2. 种子不能吸水	6
6. 伤蚀种子能充分吸水(通常 1d 内)，且 4 周内能萌发(通常几天)	物理休眠
6. 伤蚀种子能充分吸水(通常 1d 内)，但 4 周内不能萌发	综合休眠
1. 种胚未分化或种胚分化但发育不完全	7
7. 种胚未分化	8
8. 种子散布后，吸胀的种子胚能分化和生长	9
9. 种子 4 周内能萌发	形态休眠
9. 种子 4 周内不能萌发	形态生理休眠
8. 种子散布后，种胚不能分化出胚根和胚芽	10
10. 种子 4 周内萌发	特殊的形态休眠
10. 种子 4 周内不能萌发	特殊的形态生理休眠
7. 种胚分化但未发育完全	11
11. 种子置于湿润的基质上，种胚能生长，且种子 4 周内萌发	形态休眠
11. 种子置于湿润的基质上，种胚不能生长，种子 4 周内不能萌发	形态生理休眠

注：引自 Baskin 和 Baskin，2014。

(1)生理休眠

生理休眠主要由种胚尚未发育完全、种胚需要生理后熟以及种子中存在着抑制物质所致。生理后熟的休眠是指胚部发育完全的种子，种子在任何环境下仍然无法发芽的休眠类型。其原因是由于胚的活力降低，胚萌发所需的可溶性代谢物质、酶、激素及其他化合物未能达到足够的水平，也就是说胚部本身存在生理障碍所引起的，要求在一定条件下完成生理后熟才能萌发。已知的主要科属有银杏科(Ginkgoaccac)、红豆杉属(*Taxus*)、木兰属(*Magnolia*)和鹅掌楸属(*Liriodendron*)等树种，常用低温(0～10℃)与高、中温相结合处理方法，可收到很好的效果(周德本等，2000)。对于种子中存在抑制物质的休眠类型，需要通过层积、外源激素处理等措施降低种子中抑制剂的含量、提高萌发促进剂的含量。

生理休眠是最丰富的休眠类型，广泛存在于裸子植物和大多数被子植物种子中。生理休眠也是大部分模式植物和谷类种子的主要休眠形式。生理休眠可分为3个水平：深休眠、中度休眠和浅休眠(Baskin and Baskin，2004)。深休眠是指种子的离体胚不能正常生长或产生畸形苗，GA处理也不能打破休眠，在萌发前需经过冷层积处理3～4个月(Baskin and Baskin，2004)，如挪威槭(*Acer platanoides*)种子。中度生理休眠的离体胚能产生正常的幼苗，GA处理能促进部分种类种子的萌发，冷层积2～3个月可释放休眠，干藏能缩短冷层积的时间，如欧亚槭(*A. pseudoplatanus*)种子(Finch - Savage and Clay，1997)。大部分种子都具浅休眠特性(Baskin and Baskin，2004)。其离体胚可以长成正常幼苗，GA处理也可以打破种子休眠。不同的植物种类，可通过不同的方法如擦伤、冷层积(0～10℃)或暖层积(＞15℃)打破休眠。根据种子对温度反应的变化模式，可以把种子浅生理休眠分为五种类型(图3-1，Baskin and Baskin，1998，2014；付婷婷等，2009)。大部分浅生理休眠种子属于类型1或2，少数为类型3，类型4或5的种子非常少见。随着休眠解除种子萌发的温度范围逐渐变宽，种子对光和GA的敏感性也随之增强。

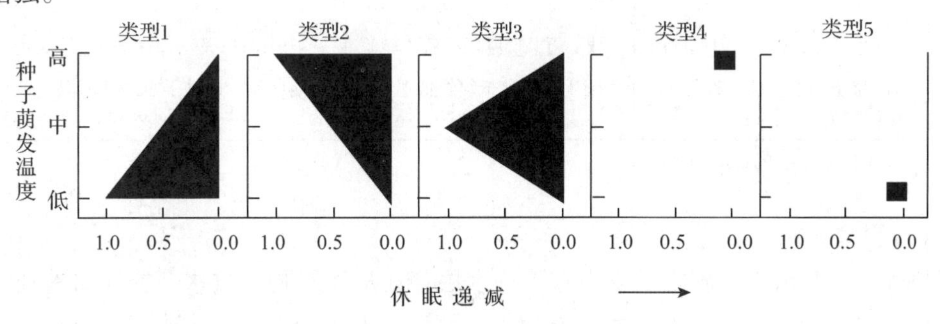

图3-1 种子浅生理休眠的类型(引自Baskin and Baskin，2004)

Fig. 3-1 Types of non-deep physiological dormancy(Baskin and Baskin，2004)

(2)形态休眠

种胚尚未发育完全的胚休眠又称为形态休眠，是指有些植物的果实已经成熟，自然脱落，但种胚需要经过一段时间的成长才能发育完全，这种休眠又称为未成熟胚的休眠。如银杏(*Ginkgo biloba*)、叶树(*Aesulus chinensis*)、冬青(*Ilex purpurea*)等，形态上虽已成熟，但种胚发育不完全。形态休眠类种子需要一段时间完成胚的生长和发育，如银杏(曹帮华等，2006)。刚达到形态成熟的银杏种子，种胚较小，其长度约为种子长度的二分之一，经一定时间的后熟，种胚伸长，发育健全，才能发芽。红豆杉(*Taxus chinensis*)果实在 11 月假种皮转红后采收，此时种胚尚未发育完全，经过特殊的处理后，研究发现在这种处理过程中种胚增长为原来的 1 倍多。

(3)形态生理休眠

形态生理休眠的种子既具有发育未完成的胚，同时还含有诱导生理休眠的因素(Baskin and Baskin，2004)。这种休眠类型在有典型低温季节的温带和亚热带地区分布较多，如苹果(*Malus pumila*)、红豆杉和红松(*Pinus koraiensis*)种子(杨期和等，2003)。打破休眠的处理有冷/暖层积，也可以用 GA 处理来替代。Baskin 和 Baskin(1998)认为，形态生理休眠可分为 8 个水平(表 3-2)。

表 3-2 植物种子形态生理休眠分类检索表

Tab. 3-2 A dichotomous key to distinguish morphophysiological seed dormancy

1. 新鲜种子低温层积 12～14 周后，在暖温下(如 20/10℃，15/6℃)胚根和上胚轴或仅胚根突出种皮	2
2. 低温层积后胚根和上胚轴均突出种皮	3
3. GA_3 处理能代替低温层积促进种子萌发	中度复杂型
3. GA_3 处理不能代替低温层积促进种子萌发	深度复杂型
2. 低温层积后仅胚根突出种皮，芽(或上胚轴)经过高温层积＋第二次低温层积后才突出种皮，即在自然条件下，种子需经过 2 个冬天后才能萌发	深度简单双重
1. 新鲜种子低温层积 12～14 周后，胚根和上胚轴或仅胚根不突出种皮	4
4. 新鲜种子高温层积 8～12 周后，在暖温下(如 20/10℃，15/6℃)胚根和上胚轴或仅胚根突出种皮	5
5. 高温层积后，在暖温下胚根和上胚轴均突出种皮	低度简单
5. 高温层积后，在暖温下仅胚根突出种皮	深度简单上胚轴
4. 新鲜种子高温层积 8～12 周后，在暖温下胚根或上胚轴不突出种皮	6
6. 在暖温下胚生长，但胚根和上胚轴均不突出种皮	7
7. 胚生长后，GA_3 处理能促进种子萌发	中度简单
7. 胚生长后，GA_3 不能促进萌发，种子须经低温层积后才能萌发	深度简单
6. 在暖温下胚不生长，需在低温下才能生长，种子须经低温层积后才能萌发，即种子需经过高温＋低温层积才能萌发	低度复杂

注：引自 Baskin 和 Baskin，2014。

(4)物理休眠

物理休眠是由于种皮或果皮中有不透水层存在从而影响了透水、透气和透光。物理休眠类型主要存在于硬实性种子(洑香香等，2001)和坚果类种子(Fang *et al.*，2006)。

(5)综合休眠

综合休眠的种子既具有不透水的种皮(或者果皮)，而且胚具有生理休眠(Baskin and Baskin，2014)。如秤锤树(*Sinojackia xylocarpa*)(史晓华等，1999；贾书果，2008)；毛柄小勾儿茶(*Berchemiella wilsonii*)(党海山等，2005)、欧洲水青冈(*Fagus sylvatica*)(León-Lobos and Eliis，2002)、无患子属(*Diplopeltis huegelii*)植物(Turner *et al.*，2006)

以及椴树(*Tilia amurensis*)(史锋厚等，2008)。种子是生理休眠加上硬实性，在水渗入到胚中之前不会发生层积变化。

3.2.2 种子结构和种子休眠的进化

裸子植物和被子植物种胚的大小比例增加趋势对种子休眠进化具有重要的功能影响(Baskin and Baskin.，1998；Forbis *et al.*，2002)。被子植物成熟种子中最明显的变化是胚乳的作用被弱化，其中的贮藏养分转移到子叶中。根据成熟种子的内部形态特征，Martin(1946)用胚和胚乳的比例来确定种子类型、种子在系统发育树上的位置和种子进化趋势中的地位。Forbis 等(2002)算出了不同类型种子胚和种子的比值(embryo: seed，E: S)；E: S 的变化趋势非常明显，从系统进化树的底端到顶端比值逐渐增大。尽管没有证据证明胚的大小差异对功能的影响，但上述研究结果有力地支持了下列观点：即胚的相对大小是种子休眠进化过程中一个重要的决定因子。结合几种研究结果(Baskin and Baskin，1998；Forbis *et al.*，2002)，可得出种子进化的一般趋势：

①在原始被子植物的成熟种子中，小小的胚被丰富的胚乳组织所包围，这种类型的种子在低等被子植物种子中占绝大多数；

②高等被子植物种子的一般进化趋势从 LA 类型(胚线轴且发育完成，胚乳含量从中到高)向具贮藏养分的子叶的 FA 类型(胚叶轴且发育完成，胚乳的含量低或逐渐消失)进化，随着种胚比例的增加和胚乳的减少，导致 FA1 类种子向 FA2、FA3 和 FA4 转变；

③除了一般的进化趋势外，还有一些特殊分化枝的种子类型(例外)，如低等被子植物(Laurales)和 Asterids(Aquifoliales)；

④在原始裸子植物中也发现了小胚现象，在裸子植物中 E: S 值的增加趋势是种子休眠进化趋势最好的证明。

形态休眠被认为是种子植物中古老的休眠类型，也是最原始的休眠类型，它可能进化为一种古老的策略来解决在脱落过程中种子萌发的问题。形态休眠和形态生理休眠不仅是原始被子植物的典型，也是原始裸子植物如银杏科、罗汉松科(Podocarpaceae)和杉科(Taxaceae)的典型。具较大胚的形态生理类种子进化为无休眠种子，当形态休眠种子获得生理休眠时就形成了形态生理休眠种子，形态生理休眠种胚比例增加就进化成了生理休眠种子。生理休眠是种子系统发生过程中最普遍的休眠类型，这种类型广泛存在于整个系统发育树。无休眠种子也贯穿于整个系统发育树，在系统发育树中较少出现的休眠类型是物理休眠和综合休眠型；出现种皮或果皮的不透水性，再加上无休眠种子型胚、或者生理休眠型(综合休眠型)胚可能是为了适应一种特殊生境；而在裸子植物中没有发现物理休眠和综合休眠类型(Baskin and Baskin，2004)。

关于种子休眠的发生问题，目前有 4 种较为合理的状态假设(图 3-2)，即①生理抑制机制形成；②种子成熟，胚生长完成；③生理抑制机制消失；④不透水种/果皮的形成(Baskin and Baskin，2014)。同时，美国杜克大学的科学家对此假设进行了大量研究(Baskin and Baskin，2014)。他们的研究结果表明，形态生理休眠(MPD)可能是最原始的休眠状态，且在裸子植物、木兰科植物和单子叶植物中从 MPD 到生理休眠(PD)主要存在 3 种转化方式。PD 被认为是休眠转化中心，及 PD 可造成不休眠(ND)、MPD、物理休眠(PY)、物理 + 生理休眠(PYPD)形态休眠(MD)和最小粒种子(DUST)。从 ND、

MPD、PY、MD 和 DUST 中也存在逆向转化成 PD 状态，但 PYPD 不能再向 PD 状态转变。另外，在 MPD 和 MD 间以及 ND 和 PY 间存在双向转化现象(图 3-3)。总之，转换分析(transition analysis)表明，PD 是休眠多样化的源，而不是库；ND 不是最近的进化发展状态，就是一种短暂的状态(Baskin and Baskin，2014)。

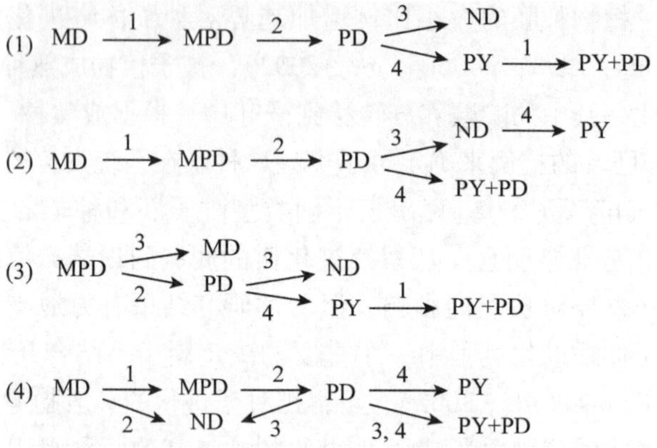

(1) MD —1→ MPD —2→ PD —3→ ND; PD —4→ PY —1→ PY+PD

(2) MD —1→ MPD —2→ PD —3→ ND —4→ PY; PD —4→ PY+PD

(3) MPD —3→ MD; MPD —2→ PD —3→ ND; PD —4→ PY —1→ PY+PD

(4) MD —1→ MPD —2→ PD —4→ PY; MD —2→ ND; PD —3→ ND; PD —3, 4→ PY+PD

图 3-2 关于种子休眠发生状态的 4 种假设(引自 Baskin and Baskin，2014)

Fig. 3-2 Four hypotheses for the evolution of dormancy states
(Baskin and Baskin，2014)

PD　ND　MPD　MD　PY　DUST　PYPD

PYPD　DUST　PY　MD　MPD　ND　PD

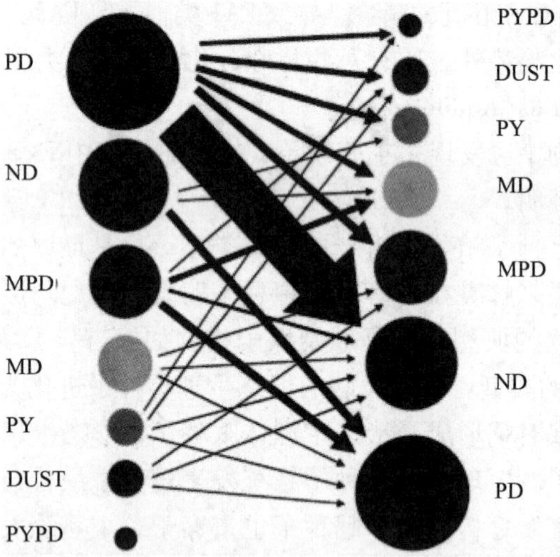

图 3-3 种子休眠状态发生转化的情况(引自 Baskin and Baskin，2014)

Fig. 3-3 Number of evolutionary transitions between dormancy states
(Baskin and Baskin，2014)

注：箭头表示休眠状态的方向，箭头宽度表示休眠状态转化的相对比例。ND：无休眠；PD：生理休眠；MD：形态休眠；MPD：形态生理休眠；PY：物理休眠；PYPD：物理＋生理休眠；DUST：最小粒种子。

Note: Arrows indicate the direction and their widths the relative proportion of transition between states. Circles are proportional to the number of extant families with the given state. ND, nondormant; PD, physiological dormancy; MD, morphological dormancy; MPD, morphophysiological dormancy; PY, physical dormancy; PY + PD, physical + physiological dormancy; Dust, dust seeds.

3.2.3 种子的休眠机理

学者们在长期的研究的基础上，提出了多种学说来解释种子的休眠机理，如激素控制学说、呼吸系统的改变学说、光敏色素系统的控制学说、能量的调节学说、基因表达的调节学说及代谢物的调节学说等。但不同的学说只是从不同的角度阐明了种子休眠萌发过程中的现象。种子本身就是复杂的有机体，其休眠和萌发是种子对复杂环境的适应特征，受基因型、成熟环境(母性环境)、贮藏条件及萌发环境的影响。在种子休眠与萌发过程中种子内部各种生理活动交互作用，加之种子萌发过程的异质性和启动萌发的阈值难以人为控制，因而使得休眠机理的研究变得更加复杂、困难(尹华军等，2004)。要把休眠的各个方面如胚休眠、相对休眠、解除休眠的因子等都包括在一个公认的假说中是很困难的。围绕一些观察与实验分析结果建立的结论将种子休眠机理归结为：①种/果皮的阻碍作用和透性变化；②存在抑制剂；③激素的选择作用；④光敏色素的活化和钝化形态；⑤分子变化(唐安军等，2004；李蓉和叶勇，2005)。

3.2.3.1 透性机理

目前，人们普遍认为种子的透性是影响种子外源性休眠的重要因素，特别是在硬实性的种子中，种子的透水性和透气性直接影响着种子的休眠，其透性的强弱关系到种子休眠的深浅。种皮的透性障碍通常指种皮(或果皮)坚硬，致密以及具有蜡质，使水分和氧气不易透入种皮，二氧化碳和其他一些化学抑制性物质不能迅速排出；对于感光性种子，种壳也可能减少甚至完全阻止光线到达胚部，使种子无法在适宜的水、气、光条件而萌发。在此休眠类型中，萌发迟滞的某些情况通常是由种皮的各种物理或化学性质而导致的对水、光、气体或溶质的透性改变。通常用以除去或削去种皮的措施，如机械的或化学的擦伤、加热、冰冻、酸蚀处理等，虽然增加了透水性，也会引起其他变化。例如，增加了对光和温度的敏感性、对气体的透性、除去抑制剂和促进剂、伤害组织等，所有这些既对代谢也对休眠产生很大影响。因此，对于外种皮超微结构是怎样响应休眠处理以及在萌发初阶段导致种子硬实对水和气体等透性改变的原因与机理，依然还不十分清楚。

由胚乳产生的物理休眠主要是机械约束作用或胚乳中含有抑制性物质(Müller *et al.*, 2006)，软化胚乳的细胞壁、降低珠孔胚乳(覆盖在胚根外的胚乳)的抑制作用是萌发前必不可少的(Bewley，1997a；Kucera *et al.*, 2005)，而这些过程主要由细胞壁水解所引起。Ikuma 等(1963)认为这类种子萌发时能产生一种酶，它可以使根尖穿过包被层。相关的酶类包括细胞壁调节蛋白：endo-β-mannanase(甘露聚糖酶)、β-mannosidase(甘露糖苷酶)、α-galactosidase(半乳糖苷酶))、纤维素酶、果胶甲基脂酶(pectin methylesterase，PME)、β-1,3 葡聚糖酶、几丁质酶、过氧化物酶、棒曲霉素等(Bewley，1997b；Welbaum *et al.*, 1998；Chen *et al.*, 2000；Ren *et al.*, 2000；Leubner-Metzger *et al.*, 2000；Koornneef *et al.*, 2002；Leubner-Metzger，2003；Bailly，2004；Kucera *et al.*, 2005)。这些酶类中，研究报道最多的是 β-1,3 葡聚糖酶，其作用是打破种皮休眠、种子后熟和软化胚乳。Karssen 等(1989)认为马铃薯(*Solanum tuberosum*)软化胚乳的第二阶段和细胞分离过程相似，而在珠孔胚乳中 β-1,3 葡聚糖酶的诱导和第二分阶段有关。

由此推测，β-1, 3 葡聚糖酶通过打破细胞间的相互支撑，引起细胞分离导致胚乳破裂。

ABA 抑制了 β-1, 3 葡聚糖酶在珠孔胚乳中的表达和胚乳破裂，这在茄科中很常见(Petruzzelli *et al.*, 2003)，且在葫芦科(Cucurbitaceae)种子的胚乳软化中也得到了证实(Ramakrishna *et al.*, 2005)。烟草种子萌发时 ABA 也抑制了 βGlu I 基因的诱导，尤其延迟了胚乳的破裂，但并不影响种皮的破裂(Leubner-Metzger *et al.*, 1996)。在依赖浓度的作用方式中，ABA 减缓了 βGlu I 积累和胚乳破裂，但不影响 βGlu I 诱导的开始，也不完全阻碍 βGlu I 的积累和胚乳的破裂。马铃薯种子萌发受到 ABA 的抑制，当去掉珠孔 cap 后，即使在 ABA 存在的情况下也能萌发(Liptay *et al.*, 1983)。用刺破实验来研究 ABA 对咖啡和马铃薯种子的影响，发现软化胚乳分为两个阶段：第一阶段为 ABA 不敏感阶段；在第二阶段受到 ABA 抑制。在茄科 Cestroideae 亚属的一些种子萌发过程中，种皮破裂和胚乳破裂是相互独立的两个过程(Petruzzelli *et al.*, 2003)；拟南芥及其近缘种(*Lepidium sativum*)也是如此，只是在后期受到 ABA 的抑制(Liu *et al.*, 2005a; Müller *et al.*, 2006)。

3.2.3.2　存在抑制剂

许多研究指出，种子休眠可能是由于在种子的不同部位存在抑制剂。野蔷薇的瘦果中存在抑制剂，当剥除其外皮(果皮和种皮)后胚就能萌发，但若将一半果皮重新套在胚上时，则萌发情况又恢复到原先完整种子情况，甚至是当果皮和种皮置于裸露胚存在的同一基质上时，也能再度引起胚的休眠。对于这类种子，经大量反复冲洗种子(即淋溶)能部分解除其休眠，如蔷薇(*Rosa* spp.)、欧洲桦(*Betula pendula*)(比尤利和布莱克，1990)。通过类似的实验只能证明种皮或果皮中是否有抑制物质的存在，因此，许多学者又通过进一步的分离提取，从果皮、种皮、胚乳和胚中鉴定出许多与萌发和生长有关的抑制剂。已知的内源抑制物质如有机酸类物质(包括脱落酸)、酚类的水杨酸、苯氧酸、肉桂酸、芥子油、氨和苦杏仁苷等。

根据抑制物质在种子休眠萌发过程中的不同阶段发挥的抑制作用，可将其分为：抑制呼吸作用、抑制酶活性、改变渗透压、阻碍胚的生长等。自从 20 世纪 60 年代以来，关于抑制物质(抑制剂)的作用机理，有学者根据前人的研究结果和自己的实践，提出了不同的假说或学说。如代谢途径调控学说认为抑制物质如 KCN、NH_4OH 等抑制过氧化氢酶、6-磷酸葡萄糖脱氢酶、NAD 磷酸化激酶等酶的活性，进而抑制 DNA、RNA 的合成，阻碍细胞分裂的进程，最终导致胚的各部分不能生长。Taylorson、Bewley、Raven 等学者又提出抑制物质影响膜透性及抑制膜上存在的酶的活性。

3.2.3.3　激素的选择性作用

学者们对于激素在种子休眠中的作用进行了广泛的研究。20 世纪 60 年代，Villiers 和 Wareing 就在研究欧洲白蜡种子的基础上，提出了发芽促进物与抑制物之间相互作用的概念，其中促进物包括 GA、CK 等内源激素。Amen(1968)依据这个假说，提出一般性的模式图，表示休眠状态决定于内源生长抑制物与促进物的平衡。1971 年，Khan 根据自己的研究，继续发展了发芽促进物与抑制物相互作用的概念，并提出了关于赤霉素、细胞分裂素和脱落酸 3 种激素在控制种子休眠和萌发中作用的假说，即激素调控学说，又名三因子学说。他认为 GA 是萌发必须的，在调节种子萌发中起着“原初作用”，抑制物起着“抑止作用”，而 CK 则起着“解抑作用”。种子产生休眠不仅是出于抑制物的存在，也可能是出于 GA 和 CK 的缺乏，其中 GA 是主要的调节因子，只有 ABA 等抑制物存在时，CK 的存在才是必须的。有的学者则认为激素能通过信息转导对种子内的各种生理变化做出反应，调节种子内部一系列蛋白质和酶的代谢，从而控制种子的休眠与萌发(余朝霞等，2003；Gopikumar，1994)。通常认为赤霉素可以促进许多水解酶的活性，如促进蛋白酶的活性，使贮藏蛋白水解，还可以激发异柠檬酸裂解酶的活性，异柠檬酸裂解酶是脂肪裂解为可溶性糖的关键酶，因此在种子的贮藏和萌发的过程中，内部要发生一系列生理生化变化，大分子物质要降解，赤霉素都能促进这一代谢过程。同时，种子萌发过程中还有合成作用，以构建新的植物体，赤霉素的存在也有助于这一过程的顺利进行。

3.2.3.4 光敏素转化机理

比尤利和布莱克(1990)认为，光对休眠生理的控制作用是复杂多变的。许多植物的种子经白光照射而结束休眠。有些植物的种子在能量较低的白光下，瞬息曝光(几秒钟)就能促进萌发；有些则要求间歇性照光；还有些需要每天一定的周期照射；而许多植物的种子受某种光谱组成的光照射后会抑制萌发，而受白光照射则不会。现已表明，上述各种反应受单独一种色素系统——光敏素的控制。很多研究表明，促进萌发作用的光谱波长大约是 630~680nm，抑制萌发的波长大约是 730~760nm，与这种生理作用相关联的光受体称为光敏素。光被叶绿素吸收，作为一种能量而转化；而被光敏素吸收，是作为一种信号控制光形态的发生，但光本身不控制种子的萌发过程。关于与休眠有关的生物活性化学物质的合成、活化或破坏是受光诱导的观点，由于发现了光敏素蓝色蛋白的活化型(Pfr)和钝化型(Pr)而得到强有力的支持。很多研究表明，Pfr 比例的提高导致促进发芽，光照条件可以使种子中 Pr 和 Pfr 相互转变，从而使 Pr 和 Pfr 的比例发生变动，并已发现存在缓慢的暗转变和逆暗转变。光敏素水平变化不但在解除休眠上起作用，而且也在诱导休眠上起作用。

3.2.4 种子休眠与萌发的调控

种子休眠是一种非常复杂的现象，除了受许多基因调控外，还受植物激素和环境因子的影响(Finch-Savage and Leubner-Metzger，2006；Finkelstein *et al.*，2008)。虽然种子打破休眠而萌发的精确机制很难了解，但是已经发现休眠和萌发在基因表达、酶活性及激素积累方面的不同。一些休眠打破信号有相加或协同效应，说明它们可能影响相似的休眠关键调控因子(赖晓辉和李群，2014)。

3.2.4.1 后熟对种子休眠和萌发的调控

后熟，即把新鲜收获的成熟种子置于室温条件下干藏一段时间(一般是几个月)，这是解除休眠常用的方法(Bewley，1997a；Leubner-Metzger，2003；Bair *et al.*，2006)。种子后熟过程中会产生 5 个方面的作用：①发芽温度范围扩大；②ABA 敏感性下降，GA 敏感性增强或种子萌发对 GA 的浓度要求降低甚至消失；③对光照敏感性下降，即使在光照条件下种子也不会萌发；④使种子发芽不再依赖于硝酸盐；⑤使种子萌发速度提高。影响种子后熟作用的因素主要有种子含水量、含油量、种子的包被结构和温度(Holdsworth *et al.*，2008)。超干种子不能后熟，后熟需要一定的含水量(最低含水量)。每个种的最低含水量各不相同，油性种子低于淀粉类种子，因为在一定的相对湿度时油性种子的结合水较少；种子在高湿条件下也不能后熟(较高的平衡含水量)。研究已发现了一些种子后熟的最低含水量(Probert，2000；Hay *et al.*，2003；Leubner-Metzger，2005)，但目前对后熟的分子机理还知之不多，提出的相关机理有：解除种子萌发抑制剂的非酶反应、抗氧种类和抗氧化剂(Bailly，2004)，膜的改变(Hallett *et al.*，2002)和通过蛋白酶体降解的特定蛋白(Skoda *et al.*，1992；Borghetti *et al.*，2002)。

3.2.4.2 植物激素对种子休眠和萌发的调控

激素是调节种子休眠与萌发的关键因子，其与种子萌发及休眠的关系一直是种子生理生化研究的热点。在种子休眠和萌发过程中，激素扮演着非常重要的角色，它们能通过信号传导对种子内各种生理变化做出反应，调节一系列蛋白质、酶的代谢，从而调控种子的休眠和萌发(杨荣超等，2012)。

很多研究表明，ABA 对诱导和维持种子休眠有积极的调控作用，GA 对终止种子休眠与促进发芽有着重要的作用。GA 能诱导产生水解酶，使种子中的贮藏物质从大分子水解为小分子，如淀粉水解为糖，蛋白质水解为氨基酸，从而为胚所利用，促进胚后熟，有利于萌发(傅强等，2003)。休眠态种子吸胀时，ABA 合成量增加和 GA 含量降低，使种子保持休眠态；而非休眠态种子吸胀时不会出现这种情况(徐恒恒等，2014；Bewley *et al.*，2013；Arc *et al.*，2013)。

利用拟南芥内源激素缺失和不敏感突变体已获得大量的证据，表明在种子的发育过程中 ABA 诱导了种子的初始休眠。在谷类植物的后熟过程中，随着休眠解除胚对 ABA 的敏感性也在减弱。同样，在种子成熟后期非休眠种子突变体很快丧失了对 ABA 的敏感性，而休眠种子胚即使在成熟后也保持着对 ABA 的敏感性(Kawakami *et al.*，1997)。对激素缺失突变体和 ABA 合成抑制剂如 fluridon(Wang *et al.*，1995)、norflurazon(Jullien *et al.*，1997)的研究表明仅在胚中合成的 ABA 会诱导休眠，而母本的 ABA 只会暂时影响种子的早期萌发。

GA 是解除由 ABA 诱导的休眠的必要条件，它在种子萌发过程的作用机理有 2 种解释(Kucera *et al.*，2005)：一是 GAs 诱导了编码胚乳水解酶基因的表达，因为胚乳对胚根伸出有一定的机械限制作用，这在马铃薯(Groot *et al.*，1988)、烟草(Leubner-Metzger *et al.*，2000)和大麦(*Hordeum vulgare*)(Schuurink *et al.*，1992)中得到了证明；另一种解释是 GAs 对胚的生长潜能具有直接的刺激作用(Karssen *et al.*，1986)。这 2 个不同的作用机理，一个侧重于覆盖物(胚乳)，另一个侧重于胚，这并不矛盾，因为种子的休眠与萌发可能就是许多促进因子和抑制因子间的相互平衡的结果。目前已分离到大部分编码 GA 生物合成和代谢酶(图 3-4)(Olszewski *et al.*，2002)。大量的研究表明 GA 促进了许多植物种子的萌发，GA 生物合成酶的化学抑制物如烯效唑(uniconazole)和多效唑(paclobutrazol)抑制了种子萌发(Nambara *et al.*，1991)。

种子休眠和萌发的控制是一个非常复杂的过程，需要不同激素之间的协同作用和相

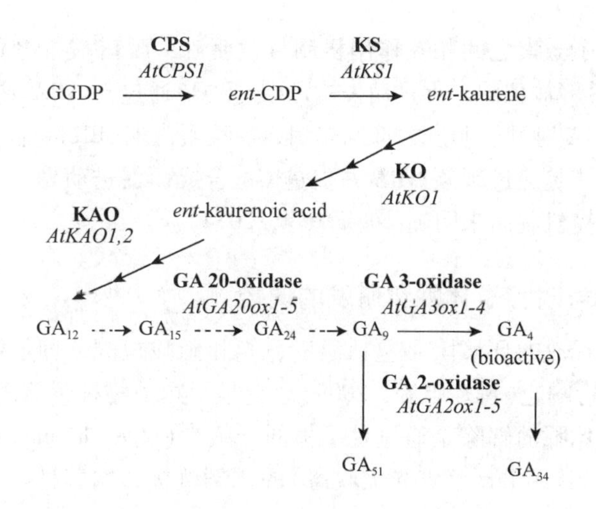

图 3-4 拟南芥中 GA 生物合成的主要途径

Fig. 3-4 The major GA biosynthesis pathway in *A. thaliana*

互作用(Kucera *et al.*, 2005)。ABA 和 GA 存在拮抗效应，且彼此抑制对方的代谢和信号基因(Vanstraelen and Benková, 2012)。Ali-Rachedi 等(2004)的研究表明，ABA: GA 比值决定了种子的休眠与萌发；保持休眠需高比例 ABA:GA，而休眠解除时ABA: GA比值降低。这些结果支持了 Le Page-Degivry 等(1997)提出的观点：在维持休眠与休眠解除过程中 ABA 是主要的激素；当 ABA 合成受阻，GAs 浓度足够高时就促进了种子的萌发。Cadman 等(2006)研究也认为，种子休眠的原因是 ABA 与 GA 维持在一个很高的比例，种子休眠的解除是由其体内的 GA 合成量的增加和 ABA 含量减少(使 ABA 与 GA 的比值减小)导致的(Cadman *et al.*, 2006)。种子休眠与萌发除了与 ABA: GA 比值相关，还要考虑种子对 GA 和 ABA 的敏感度。对 GA 和 ABA 的敏感度、受体的感知情况、两种激素相互连接的信号链和发育调节是影响种子萌发和休眠的重要因素(Kucera *et al.*, 2005)。种子从休眠状态转变到非休眠状态是通过对 ABA 敏感性的降低和对 GA 敏感性的提高表现出来的(Koornneef *et al.*, 2002；Ali-Rachedi *et al.*, 2004；Chiwocha *et al.*, 2005)。

虽然 ABA 和 GA 在种子休眠和萌发过程中起着非常重要的作用，但这不是决定休眠和萌发的唯一调控因子。除了这 2 种激素外，还包括细胞分裂素(cytokinin, CTK)、乙烯(ethylene, ETH)和油菜素内酯(epibrassionolide, BR)，并且这几种激素之间通过不同的信号途径相互调节，共同完成种子萌发这一复杂的生理过程(Kucera *et al.*, 2005)。刘宁(2014)研究表明，乙烯通过降低种子对内源 ABA 的敏感性，颉颃 ABA 而促进种子萌发。乙烯与 GA 协同作用，促进胚生长伸长，软化胚根周围组织，这是种子萌发所必须的 (Matilla, 2000；Siriwitayawan *et al.*, 2003)。陈静等(2015)的研究表明，外源乙烯利通过 GA、ABA、ETH、auxin 相关基因的诱导作用来完成其对花生(*Arachis hypogaea*)种子休眠的解除。ABA 合成关键基因 *AhNCED*2 和代谢关键基因 *AhCYP*707*A*1 受外源乙烯利的诱导，*AhNCED*2 对于种子休眠的维持发挥积极作用，而 *AhCYP*707*A*1 对于种子休眠解除发挥积极作用。

随着分子生物学的快速发展，大量相关激素突变体被发现并用于研究。单个激素的调控作用以及多个激素之间相互作用机制日益明确，脱落酸(ABA)抑制萌发，诱导休眠；赤霉素(GA)释放休眠，促进萌发；乙烯(ETH)通过与ABA或GA互作起到促进种子萌发，减弱ABA对种子萌发的抑制作用；油菜素内酯(BR)可能通过刺激胚的生长来促进萌发，也可能是通过颉颃ABA并促进GA合成而促进萌发，但是种子从休眠向萌发转变的具体调控机制尚未明确(刘春华等，2014)。

3.2.4.3 环境信号对种子休眠和萌发的调控

影响种子休眠释放的环境因子包括温度、光和硝酸盐等，种子能循序地感受这些因子的变化，并进行响应(付婷婷等，2009)。光是影响植物种子休眠的重要生态因子。光对某些植物种子休眠的解除是通过种子里的光敏素(phytochrome)来实现的。种子中光敏素Pr(红光吸收态)/Pfr(远红光吸收态)的比例直接影响着种子的类型以及种子休眠的解除。有些种子打破休眠吸胀时需红光(Emmler *et al.*，1997)，说明在萌发前需激活光信号传导途径。但光对萌发的影响(红光通过光敏素)有时能被远红光逆转(Casal *et al.*，1998；Sanchez *et al.*，2004)。拟南芥种子中的光敏素A和B单独调节种子萌发的光诱导(Shinomura *et al.*，1996)，2种光敏素调节种子休眠和萌发时需和膜上特定的位置结合，这个结合点可能也是温度和乙醇等有机小分子物质的敏感位置。目前，Hallett等(2002)已发现了这个结合位置。

低温处理能打破种子休眠和提高萌发率。在水合条件下，大多数非热带物种的种子经历相对低的温度(通常在1~10℃的范围，一些物种为15℃)，休眠能被释放。冷处理释放种子休眠被称为层积(stratification)。在具有胚、种皮引起的初生和次生休眠的种子中，冷处理对释放休眠是有效的(付婷婷等，2009)。

外界环境可通过影响植物种子内的激素合成降解调控种子的休眠与萌发(程鹏等，2013)。在种子萌发的早期，环境因子(光照和低温)可以诱导GA的合成，这在莴笋(*Lactuca sativa*)(Toyomasu *et al.*，1998)和拟南芥(Yamaguchi *et al.*，1998)中得到了有力的证明。在拟南芥中，光敏素诱导了2个3-β-羟化酶的合成，它们分别是由GA_4和GA_4H基因编码的；低温处理不会诱导拟南芥种子中GA的生物合成，但提高了种子对GA的敏感程度(Derkx *et al.*，1993)。Yamauchi等(2001)利用DNA微陈列和气相色谱-质谱分析发现拟南芥吸胀种子在低温条件下GA合成基因表达为上调，从而增加了GAs的生物活性和GA诱导基因的转录本；在其功能缺失体中发现低温诱导GA合成基因*AtGA3ox1*发挥了必要的作用，它受光敏素的正向调节和GA活性的负调节，是一个多信号传导途径。光照和低温还可以促进蓝珠孔端锌指转录因子(Blue Micropylar End 3 GATA zinc finger transcription factor)在胚根中的转录表达，其表达产物对种子萌发及GA合成有积极作用(Penfield *et al.*，2005)。

GA可以代替红光解除在暗条件下吸胀烟草种子的光休眠，并诱导种皮和胚乳破裂(Peng *et al.*，2002)。GA不仅仅诱导了烟草光休眠种子在暗条件下萌发，同时也促进了非光休眠种子在暗条件下由ABA抑制的胚乳破裂，及在光条件下吸胀受渗压剂抑制的种皮和胚乳的破裂(Leubner-Metzger，2001)。光和GA促进了ABA抑制的烟草种子萌发，因为光和GA促进了ABA降解和抑制了ABA的合成(Grappin *et al.*，2000)。另外，油菜素内酯也会促进非光休眠烟草种子的萌发、消除ABA抑制胚乳破裂的效果，但它们不能解除烟草种子的光休眠现象(Leubner-Metzger, 2001)。

3.2.4.4 基因表达对种子休眠和萌发的调控

种子的休眠和萌发受多基因控制，表现为典型的数量性状(QTLs)，分子标记技术为数量性状定位提供了可能，QTL分析定位后要对含有特定休眠QTL的染色体区域进一步分析并进行图位克隆才能获得相关的基因。由于蛋白质组分析需要利用基因组序列的信息，因此种子休眠与萌发的蛋白质组研究主要集中在拟南芥及重要经济植物。许多木本植物为深度休眠种子，包括李属(*Prunus* spp.)、杜英(*Elaeocarpus sylvestris*)和欧洲水青冈(*Fagus silvatica*)等(Wang *et al.*, 1991)，打破休眠促进种子萌发非常困难，而对这些木本植物种子的休眠及萌发机理在分子和蛋白质水平上的研究却很少。在拟南芥、大麦、水稻(*Oryza sativa* L.)和小麦(*Triticum aestivum* L.)(Van der Schaar *et al.*, 1997; Han *et al.*, 1996; Lin *et al.*, 1998; Kato *et al.*, 2001)都获得了种子休眠的QTL位点，并在小麦上获得了种子休眠QTL的精确定位(Han *et al.*, 1996)。Koornneef等(2002)在拟南芥中发现了与种子休眠和萌发相关的14个多态性QTLs。唐九友等(2004)也在水稻上检测到了4个与种子休眠有关的QTL，分别位于第2、5、11染色体上，其中第2染色体存在2个QTL，各QTL的贡献率变幅8.37%~17.4%。但目前尚未有关通过图位克隆获得种子休眠与萌发基因(QTL)的报道。

种子休眠和萌发基因克隆主要是通过突变体的表达模式来分离的。现获得的有关基因有：①3β羟化酶基因，它控制了在光诱导下种子特异的GA生物合成途径(Yamaguchi *et al.*, 1998)；②编码休眠的特异$NADP^+$磷酸酶，它在燕麦(*Avena sativa*)休眠种子中的表达明显高于非休眠种子(Gallais *et al.*, 2000)；③水解酶类：可以软化胚乳帽，它是胚根伸出所必须的，相关酶类有扩张蛋白(expansin)(Chen *et al.*, 2000)和endo-β-mannanase(Nonogaki *et al.*, 2010)；④对植物激素和环境因子响应且关系较为密切的是I类β-1, 3葡聚糖酶(β Glu I)(Leubner-Metzger *et al.*, 1999)，其作用在转基因植株中得到了证明。

ABA非敏感基因(*ABI*1)和*ABI*2编码磷酸酶蛋白，表明phosporylation/de-phosporylations可能是ABA信号传导途径的一部分(Leung *et al.*, 1998)。He等(2004)在拟南芥中分离获得一个锌指蛋白基因，鉴定其功能为ABA信号传导途径中一个重要的下游成分，它是ABA调节休眠的一个介导因子(*MARD*1)，*MARD*1的表达受ABA上调，在2个ABA响应元素(*ABREs*)下游启动子区域内插入T-DNA，可使得*MARD*1不受ABA的调节。Lefebvre等(2006)对拟南芥种子发育过程中基因功能与表达的研究发现*AtNCED*6和*AtNCED*9是ABA生物合成过程中所必须的2个基因；在种子发育过程中，*AtNCED*6在胚乳中特异性表达，种子发育中期*AtNCED*9在胚和胚乳中都表达。反向遗传学研究也表明*Atnced*6和*Atnced*9的两个突变体种子中ABA含量减少，这2个突变体还阻碍了多效唑合成，多效唑是赤霉素合成抑制剂。

低温和光至少部分促进了GA合成，通过增强*AtGA3ox*的表达可以促进GA合成(Yamaguchi *et al.*, 2002; Penfield *et al.*, 2005)。BME3 GATA锌指转录因子在胚根中表达，它似乎和经低温层积后种子萌发和GA合成上调相关(Liu *et al.*, 2005b)。Penfield等(2005)建立了1个模型，用以解释2个环境因素(光和低温)控制萌发的情况，认为

它们是通过 *Bhlh* 转录因子 *SPT* 和 *PIL5* 的相互作用来控制的。在暗条件下，*SPT* 和 *PIL5* 作为萌发抑制剂都有活性，而在光和低温条件下，它们的活性很低。*PIL5* 的活性调节在蛋白质水平上，在光条件下引起共抑制活性的下降；在暗条件下层积的种子，*SPT* 活性依赖于 *PIL5*。Tsiantis(2006)推测不同生态型或两种对环境(温度和光照)的变化所表现出来的休眠差异是由这些转录因子的等位变异所引起的。

对拟南芥生态型 Cvi 不同休眠程度和非休眠种子的所有转录本的表达丰度进行比较，发现了大量的 GA 响应基因差异表达(Cadman *et al.*，2006)。研究发现在休眠状态下有 1 个 GA 前体的活性生物合成：*AtGA20ox1* 转录体表达丰度高，表明产生无生物活性的 GA_9 和 GA_{20}；在所有样品中 *AtGA2ox1* 的表达丰度也高，表明形成的某种具生物活性的 GAs(如 GA_4 和 GA_1)在快速降解。仅在光条件下才能萌发的种子，在光条件下 *At-GA3ox2* 的转录急剧增加，推测这是合成具生物活性的 GA 最后一步(如 GA_9 到 GA_4，从 GA_{20} 到 GA_1)。另外，还有一个发现是休眠状态表现为启动子中 ABA 的响应元素(*ABRE*)和结合在 *ABRE* 上的转录因子过量表达。*ABRE* 结合转录因子是介导种子中 ABA 响应休眠的控制调节因子。在拟南芥干燥种子中证明 *ABRE* 基因的过量表达在贮藏的 mRNAs 中(Nakabayashi *et al.*，2005)。

在气干烟草种子中 Leubner-Metzger(2005)报道了在后熟过程中的基因表达，发现烟草种子种皮破裂发生在干藏后 60d，这与种子后熟时种皮中 β-1, 3 葡聚糖酶的瞬时表达有关。同时 Bove 等(2005)在气干低含水量烟草种子的后熟过程中发现了至少 8 种特异的 mRNA 富集。

种子休眠和萌发受遗传因素和环境因素的影响，是受多基因控制的。目前对休眠与萌发的研究以休眠较浅的模式植物拟南芥等为主，这对休眠较深的木本植物种子有一定的启发，但不能完全代表木本植物种子，因此，对木本植物种子休眠和萌发的研究可以从本质上揭示休眠与萌发的机理。分子水平上的研究正成为热点，尤其是 ABA 和 GA 生物合成过程中相关基因的克隆是揭示种子休眠与萌发的关键技术；蛋白水平上的研究直接反映了休眠与萌发过程中的相关蛋白，并阐述了其功能；基因芯片技术可以提供大量多基因差异表达的信息，这些技术都为种子休眠和萌发的机理提供了一个新的研究方向。

3.3 林木种子休眠与萌发研究方法

在进行种子休眠原因和解除休眠的方法时，首先应确定其休眠类型，然后再根据其休眠的类型有针对性地选择适宜的方法解除种子休眠。付长珍和郭宝林(2013)针对形态生理休眠的种子提出了确定种子休眠类型和解除种子休眠的步骤：① 查阅同科属植物种子是否具休眠现象，若有，属何种休眠，可能具有相似特性；②通过种子吸水率实验看是否存在种皮吸水障碍，据此判断是否具物理休眠(PY)；③解剖种子，观察胚的发育情况，未分化(属特殊的形态休眠 MD)已分化但未发育完全(形态休眠 MD 或形态生理休眠 MPD)发育完全(非休眠或生理休眠 PD)；④测定种子生活力，确保供试种子为有生活力种子；⑤对于胚发育完全的种子，找出该植物在自然环境生活时的种子萌发温度，并在该温度下进行发芽实验(注意同时考虑不同的光处理)，如果 30d 内种子萌发，则为非休眠种子，如果不能萌发，则属于休眠种子；⑥无论胚是否发育完全的休眠种子(即具有 PD 或者 MPD)，采用 Move-along 实验方法可在最短的时间内，用最少的种子获悉种子休眠特性方面的信息，并找到初步的解除休眠方法；⑦在⑥的基础上，进行改进，寻找最适宜的解除休眠的方法。形态生理休眠是种子休眠类型中最为复杂的一种，因此，在开展其他类型的种子休眠原因和解除方法的研究时，可参考上述步骤进行。

3.3.1 种子休眠机理的研究方法

由于很多林木种子休眠都很深，大多属于综合休眠类型，引起休眠的原因一般不是孤立的发生作用，而是相互联系、相互影响，共同控制种子的休眠，从而使种子休眠问题的研究复杂化。因此，只有运用正确的研究方法，全面而又系统地考虑问题，才能找到种子休眠的真正原因和机理，从而采取相应措施打破休眠(尹黎燕，2002)。

(1)种源调查

判断一种植物种子的休眠类型可先看其所属的类群，同属或同科植物的种子常具有类似的休眠特性，这有助于进行休眠类型的最初判断(付长珍和郭宝林，2013；尹黎燕，2002；徐本美，1995)。如豆科(Leguminosae)的休眠通常是以种皮不透水引起的物理性休眠；木犀科白蜡属(*Fraxinus*)的休眠都与内源抑制物有关。同时，种子休眠是植物的遗传特性和所处的环境条件共同作用的结果，是不同生态型或种源对外界的重要适应性对策，种源可能影响到种子休眠的有无和深浅，以及发芽的条件。因此，掌握种子原产地的气候及生态条件等资料，了解种子在休眠习性上的地理变异规律，这是进行种子休眠研究、种子区划、检验和播种育苗等工作的基础。糖槭(*Acer saccharum*)、欧洲白蜡(*Fraxinus excelsior*)等种源越往北，种子休眠就越深；而北方种源的美国白松种子比南方种源的种子休眠要弱些。白皮松(*Pinus bungeana*)种子越来自干旱地区休眠越深；而油松(*P. tabuleformis*)则是条件越有利的地区休眠越强(尹黎燕等，2002)。甘阳英等(2008)通过研究表明，不同起源的各类葡萄(*Vitis*)种子的休眠类型均为生理休眠，欧亚种和东亚种的种子休眠较浅，美洲种种子休眠较深，杂交种比亲本所属类别的种子休眠程度浅。

(2)离体胚培养试验

将种胚从种皮中分离出来使其在不受外部被覆物约束的条件下进行培养，若种胚本身不休眠则能很快萌发；通过对种胚被覆物的不同处理分别进行研究，可以对种子各组成部分在种子休眠中的作用进行定位(王小平，2002)。因此，通过种胚离体培养试验可以确定种子休眠是种胚自身存在的休眠，还是因种皮机械束缚、气体交换、透水性及存在内源物质等引起的休眠(Chirco *et al.*，2004)。离体胚培养试验作为种子生活力测定休眠与萌发研究中的一种方法，最早见于欧洲花楸(*Sorbus aucuparia*)的研究。1962 年，李正理和张新英(1962)在我国率先开展了种胚离体培养试验，结果表明影响红松(*P. koraiensis*)种子萌发的不是由于胚未曾成熟或雌配子体初期抑制了胚的生长，而是在于种壳的机械障碍。近十年来在我国，种胚离体培养被用于一些珍贵树种休眠机理的研究，如云南红豆杉(*Taxus yunnanensis*)(卞方圆等，2015)、银鹊树(*Tapiscia sinensis*)(周佑勋和段小平，2008)、南京椴(*Tilia miqueliana*)(史锋厚等，2008)、美国桂花(*Osmanthus americanus*)(许岳香等，2008)、花楸树(*S. pohuashanensis*)(沈海龙等，2006)、油松(王利宝和董丽芬，2006)和白皮松(董丽芬等，2003)。如卞方圆等(2015)对比了有胚乳和没有胚乳的离体胚的萌发情况，结果表明胚乳抑制了云南红豆杉离体胚的萌发。智信(2008)对6种松树进行离体胚培养研究，结果表明白皮松和红松等种子的胚均不休眠，果皮所含的萌发抑制物对种子休眠起主要作用。对花楸树种子的研究结果显示，完整种子的萌发率为3%，去皮种子的萌发率也仅为6%，而去两片子叶和断胚根处理可以略微提高胚的萌发率，说明在子叶和胚根中可能存在抑制物质(沈海龙等，2006)。

(3)种子解剖结构的观察

一个完整的胚具有胚芽、胚轴、胚根、子叶，但是有些植物种子采收时，胚尚未发育完全，通过观察种胚发育情况和种皮结构，可以初步判断种子是否存在形态休眠以及所属的休眠类型。研究种胚发育结构、形态对种子休眠的影响，需要提供一定的空气、温度（积温1300~2200℃）和湿度，通过不同温度，持续天数的处理下观察胚的形态和大小，通过解剖镜观察，测量种胚及胚乳的长度，计算胚率。如王兵益等(2009)对云南红豆杉种子胚的长度和结构进行了研究，结果表明成熟种子的胚分化完全，在贮藏过程中胚的结构没有明显变化。对凹叶厚朴(*Magnolia biloba*)种子胚形态结构观察结果表明，成熟种子的胚已分化完全(胡江琴等，2011)。陆秀君等(2006)研究发现，天女木兰(*Magnolia sieboldii*)种子秋季采收后其种胚尚未发育完全，是导致天女木兰种子深休眠的主要原因。白柯君等(2005)对燕山红栗(*Castanea mollissina* cv. ‘Yanshanhong’)种胚形态观察表明，种胚发育不成熟是板栗种子休眠的主要原因，随着沙藏时间的延长，种胚长度逐渐增长，子叶与胚轴和胚根长度的比值也逐渐增大。还有一些植物种子的胚虽然形态成熟，但并未完成生理后熟。王怡陶(1991)根据休眠层积过程中胚长、胚重比的变化情况，以及该过程中物质新陈代谢的规律，提出红松的休眠主要原因是种子未完成形态后熟和生理后熟，在低温层积过程中，胚还要不断发育，才能完成形态后熟，再经过生理后熟才能萌发。

种皮的厚度和结构，种皮细胞木质化程度，角质层的厚薄，栅栏组织有无与紧密程度，明线的有无，果胶质和石细胞的有无与多少，特别是种脐的细微结构都直接影响种皮的通透性。通过对种皮的解剖观察，可以了解种皮对种子休眠的影响，可以定位影响休眠的种皮结构(陈伟等，2010)。周健等(2016)借助扫描电镜和透射电镜技术，对紫荆(*Cercis chinensis*)种子成熟中后期的种皮超微结构进行观察，结果表明，越是成熟的紫荆种子其角质层、栅栏层越厚，这可能是导致紫荆种皮透性障碍进而引起休眠的主要原因。乌桕(*Sapium sebiferum*)种子种皮厚度也随着种子的不断成熟而增加；胚根处、子叶端的种皮较其他部位厚，这可能是种子萌发时胚根难以突破种皮的主要原因(廖卓毅等，2014)。陈昕等(2011)对石灰花楸(*S. folgneri*)种子解剖结构进行观察，发现其外种皮坚硬，两端较厚、木质化程度较中间高，因此判断种皮木质化程度高、透气性障碍显著，是阻碍萌发的影响因素之一。黄山花楸(*S. amabilis*)种子解剖结构的观察结果表明，其种皮表面覆一层角质层，胚根端和子叶端的种皮细胞排列明显比中间部位密集，种子休眠主要是种皮的机械障碍引起的物理休眠(陈昕等，2010)。王艳华等(2005)对大山樱(*Prunus sargentii*)种子外种皮结构的细胞学观察发现，外种皮是由两个部分组成：表皮层是由3~4层薄壁细胞组成；细胞壁上是强烈增厚的石细胞，因而认为大山樱种皮过硬，影响胚的正常生长是导致种子休眠的原因之一。经测试，山楂(*Crataegus pinnatifida*)种壳占种子风干重的92%，圆柏(*Sabina chinensis*)占85%，漆树58%~60%，细梗蔷薇(*Rosa graciliflora*)占79.10%。在如此坚强厚重的种壳包围下，种胚在萌发中所受到的阻碍作用是可以想像的(徐本美，1995)。

(4)种皮透性测定

目前人们普遍认为种子的透性是影响种子外源性休眠的重要因素，特别是在硬实性的种子中，种子的透水性和透气性直接影响着种子的休眠，其透性的强弱关系到种子休眠的深浅。

种皮的透水性可用称重法从种子的吸水曲线中获得(徐本美，1995)。可先设置不同的处理来有效地打破种皮的抑制作用，然后对这些种子的吸水性进行比较，以此来判断种皮对种子吸水性的影响(许文花等，2014)。陈昕等(2011)取完整种子和刺破种皮种子进行吸水试验，研究结果表明石灰花楸种皮对水分的吸收有一定的阻碍作用，但这种阻碍作用随着浸种时间延长而逐渐消减。凹叶厚朴种子种皮透水性的测定结果表明，坚硬的内种皮有阻碍种子吸水的作用，这是导致种子休眠的原因之一(胡江琴等，2011)。崔星星(2012)研究表明，青花椒(*Zanthoxyhim armatum*)种子种皮的透水性差，这可能是导致其种子萌发率低的主要原因之一。

目前暂无有效的测试种子透气性的直接方法。测定种子的透气性主要通过测定种子的呼吸强度，一般采用瓦布格微量检压仪或cY-2型测氧仪，或通过用草酸滴定法测定种子呼吸强度的间接手段来研究。杨晓玲等(1997)对裂壳与不钳裂壳种子的透气性进行了比较，结果表明态度，山楂种壳透气性差，能显著地抑制种子的萌发。赖力等(1989)通过测定红松种子呼吸提出种皮的透气障碍可能是诱导休眠的主导因素。

(5)内源抑制物质与激素的提取和测定

大量研究已证明，在众多引起种子休眠的因素中，抑制物质的存在被认为是其中最重要的因子(李澎，2006)。目前研究种子抑制物对种子休眠作用的常用方法是提取种子中的抑制物进行生物鉴定和分离鉴定。抑制物的提取是利用抑制物能否溶于水或有机溶剂的特性进行的。一般将种子分成种皮、胚乳、胚等各个部分分别进行抑制物的提取和测定。生物鉴定是用无休眠种子开展萌发实验，通常以白菜(*Brassica rapa*)种子或苜蓿(*Medicago*)等种子为指示植物。通过生物鉴定结果，可以了解各部位的抑制物对种子休眠的作用大小。通过对各部位抑制物粗提液进行分离处理（如萃取、薄层层析、纸层析或柱层析等），然后通过高效液相色谱法（HPLC）、气相色谱法（GS）、液相-质谱联用(LC-MS)或气相—质谱联用(GC-MS)等分析方法进行鉴定和含量测定(陈伟等，2010；许文花等，2014)。张静静等(2011)采用不同极性的溶剂进行了樟树(*Cinnamomum camphora*)种子抑制物质的提取，通过白菜种子生物鉴定，结果表明，樟树种子中的萌发抑制物是樟树休眠的原因，且其含有的主要抑制物质不是水溶性的。白皮松(王小平等，1998)、珙桐(*Davidia involucrata*)(雷泞菲等，2003)和大山樱(王艳华等，2005)种子都具有深休眠，研究表明这些种子中存在内源抑制物质都是导致不能萌发的主要原因。

研究内源激素对种子休眠的作用，可以通过提取和测定种子休眠和解除休眠过程中各种激素变化的方法。提取原理为相溶性原理。激素的鉴定与含量测定常用的方法有含量测定的方法有气相色谱法（GS）、高效液相色谱法(HPLC)、气相—质谱联用分析法(GC－MS)和酶联免疫吸附检测法(ELISA)等(陈伟等，2010；许文花等，2014)。郭继元等(2011)采用高效液相色谱法测定分析伏毛铁棒锤(*Aconitum flavum*)种子层积过程内源激素赤霉素（GA）、吲哚乙酸（IAA）、脱落酸（ABA）和玉米素（z）含量，结果表明在层积过程中，ABA含量总的趋势下降，GA含量总的趋势是升高。张培玉和杨晓玲(1999)对种子休眠和萌发过程中的内源激素含量进行了研究，结果表明ABA是抑制萌发的主要因素。

(6)分子生物学方法的应用

随着分子生物学的快速发展，种子休眠和萌发研究已经深入到分子水平。种子休眠与萌发的分子遗传学和蛋白质组学研究主要以模式植物拟南芥、麦类和水稻为材料，但这些种子都是浅生理休眠类型。木本植物中以欧洲水青冈(*Facus sylvatica*)、挪威槭(*Acer platanoides*)、欧亚槭(*A. platanoides*)为阔叶树模式植物对种子休眠和萌发也进行了相关的研究(洑香香等，2011)。在种子休眠或萌发的特定阶段或经特定处理后，用聚丙烯酰胺凝胶电泳等方法来检测基因产物的变化，从而研究种子的休眠与萌发机理。研究休眠与萌发的分子技术包括ABA突变体的利用、分子标记、转基因技术、用反义RNA阻止基因的表达、cDNA克隆技术、mRNA差异显示技术等(Koornneef *et al.*，2002；尹黎燕等，2002)。利用突变体分析种子休眠机理是目前比较常用的种子研究方法，以拟南芥为材料研究的最多。如对ABA突变体和野生型植株进行互交实验发现，只由胚胎本身产生的ABA才可引起休眠。分子标记被用于与休眠诱导、维持和释放相联系的生理反应的量化研究。Morris等(1991)对ABA敏感的小麦种子的研究表明：在吸水的休眠种子中，一些对ABA敏感的基因表达被延迟了。Khan等(1997)将分子标记用于与休眠诱导、维持和释放相联系的生理反应的量化研究，以此来研究种子休眠中基因转录的变化。Totyomasu从莴苣中分离出两个cDNA克隆，以此来研究休眠释放中基因转录的变化。Johnson等(1995)通过展示和分离休眠与非休眠燕麦种子差别表达的cDNA。蔡应繁等(2003)采用抑制消减杂交法(Suppression subtractive hybridizatio，SSH)，获得了棉花(*Gossypium*)种子萌发过程中色素腺体形成时期特异表达或优势表达的cDNA片段。由于拟南芥遗传背景很清楚，同时也非常适合作分子遗传学研究(易于繁殖、基因组小、传代时间短)，故它已成为种子休眠和萌发在分子水平研究的模式植物。Debeaujon等(2000)将种皮突变体ttg(这种突变体种皮黏质液减少)转入到Gas缺乏的拟南芥种子中，种子不需外源赤霉素也能进行萌发，说明种皮对抑制胚根出现有重要作用。

种子休眠属于数量性状，作为数量性状的种子休眠在过去仅仅是采用数理统计学的方法，把控制休眠的微效多基因当作一个整体进行研究，由于这些微效多基因易受环境条件影响，在生产实践中效果不是很明显。随着更多植物基因组测序的完成和DNA分子标记技术的快速发展，尤其是数量性状基因位点（quantitative trait loci，QTL）定位分析方法的出现，控制种子休眠的数量性状位点可以准确定位在染色体上(史威威和董宽虎，2008)。因此种子数量改善的遗传剖析(对休眠特异 QTL 进行遗传定位和效应分析)和分子剖析(对休眠特异 QTL 的基因进行分离克隆)将会有力地促进休眠和萌发机制的研究。

目前对休眠与萌发的研究以休眠较浅的模式植物拟南芥等为主，这对休眠较深的木本植物种子有一定的启发，但不能完全代表木本植物种子，因此对木本植物种子休眠和萌发的研究可以从本质上揭示休眠与萌发的机理。分子水平上的研究正成为热点，尤其是 ABA 和 GA 生物合成过程中相关基因的克隆是揭示种子休眠与萌发的关键技术；蛋白水平上的研究直接反映了休眠与萌发过程中的相关蛋白，并阐述了其功能；基因芯片技术可以提供大量多基因差异表达的信息，这些技术都为种子休眠和萌发的机理提供了一个新的研究方向。

3.3.2 种子休眠解除方法

通过不断地探索解除种子休眠的各种方法和措施，人们已积累了非常丰富的经验，也取得了较好的效果。对于种皮结构引起的外源休眠，通常采用割伤、磨破或部分切除等破坏种皮的方法，或用硫酸和其他氧化剂处理，以增加种皮的透气、透水性。而生理性休眠或内源性休眠的种子，主要是由于抑制物质的存在和生理后熟因素引起的休眠，因此生理休眠的解除常采用层积处理措施来缩短种胚形成和生理后熟的进程，降低内含物中抑制剂的含量和提高萌发促进剂的含量。

3.3.2.1 机械处理

机械处理方法通常用于打破因种皮透性差而引起的种子休眠。一般用手工或机械的方法刺穿或刮破种皮，使其透水透气。对于少量种子可以用金属刀、三角锉刀、砂轮、老虎钳等手工进行剥壳、摩擦或夹裂等。如李英和沈永宝(2014)针对枳椇(*Hovenia acerba*)种子种皮结构致密，透水性差的原因，采用切除部分种皮或擦伤种子表面的处理措施显著提高了发芽率。王志梅(2014)研究表明，欧李(*Cerasus humilis*)种壳存在透气透水障碍，在种子发育前期(花后 77d)进行去壳和去皮处理，萌发率达 88.33%，而带壳的种子萌发率为 0%。

3.3.2.2 温度处理

高温处理和适当的低温冷冻处理能增加种壳的透性，促进种子新陈代谢，从而打破由于种壳透性引起的休眠；变温(温度交替和温度变换)处理可以有效破除未经过生理休眠和存在硬实种子的休眠。刘震等(2004)研究表明，5℃低温处理白花泡桐(*Paulownia fortunei*)种子 40d，能够显著提高发芽率。王艳梅等(2015)对 12 个种源山桐子(*Idesia polycarpa*)种子进行了研究，结果表明，低温处理能提高不同种源山桐子种子的发芽率和发芽势，但不同种源最合适的低温处理温度和低温处理时间不同，对大部分种源而言，10℃低温处理 20d 解除种子休眠的效果较好。乐笑玮等(2013)研究表明，低温储存诱导了天目铁木(*Ostrya rehderiana*)种子休眠并降低了发芽潜力，种子的萌发需要较长时间的高温打破休眠。对于种皮坚硬的种子，用变温处理种子有利于改变种皮的伸缩性而引起种皮破裂从而解除休眠。

3.3.2.3 化学药剂处理

(1)酸类浸种

酸液可腐蚀掉一部分种皮或使种皮变软，增强种皮的透气透水性。可用浓硫酸和盐酸处理种子。生产上最常用的是浓硫酸酸蚀处理，特别是针对硬粒种子，浓硫酸可有效破除种子硬实，提高发芽率(张雪崧等，2015)。通过酸蚀种壳，可使种壳变薄，重量减轻，消除珠孔等部位的堵塞物，增强胚与外界的透性(范川等，2004)。在进行浓硫酸浸泡时，需要根据不同树种和种子种皮的厚度确定浸泡时间。徐本美(1995)对多种树木种子进行酸蚀处理研究表明，蔷薇(*Rosa roxburghii*)种子酸蚀2h可使其发芽率从20%提高到80%，处理漆树(*Toxicodendron vernicifluum*)种子1h可使得不发芽的种子发芽率提高到90%。深休眠的秤锤树种子则需要酸蚀2d(徐本美等，1999)。梅新娣等(2013)采用98%浓硫酸处理西伯利亚白刺(*Nirtaria sibirica*)种子2h使其发芽率提高到90%。

(2)碱类浸种

碱类可去掉种皮表层的蜡质和油脂，一般用氢氧化钠、氢氧化钾或苏打水等浸种，一直到软化种皮。慕小倩等(2011)针对曼陀罗(*Datura stramonium*)种皮休眠障碍采用10% NaOH处理种子90min可有效破除其休眠，发芽率比对照提高了83%。对紫椴(*T. amurensis*)种子则以30% NaOH处理90min解除其休眠的效果最好(郑金辉等，2014)。

(3)盐类浸种

盐类浸种不仅有软化种皮促进萌发的作用，还可使种子发芽过程中有充足的营养供应，如采用KCL、$ZnSO_4$等浸种。另有研究表明，硝酸盐通过产生一氧化氮(NO)影响种子内ABA和GA的水平，从而参与调控种子休眠的释放(Alboresi *et al.*，2005；Bethke *et al.*，2006)。刘成等(2015)采用硝酸钾处理弥勒苣薹(*Paraisometrum mileense*)种子，显著促进其萌发。

(4)氧化剂

用氧化剂处理种皮透性差的休眠种子，常能取得良好效果，氧化剂主要是通过强迫性供氧促进代谢的进行，从而促进发芽。目前应用比较广泛的有双氧水、硝酸和高锰酸钾等。研究表明，采用双氧水浸种后外种皮基本脱落，种子的透气透水性得到改善，氧气供给量增加，有助于种子呼吸作用的提高，促进内部贮藏物质的转化进而利于种子的萌发和生长。张茂林(2011)研究认为，3.0%过氧化氢处理种子10~20min能够有效促进映山红(*Rhododendron simsii*)和蓝荆子(*R. mucronulatum*)种子的萌发。

(5)有机化学药剂处理

一些有机化学药剂处理种子也可解除休眠，如乙醇、丙酮、硫脲、PEG(聚乙二醇)溶液、PVA(聚乙烯醇)等。这些有机化学溶剂主要用于溶解种子表面富含的有机质，如蜡质层等。张茂林(2011)采用100%乙醚处理映山红和蓝荆子种子，结果表明处理10~30min能不同程度地促进两种杜鹃种子的萌发。

3.3.2.4 激素处理

一些休眠种子可经乙烯、赤霉素(GA)、细胞分裂激素(CTK)、萘乙酸和乙烯利等植物激素处理而发芽。通常认为，赤霉素能取代一些种子对低温后熟、光暗和干藏后熟的条件。细胞分裂素对解除种子休眠而言其作用方式是通过 CK/ABA 相互作用的结果以调控膜的透性水平和促使赤霉素的释放来实现。乙烯在种子解除休眠中不仅可以起到激动素(KN)的作用，还可提高并代替赤霉素的效应而起作用。

已经证明，种子在 GA 中浸渍可以促进包括光敏种子在内的浅生理休眠种子的萌发，在去除种壳后，GA 对打破中等强度的休眠也有效。GA_3处理能促使天女木兰种子提前 30d 完成形态后熟，并以 1500mg/L GA_3处理效果最佳(陆秀君等，2014)。潘健等(2012)研究发现，GA_3 处理能有效解除永瓣藤(*Monimopetalum chinense*)种子休眠。李淑娴等(2011)用 500mg/L GA_3浸泡乌桕种子 24h，有效打破其种皮内含抑制性物质的休眠。山桃(*Prunus davidiana*)种子采用赤霉素处理可以代替低温层积，打破山桃种子的休眠，以 600~800mg/L 处理时的种子效果最好(赵晓光，2005)。CTK 处理可促进深休眠的槭树(*Acer*)种子萌发，使苹果(*Malus pumila*)种子层积时间缩短，也能促进杨梅(*Myrica rubra*)种子发芽。但 CTK 仅对少数林木种子有打破休眠的效果，对大部分种子作用不明显。对休眠的卫矛(*Euonymus alatus*)、人参(*Panax ginseng*)和槭树种子，单独使用 CTK 是无效的，但 GA 和 CTK 联合处理种子可使种子萌发(尹黎燕等，2002)。顾地周等(2015)研究发现，6-BA、2,4-D 和变温处理可加速和促进小花木兰(*Magnolia sieboldii*)子叶胚的发育，采用 1.30~1.40mg/L 的 6-BA 和 2.00~2.20mg/L 的 2,4-D 混合溶液浸泡 3d，然后再在室内进行 100~114d 的变温处理，播种后 18d 左右即可发芽，发芽率达 98.0% 以上。

3.3.2.5 层积处理

层积是常用的打破种子休眠的有效方法，尤其对因含萌发抑制物质而形成生理休眠的种子效果显著。层积处理还可以促进胚形态发育成熟，激素含量发生变化，抑制物质降解，大分子物质转化成小分子物质，提高一些酶的活力，促进有关基因的表达，种皮透性增强以及使胚对脱落酸的敏感性降低等。常用的层积有变温层积和恒温层积，变温层积通常模拟休眠种子的自然环境条件，应根据不同的种子采用不同的层积方式。

低温层积处理是目前解除种子休眠，提高种子发芽率的最常用、最有效的方法。低温层积能打破种子休眠，提高发芽率；促进种子发芽整齐度和苗木早期的生长发育；扩大种子萌发的温度范围；降低种子发芽时对光的需求；减少种子因处理、加工损伤或发芽环境不良等所造成发芽上的差异。如层积温度在 3~12℃之间均能促进 *Verbena officinalis* 种子休眠的解除(Brändel *et al.*，2003)。韩月乔等(2015)研究也表明，4℃低温层积处理显著提高白藓(*Dictamnus dasycarpus*)种子的发芽率。山桃种子在 5℃下层积效果较好，发芽率能达到 55%(赵晓光，2005)。王艳梅等(2015)对 12 个种源的山桐子种子进行了研究，结果表明，10℃的低温对大部分种源的休眠解除效果较好。杨玲等(2008)的研究表明，花楸种子休眠的解除需要 2~5℃低温层积 90 天以上。松柏等裸子植物、胚休眠的蔷薇科和种壳休眠的一些草本植物，在经过一段时间 1~10℃湿冷处理后，休眠逐渐消失。猕猴桃(*Actinidia chinensis*)、金银花(*Lonicera japonica*)、华山松(*P. armandii*)和杉木(*Cunninghamia lanceolata*)等，经5℃低温层积处理后皆能提高发芽率，且发芽迅速整齐(傅强等，2003)。

有些植物种子需要较高的温度使胚后熟或胚根长出，然后需要低温打破胚芽生长，因此种子在湿冷处理前还需要先行一段高温吸湿的处理，才能解除休眠。如*Aristolochia macrophyll*需要经5℃低温层积来打破种子休眠，但它们的胚生长和之后的萌发则需要15℃/6℃(Christopher *et al.*，2003)。肉花卫矛(*Euonymus carnosus*)种子在20~25℃ 45d和2~5℃ 45d的变温层积处理种子发芽率得到显著提高(傅强等，2003)。洑香香等(2013)对山茱萸(*Cornus officinalis*)种子进行不同层积处理，结果表明5~30℃的变温层积处理可有效解除种子休眠。

3.3.2.6 种胚离体培养

解除种子休眠促进萌发的方法除了常规的酸蚀处理、低温层积和赤霉素处理等措施以外，种胚离体培养可以被看作另一种有效的方法。1904年，Hanning最早在无菌条件下进行了离体胚培养试验，他当时所培养的是十字花科植物——萝卜(*Raphanus sativus*)的成熟胚。后来，很多研究者都由成熟胚的离体培养获得了植株(李浚明和李登云，2006)。对于许多林木树种来说，虽然种子已发育成熟，但种子有较强的休眠特性和较长的休眠期，播种后不能发芽，而采用离体胚培养可以解除种皮等包被组织对胚的物理或化学的限制，种子的休眠因此得以解除(Chirco *et al.*，2004)。如翅果油树(*Elaeagnus mollis*)种仁的萌发率高达70%，在最佳培养基上，20d后可长至7cm，而带革质种皮的种子萌发率为零，且革质种皮向培养基中分泌褐色物质，推测为酚类化合物(尹大泽，2001)。Zarek等(2007)将欧洲红豆杉(*Taxus baccata*)种子在4℃下存放至少48h，再将离体胚植入含有5g/L活性炭的MS+培养基中，可获得96%的出苗率，而只去种皮、完全带胚乳培养的萌发率为0。Tafreshi等(2011)对欧洲红豆杉也进行了胚培养试验，采用1/2MS培养基+0.8g/L PVP或5g/L活性炭+3%蔗糖+5.8g/L琼脂，pH为5.70±0.05，在种子用流水冲洗7d后进行胚培养，14d后可获得100%萌发率；而没有经过流水冲洗的种子，胚培养的萌发率为85%；将萌发后的幼苗移至液体培养基中进行光照培养，可获得90%的成苗率。

3.3.2.7 射线、超声波和电场处理

采用适当剂量的射线(X射线、γ射线、β射线、α射线)、红外线、紫外线和激光等照射种子，可打破休眠，促进萌发(杨文秀等，2008)。有研究表明，种子在接受射线照射瞬间及照射后，具有非常复杂的综合效应，主要是使种子内生长酶活化，从而活化植物体内原始的生活过程，有助于促进发芽。李玲等(2014)采用^{60}Co-γ射线照射牡丹(*Paeonia suffrutcosa*)种子，低剂量(8.76Gy)打破休眠效果最好。肖宜安等(1999)研究发现，超声波处理苏铁(*Cycas revoluta*)种子20分钟可完全破除其休眠。刘晓娜等(2009)研究发现，高压静电场(100kV/m)作用下能有效打破贯叶连翘(*Hypericum perforatum*)种子休眠，提高其发芽率。

综上所述，不同休眠类型的种子必须采用不同的方法来解除其休眠。对于综合因

素造成的休眠则需要采取综合处理措施，如山茱萸种子既有种皮的机械束缚作用(物理休眠)，同时还存在胚的形态休眠，因此采用 GA_3浸泡结合变温层积处理(5～30℃)解除休眠的效果最好(湫香香等，2013)。田晓艳和刘延吉(2008)针对辽东楤木(*Aralia elata*)存在种胚形态后熟现象及种内萌发抑制物的综合性休眠，采取200mg/L GA_3丙酮溶液浸泡种子12h，然后进行变温层积处理30d（高温20～23℃12h，低温0～4℃12h）的综合处理措施，有效解除了其休眠。Soltani 等(2005)研究表明，对山毛榉(*F. orientalis*)坚果采用去除内果皮和交替变温冷层积能显著提高其发芽率。秦祎婷(2014)使用2. 3mol/L 的硫酸溶液处理东北红豆杉(*Kixus cuspidata*)种子，清水冲洗后自然风干，在黑暗条件下进行变温层积90d(20℃/10℃，16h/8h)－低温层积90d(4℃)，共层积180d 可得到80%左右的发芽率。

参考文献

比尤利 J D，布莱克 M. 1990. 种子萌发的生理生化(第二卷)[M]. 何泽瑛，袁以苇，金传嘉，等译. 南京：东南大学出版社.

白柯君，郭素娟，石青莲. 2005. 燕山红栗种子休眠与种胚形态、种皮及内含物的关系[J]. 西南林学院学报，25(4)：106－109.

卞方圆，苏建荣，刘万德，等. 2015. 云南红豆杉新采收种子的形态与离体胚的萌发特性[J]. 生态学报，35(24)：8211－8220.

蔡应繁，莫剑川，曾宇，等. 2003. 抑制性消减杂交方法克隆棉属突变材料腺体发育相关的 cDNAs [J]. 北京林业大学学报，25(3)：6－10.

曹帮华，蔡春菊. 2006. 银杏种子后熟生理与内源激素变化的研究[J]. 林业科学，42(2)：32－37.

陈伟，马绍宾，陈宏伟. 2010. 林木种子休眠机理及其研究方法概述[J]. 林业调查规划，35(1)：31－36.

陈静，江玲，王春明，等. 2015. 花生种子休眠解除过程中相关基因的表达分析[J]. 作物学报，41(6)：845－860.

陈昕，徐宜凤，张振英. 2011. 石灰花楸种子休眠机理及解除方法[J]. 种子，30(6)：33－37.

陈昕，曹珊珊，张红星. 2010. 黄山花楸种子休眠影响因素[J]. 东北林业大学学报，38(7)：5－7.

成海平，钱小红. 2000. 蛋白质组研究的技术体系和研究进展[J]. 生物化学与生物物理进展，27：584－588.

程鹏，王平，孙吉康，等. 2013. 植物种子休眠与萌发调控机制研究进展[J]. 中南林业科技大学学报，33(5)：52－58.

崔星星. 2012. 青花椒(竹叶花椒 *Zanthoxylum armatum*)种子萌发障碍及促进萌发方法探究[D]. 雅安：四川农业大学.

党海山，张燕君，江明喜，等. 2005. 濒危植物毛柄小勾儿茶种子休眠与萌发生理的初步研究[J]. 武汉植物学研究，23(4)：327－331.

董丽芬，邵崇斌，张宗勤. 2003. 白皮松种胚的休眠萌发特性的研究[J]. 林业科学，39(6)：47－54.

范川，李贤伟. 2004. 林木种子的休眠与解除[J]. 四川林勘设计(2)：14－17.

付长珍，郭宝林. 2013. 药用植物种子形态生理休眠研究方法概述[J]. 中国现代中药，15(10)：856－859.

付婷婷，程红焱，宋松泉. 2009. 种子休眠的研究进展[J]. 植物学报，44(5)：629－641.

洑香香，周晓东，刘红娜．2013. 山茱萸种子休眠机理与解除方法初探[J]．中南林业科技大学学报，33(4)：7－12.
洑香香，周晓东，刘红娜，等．2011. 木本植物种子休眠和萌发的分子生物学研究综述[J]．世界林业研究，24(4)：24－29.
洑香香，李淑娴，隋爱敏．2001. 不同处理对几种硬实性种子活力的影响[J]．种子(2)：32－34.
傅强，杨期和，叶万辉．2003. 种子休眠的解除方法[J]．广西农业生物科学，22(3)：230－234.
甘阳英，李绍华，宋松泉，等．2008. 不同种源的葡萄种子休眠及其解除的研究[J]．生物多样性，16(6)：570－577.
顾地周，禚畔全，张力凡，等．2015. 激素处理和变温层积对小花木兰种子形态后熟的影响[J]．植物研究，35(1)：34－38.
郭继元，王俊，马芳．2011. 伏毛铁棒锤种子休眠和萌发过程内源激素含量变化研究[J]．安徽农业科学，39 (22)：13362－13365.
韩月乔，于营，王志清，等．2015. 白藓种子休眠原因及解除方法研究[J]．河北农业大学学报，38(2)：43－46
胡江琴，冯晓恩，沈檬笑，等．2011. 凹叶厚朴种子休眠与萌发特性的研究[J]．杭州师范大学学报(自然科学版)，10(4)：329－332，339.
贾书果．2008. 秤锤树种子发育的生理特性及种子休眠机理的研究[D]．南京：南京林业大学．
赖力，郑光华，幸宏伟．1989. 红松种子休眠与种皮的关系[J]．植物学报，31(12)：928－933.
赖晓辉，李群．2014. 种子休眠与萌发分子机制研究进展[J]．种子，33(5)：53－58.
乐笑玮，崔敏燕，杨淑贞，等．2013. 濒危植物天目铁木种子休眠及萌发特征研究[J]．华东师范大学学报(自然科学版)，6：150－158.
雷泞菲，苏智先，陈劲松，等．2003. 珍稀濒危植物珙桐果实中的萌发抑制物质[J]．应用与环境生物学报，9(6)：607－610.
李浚明，李登云．2006. 植物组织培养教程[M]．3版．北京：中国农业大学出版社．
李玲，孙逢毅，贾锦山，等．2014. $^{60}Co-\gamma$射线辐照及其与GA_3复合处理对牡丹种子的诱变效果[J]．农学学报，4(4)：38－40.
李澎，陆秀君．2006. 林木种子休眠研究进展[J]．辽宁林业科技，(1)：41－44.
李蓉，叶勇．2005. 种子休眠与破眠机理研究进展[J]．西北植物学报，25(11)：2350－2355.
李淑娴，刘菁菁，田树霞，等．2011. 乌桕种子休眠原因及解除方法研究[J]．南京林业大学学报(自然科学版)，35(5)：1－4.
李英，沈永宝．2014. 枳椇种子休眠原因及解除方法[J]．南京林业大学学报(自然科学版)，38(2)：57－62.
李正理，张新英．1962. 红松后胚离体培养的研究：Ⅱ具雌配子体与离体后胚培养的比较观察．植物学报，10(3)：179－186.
廖卓毅，钱存梦，马秋月，等．2014. 乌柏种子成熟过程中种皮和胚乳超微结构观察[J]．南京林业大学学报(自然科学版)，38(6)：43－47.
刘成，秦少发，胡枭剑．2015. 弥勒苣薹种子的休眠萌发特性．植物分类与资源学报，37(3)：278－282.
刘春华，王鹏，夏超，等．2014. 种子休眠与萌发相关激素突变体研究进展[J]．作物杂志，3：139－142.
刘宁．2014. 种子的休眠与萌发[J]．生物学通报，49(10)：11－14.
刘晓娜，张秀清，李保明，等．2009. 高压静电场对贯叶连翘种子休眠破除及药用成分的影响[J]．西北植物学报，29(8)：1620－1623.

刘震，王艳梅，蒋建平．2004. 不同种源白花泡桐种子的休眠生理生态研究[J]. 生态学报，24(5)：959－964.

陆秀君，梅梅，刘月洋，等．2014. GA_3和变温层积对天女木兰种子萌发及内源激素的影响[J]. 西北植物学报，34(9)：1828－1835.

陆秀君，李天来，倪伟东．2006. 天女木兰种子休眠特性的研究[J]. 沈阳农业大学学报，37(5)：703－706.

梅新娣，刘蕾，孙静茹，等．2013. 西伯利亚白刺种子休眠和萌发特性研究[J]. 中草药，44(4)：473－477.

慕小倩，史雷，赵去青，等．2011. 曼陀罗种子休眠机理与破眠方法研究[J]. 西北植物学报，31(4)：0683－0689.

潘健，郭起荣，方乐金，等．2012. 濒危植物永瓣藤种子休眠与解除[J]. 种子，31(3)：17－22.

秦祎婷．2014. 东北红豆杉种子发育与休眠机制研究[D]. 北京：中国农业大学．

尚旭岚，徐锡增，方升佐．2006. 青钱柳种子次生休眠的发生及贮藏物质的变化[J]. 南京林业大学学报(自然科学版)，30(2)：99－102.

沈海龙，杨玲，张建瑛，等．花楸树种子休眠影响因素与萌发特性研究[J]. 林业科学，42(10)：133－138.

史锋厚，朱灿灿，沈永宝，等．2008. 南京椴种子的萌发与休眠[J]. 福建林学院学报，28(1)：48－51.

史晓华，徐本美，黎念林，等．2002. 青钱柳种子休眠与萌发的研究[J]. 种子(5)：5－7.

史威威，董宽虎．2008. 种子休眠及其研究现状[J]. 草业与畜牧(4)：5－9.

唐安军，龙春林，刀志灵．2004. 种子休眠机理研究概述[J]. 云南植物研究，26(3)：241－251.

唐九友，江玲，王春明，等．2004. 水稻种子休眠性 QTL 定位及其对干热处理的响应[J]. 中国农业科学，37(12)：1781－1796.

田晓艳，刘延吉．2008. 辽东楤木种子休眠原因及休眠破除研究[J]. 种子，27(12)：77－79.

肖宜安，李化茂，冯若．1999. 超声辐照对苏铁种子萌发的影响[J]. 植物生理学通讯，35(4)：293.

徐本美．1995. 论木本植物种子休眠与萌发的研究方法[J]. 种子(4)：56－58，64.

徐本美，冯桂强，史华，等．1999. 从秤锤树种子的萌发论酸蚀处理效应[J]. 种子(5)：45－47.

徐恒恒，黎妮，刘树君，等．2014. 种子萌发及其调控的研究进展[J]. 作物学报(40)：1141－1156.

许文花，罗富成，段新慧，等．2014. 种子休眠机理的研究方法综述[J]. 草业与畜牧(1)：50－53.

许岳香，黄丹，胡海波．2008. 美国桂花种子休眠原因的分析[J]. 南京林业大学学报(自然科学版)，32(6)：65－68.

杨玲，刘春苹，沈海龙．2008. 低温层积时间和发芽温度对花楸种子萌发的影响[J]. 种子，27(10)：20－22，25.

杨期和，叶万辉，宋松泉，等．2003. 植物种子休眠的原因及休眠的多形性[J]. 西北植物学报，23(5)：837－843.

杨荣超，张海军，王倩，等．2012. 植物激素对种子休眠和萌发调控机理的研究进展[J]. 草地学报，20(1)：1－9.

杨文秀，杨忠仁，李红艳，等．2008. 促进植物种子萌发及解除休眠方法的研究[J]. 内蒙古农业大学学报，29(2)：221－224.

尹大泽，王小国，陈惠．2001. 翅果油树休眠芽和种子的试管萌发[J]. 中草药，32(12)：113－115.

尹华军，刘庆．2004. 种子休眠与萌发的分子生物学的研究进展[J]. 植物学通报，21(2)：56－163.

尹黎燕，王彩云，叶要妹，等．2002. 观赏树木种子休眠研究方法综述[J]. 种子，120(1)：45－47.

余朝霞，黄雪群，方志尚．2003. GA 对林木种子萌发的调控研究进展[J]. 浙江林业科技，23(1)：73－76，80.

王兵益，苏建荣，张志钧．2009. 云南红豆杉种子贮藏过程中胚的变化[J]．林业科学研究，22(1)：26－28.

王利宝，董丽芬．2006. 油松种胚休眠特性及解除胚休眠的方法[J]．中南林学院学报，26(3)：19－23.

王小平．2002. 白皮松生物学及种子生理生态[M]．北京：中国环境科学出版社．

王小平，王九龄．1998. 白皮松种子内含物的提取、分离及生物测定[J]．种子(5)：19－22，28.

王艳华，高述民，李凤兰，等．2005. 大山樱种子休眠机理的探讨[J]．种子(5)：12－16.

王艳梅，王海洋，代莉，等．2015. 不同低温处理对12个种源山桐子种子休眠解除的影响[J]．山东农业大学学报(自然科学版)，46(1)：51－56.

王怡陶．1991. 红松种子休眠、后熟和萌发生理的研究[D]．哈尔滨：东北林业大学．

王志梅．2014. 欧李种子休眠发生与解除的研究[D]．太谷：山西农业大学．

张静静，吴军，程许娜．2011. 樟树种子休眠机制初探[J]．河南农业科学，40(10)：123－125，136.

张茂林．2011. 不同处理方法对杜鹃花种子休眠与萌发的影响[D]．泰安：山东农业大学．

张培玉，杨晓玲．1999. 山楂种子休眠、萌发与内源激素含量的变化[J]．河北农业技术师范学院学报，13(3)：7－10.

张雪菘，张蓝艺，孙庆元．2014. 不同处理对紫穗槐种子活力的影响[J]．大连工业大学学报，33(6)：413－415.

赵晓光．2005. 打破山桃种子休眠方法的研究[J]．种子(5)：62－66.

郑金辉，林士杰，张艳敏，等．2014. NaOH处理对紫椴种子休眠解除及生理生化特性的影响[J]．中国农学通报，30(16)：35－40.

智　信．2008. 6种松树种子休眠原因研究[J]．西南林学院学报，28(2)：5－9.

周德本，梁鸣．2000. 木本植物种子综合特征与催芽促进类型相关性的研究[J]．植物研究，20(4)：395－401.

周健，苏友谊，代松，等．2016. 紫荆种子成熟过程中种皮和胚乳超微结构观察[J]．南京林业大学学报(自然科学版)，40(6)：27－32.

周佑勋，段小平．2008. 银鹊树种子休眠和萌发特性的研究[J]．北京林业大学学报，30(1)：64－66.

Ali-Rachedi S, Bouinot D, Wagner M H, *et al.* 2004. Changes in endogenous abscisic acid levels during dormancy release and maintenance of mature seeds: studies with the Cape Verde Islands ecotype, the dormant model of *Arabidopsis thaliana*[J]. Planta, 219(3): 479－488.

Aloresi A, Gestin C, Leydecker M-T, *et al.* 2005. Nitrate, a signal relieving seed dormancy in *Arabidopsis*[J]. Plant, Cell and Environment, 28(4): 500－512.

Amen R D. 1968. A model of seed dormancy[J]. Botanical Review, 34(1): 1－31.

ArcE, Sechet J, Corbineau F, *et al.* 2013. ABA crosstalk with ethylene and nitric oxide in seed dormancy and germination[J]. Frontiers in Plant Science 4: 1－19.

Bailly C. 2004. Active oxygen species and antioxidants in seed biology[J]. Seed Science Research, 14(2): 93－107.

Bair N B, Meyer S E, Allen P S. 2006. A hydrothermal after-ripening time model for seed dormancy loss in *Bromus tectorum* L. [J]. Seed Science Research, 16(1): 17－28.

Baskin C C and Baskin J M. 2014. Seeds: ecology, biogeography, and evolution of dormancy and germination (2nd ed.)[M]. San Diego: Academic Press.

Baskin J M and Baskin C C. 2004. A classification system for seed dormancy[J]. Seed Science Research, 14(1): 1－16.

Baskin C C and Baskin J M. 2004. Determining dormancy-breaking and germination requirements from the fewest seeds. In: GuerrantE, HavensK., and M. Maunder(eds). Strategies for Survival[M]. Washington: Island Press.

Baskin C C and Baskin J M. 1998. Seeds: ecology, biogeography, and evolution of dormancy and germination [M]. San Diego: Academic Press.

Batak I, Devic M, Giba Z, *et al.* 2002. The effects of potassium nitrate and NO-donors on phytochrome A-and phytochrome B-specific induced germination of *Arabidopsis thaliana* seeds[J]. Seed Science Research, 12 (4): 253 – 259.

Batlla D, Benech-Arnold R L. 2004. A predictive model for dormancy loss in *Polygonum aviculare* L. seeds based on changes in population hydrotime parameters[J]. Seed Science Research, 14(3): 277 – 286.

Bethke P C, Libourel I G L, Jones R L. 2006. Nitric oxide reduces seed dormancy in *Arabidopsis*[J]. Journal of Experimental Botany, 57(3): 517 – 526.

Bewley J D, Bradford K J, Hilhorst H W M, *et al.* 2013. Seeds: Physiology of Development, Germination and Dormancy (3rd ed.)[M]. New York: Springer.

Bewley J D. 1997a. Seed germination and dormancy[J]. Plant cell, 9(7): 1055 – 1066.

Bewley J. 1997b. Breaking down the walls — a role for endo-β-mannanase in release from seed dormancy[J]? Trends in Plant Science, 2(12): 464 – 469.

Borghetti F, Noda F N, Sɑ́ C M, de. 2002. Possible involvement of proteasome activity in ethylene-induced germination of dormant sunflower embryos[J]. Brazilian Journal of Plant Physiology, 14(2): 125 – 131.

Bove J, Lucas P, Godin B, *et al.* 2005. Gene expression analysis by cDNA-AFLP highlights a set of new signaling networks and translational control during seed dormancy breaking in *Nicotiana plumbaginifolia*[J]. Plant Molecular Biology, 57(4): 593 – 612.

Brändel M and Schütz W. 2003. Seasonal dormancy patterns and stratification requirements in seeds of *Verbena officinalis* L[J]. Basic and applied ecolgy, 4(4): 329 – 337.

Cadman C S C, Toorop P E, Hilhorst H W M, *et al.* 2006. Gene expression profiles of *Arabidopsis cvi* seed during cycling through dormant and non-dormant states indicate a common underlying dormancy control mechanism[J]. Plant Journal, 46(5): 805 – 822.

Casal J J and Sɑ́nchez R A. 1998. Phytochromes and seed germination[J]. Seed Science Research, 8: 317 – 329.

Chen F and Bradford K J. 2000. Expression of an expansin is associated with endosperm weakening during tomato seed germination[J]. Plant Physiology, 124(3): 1265 – 1274.

Chirco E M and Johnson G. 2004. The excised embryo test[R]. Presented at the 2004 annual meeting of IUFRO tree seed physiology and technology research group, Nanjing, China, 49 – 55.

Chiwocha S D, Cutler A J, Abrams S R, *et al.* 2005. The etr1 – 2 mutation in *Arabidopsis thaliana* affects the abscisic acid, auxin, cytokinin and gibberellin metabolic pathways during maintenance of seed dormancy, moist-chilling and germination[J]. Plant Journal, 42(1): 35 – 48.

Debeaujon I and Koornneef M. 2000. Gibberellin requirement for *Arabidopsis* seed germination is determined both by testa characteristics and embryonic abscisic acid[J]. Plant Physiology, 122(2): 415 – 424.

Derkx M P M and Karssen C M. 1993. Effects of light and temperature on seed dormancy and gibberellin-stimulated germination in *Arabidopsis thaliana*: studies with gibberellin-deficient and-insensitive mutants[J]. Physiologia Plantarum, 89(2): 360 – 368.

Emmler K and Schäfer E. 1997. Maternal Effect on Embryogenesis in Tobacco Overexpressing Rice Phytochrome A[J]. Botanica Acta, 110(1): 1 – 8.

Fang S Z, Wang J Y, Wei Z Y, *et al.* 2006. Methods to break seed dormancy in *Cyclocarya paliurus* (Batal)

Iljinskaja[J]. Scientia Horticulturae, 110(3): 305 - 309.

Fenner M and Thompson K. 2005. The ecology of seeds[M]. Cambridge, UK: Cambridge University Press.

Finch-Savage W E and Clay H A. 1997. The influence of embryo restraint during dormancy loss and germination of *Fraxinus excelsior* seeds[M]. In Current Plant Science and Biotechnology in Agriculture, Vol. 30, Basic and applied aspects of seed biology, eds Ellis R H, Black M, Murdoch A J, *et al.* Dordrecht, the Netherlands: Kluwer Academic Publishers, 245 - 253.

Finch-Savage W E, Leubner-Metzger G. 2006. Seed dormancy and the control of germination[J]. New Phytologist, 171(3): 501 - 523.

Finkelstein R, Reeves W, Ariizumi T, *et al.* 2008. Molecular Aspects of Seed Dormancy[J]. Annual Review of Plant Biology, 59(1): 387 - 415.

Forbis T A, Floyd S K, de Queiroz A. 2002. The evolution of embryo size in angiosperms and other seed plants: implications for the evolution of seed dormancy[J]. Evolution, 56(11): 2112 - 2125.

Gallais S, Crescenzo M A, de, Laval-Martin D. L. 2000. Evidence of active $NADP^+$ phosphatase in dormant seeds of *Avena sativa* L. [J]. Journal of Experimental Botany, 51(349): 1389 - 1394.

Gopikumar L and Moktan M R. 1994. Studies on the effect of plant hormones on seed germination and growth of tree seedlings in the nursery[J]. Tropical Forestry, 10: 45 - 51.

Grappin P, Bouinot D, Sotta B, *et al.* 2000. Control of seed dormancy in *Nicotiana plumbaginifolia*: post-imbibition abscisic acid synthesis imposes dormancy maintenance[J]. Planta, 210(2): 279 - 285.

Groot S P C, Kieliszewska-Rokicka B, Vermeer E, *et al.* 1988. Gibberellin-induced hydrolysis of endosperm cell walls in gibberellin-deficient tomato seeds prior to radicle protrusion[J]. Planta, 174(4): 500 - 504.

Gubler F, Millar A A, Jacobsen J V. 2005. Dormancy release, ABA and preharvest sprouting[J]. Current Opinion in Plant Biology, 8(2): 183 - 187.

Hallett B P and Bewley J D. 2002. Membranes and seed dormancy: beyond the anaesthetic hypothesis[J]. Seed Science Research, 12(2): 69 - 82.

Han F, Ullrich S E, Clancy J A, *et al.* 1996. Verification of barley seed dormancy loci via linked molecular markers[J]. Theoretical and Applied Genetics, 92(1): 87 - 91.

Hay F R, Mead A, Manger K, *et al.* 2003. One-step analysis of seed storage data and the longevity of *Arabidopsis thaliana* seeds[J]. Journal of Experimental Botany, 54(384): 993 - 1011.

He Y and Gan S. 2004. A novel zinc-finger protein with a proline-rich domain mediates ABA-regulated seed dormancy in *Arabidopsis*[J]. Plant Molecular Biology, 54(1): 1 - 9.

Holdsworth M J, Bentsink L, Soppe W J J. 2008. Molecular networks regulating *Arabidopsis* seed maturation, after-ripening, dormancy and germination[J]. New Phytologist, 179(1): 33 - 54.

Ikuma H and Thimann K V. 1963. The role of seed coats in germination of photosensitive lettuce seeds[J]. Plant and Cell Physiology, 35(2): 653 - 661.

Johnson R R, Cranston H J, Chaverra M E, *et al.* 1995. Characterization of cDNA clones for differentially expressed genes in embryos of dormant and nondormant *Avena fatua* L. caryopses[J]. Plant Molecular Biology, 28(1): 113 - 122.

Jullien M and Bouinot D. 1997. Seed Dormancy and Responses of Seeds to Phytohormones in *Nicotiana plumbaginifolia*[M]. In Current Plant Science and Biotechnology in Agriculture, Vol. 30, Basic and applied aspects of seed biology, eds Ellis R H, Black M, Murdoch A J, *et al.* Dordrecht, the Netherlands: Kluwer Academic Publishers, 245 - 253.

Karssen C M and Laçka E. 1986. A revision of the hormone balance theory of seed dormancy: studies on gibberellin and/or abscisic acid-deficient mutants of *Arabidopsis thaliana*[M]. In Plant Growth Substances, ed

Bopp M, Berlin German: Springer-Verlag Berlin Heidelberg, 315 - 323.

Karssen C M, Haigh A, Van der Toorn P, *et al.* 1989. Physiological mechanisms involved in seed priming [M]. In Recent advances in the development and germination of seeds, ed. Taylorson R B, New York, USA: Plenum Press, 269 - 280.

Kato H, Taketa S, Ban T, *et al.* 2001. The influence of a spring habit gene, Vrn-D1, on heading time in wheat[J]. Plant Breeding, 120 (2): 115 - 120.

Kawakami N, Miyake Y, Noda K. 1997. ABA insensitivity and low ABA levels during seed development of non-dormant wheat mutants[J]. Journal of Experimental Botany, 48(7): 1415 - 1421.

Khan A A. 1971. Cytokinins: Permissive Role in Seed Germination[J]. Science, 171(3974): 853 - 859.

Koornneef M, Bentsink L, Hilhorst H. 2002. Seed dormancy and germination[J]. Current Opinion in Plant Biology, 5(1): 33 - 36.

Krock B, Schmidt S, Hertweck C, *et al.* 2002. Vegetation-derived abscisic acid and four terpenes enforce dormancy in seeds of the post-fire annual, *Nicotiana attenuata* [J]. Seed Science Research, 12(4): 239 - 252.

Kucera B, Cohn M A, Leubner-Metzger G L. 2005. Plant hormone interactions during seed dormancy release and germination[J]. Seed Science Research, 15(4): 281 - 307.

Lefebvre V, North H, Frey A, *et al.* 2006. Functional analysis of *Arabidopsis* NCED6 and NCED9 genes indicates that ABA synthesized in the endosperm is involved in the induction of seed dormancy[J]. Plant Journal, 45(3): 309 - 319.

León-Lobos P and Ellis R H. 2002. Seed storage behaviour of *Fagus sylvatica* and *Fagus crenata*[J]. Seed Science Research, 12(1): 31 - 37.

Leubner-Metzger G. 2005. β-1, 3-Glucanase gene expression in low-hydrated seeds as a mechanism for dormancy release during tobacco after-ripening[J]. Plant Journal, 41(1): 133 - 145.

Leubner-Metzger G. 2003. Functions and regulation of β-1, 3-glucanases during seed germination, dormancy release and after-ripening[J]. Seed Science Research, 13(1): 17 - 34.

Leubner-Metzger G. 2001. Brassinosteroids and gibberellins promote tobacco seed germination by distinct pathways[J]. Planta, 213(5): 758 - 763.

Leubner-Metzger G, Meins F. 2000. Sense transformation reveals a novel role for class I β-1, 3-glucanase in tobacco seed germination[J]. Plant Journal, 23(2): 215 - 221.

Leubner-Metzger G, Fründt, C., Meins, F. 1996. Effects of gibberellins, darkness and osmotica on endosperm rupture and class I β-1, 3-glucanase induction in tobacco seed germination[J]. Planta, 199(2): 282 - 288.

Lin S Y, Sasaki T, Yano M. 1998. Mapping quantitative traits loci controlling seed dormancy and heading date in rice, *Oryza sativa* L., using back-cross inbred lines[J]. Theoretical and Applied Genetics, 96(8): 997 - 1003.

Liptay A and Schopfer P. 1983. Effect of water stress, seed coat restraint, and abscisic acid upon different germination capabilities of two tomato lines at low temperature[J]. Plant Physiology, 73(4): 935 - 938.

Liu P P, Koizuka N, Homrichhausen T M, *et al.* 2005a, Large-scale screening of *Arabidopsis* enhancer-trap lines for seed germination-associated genes[J]. Plant Journal, 41(6): 936 - 944.

Liu P P, Koizuka N, Martin R C, *et al.* 2005b. The BME3 (Blue Micropylar End 3) GATA zinc finger transcription factor is a positive regulator of *Arabidopsis* seed germination[J]. Plant Journal, 44(6): 960 - 971.

Martin A C. 1946. The comparative internal morphology of seeds[J]. American Midland Naturalist, 36(3): 513 - 660.

Matilla A J. 2000. Ethylene in seed formation and germination[J]. Seed Science Research, 10(2): 111-126.

Morris C F, Anderberg R J, Goldmark P J, *et al.* 1991. Molecular cloning and expression of abscisic Acid-responsive genes in embryos of dormant wheat seeds[J]. Plant Physiology, 95(3): 814-821.

Müller K, Tintelnot S, Leubner-Metzger G. 2006. Endosperm-limited Brassicaceae seed germination: abscisic acid inhibits embryo-induced endosperm weakening of *Lepidium sativum* (cress) and endosperm rupture of cress and *Arabidopsis thaliana*[J]. Plant and Cell Physiology, 47(7): 864-877.

Nakabayashi K, Okamoto M, Koshiba T, *et al.* 2005. Genome-wide profiling of stored mRNA in *Arabidopsis thaliana* seed germination: epigenetic and genetic regulation of transcription in seed[J]. Plant Journal, 41(5): 697-709.

Nambara E, Akazawa T, Mccourt P. 1991. Effects of the gibberellin biosynthetic inhibitor uniconazol on mutants of *Arabidopsis*[J]. Plant Physiology, 97(2): 736-738.

Nikolaeva M G. 1967. Physiology of deep dormancy in seeds[M]. Leningrad, Russia: Izdatel'stvo 'Nauka' (in Russian). Translated from Russian by Z. Shapiro. 1969. National Science Foundation, Washington, DC, USA: 219.

Nonogaki H, Bassel G W, Bewley J D, *et al.* 2010. Germination-still a mystery[J]. Plant Science, 179(6): 574-581.

Olszewski N, Sun T P, Gubler F. 2002. Gibberellin signaling: biosynthesis, catabolism, and response pathways[J]. Plant Cell, 14: S61-80.

LePage-Degivry M T, Garello G, Barthe P. 1997. Changes in abscisic acid Biosynthesis and catabolism during dormancy breaking in *Fagus sylvatica* embryo[J]. Journal of Plant Growth Regulation, 16(2): 57-61.

Penfield S, Josse E M, Kannangara R, *et al.* 2005. Cold and light control seed germination through the bHLH transcription factor SPATULA[J]. Current Biology, 15(22): 1998-2006.

Peng J and Harberd N P. 2002. The role of GA-mediated signalling in the control of seed germination[J]. Current Opinion in Plant Biology, 5(5): 376-381.

Petruzzelli L, Luciana K, Müller K. 2003. Distinct expression patterns of β-1, 3-glucanases and chitinases during the germination of Solanaceous seeds[J]. Seed Science Research, 13(2): 139-153.

Petruzzelli L, Kunz C, Waldvogel R, *et al.* 1999. Distinct ethylene-and tissue-specific regulation of β-1, 3-glucanases and chitinases during pea seed germination[J]. Planta, 209(2): 195-201.

Probert R J and Fenner M. 2000. The Role of Temperature in the Regulation of Seed Dormancy and Germination[M]. In Seeds: the Ecology of Regeneration in Plant Communities, ed. Fenner M, Wallingford, UK: CAB International, 261-292.

Ramakrishna P and Amritphale D. 2005. The perisperm-endosperm envelope in Cucumis: Structure, proton diffusion and cell wall hydrolysing activity[J]. Annals of Botany, 96(5): 769-778.

Sanchez R Aand Mella R A. 2004. The exit from dormancy and the induction of germination: Physiological and molecular aspects[M]. In Handbook of seed physiology: applications to agriculture, eds Benech-Arnold, R. L., Sanchez, R. A. New York, USA: Food Product Press and the Haworth Reference Press, 221-243.

Schuurink R C, Sedee N J, Wang M. 1992. Dormancy of the barley grain is correlated with gibberellic acid responsiveness of the isolated aleurone layer[J]. Plant Physiology, 100(4): 1834-1839.

Shinomura T, Nagatani A, Hanzawa H, *et al.* 1996. Action spectra for phytochrome A-and B-specific photoinduction of seed germination in *Arabidopsis thaliana*[J]. Proceedings of the National Academy of sciences of the United States of America, 93(15): 8129-8133.

Siriwitayawa G, Geneve R L, Downie A B. 2003. Seed germination of ethylene perception mutants of tomato *and Arabidopsis*[J]. Seed Science Research, 13(4): 303 - 314.

Skoda B and Male L. 1992. Dry pea seed proteasome: purification and enzymic activities[J]. Plant Physiology, 99(4): 1515 - 1519.

Soltani A, Tigabu M, Odén P C. 2005. Alleviation of physiological dormancy in oriental beechnuts with cold stratification at controlled and unrestricted hydration. Seed Science and Technology, 33(2): 283 - 292.

Tafreshi S A H, Shariati M, Mofid M R, *et al.* 2011. Rapid germination and development of *Taxus baccata* L. by *in vitro* embryo culture and hydroponic growth of seedlings[J]. *In Vitro* Cellular Developmental Biology-Plant, 47(5): 561 - 568.

Thompson K, Ceriani R M, Bakker J P, *et al.* 2003. Are seed dormancy and persistence in soil related[J]? Seed Science Research, 13(2): 97 - 100.

Toyomasu T, Kawaide H, Mitsuhashi W, *et al.* 1998. Phytochrome regulates gibberellin biosynthesis during germination of photoblastic lettuce seeds[J]. Plant Physiology, 118(4): 1517 - 1523.

Tsiantis M. 2006. Plant development: Multiple strategies for breaking seed dormancy[J]. Current Biology, 16 (1): R25 - R27.

Turner S R, Merritt D J, Baskin J M, *et al.* 2006. Combination dormancy in seeds of the Western Australian endemic species *Diplopeltis huegelii* (Sapindaceae)[J]. Australian Journal of Botany, 54(6): 565 - 570.

Van der Schaar W, Alonso-Blanco C, Léon-Kloosterziel K M, *et al.* 1997. QTL analysis of seed dormancy in *Arabidopsis* using recombinant inbred lines and MQM mapping[J]. Heredity, 79(2): 190 - 200.

Vanstraelen Mand Benková E. 2012. Hormonal interactions in the regulation of plant development[J]. Annual Review of Cell and Developmental Biology, 28: 463 - 487.

Vleeshouwers L M, Bouwmeester H J, Karssen C M. 1995. Redefining seed dormancy: an attempt to integrate physiology and ecology[J]. Journal of Ecology, 83(6): 1031 - 1037.

Walck J L, Baskin J M, Baskin C C, *et al.* 2005. Defining transient and persistent seed banks in species with pronounced seasonal dormancy and germination patterns[J]. Seed Science Research, 15(3): 189 - 196.

Wang B S P and Pitel J A. 1991. Tree and shrub seed handbook[M]. Switzerland: The International Seed Association, 1 - 6.

Wang M, Heimovaara-Dijkstra S, Van Duijn B. 1995. Modulation of germination of embryos isolated from dormant and non-dormant barley grains by manipulation of endogenous abscisic acid[J]. Planta, 195(4): 586 - 592.

Welbaum G E, Bradford K J, Yim K O, *et al.* 1998. Biophysical, physiological and biochemical processes regulating seed germination[J]. Seed Science Research, 8(2): 161 - 172.

Yamaguchi S, Ogawa M, Yamauchi Y, *et al.* 2002. Function of gibberellins during seed germination[J]. Plant and cell physiology, 43: S0 - S20.

Yamaguchi S, Smith M W, Brown R G S, *et al.* 1998. Phytochrome Regulation and Differential Expression of Gibberellin 3β-Hydroxylase Genes in Germinating *Arabidopsis* Seeds[J]. Plant Cell, 10(12): 2115 - 2126.

Yamaguchi S, Kamiya Y, Sun T P. 2001. Distinct cellspecific expression patterns of early and late gibberellin biosynthetic genes during *Arabidopsis* seed germination[J]. Plant Journal, 28(4): 443 - 453.

Zarek M A. 2007. Practical method for overcoming the dormancy of *Taxus baccata* isolated embryos under *in vitro* conditions[J]. *In Vitro* Cellular Developmental Biollgy-Plant, 43(6): 623 - 630.

（编写人：尚旭岚、方升佐）

第4章

林木种子质量评价

【内容提要】 林木种子是林业生产的基础，林木种子质量评价可为良种壮苗的培育和种子市场的经营管理提供保障和依据。本章在概述林木种子质量评价内容、评价依据和程序的基础上，主要阐述了国内外林木种子评价的发展和现状，重点介绍了林木种子质量评价的指标及其测定方法，并分析了各评价指标的优缺点。本章内容可为林木种子质量的评价提供技术参考。

林木种子是林业生产最基本的生产资料，是林业科技进步和其他相关生产资料发挥作用的载体。但林木种子质量不仅受采种母树、立地条件及经营措施的影响，还因采种(时间、方法)、加工、贮藏和运输等环节的不同而存在很大的差异(洑香香等，2008)。随着《中华人民共和国种子法》(2016 修订版)(以下简称《种子法》)的实施，不仅强调了林木种子的地位和作用，更强调了林木种子质量监督管理办法，进一步细化了有关规定，制定了各地林木种子质量管理办法和有关地方标准，以适应种子质量管理的需求。林木种子质量不仅关系到育苗的成败和苗木质量的好坏，而且影响了林分生产力，甚至影响了树木对环境的适应能力，从而更深远地影响林业的生产和发展。因此，开展林木种子质量评价，通过林木种子质量检验，确定林木种子的使用价值，对林业生产和发展具有重要的生产意义。

4.1 林木种子质量评价概述

4.1.1 林木种子质量评价作用

种子质量评价最终目的是保证林业生产使用符合质量标准的种子，为林业生产奠定基础。种子质量评价的作用具体表现在种子的生产、加工、贮藏、销售和使用过程中(图 4-1)。

种子质量评价首先体现在种子生产过程中。不同林分、不同产地、不同立地条件和不同年度种子成熟期存在差异，通过成熟过程中种子质量监测可以准确确定采种时间(王伟伟等，2006；叶青等，2006)。其次是种子加工过程，即对种子的发芽、净度、水分及纯度的影响。通过种子质量评价可确定适宜的加工程序和加工机械参数等(江刘其，1994；赵正楠等，2016)。再者在种子贮藏过程中，不同林木种子对贮藏条件的要

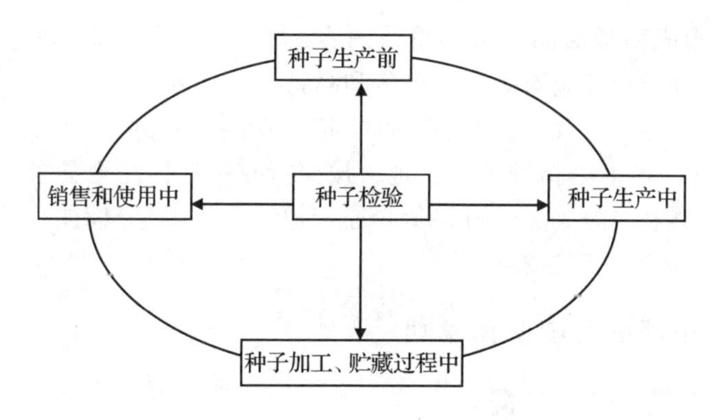

图 4-1 林木种子质量评价体系

Fig. 4-1 Evaluation system for seed quality of forest trees

求各不相同，且其贮藏寿命也相差很大(Roberts，1983；Fu *et al.*，2011；郝海坤等，2015)。通过在贮藏过程中对种子质量的监测，可掌握在不同的贮藏条件下的贮藏效果，并优化其贮藏条件(Fu *et al.*，2011)。最后是在销售和使用过程中。通过种子质量评价确定种子等级，在市场上提供定价的基础；还可防止假冒伪劣种子的流通，以保障种苗市场的健康发展。在生产上根据种子质量确定播种量，为制订生产计划和生产管理提供依据。

综上所述，通过林木种子评价，可以达到以下目的：①掌握不同产地、不同林分和年度种子质量的变化，为种苗行业管理提供基本数据；②为种子质量控制提供依据，以保证种子生产、加工、贮藏和运输过程的质量稳定；③提供定价依据，为种子市场的经营管理提供依据；④确定田间播种量，为生产上良种壮苗的培育提供参考。

4.1.2 林木种子质量评价内容

4.1.2.1 林木种子质量的含义

根据新修订的《种子法》规定，种子是指农作物或林木的种植材料或繁殖材料，包括子粒、果实和根、茎、苗、芽、叶等。在林业生产实践中，子粒和果实是最为常见的类型，也是种子质量评定的主要对象。

从广义上看，林木种子质量包括 2 个方面：一是内在品质(品种品质)。品种品质指与品质的遗传基础有关的种子质量性状，如生产性能、适应性、抗逆性、营养和加工品质。品种品质是由遗传特性所决定的，因此亦称为遗传品质。它包括真实性和一致性 2 个内容。二是播种品质，指影响播种品质的种子质量性状，包含净度、发芽力、生活力、活力、含水量、千粒重和健康状况等。

4.1.2.2 林木种子质量评价内容

林木种子质量评价包括 2 个方面：①品种品质/遗传品质的评价，详见第 6 章；②播种品质的评价，其中种子净度、发芽率、含水量 3 项指标必须达到有效规定(种子质量标准、合同约定、标签标注)的最低要求。另外，管理方面种子质量评价还包括种子标签、计量、包装状况及售后服务等。

种子标签是构成种子商品质量的重要内容，根据《林木种子标签》(LY/T 2290—2014)规定，林木种子标签应当注明树种名和品种名。品种名称应当符合《中华人民共和国植物新品种保护条例》及其实施细则的规定，属于授权品种或审定通过的品种，应当使用批准的名称。产地是指种子原产地，按照行政区划标注至县级。进口种子的产地，按《中华人民共和国海关关于进口货物原产地的暂行规定》标注。种子质量评价采用国家标准或行业标准，应当加注。

4.1.3 种子质量评价的依据和原则

4.1.3.1 种子质量评价的依据

种子质量评价主要是通过种子质量指标的检测来判定种子质量。种子质量判定是将检测结果与目标要求(或值)进行比较，并给出相应结论的过程。林木种子质量标准是种子质量评定的主要依据。种子质量标准一般可分为4级：一是国家标准，指国家颁布的有关种子生产、经营的种子质量标准和技术规程。其中包括《林木种子检验规程》(GB 2772—1999)、《林木种子质量分级标准》(GB 7908—1999)、《育苗技术规程》(GB/T 6001—1985)、《林木采种技术》(GB/T 16619—1996)、《林木种子贮藏》(GB/T 10016—1988)等。二是林业行业标准，指国家林业主管部门根据需要颁布的林木种子的繁育规程、种子检验规程和有关种子质量标准。如《林木种苗标签》(LY/T 2290—2014)、《容器育苗技术》(LY/T 1000—2013)、《木本植物种子催芽技术》(LY/T 1880—2010)、《木本植物种子离体胚测定技术》(LY/T 1881—2010)、《林木种子检验仪器技术条件》(LY/T 1343—1999)、《林木种苗生产经营档案》(LY/T 2289—2014)、《青钱柳播种育苗技术规程》(LY/T 2311—2014)等。三是地方标准。地方各级政府为了加强种子质量管理、促进种子产业发展颁布的有关种子标准。如各省的林木种子质量相关标准等。四是企业标准，企业根据自己生产经营的种子类型制定的企业内部标准。当企业标准的内容和国家、行业、地方标准相同时，其参数要求必须高于国家、行业、地方标准。《种子法》规定种子质量管理实行国家、行业标准基础上的标签真实制，在开展种子检验判定种子质量合格与否时，首先必须符合国家或行业标准的需要，其次再考虑地方标准，最后再考虑企业标准。根据标准的性质，分有强制性标准(GB)和推荐性标准(GB/T)。强制性标准一经颁布，就必须严格执行，一般以种子质量标准为主；推荐性标准是行业推荐采用的标准，不如强制性标准严格，一般以检验的方法标准为主。

4.1.3.2 种子质量评价的原则

(1)品种品质评价(遗传品质评价)

品种品质的好坏取决于品种的真实性和一致性。品种的真实性和纯度评价以田间和实验室检验为依据。对品质纯度而言，若同一批种子的田间和室内检验纯度不一致时，应以纯度低的为准。若田间检验纯度结果达不到国家分级标准的最低指标时，应严格去杂，经检验合格后作为种用；若实验室检验纯度低于国家分级标准的最低标准时，不能作种用。

(2)播种品质的评价

主要通过检验种子净度、发芽率(优良度、生活力)、千粒重、含水量和种子的健康状况等指标来评价。传统的评价方法是根据上述指标对种批质量进行分级，以确定其播种品质。此外，还可采用以相关指标为依据，建立模型进行综合评价(洪伟等，2006)。

总之，品种纯度高、种子净度高、发芽率(生活力、优良度)高、种子水分含量适中、籽粒饱满、健康无病虫害感染的种子在生产上为优良种子。要获得高质量的种子，就必须在种子生产、收购、加工、贮藏和销售各个环节上把好种子质量检验关。

4.1.4 林木种子质量评价的分类和程序

4.1.4.1 分类

种子质量评价即种子质量检验可依据不同条件进行分类：

(1)根据职能分类

①内部检验：又称为自检。种子的生产单位、经营单位或使用单位，对种子进行质量检验，以确定种子质量的优劣，为进一步的种子采收加工、价格确定和制订生产计划提供依据。

②监督检验：种子质量管理部门或管理部门委托种子检测中心对辖区内的种子质量进行检测，以便对种子质量进行监督管理。

③仲裁检验：仲裁机构、权威机构或贸易双方采用仲裁程序和方法，对种子质量进行检测，提出仲裁结果。

以上3种的评价目的虽然不同，但都发挥着一个共同的作用，即控制和保证种子的质量。

(2)根据检测场所分类

①田间检验：在种子生产过程中，根据植株的特征、特性，对田间的纯度进行测定，同时对异株、杂草、病虫害感染等项目进行调查。

②室内检验：种子采收后在加工、贮藏、销售及使用过程中扦取种子样品进行检验。室内检验的内容包括种子真实性、品种纯度、净度、发芽率(生活力)、千粒重、含水量及种子的健康状况等。

③小区种植检验：将种子样品播到田间小区中，以标准品种为对照，以生长期间表现的特征、特性，对种子真实性和品种纯度进行鉴定。

田间检验和小区种植检验主要针对品种的真实性和纯度，主要涉及林木的品种品质的评价；而室内检验主要涉及播种品质的评价。不论是田间检验、室内检验还是小区种植鉴定，都必须按规定的评价程序进行。

4.1.4.2 评价程序

林木种子质量评价必须按一定程序进行，才能保证评价工作的科学、公正和可靠性。当评价一批种子时，应按种批划分、抽样(初次样品、混合样品和送检样品)获得送检样品。检验机构收到送检样品后，首先进行登记，再进行检测。检测时应先检验种子净度，再对纯度测定后取得的纯净种子检验其发芽率、生活力、优良度、千粒重等指标。含水量和种子健康状况测定则需分别单独抽样，密封包装，并以最快的速度

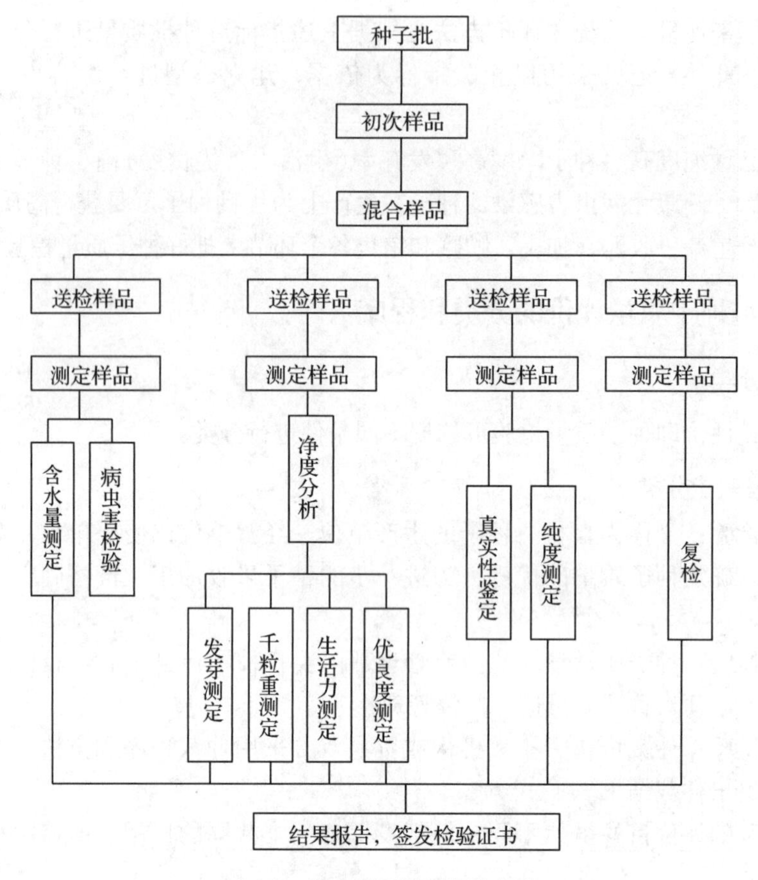

图 4-2 林木种子质量评价程序

Fig. 4-2 Evaluation procedures for quality of tree seeds

进行检验。具体程序如图 4-2 所示。

4.2 林木种子质量评价研究进展

4.2.1 国际种子质量评价概述

4.2.1.1 起源

种子检验起源于欧洲。18 世纪中叶至 19 世纪中叶，欧洲各国随着种子贸易的发展，发生了多起贩卖伪劣种子的案件。为了维护正常种子贸易的开展，种子检验应运而生。1969 年，德国诺培博士在萨兰德建立了世界上第一个种子检验室，开展了种子的真实性、种子净度和发芽率检验工作；并于 1876 年编写出版了《种子学手册》。因此，诺培博士被公认为种子科学与种子检验学的创始人。

4.2.1.2 发展

继第一个种子检验室后，丹麦、奥地利、荷兰、比利时和意大利等国也相继建立了种子检验室。1875 年，在奥地利召开了第一次欧洲种子检验站会议，主要讨论了种子检验的要点和控制种子质量的基本原则。1876 年，美国建立了北美洲第一个负责种子检验的农业研究站；1897 年，美国颁布了标准种子检验规程。1890 年和 1892 年，北欧国家分别在丹麦和瑞典召开了制定和审议种子检验规程的会议，到了 20 世纪初，亚洲和其他洲的许多国家也陆续建立了种子检验站，开展种子检验工作。

随着国际种子贸易的发展，种子检验技术急需规范化、标准化，以加强国际间的种子贸易，因此国际间种子联合检验被提到议事日程上来。1906 年，在德国汉堡举行了第一次国际种子检验大会；1908 年，美国和加拿大两国成立了北美洲官方种子分析者协会(AOSA)；1921 年，欧洲种子检验协会(简写 ESTA)在法国成立并举行第一次大会；1924 年，在英国剑桥召开了第四次国际种子检验大会，正式成立国际种子检验协会(ISTA)。ISTA 成立以来，已先后在世界各地多次召开世界大会，制订并多次修订了《国际种子检验规程》，对世界种子科学技术的发展作出了卓越的贡献。

与此同时，1885 年，德国的 Harz 编写了《农业种子学》；1922 年，德国的 Wittmach 也编写了《农业种子学》；1932 年，日本的近藤万太郎出版了《农林种子学》；1944 年，Porter 总结了美国种子检验成就，编写了《农业和园艺种子品质检验》；1958 年，苏联的菲尔索娃总结了苏联种子检验技术，编写了《种子检验与研究方法》和《种子品质测定方法》等。

4.2.1.3 评价机构

(1)国际种子检验协会(International Seed Testing Association，ISTA)

ISTA 成立于 1924 年，是由各国官方种子检验室(站)和种子技术专家组成的世界性的政府间协会，它由分布在世界各国的种子科学家和成员种子检验站等组成。成员科学家和种子检验站必须经 ISTA 认证许可。ISTA 是一个非营利组织，经费由会员国捐赠。到目前为止共有来自 77 个会员国的 202 个会员检验室、46 个个人会员和 43 个协会成员组成。

ISTA 的首要目标是发展、采用和颁布有关种子抽样和检验标准程序，促进国际贸易中广泛一致的标准程序；第二个目标就是积极推进种子科学与技术在各领域的研究，包括抽样、检测、贮藏、加工和推广，鼓励品种(栽培种)种子认证，召开世界性种子会议和开展培训工作；加强与其他国际机构的联系和合作。ISTA 下设 19 个技术委员会，负责运用最先进的科学知识使种子抽样和质量检测方法标准化和合法化。

乔灌木种子委员会(Forest Tree and Shrub Seed Committer，FTS)：为 ISTA 下设的技术委员会之一，也是唯一一个侧重林木种子检测技术委员会。目前 FTS 的成员主要来自美国、加拿大和马来西亚。其任务着力于林木种子检验及相关的研究工作，如种子贮藏、种子预处理(层积处理)和种子病害；发展适于林木种子检测的方法并引入到 ISTA规程中，以应用于林木种子国际贸易。

ISTA 编写的刊物包括《国际种子检验规程》《种子检验手册》《花卉种子检验手册》《乔灌木种子手册》等，还承办了期刊 *Seed Science and Technology*(SCI 收录》。

(2)北美官方种子分析者协会(Association of Official Seed Analysts，AOSA)

北美官方分析者协会成立于 1908 年，其宗旨为协调各州不同种子检验站(实验室)间种子检验方法、结果和报告的一致性。AOSA 成员由美国和加拿大的联邦、州(省)和大学的种子实验室组成，会员资格扩大至联合实验室(成员国以外的政府机构和研究所)和荣誉会员(对AOSA或行业有突出贡献的人)。

AOSA的职能包括3个方面：①建立AOSA种子检测规程，这些规程被大部分州采用；②完善和修订种子检验规程和程序，以确保检验程序在分析者间和实验室间的标准化执行；③推进和协助州和联邦政府的种子立法。

AOSA编写的刊物有《AOSA种子检验规程》《种子活力测定手册》《种子含水量测定手册》《栽培品种的纯度测定手册》《四唑测定手册》等。

4.2.1.4 国外林木种子质量分级标准

国外种子质量分级标准的对象多集中在作物种子，指标以品种纯度的过程控制指标和种子质量分级为主。由于大部分树种的适生范围较小，制定国际性种子标准并没有很大的必要性，因此林木种子的相关标准很少，涉及种子质量分级的更少。现有的林木种子标准有ISTA出版的《乔灌木种子手册》、美国出版的《种子初始混合标准规范》(*Standard Specification for Seed Starter Mix*)(1994)、英国出版的《苗圃》(*Nursery Stock*)(1905)和法国出版的《苗圃》(*Nursery Stock*)(1990)。

4.2.2 我国林木种子质量评价概况

4.2.2.1 发展

中华人民共和国成立前，我国无专门的种子检测机构，种子检验工作由粮食部门和商检机构代理；20世纪50年代初期一些科研、教学和生产单位开始了种子检验研究工作，50年代中期各省林木种子检验机构相继建立。1956年，林业部颁发了《林木种子品质检验技术规程》，1978年，林业部又制定了《林木种子经营管理试行办法》。改革开放后，各省(自治区、直辖市)纷纷成立了林木种苗管理站，并建立了种子检验室。一些种子生产、经营规模较大的地(市)、县、林场(良种基地)也有自己的林木种子检验室。1982年，成立了2个国家级的林木种子质量检测中心，此后陆续成立了4个国家级检测机构，分布于6个省(自治区)。主要任务是承担国家林木种苗质量评价，对国家重大林业工程项目的种子和苗木质量进行评价和监督，为国家林业工程的宏观调控提供依据；通过对市场林木种苗质量评价，监督和调控林木种苗市场运行。

4.2.2.2 我国种子质量分级标准

为了适应市场需求，我国于1978年下达了制定林木种子检验方法和林木种子质量等级两项标准的任务。根据当时林业生产的需要，主要参照国际种子检验协会1976年版《林木种子检验规程》，1958年苏联的菲尔索娃编写出版的《种子检验和研究方法》和《种子品质测定方法》等，结合我国林木种子生产实际，制定了《林木种子检验方法》(GB 2772—1981)和《林木种子》(GB 7908—1987)。

20世纪90年代后，随着林业新形势和种子产业的发展，参照ISTA出版的相关标准和规程，对上述2个标准《林木种子检验方法》和《林木种子》进行了修订，并于2000年正式发布实施《林木种子检验规程》(GB 2772—1999)和《林木种子质量分级》(GB 7809—1999)2个国家强制性标准。除此，有关林木种子的主要国家标准还有《林木种子贮藏》(GB/T 10016—1988)、《林木采种技术》(GB/T 11619—1996)等，行业标准有《木本植物种子催芽技术》(LY/T 1880—2010)等。与此同时，各省(自治区、直辖市)也结合各自的特色，根据要求制定并颁布了一系列的地方种子质量标准，对未列入国家标准的树种进行了补充。这些种子检验规程和种子质量标准的颁布实施，满足了我国林木种子产业的发展，对规范行业行为、规范市场和保护林业生产安全起到了积极作用。

我国林木种子质量评价标准体系涉及检测方法和种子质量分级。检测方法主要涉及用于种子质量分级指标的测定方法；质量分级以净度、发芽率(生活力、优良度)和含水量为依据。现有标准涉及的树种包括主要造林树种、经济林树种，及观赏和木本药用树种，而一些分布范围小和珍稀濒危树种还未列入标准。

4.2.3 种子质量评价证书的签发

4.2.3.1 国际种子检验证书

ISTA 会员当完成整个申请程序及获得该国政府批准后，便可签发下列证书：

①橙色国际种批质量检验证书：样品收集及检验工作均由同一个 ISTA 的会员站在该国进行；

②绿色国际种批质量检验证书：样品收集及检验工作分别由两个在不同国家的 ISTA 检验站进行；

③蓝色国际种子样品质量检验证书：ISTA 检验站只负责进行种子样品的检验工作。

三种证书填写的原则相同，但要求填写的内容有所不同，因为签发蓝色国际证书不负责扦样。在国际种子贸易中，应以橙色或绿色国际种批质量检验证书为有效质量证明。

ISTA 规定，对现行国际种子检验规程中未列入的种不能签发证书；混合种也不能签发证书。

4.2.3.2 我国种子检验证书

根据我国种子质量评价工作的实际情况和《林木种子检验规程》(GB 2772—1999)的要求，林木种子质量检验证书必须由具有检验资格的权威检验机构签发。根据抽样单位的不同，林木种子质量检验证书分两种类型：种批质量检验证书和种子样品质量检验证书。

种批质量检验证书，送检样品由授权的检验机构或在其监督下进行抽样获得，由授权的检验机构检验后签发的质量检验证书。种子样品质量检验证书，送检样品由非授权的检验机构抽取，但由授权的检验机构检验后签发；检验机构只对送检样品负责，不对送检样品的代表性负责。

4.3 林木种子质量评价方法

林木种子质量评价包括两个方面：遗传品质的评价和播种品质的评价。遗传品质的评价方法具体见第 6 章。播种品质传统的评价方法主要基于种子净度、发芽能力、千粒重和含水量等指标的综合评定，并以此确定种子质量等级；除此，基于种子生活力及活力的评价方法也逐渐得到推广，但没有标准化的评价依据。

种子质量评价是基于送检样品，要获得测定样品，首先要进行科学抽样，获得有代表性的样品。

4.3.1 抽样

要掌握种批种子的质量状况，需从种批中抽取部分种子作为样品，通过检验样品的质量状况来评价种批的种子质量状况。

4.3.1.1 影响抽样的种子物理特性

抽样(sampling)是抽取有代表性的、数量能满足检验需要的样品，其中某个成分存在的概率仅仅取决于该成分在该种批中出现的水平。因此，扦样的基本原则就是扦取的样品要有代表性，即要求送检样品具有与种批相同的组分，并且这些组分的比例与种批中组分比例一致。样品的代表性受多种因素的影响，除扦样人员的自身素质外，还受到种子物理特性和种子贮藏期间仓库内温湿度等因素的影响。

(1)种子的散落性

从高处落到平面上的散粒物体，常会形成具有一定倾斜面的圆锥体。这种决定倾斜面倾斜角度大小的特性叫做散落性，而斜面的倾斜角度称为自然倾斜角。种子也是一种散落物体，因此，不同的种子都具有不同的散落性以及由它决定的自然倾斜角。种子的自然倾斜角依种子的形状、种皮构造特性以及种子含水量的高低而不同。种子形状愈近于球形，种皮愈光滑，种子的自然倾斜角愈小。同一树种的种子，当含水量增高，种皮变得粗糙，种粒之间的摩擦力增大，种子的自然倾斜角就变大。此外，种子在发热生霉的时候，它的自然倾斜角也常常增大。

种子开始沿平面滚动并能从平面上全部滚下一粒不剩的角度叫自流角。种子自流角的大小，也是依种子形状、种子含水量和滑动面的材料而不同，滑动面愈光滑自流角愈小。

种子的自然倾斜角和自流角愈小，种子散落性愈好，对贮藏和运输愈有利。

(2)种子的自动分级

任何一个种批的种子，其中都包含着饱满的、空瘪的、完整的、损伤的种子和各种混杂物。由于它们各自的比重不同、散落性不同，因而各组成部分的自流角和自然倾斜角也不一样。所以，当种堆移动时常常引起种子组成部分的重新分配，出现种子自动分级现象。如从上方往贮藏库中倾倒种子的时候，最饱满最重的种粒总是落在种子流的中央部位，而空瘪粒和轻浮的混杂物则聚集在周围靠墙壁的地方。当种子从贮藏库的下部流出时，中央部分的种子最先流出，然后才是靠壁处的种子。因此，当种子从大贮藏库向下流出时，其自动分级的现象更为严重。

种子的自动分级造成了种子堆各部位贮藏条件的差异。在聚有破伤种子和容易吸湿的混杂物的地方，就可能成为种子自动发热的诱导因素。

种子的自动分级不仅对贮藏不利，而且还给抽样工作带来许多困难。因此，在抽样时必须充分注意到这个问题，采取相应的抽样方法，尽量排除自动分级的不利影响，力争所取样品具有充分的代表性。

(3)种子的异质性

扦样对种批的一个基本要求就是要均匀一致，不存在异质性。种子的异质性存在于多容器不同包装间。对于存在异质性的种批来说，即使严格按照规程进行扦样，也不可能获得有代表性的样品。异质性测定是将从不同容器中抽出规定数量的若干个样品，对其实际方差与随机分布的理论方差进行比较，通过统计分析差异的显著性。

4.3.1.2 种批划分和送检样品的获得

种批是指具备下列条件的同一树种的种子：在一个县范围内采集的、采种期相同、加工调制和贮藏方法相同、种子经过充分混合，使组成种批的各成分均匀一致地随机分布且不超过规定数量的一批种子。除根据上述定义划分种批外，对于数量较大的同一种批，还需根据种子重量进行种批划分。根据重量划分种批的规定如下：

特大粒种子如核桃、板栗、麻栎、油桐等为10 000kg，大粒种子如油茶、山杏、苦楝等为5000kg，中粒种子如红松、华山松、樟树、沙枣等为3500kg，小粒种子如油松、落叶松、杉木、刺槐等为1000kg，特小粒种子如桉、桑、泡桐、木麻黄等为250kg。重量超过5%时需另划种批。

种批是种子质量评价的直接对象。送检样品通过从种批获得的初次样品，并将其混合后获得混合样品，从混合样品中抽取获得。因此，送检样品的代表性对种批种子质量的评价至关重要。

4.3.2 直接评价指标

用于种子质量直接评价的指标包括净度、发芽率和含水量。当种子发芽率难以测定时，可用种子生活力和优良度替代后进行质量分级。

4.3.2.1 净度分析

种子净度是指种子干净的程度，即样品除去杂质和其他植物种子后，留下的纯净种子重量占样品总重量的百分比。净度分析(purity analysis)的目的是通过分析样品中净种子、其他植物种子和夹杂物3种成分，了解该种子批中纯净种子、其他植物种子和夹杂物的含量，为种子清选、质量分级和计算种子用量、定价提供依据。

种子净度的测定方法有精确法和快速法2种：

①精确法　由德国人诺培于1875年创立。它将试验样品分为好种子、废种子、有生命杂质和无生命杂种4种成分，对好种子要求严格，只有从外观上判断有可能发芽的种子才判为好种子。该法的特点是技术复杂，主观影响大，分析费时，对好种子的标准较难掌握、但测定结果比较符合客观实际。欧美和我国早期均采用此法。

②快速法　1908年创建于加拿大，后广泛应用于美洲，1953年被列入《国际种子检验规程》。它将样品分为纯净种子、其他植物种子和杂质3种成分。此法对纯净种子的要求较宽，除发育良好的种子外，无胚种子、发育不良的种子、发过芽的种子及受损不超过1/2的种子均作为纯净种子。该法的特点是技术简单、主观影响小、分析结果误差小，对纯净种子的区分界限明确，标准易掌握，因而被广泛应用。

我国现行的《林木种子检验规程》主要以快速法为标准，并进行了修改。纯净种子除了上述规定外，还规定了带翅种子和壳斗科纯净种子类型，对具难以脱落的种翅和壳斗，也可归类为纯净种子。

净度是衡量种子质量的一项重要指标。种子净度的高低会影响种子的贮藏寿命，因为夹杂物通常是种子堆致热的源头；净度也影响了播种量的控制，净度越小，单位面积的播种量越大，苗木的均匀性和整齐性均会受到影响；对于自动播种生产线而言，要求净度达98%以上，以降低空穴率和提高成苗率。

4.3.2.2 发芽率

发芽率对于划分种子等级、确定合理的播种量和确定种子价格等方面均具有重要的意义。因此发芽率是种子质量评价最直接和可靠的指标。

(1)相关定义

①发芽(germination) 室内测定一粒种子发芽，是指幼苗出现并生长到某个阶段，其基本结构的状况表明它是否能在正常的田间条件下进一步长成一株合格苗木。

②发芽率(percentage of germination，G) 在规定的条件下及规定的期限内长成正常幼苗的种子粒数占供检种子总数的百分比。

③绝对发芽率(effective germination percentage) 指供试种子中饱满种子的发芽率。在科学研究中，绝对发芽率可取得更可靠的研究结果。

④发芽势(germination energy) 种子发芽数达到高峰时的正常发芽种子的总数占供试种子的百分数。它反映的是种子发芽迅速整齐的程度，发芽率相同的两批种子，发芽势高的种子品质更好。发芽势的问题是如何确定计算发芽势的期限，即发芽高峰日的确定，不同学者看法差异较大，使得发芽势并未得到广泛应用。

⑤发芽指数(germination index，GI) 综合评价一批种子的发芽速度和发芽数量。它在一定程度上表达种子活力的高低，可用下式计算：

$$GI = \sum \frac{Gt}{Dt} \tag{4-1}$$

⑥平均发芽时间(mean time of germination，MTG) 指供试种子平均所需的发芽时间，通常用天数来表示，发芽特别快速的种子可用小时来表示。*MTG*是衡量种子发芽快慢的指标,其计算公式如下：

$$MTG = \frac{\sum (Gt \times Dt)}{\sum Gt} \tag{4-2}$$

式中 *Dt*——从置床之日起算起的天数；

Gt——相应各日长成正常幼苗的种子数。

在田间条件下，环境错综多变，发芽条件的不一致性导致发芽结果不稳定，重演性差。但在实验室中，发芽条件可人为控制，并做到标准化，使该种子的样品得到最整齐、迅速和充分萌发，结果准确可靠。

(2)发芽条件

发芽测定是在规定的条件和规定的期限内测定种子的发芽能力。规定条件包括发芽床、发芽温度、水分、通气和光照。

每个树种有各自适宜的发芽条件。一般来说，中小粒种子宜用棉(纸)床，大粒种子和对水分敏感的种子宜采用沙床，如火龙果(*Hylocereus undatus*)种子(刘海刚等，

2010)；当纸床、沙床上发芽的幼苗出现植物毒性症状，可以使用质地疏松、结构良好、不会板结的壤土作发芽床。

选择恒温或变温进行发芽，依树种而存在差异。如冷杉种子的适宜发芽温度为15～20℃(普布次仁等，2014)。休眠种子采用变温或低温发芽更为有利，如Chen等(2015)将层积处理后的台湾红榨槭(*Acer morrisonense*)种子在变温条件下萌发，发芽整齐而迅速。

种子发芽所需水量与发芽床和种子特性有关。沙床需水量为其饱和含水量的60%～80%；棉(纸)吸足水分后，沥去多余水即可；土床加水至手握土黏成团，用手指轻轻一压就碎为宜。沙床和土床内的种子要保持良好的通气，通气不畅时，种子易糜烂和变质，特别对于需要在沙床或土床上贮藏越冬的种子，如油茶、七叶树等，水分和通气是其安全越冬的关键。

大部分种子均可在光照和黑暗条件下萌发，但少数种子为需光种子，即必须在有光条件下才能发芽。需光种子的光照强度为750～1250Lux，如在变温条件下发芽，光照应在8h高温时段提供。光皮桦为典型的需光种子，在黑暗中几乎不能萌发；但吸水后1次性光照20～24h，或每天连续光照4h，即可萌发(Fu *et al.*，2011；国家林业国有林场和林木种苗工作总站，2001)。

(3)种子预处理

大量研究表明，有近1/3的林木种子存在休眠(洑香香等，2011)。因此，种子发芽前需解除种子休眠。Baskin等(2004)将种子休眠分为5个类型：物理休眠、形态休眠、生理休眠、形态生理休眠和综合休眠；针对不同的休眠类型提出了相应的解除方法。如槭树科的植物种子大部分为生理休眠，需要层积处理；物理休眠的种子则需采用物理方法软化种皮，使种皮透气透水(Chen *et al.*，2015；洑香香等，2011；Hilhorst *et al.*，2010；国家林业局国有林场和林木种苗工作总站，2001)。

(4)发芽测定方法

一般而言，大粒种子、中粒种子和小粒种子均可根据标准检测程序进行。

①标准发芽测定法　规程规定用作发芽试验的种子为纯净种子，因此在发芽试验前应先进行净度分析。将经净度分析所获得的纯净种子采用四分法将纯净种子区分成4份，从每份中随机数取25粒组成100粒，共取4个100粒，即4次重复；也可以用数粒器提取4次重复。将所取得的种子在适宜的条件下进行发芽测定。

②称重发芽测定　对于极小粒种子如桉属(*Eucalyptus*)、桦木属(*Betula*)和桤木属(*Alnus*)种子，按常规方法提取种子存在困难，可以用称重发芽法测定种子发芽率。宜用称重发芽测定的种子无需进行净度分析。主要因为：a. 种子与杂质无法用肉眼区别；b. 种子与杂质可以区分，但杂质占了很大比例(无法去掉杂质)；c. 这类种子具有很高的空瘪率，取样很容易发生偏差。称重发芽法就是称取一定重量的种子用于发芽测定，通常用0.1～0.25g为一个重复，共4个重复。测定结果用单位重量长出的正常幼苗数来表示，单位是株/g。

4.3.2.3　含水量

种子含水量(moisture content)是影响种子安全贮藏的重要因素，也是种子分级的主要指标之一。种子贮藏时水分过高，呼吸作用旺盛，产生大量呼吸热和水分，引起种子堆发热；呼吸旺盛使氧气消耗较多，又会造成种子缺氧呼吸而产生大量乙醇，使种胚细胞受毒害丧失活力；高水分的种子还易招致细菌、霉菌、仓储害虫的侵染和危害，使种子发芽率降低。大量研究表明，种子含水量的高低对种子的贮藏寿命影响很大。Fu 等(2011)研究发现随着光皮桦(*B. luminifera*)种子含水量降低至 3.5%，其贮藏寿命可延长至 48 个月；对辽宁杨而言，并不是种子含水量越低贮藏效果越好(杜克兵等，2009)。对于顽拗性种子，如壳斗科植物种子和大部分热带植物种子，低含水量反而影响了其贮藏寿命(李磊等，2016)。因此，种子在加工、包装前、运输前、熏蒸前及贮藏期间，都必须进行水分测定。

种子水分通常有 2 种存在状态，即自由水和束缚水。自由水也称游离水，具有普通水的性质，存在于细胞间隙，能在细胞间隙中流动；它很不稳定，在温度、湿度等影响下极易蒸发。束缚水也称吸附水或结合水，是被种子中的淀粉、蛋白质等亲水胶体吸附的水分，又可分为紧密结合水和非紧密结合水。该部分水不具有普通水的性质，较难从种子中蒸发出去，只有在较高温度下，经较长时间的加热才能使其全部蒸发出来。

种子内的水始终处于吸湿和散湿的动态平衡中。种子内的水分扩散进入空气中的过程称为散湿，相反称为吸湿。在一定条件下，当散湿速度与吸湿速度达到平衡时的种子含水量，称为该条件下的平衡水分。在含水量测定过程中，要防止散湿和吸湿对测定结果的影响。

此外，在种子中还有一种化合水，又称组织水。它并不以水分子形式存在，而是以一种潜在的可以转化为水的形态存在，如糖类中的 H 和 O 元素。当水分测定用 103℃较低的温度时，这种物质不受影响；假若用高温长时间烘干，这种化合物就会被分解，引起化合水丧失，而导致样品碳化，减重增加，从而使水分测定结果偏高。

种子水分测定的方法很多，主要有标准测定法和快速法。标准测定法是依据烘干减重法的原理测定种子水分；快速测定法是指利用电子仪器(如电容式水分测定仪、电阻式水分测定仪)和红外线水分测定仪测定种子水分。在正式检验报告和质量标签中应采用标准法测定的种子水分，在种子收购、调运、干燥加工等过程中可以以快速法测定的种子含水量作为参考。

测定种子水分必须保证种子中自由水和束缚水充分除去，同时要尽量减少氧化、分解或其他挥发性物质的损失。

(1)标准测定方法

含水量的标准测定方法即烘干减重法，包括低恒温烘干法、高温烘干法和高水分种子预先烘干法。

烘干减重法的基本原理即随着加热箱内空气的温度不断升高，箱内相对湿度降低；种子样品的温度也随着升高，种子内水分受热汽化，样品内部蒸汽压大于干燥空气的气压，种子内水分向外扩散到空气中而蒸发。在 103℃条件下经过一段时间(17h ± 1h)，样品内的自由水和束缚水被烘干，根据减重法即可求得水分，这就是低恒温烘干法；在 130℃的条件下，自由水可在短时间内(烘干时间为 1~4h)内被蒸出，根据减重法即可求得水分，这就是高恒温烘干法。

有些植物种子内含有亚麻油酸等不饱和脂肪酸、易挥发性物质如芳香油等。由于这些物质的汽化温度较低，温度过高时就会蒸发，测得的水分结果偏高，这类种子宜采用低恒温烘干法或减压烘干法。在减压条件下，可以降低干燥温度，因此适用于油脂类这种熔点低、受热不稳定及水分难以驱除样品的含水量测定(候静等，2012)。对于可溶性糖含量高的种子，如未完全成熟的种子，在烘干时糖分容易形成栅状结构，影响水分的扩散，这类种子应采用真空干燥箱。

(2)水分快速测定法

种子水分快速测定主要是应用电子仪器。根据测定原理的不同将其分为：电阻式水分测定仪、电容式水分测定仪、红外水分测定仪和微波式水分测定仪。

介电测定仪包括电阻式水分测定仪、电容式水分测定仪，其原理是电容原理或电阻原理。这些仪器主要用于测定作物类种子含水量，在林木种子的含水量测定上并未得到推广。红外水分测定仪的原理是应用红外和远红外的辐射加热技术加热种子来测定种子含水量。红外线具有强力的穿透性，直接使样品的内部受热，使种子内水分快速蒸发，故可在短时间内测定种子水分。与电热恒温箱相比，红外线加热是从里到外，加热方向与水分蒸发方向相同，加速了水分的蒸发。微波式水分测定仪具有和红外水分测定仪相同的原理。

(3)其他测定方法

①甲苯蒸馏法　其原理是种子中的水分和甲苯混合后能降低水的沸点，即当温度低于100℃时，种子中的水分就能成为水汽排出，从测量管中读取所排水分的体积即可计算种子的含水量。该方法适于各种样品的水分测定，尤其适于测定含挥发性成分的种子含水量测定。但由于甲苯是致癌物质，在种子含水量测定方面并未见有研究报道。

②卡尔—费休法　其原理是当水存在时，碘被二氧化硫还原，在吡啶和甲醇存在的情况下，生成氢碘酸吡啶或四基硫酸氢吡啶。它又分为卡尔—费休容量法和卡尔—费休库仑法。容器量法利用电化学方法，通过计算和水分反应的滴定剂的消耗量来测定样品中的水分含量；库仑法是在测定池内直接由阳极氧化产生滴定剂，通过计算反应过程中消耗的电量来测量样品中的水分含量。该方法适用于微量水分的测定，在种子生理和超干贮藏研究中有一定的应用价值。

上述方法均为破坏性检测，对于粮食作物来说，无损快速测定法更具有使用价值。近期，Heman 等(2016)采用可见光和近红外光谱测定不同类型稻谷的吸收波谱，通过建立回归模型来计算稻谷的含水量。这是一种快速无损测定方法，可推广运用于其他种子含水量的测定。

4.3.3　间接评价指标

对于林木种子而言，用于直接评价的指标发芽率常由于种子的休眠特性或发芽周期较长难以测定，因此需要通过间接测定来评价种子质量，为生产和市场提供质量依据。测定指标主要包括：种子生活力和种子活力。

4.3.3.1　种子生活力

种子生活力(seed viability)指种子潜在的发芽能力。种子生活力可预测种子的发芽力，尤其对于休眠类种子，其值可以替代发芽率指标。生活力测定为快速测定，可为种子生产、加工利用、贮藏和种子贸易提供质量参考。

常用于种子生活力测定方法有：四唑染色法、组织化学法(靛蓝染色法)、离体胚测定法和X射线测定。

(1)四唑染色法

四唑染色法(Tetrazolium stain)于1942年由德国Lakon H教授发明。ISTA在1950年成立四唑测定技术委员会，1953年正式列入国际种子检验规程，并于1984年发行了《四唑测定手册》。四唑染色法的优点是可靠性高、反应速度快，目前广泛应用于木本植物种子生活力测定，尤其是休眠类种子，如栀子(*Gardenia jasminoides*)、青海云杉(*Picea crassifolia*)(刘若楠等，2010；刘有军等，2013)。

四唑盐类有多种，最常用的为2，3，4－氯化(或溴化)三苯基四氮唑，英文名为2，3，4，－triphenyl tetrazolium chloride (or bromide)，简称TTC(TTB)或TZ；分子式为$C_{19}H_{15}N_4Cl$，为白色或淡黄色粉剂，微毒，见光易被还原。四唑溶液作为一种无色的指示剂，活细胞内的脱氢酶可将其还原成稳定且不扩散的红色甲臜，从而使种子中有生命的部位染上红色，无生命的部位不染色。其化学反应式如下：

N—N—Ph / Ph—C / N=N⁺—Ph　Cl^- + 2H ⟶ N—NH—Ph / Ph—C / N=N—Ph　+ HCl

TTC无色，溶于水　　　　TTF(三苯甲腙)，不溶于水，红色

四唑染色是一酶促反应，因此反应不仅受到酶活性的影响，还受底物浓度、反应温度、pH等因素的影响。该酶促反应的适宜pH 6.5～7.5；反应速率随温度的变化而变化，温度每升高10℃反应速率提高1倍。如20℃时需要反应4h，30℃时需要2h，但反应最高温度不能超过45℃。常用于测定的四唑溶液浓度为0.1%～1%。

依据四唑染色部位和状况，可判断种子的生活力。除完全染色的有生活力种子和完全不染色的无生活力种子外，还会出现一些部分染色的种子。在这些部分染色种子的不同部位能看到其中存在着或大或小的坏死组织，它们在胚和(或)胚乳(配子体)组织中所处的部位和大小(不一定是颜色的深浅)，决定着这些种子是有生活力还是无生活力(图4-3)。

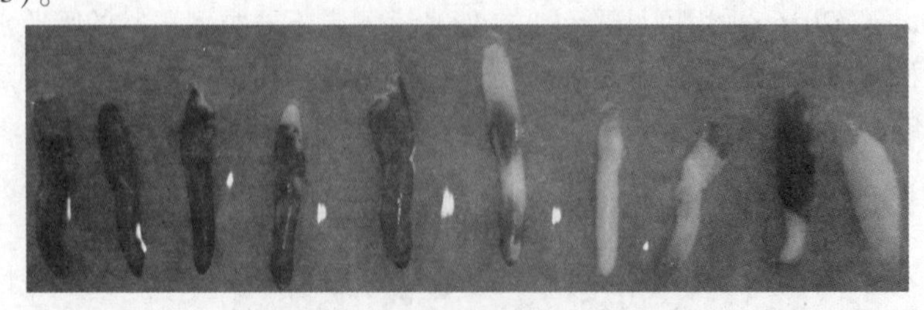

图4-3　秤锤树种胚四唑染色测定

Fig. 4-3　Tetrazolium staining for embryos of *Sinojackia xylocarpa*

注：前5个有生活力，后5个无生活力

Note：1-5 are viableembryos，6-10 are non-viable embryos

以 TTC 法测得的种子生活力比实际发芽率略高，这在多个树种的研究中得到了证实(喻方圆等，2004：蔡春菊等，2008；刘小金等，2012)。因为种子生活力并不完全等同于发芽率，生活力只是用于估测种子潜在的发芽能力，不能完全取代发芽试验，但可以根据生活力和发芽率的相关关系建立回归方程从而对种子的实际发芽率进行预测。

(2)染料染色法

有生活力的种子，其活细胞原生质膜具有选择透性。当种子浸入染料后，染料大分子不能进入活细胞内，所以活组织细胞不能被染料染色；死组织细胞因原生质膜丧失选择能力，可被染料染色。因此，染上颜色的种子是无生活力的。根据胚染色的部位和比例大小来判断种子有无生活力。其中应用最广泛的为靛蓝染色法。

靛蓝染色法(indigo carmine stain)亦称靛蓝洋红，分子式为 $C_{18}H_8O_2N_2(SO_5Na)_2$，为蓝色粉剂，能溶于水。靛蓝染色时用蒸馏水配成浓度为0.05%~0.1%的溶液，最好随配随用，并避光保存。其优点是染色速度快、较准确。但因为靛蓝染色是一个物理渗透扩散过程，受损伤的活组织也可能染色，这会影响染色结果的准确性。染料染色法对于无胚乳种子的测定效果可能更好。对于有胚乳种子而言，当胚乳有活力时，染料无法透过胚乳渗透至胚，从而无法判断胚的活力状况。

2种染色法相比，四唑染色法测定结果与发芽率最为接近，而靛蓝染色法与发芽率存在较大差异。刘小金等(2013)比较了染色法对檀香(*Santalum album*)种子质量评价的效果，认为四唑染色法的结果更为可靠。

(3)离体胚培养

自1904年Hanning将离体胚培养成功应用于胡萝卜和辣根菜以来，离体胚培养已广泛应用于解决远缘杂种败育、种子休眠期过长以及快速繁殖等问题。

离体胚将胚在规定的条件下培养5~14d。有生活力的胚仍然保持坚硬新鲜的状态，或者吸水膨胀、子叶展开转绿，或者胚根和侧根伸长、长出上胚轴和第1叶；而无生活力的胚，则呈现腐烂症状(图4-4)。

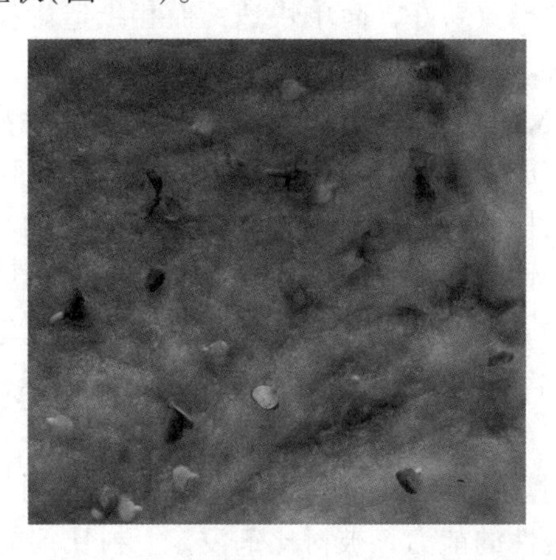

图4-4 乌桕种子的离体胚培养(引自李淑娴等，2011)

Fig. 4-4 Excised embryo culture for *Sapium sebiferum*(Li Shuxian *et al.*, 2011)

Turkey(1966)年研究桃发现，未通过后熟种子和已通过后熟种子的胚在离体培养下生长速率一致，因此认为胚培养可用于快速测定这类种子的生活力。目前离体胚测定已广泛应用于木本植物种子的生活力测定，特别是快速测定某些发芽缓慢或休眠期较长的种子生活力，如乌桕(*Sapium sebiferum*)等(李淑娴等，2011)。此外，离体胚测定还常用于休眠种子的休眠机理的研究，如卞方圆等(2015)通过测定离体胚萌发率探讨了红豆杉(*Taxus chinensis*)种子的休眠与萌发机理。

离体胚测定只适用于《国际种子检验规程》和《木本植物种子离体胚培养》已规定具体方法的树种，如槭属(*Acer*)、松属(*Pinus*)、花楸属(*Sorbus*)和椴属(*Tilia*)树种。

(4)X射线检验

种子X射线检验(X-rays radiography)最早可追溯到1903年Lunstrom对农业种子的研究。20世纪50年代，瑞典农业大学的Simak等人系统地研究X射线快速测定林木种子生活力，其研究成果受到世界林木种子协会的关注和推广，并将该技术列入了1993版的《国际林木种子检验规程》。1979年，我国陈幼生首先提出了林木种子的射线摄影条件和应用前景，得到了广泛的认可。目前作为林木种子快速检测方法之一，列入了《林木种子检验规程》(GB 2772—1999)。

种子检验所用软X射线指波长在0.1~1.0nm范围，其显著特点是穿透能力强，可用于拍摄物体的内部结构。穿过物体时初始辐射会在不同程度上被物体吸收，被吸收的程度取决于物体的厚度、密度和组成，也取决于射线的波长；穿过样品的X射线(剩余辐射)能在摄影胶片、制版片或荧光屏上形成样品的射线图像，即射线照片。照片上最暗的部位对应于样品中X射线最容易穿透的部位，较亮的部位是样品密度较大的部位。

X射线测定种子生活力可以分为2种：直接射线拍摄法和衬比射线拍摄法。

目前国外常用的X射线检验主要应用数字成像技术，仪器有Faxitron UltroFocus X射线成像系统，在林木种子上也得到广泛运用(Goodman *et al.*，2005，2006；Dias *et al.*，2014)。我国主要应用照相纸直接造影，使用仪器有Hy－35型农用X射线机(图4-5)。相比较而言，数字成像拍摄效果好、简单快速；而相纸造影技术效果较好，但操作复杂，逐渐被数字成像取代。

①直接射线摄影法(X法)　未经处理的种子的图像投射在荧光屏、X射线胶片或相纸上，或直接采用数字成像技术。应用直接射线拍法不仅可以检测林木种子的发育状况和饱满程度，还可以检验种子受机械损伤、虫害等情况。用此法判断新鲜种子的生活力，具有很高的准确性；但对于陈年老化的种子，该法具有一定的局限性。

②衬比射线摄影法(X-ray contrast radiography，XC法)　为了测定老化种子的生理品质，1957年Simak提出了X射线衬比拍摄法来测定欧洲赤松(*P. sylvestris*)种子的发芽能力。

XC法的依据是生物膜具有选择透性。射线摄影之前用衬比剂处理种子，种子的死亡组织由于丧失了选择透性的能力，被衬比剂浸渗。衬比剂能强烈吸收X射线，被浸渗的组织在射线照片上呈现密度反差，从而判断种子的发芽能力。

由于各种组织对衬比剂的选择性和亲和力有所不同，经预处理的种子在射线照片上更易区分活组织、受伤组织或死亡组织。

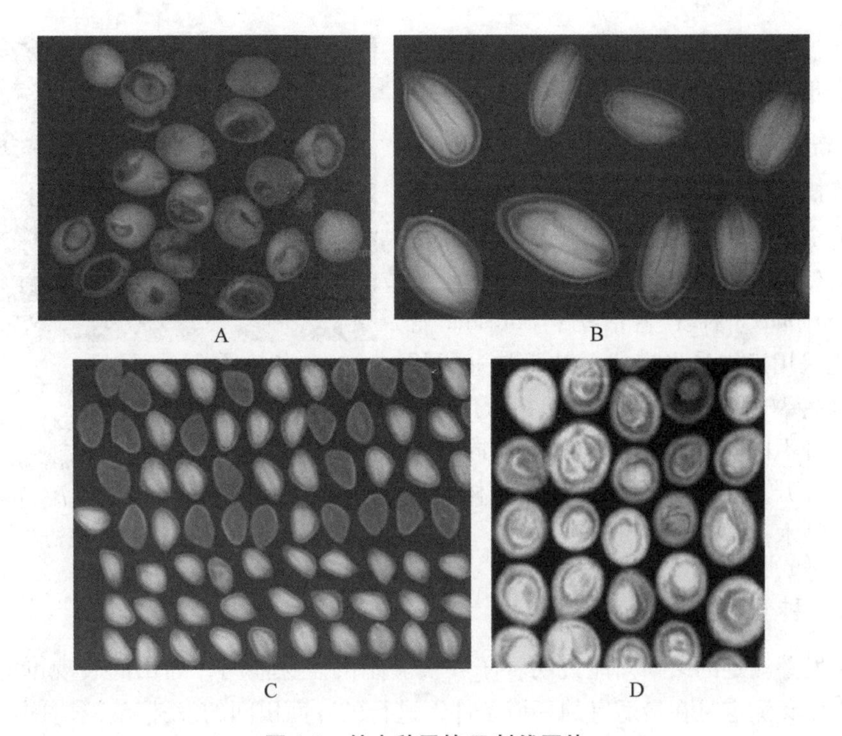

图 4-5 林木种子的 X 射线图片

Fig. 4-5 Radiography of X-rays for Forest tree seed

注：A(加拿大紫荆)和 B(油松)为数字成像技术；C(湿地松)和 D(南京椴)为相纸成像

Note：A (*Cercis Canadensis*) and B(*Pinus tabulaformis*) are digital imaging; C (*P. elliottii*) and D (*Tilia miqueliana*) are photographic imaging

常用液态衬比剂有 $BaCl_2$、$AgNO_3$、NaI、KI 等溶液。当用这些溶液作衬比剂时，死亡种粒或机械损伤种粒会吸收这些盐，盐中的重元素强烈吸收 X 射线，在射线照片中便表现得清晰可见；活组织部分由于未吸收衬比剂，射线易于穿过，使胶片曝光变黑。适合于不同树种的衬比剂存在差异，如 KI 适合于杉木(*Cunninghamia Lanceolata*)和马尾松(*Pinus massoniana*)种子(陈幼生等，1993a、1993b)；KI 适合于欧洲赤松但不适于欧洲云杉(*Picea abies*)，欧洲云杉建议用碘化钠作衬比剂(Kamra，1972)。值得注意的是，上述这些衬比剂通常有毒，对受检种子有毁灭性伤害。

水也可作为衬比剂，因为水能强烈地吸收 X 射线。用水作衬比剂，即所谓的 IDX (I 为培养，D 为干燥，X 为 X 射线摄影)法。培养过程中活种子和死亡种子都吸收水分，但在干燥过程中二者失水速度不同。干燥时活种子失水慢、含水量高；死种子失水快、含水量低。死亡种子或受伤种子相对较干，在图像上种子组织的细部清晰；活种子大量吸收软 X 射线，其图像亮度均匀，种子组织的细部之间模糊不清。IDX 法是无损检验法，具有很大的优越性，检验过的种子还可以逐粒用于对照发芽测定。因此，IDX 法在林木种子生活力测定上得到了广泛应用，如小桐子(*Jatropha curcas*)、华山松(*P. armandii*)、云南松(*P. yunnanensis*)等(李基平等，1998；沈永宝等，1998；杨玉娟等，2008)(图 4-6)。

气态衬比剂也可用于 XC 法，如升华碘结晶，其原理与液态衬比剂相同。活组织和死亡组织可有选择性的透过气态衬比剂，未被浸渗的组织(内含物大部分是碳、氢和氧)与被气态衬比剂浸渗的组织之间有极好的反差，由此判定种子的生活力。

(5)新技术测定种子生活力

随着技术的进步，一些新技术也开始应用于种子生活力测定。耿立格等(2013)用近红外光谱(Near-infrared，NIR)无损测定了大豆(*Glycine max*)种子生活力；Shrestha 等(2016)也采用近红外光谱成像技术快速无损地检测马铃薯(*Solanum tuberosum*)种子的生活力，并将不同年分生产的种子和不同品种的种子区分开来。这项技术也有望在林木种子应用于林木种子生活力测定。

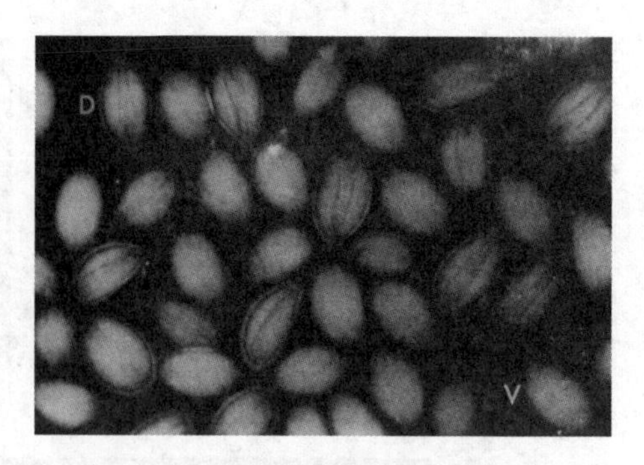

图4-6　IDX法测定华山松种子生活力
(引自李基平等，1998)

Fig. 4-6　Seed viabilityof *Pinus armandii* tested by IDX(Li Jiping *et al.*，1998)

注：D为无活力种子，V为有活力种子

Note：D is non-viable seed，V is viable seed

4.3.3.2　种子活力测定

种子发芽测定的结果只能说明种子在实验室的发芽能力，与田间表现可能存在偏差。因为发芽测定是在最适宜的环境条件下进行的，而田间的发芽条件往往复杂多变，可能出现实验室发芽率很高而田间发芽率不高的情况，特别在逆境环境下更是如此。因此，种子活力的测定是十分有意义且有必要了。

关于种子活力的定义较为复杂。我国学者郑光华将种子活力定义为“种子活力指种子的健壮度，包括迅速整齐的发芽潜力、生长潜势和生产潜力”。《国际种子检验规程》(2003)则将种子活力定义为：指种批在广泛环境条件下，所测定活性和性能等有关特性的总和。总之，种子活力不是一个简单的测定指标，而是一个综合概念，包含种子发芽和幼苗生长的整齐度，种子在不利条件下出苗能力，和经贮藏后种子保持发芽能力的性能。

种子活力不仅是种子质量评价的重要指标，在林业生产上也具有重要意义：播种前测定种子活力，可选用高活力种子；在种子干燥、清选、贮藏和处理等过程中，活力测定可以及时改善种子加工贮藏和处理条件，保证和提高种子质量；活力测定还有助于育种工作者选育抗逆植物新品种。

种子活力测定方法可分为直接法和间接法2类：直接法是在实验室条件下模拟田间不良条件测定出苗率或幼苗生长速度和健壮度，如低温处理试验、希尔特纳试验等；间接法是在实验室内测定某些与种子活力相关的生理生化指标和物理特性，如酶活性、浸泡液电导率、呼吸强度、加速老化试验等。在众多测定方法中，适于林木种子的活力评价有以下几种方法。

(1)发芽测定法

普遍采用的简单方法，适用于各种林木种子的活力测定。通过测定种子的发芽速度与幼苗生长势来测定种子活力，通常测定种子发芽势、发芽指数(*GI*)、芽长或根长、干重或鲜重(*S*)、平均发芽日数、高峰值和平均发芽率(*S*)等指标，计算活力指数和简化活力指数。

活力指数(VI)：　　$VI = GI \times S$

简化活力指标(SVI)：　　$SVI = G \times S$

活力指数的计算主要基于种子的发芽进程和幼苗的生长状况，较为综合地反应了种子的活力；简化活力指数适用于发芽速度较快的树种种子，如杨树、柳树类种子。

(2)幼苗活力分级法

幼苗活力分级法的基本原则是将在标准发芽试验中的正常幼苗进一步分级成有缺陷的幼苗及无缺陷的幼苗，利用壮苗的百分率来表示活力。该法操作简便，按常规发芽进行测定。

自从 Wang(1973)采用幼苗活力分级法测定脂松(*Pinus resinosa*)种子活力以来，幼苗活力分级法得到了推广应用。陈幼生等(1988)利用直立板发芽装置测定 50 份杉木种子的活力，根据胚根、下胚轴伸出与否及子叶显现的长度，将直立板上培养的幼苗分为 5 级，并建立了各级幼苗百分率与种子田间出苗高间的回归模型，可很好地预测种子的田间出苗率。曹帮华等(1997)以人工老化获得的不同活力臭椿(*Ailanthus altissima*)种子，给分级幼苗赋于分级值，并将该值和其他活力指标与田间发芽率进行综合分析，发现分级值能准确地反映种子的活力水平。

(3)加速老化试验

该法最早由 Delouche(1965)创立，用来预测种子的相对耐藏性。经过多年的发展，目前加速老化试验(Acccelerated aging test，AA)主要用于两方面：一是预测田间出苗率；二是预测种子耐藏性。其主要依据是高温(40~50℃)高湿(相对湿度 100%)会加速种子老化，其劣变程度在几天内相当于数月或数年之久。高活力种子经老化处理后仍能正常发芽，低活力种子则产生不正常幼苗或全部死亡。林业上用加速老化法测定了杉木种子的活力(蔡伟民等，1994)；郭素娟等(2013)用加速老化处理超干的华山松种子，发现超干种子能显著提高抗老化能力。

(4)生理生化测定

电导率测定是最常用的生理生化测定方法，1928 年由 Hibbard 等在几种作物种子上开始使用，也是目前唯一被列入 ISTA 规程的种子活力测定方法。其基本原理是种子吸胀初期，细胞膜重建和修复能力影响电解质(如氨基酸、糖及其他离子)渗出程度，膜完整性修复速度越快，渗出物越少。高活力种子能够更加快速地重建膜，且最大限度修复任何损伤，而低活力种子的修复能力较差，因此，高活力种子浸泡液的电导率低于低活力种子。电导率与田间出苗率呈负相关。王伟伟等(2006)通过测定不同采收期的珙桐(*Davidia involucrata*)种子的电导率变化来评价种子活力，发现当电导率变小并趋于稳定时，即达到成熟采收期。

除电导率测定法外，还可测定不同的生理生活指标等间接反映种子的生活力。Yu 等(2006)通过测定七叶树(*Aesculus chinensis*)种子干燥过程中的生理指标(SOD、MDA、可溶性糖等)的变化来评价种子活力，并给出了七叶树种子贮藏的适宜含水量；郝海坤等(2015)通过测定贮藏在不同温度条件下柚木(*Tectona grandis*)种子的发芽率、相对电导率、MDA、CAT 和 SOD，发现随着种子活力的降低，不同的生化指标呈现出规律性的变化趋势，但生化指标的变化并不能直接反映种子活力的高低。

(5)抗冷测定法

亦称冷冻试验。在生产实践中，常因为早春播种遭遇低温，使种子发芽受阻，活力低的种子在萌发过程中死亡。该法是将种子置于低温潮湿的土壤中处理一定时间后，移至适宜温度下生长，模拟早春田间逆境条件，观察种子发芽成苗的能力。高活力种子经低温处理后仍能形成正常幼苗，而低活力种子则不能形成正常幼苗。因此此法主要适用于春播喜温树种。

(6)TTC 定量法

TTC 定量法被国内外学者列为种子活力测定的常用方法。徐本美(1982)首先研究了 TTCH 定量法测定种子活力的效果；蔡伟民等(1994)对杉木种子的研究表明，TTC 含量与种子活力指标呈显著正相关；李铁华等(2003)比较研究了闽楠(*Phoebe bournei*)种子活力的测定方法，发现 TTC 定量法和电导率测定法效果均不错，但以 TTC 法更为稳定。程利红等(2012)利用 TTC 还原法比较了 9 种冷冻保护剂下中国红豆杉种子的超低温保存效果，为中国红豆杉的超低温保存提供了技术支持。

(7)逆境测定法

逆境试验是将种子置于逆境条件下处理后，通过标准发芽法进行测定。由于高活力种子抗逆能力强，经逆境处理仍能保持较高发芽力，幼苗生长正常；低活力种子则相反。逆境测定法得到的种子活力结果与田间出苗率更为接近。

(8)新兴技术的种子活力检测方法

传统的种子活力测定方法可以准确而直观的预测种子活力，但存在着测定周期长、可重复性较低和有损检测等缺点。因此，快速、准确、无损已成为种子工作者的研究热点，新技术也不断地被运用到种子活力检测中。目前应用于种子活力检测的新技术主要有下几种。

①近红外光谱分析技术　研究表明随着种子劣变的加深，种子自身的能量合成、呼吸强度及生物合成能力都会发生明显下降，染色体畸变、DNA 降解、RNA 和蛋白质的合成、酶的活性及细胞膜都会发生变化；同时，不饱和脂肪酸和有毒物质(醇类、醛类、酮类、酸 类)不断增加，蛋白质、淀粉、可溶性糖、磷脂和脂肪酸等含量则逐渐降低(韩亮亮等，2008)。近红外技术可检测到种子中有机物质组成的变化，因此可以用来检测种子活力。Tigabu 等(2004)通过加速老化的方法获得不同活力的松树(*Pinus patula*)种子，应用近红外光谱分析不同活力水平的种子并建立模型，将老化与未老化的松树种子成功区分开来。

②Q2 技术　种子活力与其在萌发过程中的耗氧量有关，低活力种子内细胞组织的呼吸活力弱，在萌发过程中需要更长的呼吸时间，所以耗氧量大。因此，通过测定种子呼吸耗氧量，能在一定程度上反应种子活力的强弱。通过种子在萌发过程中的氧气消耗曲线，可以判断种子的活力。为了更好地表征种子在萌发过程中不同阶段的耗氧特性，通过种子萌发启动时间(IMT)、萌发氧气消耗速率(OMR)、临界氧气压强(COP)、理论萌发时间(RGT)等，ASTEC 值可快速区分不同活力种子(陈能阜等，2009)

③红外热成像技术　种子萌发过程中产生的代谢热可以反映种子的新陈代谢水平，

而新陈代谢水平的高低正是种子活力高低的重要指标(Kranner *et al.*, 2010)。因此，种子温度的变化必然与种子活力密切相对，通过测定种子温度可以探究种子的活力水平。Kranner(2010)首先提出将红外热成像技术应用于种子活力检测，并用红外热成像仪捕捉5种老化程度不同的豌豆(*Pisum sativum*)种子在吸水萌发过程中的温度变化，发现不同活力种子在萌发过程中有不同的温度变化曲线，证实了红外热成像技术在种子活力检测中的可行性。

④激光散斑技术　不同活力水平的种子内部物质结构和含量存在差异，种子内部粒子的活跃程度反映了活力水平的高低，激光散斑技术可捕捉种子内部粒子的运动信息，从而测定种子活力。Braga等(2003)发现在种子的散斑信息中可以反映种子内部所含水分的差异，不同活力水平的种子所含水分存在差异。该方法在作物类种子如大豆、玉米等方面已有相关研究(Robert *et al.*, 2005；王佩斯等，2011)。在林木种子的活力测定上还未见有应用报道。

4.3.3.3 种子生活力和种子活力的关系

种子活力与种子生活力容易混淆，两者既有联系又有区别。种子生活力是指种子生命的有无，即成活度。而种子活力是一个综合概念，它不仅涉及种子生命的有无，更重要的是显示在不同环境条件下成苗的能力。从图4-7可以看出，在种子劣变过程中，种子生活力和种子活力表现呈显著差异。当种子刚开始劣变时(*A*点)，种子生活力变化不明显，但种子活力已开始下降；当种子劣变发展到一定程度时(*B*点)，种子生活力开始下降，但种子活力已呈现急剧下降的趋势；当种子严重劣变时(*C*点)，种子生活力仍可保持在50%左右，但种子活力已很低，失去使用价值。

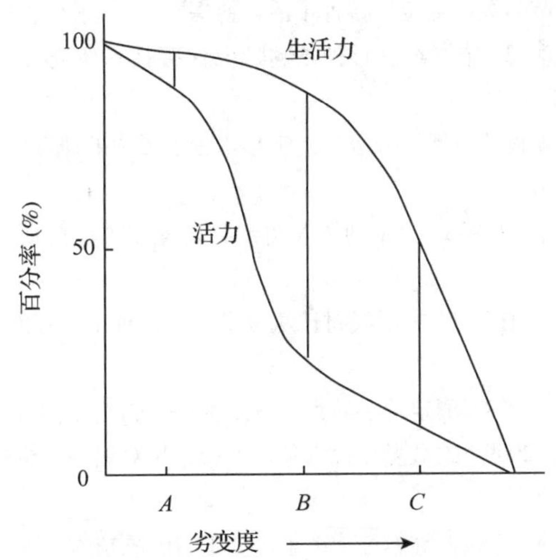

图4-7　种子劣变过程中生活力与活力的关系(引自Delouche *et al.*, 1960)

Fig. 4-7　The relationship of viability and vigor during seed deterioration
(Delouche *et al.*, 1960)

4.3.4 种子质量的综合评价

在实际生产和应用中，单一指标评价方法存在一定的局限性。《国际种子检验规程》和《林木种子检验规程》在对种子质量等级进行划分时，主要以直接测定指标包括种子净度、发芽率和含水量为依据，判定时以最低等级指标确定种子等级；有一些种子在划分等级时，可以用种子生活力或优良度代替种子发芽率进行评价。

种子等级划分主要为生产部门和市场定价提供依据，但不能充分反应种子的生产潜力和苗木的生长状况，因此，研究中常将多种指标结合起来进行综合评价。评价指标包括直接评价指标和间接评价指标。叶青等(2006)通过测定菘蓝(*Isatis indigotica*)种子生长发育阶段的千粒重、种子内含物质(蛋白、还原糖、可溶性糖和淀粉)、种子的发芽率和发芽势等，探讨了种子采收时间与种子活力的关系，发现不同时间采收的种子活力差异极显著，种子活力与养分积累密切相关，据此提出种子的适宜采收时间。此外，洪伟等(2006)利用基于模拟退火法的投影寻踪模型，以相思树(*Acacia confusa*)种子发芽率、发芽势、千粒重及纯度为指标体系，对22个相思树种批的种子质量进行评价，发现不同产地、不同年度、不同种批质量种子质量表现不一，有的地区表现较为稳定，有的地区则波动较大。这种综合评价可为不同地区的种子生产提供指导。

参考文献

卞方圆，苏建荣，刘万德，等. 2015. 云南红豆杉新采收种子的形态与离体胚的萌发特性[J]. 生态学报，35(24)：8211-8220.

蔡春菊，彭镇华，高志民，等. 2008. 四唑染色法测定毛竹种子生活力的研究[J]. 世界竹藤通讯，6(3)：10-13.

蔡伟民，郑郁善. 1994. 杉木种子活力测定方法的研究[J]. 福建林业科技，21：78-82.

曹帮华，隋丽丽. 1997. 幼苗分级法测定臭椿种子活力初探[J]. 山东林业科技，2：4-7.

程利红，段旭昌，张宗勤. 2012. 中国红豆杉种子超低温保存技术研究[J]. 西北农林科技大学学报(自然科学版)，40(2)：71-78.

陈幼生，陈智健. 1988. 直立板幼苗活力分级法测定杉木种子活力的研究[J]. 南京林业大学学报，4：1-8.

陈幼生，吴琼美，陈智建，等. 1993a. 杉木种子X射线衬比检验方法的研究[J]. 南京林业大学学报(自然科学版)，1：16-20.

陈幼生，吴琼美，陈智建，等. 1993b. X射线衬比法测定马尾松种子发芽能力的研究[J]. 林业科学研究，5：583-587.

陈能阜，赵光武，何勇，等. 2009. 测定种子活力的新技术——Q_2技术[J]. 种子，8(12)：112-114.

杜克兵，许林，涂炳坤，等. 2009. 贮藏温度含水量及干燥方法对黑杨派树种子耐贮性的影响[J]. 种子，28(4)：1-7.

洑香香，郑欣民，周景莉，等. 2008. 林木种子采集、加工与贮藏技术[D]. 北京：中国林业出版社.

洑香香，周晓东，刘红娜，等. 2011. 木本植物种子休眠和萌发的分子生物学研究综述[J]. 世界林业研究，24(4)：24-29.

耿立格，宋春风，王丽娜. 2013. 近红外光谱无损测定大豆种子生活力方法研究[J]. 植物遗传资源学报，14(6)：1208-1212.

郭素娟，王永超. 2013. 超干华山种子抗老化的作用[J]. 东北林业大学学报，41(4)：10-12.

国家林业国有林场和林木种苗工作总站. 2001. 中国木本植物种子[D]. 北京：中国林业出版社，p470.

国家质量技术监督局．1999．GB 2772—1999 林木种子检验规程[S]．北京：中国标准出版社，19－20.

江刘其，王嫩良，何小林，等．1994．马尾松球果烘干取种试验[J]．浙江林学院学报，11(2)：214－217.

韩亮亮，毛培胜，王新国，等．2008．近红外光谱技术在燕麦种子活力测定中的应用研究[J]．红外与毫米波学报，27 (2)：86－90.

郝海坤，黄志玲，曹艳云，等．2015．不同贮藏温度对柚木种子萌发和生理生化的影响[J]．种子，34(4)：37－42.

洪伟，吴承祯．2016．相思树种子的质量评价模型[J]．应用与环境生物学报，12(4)：577－580.

候静，顾洪彪，张哲铭，等．2012．减压烘干法测定油脂类种子含水量的研究[J]．种子，32(11)：5－8.

李磊，孟珍贵，龙光强，等．2016．植物顽拗性种子研究进展[J]．热带亚热带植物学报，24(1)：106－118.

李基平，钟淑英．1998．X 射线水衬比法测定华山松种子生活力的研究[J]．西部林业科学，4：21－27.

李铁华，朱祥云．2003．闽楠种子活力测定方法的研究[J]．浙江林学院学报，20(3)：321－324.

李淑娴，刘菁菁，田树霞，等．2011．乌桕种子休眠原因及解除方法研究[J]．南京林业大学学报(自然科学版)，35(5)：1－4.

刘海刚，段曰汤，沙毓沧，等．2010．不同发芽床对火龙果种子萌发的影响[J]．山东农业科学，12：31－33.

刘若楠，杨志玲，于华会，等．2010．栀子种子生活力测定及其发芽率的相关性研究[J]．安徽农业科学，38(27)：14922－14923.

刘小金，徐大平，杨曾奖，等．2012．檀香种子生活力快速测定[J]．南京林业大学学报(自然科学版)，36(4)：67－70.

普布次仁，赵垦田，杨小林．2014．温度对不同海拔梯度急尖长苞冷杉发芽的影响[J]．西部林业科学，4：132－135.

沈永宝，金天喜．1998．X 射线水衬比法测定云南松种子生活力[J]．林业科学，34(2)：111－114.

王佩斯，毕昆．2011．基于激光散斑检测玉米种子活力方法的研[J]．应用激光，31(6)：473－477.

王伟伟，苏智先，胡进耀．2006．珍稀濒危植物珙桐不同采收期的种子特性研究[J]．广西植物，26 (2)：178－182.

杨玉娟，杨群辉，唐军荣，等．2008．X 射线水衬比法测定小桐子种子生活力研究[J]．林业调查规划，4：129－132.

叶青，董娟娥，李小平，等．2006．菘蓝种子中营养物质积累过程及不同采收期种子的活力差异[J]．西北农林科技大学，34(4)：69－72.

喻方圆，唐燕飞．2004．四唑染色法快速测定任豆种子生活力的研究[J]．种子，23(7)：40－42.

赵正楠，李子敬，卜燕华，等．2016．一串红种子风筛选和重力选关键参数研究[J]．中国农业大学学报，7：53－60.

Baskin J M, Baskin C C. 2004. A classification system for seed dormancy[J]. Seed Science Research, 14 (1): 1－16.

Braga R A Jr, Dal Fabbro I M, Borem F M. 2003. Assessment of seed viability by laser speckle techniques [J]. Biosystems Engineering, 86(3): 287－294.

Chen S Y, Chou S H, Tsai C C, *et al.* 2015. Effects of moist cold stratification on germination, plant growth regulators, metabolites and embryo ultrastructure in seeds of *Acer morrisonense* (Sapindaceae)[J]. Plant

Physiology and Biochemistry, 94: 165 - 173.

Delouche J C and Caldwell W P. 1965. Seed vigor and vigor tests[J]. Proc. Assoc. Official Seed Anal. , 50: 124 - 129.

Dias M A, Junior F G G, Cícero S M. 2014. Morphological changes and quality of papaya seeds as correlated to their location within the fruit and ripening stages[J]. IDESIA (Chile) Enero-Febrero, 32(1): 27 - 34.

Fu X X. 2011. Longevity of shinybark birch (*Betula luminifera* H. Winkl.) seeds in relation to maternal families and storage conditions[J]. Propagation of Ornamental Plants, 11(2): 91 - 95.

Goodman R C, Jacobs D F, Karrfalt R P. 2005. Evaluating desiccation sensitivity of *Quercus rubra* acorns using X-ray image analysis[J]. Canadian Journal of Forest Research, 35(12), 23 - 28.

Goodman R C, Jacobs D F, Karrfalt R P. 2006. Assessing viability of northern red oak acorns with X-rays: application for seed managers[J]. Native Plants Journal, 7(3): 279 - 283.

Heman A, Hsieh C L. 2016. Measurement of moisture content for rough rice by visible and near-infrared (NIR) spectroscopy[J]. Engineering in Agriculture, Environment and Food, 9(3): 280 - 290.

Hilhorst H W M, Finch-Savage W E, Buitink J, *et al.* 2010. Dormancy in plant seeds[J]. Topics in Current Genetics, 21: 43 - 67.

Kranner I, Kastberger G, Hartbauer M, *et al.* 2010. Noninvasive diagnosis of seed viability using infrared thermography[J]. PNAS, 107(8) : 3913 - 3917.

International Seed Testing Association (ISTA). 1999. International rules for seed testing. Seed Sci Technol. 27: 1 - 333.

Kamra S K. 1972. Comparatie studies on germinability of *Pinus silvestris* and *Picea abies* seed by the indlgo oarmine and X-ray contrast methods[J]. Studia Forestalla Suecica, 99: 1 - 21.

Matthews S, Noli E, Demir I, *et al.* 2012. Evaluation of seed quality: from physiology to international standardization[J]. Seed Science Research, 22: S69 - S73.

Roberts E H. 1983. Loss of seed viability during storage. In R. J. Thompson, ed. Advances in Research and Technology of Seeds[M]. Wageningen: Pudoc, pp. 9 - 34

Braga R, Rabelo G F, Granato L R, *et al.* 2005. Detection of Fungi in Bean by the Laser Bio-speckle Technique[J]. Biosystems Engineering, 91(4) : 465 - 469.

Shrestha S, Knapic M, Zibrat U, *et al.* 2016. Single seed near-infrared hyper spectral imaging in determining tomato (*Solanum lycopersicum* L.) seed quality in association with multivariate data analysis[J]. Sensors and Actuators B, 237: 1027 - 1034.

Tigabu M, Oden P C. 2004. Rapid and non-destructive analysis of vigour of *Pinus patula* seeds using single seed near infrared transmittance spectra and multivariate analysis[J]. Seed Science and Technology, 32: 593 - 606.

Tukey H B. 1966. Excised-embryo method of testing the germinability of fruit seeds with particular reference to peach seed. Advances in Botanical Research,

Wang B S P. 1973. Laboratory germination criteria for red pine (*Pinus resinosa* Ait.) seed[J]. Proc. Association of Official Seed analysts, 63: 94 - 101.

Yu F Y, Du Y, Shen Y B. 2006. Physiological characteristic changes of *Aesculus Chinensis* seeds during natural dehydration[J]. Journal of Forestry Research, 17(2): 103 - 106.

（编写人：洑香香）

第5章

人工种子技术

【内容提要】人工种子具备天然种子的特性，由体细胞胚、茎尖、不定芽和分生组织进行包埋后形成，并可直接用于播种并转化成幼苗。随着人工种子技术的发展，它成为育种学家最重要的工具之一，不仅为优良种质资源和基因型的大规模生产提供了可能，也为通过生物技术获得的转基因植物的大田生产提供了可能。本章介绍了人工种子的基本概念、研究进展，概述了人工种子技术在药用植物、果树、观赏植物和木本植物上的研究应用概况，同时还对人工种子的应用前景进行了展望，最后介绍了人工种子制备技术与方法。

人工种子最早由 Murashige(1978)提出，并由美国率先从事研究与生产。美国普度大学园艺系首次制造出胡萝卜(*Daucus carota*)人工种子(Kitto and Janick，1985)；Redenbaugh 等(1984)用藻酸水凝胶包埋体胚成功获得了苜蓿(*Medicago sativa*)人工种子。此后，植物人工种子的研究全面展开并取得了显著成果。美国加利福尼亚的植物遗传公司获得了芹菜(*Apium graveolens*)的人工种子并申请专利，随后欧洲共同体(今欧洲联盟)把人工种子列入“尤里卡”计划(1985 年)，我国也列入了“863”高新技术发展技术计划(1987 年)。经过 30 多年的研究，取得了大量的研究成果，并广泛应用生产实践。

人工种子的研究对象主要集中在两大类植物上：一类是技术基础比较好的植物，如已有成熟的体胚发生技术体系，如胡萝卜、芹菜；另一类是经济价值较高的植物，如药用植物(西洋参 *Panax quinquefolius*、铁皮石斛 *Dendrobium officinale* 等)、观赏植物(兰属、百合)和木本植物(裸子植物)等(刘福平等，2015)。

与自然种子相比，人工种子具备以下特点：①繁殖速度快，可工厂化生产和贮存；②可快速繁殖脱毒苗；③可有效保存珍稀植物种质资源；④加快植物育种进程，促进新品种研发；⑤人工种子中加入了生长调节物质、有益微生物、除草剂、抗菌剂或农药，可人为控制植物的生长发育和提高抗逆性。由此可见，人工种子既具有天然种子的特点，又具有无性繁殖的优点，生产上也不受季节和土地空间的限制，因此在生产上具有广泛的应用价值。对林业生产而言，人工种子在种苗快繁、人工造林、森林保护和森林开发利用方面具有广阔的应用前景。

5.1 人工种子技术概述

5.1.1 人工种子的概念

1977年，Murashige在国际园艺作物组织培养讨论会上提出了建立大规模、快速无性繁殖技术的设想，并在1978年首次报道了人工种子的概念。早期人工种子主要指包被在含有养分和具有保护功能的物质中、并可在适宜条件下萌发成苗的体细胞胚状体，其中的营养成分和附加物质称为人工胚乳，具有保护功能的物质称为人工种皮(Murashige，1978)。经过不断的总结和发展，其定义演绎为：人工种子(artificial seed)，又称合成种子(synthetic seed，synseed)，指人工包埋的体细胞胚、茎尖、腋芽或其他任何分生组织，播种后在离体条件下萌发成整个植株，通过贮藏后还具备发芽能力(Capuano *et al.*，1998)。随着技术的发展和革新，包埋材料从体细胞胚拓宽到各种繁殖体，包括不定芽、块茎、腋芽、茎尖、原球茎、愈伤组织和发根等都可作为包埋繁殖体。

5.1.2 人工种子的结构

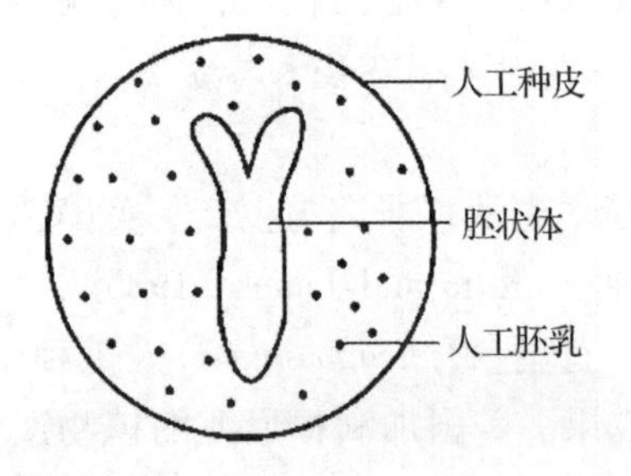

图5-1 人工种子结构示意图

Fig. 5-1 A diagram of synseed structure

人工种子结构和功能与天然种子相似，由3部分组成(图5-1)：

(1)人工种胚

人工种胚(somatic embryos，propagules)可分为体细胞胚和非体细胞胚两大类。体细胞胚通过植物组织培养获得，它与天然种子中的合子胚功能相同；非体细胞胚指无生长极性的营养繁殖体(vegetative propagules)，如茎尖(shoot tips)、节茎段(nodal segments)、发根(hairy roots)和愈伤组织(calli)等分化材料，及具有生长极性的原球茎(protocorm)和类原球茎(protocorm-like bodys，PLB)。

体胚目前是人工种胚的主要来源。体胚可起源于外植体的表皮细胞，或由愈伤组织、原生质体和花粉产生，也可通过细胞悬浮培养由单细胞产生。自1958年获得胡萝卜的胚状体以来，成功诱导出体胚的植物不断增加。但对于难以获得体胚的植物来说，非胚状体的繁殖体(无性繁殖材料)如芽茎段、原球茎等的应用则更受青睐。

(2)人工胚乳

人工胚乳(synthetic endosperm)是提供胚状体新陈代谢和生长发育的营养物质及生长素等。人工胚乳的制作实质上是筛选出适合体胚萌发的培养基配方，然后将筛选出的培养基添加到包埋介质中。在人工胚乳中添加激素虽可提高人工种子的萌发率，但可能会降低幼苗对环境的适应性。人工胚乳应根据各种不同植物的要求和特点有选择的配制，而不可随意套用。

(3)人工种皮

人工种皮(synthetic seed coat)的作用主要是保护种胚，要求具备透气、透水、固定成型和耐机械冲击的特性。人工种皮的制作通常包括2个部分：内膜和外膜。作为人工胚乳的支持物的内膜应具备的条件为：①对繁殖体无毒、无害、有生物相容性；②具有一定透气性、保水性，利于人工种子贮藏、正常萌发和生长；③具有一定强度，能维持胶囊的完整性，利于人工种子的贮藏、运输和播种；④能保持营养成分和其他助剂不渗漏；⑤能被某些微生物降解(即选择性生物降解)，降解产物对植物和环境无害。

5.1.3 人工种子的分类

根据包埋种胚的不同，可将人工种子分为2类：①干燥体胚，即将要包埋的体胚进行干燥硬化处理，使胚进入休眠，适于大规模地生产；②直接包埋，随着水凝胶包埋技术的发展，可将无毒、易溶、弹性好的凝胶物质，如琼脂、海藻酸钠、果胶酸钠等直接用于包埋各种人工种胚。

根据包埋情况，可将人工种子分为3类(图5-2)：①裸露的人工种胚，如微鳞茎、微块茎等，它们在不加包埋的情况下也具有较高的成苗率；②人工种皮包埋的人工种

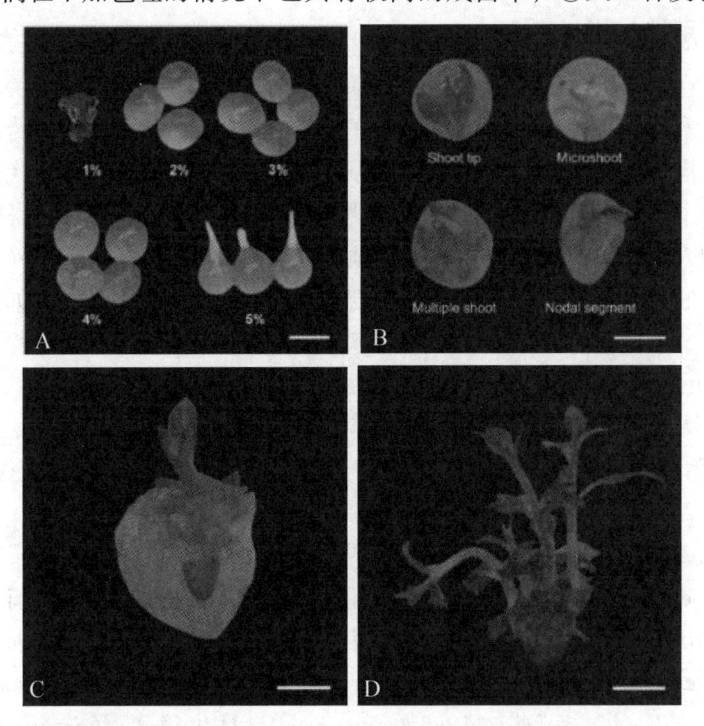

图5-2 水凝胶包埋印度蛇根草各类繁殖材料的人工种子及萌发(引自 Gantait *et al.*，2015)

Fig. 5-2 Synthetic seedsgermintion of hydrogel encapulated propagules of *Rauvolfia serpentina* (Gantait *et al.*，2015)

注：A. 不同浓度海藻酸钠包埋对人工种子大小、形状和一致性的影响；B. 用3%(w/v)海藻酸钠和100mM 的氯化钙包埋的不同繁殖体材料；C. 以茎段为包埋材料的人工种子正在萌发；D. 以完成发育的嫩芽为包埋材料的人工种子完成萌发(以MS为萌发基质)

Note：A. Effect of sodium alginate level (in 100 mM calcium chloride) on size, shape and consistency of beads (bar 5mm)；B. encapsulated shoot tip, microshoot, multiple shoot and nodal segment in 3 % (w/v) sodium alginate and 100 mM calcium chloride (bar 3mm)；C. germinating synthetic seed developed from encapsulation of nodal segment (bar 2mm)；D. germinated synthetic seed with well developed shootlets (on plant growth regulator-free MS medium) (bar 5mm)

胚，一些体细胞胚、原球茎等需用人工种皮包埋，保持湿润才可维持良好的发芽状态，如胡萝卜体细胞胚；③人工种胚经水凝胶包埋后再人工种皮包埋，可避免失水，并保持发芽能力，如多数体细胞胚、不定芽、茎尖等。

5.2 人工种子研究概述

自1977年提出人工种子的概念以来，人工种子技术迅速发展起来。种胚材料从最初的体胚到不同类型繁殖体的拓展；技术上从组织培养、人工种子的干燥和包埋、贮藏到大规模的商业化生产；应用上从生产应用、种质资源保存、次生代谢产物的生产到遗传转化；研究对象上从组培技术成熟的模式植物、经济类作物、水果、蔬菜、药用植物、观赏植物、果树到木本植物等，都发生了革命性的变化，也使得人工种子技术在农、林、医等行业迅速推广使用(Rai *et al.*，2008b)。

5.2.1 人工种子的研究现状

5.2.1.1 药用植物人工种子

药用植物在医药领域的快速发展，使得药用植物人工种子也备受关注。主要原因包括：市场对多种药用植物及其优良品种的生产需求越来越大；有些药用植物种子具不耐干燥的顽拗特性，贮藏时间短，仅为几周或几个月；种子内次生代谢活性和病害的高发率影响了种子的耐贮性；这些问题严重影响了重要药用植物的种质资源保存。早期药用植物人工种子的研究主要集中在顽拗性种子的种类上(Rai *et al.*，2008a)。但随着药材市场的需求增加，人工种子在各类药用植物上都得到关注，如杂交种、优良不育的基因型、经过遗传改良而又不能结实品系的规模繁殖，以及珍稀濒危种质资源保存等(Gantait *et al.*，2015)。

药用植物人工种胚包括体胚和各类营养繁殖体(微切段、分化材料、体胚、原球茎等)。最初药用植物人工种子的生产以体胚为主，随后非胚性材料均获得了成功(Gantait *et al.*，2012；2013)。

一般来说，体胚发生能力强的材料仅局限于少数基因型，或起源于合子胚和幼嫩的外植体(Standardi *et al.*，1998)。源于体胚人工种子的药用植物有：软紫草(*Arnebia euchroma*)、*Citrus nobilis* × *C. deliciosa*、葡萄(*Vitis vinifera*)、印度黄檀(*Dalbergia sissoo*)、蝶豆(*Clitoria ternatea*)、印度菝葜(*Hemidesmus indicus*)、灵枝草(*Rhinacanthus nasutus*)、艾蒿(*Artemisia vulgaris*)、莳萝(*Anethum graveolens*)、印度獐牙菜(*Swertia chirayita*)、非洲白蔘(*Mondia whitei*)等(Gantait *et al.*，2015；Baskaran *et al.*，2015)。与其他的包埋材料相比，大部分药用植物体胚包埋的人工种子萌发率仅有50%。较低的有夏栎，在培养基上的萌发率仅有26%；印度菝葜体胚人工种子在培养基上的萌发率达100%(Cheruvathur *et al.*，2013b)。

非胚性材料中，具有较强分生能力的茎尖最适合作为包埋外植体(Ballester *et al.*，1997)。通过培养，茎尖上的顶芽可以形成大量的不定芽，其繁殖能力可达20倍以上，且萌发时可以提供大量的养分而易于生根。目前，茎尖作为包埋材料已成功应用于近30种药用植物，如甜叶菊(*Stevia rebaudiana*)、阿江榄仁(*Terminalia arjuna*)、薄荷

(*Mentha arvensis*)、希蒙得木(*Simmondsiachinensis*)、甜菜(*Beta vulgaris*)、鼠尾草(*Salvia officinalis*)等(Gantait *et al.*, 2015; Grzegorczyk and Wysokińska, 2011)。

节茎段亦称微切段(microcuttings),也常作于人工种子生产。其微繁技术体系相对简单,且包埋贮藏后的生根能力也较强、变异小(Micheli *et al.*, 2007)。用带芽的节茎段作为人工种子的包埋材料已成功应用于桑属(*Morus* sp.)、落得打(*Centella asiatica*)、印度黄檀、广藿香(*Pogostemon cablin*)、薄荷、大麻(*Cannabis sativa*)、黄荆(*Vitex negundo*)、芸香(*Ruta graveolens*)、非洲楝(*Khaya senegalensis*)、波萝(*Ananus comosus*)、一串红(*Salvia splendens*)、'东北矮'紫杉(*Taxus cuspidata* 'Nana')等40多种药用植物中(Gantait *et al.*, 2015; 孙筱筠和张宗申, 2010)。研究还发现,节茎段包埋的人工种子萌发时常出现多茎,说明茎段是人工种子的有效包埋材料。

原球茎(protocorm)和类原球茎(protocorm-like bodies, PLBs)最早始于兰科植物的离体培养,因此原球茎和类原球茎人工种子的应用主要集中在兰科药用植物上。范滕飞等(2014)以铁皮石斛(*Dendrobium officinale*)类原球茎为包埋材料成功制成人工种子,萌发率达92.86%;石槲(*D. nobile*)和密花石斛(*D. densiflorum*)也分别获得了PBL的人工种子(Mohanty *et al.*, 2013; 2014),研究发现用海藻酸钠包埋的人工种子成苗率分别达80%和100%,而且后者经过60d(8℃)的贮藏后成苗率仍可达95.5%;霍山石斛(*D. Huoshanense*)原球茎人工种子的成苗率可达80.6%,但低温贮藏后的活力较低(秦自清等, 2008)。张明生等(2007)通过液体悬浮培养建立了金线莲(*Anoectochilus roxburghii*)原球茎悬浮系,获得的原球茎人工种子萌发率和成苗率分别达74.8%和62.4%;在4℃条件下贮藏20天后的萌发率和成苗率可保持58.3%和55.5%。Pradhan 等(2014)也获得了纹瓣兰(*Cymbidium aloifolium*)原球茎人工种子,在MS培养基上的萌发率高达100%;4℃条件下贮藏28天后仍保持活力。

发根是发根农杆菌感染植物从伤口处长出的。它具有很高的繁殖能力,带有顶端分生组织或分枝的发根切段能够再长出整个植株。发根培养被认为是次生代谢产物最有效的途径之一,同时通过发根培养可将外源基因导入到中草药,从而提高药用植物中的有效成分。作为新的人工种子包埋材料,Uozumi 等(1992)用辣根(*Armoracia rusticana*)的发根切段用海藻酸钠包埋后获得了人工种子;发根作为包埋繁殖体在百金花(*Centaurium erythraea*)和库洛胡黄连(*Picrorhiza kurrooa*)上也得到了应用,其再生率分别达到了86%和73%(Piatczak and Wysokin'ska, 2013; Rawat *et al.*, 2013)。

愈伤组织(calli)是药用植物人工种子中运用最少的繁殖体类型,因为愈伤组织本身未分化,在人工种子生产和后期萌发时还需进一步分化,其复杂性和不确定性限制了作为人工种胚材料的运用。已有的研究报道是在大蒜(*Allium sativum*)和(*Rhodiola dirilowii*)的成功运用,其繁殖率高达95%~100%(Kim and Park, 2002; Zych *et al.*, 2005);而后 Tabassum 等(2010)将黄瓜(*Cucumis sativus*)愈伤组织进行细胞悬浮培养的材料,进行包埋后获得的人工种子的发芽率为57%。近期黄和平等(2015)将四倍体盾叶薯(*Dioscorea zingiberensis*)的胚性愈伤组织作为包埋繁殖体,获得的人工种子萌发率和成苗率分别为91.7%和88.3%;4℃条件下贮藏20d后的萌发率和成苗率分别为76.7%和71.7%。

除了上述材料,小块茎也可作为人工种子的包埋材料,如薛建平等(2004)以半夏

(*Pinellia ternata*)试管小块茎为材料成功制成人工种子，萌发率和成苗率分别为95%和90%。

5.2.1.2 观赏植物和兰花人工种子

由于观赏植物和兰花种子极小，且种子中的胚乳也很少，种子萌发比较困难，因此人工种子有非常重要的商业应用价值。观赏植物人工种子包埋材料主要有：体胚、茎尖、微茎、节茎段，如 Ruffoni 等(1994)包埋体胚生产获得了2种观赏植物的人工种子，Nhut 等(2004)尝试了将红掌(*Anthurium andreanum*)胚性愈伤作为包埋物的可能性，Katouzi 等(2011)获得了向日葵(*Helianthus annuus*)茎尖人工种子(Reddy *et al.*, 2012)。在过去的二十年里，人工种子技术在观赏植物上得到了迅速的推广和重视，如欧丁香(*Syringa vulgaris*)(Refouelet *et al.*, 1998)、长寿花(*Kalanchoe bossfeldiana*)(王桂兰等, 2003)、芙蓉葵(*Hibiscus moscheutos*)(West *et al.*, 2006)、长春花(*Catharanthus roseus*)、花叶芋(*Caladium bicolor*)(Maqsood *et al.*, 2012、2015)、一串红(*Salvia splendens*)(Sharma *et al.*, 2014)等。

兰花是最为重要的观赏植物之一，其人工种子的应用研究也最受关注。兰花人工种子的包埋材料可以是种子、原球茎和类原球茎。其中原球茎和类原球茎是主要的包埋材料(Reddy *et al.*, 2012)。利用原球茎为包埋材料分别获得了濒危兰花地宝兰(*Geodorum densiflorum*)和杜鹃兰(*Cremastraapp endiculata*)人工种子(Datta *et al.*, 1999；张明生等, 2009)；张建彬等(2014)利用类原球茎获得了大花蕙兰人工种子。类原球茎从体细胞发育而来的，可由茎尖、根尖、叶柄、茎段和叶片诱导获得；类原球茎可直接形成小植株，但其成苗率取决于球茎的大小。Antony 等(2010)研究认为较大的球茎(3~4mm)有利于成苗；与大球茎相比，具茎原基的小球茎也具有相同的再生速度，因此，茎原基的出现对植物转化是极为重要的。Bustam 等(2013)对 *Dendrobium Shain* White 的研究也支持了这个观点，同时认为具茎原基的大规格类原球茎成苗率可达到85%和90%，显著高于无茎原基的类原球茎(图5-3)。

百合作为另一类具有重要观赏价值的植物，也是人工种子研究的重点。早在1995年，Standardi 等研制获得了麝香百合(*Lilium longiflorum*)球茎的人工种子；Haque 等(2014)利用油点百合(*Drimiopsis kirkii*)叶为外植体，通过愈伤组织途径体胚的诱导率高达86.7%，用1.0%海藻酸钠包埋后的人工种子的萌发率达93.3%(图5-4)。

原球茎和类原球茎人工种子的耐贮性种间差异较大。最常用的贮藏条件是4℃条件(Mohanraj *et al.*, 2009)，也有研究表明较高的温度(22℃ ±2℃)更有利于保存，如 *Dendrobium shain* 原球茎人工种子在25℃条件下贮藏75天存活率仍可达80%~92%、135天后还可达52%(Bustam *et al.*, 2013)；而油点百合人工种子在15℃条件下贮藏4个月后其发芽率仍可高达64.4%(Haque *et al.*, 2014)。

5.2.1.3 果树人工种子

人工种子在果树生产、种质资源保存也已有相当的研究基础，所涉及的树种主要集中在热带、亚热带果树上，如香蕉、菠萝、番木瓜、柑橘、番石榴、石榴等，温带树种主要有苹果、梨、葡萄、猕猴桃(*Actinidia deliciosa*)等(Adriani *et al.*, 2000；陈晓

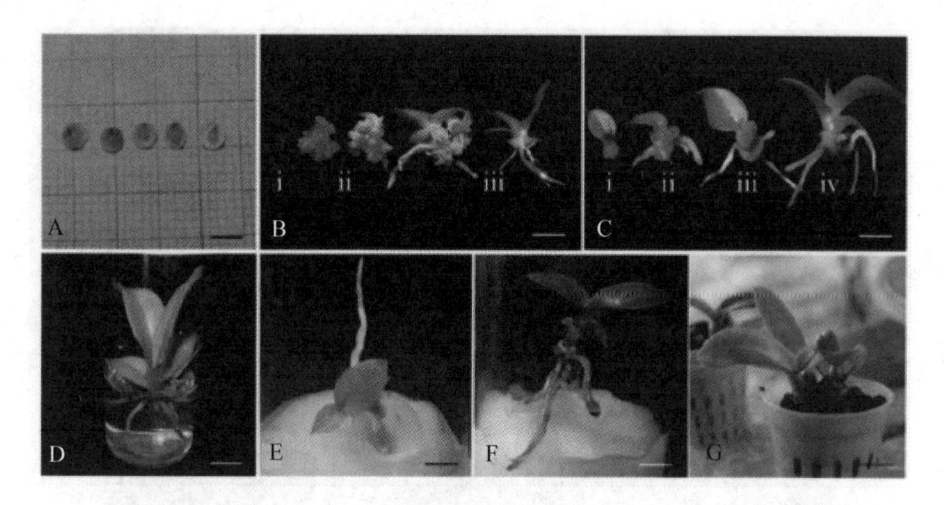

图 5-3 兰花 *Dendrobium shavin* White 类原球茎(PLBs)人工种子的植株再生

(引自 Bustam *et al.* , 2013)

Fig. 5-3 Plantlet regeneration from PLBs synseeds of *Dendrobium shavin* White

(Bustam *et al.* , 2013)

注：A. 包埋的 PLB；B. 经培养后 PLB 的形态分类；C. PLB 在半固体 MS 培养基上的植株再生过程；D. 包埋 PBL 在半固体 MS 培养基上的再生植株；E. 包埋 PLB 在加有无菌水棉床上的再生植株；F. 包埋的 PLB 在加有 1/2MS培养基棉床上的再生植株；G. 源于 PLB 植株转移到碳基上培养 6 个月

Note：A. Encapsulated PLBs；B. Morphological categorization of PLBs after culture；C. the PLBs regeneration pattern after cultured on semi - solid MS basal media (bar = 5mm)；D. Plantlet grown from encapsulated PLB on semi-solid MS basal media (bar = 5mm)；E. Plantlet grown from encapsulated PLB on cotton moistened with sterilized distilled water (bar = 2mm)；F. plantlet grown from encapsulated PLB on cotton moistened with liquid MS basal media (bar = 2mm)；G. Plant derived from PLB 6 months after transfer to charcoal pieces (bar = 1cm)

东和赖钟雄, 2011)。

香蕉是世界上重要的水果和经济作物，栽培品种也十分丰富，其人工种子的生产备受关注。茎尖和体胚皆可用于香蕉人工种子的生产，但其成苗率受品种的影响较大(Ganapathi *et al.* , 1992; 2001)。研究认为，茎尖要比体胚更适合香蕉人工种子生产，但成苗率较低(Suprasanna *et al.* , 2001)。

柑橘(*Citrus reticulata*)是热带和亚热带最广泛栽培的果树之一，因为它含有高含量的柠檬酸、维生素 C 和类黄酮物质。研究报道柑橘人工种子的包埋物主要是体胚，研究表明用含 GA_3的人工胚乳适合于体胚人工种子的生产，其成苗率更高(Antonietta *et al.* , 1998)；而用液氮贮藏则有利于体胚人工种子的贮藏寿命(Singh *et al.* , 2007)。

番石榴(*Psidium guajava*)人工种子的包埋材料以体胚、茎尖和节茎段为主(Akhtar, 1997; Rai *et al.* , 2008a; 2008b)。鱼雷胚期的体胚用2%的海藻酸钠 100mmol/L 活性碳包埋，在无生长调节剂的 MS 培养基中成苗率最高(Akhtar, 1997)。Rai 等(2008a; 2008b)还发现用茎尖和节茎段包埋的人工种子成苗时，液体培养基优于半固体培养基；其人工种子的贮藏可通过在凝胶中添加 ABA 和高浓度蔗糖来抑制包埋体胚的转化，为番石榴优良基因型的短期保存提供了可能。

芒果(*Citrus reticulata*)也是热带地区重要的经济果树之一。Ara 等(1999 包埋芒果体胚而成的人工种子获得了再生植株；Wu 等(2003)比较了人工种子经包埋脱水、预培

图5-4 油点百合愈伤组织诱导、体细胞胚胎发生及人工种子生产(引自 Haque *et al.* , 2014)

Fig. 5-4 Callus induction, somatic embryogenesis and sythetic seed production of *Drimiopsis kirkii*. (Haque *et al.* , 2014)

注：A. 愈伤组织；B，C. 从愈伤组织诱导获得的体胚细胞；D. 形成具有明显根端和茎端的体胚细胞；E. 源于体胚的试管苗；F. 在15℃条件下贮藏120d的人工种子；G. 具明显根端和茎端的人工种子播种12d后的萌发；H. 准备硬化处理的、源于人工种子具发育完好根系的体外植株；I. 人工种子的硬化；J. 苗龄为12个月的人工种子长成的体外植株。

Note：A. Fragile callus；B，C. Somatic embryos induced from callus；D. Conversion of somatic embryos with distinct shoot pole and root pole；E. Somatic embryo-derived in vitro plantlets；F. Synthetic seeds after 120 days of storage at 15℃；G. Germinating synthetic seeds with distinct shoot pole and root pole after 12 days of sowing；H. Synthetic seed derived complete ex vitro plant with well-developed root system，ready for hardening；I. Hardening of synthetic seed – derived plants；J. Twelve-month-old synthetic seed-derived ex vitro plants

养脱水和玻璃化3种处理方法的超低温保存，发现通过玻璃化处理再经超低温保存后，约有94%的胚胎可恢复。

葡萄(*Vitis* spp.)由于杂合度高、自交败育等特点，使得人工种子在其繁殖和资源保存中发挥了重要的作用。Das 等(2006)报道了用子叶期体胚包埋获得了葡萄人工种子，并获得了再生植株。

5.2.1.4 林木人工种子

林木是重要的工业用材及绿化材料来源。林分生产力的提高，很大程度上依赖于优良基因型的应用。随着木本植物组织培养及体胚发生技术的提高，国内外在林木人工种子研究和生产上取得了显著成效。Mukunthakumar 等(1992)等利用体胚包埋的牡竹(*Dendrocalamus strictus*)人工种子获得了 56% 的离体萌发率；茎尖、腋芽、子叶和茎段作为人工种胚也有过研究报道，如利用印度黄檀茎段和体胚包埋的人工种子获得了再生植株；Hung 等(2012)研究了海藻酸钠包埋的 *Corymbia torelliana* × *C. citriodora* 茎尖和节茎段人工种子的短期贮藏效果；Asmah 等(2011)建立了以茎和腋芽为包埋材料生产金合欢属杂种(*Acacia*)的人工种子生产流程，其萌发率可达 73.3%~100%。

纵观近 20 年的研究，林木人工种子生产主要集中在人工林栽培树种，其中以针叶类树种为多；随着造林树种的丰富，阔叶树种也受到关注。林木人工种子的包埋材料以体胚为主，因此，体胚诱导及规模化生产是人工种子发展的前提。自 1985 年首次从云杉合子胚诱导产生体胚以来，多种针叶类植物成功诱导出体胚，并获得了人工种子，如挪威云杉(*Picea abies*)、白云杉(*P. glauca*)、黑云杉(*P. mariana*)、青扦(*P. wilsonii*)、糖松(*Pinus lambertiana*)、火炬松(*P. taeda*)、展叶松(*P. patula*)、北美黄杉(*Pseudotsuga menziesii*)、花柏(*Chamaecyparis pisifera*)等(Gupta *et al.*, 1993；Malabadi and van Staden, 2005；Maruyama *et al.*, 2003)。相较于栽培面积大的针叶树种，阔叶树种相对较少，有兰考泡桐(*Paulownia elongata*)、夏栎(*Quercus robur*)、欧洲栓皮栎(*Q. suber*)、*Q. rariabilis*、山茶(*Camellia japonica*)、桑树等(Ipekci and Gozukirmizi, 2003；Prewein and Wilhelm, 2003；Pintos *et al.*, 2008)。

木本植物体胚诱导的成功率在种属间差异很大。通常情况下，云杉及落叶松(*Larix* spp.)的胚性愈伤组织的诱导比松属容易(Laine *et al.*, 1992；Lulserorf *et al.*, 1992)，而用具胚囊的合子胚诱导愈伤组织在松属植物上比较容易成功。基因型也是木本植物体胚诱导的关键性因子。基因型差异在裸子植物胚性愈伤组织的诱导中表现十分明显，如白云杉愈伤组织的诱导能力在很大程度上受种子起源的影响(李映红等，1988；Tremblay, 1990)；不同种源对黑云杉体胚诱导影响也很大(Cheliak *et al.*, 1991)。

体胚诱导的成功率很大程度上取决于外植体。一般来说，用未成熟合子胚比用成熟合子胚更易诱导体胚，如花柏、辐射松(Maruyama *et al.*, 2003；Aquea *et al.*, 2008)；而合子胚又比实生苗的幼嫩组织更容易。在松属植物中，子叶前期的种胚最适于诱导体胚，而云杉属植物子叶期的种胚可以获得较好的结果。同一植物的不同组织及同一组织在不同发育时期对体胚诱导的效果差异也很大。白云杉、欧洲松、黑云杉(Tremblay, 1990)、糖松(Gupta *et al.*, 1993)、辐射松(Aquea *et al.*, 2008)、北美乔松(*P. strobus*)(Finer *et al.*, 1989)及北美黄杉(Durzan *et al.*, 1987)的体胚诱导时，不同发育时期采集的球果中，仅某一阶段的球果可以产生较好的结果(杨映根等，1995)。目前为止，尚未有利用成年树上的外植体成功诱导体胚的研究报道。

体胚发生利用液体悬浮培养比用半固体培养增殖率大、节约培养空间，并可利用生物反应器大规模生产。如挪威云杉、巴西松(*Araucaria angustifolia*)、*Picea glauca* × *P. engelmannii*、黑云杉和火炬松进行胚悬浮培养获得了成功(Aquea *et al.*, 2008)

(图5-5)。辐射松、白云杉利用生物反应器培养时，胚性培养物能够生长，但均未获得成熟的子叶阶段体胚；但将生物反应器中早期阶段的胚转到半固体培养基上或有支持物的液体培养基上则可发育成熟(Smith, 1991)。将来自悬浮培养的白云杉体胚平放在含有20~50 μM ABA和7.5% PEG的液体培养基培养7周，获得了大量高质量的子叶期体胚；在生物反应器内培养的体胚成苗率比离体培养的合子胚高20% (Attree *et al.*, 1994)。Weyerhaeaser公司用1 L的三角瓶大规模培养北美黄杉、火炬松、挪威云杉的胚性胚柄团(ESM)培养物，通过转移至半固体培养基上可以培养出成熟胚，并大规模应用于生产(杨映根等, 1995)。

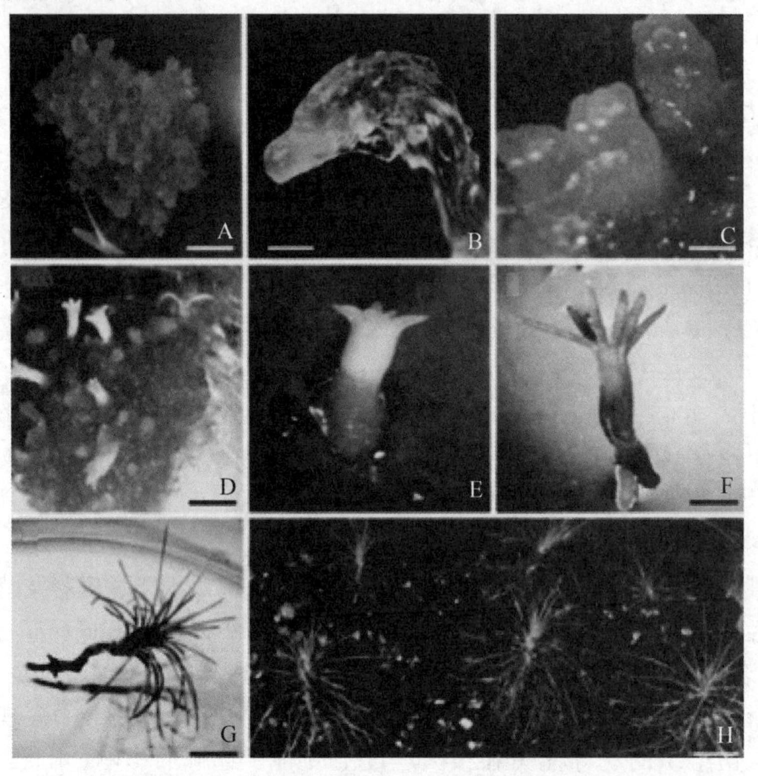

图5-5 辐射松体胚发生及植株再生(引自Aquea *et al.*, 2008)

Fig. 5-5 Somatic embryogenesis and plantlet regeneration fromsomatic embryos of *P. radiata*
(Aquea *et al.*, 2008)

注：A. 体胚发生前的愈伤细胞团；B. 具胚芽和胚轴的早期体胚；C. 子叶发育期的体胚；D. 7mm长的后期体胚；E. 成熟体胚的萌发；F，G. 体胚的离体生长；H. 移植到土壤中的体胚幼苗

Noet：A. Pro-embryogenic mass；B. Early somatic embryo with embryonal head and long suspensor cells；C. Somatic embryo developing cotyledons；D. Late somatic embryo of 7 mm in length；E. Germinating mature somatic embryo；F-G. Growth of somatic seedlings in vitro；H. Plantlets transferred into soil. Scale bars：a，d = 1cm；b，c = 1mm；e = 3mm；f，g = 5mm；h = 5cm

用于商业生产的林木优良无性系的保存可为进一步的选育提供种质基因库。ESM可用悬浮培养方法产生并保存于含有低浓度生长素和细胞分裂素的液体培养基中，如挪威云杉和火炬松用此方法保存了2~3年(Boulay *et al.*, 1988；Lulseorf *et al.*, 1992；Gupta *et al.*, 1993)；冷冻贮藏也是有效方法之一，Laine等(1992)研究利用蔗糖和DMSO作为低温防护剂，将加勒比松的胚性细胞悬浮系在液氮中冷冻保存(4个月)，融化

后经短期停滞阶段后继续生长，其体胚发生能力几乎未变，并成功再生完整植株。Weye-rhaeuser 公司有 500 个黄松的基因型胚性培养物用液氮冷冻保存，并获得再生小植株建立了大田苗圃(杨映根等，1995)。

非体胚人工种子在林木上的应用不多，研究报道以节茎段为主。如白桦(*Betula platyphylla*)、桑属、桉树(*Eucalyptus* spp.)、北京杨(*Populus beijing*)、华腺萼木(*Mycetia sinesis*)(陈德富等，1995)。

尽管林木人工种子获得了一些进展，但面临很多问题：①随着树木的生长，其再生能力普遍降低，从而使其外植体的胚胎发生特别困难；②体细胞无性系变异相当复杂；③木本植物胚胎发生技术的建立还仅限于少数树种；④仅用体胚作为包埋繁殖体限制了人工种子的发展，拓宽研发其他材料，如茎尖、腋芽对体胚发生比较困难的树种更有意义。

5.2.2 人工种子的应用现状及前景

5.2.2.1 应用现状

人工种子具有营养繁殖的优点、又耐贮藏；人工种子直接播种显著提高了重要经济植物的大规模繁殖效率，大大节约了成本；加上其体积小，携带运输十分方便，因此，人工种子的应用越来越广泛。近年来人工种子技术已成功应用于各种植物的生产，包括农作物、蔬菜、水果、观赏植物、药用植物和木本植物。其应用领域主要体现在下列方面：

(1)体外扩繁

人工种子技术可以生产遗传上完全一致的繁殖体。不同于异花授粉植物产生的种子遗传上存在差异，人工种子可通过传统的快繁技术生产无性系植株，具有成本低、繁殖量大的优点，它完全可以与自然种子生产相媲美。对于优良品系和转基因植物的大规模繁殖，用体胚生产的人工种子可以保持植株独特的基因型。一般认为，转基因植株的规模生产十分困难，有时几乎不可能，而通过体胚发生途径生产人工种子可以实现转基因植株的规模繁殖(刘文婷等，2012)；同样，通过遗传育种程序选育的优良品系，也可采用体胚人工种子进行大量繁殖，它可避免有性繁殖时的遗传重组，保持其优良性状。

(2)种质资源保存

除了生产上的大规模繁殖，人工种子技术还可用于濒危和珍稀植物(繁殖体)、稀有杂种、优良基因型、不稳定基因型、通过遗传工程获得但不能产生种子等植物种质资源保存和交流。

低温保存是大部分无性系种质资源保存方法，但存在较多问题。组织培养材料保存一段时间后，需反复转移和继代，多次继代后其形态发生能力下降(Roy and Tulsiram，2013)；重新诱导新的组织培养材料十分繁琐且成本高。而用人工种子技术可以解决这个问题，因为用海藻酸钠包埋繁殖体形成的人工种子是十分稳定的种质资源单位。

人工种子已广泛应用于植物种质资源保存和快繁生产，但其遗传稳定性是前提和保证，特别是用于种质资源保存的人工种子。近年来，由于 DNA 分子标记技术简单、高效和易操作性，越来越广泛地用于评价基于人工种子的种质资源保存材料。常用的分子标记有随机扩增多态性 DNA(RAPD)、间隔简单序列重复(ISSR)等。Srivastava(2009)和 Mishra(2011)应用 RAPD 技术分别分析了瓜叶菊(*Cineraria maritima*)和库洛胡黄连人工种子的遗传稳定性，分别获得了 0.944 和 0.966 的遗传相似度；ISSR 标记用于评价贮藏 6 个月的大麻人工种子，结果表明扩增谱带与母本完全相同(Lata *et al.*, 2011)；Tabassum 等(2010)应用扩增片段长度多态性(AFLP)对黄瓜人工种子的再生植植株进行了遗传稳定性的评价，认为其变异可以忽略不计。由此可见，人工种子作为无性繁殖材料和种质资源保存材料具有可靠的遗传稳定性。

5.2.2.2 存在问题

尽管人工种子在植物的许多领域获得了成功，但要进行大规模商业化生产，还需解决下列几个问题：

体胚发生技术难度大，难以获得低成本和高质量的人工种胚。体胚最适于人工种子的生产，但体胚发生在许多植物材料上还处于探索阶段；或技术体系还未成熟，不能应用于大规模生产；即使体胚发生已获得成功，但体胚发生的潜力随着培养物的老化而逐渐下降；另外，还由于体胚发育的不同步性、早熟、结构异常和耐脱水能力的下降限制了其大规模应用(Ara *et al.*, 2000)。Pintos 等(2008)提出采用数学模型实现体胚发生和发育的自动化控制，可大大提高均质、高质量体胚的生产和包埋效率。

选择使用非胚状体生产人工种子，适用于体胚发生难度较大的植物种类。对于大部分木本植物，非胚状体人工种子的生根也存在较大问题，还需更系统深入的研究(Piccioni, 1995；Chand and Singh, 2004；Naik and Chand, 2011；Hung and Trueman, 2012)。

人工种子的成苗率较低。现有报道中仅有少数植物人工种子的成苗率比较高，可达80%~90%及以上，更多的研究发现成苗率低于50%，尤其当置于土壤条件下，成苗率还会更低。目前大部分人工种子仅能直接播于无菌基质中，否则其成苗率很低，这大大制约了人工种子在生产上的广泛应用。因此，改善人工种皮性能、包埋物及包埋步骤，提高成苗率是迫切需要解决的问题。

人工种子的耐贮性还有待提高。尽管人工种子的贮藏技术逐渐完善和不断提高，使贮藏时间从几十天延长至几个月不等，但与自然种子的耐贮性(从几个月至几十年)相比，还相差甚远。而且随着贮藏时间的延长，人工种子的成苗率及生长潜力还处于未知状况。

5.3 人工种子生产技术与方法

人工种子生产的关键技术包括人工种胚的生产、人工胚乳和人工种皮的研制、人工种子的包埋，人工种子的贮藏、防腐、萌发与成苗等方面。

5.3.1 人工种胚的诱导与形成

人工种胚指人工种子的繁殖体，相当于天然种子的胚，它是人工种子的核心构件，可分为体细胞胚和非体细胞胚两大类(詹忠根等, 2001)。早期人工种子研究一般指前者，如胡萝卜、苜蓿和芹菜等模式植物(Murashige, 1978；Redenbaugh *et al.* , 1984)；到20世纪80年代末，非体细胞胚作为人工种胚的应用受到重视和发展，研究对象也从过去的模式植物转向更多植物种类，如水稻、番木瓜、甘薯(*Dioscorea esculenta*)、桉树、兰花、铁皮石斛等作物、观赏植物、药用植物、木本植物等，大大拓宽了人工种子的应用范围。随着技术的发展和革新，胚状物作为包埋材料的人工种子比例在下降，而非胚状物为制种材料呈现出上升的趋势(陈德富等, 1995)。

5.3.1.1 体细胞胚

由体细胞发育成的胚称为体细胞胚(Somatic embryos)，它同时具有根端和茎段的两极结构，也是最适于人工种子生产的人工种胚。由于体细胞胚的显著优点，它已被广泛应于仙客来(*Cyclament persicum*)、软紫草(*Arnebia euchroma*)、番石榴、水稻、(*Nothofagus alpina*)、葡萄、长春花等人工种子的生产(Sharma *et al.* , 2013)。

体细胞胚培养过程包括：体细胞胚发生和体细胞胚的同步化。

1)体细胞胚的发生

体细胞胚发生的方式有2种：

①直接发生　即体胚直接从外植体不经愈伤组织阶段发育而成，其来源细胞可以是外植体表皮、亚表皮、合子胚等；

②间接发生　即体胚是从愈伤组织、原生质体、花粉等产生，也可通过细胞悬浮培养由单细胞产生。

体胚发生分为诱导阶段和形成阶段：①诱导阶段包括外植体细胞的脱分化、愈伤组织的诱导及胚性细胞或细胞团的形成；②形成阶段包括胚状体的形成和发育。当体胚形成后，合子胚的发育一般要经历球形胚、心形胚、鱼雷胚和子叶胚阶段。

影响体胚培养的因素有很多，主要包括培养基、培养方式、植物生长调节物质、糖种类及浓度的影响。

用于体胚发生的常见培养基有MS、1/2MS、B_5、MT、White等。MS培养基在许多植物成功诱导获得了体胚，如灵枝草(Cheruvathur *et al.* , 2013a)、油点百合(Haque *et al.* , 2014)。通过筛选，江荣翠等(2010)发现1/2MS培养基是楸树(*Catalpa bungei*)体胚发生和萌发的适宜培养基；研究认为MT固体培养基最有利于柑橘愈伤组织生长及与体胚胎发生(张俊娥, 2010)；花柏的体胚诱导则在WP培养基上获得了成功(Maruyama *et al.* , 2003)。

除了固体培养基，液体悬浮培养法(suspension culture)更适于体胚的大规模商业化生产。液体悬浮培养法，即在液体培养基里震荡培养单细胞或小细胞团，具有培养周期短、重复性好、易于同步控制等优点。该方法在互花米草(*Spartina alterniflora*)(Utomo *et al.* , 2008)和火炬松(Aquea *et al.* , 2008)上得到了运用。固体培养、液体培养两种培养方式有时也结合使用，青扦通过固体—液体—固体交替培养的方式，体细胞胚发生率高(93%)且质量好(杨映根等, 1999)。

在植物体胚发生过程中，植物激素的调节作用是极为重要的。一般认为，生长素是诱导体胚发生的关键因子，80%的植物体胚诱导是由生长素单独诱导获得(Gaj,

2001)，其中2,4-D诱导胚性愈伤组织的产生必不可少。生长素和细胞分裂素对体胚诱导有一定的协同作用，二者结合常见于2,4-D与6-BA，或2,4-D和NAA的组合(Reddy *et al.*，2012)。

糖源种类及浓度对体胚的产生和发育有显著影响。蔗糖、果糖、葡萄糖和乳糖均可作碳源，其中以蔗糖应用最为普遍。适宜蔗糖浓度有利于体胚的诱导与发育，高浓度蔗糖形成的高渗透压抑制体愈伤组织的生长发育，但有利于体胚的成熟和抑制胚的萌发。

总体而言，培养基组成和培养条件的改进在很大程度上影响着胚性组织的诱导，包括光照、基本培养基浓度、碳源、氮源的组成与水平，矿质元素、琼脂、植物生长调节剂和pH值。对于胚性组织的诱导来说，同一树种的不同基因型对培养条件的要求不同，因此针对每种植物，不同基因型都需筛选培养条件，才能建立应用于实际生产的体胚发生体系。

2)体细胞胚的同步化

体胚发生过程中细胞分裂和分化往往不同步，从而导致胚状体分化也不同步。人工种子生产要求发育阶段和形态上一致的胚状体，因此需对体胚发生进行同步化控制、筛选及纯化。

体胚与天然合子胚的发育过程类似，都经过原胚(球形)、心型胚、鱼雷胚、子叶胚等发育阶段，其中鱼雷胚或子叶胚是较好的体胚包埋时期。获得同步化体胚方法包括物理方法、化学方法，也可通过分选法获得同步化的体细胞胚(柯善强，1989)。

(1)物理方法

①降低培养温度，使细胞合成停留在有丝分裂间期(G_1静止期，恢复常温后大量细胞同时进行DNA合成，使胚同步发育。如将半夏在8℃条件下悬浮培养细胞24h，同步化效果最好(毛春娜等，2011)。

②改变培养基渗透压，用高浓度蔗糖培养基培养，可使胚性细胞停留在某一阶段，然后转入低渗透压培养基，可达到胚同步发育的效果(朱自清，2003)。

(2)化学方法

①阻断与解除细胞循环　如用DNA合成抑制剂处理单冠毛菊(*Haplopappu graellis*)悬浮培养细胞阻止有丝分裂，去除抑制剂后10~16h出现有丝分裂高峰(朱自清，2003)。

②饥饿　通过氮饥饿处理，可获得细胞分裂间期的同步化细胞；磷和氮饥饿则可获得G_1和G_2期的同步化细胞。

③协调运用外源激素　大部分植物在含有2,4-D培养基上细胞停留在胚性细胞团阶段，去除2,4-D后可同步发育成胚；运用ABA也能促进体胚的成熟和抑制胚的提早萌发(崔凯荣等，2001)。

(3)分选法

可采用手工分选和机械分选，大规模分选采用机械分选。机械分选方法有：

①过筛　是筛选悬浮培养体胚最常用的方法。将体胚通过不同孔径的筛孔(20、

30、40、60 目)，筛选获得的大规格的成熟体胚制作人工种子，小规格体胚可继续培养。

②密度梯度离心　不同发育时期的体胚密度不同，发育后期密度较小。用 Ficoll 溶液离心来选择胡萝卜悬浮培养细胞，可获得同步发育的胚状体(孙敬三，1990)。

在实际生产中通常将几种方法联合使用。在杂交水稻体胚生产时采用调节 2,4-D 浓度和尼龙网筛选相结合的方法，体胚的同步率可达 80.2%(刘选明和周朴华，1994)；而通过控制 2,4-D 和蔗糖浓度、培养时间，获得了龙眼(*Dimocarpus longan*)体胚发生高度同步化的胚性培养物(王风华等，2003)。另外，利用数学模型也可用来监测体胚的同步化生产；运用体胚图像结合数字成像分析系统进行定量分析，可比较不同处理和培养基上的体胚的同步化进程(Pintos *et al.*, 2008)。

3)体细胞胚的发育成熟

尽管体胚发生在许多植物上都获得了成功，但体胚转化为植株的比例还较低——因为体胚的发育还未完成(后熟)。不同于种子胚，体胚未经历胚发生的最后阶段，即胚成熟。一些木本植物由于胚早熟转化及反复自发的体胚发生，导致未完成胚后熟，影响了人工种子的生产(Sharma *et al.*, 2013)。

赤霉酸(GA_3)可抑制体胚的发生，但体胚形成后可加速胚发育(柯善强等，1992)；脱落酸(ABA)可促进体胚成熟并抑制胚提早萌发(崔凯荣等，2001)。研究认为胚成熟需在低浓度或无 2,4-D 的培养基上才能进行，转到含 ABA 的培养基上才能完成；不同渗透剂也可以促进胚的成熟(如欧洲栓皮栎)，当未成熟胚在含有 ABA(4～6mg/L)和 7.5% PEG 培养基中培养 4～8 周，可显著提高胚成熟，获得成熟同步性好的高质量体胚(Gaj *et al.*, 2001；Garcia-Martin *et al.*, 2005)。在黄杉体胚发育和成熟培养基中添加 ABA 和活性炭，同时增加渗透压，获得了高质量的子叶期胚；结合使用 PEG 则获得了类似于成熟合子胚形态，有利于体胚的贮藏(Gupta *et al.*, 1993)。较高浓度蔗糖和 ABA 还可有效促进蝶豆的体胚发生率(Kumar and Thomas, 2012)。另外，体胚重量的增加可以作为胚成熟的衡量指标(Garcia-Martin *et al.*, 2005)。

总体而言，尽管体胚发生技术在很多植物上都获得了成功，但高产量和高质量胚状体的获得难度仍然较大，且存在无性系变异、幼苗期较长和成苗率较低的缺点，因此，在重要经济植物和珍稀濒危植物中的应用仍受到限制。

5.3.1.2　非体细胞胚(单极繁殖体)

用于制作人工种子的非体细胞胚可分为 3 类：①微切段，指带有顶芽或腋芽的枝条、茎节段；②天然单极无性繁殖体，如球茎、微鳞茎、根状茎、原球茎；③处于分化状态的无性繁殖体，即还未达到完全分化的分生组织，如拟分生组织、细胞团等。

(1)微切段(茎节段)

具芽的微切段是人工种子最常用的繁殖材料，因为其繁殖体系和外植体材料较易获得，而且遗传稳定性也高。研究认为具有 1～2 个腋芽/顶芽、长 3～5mm 节段常用于人工种子生产(Sharma *et al.*, 2013)。微切段作为包埋材料已在枣树(*Ziziphus jujuba*)、桑属、大桉(*E. grandis*)、鸭嘴花(*Adhatoda vasica*)、印度黄檀、菠萝、石榴、非洲菊

(*Gerbera jamesonii*)、芭蕉、黄荆、非洲楝等人工种子生产上得到广泛应用(胡芳名等, 2004; Sharma *et al.*, 2013)。

微切段人工种子生产的关键问题是不定根的形成。因为微切段不含根尖结构,播种后不定根的生长比较困难,因此需通过预培养诱导根原基的形成,使其播种后易产生不定根,提高其萌发和成苗率(Sharma *et al.*, 2013)。微切段预培养可在添加细胞分裂素和生长素的培养基质上进行。倪德祥等(1994)将紫参和安祖花的不定芽在添加激素的培养基上进行预培养,制作的人工种子成苗率分别达48.7%和56.1%;而*C. torelliana*×*C. citriodora*人工种子的成苗完全取决于IBA,用19.6μm IBA预处理后其成苗率可达60%~100%,没有IBA时茎段几乎不能生根;同样,用245μm IBA预处理非洲楝节茎段也获得了52%~100%成苗率(Hung and Trueman, 2012);菠萝、印度黄檀和苹果使用4.9~39.4μm IBA获得相近的成苗率(Sharma *et al.*, 2013)。

在萌发基质或包埋基质中添加植物生长调节物质也可提高成苗率。Ahmad等(2010)在MS培养中添加2.5μm Kn和1.0μm NAA,包埋的黄荆人工种子可诱导出平均根数2.8。在1/2MS添加5.0μm BA和0.5μm IAA,罗勒(*Ocimum basilicum*)人工种子的成苗率为80%(Siddique and Anis, 2009);同样,在WPM培养基上添加7.5μm BA和2.5μm NAA,四叶萝芙木(*Rauvolfia tetraphylla*)完整植株的获得率达90.3%(Alatar *et al.*, 2012)。Pinker等(2005)在包埋基质上添加5.71μm IAA,菊花(*Dendranthema. grandiflora*)的茎段生根率则高达100%。另外,一串红茎节段人工种子播种前用100mmol/L KNO_3处理30min,在培养基上的成苗率可提高至94.6%(Sharma *et al.*, 2014)。

(2)天然单极无性繁殖体

已初步分化,有的已开始营养生长的营养器官,如微球茎、根状茎、球根等。由于此类繁殖体已完成分化,并含有较多的营养物质,因此,在制作人工种子时,即使不添加人工胚乳及其他诱导物质也能成苗。如包埋的*Ipsea malabarica*,在无激素或添加6.97μm Kn的1/2MS培养基上的成苗率可达100%;但激素对不定芽数量有影响,添加6.97μm Kn可获得7.2个不定芽数量,显著高于无激素培养基上产生的4.6个不定芽,而且前者不定芽的生长也快于后者(Sharma *et al.*, 2013)。原球茎的适宜包埋阶段,兰科3个属(*Dendrobium*, *Oncidium* and *Cattleya*)在切割的原球茎培养13~15d后,在叶原基阶段最适宜包埋(Saiprasad *et al.*, 2003)。

用天然单极无性繁殖体制作人工种子不仅简单易行,而且生长周期短。如用铁皮石斛原球茎制作的人工种子很好地解决了营养繁殖的问题(Sharma, 1992);用百合微鳞茎制作的人工种子能有效地缩短生长周期(Kajama *et al.*, 1982)。不仅如此,这类人工种子萌发率更高:郭顺星(1996)以铁皮石斛的原球茎为材料的人工种子萌发率可达98%;Nayak等(1997)以黄花独蒜的原球茎为材料制作人工种子萌发率达98%。Shashi(1993)以*Cymbidium giganteum*原球茎为包埋物的人工种子,在无菌条件下萌发率达100%;Corrie等(1993)制作的*Cymbidium giganteum*原球茎人工种子,在试管中、沙、沙和土壤的混合基质中的成苗率分别达到100%、88%和64%,表明无菌生长的原球茎可直接播于土壤,大大降低了生产费用、提高了后期的适应性。

天然单极无性繁殖体在兰花人工种子上应用尤其广泛,Sarmah等(2010)用起源于叶基的原球茎生产获得了濒危单轴(monopodial)大花万带兰(*Vanda coerulea*)的人工种子；其他兰花类植物还有大苞鞘石斛(*D. wardianum*)、密花石斛、*Phaius tonkervillae*，金蝶兰属(*Oncidium*)、卡特兰(*Cattleya*)、紫花苞舌兰(*Spathoglottis plicata*)(Sharma *et al.*, 2013)。

(3)分化状态的无性繁殖体

由不均一的组分构成的复合体，但各组分最终也将发育成上述两类繁殖体之一(Sharma *et al.*, 1992)，如Uozumi(1994)辣根芽原基为培养物制作的人工种子。值得注意的是根据繁殖体分化阶段选择适宜的包埋时机十分重要，如Uozumi(1995)以26日龄的辣根芽原基制作的人工种子植株形成率最为理想。

与体细胞胚人工种子相比，非体细胞胚人工种子有以下优点：①几乎所有的粮食作物、经济作物、园艺作物在离体条件下都能以不定芽、原球茎、茎段等方式进行增殖；②以非体细胞胚为包埋材料降低了人工种子制作的难度；③通过微芽等方式可以把变异的风险降到最低。

5.3.2　人工胚乳

自然种子中的胚乳是合子胚发育的养分来源，同样人工胚乳也是为人工种胚(体细胞胚、非体细胞胚)的新陈代谢和生长发育提供营养物质及生长调节物质。因此，人工胚乳研制的重点是筛选出适合于人工种胚萌发的培养基，并将其添加到包埋介质中。人工胚乳一般由基本培养基成分、生长调节剂和碳源组成(Gardi *et al.*, 1999)。

(1)基本培养基与碳源

人工种子中的种胚萌发需要基本培养基提供无机盐和有机物。基本培养基包括MS、N_6、B_5和SH，其中以MS培养基最为常用，如桑树和欧丁香皆用MS培养基作为人工胚乳(Refouelet *et al.*, 1998)。

糖类既可作为繁殖体生长的碳源物质，又可改变包被体系中的渗透势，防止营养成分外泄，还利于人工种子的低温储藏。目前用于人工胚乳中的糖类主要有蔗糖、麦芽糖、果糖和淀粉等，其中以蔗糖应用最为广泛，促进人工种子转化成苗的效果也相对较好。与果糖相比，蔗糖更利于桑树体胚人工种子的发芽和生长(叶志毅等, 2001)；增加蔗糖浓度还可提高猕猴桃(*Actinidia deliciosa*)不定芽人工种子的成苗率(Adriani *et al.*, 2000)。

淀粉作为碳源在人工种子包被中应用也比较广泛。淀粉分子多孔状的结构可以改变海藻酸钙胶囊的致密结构，从而增加胶囊的透气性、保水性和吸水性，提高了人工种子的萌发率。制作苜蓿体胚人工种子时，Redenbaugh等(1987)比较了7种淀粉(玉米淀粉、马铃薯淀粉、米淀粉、麦淀粉等)加入SH培养基内的效果，发现马铃薯淀粉可使体胚成苗率达35.4%。在实际操作中，几种碳源成分配合使用也可以达到很好的效果(王文国等，2006)。

(2)植物生长调节物质

在人工胚乳中添加激素可提高人工种子的萌发率，促进体细胞胚根、胚芽的分化与生长，还可促进非体细胞胚繁殖体转化成苗。一般添加的激素种类包括：BA、IAA、

GA_3、NAA。

在人工胚乳中添加GA_3可将茶枝柑(*Citrus reticulata*)的体细胞胚人工种子的萌发率由26.7%提高到50%(Antonietta *et al.*, 1998);程力辉等(2009)在半夏人工种子基质中同时添加0.20mg/L NAA和0.01mg/L GA,促进了人工种子的萌发。Saiprasad等(2003)包埋兰属球茎时添加0.44μmol/L BA和0.54μmol/L NAA,使其成苗率达100%;Nieves等(2001)发现1μmol/L ABA和0.25μmol/L甘露醇可以延缓一种柑橘合子胚的萌发和成苗。

(3)其他物质

除上述基本物质外,人工胚乳中还可通过添加金属离子、活性炭以改善人工种子的物理性能和提高萌发率;加入杀菌剂、防腐剂、农药、抗生素、除草剂等以控制植物的生长发育和提高其抗逆性(李修庆,1990)。

Pintos等(2008)研究发现在包埋介质中添加矿质元素可以显著提高欧洲栓皮栎(*Quercus suber*)人工种子的成苗率。Nieves等(2001)总结前人研究结果发现:人工种子包埋时加入金属离子Ca^{2+}、Cu^{2+}和Al^{3+}有利于形成圆形的弹性胶囊,而添加Fe^{2+}、Zn^{2+}和Mn^{2+}形成胶囊的外壳较软,添加Ca^{2+}或一定量的沸石都可提高Cleopatra合子胚的萌发率,说明Ca^{2+}可以作为很好的海藻酸钠的离子交换剂。

Kumar等(2005)在杂交稻体胚人工种子中加入杀菌剂(多菌灵和链霉素),发现其对人工种子萌发环境的微生物有很好的抑制作用;薛建平等(2005)对半夏人工种子贮藏技术的研究表明,种皮中添加1%的多菌灵,种皮滋生霉菌的时间推迟,但高浓度多菌灵对霉菌的抑制效果明显。

5.3.3 人工种皮的制作

人工种皮一直是人工种子研究的热点之一,获得高质量的人工种子繁殖体后,必须对人工种皮的材料进行筛选。

人工种皮的研究集中于内种皮材料的选择。Redenbaugh(1987)从26种水溶性胶中发现海藻酸钠、明胶、果胶酸钠、琼脂、树胶及Gelrite可作为内种皮。其中海藻酸钠应用广泛,但保水性差、水溶性成分及助剂易渗漏、失水干燥后难以回胀、机械强度差及胶球黏连等缺点(陈德富等,1995;Timbert,1996)。

包埋基质的选择应注重改善其透气性以提高胚的成苗率。Ling(1993)用壳聚糖作为外种皮制作的油菜人工种子萌发率达100%,但在有菌条件下萌发率并不高;George(1995)试用硅胶包埋谷子体胚萌发率达82%,在4℃条件下贮藏14d,可自行裂开使胚顺利萌发。Timbert等(1996)在海藻酸钠中加入多糖、树胶、高岭土后能减慢凝胶脱水速度,提高了干化胡萝卜体胚的活力;薛建平等(2004)以海藻酸钠和壳聚糖为种皮基质,添加GA_3、多菌灵、苯甲酸钠、$CuCl_2$、$CoCl_2$和NiCl等制成复合型人工种皮,使半夏人工种子萌发率、成苗率分别达到95%和90%。张明生等(2009)以4.0%海藻酸钠、2.0% $CaCl_2$、2.0%壳聚糖为人工种皮基质制作的半夏人工种子,在4℃条件下贮藏20d后的萌发率、成苗率分别为82.8%和78.6%;李爱贞等(2010)以胡萝卜体胚为繁殖体,发现包埋材料海藻酸钠的效果要好于PEG(聚乙二醇)。

5.3.4 人工种子的包埋

人工种子的包埋方法主要有液胶包埋法、干燥包埋法和水凝胶法。①液胶包埋法是将胚状体或小植株悬浮在一种黏滞的流体胶中直接播入土壤，Drew(1979)用此法将大量的胡萝卜体胚放在无糖而有营养的基质上，仅获得了3颗小植株。②干燥包埋法是将体胚经干燥后再用聚氧乙烯等聚合物进行包埋，但此法成株率也较低。③水凝胶法是指通过离子交换或温度突变形成的凝胶包埋繁殖体的方法，Redenbaugh 等(1987)首先用此法包埋单个苜蓿体胚制得人工种子，成株率达86%，此后水凝胶包埋法很快被其他人工种子研究者广泛采纳。

水凝胶法中的海藻酸钠和钙盐结合被认为是最适宜的人工种子的包埋方法(Sharma *et al.*, 2013)。Redenbaugh 等(1986)利用 $CaCl_2$作为络合剂，使海藻酸钠发生离子交换并形成海藻酸钙胶囊。具体操作方法是：将繁殖体悬浮于海藻酸钠水溶液，滴入 $CaCl_2$ 溶液后发生离子交换，表面结成硬壳，形成胶囊(图5-6)。胶囊大小取决于滴管的滴头大小，其坚实程度和硬度可通过调整海藻酸钠和氯化钙浓度来实现。海藻酸钠的适宜浓度一般为0.5%~5%、$CaCl_2$的浓度为30~150mmol/L、离子交换时间为5~30min，不同植物种类和繁殖体要求存在差异(Roy *et al.*, 2008)。

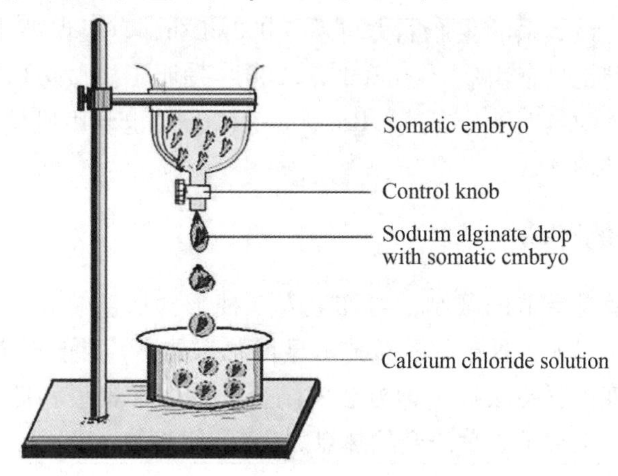

图5-6 海藻酸钠包埋技术示意图

Fig. 5-6 A digram of the encapsulating technology using sodium alginate

大量研究表明3%海藻酸钠和100mmol/L $CaCl_2$处理20~30min是最为理想的人工种子包埋条件，如密花石斛、洋兰等(Sharma *et al.*, 2013)。辐射松体胚用3g海藻酸钠和100mmol/L $CaCl_2$包埋获得的人工种子萌发率为75%，成苗率达66%(Aquea *et al.*, 2008)；灵芝草鱼雷胚期的体胚用含3%海藻酸钠的MS培养基和100mmol/L $CaCl_2 \cdot 2H_2O$ 溶液包埋，人工种子萌发率高达92%(Cheruvathur *et al.*, 2013a)。但不同植物种类之间包埋的适宜条件存在差异。番木瓜体胚以2.5%的海藻酸钠在50μmol/L $CaCl_2$中包埋10min，萌发率可达77.5%(Castillo *et al.*, 1998)；而蛾豆(*Vigna aconitifolia*)的体胚只需5min就可获得65%的萌发率(Malabadi *et al.*, 2002)；芹菜体胚以2%的海藻酸钠和5μmol/L的 $CaCl_2$ 为最佳配方(Suehara *et al.*, 1995)；油点百合体胚包埋在1.0%、2.5%和4.0%海藻酸钠，萌发率分别为93.3%、86.7%和57.8%(Haque *et al.*,

2014)。

为了提高人工种子的保护性能，在单层人工种子外通过相同的方法再包埋一层海藻酸钠，此为双层人工种子。无论是单层或双层人工种子，都不能保证繁殖体处于种子中间，从而降低了种皮的保护性能。由此，Patel 等(2000)提出了一种新的海藻酸钠包埋体系：将繁殖材料悬浮于 $CaCl_2$ 和羟甲基纤维素混合液中，滴入到摇动的海藻酸钠溶液中进行离子交换形成空心胶囊，这种包被技术可以在繁殖体周围形成液体被膜，以更好地保护植物繁殖体。胡萝卜胚性愈伤组织用此方法包被后培养 14d，100% 的空心颗粒能在液体中萌发，13% 的能够突破胶囊；马铃薯(*Solanum tuberosum*)也有 50% 的胚性愈伤组织可在空心胶囊中萌发，81% 的不定芽可突破胶囊生长(Patel *et al.*，2000)。

用海藻酸钠制作人工种子工艺简单灵活，既可在实验室小规模制作又可机械化生产。早在 1987 年 Redenbaugh 等就用机械包埋苜蓿人工种子；付晓棣等(1990)研制出一种人工种子滴制仪，用电磁控制滴制缸中的空气量，控制滴制速度，每小时可制种 10 万粒。但上述 2 种方法都不能保证一粒种子中只含一个繁殖体。Brandenberger 和 Widmer(1998)设计了一个多喷头自动包被体系，有 13 个类似于滴管的喷头，改变其喷头的直径和脉动膜孔径即可用于不同大小的繁殖体以及细胞的包埋，从喷头滴下的液滴在反应池中固化。该体系的生产能力可达 5 000mL/h，直径误差小于 0.3%，产生 2 个繁殖体胶囊的误差也只有 4%。Sicurani 等(2001)发明了机械化切割外植体，对木本植物中已分化繁殖体的包埋十分有效；Brischia 等(2002)也利用机械化切割苹果的根茎并进行包埋生产人工种子。

5.3.5 人工种子的贮藏

由于农林生产要受季节的限制，再加上人工种子含水量较大，常温条件下易于萌发，也容易失水，所以人工种子的贮藏技术显得尤为重要。目前报道的方法有低温法、干燥法、抑制法、液体石蜡法等多种方法的结合。其中干燥法和低温法相结合方法应用最广，也是目前人工种子贮藏研究的热点之一(陈德富等，1995)。

5.3.5.1 干燥法贮藏

正常型种子成熟后种胚将进入静止期，提高了种子的耐贮性。种胚干化是种子发育成熟和必经之路，它可刺激萌发基因、并可将多余的 mRNA 贮藏起来，以作萌发时的需要；干化处理也是延长体胚贮藏寿命的最有效方法(Choi and Jeong，2002)。

裸胚干化处理可通过阶段性(1~2 周)持续降低相对湿度，或可打开培养皿干燥过夜(Ara *et al.*，2000)。成熟体胚干化可在相对湿度控制在 81%~43% 或空气干燥 2~3 周，至含水量达低于 32%；未成熟体胚适于缓慢干燥脱水。在高湿下缓慢干化，体胚有较高的发芽率和成苗率；快速干燥的体胚成苗率则较差(Sundararaj *et al.*，2010)。在 23℃条件下干化鸭茅(*Dactylis glomerata*)体胚 21d，萌发率达 12%，成苗率仅 4%(Gray *et al.*，1987)。干燥率是体胚存活的关键因子。Hammatt 等(1987)将大豆体胚干化到原体积的 40%~50%，重新吸水后萌发率达到 31%；Takahata(1993)干化甘蓝体胚到含水量 10%，成苗率达 48%。

Senaratna 等(1992)发现干燥体胚的活力远高于未干燥的体胚，但明显低于自然种子。海藻酸钠包埋的胡萝卜体胚经干化后其超氧化物歧化酶(SOD)和过氧化物酶(POD)的活性显著提高，从而减轻低温贮藏对胡萝卜体胚的伤害(李修庆等，1990)；崔红等(1993)通过电镜观察、电导值及脱氢酶的比较，发现干化有助于芹菜体胚贮藏期间细胞结构及膜系统的保持和提高酶的活性，使体胚具有更好的耐贮性。

干化过程中要注意提高胚的干燥耐受性。提高培养基的渗透能力可提高胚的干燥耐受性，如添加高浓度渗透物质(蔗糖、甘露醇)，因为高渗透压处理可增加繁殖体内源 ABA 含量，诱导休眠，从而增加其耐逆性。Choi 等(2002)发现高浓度蔗糖对西伯利亚参(*Eleutherococcus senticosus*)体胚休眠具有积极影响，且蔗糖干燥脱水处理比空气干燥具有更高的成苗率(86%)；提高 ABA 的浓度也有利于日本花柏体胚人工种子的贮藏寿命(Maruyama *et al.*, 2003)。

用 ABA 预处理可提高(干燥和未干燥)体胚的存活率和成苗率(Timbert，1996)。ABA 是一种植物逆境激素，可诱导产生蛋白质、多胺、脯氨酸和淀粉等物质，使体细胞胚在干燥处理中受到保护；另外，ABA 能促进体胚形态正常化，抑制体胚过早萌发，提高干物质的积累，从而提高干化耐受性(Sharma，1992；Nakashimade，1996；Maruyama *et al.*, 2003)。1978 年，Nitzche 首次用 ABA 处理胡萝卜体细胞胚，经 7d 干燥后仍具有生命力，并得到再生植株(张铭等，2000)；Fuji 等(1987)在芹菜体胚成熟培养时加入 ABA 和甘露醇，大大提高了成苗率；Timbert(1996)和 Helal(2011)在包埋基质中添加 ABA 也显著提高了人工种子干化耐受性。

5.3.5.2 低温贮藏法

低温贮藏通过降低温度抑制人工种胚的呼吸作用，使之进入休眠。常用的低温条件一般指 4℃，在此温度下体胚人工种子可以储存 1～2 个月。低温贮藏方法因包埋材料而异，下面介绍海藻酸钠为包埋材料人工种子的贮藏。

Pintos 等(2008)报道栓皮栎人工种子在 4℃下保存 2 个月，其成苗率没有显著降低；茶枝柑的人工种子，低温储存 1 个月仍具很高的成苗率(Antonietta *et al.*, 1998)；泡桐(*Paulownia elongata*)人工种子在储藏 30d 或 60d 后，体细胞胚的存活率分别是 67.8% 和 53.5%，萌发率分别为 43.2% 和 32.4%(Ipekci *et al.*, 2003)；而蝶豆体胚人工种子在 4℃下保存 5 个月活力仍保持在 86%(Kumar and Thomas，2012)。

非体细胞胚人工种子在低温下贮藏时间更长：4 种罗勒属(*Ocimum*)植物腋芽包埋的人工种子可保存 60d(Mandal *et al.*, 2000)；马铃薯茎尖用海藻酸钠包被的人工种子储藏 270d、360d 和 390d 后，在 MS 培养基上的萌发率分别是 100%、70.8% 和 25%(Nyende *et al.*, 2003)。黄卫昌等(2005)发现钻喙兰(*Rhynchostylis retusa*)原球茎人工种子在 4℃下贮藏 15d 后的萌发率可达 92%，显著高于 20℃和 25℃条件下的贮藏效果；Mohanty 等(2013)发现密花石槲类原球茎人工种子在 8℃下贮藏 60d 后的成苗率仍高达 95%。

超低温一般是指在 -80℃以下的低温，如超低温冰箱(-150～-80℃)、液氮(-196℃)等。在此温度下，植物活细胞内的物质代谢和生命活动几乎完全停止，故人工种胚在超低温下不会引起遗传性状的改变，也不会丢失形态发生的潜能。人工种子超低温保存的方法主要是预培养干燥法，即将人工种子经一定的预处理干燥后，置于液氮中保存。近年有关液氮保存胚性细胞、体胚、人工种子的报道越来越多(Maruyama *et al.*, 2003; Bouafia *et al.*, 1995)。

由于人工种子不像自然种子在贮藏前进入休眠状态，随着低温储存时间的延长，包埋体系内的含氧量降低，人工种子萌发率也会逐渐下降(郭仲琛，1990)。

5.3.5.3 液体石蜡贮藏

液体石蜡作为经济、无毒、稳定的液体物质，常被用来贮藏细菌、真菌和植物愈伤组织。

早期研究发现人工种子在液体石蜡中保存时间可达6个月以上(郭仲琛，1990)。李修庆等(1990)发现胡萝卜人工种子在液体石蜡中保存1个月后能较正常的生长，但贮藏79 d后幼苗生长则显著低于对照；同时发现液体石蜡对幼苗的呼吸和光合作用有一定的阻碍作用。海藻酸钠包埋的梓树(*Catalpa ovata*)不定芽人工种子，用石蜡油涂抹后在4℃条件下贮藏28 d或42 d后，萌发率仅为3%~22%(Wysokinska *et al.*, 2002)。由此可见，液体石蜡贮藏人工种子短期贮藏(1个月)效果较好，但不适合于长期贮藏。

5.3.6 人工种子的防腐

人工种子直接播种极易感染微生物，因此防腐是人工种子贮藏和田间播种的关键技术之一。为了提高人工种子的抗感染能力，制备时在凝胶中添加杀菌剂，如苯菌灵、托布津、多菌灵、壳聚糖和植物防腐培养基等(Hung *et al.*, 2015)。

柯善强等(1992)在人工种皮中加入防腐剂CH、CD、WH831-D，显著提高了黄连人工种子在有菌条件下的萌发率和成苗率；汤绍虎等(1994)在甘薯人工种皮中加入400~500mg/L的先锋霉素、多菌灵、安苄青霉素和羟基苯甲酸丙酯，使其在有菌的MS琼脂培养基上萌发率提高了4%~10%；陈德富(1995)等用100mg/L的青霉素和0.1% CTM作为苎麻(*Boehmeria nivea*)人工种子的防腐抗菌剂，使其在土壤中的发芽率和成苗率均达到100%。

但抗生素和杀菌剂也会降低人工种子的活力(Sharma *et al.*, 2013)，因此Hung等(2012)建议在田间播种前先在培养皿中进行预培养，以提高其对环境的适应性。用双层种皮人工种子播种可省去播种前的环境适应阶段，减少微生物的污染，如Pinker等(2005)用菊花双种皮人工种子播种于未消毒的蛭石，提高了成苗率(45%)。通过不添加有机物也可有效提高幼苗转化率，降低污染。Hung等(2015)报道在未消毒的包埋凝胶和播种基质中不添加有机化合物，播种6周后成苗率可达70%；在包埋凝胶中不添加、而在播种基质中添加有机化合物，其成苗率降低至34%；两者相比，前者幼苗的生长更为旺盛。

5.3.7 人工种子的萌发与成苗

人工种子萌发基质包括MS固体培养基、蛭石、腐殖土、复合基质等。高营养和清洁环境是人工种子萌发与成苗的基本条件，这可能是MS琼脂培养基优于其他基质的主要原因。

参考文献

陈德富，陈喜文，程炳蒿．1995. 人工种子的几个问题的探讨[J]. 山东农业大学学报，26(2)：249－256.

陈德富，陈喜文，李宗道．1996. 苎麻人工种子在不同条件下的发芽特性与贮藏特性[J]. 中国麻作18(2)：1－5.

陈晓东，赖钟雄．2011. 果树人工种子研究进展．中国农学通报[J]，27(02)：84－89.

程力辉，漆燕玲，李玉萍．2009. 半夏人工种子种皮基质配比对萌发率的影响[J]. 安徽农业科学，7(14)：6433－6434.

崔红，郭仲琛．1993. 芹菜体细胞胚胎发生及干化体细胞胚的研究[J]. 植物学报，35(增刊)：94－100.

崔凯荣，戴若兰．2001. 植物体细胞胚胎发生的分子生物学[M]. 北京：科学出版社，48－62.

付晓棣，牛小牧，朱澂，等．1990. 植物人工种子滴制仪研制与试用．李修庆主编．植物人工种子研究[M]. 北京：科学出版社，144.

郭顺星，曹文芩，张集慧．1996. 铁皮石斛人工种子制作流程及发芽研究[J]. 中草药，27(2)：105－106.

郭仲琛．植物体细胞胚发生和人工种子研究．郭仲琛，桂耀林主编．1990. 植物体细胞胚发生和人工种子[M]. 北京：科学出版社，1－9.

胡芳名，何业华，胡中沂．2004. 枣树人工种子的研制[J]. 林业科学，40(6)：191－193.

黄和平，高山林，黄璐琦，等．2015. 基于胚性愈伤的四倍体盾叶薯蓣人工种子研究[J]. 中药材，38(1)：1－4.

黄卫昌，Suniiha N. 2005. 不同贮藏温度和时间对钻喙兰人工种子萌发及其幼苗成活的影响[J]. 植物资源与环境学报，14(3)：63－64.

江荣翠，彭方仁，谭鹏鹏．2010. 楸树体细胞胚胎发生研究[J]. 林业科技开发，24(1)：51－54.

柯善强，桂耀林，郭仲琛．1989. 植物人工种子研究[J]. 植物学通报，6(4)：205－210.

柯善强，桂耀林．1992. 黄连体细胞胚胎发生的分子生物学[M]. 北京：科学出版社，48－62.

李爱贞，刘毅君，陈艳红．2010. 胡萝卜人工种子包衣材料的筛选[J]. 亚热带植物科学，39(2)：17－20.

李修庆，邓芙莲．1990. 胡萝卜人工种子的制作流程以及在有菌土壤中的发芽成苗[M]. 北京：北京大学出版社．

李映红，郭仲琛．1988. 青扦体细胞胚胎发生及小苗形成的研究．植物细胞工程应用基础研究新进展[M]. 北京：学术期刊出版社，49－53.

刘福平，张小杭，崔寿福．2015. 植物人工种子概况[J]. 江西科学，(33)4：484－490.

刘选明，周朴华．1994. 杂交水稻体细胞胚诱导与同步化的研究[J]. 作物学报，20(4)：465－472.

刘文婷，刘永红，何蔚娟，等．2012. 干燥体细胞胚作用转基因苜蓿人工种子的研究[J]. 草地学报，20(6)：1143－1149.

毛春娜，红爱民，薛建平，等．2011. 低温处理对半夏悬浮培养细胞同步化的影响[J]. 中国中药杂志，36(8)：959－962.

倪德祥，邓志龙，岑益群，等．1994. 紫参和安祖花不定芽人工种子的研究[J]. 复旦学报(自然科学版)，33(5)：540－546.

秦自清，赵婷，邱婧，等．2008. 霍山石斛人工种子包埋繁殖体和萌发[J]. 生物工程学报，24(5)：

803 - 809.
孙敬三，桂耀林．1990. 植物细胞工程实验技术[M]．北京：科学出版社，226 - 239.
孙筱筠，张宗申．2010. 东北矮紫杉人工种子的制备[J]．大连工业大学学报，29(5)：321 - 324.
汤绍虎，孙敏，李坤培，等．1994. 甘薯人工种子研究[J]．作物学报，20(6)：746 - 750.
王风华，赖钟雄，郑金贵，等．2003. 龙眼胚性愈伤组织体胚发生的现步化调控及其 DNA 与 RNA 的提取方法[J]．热带作物学报，3(24)：31 - 34.
王桂兰，陈超，田立民，等．2003. 长寿花组织培养与人工种子的研究[J]．北京农学院学报，18(4)：299 - 301.
王文国，王胜华，陈放，等．2006. 植物人工种子包被与储藏技术研究进展[J]．种子，25(2)：51 - 57.
薛建平，张爱民，葛红林，等．2004. 半夏的人工种子技术[J]．中国中药杂志，29(5)：402 - 404.
薛建平，张爱民，盛玮，等．2005. 半夏人工种子贮藏技术的研究[J]．中国中药杂志，30(23)：1820 - 1823.
杨映根，谷瑞升，郭仲琛．1999. 青扦胚性细胞悬浮培养中影响体细胞胚发生因素的研究[J]．云南植物研究，21(1)：114 - 120.
杨映根，桂耀林，郭仲琛．1995. 裸子植物体细胞胚胎发生和人工种子的研究[J]．种子，3：25 - 30.
叶克难，黄俊潮，李宝健．1993. 杂种一代番木瓜人工种子制作的研究[J]．植物学报，35(S)：83 - 87.
叶志毅，刘红．2001. 桑树体细胞胚的诱导及其人工种子制作初探[J]．浙江大学学报(农业与生命科学版)，27(4)：469 - 470.
詹忠根，张铭，徐程．2001. 植物非体细胞胚与人工种子[J]．种子，20(6)：28 - 30.
张建彬，王璐，彭宵，等．2014. 大花蕙兰原球茎的离体培养及工人工种子制作与萌发的研究[J]．种子，33(6)：11 - 13.
张俊娥．2010. 柑橘愈伤组织生长速度与体细胞胚胎发生的关系[J]．广西植物，30(5)：682 - 685.
张明生，李花，阚世超，等．2007. 金线莲人工种子制作技术及萌发研究[J]．种子，26(11)：50 - 53.
张明生，李花．2009. 半夏人工种子制作技术及其萌发研究[J]．种子，28(11)：4 - 6，10.
张明生，彭斯文，杨小蕊，等．2009. 杜鹃兰人工种子技术研究[J]．中国中药杂志，34(15)：1894 - 1897.
张铭，黄花荣，魏小勇．2000. 植物人工种子研究进展[J]．植物学通报，17(5)：407 - 412.
朱自清．2003. 植物细胞工程[M]．北京：化学工业出版社，84 - 93.
Adriani M, Piccioni E, Standardi A. 2000. Effect of different treatments on the conversion of 'Hayward' kiwifruit synthetic seeds to whole plants following encapsulation of in vitro-derived buds[J]. New Zealand Journal of Crop and Horticultural Science, 28(1): 59 - 67.
Ahmad N, Anis M. 2010. Direct plant regeneration from encapsulated nodal segments of *Vitex negundo*[J]. Biologia Plantarum, 54: 748 - 752.
Akhtar N. 1997. Studies on induction of somatic embryogenesis and production of artificial seeds for micropropagation of a tropical fruit tree guava (*Psidium guajava* L.)[D]. Varanasi, India: Banaras Hindu University.
Antonietta G M, Emanuele P, Alvaro S. 1998. Effects of encapsulation on *Citrus reticulata* Blanco somatic embryo conversion[J]. Plant Cell Tissue Organ Culture, 55(3): 235 - 237.
Antony J J J, Keng C L, Rathinam X, *et al.* 2010. Preliminary study on cryopreservation of *Dendrobium Bobby* Messina protocorm-like bodies by vitrification[J]. African Journal of Biotecholgy, 9: 7063 - 7070.
Aquea F, Poupin M J, Matus J T, *et al.* 2008. Synthetic seed production from somatic embryos of *Pinus radiata.* Biotechnology Letters, 30: 1847 - 1852.

Ara H, Jaiswal U, Jaiswal V S. 1999. Germination and plantlet regeneration from encapsulated somatic embryo of mango (*Mangifera indica* L.)[J]. Plant Cell Reports, 19: 166 - 170.

Ara H, Jaiswal U, Jaiswal V S. 2000. Synthetic seed: Prospects and limitations[J]. Current Science India, 78(12): 1438 - 1444.

Asmah H N, Hasnida H N, Zaimah N A N, *et al.* 2011. Synthetic seed technology for encapsulation and regrowth of in vitro-derived *Acacia* hybrid shoot and axillary buds[J]. African Journal of Biotechnology, 10: 7820 - 7824.

Attree S M, Pomeroy M K, Forke L C. 1994. Manipulation f conditions for the culture of somatic embryos of white spruce for improved triacylglycerol biosynthesis and desiccation tolerance [J]. Planta, 187: 395 - 404.

Ballester A, Janeiro L V, Vieitez A M. 1997. Cold storage of shoot cultures and alginate encapsulation of shoot tips of *Camellia japonica* L. and *Camellia reticulate* Lindly[J]. Scientia Horticulturae, 7: 67 - 78.

Baskaran P, Kumari A, Staden J V. 2015. Embryogenesis and synthetic seed production in *Mondia whitei* [J]. Plant Cell, Tissue and Organ Culture, 121: 205 - 214.

Boulay M P. 1988. Development of somatic embryos from cell suspension cultures of Norway spruce. Plant Cell Reports, 7: 134 - 137.

Brandenberger H, Widmer F. 1998. A new multinozzle encapsulation: immobilisation system to produce uniform beads of alginate[J]. Journal of biotechnology, 63: 73 - 80.

Brischia R, Piccioni E, Standardi A. 2002. Micropropagation and synthetic seed in M. 26 apple rootstock (II): a new protocol for production of encapsulated differentiating propagules. Plant Cell, Tissue and Organ Culture, 68: 137 - 141.

Bustam S, Sinniah U R, Kadir M A, *et al.* 2013. Selection of optimal stage for protocorm-like bodies ad production of artificial seeds for direct regeneration on different media and short term storage of *Dendrobium Shavin* White[J]. Plant Growth Regulation, 69: 215 - 224.

Capuano C, Piccioni E, Standardi A. 1998. Effect of different treatments on the conversion of M. 26 apple rootstock synthetic seeds obtained from encapsulated apical and axillary micropropagated buds[J]. Journal of Horticultural Science and Biotechnology, 73(3): 299 - 305.

Castillo B. 1998. Plant regeneration from encapsulated somaticembryos of *Carica papaya* L[J]. Plant Cell Reports, 17: 172 - 176.

Chand S, Singh A K. 2004. Plant regeneration from encapsulated nodal segments of *Dalbergia sissoo* Roxb. A timber yielding leguminious tree species[J]. Journal of Plant Physiology, 161: 237 - 243.

Cheliak W M, Klimaszewska K. 1991. Genetic variation in somatic embryogeneic response in open-pollinated families of black spruce[J]. Theoretical and Applied Genetics, 82: 203 - 206.

Cheruvathur M K, Kumar G K, Thomas T D. 2013a. Somatic embryogenesis and synthetic seed production in *Rhinacanthus nasutus* (L.) Kurz[J]. Plant Cell, Tissue and Organ Culture, 113: 63 - 71.

Cheruvathur M K, Najeeb N, Thomas T D. 2013b. In vitro propagation and conservation of Indian sarsaparilla, *Hemidesmus indicus* L. R Br. through somatic embryogenesis and synthetic seed production[J]. Acta Physiologiae Plantarum, 35(3): 771 - 779.

Choi Y E, Jeong J H. 2002. Dormancy induction of somatic embryo of Siberian ginseng by high sucrose concentrations enhances the conservation of hydrated artificial seeds and dehydration resistance[J]. Plant Cell Reports, 20(12): 1112 - 1119.

Corrie S, Tandon P. 1993. Propagation of *Cymbidium gianteum* Wall through high frequency conversion of encapsulated protocorms under in vivo and in vitro conditions[J]. Indian Journal of Experimental Biology, 31:

61 - 64.

Das D K, Nirala N K, Reddy M K, *et al.* 2006. Encapsulated somaticembryos of grape (*Vitis vinifera* L.): an efficient way for storageand propagation of pathogenfree plant material[J]. Vitis, 45: 179 - 184.

Datta K B, Kanjilal B, Sarker D. 1999. Artificial seed technology. Development of a protocol in *Geodorum densiflorum* (Lam.) Schltr. An endangered orchid[J]. Current Science. 76: 1142 - 1145.

Drew R K. 1979. The development of carrot (*Daucus carota* L.) embryoids into plantlets on a sugar-free basal medium[J]. Horticulture Report, 19: 79 - 84.

Durzan D J, Gupta P K. 1987. Somatic embryogenesis and poly-embryogenesis in Douglas-fir cell suspension cultures[J]. Plant Science, 52: 229 - 235.

Finer J J, Kriebel H B, Becwar M R. 1989. Initiation of embryogenic callus and suspension cultures of eastern white pine (*Pinus strobus* L.)[J]. Plant Cell Reports, 8: 203 - 206.

Fujii J A, Slade D, Redenbaugh K, *et al.* 1987. Artificial seeds for plant propagation[J]. Trends in Biotechnology, 5: 335 - 339.

Gaj M D. 2001. Factors influencing somatic embryogenesis induction and plant regeneration with particular reference to *Arabidopsis thaliana* (L.) Heynh[J]. Pant Growth Regulation, 43(1): 27 - 47.

Ganapathi T R, Suprasanna P, Bapat V A, *et al.* 1992. Propagation of banana through encapsulated shoot tips [J]. Plant Cell Reports, 11: 571 - 575.

Ganapathi T R. 2001. Regeneration of plants from alginateencapsulated somatic embryos of banana cv. Rasthali (*Musa* spp. AAB group)[J]. In Vitro Cellular & Developmental Biology-Plant, 37(2): 178 - 181.

Gantait S, Bustam S, Sinniah U R. 2012. Alginate-encapsulation, short-term storage and plant regeneration from protocorm-like bodies of *Aranda* Wan Chark Kuan 'Blue' × *Vanda coerulea*Grifft. ex. Lindl. (Orchidaceae)[J]. Plant Growth Regulation, 68(2): 303 - 311.

Gantait S, Sinniah U R. 2013. Storability, post-storage conversion and genetic stability assessment of alginate-encapsulated shoot tips of monopodial orchid hybrid *Aranda* Wan Chark Kuan 'Blue' × *Vanda coerulea* Grifft. ex. Lindl[J]. Plant Biotechnology Reports, 7: 257 - 266.

Gantait S, Kundu S, Ali N, *et al.* 2015. Synthetic seed production of medicinal plants: a review on influence of explants, encapsulation agent and matrix[J]. Acta Physiologiae Plantarum, 37(5): 98 - 109.

Garcia-Martin G, Manzanera J A, Gonzalez-Benito M E. 2005. Effect of exogenous ABA on embryo maturation and quantification of endogenous levels of ABA and IAA in *Quercus suber* somatic embryos[J]. Plant Cell Tissue Organ Culture, 80: 171 - 177.

Gardi T, Piccioni E, Standardi A. 1999. Effect of bead nutrient composition on regrowth of stored vitro-derived encapsulated micro-cuttings of different woody species[J]. Journal of Microencapsulation, 16(1): 13 - 25.

George L. 1995. Encapsulation of somatic embryos of finger *Eleusime coracna* Gaertn[J]. Indian Journal of Experimental Biology, 33: 291 - 293.

Grzegorczykl I, Wysokińska H. 2011. A protocol for synthetic seeds from *Salvia Officinalis* L. shoot tips[J]. Acta Biologica Cracoviensia Series Botanica, 53(1): 80 - 85.

Gray D J, Conger B V, Songstad D D. 1987. Desiccated quiescent somatic embryos of orchard grass for use as synthetic seeds[J]. In Vitro Cellular&Developmental Biology, 23(1): 29 - 33.

Grzegorczykl I, Wysokińska H. 2011. A protocol for synthetic seeds from *Salvia Officinalis* L. shoot tips[J]. Acta Biologica Cracoviensia Series Botanica, 53(1): 80 - 85.

Gupta P K, Kreitinger M. 1993. Synthetic seeds in forest trees[J]. Forestry sciences, 107 - 119.

Haque S M, Ghosh B. 2014. Somatic embryogenesis and synthetic seed production-a biotechnological approach for true-to type propagation and In vitro conservation of an ornamental bulbaceous plant *Drimiopsis kirkii* Baker[J]. Applied Biochemistry and Biotechnology, 172: 4013 - 4024.

Hammatt N, Kim H I, Davey M R, *et al.* 1987. Plant regeneration from cotyledon protoplasts of *Glycine canescens*, and *G. clandestine*[J]. Plant Science, 48(2): 129 - 135.

Helal N A S. 2011. The green revolution via synthetic (artificial) seeds: A review[J]. Research Journal of Agriculture &Biological Science, 7: 464 - 477.

Hung C D, Trueman S J. 2012. Alginate encapsulation of shoot tips and nodal segments for short-term storage and distribution of the eucalypt *Corymbia torelliana* × *C. citriodora*[J]. Acta Physiologiae Plantarum, 34: 117 - 128.

Hung C D, Dung C D. 2015. Production of chrysanthemum synthetic seeds under non-aseptic conditions for direct transfer to commercial greenhouses[J]. Plant Cell, Tissue and Organ Culture, 22(3): 639 - 648.

Ipekci Z, Gozukirmizi N. 2003. Direct somatic embryogenesis andsynthetic seed production from *Paulownia elongate* [J]. Plant Cell Reports, 22(1): 16 - 24.

Kajama S, Misawa M, Katashige Y. 1982. Cultivation of in vitro-propagated *Lilium bulblets* in soil[J]. Journal of the American society for Horticultural Science, 107: 830 - 834.

Katouzi S S S, Majd A, Fallahian F, *et al.* 2011. Encapsulation of shoot tips in alginate beads containing salicylic acid for cold preservation and plant regeneration in sunflower (*Helianthus annuus* L.)[J]. Australian Journal of Crop Science, 5(11): 1469 - 1474.

Kim M A, Park J K. 2002. High frequency plant regeneration of garlic (*Allium sativum* L.) calli immobilized in calcium alginate gel[J]. Biotechnology and Bioprocess Engineering, 7: 206 - 211.

Kitto S L, Janick J. 1985. Hardening treatments increase survival of synthetically-coated asexual embryos of carrot[J]. Journal of the American Society for Horticultural Science, 110(2): 283 - 286.

Kumar G K, Thomas T D. 2012. High frequency somatic embryogenesis and synthetic seed production in *Clitoria ternatea* Linn[J]. Plant Cell, Tissue and Organ Culture, 110: 141 - 151.

Kumar V, Chandra S. 2014. High frequency somatic embryogenesis and synthetic seed production of the endangered species *Swertia chirayita*[J]. Biologia, 69(2): 186 - 192.

Lata H, Chandra S, Techen N, *et al.* 2011. Molecular analysis of genetic fidelity in *Cannabis sativa* L. plants grown from synthetic (encapsulated) seeds following in vitro storage[J]. Biotechnology Letters, 33: 2503 - 2508.

Laine E, Bade P, David A. 1992. Recovery of plants from cytopreserved embryogenic cell suspension of *Pinus caribaea*[J]. Plant Cell Reports, 11: 295 - 298.

Ling F T. 1993. Alginate-chitosan coacervation in production of artificial seeds[J]. Biotechnology and Bioengineering, 42(4): 249 - 254.

Lulserorf M M, Lulsdorf M M, Tautorus T E, *et al.* 1992. Growth parameters of embryogenic suspension cultures of interior spruce and black spruce[J]. Plant Science, 82: 227 - 234.

Malabadi R B, Naaraja K. 2002. Large scale production and storability of encapsulated somatic embryos of mothbean (*Vigna acomitifolia* Jacq)[J]. Journal of Plant Biochemistry and Biotechnology, 11(1): 61 - 64.

Malabadi R V, van Staden J. 2005. Storability and germination of sodium alginate encapsulated somatic embryos derived from the vegetative shoot apices of mature *Pinus patula* trees[J]. Plant Cell, Tissue and Organ Culture, 82: 259 - 265.

Mandal J, Pattnaik S, Chand P K. 2000. Alginate encapsulation ofaxillary buds of *Ocimum americanum* L. (hoary basil), *O. basilicum* L. (sweet basil), *O. gratissimum* L. (shrubbybasil), and *O. sanctum* L. (sacred basil)[J]. In Vitro Cellular &Developmental Biology-plant, 36(4): 287 - 292.

Maqsood M, Mujib A, Siddiqui Z H. 2012. Synthetic seed development and conservation to plantlet in *Catharanthus roseus* (L.). G Don[J]. Biotechnology, 11: 37 -43.

Maqsood M, Mujib A, Khusrau M. 2015. Preparation and Low Temperature Short-term Storage for Synthetic Seeds of *Caladium bicolor*[J]. Notulae Scientia Biologicae, 7 (1): 90 -95.

Maruyama E, Hosoi Y, Ishii K. 2003. Somatic embryo culture for propagation, artificial seed production, and conservation of sawara cypress (*Chamaecyparis pisifera* Sieb. et Zucc.)[J]. Journal of Forest Research, 8: 1 -8.

Micheli M, Hafiz I A, Standardi A. 2007. Encapsulation of in vitroderived explants of olive (*Olea europaea* L. cv. Moraiolo) II. Effects of storage on capsule and derived shoots performance[J]. Scientia Horticulturae, 113: 286 -292.

Mishra J, Singh M, Palni L M S, *et al.* 2011. Assessment of genetic fidelity of encapsulated micro shoots of *Picrorhiza kurrooa*[J]. Plant Cell, Tissue and Organ Culture, 104: 181 -186.

Mohanty P, Nongkling P, Das M C, *et al.* 2013. Short-term storage of alginate-encapsulated protocorm-like bodies of *Dendrobium nobile* Lindl: an endangered medicinal orchid from north-east India[J]. Biotechnology, 3: 235 -239.

Mohanty P, Das J. 2014. Synthetic seed technology for short term conservation of medicinal orchid *Dendrobium densiflorum* Lindl. Ex Wall and assessment of genetic fidelity of regenerants[J]. Plant Growth Regulation, 72: 209.

Mohanraj R, Anathan R, Bai V N. 2009. Production and storage of synthetic seeds in *Coelogyne breviscapa*Lindl[J]. Asian Journal of Biotechnology, 1: 124 -128.

Mukunthakumar S, Mathur J. 1992. Artificial seed production in the male bamboo *Dendrocalamus strictus* L [J]. Plant Science, 87: 109 -113.

Murashige T. 1978. The impact of plant tissue on agriculture, In: Frontiers of Plant tissue culture[M]. Plant Tissue Culture. Canada: Calgary University Press.

Naik S K, Chand P K. 2011. Tissue culture-mediated biotechnological intervention in pomegranate: a review [J]. Plant Cell Reports, 30: 707 -721.

Nakashimade Y. 1996. Efficient culture method for production of plantlets from mechanically cut horseradish hairy roots[J]. Journal of Fermentation and Engineering, 81: 87 -89.

Nayak N R, Rath S P, Patnaik S N. 1997. In vitro propagation of *Spathoglotti splicata*Bl. (Orchidaceae) using artificial seeds[J]. Advances in Plant Science, 10(1): 7 -12.

Nieves N, Martinez M E, Castillo R, *et al.* 2001. Effect of abscisic acid and jasmonic acid on partial desiccation of encapsulated somatic embryos of sugar cane[J]. Plant Cell, Tissue and Organ Culture, 65(1): 15 -21.

Nower A A. 2014. In vitro propagation and synthetic seeds production: an efficient methods for*Stevia rebaudiana* Bertoni[J]. Sugar Technology, 16(1): 100 -108.

Nyende A B, Schittenhelm S, Mix-Wagner G, *et al.* 2003. Production, storability, and regeneration of shoot tips of potato (*Solanum tuberosum* L.) encapsulated in calcium alginatehollow beads[J]. In Vitro Cellular &Developmental Biology, 39(5): 540 -544.

Patel A V, Pusch I, Mix-Wagner G, *et al.* 2000. A novel encapsulation technique for the production of artificial seeds[J]. Plant Cell Reports, 19: 868 -874.

Piatczak E, Wysokin'ska H. 2013. Encapsulation of *Centaurium erythraea* Rafn-an efficient method for regeneration of transgenic plants[J]. Acta Biologica Cracoviensia Series Botanica, 55(2): 37 -45.

Piccioni E. 1995. Encapsulation of microprogated buds of six woody species[J]. Plant Cell, Tissue and Organ Culture, 42(3): 221 -226.

Pinker I, Abdel-Rahman S S A. 2005. Artificial seeds for propagation of *Dendranthema grandiflora* (Ramat.) [J]. Propagation of Ornamental Plants, 5: 186 - 191.

Pintos B, Bueno M A, Cuenca B, *et al.* 2008. Synthetic seed production from encapsulated somatic embryos of cork oak (*Quercus suber* L.) and automated growth monitoring[J]. Plant Cell, Tissue and Organ Culture, 95: 217 - 225.

Pradhan S, Tiruwa B, Subedee B R, *et al.* 2014. In vitro germination and propagation of a threatened medicinal orchid, *Cymbidium aloifolium* (L.) Sw. through artificial seed[J]. Asian Pacific Journal of Tropical Biomedicine, 4(12): 971 - 976.

Prewein C, Wilhelm E. 2003. Plant regeneration from encapsulated somatic embryos of pedunculate oak (*Quercus robur* L.)[J]. In Vitro Cellular &Developmental BiologyPlant, 39: 613 - 617.

Rai M K, Jaiswal V S, Jaiswal U. 2008a. Effect of ABA and sucrose on germination of encapsulated somatic embryos of guava (*Psidium guajava* L.)[J]. Scientia Horticulturae, 117(3): 302 - 305.

Rai M K, Jaiswal V S, Jaiswal U. 2008b. Encapsulation of shoot tips of guava (*Psidium guajava* L.) for short-term storage and germplasm exchange[J]. ScientiaHorticulturae, 118: 33 - 38.

Rawat J M, Rawat B, Mehrotra S. 2013. Plant regeneration, genetic fidelity, and active ingredient content of encapsulated hairy roots of *Picrorhiza kurrooa* Royle ex Benth[J]. Biotechnology Letters, 35: 961 - 968.

Reddy M C, Murthy, K S R, Pullaiah T. 2012. Synthetic seeds: a review in agriculture and forestry[J]. African Journal of Biotechnology, 11(78): 14254 - 14275.

Redenbaugh K, Nichol J, Kossler M E, *et al.* 1984. Encapsulation of somatic embryos for artificial seed production[J]. In Vitro Cellular & Developmental Biology Plant, 20: 256 - 257.

Redenbaugh K, Paasch B, Nichol J W, *et al.* 1986. Somatic seeds: encapsulation of asexual plant embryos [J]. Biology Technology, 4: 797 - 801.

Refouvelet E, Lenours S, Tallon C, *et al.* 1998. A new method for in vitro propagation of lilac (*Syringa vulgaris*L.): Regrowth and storage conditions for axillary buds encapsulated in alginate beads, development of a pre-acclimatisation stage[J]. Scientia Horticulturae, 74(3): 233 - 241.

Roy B, Mandal A B. 2008. Development of synthetic seeds involving androgenic and pro-embryos in elite indica rice[J]. Indian Journal of Biotehnology, 7: 515 - 519.

Roy B, Tulsiram S D. 2013. Synthetic seed of rice: an emerging avenue of applied biotechnology[J]. Rice Genomics and Genetics, 4(4): 14 - 27.

Ruffoni B, Massabò F, Giovannini A. 1994. Artificial seed technology in the ornamental species lisianthus and genista[J]. Aquatic Botany, 78(362): 297 - 304.

Saiprasad G V S, Polisetty R. 2003. Propagation of three orchid genera usingencapsulated protocorm-like bodies[J]. In Vitro Cellular&Developmental Biology, 39(1): 42 - 48.

Sarmah D K, Borthakur M, Borua P K. 2010. Artificial seed production from encapsulated PLBs regenerated from leaf base of *Vanda coerulea* Grifft. ex Lindl. an endangered orchid [J]. Current Science, 98: 686 - 690.

Senaratna T. 1992. Artificial seeds[J]. Biotechnology Advances, 10: 379 - 392.

Sharma A. 1992. Regeneration *Dendrobium wardcamum* Warner (Orchidaceae) from synthetic seeds[J]. Indian Journal of Experimental Biology, 30(8): 747 - 748.

Sharma S, Shahzad A, Teixeira da Silva J A. 2013. Synseed technology-A complete synthesis[J]. Biotechnology Advances, 31: 186 - 207.

Sharma S, Shahzad A, Kumar J, *et al.* 2014. *In vitro* propagation and synseed production of scarlet salvia (*Salvia splendens*)[J]. RendFis Acc Lincei, 25: 359 - 368.

Shashi C. 1993. Propagation of *Cymbidium giganteum* Wall through high frequency conversion of encapsulated protocorms under invivo and in vitro conditions[J]. Indian Journal or Experimental Biology, 31: 61-64.

Sicurani M, Piccioni E and Standardi A. 2001. Micropropagation preparation of synthetic seed in M. 26 apple root stock I: Attempts towards saving labour in the production of adventitious shoot tips suitable for encapsulation[J]. Plant Cell Tissue and Organ Culture, 6(3): 207-216.

Siddique I, Anis M. 2009. Morphogenic response of the alginate encapsulated nodal segments and antioxidative enzymes analysis during acclimatization of *Ocimum basilicum* L[J]. Journal of Crop Science & Biotechnology, 12: 233-238.

Singh B, Sharma S, Rani G, *et al.* 2007. In vitro response of encapsulated and non-encapsulated somatic embryos of Kinnow mandarin (*Citrus nobilis* Lour × *C. deliciosa* Tenora)[J]. Plant Biotechnology Reports, 1: 101-107.

Smith D R. 1991. An automated bioreactor system for mass propagation of *Pinus radiata*[J]. Agriculture cell Report, 17: 1-2.

Srivastava V, Khan S A, Banerjee S. 2009. An evaluation of genetic fidelity of encapsulated microshoots of the medicinal plant: *Cineraria maritima* following six months of storage[J]. Plant Cell Tissue Organ Culture, 99: 193-198.

Suehara K I, Kohketsu K, Uozumi N, *et al.* 1995. Efficient production of celery embryos and plantlets released in culture of immobilized gel beads[J]. Journal of Fermentation and Bioengineering, 79(6): 585-588.

Sundararaj S G, Agrawal A, Tyagi R K. 2010. Encapsulation for in vitro short-term storage and exchange of ginger (*Zingiber officinale* Rosc.) germplasm[J]. Scientia Horticulturae, 125: 761-766.

Suprasanna P, Anupama S, Ganapathi T R, *et al.* 2001. In vitro growth and development of encapsulated shoot tips of different banana and plantain cultivars[J]. New Seeds, 3: 19-25.

Tabassum B, Nasir I A, Farooq A M, *et al.* 2010. Viability assessment of in vitro produced synthetic seeds of cucumber[J]. African Journal of biotechnology, 9: 7026-7032.

Tanimoto S, Matsubara Y. 1995. Stimulating effect of spermine on bulblet formation in bulb-scale segments of *Lilium longiflorum*[J]. Plant Cell Reports, 15(3-4): 297.

Timbert R, Barbotin J N, Thomas D. 1996. Effect of soleand combined pre-treatments on reserve accumulation, survival and germination of encapsulated and dehydrated carrot somatic embryos[J]. Plant Science Limerick, 120(2): 223-231.

Tremblay L. 1990. Somatic embryogenesis and plantlet regeneration from embryos isolated from stored seeds of *Picea glauca* [J]. Canadian Journal of Botany, 68: 236-242.

Uozumi N. 1992. Fed bath culture of root using fructose as a carbon source[J]. Journal of Fermentation and Bioengineering, 72(6): 457.

Uozumi N, Kobayashi T. 1995. Artificial seed production through encapsulation of hairy roots and shoot tips [J]. Biotechnology in agriculture and Forestry, 30: 170-180.

Utomo H S, Wenefrida I, Meche M M, *et al.* 2008. Synthetic seed as a potential direct delivery system of mass produced somatic embryos in the coastal marsh plant somooth cordgrass (*Spartina alterniflora*)[J]. Plant Cell, Tissue and Organ Culture, 92: 281-291.

West T P, Ravindra M B, Preece J E. 2006. Encapsulation, cold storage, and growth of *Hibiscus moscheutos* nodal segments[J]. Plant Cell Tissue and Organ Culture, 87: 223-231.

Wu Y J, Hunag X L, Xiao, J N, *et al.* 2003. Cryopreservation of mango(*Mangifera indica* L.) embryogenic cultures[J]. CryoLetters, 24(5): 303-314.

Wysokinska H, Lisowska K, Floryanowicz-Czekalska K. 2002. Plantlets from encapsulated shoot buds of *Catalpa ovata* G. Don[J]. Acta Societatis Botanicorum Poloniae, 71(3): 181 – 186.

Zych M, Furmanowa M, Krajewska-Patan A, *et al.* 2005. Micropropagation of *Rhodiola kirilowii* plants using encapsulated axillary buds and callus[J]. Acta Biologica Cracoviensia Series Botanica, 47: 83 – 87.

（编写人：洑香香）

第6章

林木种苗真实性鉴定

【内容提要】近20年来，林木育种和新品种选育取得了令人瞩目的成果，这大大丰富了林木种苗市场，但也给市场管理带来了难题：如何采用简单、快速和可靠的技术方法来鉴定种质材料，以保障林农的权益成为迫切需要解决的问题。本章主要介绍了林木种苗真实性鉴定的概况和研究进展；阐述了林木种苗真实性鉴定方法，比较了各种鉴定方法的特点和适用范围；最后归纳了针对不同类型种质鉴定的适宜方法。本章内容可为林业生产实践中优良种质的早期鉴定提供技术参考。

种苗是农林生产中最核心、最基础和最重要的不可替代的生产资料，是农林科技进步和其他各种生产资料发挥作用的载体。近20年来，林木育种和新品种选育取得了令人瞩目的成果：建立了一批林木良种基地和现代化苗圃，开展了100多个主要造林树种和部分珍稀濒危树种良种选育工作，利用基因工程育种技术，开展了杨树(*Populus*)、落叶松(*Larix*)等的研究。2003年，国家林业局发布《主要林木品种审定办法》，公布128种主要林木实行国家和省两级审定。截至2014年，全国共审(认)定林木品种5943个，其中国家级林木品种审定委员会审(认)定品种379个，占6.4%。同时，植物新品种保护制度的实施和推进，也大大推进了种质创新、种业发展的步伐。另外，新《中华人民共和国种子法》的实施，也给种苗生产和市场的规范运行提供了法律保障。

在良好的政策推进、科技创新和法律保障下，种苗市场出现了一片繁荣景象。具体表现在商品林用树种的杂交种、栽培品种和无性系的大量涌现，如杨树、桉树(*Eucalyptus*)、杉木(*Cunninghamia lanceolata*)、马尾松(*Pinus massoniana*)、湿加松(*P. elliottii* × *P. caribaea*)等优良无性系；经济林树种如板栗(*Castanea mollissima*)、核桃(*Juglans regia*)、银杏(*Gingo biloba*)和油茶(*Camellia oleifera*)等的审(认)定栽培品种逐年上升；木本观赏树种的品种引进和繁育越来越丰富，如大花四照花(*Cornus florida*)、北美冬青(*Ilex verticillata*)、桂花(*Osmamthus fragrans*)的栽培品种；木本药用植物品种的选育和推广也备受青睐，如红豆杉((*Taxaceae chinensis*)、凹叶厚朴(*Magnolia officinalis*)、青钱柳(*Cyclocarya paliurus*)等；更引人注意的是越来越多的转基因树种的田间释放和推广栽培，如抗除草剂转基因杨树等。由于这些种植材料的经济价值和观赏价值较高，在市场经济利益的驱动下，以劣充优、以假乱真的现象常有发生，给林业生产带来了巨大损失。究其原因，除了种苗生产者、使用者自我保护意识不强外，关键问题是缺乏快速、可靠的种质鉴别方法。由于这些种质材料的种子和幼苗从形态上难以区分，其差异性状的出现要到成熟期才表现出来，或种质材料的差异仅表现在木材性状、果实的化学成分或含量，因此差异性状的出现时间短则1~2年，长则需20~30年。如果用银杏栽培品种鉴定要等到结实后，嫁接苗只需3~5年，而实生苗则长达20年以上。因此，建立种子和幼苗的真实性鉴定的高效技术体系，是林业生产和种苗市场正常秩序的基本保障。

国际种子检验协会(International Seed Test Association，ISTA)在种质鉴定方面做了大量的工作，但其对象主要侧重于农作物栽培品种鉴定，对木本植物种质鉴定仅有少量涉及。木本植物种质鉴定涉及的范围和难度要比农作物品种鉴定复杂，主要原因是：①木本植物种类繁多，鉴定的范围往往涉及种、栽培品种、无性系和杂交种等；②生命周期长、分布范围广，大部分树种性状表现的时空变异大；③大部分树种的研究基础薄弱，育种材料背景不清楚；④生产和市场上品种名称混乱，存在许多同种(品种)异名和同名异种(品种)的现象，标准样品难以统一等。上述现象给林木种质鉴定带来了挑战，也提出了技术革新的要求。

6.1 林木种苗真实性鉴定概述

种质鉴定包括两方面内容，即真实性鉴定和纯度鉴定。国际种子检验规程中明确指出，种质鉴定适用的范围是：当送检者对报检的种或品种已有说明，并且具有一个可供比较的、可靠的标准样品时，鉴定才是有效的。鉴定对象可以是种子、幼苗或较成熟的植株；但基于林木生长的特异性，一般建议林木种质鉴定应进行早期鉴定，即鉴定对象一般为种子和幼苗。

6.1.1 相关术语和定义

(1)栽培品种(cultivar)

在任一方面具有独特的栽培植物群体。它可通过有性繁殖、无性繁殖或其他的方式繁殖或重组，保持或重现其独特性。

(2)无性系(clone)

由一个基因型通过无性繁殖形成的一群个体。

(3)近缘种(congeneric species)

亲缘关系相近的种。通常指同属物种，拥有相近的进化历史，且表现出相近的生物学特征。

(4)真实性鉴定

指一批种子(苗木)所属品种、种或属与文件(标签、品种证书或质量检验证书)描述是否相同。真实性鉴定是鉴定样品的真假问题，可用种子、幼苗、植株或群体的遗传性状(形态学、生理学、化学或其他性状)来鉴定。

(5)纯度鉴定

种(品种)在特征特性方面典型一致的程度，用本种(品种)的种子或幼苗数占供检植物样品数的百分率表示。纯度鉴定是鉴定种(品种)一致性程度高低的问题。

(6)变异株

一个或多个性状(特征特性)与原品种育种者所描述的性状明显不同的植株。

6.1.2 林木种苗真实性鉴定的内容

农作物品种鉴定包含真实性鉴定和纯度鉴定两个方面，由于栽培品种的差异对作物的产量和质量有显著的影响，因此，真实性鉴定必不可少；另外，由于作物栽培品种通常通过人工制种，人工制种过程中常由于机械混杂和人为混杂引起品种纯度不高，从而引起作物栽培品种产量和质量的下降，纯度鉴定也十分重要。但林木种质鉴定主要侧重于真实性鉴定，因为林木品种(无性系)一般通过无性繁殖方式获得，不容易引起种质混杂；而在种的水平上，近缘种的自然混杂可能性极小，因此，林木种质鉴定更侧重于真实性鉴定；但种苗市场由于种(品种)的经济价值差异较大，也存在人为混杂的可能性，这就需要进行林木种苗的纯度鉴定。

在生产实践中，由于种子的真实性问题，给林业生产带来不可弥补的损失。例如，将华北落叶松种子假冒为朝鲜进口的长白落叶松种子，因前者不适宜在黑龙江省境内种植，所有苗木全部作废，造成间接经济损失180余万元；木兰属植物种子非常相似，浙江林农购买假冒厚朴种子，播种后发现长出的不是厚朴，损失极为惨重。同样，由于种(品种)混杂而引起的纯度降低会明显降低林木生长量和林产品的品质，如抗病品种中混杂不抗病品种，会降低播种品种和田间苗木的抗病能力；纯度不高的种(品种)种苗易导致苗木生长发育不一致，从而导致人工林分个体分化大，引起林分整体质量的下降。综合可知，林木种苗的真实性鉴定是林业生产中不可缺少的重要步骤，是保证良种优良遗传性状充分发挥、促进林业生产稳定的有效措施，也是防止良种退化、提高种子质量的必要手段。因此本章主要侧重于阐述林木种苗的真实性鉴定。

6.1.3 林木种苗真实性鉴定的市场需求

随着我国重要林业工程项目(尤其是“六大林业工程”和“全国木材战略贮备”计划)的启动和实施，林木种苗工作受到了前所未有的关注。体现在工程项目所涉及的各类树种、栽培品种、无性系大量培育和迅速推广：其中包括经济林树种的各类水果、干果[板栗、核桃、山核桃(*Carya cathayensis*)、银杏、香榧(*Torreya grandi*)]，木本油料树种[油茶、文冠果(*Xanthoceras sorbifolia*)、黄连木(*Pistacia chinensie*)等]，工业用材林树种[杨树、桉树、泡桐、杉木、马尾松等]，园林绿化(美化)树种[木兰属、鹅掌楸属(*Liriodendron*)、四照花属、桂花、梅花(*Prumus mume*)等]，以及生物质能源树种[麻疯树(*Jatropha curcas*)、黄连木、乌桕(*Sapium sebiferum*)、文冠果、油桐(*Vernicia fordii*)、石栗树(*Aleurites moluccana*)、光皮树(*Swida wilsoniana*)等]。另外，随着育种技术的革新和发展，如杂交育种和辐射育种，加快了新种质(杂交种、品种、无性系)的培育：杂交育种产生了大量新种(品种)，如杂交杨、杂种鹅掌楸(*L. chinense* × *L. tulipifera*)、东方杉(*Taxodium mucronatum* × *Cryptomeria fortunei*)、湿地松等；通过转基因获得了抗性好、生长快的树种，如抗虫杨树、抗病欧洲板栗、抗除草剂的辐射松(*P. radiata*)和挪威云杉(*Picea abies*)等(苏晓华等，2003)。再加上通过自然突变(芽变)选育的三倍体毛白杨(*P. tomentosa*)，梅花、山茶(*Camellia japonica*)和杜鹃属(*Rhododendron*)的一些观赏品种(宋希强等，2004)，大大丰富了种苗市场的苗木种类，同时也给林木种苗真实性鉴定带来了更大的挑战。

6.2 林木种苗真实性鉴定研究进展

6.2.1 林木种苗真实性鉴定的现状

面对林业生产领域大量种(品种、无性系)的出现，一方面丰富了林业生产的材料来源，为提高林业生产力、园林绿化美化提供了条件；另一方面，也给林业种苗生产和管理带来了更大的挑战。早期简单有效的形态标记和生化标记方法，已难以鉴定纷繁复杂的栽培品种、无性系和杂交种；再加上种苗市场的经济利益驱动，不法分子趁机搅乱市场、鱼目混珠以获得非法利益。因此，种苗真实性鉴定技术成为执行新《种子法》和《植物新品种保护》的有力保障。

(1)应用现状

近20年，林木栽培种(品种、无性系)的大量繁育和推广，种苗市场空前活跃，相关的鉴定标准也不断发布。发布标准主要以电泳鉴定为主，如《食用菌菌种真实性鉴定 酯酶同工酶电泳法》(NY/T 1097—2006)；另外，还有一些以分子鉴定为主要技术，如林业行业标准《枣品种鉴定技术规程 SSR分子标记法》(LY/T 2426—2015)，这些标准为林木种苗真实性鉴定提供了技术依据。由于林业种苗鉴定标准还十分缺乏，许多树种的种质鉴定没有标准化的指纹图谱，判决没有依据，难以执行。

(2)存在问题

①谱系不清、标准样品不统一　由于各地种(品种、无性系)命名混乱，出现同种(品种、无性系)异名、同名异种(品种、无性系)；再加上各地相互间的引种和命名，造成品系混乱。这在工业用材林栽培品系(杨树、桉树)和经济林栽培品系上(油茶、核桃、板栗等)比较突出。

②鉴定标准不统一　由于许多树种的适生范围广，有显著的时空特异性，形态鉴定和生化鉴定的材料存在差异，其鉴定标准难以统一，从而造成鉴定结果的不唯一性。

③鉴定技术有待改进　林木种苗真实性鉴定范围不仅包括属内种间的鉴定，还包括栽培品种、无性系、杂交种等。这些种植材料的种子和幼苗形态极为相似，染色体组水平上难以区分，生化标记十分有限，分子水平上也未获得有效的标记。因此，林木种苗真实性鉴定在一些种(品种、无性系、杂交种)还存在着技术瓶颈，有待进一步突破和提高。

6.2.2 林木种苗真实性鉴定技术的发展

林木真实性鉴定需要较长周期。由于林木种(品种、无性系)间的差异性状在种子或幼苗期难以区分，或质量性状没有明显区别，仅在数量性状上存在差异，如生长量、木材密度、果实性状等；或差异性状在成熟期才能够表达，如花(性别、色、香、型)

和果(大小、形态、色、营养成分、内含物等);或有些抗逆品种只在逆境中才能表达。因此,林木种苗通过传统方法(形态标记、生化标记等)进行早期真实性鉴定存在较大困难。但随着分子技术的发展,给林木种苗真实性鉴定带来了技术革新。

有差异才能鉴定。种质鉴定必须找出种(品种、无性系)种苗形态学、细胞遗传学、解剖学、物理学、生物化学和分子生物学等方面的差异;同时要熟悉这些特征,并能熟练掌握,才有可能快速、正确地进行种质鉴定。

种质鉴定的方法很多,根据所依据的原理可分为形态鉴定(morphological identification)、物理化学鉴定(physical and chemical method identification)、生理生化鉴定(physiological and biochemical method identification)、细胞学鉴定(cytological method identification)和分子生物学鉴定(molecular biology method identification)。上述根据检验方法的原理分类是种质鉴定较为公认的分类体系。除此以外,还可依据检验的对象分为:种子鉴定、幼苗鉴定、植株鉴定。不管哪一种分类方法,在实际应用中,理想的测定方法需满足4个要求:测定结果能重复、方法简单易行、省时快速和成本低廉。

在实践中常用于林木种苗真实性鉴定方法有形态学鉴定、细胞学鉴定、生化鉴定和分子标记鉴定方法等。

①形态学方法　是传统的种质鉴定方法,简单易行,适用于形态学差异显著的种(品种、无性系)。但形态标记易受客观和主观因素的影响,标准难以统一;加上栽培条件的差异使形态性状的变化更加复杂,因此,其应用受到较大限制。

②细胞学鉴定　随染色体研究技术的发展,如荧光显带技术、荧光原位杂交技术,也成为林木种质鉴定的有效方法。但该方法易受制片技术、染色体性状(形态、大小、数目、结构变异)的影响,再加上程序复杂,这一领域的研究进展相对缓慢。

③生物化学鉴定　主要包括同工酶和蛋白质鉴定,同工酶在植物中普遍存在,但易受环境影响;蛋白质相对稳定,不易受环境影响。随着电泳技术的发展,如双向电泳技术,蛋白质和同工酶电泳鉴定都得到了广泛的运用,ISTA组织还把生化鉴定作为农作物品种的主要标准。尽管生化鉴定经济方便,但存在标记数量有限、多态性少和重复性差等问题,一定程度上限制了其推广应用。

④分子标记技术　在近20年来得到了迅速发展,由第1代分子标记的AFLP和RAPD技术到第2代的SSR、ISSR、SRAP等技术,至现在的EST、SNP技术,每一代标记技术在种质鉴定上得到了广泛应用,也是当前应用最为可靠的鉴定方法。但每一种分子标记技术都有自身的不足和缺陷,都需要进行大量的筛选并建立标准化图谱,有一定的技术要求。

另外,随着计算机技术的发展带动了分析仪器的发展,近红外光谱(near infrared spectroscopy, NIRS)在种质鉴定上也得以运用。该方法相对简单,而且是无损检验,近几年该方法在果树品种鉴定和药品鉴定上也开始受到重视(黄艳华等,2014)。

总体而言,目前国内外对林木种苗真实性鉴定仍以形态鉴定为主,辅以生理生化法鉴定(以同工酶和种子贮藏蛋白电泳图谱为主)。分子标记技术由于具有高度的专一性和特异性,不受季节和环境条件的影响,操作简单、快速准确,逐渐成为最为广泛、并得到普遍认可的种质真实性鉴定技术。

6.3 林木种苗真实性鉴定方法

6.3.1 形态鉴定

形态鉴定主要通过种子、幼苗和植株表观和微观的形态特征进行直观鉴定种(品种、无性系)，也是最简单易行的方法。形态鉴定分为种子形态鉴定、幼苗形态鉴定和植株形态鉴定。

种子形态鉴定简单、快速、高效，但仅适用于种粒较大、形态性状丰富的树种，对于以种子繁殖的栽培材料的早期鉴定有非常重要的意义。幼苗形态鉴定适用于幼苗形态性状丰富的树种；幼苗鉴定所需时间一般为15~50d；因苗期可用于鉴定的性状有限，所以鉴定结果的准确性有待提高；但对于种(品种、无性系)，尤其是无性繁殖材料的早期鉴定也十分重要。植株形态鉴定依据的差异性状较多，因此鉴定结果较准确；但由于获得成熟植株所需时间较长，难以满足需要早期鉴定的栽培材料和在调种过程中快速测定的需要。

一般而言，大部分的种(品种、无性系)可以通过种子和幼苗的外部形态加以区分；而种子表面细微结构在分类学和鉴定上的应用，使得种子的形态鉴定更加细微和可靠。另外，有些种子的内部显微结构在种(品种、无性系)的水平上也存在明显差异，这为鉴定种(品种)的真实性提供了更多的依据。当种子和幼苗形态鉴定都不能提供有效依据时，植株形态鉴定则成为形态鉴定的必要手段。

6.3.1.1 种子形态鉴定

种子形态鉴定是种(品种)鉴定最常用的简单易行的方法。如果两个种(品种)种子在形态特征方面存在可靠的遗传差异，那么就很容易地加以区分。但是有些种子形态特征可供鉴定的性状有限，或有的种(品种)之间没有明显和可靠的差异，那么就不能用该法进行鉴定。

(1)种子的形态特征

林木种子形态特征由于种(品种)的不同而形态各异，表现在种子的形状、大小、种皮表面光滑度，附属物等方面的不同。根据性状的明显程度、稳定情况等，鉴定时将种子的形态特征分为主要性状、细微性状、特有性状和易变性状。

①主要性状　指较为明显、较少变化、容易观察的性状，遗传上属于质量性状。这是鉴定种(品种)的主要依据，如种子的颜色、形状等。

②细微性状　指比较细微、必须仔细观察才能发现的性状。这也是鉴定种(品种)的重要依据，如种子的长宽比等。虽然这些性状比较细微，但也属于遗传上的质量性状，可为种质鉴定提供有效依据。

③特有性状　为某些种(品种)所特有，也是遗传上的质量性状，是鉴定种(品种)的有效依据。

④易变性状　指易受环境条件的影响而发生变化的性状，如种粒大小、种子千粒重等都可能受到栽培条件等环境因素的影响而产生差异。易变性状为数量性状，但在

相同的栽培条件下进行鉴定，不同种(品种)间往往还存在明显的差异，如抗病性状，因此也可作为鉴定品种的重要依据。

(2)鉴定方法

根据《林木种子质量检验规程》(GB 2772—1999)的要求，从送检样品中随机数取4个重复，每个重复不超过100粒种子。根据种子的形态特征，必要时可借助放大镜等进行逐粒观察。鉴定时必须备有标准样品或鉴定图片资料。

鉴定时，对种子进行逐粒观察，区分出本种(品种)和异种(品种)种子，计数，并按照下列公式计算品种纯度百分率。

$$种(品种)纯试(x) = \frac{供检种子数 - 异种(品种)种子数}{供检种子数} \times 100\% \quad (6\text{-}1)$$

测定的结果(x)是否符合国家种子质量标准值或合同、标签值(a)要求,可根据下式进行判断。如果 $|a - x| \geq$ 容许误差,则说明不符合国家 种子质量标准值或合同、标签值要求。容许误差可通过下列公式进行计算：

$$T = 1.65\sqrt{p \times q / n} \quad (6\text{-}2)$$

式中 T—— 容许误差；

p—— 标准或合同或标签值；

q——$100 - p$；

n——样品的粒数或株数。

当种(品种)纯度为0时，则为假种子；当种(品种)纯度介于0~100%时，则需要上述公式进行计算和判断是否符合标准值或合同、标签值要求；当种(品种)纯度为100%时，则为真种子。

(3)鉴定依据

种子表观形态：种子的形状、大小、千粒重、颜色、种皮表面光滑度、香味、附属物等。

①种皮微形态　种皮的微观形态鉴定是借助扫描电镜观察种皮的形态特征，找出各种(品种)特有的形态特征，从而把种(品种)区分开来。

一般可将种皮微形态分为3部分：种皮表面纹饰(包括附属物)、种皮横切细胞层次及细胞形态、种脐区域。种子常见的表面纹饰有：a. 颗粒状纹饰；b. 刺状纹饰；c. 网状纹饰；d. 指(流苏状)纹饰；e. 穴状纹饰。其中网状纹饰在种子中最为常见，主要由多边形不规则的网脊和网眼组成；由于种(品种)的不同，其网的形态和大小均不同。

②种皮解剖结构　种子的组织构造一般可分为种皮、胚乳、胚等，其中研究较多的是种皮特征，包括表皮细胞、栅栏细胞层、营养层等。研究表明，根据果皮和种皮结构细胞形态差异可以鉴定不同种(品种)。

6.3.1.2 幼苗形态鉴定

在温室或培养箱中，提供植株加速发育的条件(类似于田间小区鉴定，只是所需时间较短)，当幼苗达到适宜评价的发育阶段时，对全部或部分幼苗进行鉴定；另一种途径是让植株生长在特殊的逆境条件下，测定不同种(品种)对逆境的反应加以鉴别。

种子萌发时子叶类型(子叶出土和子叶留土)、子叶大小、形状、第一真叶的形状、大小、叶缘特征和被毛状况都可作为鉴定种(品种)的依据；而无性系植株幼苗的生长特性如树皮颜色等也可作为鉴定依据。

种子和幼苗形态鉴定主要依据种子和幼苗的形态差异，这种差异须来自可靠的遗传差异，易变、不明显的形态差异不能作为鉴定依据。种子和幼苗形态鉴定一般能满足种的水平上的真实性鉴定，但对品种和无性系的真实性鉴定还比较困难。由此可见，形态鉴定简单易行，但可依据的可靠差异性状有限，在应用上有较大的局限性。

6.3.1.3 田间小区种植鉴定

通过田间小区内种植的被检样品的植株与标准植株进行比较，并根据种(品种、无性系)描述鉴定其真实性，判断其是否符合标注值的要求。

田间小区种植鉴定根据种(品种、无性系)可遗传的质量性状的差异。当种植在适宜条件下，其性状差异容易区分；但在不适宜或不正常的种植条件下，会引起性状的变化而使鉴定变得困难。因此，在田间小区鉴定时，种植的环境条件必须能充分显现出遗传性状的差异，并尽可能出现明显的性状，以便可靠鉴定。鉴定时可根据植株在生育期的各种特征、特性将不同种(品种、无性系)加以区分。田间小区种植鉴定是最可靠、准确的真实性鉴定方法，适用于国际贸易、省(自治区、直辖市)间调种的仲裁检验，尤其适合于杂种的子代鉴定。进行田间种植鉴定时，需满足下列条件：

①标准样品的作用和要求　作为对照的标准样品为栽培品种全面的、系统的品种特征特性的现实描述，它代表品种原有的特征特性。标准样品最好来自育种家种子，也可以来自品种审定(登记)或品种保护管理机构的官方标准样品。样品的数量应足够多，以便能持续使用多年，并可在低温干燥条件下贮藏。

②土地选择及栽培管理措施　为使品种特征充分表现，试验设计和布局要选择气候环境条件适宜、土壤肥力一致、前茬无同类作物和杂草的地块，并具备适宜的栽培管理措施；行间及株间有足够大的距离，必要时可采用点播或点栽。

③鉴定种植的株数　根据国家标准种子质量标准的要求而定。若纯度为$(N-1)\times 100\%/N$，种植株数$4N$即可获得满意结果。如标准规定纯度为98%，即N为50，种植200株即可。

④鉴定时期　有些种(品种、无性系)在幼苗期就可能鉴定出其真实性；成熟期(常规种)、花期(杂交种)和食用器官成熟期(果期)是品种特征特性表现最明显的时期，是鉴定的最佳时期。

值得注意的是在小区鉴定中判断某一植株是否为变异株时，需要田间检验员的经验结合官方品种描述加以综合判定。

6.3.2 电泳鉴定

生化鉴定在作物品种鉴定上发挥了重要的作用，ISTA将其作为技术标准列入《国际林木种子检验规程》，并颁布了*Electrophoresis Testing*(Cooke，1992)。

电泳鉴定利用电泳技术对种(品种、无性系)的同工酶及蛋白质的组分进行分析，找出种(品种、无性系)间差异的生化指标，以此区分不同的种(品种、无性系)。电泳鉴定主要以同工酶和蛋白质为电泳对象。从遗传法则知道，蛋白质或酶组分的差异最终是由种(品种、无性系)遗传基础的差异造成的。因此，利用先进的电泳技术可非常准确地分析蛋白质或同工酶的差异，进而鉴定不同种(品种、无性系)。

种子内的蛋白质或同工酶是在种子发育过程中形成的，它只反映了种子形成过程中的遗传差异，在特定阶段种子内只有一些贮藏蛋白或同工酶存在差异。这就需要研究哪一类蛋白质或同工酶在种(品种)之间存在差异，以此作为该物种电泳的对象。

同工酶是指同一生物体或同一组织中催化相同化学反应、结构不同的一类酶。同工酶往往具有组织或器官特异性，即同一时期、不同器官内同工酶的数目不同。Scandalios(1974)曾列出过46种同工酶系统，它们的酶谱皆随发育阶段或营养状况的改变而改变。由于某些同工酶在种子贮藏和萌发过程中，种类数目易随生活力和发育进程的变化而变化，加之种子萌发速度不一致，所以对种子纯度鉴定不利。因此，在纯度鉴定中，应以蛋白质电泳为主。

对于鉴定来说，最有用的是种子贮藏蛋白质。因为贮藏蛋白质电荷数量或颗粒大小或两项同时具有相当大的多态性，而且它们在许多位点上被编码，以较大数量存在，并能方便地提取。因此，种子贮藏蛋白质成分给电泳鉴定提供了一种表征植物基因型的有效而简便的方法，是种(品种)鉴定非常有力的工具。

6.3.2.1 电泳鉴定方法

(1)种子蛋白质电泳鉴定

种子蛋白质电泳鉴定是根据其电荷或相对分子质量的不同进行分离和染色显带。种子蛋白质的命名主要是根据Oshorne(1907)的分类，按种子蛋白质不同溶解特性进行分类，可将蛋白质分为下列4类：

①清蛋白　能溶于水，包括大多数酶蛋白。通常可用同工酶电泳方法进行鉴定。

②球蛋白　能溶于稀盐溶液，主要存在于膜结合的蛋白体中，严格概念上它也称为贮藏蛋白。

③醇溶蛋白　能溶于醇类水溶液，也是贮藏蛋白。

④谷蛋白　能溶于稀碱和稀酸溶液中，主要为结构蛋白。目前应用的核酸电泳就是对这种蛋白进行种(品种、无性系)进行鉴定。

上述4种蛋白质的氨基酸成分特征特性方面均表现不同，而且各种类型蛋白质的比例在不同种(品种、无性系)也有差异，因此，这4种蛋白质都可有效地用于种(品种、无性系)鉴定。

种子蛋白作为一种生化标记主要是用于作物品种的鉴定上，国际种子检验协会(ISTA)已经把种子蛋白质电泳列入检验规程，而且还专门成立了品种测定委员会，出版了《栽培品种的生化测定》手册，列出了小麦、玉米和水稻等品种鉴定的标准方法。该方法也只限于少量农作物品种，在木本植物上应用较少。

(2)同工酶电泳鉴定

酶是一种特殊蛋白质，它催化生物体内一切生化反应。在植物进化生物学研究中，早期的研究主要是利用同工酶谱带进行定性的描述(谱带多少、迁移率的变化等)，并作为性状来处理，以此来揭示居群遗传变异和分化、杂种鉴定，以及进行类群的划分和分类处理等。

同工酶标记兴起于20世纪60年代，并逐步成为植物种子、果树品种和雌雄株鉴别、植物系统分类和演化的重要手段。同工酶标记还被ISTA、AOSA作为品种鉴定的标准方法，国标植物新品种保护联盟(UPOV)也将同工酶列为新品种检测主要方法。

6.3.2.2 电泳图谱的分类

电泳鉴定的主要依据是电泳谱带。谱带的类型很多，其分类如下：

(1)根据谱带特征、亲缘关系和鉴定方法分类

①公共带(共同带)　指同种同属的不同品种，由于其起源进化的历史和生态条件相同，具有一些相同的谱带。

②特征谱带(指示谱带或标记谱带)　指不同种(品种、无性系)之间存在的稳定的、可明确鉴定、可靠区分的遗传谱带，如互补型谱带和杂种型谱带等。鉴定种(品种、无性系)时，只要检查鉴定这些谱带即可。

(2)按杂交种谱带的特征分类

①互补型谱带　指杂交种具有来自母本谱带或父本谱带的一种谱带类型。

②杂种型谱带　指杂交种具有母本和父本所没有的，只有杂种具有的新产生的谱带。

③偏母型谱带　指杂交种具有与母本基本相同的谱带。

④偏父型谱带　指杂交种具有与父本基本相同的谱带。

(3)按电泳迁移的快慢分类

①快带　指由于分子较小、形态光滑、电荷较多、在电泳场中泳动最快、跑在前面的谱带。

②慢带　指分子较大、形状不规则、带电荷较少、在电泳场中泳动最慢、留在最后的谱带。

③中带　指在电泳场中泳动时，介于快带与慢带之间、泳动速度中等的谱带。

6.3.2.3 电泳图谱的鉴定

不同种(品种、无性系)的电泳图谱可按谱带的数目、谱带位置(*Rf*值)、宽窄、颜色及深浅加以鉴定。

①谱带数目　不同种(品种、无性系)之间的谱带数目有所不同。

②谱带位置(*Rf*值)　不同种(品种、无性系)的谱带数目可能相同，但特征谱带的位置不同。谱带位置可用迁移率 m 或相对迁移率 *Rf* 来表示。

一般迁移率：
$$m = \frac{d}{V} \cdot \frac{l}{t} \tag{6-3}$$

式中　m——迁移率[$cm^2/(V \cdot s)$]；

d——蛋白质谱带移动的距离(cm)；

l——凝胶的有效长度(cm)；

V——电压(V)；

t——电泳时间(s)。

相对迁移率：
$$MTG = \frac{\sum(Gt \times Dt)}{G} \tag{6-4}$$

③谱带浓度深浅　不同种(品种、无性系)之间由于基因的剂量效应，谱带颜色有深浅之分。

④谱带颜色　经显色后电泳图谱中的谱带颜色有差异。如淀粉酶同工酶经显色后，α-淀粉酶显示白色透明条带，β-淀粉酶显示粉红色条带，R-淀粉酶显示浅蓝色和条带，Q-淀粉酶显示红色或褐色条带。

6.3.2.4　电泳鉴定的一般过程

电泳的方法很多，不同方法其具体操作过程也有差异。在种子纯度检测时一般包括样品提取、凝胶的制备、加样电泳、染色观察和谱还分析等步骤。

(1)样品的提取

不同电泳方法提取液和提取的程序不同，应按具体方法配制提取液和操作。

①蛋白质　根据Osborne(1907)的划分，清蛋白能很好地溶于水、稀酸、碱、盐溶液中；球蛋白难溶于水，但能很好地溶于稀盐溶液及稀酸和稀碱溶液中；醇溶蛋白不溶于水，但能很好地溶于70%~80%的乙醇中；谷蛋白不溶于水、醇，可溶于稀酸、稀碱中。因此，可依次用水、10% NaCl、70%~80%的乙醇、0.2%碱液提取。种子所有贮藏蛋白可用Mereditch和Wren(1996)的AUC提取液：0.1mol/L乙酸、3mol/L尿素、0.01mol/L CTAB进行提取。

②同工酶　不同同工酶提取方法不同，多数同工酶在低温下操作较好。酯酶用0.05mol/L Tris-HCl (pH 8.0)缓冲液，或用含0.1% SDS的0.2mol/L乙酸钠缓冲液(pH 8.0)提取；淀粉酶用0.1mol/L柠檬酸缓冲液(pH 5.6)或0.05mol/L Tris-HCl(pH 7.0)缓冲液提取；苹果酸脱氢酶、尿素酶、谷氨酸脱氢酶用蒸馏水提取；乙醇脱氢酶用0.05mol/L Tris-HCl(pH 8.0)缓冲液，或用含0.1% SDS的0.2mol/L乙酸钠缓冲液(pH 8.0)提取。

(2)凝胶的制备

连续电泳只有分离胶，不连续电泳有分离胶和浓缩胶，不同方法凝胶浓度、缓冲系统、H离子强度等都不一样，使用的催化系统也不同。此外，由于使用的仪器设备不同，特别是电泳槽不同，凝胶制备的方法不同，溶液配制也不同。以TEMED为催化剂的凝胶系统，温度低于20℃时，聚合变慢，可将密封好的玻璃板适当加热至30~35℃；样品梳取出后，适当调整样品槽，使之大小一致，并将槽内残余的溶液用针管吸出。

(3)加样电泳

加样量应根据提取液中蛋白质(或酶)的含量确定，一般为10~30mL。电泳时一般采用稳压或稳流两种，电压的高低根据电泳的具体方法和使用的电泳仪种类及凝胶板的长度和厚度等确定，一般以凝胶板在电泳时不过热为准。同工酶电泳在加样前先进行一段时间的预电泳，并最好在低温下电泳。

电泳时为了指示电泳的过程，可加入指示剂。对阴离子电泳系统可采用溴酚蓝作示踪指示剂，这时点样端接负极，另一端接正极；对阳离子电泳系统可采用亚甲基作为示踪染料，点样端接正极，另一端接负极。根据指示剂移动的速率确定电泳时间。

(4)染色

蛋白质电泳染色：电泳的对象不同，染色的方法也不同。蛋白质目前用得较多的染色液是10%三氯乙酸、0.05~0.1%考马斯亮蓝R-250，该染色液染色后一般不需要脱色。此外，银染和铜染比考马斯亮蓝更灵敏，但技术不易掌握。

①同工酶电泳染色　不同的同工酶染色的原理和方法不同。

②酯酶染色　称取30mg α-乙酸萘酯和30mg β-乙酸萘酯溶于3mL丙酮—水(1:1)中，再加入60mg坚牢蓝B或RR盐，然后用0.1mol/L、pH 6.5磷酸盐缓冲液稀释到90mL，用作染色液；将取下的凝胶板放入37℃的上述配好的染色液中染色40min，至酶带呈现桃红色；取出，用蒸馏水漂洗，放入7%乙酸，固定脱色，直至各条酶带清楚，背景清晰为止。

③过氧化物酶染色　以联苯胺—乙酸—过氧化氢染色液染色效果较好。其方法是预先配制1号联苯胺—乙酸溶液：称取2g联苯胺溶解于18mL冰乙酸，再加入72mL的去离子水；2号溶液为3%过氧化氢液。

当电泳快结束时，取1号液4 mL和2号液1.6 mL，再加76 mL的去离子水，即配成一块胶板的染色液。将电泳结束后的胶板剥下，用去离子水冲洗干净，浸入染色液。在室温下，随着染色时间延长，过氧化物酶谱带将变为深棕色至褐棕色。待深蓝色谱带清晰后，用水冲洗干净，可用清水或乙酸暂时保存。

6.3.2.5 谱带分析

谱带分析主要依据由于遗传基础的差异所造成的蛋白组分或同功酶的差异鉴定种(品种、无性系)。

种(品种)鉴定时，根据醇溶蛋白谱带的组成及带型的一致性，区分本种(品种)。杂交种鉴定时，分析方法因电泳方法而异。变性电泳时，如利用AU-PAGE技术分析所得的蛋白质谱带，在杂种F_1代表现为双亲共显性，即在父母本中所具有的蛋白质谱带，在F_1代种子内出现，没有新的谱带产生。双亲中有差异的蛋白谱带，在F_1代同时显现，这种谱带称为互补带；根据互补带的有无区分自交种、杂交种及父母本。

用电泳测定纯度时，测定结果的可靠性所需要的样本数因混杂率不同而不同(表6-1)。

表6-1　电泳测定所需样品数量

Tab. 6-1　Sample size for electrophoresis testing

概率水平	混杂率(%)								
	0.1	1	5	10	15	20	25	30	35
0.99	4600	458	90	44	28	21	16	13	11
0.95	3000	298	58	28	18	13	10	8	7
0.90	2300	228	45	22	14	10	8	6	5

6.3.3 细胞学鉴定

6.3.3.1 鉴定方法和原理

细胞核内染色体(质)的形态特征、带型特征是生物的基本特征，它相对比较稳定，一般不会随着环境因子的变化而变化，是用于种质真实性鉴定的常用方法。

(1)染色体核型分析

染色体是遗传物质的载体，是细胞核的重要组成物质，也是细胞学研究的主要对象之一。细胞标记就是根据细胞核内染色体的形态特征对种质进行鉴定。染色体的核型是根据细胞分裂中期染色体的长度、着丝点位置、臂比、随体有无等特征，对某一生物的染色体进行配对、编号和分组，按一定方式排列所获得的图像。近年来，采用显带技术、荧光原位杂交技术，可以更精准地分析染色体核型。通过核型分析，可以获得染色体大小、数量、倍性等信息。通过比较不同种质染色体核型的差异，可有效地进行种质的真实性鉴定；但染色体核型的差异在种的水平上、或种内特异类型上(雌性个体或雄性个体)、或杂交子代上比较显著，而在品种和无性系水平上难以发现。

(2)染色体带型分析

染色体显带技术兴起于20世纪60年代，它突破了染色体形态研究的局限性；它借助于酶、碱、酸、盐、温度等各种处理程序，再用特殊的染料使中期染色体产生具有种属特异横纹的差异染色，这些显带图型在发育过程中以及不同组织的细胞间是恒定的。植物染色体分带技术主要有C带、G带、R带、N带。

①C显带技术　植物染色体研究中应用最广的一种显带方法。将染色体用碱或者去垢剂处理后，再用Giemsa染色，可以得到只显示着丝粒结构异染色质及其他异染色质区域的带纹。特点是方法简单、带纹具有一定的特异性。

②G显带技术　也是Giemsa显带技术，与C带处理的区别在于染色前不经酸或碱强变性剂的处理。G带为阳性带，沿着染色体全长分布，带纹为富含AT的DNA区域。

③R显带技术　与G显带技术的相反显带技术。该法先使富含AT的DNA变性，随后用Giemsa将富含GC的DNA区着染。R显带技术和G显带技术产生的染色带型呈互补性(G阳性带为R阴性带)。

④银染显带技术　用$AgNO_3$将具有转录活性的核仁组织区(NORs)的(rRNA基因)特异性地染成黑色，也称Ag-NORs染色法。由于转录活性的rRNA基因往往伴有丰富的酸性蛋白质，可使$AgNO_3$中的Ag^+还原成Ag颗粒成黑色。同一物种，Ag-NOR的数量及在染色体上的位置是相对恒定的。

⑤Q显带技术　采用喹吖因或喹吖因芥子荧光染料处理染色体，在荧光显微镜下每条染色体出现了宽窄和亮度不同的辉纹，即荧光带(Q带)。

除Q带技术外，荧光显带技术还包括CMA、MM^+甲基绿带、AMD +DAPI带、D带和AO带等。对于在核型方面十分相似的一些物种，利用荧光带纹来增加识别手段，可以提高鉴别能力。

(3)荧光原位杂交技术(FISH)

其基本原理是将直接与荧光素结合的寡聚核苷酸探针，或用生物素和地高辛等标记的寡聚核苷酸探针与变性后的染色体、细胞或组织中的核酸按照碱基互补配对原则进行杂交，经变性—退火—复性—洗涤后即可形成靶 DNA 与核酸探针的杂交体，直接检测或通过免疫荧光系统检测，最后在荧光显微镜下显影，即可对待测 DNA 进行定性、定量或相对定位分析。

FISH 技术问世于 20 世纪 70 年代后期，曾多用于染色体异常的研究。近年来随着 FISH 所应用的探针钟类的不断增多，特别是全 Cosmid 探针及染色体原位抑制杂交技术的出现，使 FISH 技术不仅在细胞遗传学方面，而且还广泛应用于肿瘤学研究，如基因诊断基因定位等。

6.3.3.2 基本流程(以根尖材料为例)

①制片材料　通常以根尖为材料，也可选择卷须、愈伤组织、茎尖和胚乳为材料，但不同制片材料的处理方法存在差异。下列以木本植物根尖材料为例进行阐述，由于物种间细胞特性差异较大，不同种需要在此基础上进行调整。

②预处理　取萌发种子根尖长 1~2cm，用 0.1% 秋水仙碱或饱和对二氯苯水溶液中处理根尖 3~8h，以抑制和破坏纺锤丝形成，使根尖细胞延迟染色体的分离，增加中期分裂相。

③固定　材料预处理后，流水冲洗，然后投入卡诺固定液(95% 的乙醇: 冰乙酸 = 3:1)中固定 20~24h；然后用 95% 的乙醇洗两次，转入 70% 乙醇中保存备用。

④解离去壁　可采用酸解和酶解。酸解常用 45% 的冰乙酸或浓盐酸: 45% 醋酸: 纯乙醇 = 1:0.5:0.5 的溶液解离 10~20min，然后将材料水洗几次，用水低渗 10min。酶解可采用 2.5%~5% 纤维素酶(果胶酶)，在 25~27℃ 条件下酶解 3~5h，然后用水低渗 10min，再用固定液固定 10min 或更长时间。

⑤染色和压片　取解离去壁后的根尖上乳白色的分生组织，直接置于染液中染色 20min，可于载玻片上夹碎捣烂，滴加 1~2 滴染液，卡宝品红染色 10~15min。盖上盖玻片，覆一层吸水纸，用带橡皮头的铅笔垂直敲打，或以拇指垂直紧压盖片(注意勿使盖片搓动)，使材料分散压平，便于观察。相差显微镜下挑取分散良好的制片观察分析。

6.3.3.3 细胞学鉴定的应用现状和局限性

在应用领域上，细胞学鉴定主要还是通过核型分析发现染色体数量、倍性进行真实性鉴定。如三倍体毛白杨、四倍体刺槐等的鉴定。

尽管染色体的结构、形态和数量特征能明确显示植物的遗传多态性，可作为种质鉴定方法，但其标记数目有限、信息量较少，真正用于种质鉴定还面临很大困难。主要表现在：①染色体核型除了在染色体数目上的差异(如多倍体)容易鉴定外，其他差异并不十分显著；②对于染色体数量多、个体小的种类，染色体核型分析难以区分清楚；③染色体的显带技术能揭示染色体上微小差异，但目前的制片技术在不同物种上的难易不一，显带技术还没形成标准流程，从而限制了这一技术的应用价值。因此，染色体核型分析还难以进行真实性鉴定。当然，随着染色体制片技术的日益发展和成熟，以及染色体原位杂交技术的应用和发展，细胞学方法可能成为植物品种鉴定的有效手段。

6.3.4 分子鉴定

分子标记是继形态标记、细胞标记和生化标记之后发展起来的一种较为理想的遗传标记形式。它是以生物大分子，尤其是指生物体的遗传物质核酸的多态性为基础的遗传标记。20世纪80年代中期，直接检测DNA的分子标记技术得以迅速发展和应用，并逐步大量用于植物学研究，解决了蛋白质电泳和酶电泳等无法解决的问题。

与形态标记和生化标记等标记相比，DNA分子标记具有许多优点：①直接研究植物的遗传物质DNA，不受组织类别、发育阶段等影响。从植物任何部位提取DNA都能用于分析，因此利用幼苗或种子DNA可进行种(品种、无性系)的早期鉴定；②不受环境影响。其变异来源于等位基因DNA序列的差异，这种稳定性便于揭示种(品种、无性系)间的遗传差异而排除了环境差异所造成的表型变异；来自不同栽培条件的材料可直接用于分析；③标记数量多，遍及整个基因组，因此可以采用多种标记方法加以鉴定；④多态性高，自然存在许多等位变异，不同遗传材料的差异易于甄别；⑤有许多标记表现为共显性(co-dominance)，能够鉴别纯合基因型和杂合基因型，提供完整的遗传信息。

从种(品种、无性系)真实性鉴定角度而言，选择分子标记的类型须满足以下基本要求：①简单，鉴定过程不复杂，一般人员稍加培训就可操作；②稳定和重复性好，鉴定结果不受人或环境的影响；③快速，在较短的时间内就可获得准确的结果；④成本低，易于接受和推广。

分子标记技术发展至今已有几十种，分类情况如下：①以分子杂交为主的分子标记，如限制片段长度多态生(RFLP)、可变数目串联重复(VNTR)、原位杂交等；②以PCR技术为基础的分子标记，如随机扩增多态生(RAPD)、酶切扩增多多态性序列(CAPS)、扩增片段长度多态性(AFLP)、DNA扩增指纹分析(DAF)、选择性扩增DNA片段(SADF)、特定序列扩增区段(SCAR)、(SRAP)等；③以重复序列为基础的分子标记，如简单序列重复(SSR)、简单序列重复区间(ISSR)等；④基于高通量检测的分子标记技术，如表达序列标签(EST)、单核甘酸序列多态性(SNP)、多样性芯片技术(DArT)、限制性内切酶位点标签(RAD)等。

种质鉴定常用的分子标记有：

(1)DNA限制片段长度多态性(restriction fragment length polymorphism，RFLP)

RFLP是Grodzicker等于1974年发明的。它是一种利用限制性酶切片段长度来检测生物个体之间差异的分子标记技术。

①原理　该技术把提取的DNA用限制性内切酶切割成大小不等的DNA分子片段，经电泳分离，转移到尼龙或纤维素薄膜上，再与一个用同位素标记的已知DNA分子探针，进行Southern杂交，经放射自显影得到DNA的限制性片段多态性。限制性内切酶酶解DNA长链，是识别DNA上的特异性的位点并在这些位点上切断的过程。如限制性内切酶Pst I的识别位点上由6个碱基对组成，它在↓处切割DNA。酶识别位点碱基对越少，DNA分子中被识别的位点越多，所产生的限制性片段越短。在不同种(品种、无性系)之间，DNA上点突变导致的限制性位点改变和基因顺序重排(包括大基因片段的

缺失和插入），导致了限制性酶切割位点的变动，从而产生了限制片段长度的多态性。

②基本步骤 DNA 提取→用 DNA 限制性内切酶消化→凝胶电泳分离限制性片段→将这些片段按原来的顺序和位置转移到易操作的滤膜上→用放射性同位素或非放射性物质标记的 DNA 作探针与膜上的 DNA 杂交→放射性自显影或酶学检测显示出不同材料对探针的限制性酶切片段多态性（图 6-1）。

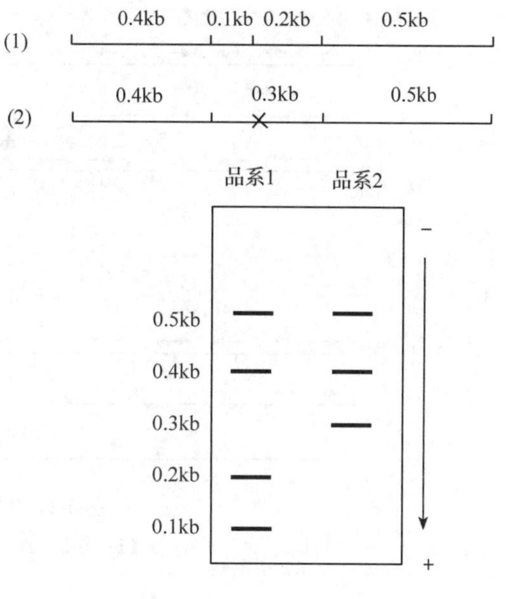

图 6-1 RFLP 技术流程

Fig. 6-1 A diagram of RFLP

③特点 RFLP 标记是模板 DNA 经过限制性内切酶消化、电泳分离、Southern 转移后，再用 DNA 探针进行杂交后得到的。整个处理过程比较冗长，步骤繁琐，有一定的技术难度，因此在品种鉴定应用中受到限制。但由于 RFLP 标记具有很高的分辨力，结果重复性好和准确度高；又具有共显性的特点，能够鉴别纯合基因型和杂合基因型，因此，在品种鉴定中仍然具有重要的应用价值。

（2）随机扩增多态性 DNA（random amplified polymorphic DNA，RAPD）

RAPD 技术是 Williams 在 1990 年发明的，通过扩增获得的 DNA 片段长度差异来检测生物个体的分子标记技术。

①原理 以随机引物（一般为 8～10bp）通过 PCR 反应非定点扩增 DNA 片段，然后用凝胶电泳分离扩增片段，紫外灯下分析扩增 DNA 片段的多态性。扩增片段多态性反映了基因组相应区域的 DNA 多态性。对任一特定引物，它在基因组 DNA 序列上有其特定的结合位点，一旦基因组在这些区域发生 DNA 片段插入、缺失或碱基突变，就可能导致这些特定结合位点的分布发生变化，从而导致扩增产物出现、消失或长度变异等多态性现象，从而成为指示基因组 DNA 多态性的分子标记。就单一引物而言，只能检测基因组特定区域 DNA 多态性，但利用一系列引物则可使检测区域扩大到整个基因组，因此 RAPD 可用于对整个基因组 DNA 进行多态性检测，也可用于构建基因组指纹图谱。

②基本步骤 DNA 提取→用随机引物进行 PCR 扩增→凝胶电泳分离扩增片段→紫外灯下观察凝胶，即可检测显示出不同材料、该随机引物扩增的片段多态性（图 6-2）。

③特点 RAPD 技术可对没有任何分子生物学研究背景的物种，进行基因组指纹图谱的构建。相较于 RFLP 来说，RAPD 不仅技术简单、检测速度快，DNA 用量也较少，而且不需使用放射性同位素；同时引物不依赖于种属特性和基因组结构，一套引物可用于不同生物基因组分析；更重要的是其检测成本低，因而在分子标记发展初期得到了广泛应用。但 RAPD 也存在一些缺点：它是一个显性标记，不能鉴别杂合子和纯合子；存在共迁移问题，凝胶电泳只能分开不同长度 DNA 片段，而不能分开那些长度相同但碱基序列组成不同的 DNA 片段；结果的稳定性和重复性差，RAPD 技术中易受各

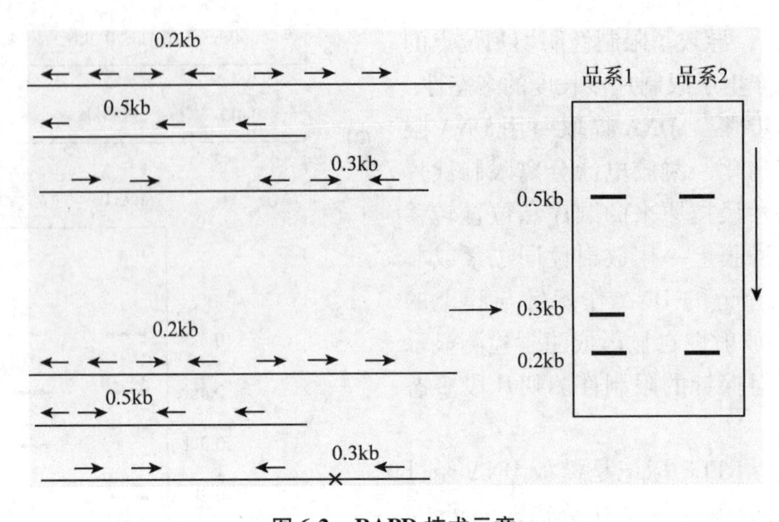

图6-2 RAPD技术示意

Fig. 6-2 A diagram of RAPD

种因素的影响。

为了克服RAPD标记方的不足，在其技术基础上发展了特定序列扩增区段(sequence characterized amplified region，SCAR)标记。SCAR标记是将目标RAPD片段进行克隆并对其末端测序，根据RAPD片段两端序列设计特异引物，对基因DNA片段再进行PCR特异扩增，把与原RAPD片段相对应的单一位点鉴别出来。SCAR标记是共显性遗传，待检DNA间的差异可直接通过有无扩增产物来显示。SCAR标记方便、快捷、可靠，可以快速检测大量个体，结果稳定性好、重现性高。

RAPD技术由于其简单和不需要事先知道物种的基因组信息，因此，在分子标记发展初期得到了广泛的应用，如主要造林树种落叶松属内3个种的鉴定(曲丽那等，2007)，观赏植物梅的品种鉴定(Li *et al.*，2011)，果树如葡萄(*Vitis vinifera*)(Zhao *et al.*，2011)、板栗(张新叶等，2004)等栽培品种的鉴定；通过RAPD结合SCAR技术得到了香榧性别的特异性标记，从而实现了对香榧幼苗的性别鉴定(戴正等，2008)。

(3)扩增片段长度多态性(amplified fragment length polymorphism，AFLP)

该技术是1992年由荷兰Keygene公司发明的。AFLP是将基因组总DNA进行酶切后，以PCR为基础进行选择性扩增，是RFLP和PCR相结合的一种方法。

①原理　将基因组DNA先用成对的限制性内切酶进行双酶切，然后将双链接头连接到DNA片段的末端，形成带接头的特异片段；通过接头序列和PCR引物3′端1~3个选择性碱基的识别，对特异性片段进行预扩增和选择性扩增。为了使酶切浓度大小分布均匀，一般采用两个限制性内切酶，一个酶的切点数较多，另一个酶的切点数较少，因而AFLP分析中产生的主要是由两个酶共同酶切的片段。引物由三部分组成：与人工接头互补的核心碱基序列、限制性内切酶识别序列、引物3′端的选择碱基序列(1~10bp)。接头与接头相邻的酶切片段序列为结合位点，这样两端序列能与选择性碱基配对的限制性酶切片段才能被扩增，将扩增产物在高分辨率的变性聚丙烯酰胺凝胶上电泳分析。

②基本流程　包括模板准备(DNA提取、酶切和连接接头)、片段扩增和凝胶分析

3 个主要步骤。DNA 提取→用 DNA 限制性内切酶消化→与特定的 AFLP 寡核苷酸接头连接→通过预扩增和选择性扩增特定的限制性片段→用聚丙酰胺凝胶电泳分离限制性片段→通过放射自显影、银染或荧光标记等检测→观察 AFLP 产物的多态性并进行分析(图 6-3)。

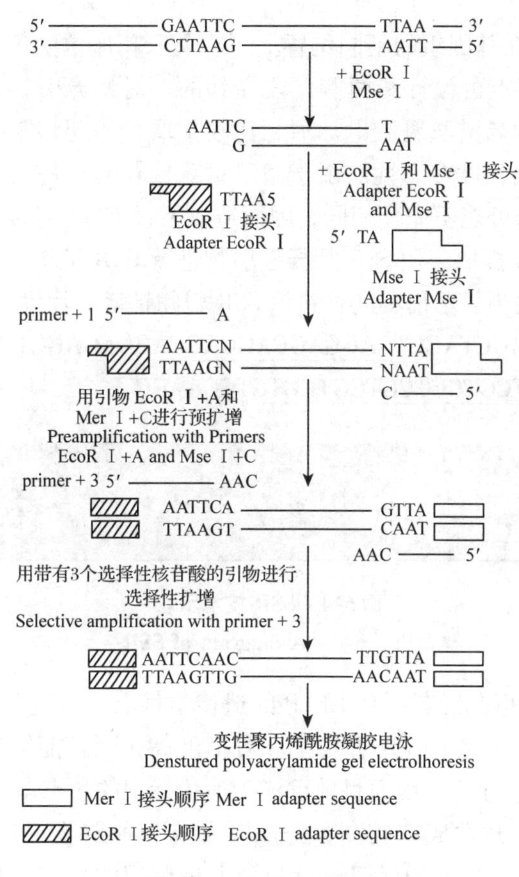

图 6-3　AFLP 技术流程

Fig. 6-3　A diagram of APLP

③特点　AFLP 标记的多态性高、重复性好、准确性高。该技术的独特之处在于人工设计合成了限制性内切酶的通用接头，以及可与接头序列配对的专门引物，因此在不需事先知道 DNA 信息的前提下就可对酶切片段进行 PCR 扩增；但要求基因组 DNA 的纯度较高，以保证酶切的有效性。

AFLP 兼具 RFLP 和 RAPD 两种技术的优点，既有 RFLP 的可靠性，也有 RAPD 的灵敏性。设计的专用引物 3′端还延伸出 1~10 个数量不等的随机核苷酸碱基，通过选用不同数量碱基可以调节 AFLP 产物的条带特异性和数量，从而提供较多基因组多态性信息。因此，AFLP 标记方法已成功用于一些树种的种质鉴定上，如漆树(*Toxicodendron vernicifluum*)品种 7 个(魏朔南等，2010)、果用梅的栽培品种等的鉴定(Fang *et al.*，2005)。

尽管 AFLP 技术诞生时间较短，但它的出现却是分子标记技术的一次重大突破，被认为是目前一种十分理想的、有效的分子标记。AFLP 也存在一些技术上的不足，如扩增得到的产物主要是显性(约占多态位点数的 85%~96%)而非共显性标记，这制约了其在品种鉴定等相关领域的应用，无法精确地鉴别纯合基因型和杂合基因型。

(4)微卫星DNA(simple sequence repeats markers, SSR)

①原理　微卫星DNA，又称简单序列重复SSR，主要以1~6个核苷酸为基本单位，串联重复次数一般为10~50。在真核生物中大约每隔0~50bp就存在1个微卫星，同一类微卫星DNA可分布在基因组的不同位置上。每个SSR座位两侧一般是相对保守的单拷贝序列，根据这一特点可设计和两侧区段互补的一对特异引物，以扩增不同重复次数的SSR序列；经聚丙烯酰胺凝胶电泳后，比较扩增带的迁移距离，就可知在不同个体间某个SSR座位上的长度多态性。由于微卫星寡核苷酸在每个位点上重复单位的数目及重复单位的序列都可能不完全相同，因而造成了每个座位上的多态性。

②基本步骤　DNA提取→用SSR特异性引物进行PCR扩增→凝胶电泳分离扩增片段→银染显带，即可检测显示出不同材料该SSR引物扩增的片段多态性(图6-4)。

特异性引物：TTCAGCTAGCTCAGCAGCAGCAGCAGCAGAGCTTGC

AAGTCGATCGAGTCGTCGTCGTCGTCGTCTCGAACG

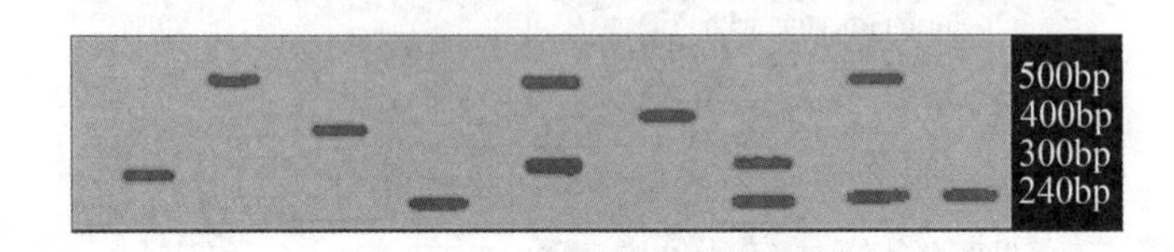

图6-4　SSR技术示意

Fig. 6-4　A diagram of SSR

③特点　微卫星DNA具有所有RFLP的遗传学优点，且避免了RFLP方法中使用放射性同位素的缺点，又比RAPD重复率和可信度高，而且能够鉴定纯合体和杂合体(即SSR具有共显性的特点)，因而目前已成为遗传标记的热点。

然而微卫星引物的开发成本较高，一般不可能为种质鉴定专门开发引物。不过，但其通用性，即在种间、属间的保守性，为微卫星标记的推广使用提供了可能。徐立安等(2001)在用栎属(*Quercus*)SSR引物研究栲属(*Castanopsis*)树种时，发现SSR的保守性达到64%；洑香香等(2005)利用松属树种的SSR引物对松属13个近缘种进行了鉴定。

(5)简单序列重复区间(inter simple sequence repeats markers, ISSR)

ISSR是Zietkeiwitcz等于1994年在微卫星基础上发展起来的一种新的分子标记。

①原理　用锚定的微卫星DNA为引物，即在SSR序列的3′端或5′端加上2~4个随机核苷酸；在PCR反应中，锚定引物可引起特定位点退火，导致与锚定引物互补的间隔不太大的重复序列间DNA片段进行PCR扩增。所扩增的两个SSR区域间的多个条带通过聚丙烯酰胺凝胶电泳得以分辨，扩增谱带多为显性标记。

用于ISSR扩增的引物通常为16~18个碱基序列，由1~4个碱基组成的串联重复和几个非重复的锚定碱基组成，从而保证了引物与基因组DNA中SSR的5′或3′末端结合，通过PCR反应扩增SSR之间的DNA片段。SSR在真核生物中的分布是非常普遍的，并且进化变异速度非常快，因而锚定引物的ISSR可以检测基因组许多位点的差异。目前广泛使用的为加拿大哥伦比亚大学(UBC)开发设计的ISSR引物序列(UBC

Primer Set #9 (microsatellite)。

与SSR相比，用于ISSR的引物不需要预先的DNA测序。也正因如此，有些ISSR引物可能在特定基因组DNA中没有配对区域而无扩增产物，通常为显性标记，呈孟德尔式遗传，且具有很好的稳定性和多态性。

②基本步骤　DNA提取→筛选ISSR引物→用ISSR特异性引物进行PCR扩增→凝胶电泳分离扩增片段→观察凝胶，即可检测显示出不同材料该ISSR引物扩增的片段多态性。

③特点　ISSR标记结合了RAPD和SSR的优点，所需DNA用量少、技术要求低。ISSR-PCR扩增时退火温度在52℃左右，保证了PCR扩增的可重复性，因此比RAPD有更好的重复性，但分析费用比SSR和AFLP要低得多(Korir *et al.*, 2013)。

由于微卫星在基因组中广泛分布，且等位变异丰富，因而ISSR可检测到高的多态性。与RFLP相比，ISSR揭示的多态性较高，可获得的信息量很大，精度几乎可与RFLP相媲美；和RAPD一样，ISSR并不需要事先知道基因组的分子生物学背影知识，但不像SSR需要克隆和设计特异性引物，因而是一种非常有发展前途的分子标记。目前，ISSR标记已广泛应用于种质鉴定，如银杏主要栽培品种的鉴定(沈永宝等，2005)等。

(6)相关序列扩增多态性(sequence-related amplified polymorphism, SRAP)

SRAP标记是一种新型的基于PCR的标记系统，为显性标记，是由美国加州大学蔬菜作物系Li和Quiros(2001)提出。它利用独特的引物设计对开放阅读框(open reading frames, ORFs)进行扩增，因不同物种及个体的内含子、启动子与间隔长度不等而产生多态性。

①原理　通过独特的双引物设计对ORF进行扩增：其中正向引物(F-primer)长17bp，5′端的前10bp无任何特异的填充序列(一般是TGAGTCCAAA，少数为TGAGTC-CTTT)，紧接着是CCGG，它们一起组成核心序列，随后为3′端的3个选择性碱基，对外显子进行扩增；反向引物(R-primer)长18bp，即由5′端的11个无特异性的填充序列(GACTGCGTACG)和紧接着的AATT组成的核心序列，及3′端的3个选择性碱基，对内含子和启动子区域进行特异扩增。正向引物中的CCGG序列可与ORF区域中的外显子特异性结合，反向引物中的AATT序列特异结合于富含AT区的内含子和启动子；正反向引物结合可以同时对外显子、内含子和启动子区域进行特异性扩增。

SRAP是利用PCR扩增为基础的分子标记系统，其引物设计除了要遵循以PCR为基础的分子标记系统引物设计的一般原则(如：不能有二聚体、发卡结构、GC含量为40%~60%等)外，又有其独特之处。它针对基因组开放阅读框的特点而设计，即外显子一般位于富含GC区域，在不同个体中通常是保守的；而内含子和启动子则处于富含AT区域，在不同物种甚至不同个体间变异很大。因此，正向引物针对序列相对保守的外显子，使用"CCGG"序列就可以特异扩增出含这些组分的序列；反向引物针对变异大的内含子、启动子和间隔序列，使用"AATT"序列以特异结合富含AT区。因此，利用在不同个体中外显子的相对保守性及内含子和启动子的多变性，通过正反引物的组合搭配扩增出基于内含子与外显子的多态性标记。

②SRAP扩增及检测方法　反应模板多数为基因组DNA，也可以是cDNA。SRAP

扩增采用复性变温法，即扩增程序分2步：94℃预变性5 min；94℃ 变性1 min，35℃复性1 min，72℃延伸1 min，5个循环；94℃变性1 min，50℃复性1 min，72℃ 延伸1 min，35个循环；最后72℃延伸5~10 min；4℃保存。前5个循环采用35℃退火温度有利于引物与靶序列更好的结合，随后的35个循环采用50℃退火温度以保证扩增产物以指数方式扩增。

SRAP的扩增产物一般用4%~6%的变性聚丙烯酰胺凝胶(PAGE)电泳分离，然后用0.1% $AgNO_3$检测，最后用显影液适度着色后转入蒸馏水中保持；也可以用1.8%~2.0%的琼脂糖凝胶电泳分析多态性，但分辨率较低；也可采用同位素标记引物，利用放射自显影技术显带，显带结果可用成像系统进行扫描分析。

③特点　SRAP实验操作简便，采用含17~18个碱基的正反向引物及50℃的退火温度，确保了扩增产物的稳定性，并且还可以通过改变引物3′端的3个选择性碱基得到更多的引物，加上正反向引物可以自由组合，提高了引物的使用率。它在基因组中分布均匀，有一定比例的共显性标记。

SRAP结合了RFLP、RAPD、AFLP和SSR的优点，可以检测到具有较好保守性和低突变率的编码区序列的多态性(Korir *et al.*, 2013)。相较于RAPD，SRAP标记实验效率较高、结果更稳定；与SSR相比，事先无须开发标记，成本低；这对相对较为滞后的林木分子生物学的研究来说，由于基因组信息的不足，难以获得足够的共显性标记，SRAP是一种比较理想的分子标记。

以上RAPD、SCAR、SSR、ISSR和SRAP标记方法均基于PCR技术。随着测序技术的发展和数据库的完善，相关标记技术如EST和SNP技术也迅速发展，并应用于种质真实性检验。

(7)G表达序列标签(expressed sequence tags, EST)

近年来，随着EST计划在不同物种间的扩展和研究内容的深入，来源于不同物种、不同组织、不同细胞类型和不同发育阶段的表达基因序列的数目急剧上升。随着各类数据库中EST数目的急剧上升为SSRs标记的开发提供了一个巨大的、有价值的来源(Berube *et al.*, 2007)。这种基于ESTs序列开发的SSRs称为EST－SSRs标记。现已在林木中也得到广泛应用，如杏(*Prunus armeniaca*)、猕猴桃(*Actinidia chinensis*)、云杉(*Picea asperata*)和火炬松(*Pinus taeda*)、杨树、和水曲柳(*Fraxinus mandshurica*)等物种(孙宏冉等, 2014)。

①原理　EST指从不同组织来源的cDNA文库中随机挑选克隆，进行大规模测序后所获得到的部分cDNA序列。一个EST对应于某一种mRNA的cDNA克隆的一段序列，长度一般为300~500bp。用相关软件对公共数据库中已有的ESTs中SSRs信息进行全面分析，再进行SSR引物设计；再进行SSR－PCR分析。

②特点　EST-SSRs除了具有基因组SSRs的优点外，反映的是转录区的差异，其多态性可能与基因功能直接相关(张利达等，2010)；同时它在不同物种间有良好的通用性，从一种物种开发的SSRs标记可用于其他物种的研究。

(8)单核苷酸多态性(single nucleotide polymorphisms, SNPs)

①原理　SNP是指基因组DNA序列中由于单个核苷酸的改变而导致的核酸序列的

多态性。在不同个体的同一染色体或同一位点的核苷酸序列中，绝大多数核苷酸序列一致而只有一个碱基不同的现象，即 SNP。它包括单碱基的转换、颠换、插入及缺失等形式。

②特点　SNP 在基因组的密度非常高，一些基因内部的 SNP，有可能直接影响蛋白质结构或表达水平，因此可能代表某些表型变异；与 SSR 等重复序列多态性标记相比，SNP 具有更高的遗传稳定性；基因上的 SNP 在个体间只有 2 个等位变异，因此检测方法可实现自动化。

SNP 由于能检测到单个核苷酸位点的突变，非常适合于辐射育种、芽变选择等选育产生的新品种鉴定，用 SNP 标记种质鉴定在葡萄和柑橘(*Citrus*)上已有报道(Dong *et al.*，2010；Jiang *et al.*，2010)。但仅依靠 1 个或 2 个位点的差异来鉴定品种，其应用还是受到一定限制(Jiang *et al.*，2010)。

综上所述，自从 1974 年 Grodzicker 创立 RFLP 技术以来，现在分子标记方法已发展到 60 多种。每种方法有各自的优点和缺点，表 6-2 比较了常用于种质鉴定的分子标记方法。

表 6-2　种质鉴定常用分子标记技术的比较

Tab. 6-2　A comparison of common molecular markers used for plant variety and cultivars identification

性　能	RFLP	RAPD	SSR	ISSR	AFLP	SRAP
基因组区域	低拷贝区	整个基因组	重复序列区	整个基因组	整个基因组	整个基因组
遗传特性	共显性	显性	共显性	显性	显性/共显性	显性/共显性
等位检测	是	不是	是	不是	不是	不是
检测位点数	1~4	1~10	1~5	2~20	20~200	20~100
多态性	中等	高	高	高	非常高	高
通用性	属间	种间	属内种间		种间	
技术难度	难	易	易	易	中等	中等
DNA 质量要求	高	低	低	低	高	低
DNA 用量	2~10mg	2~10ng	10~20ng	2~10ng	0.1~1μg	2~10ng
重复性	高	中等	高		高	高
可靠性	高	中等	高		高	高
检测时间	长	短	短	短	短	
费用	高	低	高	低	较高	低

由表 6-2 可知，从分子标记的可靠性和简易性来看，利用 DNA 分子标记鉴定品种应首选 SSR 标记，其次是 ISSR、RAPD 和 AFLP 标记。当然，如能先用 RAPD 或 ISSR 方法检测到种质的特异性片段，可经过克隆和序列测定将其转化为 SCAR 标记，实现由随机 PCR 向特异 PCR 的转化。对于近缘种的鉴定，利用物种在进化过程所固定的特异基因位点，构建种间保守的 DNA 片段进行鉴定。具体选择哪种分子标记方法，除了分子标记的特点，还应考虑鉴定材料的特点和研究背景，这样才能准确可靠地进行种质鉴定。

总之，尽管 DNA 指纹可以直观显示出 DNA 分子水平上的差异，并且具有信息量大、不受环境影响等优点，具备准确鉴定大量植物品种的潜能，但是由于缺乏将 DNA

指纹转化为品种区分信息的理想措施，难以充分发挥优势。所以尽管DNA指纹图谱技术在种质鉴定中已得到广泛地研究，但大多数仍停留在实验室水平，尚难以在生产实践上推广运用。因此，建立主要种(品种、无性系)的DNA指纹图谱并进行标准化，将会对植物种质鉴定发挥非常关键的作用。

6.3.5 其他鉴定方法

6.3.5.1 快速化学鉴定

快速化学测定技术通过专门处理，以显现不同种(品种、无性系)种子或幼苗之间的化学差异。由于其显著优点：不需要技术经验或培训，又能在较短的时间内完成；成本低廉，不需昂贵的仪器和设备；测定结果清楚且易于解释，ISTA出版了*Rapid Chemical Identification Techniques*，对快速化学测定方法进行了规范，成为种质真实性鉴定的重要方法。

(1)苯酚染色法(phenol tests)

苯酚染色法已作为ISTA和我国国家标准。

鉴定原理：单酚、双酚、多酚在酚酶的作用下氧化成为黑色素。其反应机制有2种观点：一种认为是酶促反应；另一种认为是化学反应。该反应受Fe^{2+}、Cu^{2+}等双价离子催化，可加速反应。

$$H_2O_2 \xrightarrow{\text{过氯化氢}} H_2O + [O]$$

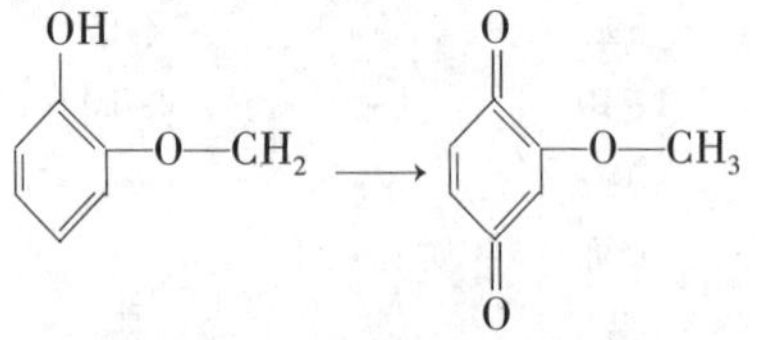

OH, O—CH_2 → O, O—CH_3, O

由于不同的树种或品种其种皮内酚酶的活性不同，将苯酚氧化呈现深浅不同的褐色。该法主要适用于小麦、水稻和牧草(颜启传，2001)。

(2)愈创木酚染色法

种子(尤其在种皮)中存在着大量的过氧化物酶，该酶能使过氧化氢(H_2O_2)分解产生氧气，而氧气又可使愈伤木酚(无色)氧化而产生有色的4-邻甲氧基酚。种子内含有的过氧化物酶活性越高，单位时间内产生的红褐色邻甲氧基对苯酚越高，则颜色越深，反之则浅。不同种(品种、无性系)由于遗传基础不同，过氧化物酶活性不同，根据染色的深浅不同，可区分不同种(品种)。应叶青等(2005)曾报道用愈创木酚法成功鉴定了拟单性木兰属的乐东拟单性木兰(*Parakmeria lotungenesis*)、云南拟单性木兰(*P. yunnanensis*)和光叶拟单性木兰(*P. nitida*)种子。

6.3.5.2 物理鉴定法

(1)近红外光谱鉴定法(near infrared spectroscopy，NIS)

早在1800年，William Herschel就发现了近红外光谱，但大多数物质在该谱的吸收带较宽，重叠比较严重，因此很难加以利用。但随着计算机技术的发展，分析仪器也迅速发展起来，使得红外光谱技术得以广泛应用。用红外光谱进行种质鉴定具有效率高、成本低、简便易行等特点。

何勇等(2006)通过主成分分析建立了苹果品种的NIS指纹图谱，利用人工神经网络，能对未知品种进行识别；姜黄(*Curcuma longa*)、白皮(*Euonymus tengyuehensis*)和三七(*Panax notoginseng*)长得极为相似，不法药商常用这些伪冒三七，鉴于市场的混乱局面，张治军等(2009)采用NIRS技术建立冰片鉴定模型，准确率非常高；Perez等(2001)采用以MPLS为主的NIRS技术鉴定绿芦笋(*Asparagus Officials*)品种，证明了鉴定的有效性。但该方法要求取样要求高、建模难度大，因此在普及上仍有一定难度。

(2)荧光分析法

不同种(品种)的种子，其种皮结构和化学组成不同，在紫外线照射下发出的荧光波长不同，因而产生不同颜色。荧光分析可对种子或幼苗进行测定，不同种(品种、无性系)的种子和幼苗有特定的荧光色。

综上所述，可用于种苗真实性鉴定的方法很多。基于林木的遗传背景复杂和分子生物学基础薄弱的原因，因此在实际应用中，形态鉴定仍然是主要手段；当形态鉴定存在一定困难时，可以结合细胞学、生化及分子生物学的方法加以鉴定。至于选择何种方法鉴定，要结合种(品种、无性系)的特性和相应的技术水平加以综合考虑，为林业生产提供保障。

6.4　林木种苗真实性鉴定的应用

6.4.1　雌雄株的早期鉴定

雌雄异株植物，是指雌花和雄花分别生长在不同植株上的种子植物。研究表明约有6%的植物具有雌雄异株的生殖系统，其中包含了许多木本植物，常见的有银杏科(Ginkgoaceae)、罗汉松科(Podocarpaceae)、三尖杉科(Cephalotaxaceae)、红豆杉科(Taxaceae)、麻黄科(Ephedraceae)、杨柳科(Salicaceae)、杜仲科(Eucommiaceae)、柿树科(Ebenaceae)，以及香榧、君迁子(*Dispyrus Lotus*)、阿月浑子(*Pistacia vera*)、杨梅(*Myrica rubra*)、番木瓜(*Carica papaya*)、猕猴桃、黄檗(*Phellodendron amurense*)、石刁柏(*Asparagus officinalis*)、水曲柳、沙棘(*Hippophae rhamnoides* ssp. *sinensis*)、黄连木、连香树(*Cercidiphyllum japonicum*)、火炬树(*Rhus Typhina*)等(赵林森等，1998；尹立辉等，2003；翟飞飞和孙振元，2015)。其中许多种类为重要的经济类树种，如银杏、红豆杉、香榧、杜仲(*E. ulmoides*)、番木瓜等；还有一些为重要的工业用材林树种，如杨树、水曲柳等。

对于许多雌雄异株的木本植物而言，其栽培目标与植株性别密切相关。同一树种、不同性别植株在形态学及生物学特性、经济价值等方面存在一定的差距，因此在生产上常选择某一种性别的植株为主要栽培对象(尹立辉等，2003)。如杨树无论是工业用材林还是生态林，雄株对环境的污染明显减少；果用银杏偏向选择雌株，而银杏用作行道树时则宜选用雄株；以产果为主的沙棘、香榧等也以雌株为主。值得注意的是以果用为主的雌雄异株植物，需考虑授粉树(雄株)的比例。但众所周知，木本植物的生长周期长，根据其自然生长规律，雌雄株的形态分化短则1~2年(如杨柳科的一些树种)，长则10~20年或更长(如银杏实生苗)，这对于生产是非常不利的。因此，木本植物雌雄株的早期鉴定则十分重要。

6.4.1.1 形态鉴定

形态鉴定是最为直观而又快捷的方法，也是对植物性别认识最早的方法。鉴定主要以成年植株为对象，而对种子和幼苗的鉴定少有报道。

形态鉴定主要依据是株型、冠形、分枝角度、叶形(大小)、树皮、生长速度的差异、木材结构等形态指标，有时还结合物候期观察(尹立辉等，2003；翟飞飞和孙振元，2015)。许多学者对银杏(程晓建等，2002)、沙棘(罗晶，1986)、杜仲(勒振宁和常效须，1997)、黄连木(Correia *et al.*，2000)、*Salix myrsinifolia*(Nybakken *et al.*，2012)、连香树(陶应时等，2013)等的外部形态、生长速度以及物候期等特征进行了研究和总结，证明在雌雄株间存在较大差异，并以此作为雌雄株性别鉴定的依据。

尽管形态鉴定操作要求的技术水平不高，既经济节约，又方便节时，在生产中容易掌握。但在目前的研究中还存在一些问题，如通过幼树的叶型、冠形和树皮等方面的差异来鉴别雌雄株，并不十分可靠。因为有些植物而言，在性器官分化和发育成熟之前，其雌雄株的形态差异往往不明显；而通过成年植株进行鉴定，时间上已经比较滞后，从而影响生产管理。因此，形态鉴定并不能作为所有植物雌雄株性别早期鉴定的可靠方法，但可作为早期的初步鉴定的手段(尹立辉等，2003)。

6.4.1.2 生理生化鉴定

不同性别植株在生理生化特性上存在差异，主要表现在次生代谢产物和同工酶类。

(1)次生代谢产物鉴定

次生代谢产物包括酚类、单宁、胶等，这些产物的种类和含量在一些木本植物的雌雄株上存在差异。研究发现在酚类物质的含量和组成在杨梅、香榧、千年桐(*Vernica Montana*)、银杏、复叶槭(*Acer negundo*)雌雄株上各不相同；沙棘和猕猴桃雌雄株叶片的单宁含量、中国沙棘雌雄株在黄酮含量上均存在差异；而杜仲雌株的杜仲胶含量在整个生长期内显著高于雄株(尹立辉等，2003)。但这种差异一般在植株性成熟后才表达，且主要表现在量上，因此在早期鉴定中意义也不大。

(2)同工酶鉴定

过氧化物酶及多酚氧化酶普遍存在于高等植物中，并在植物的生长发育中起重要作用(Perice and Brew，1973)。由于过氧化物酶是基因表达的产物，因此通过雌雄株间过氧化物酶同工酶的差异来鉴别雌雄株是可行的。李国梁等(1995)研究证明杨梅雌雄株的POD同工酶在快带区存在差异；液相色谱图中，杨梅雌雄株不仅表现出共同的物种峰，而且呈现出3个性别差异峰。此法还应用于银杏(钟诲文等，1982)、猕猴桃、野生葡萄等果树(沈德绪，1988)、杨梅(李国梁等，1995)、千年桐(陈中海等，2000)等雌雄的鉴定上。

按照分子酶学“一个基因一个同工酶亚基”的理论，同工酶是分子水平的指标，是基因差异在表达水平的体现。因此，用同工酶可以为植物性别鉴定提供可靠的科学依据。但由于同工酶在植物个体发育中存在着时间和组织器官的特异性，有时会影响同工酶鉴定的可靠性。但总体来说，应用同工酶鉴别植物性别是一种应用广泛、可靠性高的方法。

(3)细胞学鉴定

对那些由性染色体决定性别的植物而言，染色体的形态特征是鉴别雌雄株的有效方法之一。张杨等(2007)还以45S rDNA为探针，通过荧光原位杂交(FISH)发现银杏雌株4条染色体具随体，而雄株只有3条染色体具随体，证明了雌雄性别决定与随体染色体有关，由此来鉴别银杏雌雄株；其他应用还包括杜仲、银杏、杨柳科树种等(王丙武等，1999；陈学森等，1997；赵林森等，1998)。

植物性别的决定机制将植物分为3种类型：性染色体决定型、性基因决定型和核质互作决定型。对于由性染色体决定性别的植物来说，应用染色体形态鉴定植株性别十分准确有效，而对于由性基因决定型和核质互作决定型的植物种类，细胞学鉴定则难以揭示雌雄株间性别差异的实质。

(4)分子标记鉴定

分子生物学鉴定植物性别主要通过核酸和蛋白质，包括两个方面：一是测定不同性别植株的核酸和蛋白质含量差异。王白坡等(1999)分析发现银杏雌雄株间在核酸的含量水平上存在一定差异：6月上旬以前雄株芽尖中核酸含量高于雌株；8月上旬以后则相反，雌株超过雄株；Nandi等(1990)在对番木瓜组蛋白的分析中发现，雌株组蛋白的水平大于雄株，在根和茎中特别明显，表明雄株有相对较高的代谢状况，可为鉴定番木瓜幼苗性别提供依据。二是运用分子生物学技术寻找特异的DNA片段和特异蛋白(陈中海和陈晓静，2000)。王晓梅等(2001)则利用AFLP技术检测雌雄银杏基因组DNA的多态性，筛选获得了与银杏性别相关的分子标记，其中3个引物组合各提供了1个与雌性相关的分子标记；经Southern点杂交证实，有2个分子标记为银杏雌性基因组所特有的。Parasnis等(1999、2000)用微卫星和微小卫星来作为番木瓜性别特异标记的研究，结果用$(GATA)_4$探针发现了一个5kb的特异带仅出现在雄株中，并证明微卫星$(GATA)_4$可以鉴别番木瓜的性别。同样，戴正等(2008)筛选获得了香榧雌雄株特异的RAPD标记，将其转化成SCAR标记(SW-593)后可在雄株中稳定出现，成为雌雄性别鉴定的可靠标记(图6-5)。Semerikov等(2003)利用AFLP和RFLP技术也找到了与柳树(*Salix babylonica*)性别相连锁的标记，并将其在遗传图谱上进行定位。

除上述鉴定方法外，雌雄植株在生理水平上如光合特性、保护酶活性、内源激素含量、逆境下的反应、化学防御等方面均存在差异(翟飞飞和孙振元，2015)，但这种差异还可能来源于雌雄株间的空间异质性，具有很大的波动性和不确定性，因此难以作为鉴定的可靠依据，在生产实践中也难以推广运用。

综上所述，形态鉴定和生理生化鉴定主要用于成年植株的性别鉴定；细胞学鉴定则对性染色体决定性别的树种十分有效；分子标记方法的适用性最为广泛，但寻找适宜的分子标记是成功的保证。在林业生产中要对幼苗的性别进行早期鉴定，以便对雌

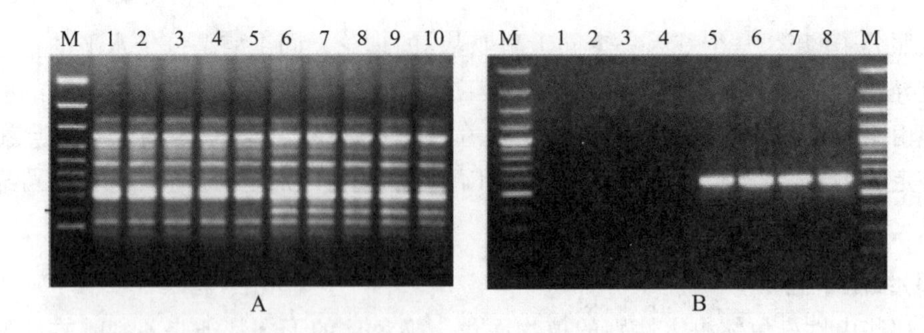

图6-5 香榧性别鉴定的RAPD和SCAR扩增效果(引自戴正等，2008)

Fig. 6-5 RAPD and SCAR amplification products for sex identification of *Torreya grandis* (Dai Zheng *et al.*, 2008)

A. 为随机引物S250在DNA池中的扩增结果；B. 为特异引物SD在DNA池中的扩增结果。1~5为雌性DNA池；6~10为雄性DNA池

A. is the amplification products of random primer S250 for DNA pool; B. is the amplification products ofspecific primer SD for DNA pool. 1 - 5 lanes represent female DNA pools; 6 - 10 lanes represent male DNA pools.

雄株具有不同经济价值的植株尽早进行选择，因此，需要根据不同树种的生物学特性选择适宜的鉴定方法，以促进林业生产效率。

6.4.2 亲本及杂交子代的鉴定

木本植物的杂交育种周期长，但优良杂种常具有超越亲本的杂种优势，如杂种鹅掌楸、东方杉、杨树等众多杂种，在林木生产中具有重要地位。一般杂种与亲本从形态上有一定的相似性，在幼苗期难以区分。因此科学准确的鉴定亲本及杂种，不仅在植物新品种审查和品种权纠纷司法鉴定中具有积极作用，而且在杂种重要性状的早期选择及生产应用上具有重要的意义。

6.4.2.1 形态鉴定

由于杂交亲本的差异较大，杂交子代一般在形态上有较大的变异，或杂种的特异性状只能在成熟植株上进行表达，如杂种鹅掌楸、二乔玉兰(*Magnolia Soulangeana*)等。

形态鉴定一般通过叶形、树皮的特异性状，或通过叶的微形态及解剖结构。杂种鹅掌楸为我国已故林木遗传育种学家叶培忠教授杂交成功，而后南京林业大学先后培育出一批杂交鹅掌楸优良家系与无性系。生产实践证实杂交鹅掌楸具有非常强的杂种优势，表现为速生、花色艳丽、抗逆性强、适应性广、几乎无病虫害等优点，是极佳的园林绿化及珍贵用材树种。传统的杂种鹅掌楸鉴定主要依据其与亲本在形态上的差异，如叶形、幼树树皮等(刘洪谔等，1991；表6-3)；但形态特征在苗期差异易受环境影响因子的影响，在成年植株上表现则更为稳定(生产速率、抗逆性、花色等)，这不利于优良杂种无性系的早期选择。

表 6-3　鹅掌楸属树种的形态区别

Tab. 6-3　Morphologic differences of species in genus of *Liriodendron*

树　种	枝及树皮	叶	花	果　实
鹅掌楸	小枝灰色或灰褐色，树皮灰色，树皮纵裂不明显	叶马褂形，一般 3 裂，基部有 1 对侧全角片较长	花被片倒卵形，绿色，有黄色纵条纹，长 2～4cm	翅状小坚果，先端纯或钝尖
北美鹅掌楸	小枝褐色或紫褐色，树皮棕色或暗绿色，树皮纵裂明显	叶鹅掌形，一般 5 裂，基部有 2 对侧裂片，近基部的 1 对侧裂片较短	花被片绿黄色，基部内面有橙黄色蜜腺，长4～6cm	翅状小坚果，先端尖

注：引自刘洪谔等，1991。

吉利等(2009)以紫花含笑(*Michelia crassipes*)为母本与灰岩含笑(*M. calcicola*)为父本进行杂交，其表型变异极为丰富(如矮化子代)，是观赏价值很高的植物材料；吉利等(2009)通过观察发现其杂种 F_1 代个体间叶表皮微形态和叶解剖结构方面变异很大，杂种 F_1 代矮化型植株叶片气孔密度较小。但这些形态标记难以作为杂种鉴定和优良无性系选择的可靠依据。

由上可知，根据植株形态鉴定亲本和杂交子代，一般存在苗期鉴定困难、成年期所需时间长、易受栽培环境的影响；而微观形态鉴定难以找到特异形态标记，因此应用上具有较大的局限性。

6.4.2.2　分子鉴定

木本植物长期异交，遗传背景高度杂合；而且由于存在亚等位基因，在特定的杂交组合中一个标记位点可以有多种组合，因此，对其进行杂种鉴定与选择时，须具备有效的共显性标记，如 SSR 标记、SRAP 标记等。

在所获得的鉴定特异性谱带中，多数为在亲本和杂种之间为双亲互补型(周文才等，2015；张红莲等，2010)。对于杂种鹅掌楸亲本及子代的鉴定，张红莲等(2010)通过筛选获得 1 对物种特异性 SSR 引物，在鹅掌楸群体中特异性扩增出 190 bp 的产物，在北美鹅掌楸群体中特异性扩增出 180bp 的产物，而在杂交鹅掌楸群体中特异性扩增出 180 bp 和 190 bp 2 种产物，这些特异性产物可将亲本和子代准确鉴定出来(图 6-6)。另外 SSR 分子标记还广泛运用于不同杂种子代的鉴定，如美洲黑杨(*Populus deltoides*)

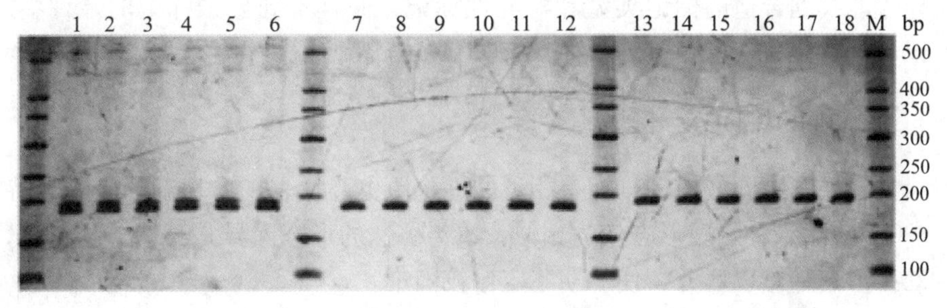

图 6-6　鹅掌楸种特异性 SSR 引物扩增结果(引自张红莲等，2010)

Fig. 6-6　Products amplified by species-specific SSR primer for species of *Liriodendron* (Zhang Honglian *et al.*, 2010)

M：Marker，1～6 杂交鹅掌楸 *Hybrid Liriodendron*，7～12 北美鹅掌楸 *L. tulipifera*；13～18 鹅掌楸 *L. chinese*。

M：marker，1－6 lines are hybrid*liriodendron*，7－12 lines are *L. tulipifera*，13－18 lines are *L. chinese*.

杂交子代(周文才等，2015)、华仁杏(*Armeniaca cathayana*)亲本及子代的鉴定等(刘梦培等，2012)。

除此，SRAP标记也常用于亲本及杂交子代的鉴定。落羽杉属树种具有生长快、干型直、材质好、树形美和适应性好的特点，在林业和园林建设中具有发展前景的树种。1963年，叶培忠教授采用墨杉(♀)×柳杉(♂)杂交组合，获得12株杂种苗(杂交墨杉)，而后筛选获得东方杉，开创了我国落羽杉属杂交育种的先河(张建军等，2003)。江苏省中国科学院植物研究所从1973年开始落羽杉属种间杂交优势利用研究，育成了中山杉302(*T. distichum*(♀)×*T. mucronatum*(♂)等无性系，并进行推广(於朝广等，2008)；随后又进行了反交试验，获得了杂种后代T407、T406和T405。为了验证其杂交子代的身份，於朝广等(2009)运用SRAP技术对其进行了鉴定，获得了特异性标记，可将子代和亲本加以区分(图6-7)。

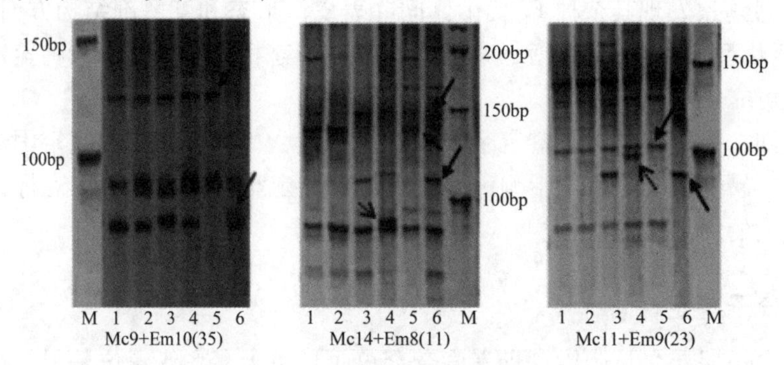

图6-7 SRAP标记鉴定落羽杉属亲本及其杂交后代图谱(引自於朝广等，2009)

Fig. 6-7 Products amplified by SRAP markers for identification of parents and hybrid offspring(Yu Chaoguang *et al.*, 2009)

1~6分别为T407、T406、T405、中山杉302、墨杉和落羽杉；M为Marker。

1-6 lines refer T407, T406, T405, *T. distichum* × *T. mucronatum* 302, *T. mucronatum* and *T. distichum*, respectively; M is marker.

由上可知，用分子标记标记技术鉴定亲本及杂交子代，具有不易受环境影响、引物信息共享、鉴定速度快且准确等优点。由于标记种类繁多，鉴定前需要进行大量的筛选工作才能找到合适的标记类型和特异性标记；而且不同分子标记的杂种鉴定能力不同，以单个标记不能彻底鉴定杂种，有时需多个标记组合才能完全鉴定出来。

6.4.3 近缘种的鉴定

近缘种，通常指同属树种，拥有相近的进化历史，且表现出相近的生物学特征(王坤等，2009)。近缘种一般形态较为相似，成年植株的形态差异是种属分类依据，但其种子和幼苗形态却难以区分，使早期鉴定比较困难。

6.4.3.1 形态鉴定

近缘种的形态差异一般来说在成年植株上表现较为明显，但在种子和幼苗阶段难以区分，如松属、落叶松属、杨属等的一些种。尽管其种苗的形态差异不是十分显著，但可通过细微性状和易变性状进行鉴定，而易变性状则需要通过统计分析加以鉴定；

除此，近缘种还可通过种皮的微形态和种皮的解剖结构观察加以区分。

松属部分近缘种种子的形态十分相似，但通过观察种子及幼苗的形态特征，可将部分种区别开来(洑香香等，2011)。落叶松属的6个近缘种(华北落叶松、日本落叶松 *Larit kaempferi*、兴安落叶松 *L. gmelinii*、长白落叶松、西伯利亚落叶松 *L. sibirica* 及红杉 *L. potaninii* 种子的外部形态特征十分相似，弓彩霞等(1994)通过扫描电镜观察到6种落叶松种子的种皮微形态(背面纹饰、腹面纹饰、种孔周围纹饰)有明显差异，并据此将6个种区分开来。西伯利亚红松(*P. sibiric*)在我国的大兴安岭及其他高寒地区引种栽培十分广泛，它和我国分布的红松(*P. koraiensis*)近缘，其生物学、生态学特性与红松有许多相似之处，毛子军等(2003)通过扫描电镜观察发现西伯利亚红松种皮解剖构造有5层，而红松只有4层；前者的外种皮厚度显著大于后者，可明显将二者鉴别区分。

6.4.3.2　生化鉴定

生化鉴定主要通过近缘种种子蛋白质和同工酶进行电泳，通过分析谱带的数量、相对迁移率和特征谱带的差异来进行鉴定。高捍东等(1997)利用种子内过氧化物同工酶对松属6个近缘种进行电泳鉴定，发现种间既存在着共同带又存在着特征带，而且谱带的数量及相对迁移率都存在显著差异，有效地鉴定松属近缘种。Esen(1976)分别用过氧化物酶(POD)和淀粉酶(AMY)研究柑橘和近缘属的种，认为种内、种间POD谱带存在质和量的差异，所有的种都能用AMY同工酶谱带分开。

尽管生化鉴定的结果清晰且技术比较成熟，对一些作物种子的鉴定十分有效并进行了标准化；但在林木上要找到合适的同工酶谱带并不是容易的事，在应用上也十分有限。

6.4.3.3　细胞学鉴定

一般来说，近缘种的核型图谱有一定的相似性，如染色体数目、倍性等；但也存在显著差异，如染色体的大小、随体的有无等；通过带型分析可发现更多的种间差异，借助于现代技术如FISH技术还可发现近缘种更细微的种间差异信息。

在毛白杨的良种选育过程中，就是通过细胞染色体检查发现了雌株毛白杨类型中的天然三倍体。朱之悌等(1998)对茎尖染色体数镜检发现毛白杨的一个天然杂种的染色体数为57($2n=3x=57$)，即三倍体毛白杨。从染色体形态来看，57条染色体中都有3条体型特大、形态相似的长棒状染色体，与其余的54条小染色体有明显差别。每条长棒状染色体可认为是每个基因组(x)19条染色体中的特异染色体，二倍体有2条($2n=2x=38$)，三倍体有3条($2n=3x=57$)。松属近缘种不但种子和幼苗形态十分相似，其染色体核型也难以区分，采用染色体荧光显带技术可将不同近缘种区分开来(徐进等1998、1999a、1999b；Masahiro，1983、1989)。

细胞学鉴定对于染色体突变产生的近缘种的鉴定是简单而又行之有效的方法，如多倍体、单倍体、染色体缺失等引起的物种变异。但林木的染色体制片相对比较困难，在操作上也有一定的技术难度，因此难以推广应用。

6.4.3.4 分子标记鉴定

基因的进化可以反映物种的进化，不同的基因由于变异频率不同，从而在不同分类等级上具有一定的保守性；同时由于生殖隔离、地理隔离或生态位上的差异，不同种在进化过程中固定了不同的基因，其中一些被固定的基因在种的水平上具有高度的保守性。这些差异可以通过DNA指纹技术被发现。利用分子标记对进行真实性鉴定，要求获得的标记位点在进化上具有一定的保守性，同时具有一定的变异速率，即在种间具有多态性而在种内具有高度的保守性(洑香香等，2011)。因此，利用分子标记鉴定近缘种十分可靠而且有效。

Fu等(2005)利用松科已有的SSR引物对13个松属近缘种进行鉴定，结果发现：5对引物在种间具有多态性，而在种内具有保守性；用单个引物、2个或多个引物组合即可把10个近缘种的8个鉴定出来。曲丽娜(2007)则用2个RAPD引物对3种落叶松(兴安落叶松、长白落叶松及华北落叶松)进行了种间鉴别，并获得了特异性条带。张磊等(2008)则通过筛选获得5条ISSR引物，在近缘种日本落叶松、兴安落叶松和长白落叶松上都获得了特异性谱带，可作为种质鉴定的标准谱带。

6.4.4 栽培品种和无性系

无论栽培品种还是无性系都是种下分类单位；在木本植物上主要通过无性繁殖方式获得。不同栽培品种或无性系在幼苗期几乎难以区分，其差异性仅在成年植株的花、果、产量，甚至在其内含物质(如化学成分)或木材性状上表现出来。经济林栽培中的果树(如板栗、核桃、银杏、油茶、杏、梅等)、观赏树木(桂花、牡丹 *Paeonia Suffruticosa*、紫薇 *Lagerstroemia indica* 等)和材用速生树种(杨树、桉树、杉木)栽培品种和无性系种类繁多，再加上各地区间的相互引种和各自命名，给其鉴定带来了巨大的挑战。但它们在林业生产上具有重要的经济价值，因此，早期鉴定对生产来说显得尤为重要。

由于栽培品种和无性系其形态差异极小，通过形态鉴定的可能性不大；同时因为它们均为种下分类单位，染色体形态的差异也难以获得。而蛋白质和同工酶均为基因的产物，因此，生化鉴定和分子标记鉴定是最有效的鉴定方法。

6.4.4.1 同工酶鉴定

同工酶在品种鉴定上的应用十分广泛。梨(*Pyrus*)的栽培品种很多，从形态上根本难以区分，马兵钢等(2003)采用一年生新稍上的叶或芽进行同工酶研究，发现用POD同工酶可将26个梨品种中的12个区分出来，用EST同工酶可将7个样品区分出来。Kim和Ko(2004)利用葡萄糖磷酸异构酶(PGI)、葡萄糖磷酸变位酶(PGM)、苹果酸脱氢酶(MDH)、过氧化物同工酶(PER)研究110个韩国柿品种和31个日本柿品种，将其中64个柿品种鉴定出来。曲泽洲(1990)用过氧化物酶、脂酶、淀粉酶3种谱带组合将41个枣品种分开。

利用同工酶和蛋白质鉴定所需的条件简便、易操作，也能较好地鉴定品种，但它们易受环境和植物发育阶段的影响，因此，在应用时严格材料来源和取样时间。

6.4.4.2 分子标记鉴定

分子标记是栽培品种和无性系鉴定的最可靠的方法，因此，被广泛应用。

三倍体毛白杨材性明显优于普通二倍体毛白杨，因此，成为我国北方地区造纸的首选树种。由于其形态特征与普通毛白杨相似，从幼苗形态上难以区分，因此，造成了二倍体毛白杨和三倍体毛白杨、三倍体毛白杨无性系间的混乱。胡晓丽等(2006)运用AFLP标记对三倍体毛白杨11个无性系进行鉴定，利用3个引物组合(M-CAT/E-TA、M-CAT/E-TC、M-CAT/E-TG)获得的8条多态性条带构建了11个无性系的指纹图谱，为三倍体毛白杨无性系苗木的真实性鉴定提供了依据。张新叶等(2004)用RAPD标记对湖北省12个主栽板栗品种进行研究，发现利用10个多态性引物产生的20个特异谱带可将12个板栗品种完全区分开来；沈永宝等(2005)仅用2个ISSR引物就能区分出13个银杏品种。

综上分析，栽培品种和无性系的真实性鉴定可利用电泳技术和分子技术，前提是需要获得栽培品种和无性系的标准样品，以此建立指纹图谱并进行种质鉴定。其鉴定效率高、稳定性好，并可形成标准化流程，是未来种质鉴定的主要技术。

6.4.5 转基因植株的鉴定

转基因就是将人工分离和修饰过的基因导入到目的生物体的基因组中，从而达到改造生物的目的。在林木上，转基因工作已在杨树、火炬松、桉树等近40个树种及多年生木本植物，并且有许多树种已获得了转基因植株，其中杨树、松树、桉树、云杉等树种已经进入田间试验阶段。所转基因主要包括抗虫、抗病、抗除草剂、抗逆性、生殖发育、调控及材性改良方面等(苏晓华等，2003)。

转基因植株由于仅转入1个或几个基因片段，其在形态上和未转入基因植株几乎没有差异。目前的检测方法主要是通过分子手段，主要有下列2种方法：

(1)特定DNA序列的检测鉴定

转基因技术的核心是对植物遗传物质进行人工改造，因此检测改造过的遗传物质是鉴定的最直接方法。被检测的特定DNA包括2类：一是非目的基因序列，即启动子序列、终止子序列及克隆载体自身序列；但有些序列在一些生物中天然存在，因此检测结果假阳性较高，只能作为鉴定初步。二是目的基因序列本身，可进行定性分析，也可进行定量分析；方法有多重PCR、RT-PCR等；这是最直接和最有效的鉴定方法。

(2)外源基因表达的蛋白质鉴定

对于表达量低的转基因植物，直接检测外源基因的方法无法得到理想结果。绝大多数转基因植物都以表达出外源蛋白为目的，因此，可以通过对外源蛋白的定性定量检测来达到转基因检测的目的。常用的蛋白质检测方法均以免疫分析为基础，包括ELISA和Western印迹法；免疫分析技术具有高度特异性，能准确检测到外源蛋白。

上述2种转基因检测技术的缺点是检测范围窄，效率低，无法高通量大规模地同时检测多种样品，尤其是对转基因背景一无所知的情况下，对各种候选待检基因序列或蛋白的逐一筛查几乎是不可能的。而目前正在研究的转基因产品所涉及的基因数量有上万种，今后都有可能进入商品化生产；尤其对进出口产品的检测，需要更有效、快速、特别是高通量的检测方法，最近几年出现的生物芯片技术能较好地解决这一问题。转基因作物检测基因芯片是将目前通用的报告基因、抗性基因、启动子和终止子的特异片段(靶片段)固定于玻片上制成检测芯片；将待检样品的DNA经过扩增、标记后与芯片进行杂交，杂交信号由扫描仪扫描后再经计算机软件进行分析判断(郭斌等，2010)。

尽管林木转基因植株在生产上的应用还不十分普遍，但随着转基因技术的发展和大量转基因树种的田间释放，规模化栽培成为必然趋势，因此，了解和掌握转基因植株的鉴定可为林业安全生产提供技术保障。

参考文献

陈学森，邓秀新，章文才，等．1997. 银杏雌雄株核型及性别早期鉴定[J]．果树科学，14(2)：87－90.

陈中海，陈晓静．2000. 雌雄异株果树的性别决定及性别鉴定的研究进展[J]．福建农业大学学报，29(4)：429－434.

程晓建，王白坡，郑炳松，等．2002. 银杏雌雄株性别鉴别研究进展[J]．浙江林学院学报，19(2)：217－221.

戴正，陈力耕，童品璋．2008. 香榧性别鉴定的RAPD和SCAR标记[J]．果树学报，25(6)：856－859.

洑香香，赵虎，王玉．2011. 松属近缘种形态和分子鉴定及其亲缘关系探讨[J]．林业科学，47(10)：51－58.

高捍东，沈永宝，苑兆和．1997. 用过氧化物同功酶分析鉴定松属种子的真实性[J]．中南林学院学报，15(1)：30－32.

弓彩霞，乔晨，高艳春．1994. 落叶松种皮微形态特征及种子鉴定的研究[J]．干旱区资源与环境，8(3)：80－83.

郭斌，祁洋，尉亚辉．2010. 转基因植物检测技术的研究进展[J]．中国生物工程杂志，(2)：120－126.

何勇，李晓丽，邵咏妮．2006. 基于主成分分析和神经网络的近红外光谱苹果品种鉴别方法[J]．红外与毫米学报，25(6)：417－420.

胡晓丽，周春江，岳良松．2006. 三倍体毛白杨无性系的AFLP分子标记鉴定[J]．北京林业大学学报，28(2)：9－14.

黄艳华，杜娟，夏田，等．2014. 近红外光谱在植物种及品种鉴定中的应用[J]．中国农学通报，30(6)：46－51.

吉利，赵兴峰，孙卫邦．2009. 紫花含笑(♀)与灰岩含笑(♂)及其杂种F_1代叶表皮微形态和叶结构的比较观察[J]．武汉植物学研究，27(1)：12－18.

勒振宁，常效须．1997. 杜仲雌雄株的早期鉴别[J]．中国林业(8)：41.

李国梁，林伯年，沈德绪．1995. 杨梅雌雄株同工酶和酚类物质的鉴别[J]．浙江农业大学学报，21(1)：22－26.

刘洪谔，沈湘林，曾玉亮．1991. 中国鹅掌楸、美国鹅掌楸及其杂种在形态和生长性状上的遗传变异[J]．浙江林业科技，05：18－22.

刘梦培，傅大立，李芳东，等．2012. 华仁杏杂种鉴定及遗传变异分析[J]．林业科学研究，25(1)：88－92.

罗晶．1986. 沙棘雌雄株性别的判断[J]．中国水土保持，11：46.

马兵钢，牛建新，潘立忠，等．2003. 应用同工酶对梨属下种、品种及芽变的鉴定[J]．新疆农业科学，40(5)：262－264.

毛子军，袁晓颖，祖元刚，等．2003. 西伯利亚红松与红松种子形态、种皮显微构造的比较研究[J].

林业科学, 39(4): 155 - 160.
曲泽洲, 王永蕙, 张凝艳. 1990. 同工酶在枣品种分类研究中的应用[J]. 河北农业大学学报, 13(4): 1 - 7.
曲丽娜, 王秋玉, 杨传平. 2007. 兴安、长白及华北落叶松 RAPD 分子标记的特种特异性鉴定[J]. 植物学报, 24(04): 498 - 504.
沈德绪. 1988. 果树育种学[M]. 上海: 上海科学技术出版社.
沈永宝, 施季森, 赵洪亮. 2005. 利用 ISSRDNA 标记鉴定主要银杏栽培品种[J]. 林业科学, 01: 202 - 204.
宋希强, 刘华敏, 李绍鹏, 等. 2004. 观赏植物新品种选育的方法与途径[J]. 世界林业研究, 06: 6 - 10.
苏晓华, 张冰玉, 黄烈健, 等. 2003. 转基因林木研究进展[J]. 林业科学研究, 01: 95 - 103.
孙宏冉, 齐凤慧, 詹亚光, 等. 2014. 水曲柳 EST - SSRs 位点信息分析[J]. 植物研究, 34(3): 393 - 402.
陶应时, 廖咏梅, 黎云祥, 等. 2013. 连香树雌雄株叶片形态及生理生化指标比较[J]. 东北林业大学学报, 41(3): 18 - 19.
王白坡, 程晓建, 戴文圣, 等. 1999. 银杏雌雄株内源激素和核酸的变化[J]. 浙江林学院学报, 16(2): 114 - 118.
王丙武, 王雅清, 莫华, 等. 1999. 杜仲雌雄株细胞学、顶芽及叶含胶量的比较[J]. 植物学报, 41(1): 11 - 15.
魏朔南, 赵喜萍, 田敏爵, 等. 2010. 应用植物形态学和 AFLP 分子标记鉴别陕西漆树品种[J]. 西北植物学报, 04: 665 - 671.
王坤, 杨继, 陈家宽. 2009. 近缘种比较研究在植物入侵生态学中的应用. 生物多样性, 17(04): 353 - 361.
王晓梅, 宋文芹, 刘松, 等. 2001. 利用 AFLP 技术筛选与银杏性别相关的分子标记[J]. 南开大学学报(自然科学版), 34(1): 5 - 9.
徐进, 陈天华, 王章荣. 1998. 马尾松染色体的荧光带型的研究[J]. 武汉植物学研究, (2): 51 - 54.
徐进, 陈天华. 1999. 油松及云南松染色体的荧光带型[J]. 南京林业大学学报, 23(1): 48 - 51.
徐进, 陈天华. 1999. 火炬松与湿地松染色体的荧光带型[J]. 东北林业大学学报, 27(6): 14 - 16.
徐立安, 李新军. 2001. 用 SSR 研究栲树群体遗传结构[J]. 植物学报, 43(4): 409 - 412.
颜启传. 2001. 种子学[M]. 北京: 中国农业出版社.
应叶青, 劳勤, 吴勇, 等. 2005. 拟单性木兰属种子形态、化学鉴别的研究[J]. 浙江林业科技, 25(1): 5 - 8.
尹立辉, 詹亚光, 李彩华, 等. 2003. 植物雌雄株性别鉴定研究方法的评价[J]. 植物研究, 23(1): 123 - 128.
於朝广, 徐建华, 芦志国, 等. 2015. "杂交墨杉"新品种区域试验初报[J]. 南方林业科学, 06: 27 - 30.
翟飞飞, 孙振元. 2015. 木本植物雌雄株生物学差异研究进展[J]. 林业科学, 51(10): 110 - 116.
赵林森, 徐锡增, 崔培毅, 等. 1998. 雌雄异株树种植物性别鉴定的研究[J]. 南京林业大学学报, 22(1): 71 - 74.
张红莲, 李火根, 胥猛, 等. 2010. 鹅掌楸属种及杂种的 SSR 分子鉴定[J]. 林业科学, 46(1): 36 - 39.
张建军, 潘士华, 沈烈英, 等. 2003. 东方杉的树种特征与生态价值[J]. 上海农业学报, 03: 56 - 59.
张磊, 张含国, 李雪峰. 2008. 落叶松属种间无性系间 ISSR 鉴别技术的研究[J]. 植物研究, 28(02): 216 - 221.
张利达, 唐克轩. 2010. 植物 EST - SSR 标记开发及其应用[J]. 基因组学与应用生物学, 29(3):

534－541.

张新叶，黄敏仁．2004. 湖北省主栽板栗品种的分子鉴别[J]．南京林业大学学报，28(5)：93－95.

张扬，朱胜男，金晓芬，等．2007. 45S rDNA-FISH 鉴定银杏雌雄性别[J]．园艺学报，34(6)：1520－1524.

张治军，饶伟文，钟建理，等．2008. 冰片近红外光谱鉴别模型探讨[J]．中药材，31(11)：1647－1648.

钟海文，杨中汉，朱广廉，等．1982. 根据过氧化物酶同工酶图谱鉴定银杏植株的性别[J]．林业科学，18(1)：1－5.

周文才，侯静，郭炜，等．2015. 基于 SSR 标记的美洲黑杨杂交子代的鉴定[J]．南京林业大学学报(自然科学版)，39(3)：45－49.

朱之悌，康向阳，张志毅．1998. 毛白杨天然三倍体选种研究[J]．林业科学，34(4)：22－31.

Berube Y, Zhuang J, Rungis D, *et al.* 2007. Characterization of EST-SSR in Loblolly pine and spruce[J]. Tree Genetics & Genomes, 3: 251－259.

Correia O, Barradas M C D. 2000. Eco-physiological differences between male and female plants of *Pistacia lentiscus* L[J]. Plant Ecology, 149(2): 131－142.

Dong Q H, Cao X, Guang Y, *et al.* 2010. Discovery and characterization of SNPs in *Vitis vinifera* and genetic assessment of some grapevine cultivars[J]. Scientia Horticulturae 125: 233－238.

Esen A, Soost R K. 1976. Peroxidase polymorphism in *Citrus*[J]. Journal of Heredity. 67(4): 199－203.

Fang J, Qiao Y, Zhang Z, *et al.* 2005. Genotyping fruiting-mei (*Prunus mume* Sieb. et Zucc.) cultivars using amplified fragment length polymorphism markers. Hort Science, 42: 325－328.

Fu X X, Shi J S. 2005. Identification of seeds of *Pinus* species by microsatellite markers. Journal of Forestry Research, 16(4): 281－284.

Jiang D, Ye Q L, Wang F S, *et al.* 2010. The mining of citrus EST-SNP and its application in cultivar discrimination[J]. Agricultural Science China, 9: 179－190.

Kim D, Ko K C. 2004. Identification Markers and Phylogenetic Analysis Using RAPD in Asian Pears (Pyrus spp.)[J]. Horticulture Environment & Biotechnology, 45(4): 194－200.

Korir N K, Han J, Shang G L, *et al.* 2013. Plant variety and cultivar identification: advances and prospects [J]. Critical Reviews in Biotechnology, 33(2): 111－125.

Li G, Quiros C F. 2001. Sequence-related amplified polymorphism (SRAP), a new marker system based on a simple PCR reaction: its application to mapping and gene tagging in Brassica[J]. Theoretical and Applied Genetics, 103: 455－461.

Li X Y, Wang C, Yang G, *et al.* 2011. Employment of a new strategy for identification of *Prunus mume* cultivars using random amplified polymorphic deoxyribonucleic acid (RAPD) markers[J]. African Journal of Plant Science, 5: 500－509.

Masahiro H, Atsuo O, Akio T. 1983. Chromosome banding in the genus *Pinus* II: identification of chromosomes in *P. nigra* by fluorescent banding method[J]. Botany Magazine Tokyo, (96): 273－276.

Masahiro H, Atsuo O, Akio T. 1989. Chromosome banding in the genus *Pinus* II: Interspecific variation of fluorescent banding pattern in *P. densiora* and *P. thunbergii* [J]. Botany Magazine Tokyo, (102): 25－36.

Nandi A K, Mazumdar B C. 1990. Biochemical differences between male and female papaya (*Carica papaya*) tree in respect of total of RNA and the histone protein level[J]. Indian Journal of experimental Biology, 22(1): 47－50.

Nybakken L, Julkunen-Tiitto R. 2013. Gender differences in *Salix myrsinifolia* at the pre-reproductive stage are little affected by simulated climatic change[J]. Physiologia Plantarum, 147(4): 465－476.

Parasnis A S, Gupta V S, Tamhankar S A. 2000. A highly reliable sex diagnostic PCR assay for mass screening of *papaya* seedlings[J]. Molecular Breeding, 6: 337－344.

Parasnis A S, Ramakrishna W, Chowdari K V, *et al.* 1999. Microsatellite $(GATA)_n$ reveals sex specific differences in *papaya*[J]. Theoretical and Applied Genetics, 99(6): 1047 - 1052.

Perez D P, Sanchez M T, Cano G, *et al.* 2001. Authentication of green asparagus varieties by near-infrared reflectance spectroscopy[J]. Journal of Food Science, 66(2): 323 - 327.

Perice L G, Brewbaker J L. 1973. Applications of isozyme analysis in horticultural science[J]. Hortscience, (8): 17.

Semerikov V, Lagercrantz U, Tsarouhas V, *et al.* 2003. Genetic mapping of sex-linked markers in *Salix viminalis* L[J]. Heredity, 91(3) : 293 - 299.

Zhao M Z, Zhang Y P, Wu W M, *et al.* 2011. A new strategy for complete identification of 69 grapevine cultivars using random amplified polymorphic DNA (RAPD) markers[J]. African Journal of Plant Science, 5: 273 - 280.

（编写人：洑香香）

第7章 容器育苗技术

【内容提要】容器育苗是一种高效稳定地生产优质苗木的规模化育苗方式，我国容器苗目前仍主要应用于困难立地条件和珍稀树种的造林。自20世纪70年代以后，林木工厂化容器苗生产技术在世界各国和地区得到迅速推广。本章在概述容器育苗的概念及工艺流程、容器育苗的生产要素和林木容器育苗的精量播种装备的基础上，主要围绕容器育苗的控根技术、基质特性与苗木生长、容器育苗稳态营养加载技术和容器育苗底部渗灌技术等的研究进展和发展趋势进行了阐述；按照不同的实施过程，介绍了目前应用的挖掘方法、同位素示踪法和图像分析法等容器苗根系构型研究方法。

工厂化育苗是在人工创造的优良环境条件下，采用现代生物技术、无土栽培技术、环境调控技术、信息管理技术等新技术，达到专业化、机械化、自动化等规范化生产，实现高效稳定地生产优质苗木的规模化育苗方式(沈国舫和翟明普主编，2011)。从20世纪60年代开始，芬兰、瑞典、加拿大等林业发达国家就相继开发了林木育苗容器生产工业化、容器育苗工厂化、容器苗造林机械化的新技术。70年代以后，林木工厂化容器苗生产技术在世界各国和地区得到迅速推广。容器育苗工厂化是林业发达国家苗木生产集约化的一种新发展，也是各国容器育苗的发展方向，但目前世界上只有少数国家，如芬兰、加拿大、日本等已实现或部分实现容器苗工厂化生产(邓华平，2008)。我国的容器育苗目前主要是大田和在塑料大棚内育苗为主，但是已经在广西、黑龙江、内蒙古、甘肃等地建立了多座林木容器育苗工厂。尽管容器苗本身以及工厂化容器育苗都存在许多优势，但是不同国家和地区均反映出育苗与运输成本高、育苗技术相对复杂、容器苗造林后林木生长与稳定性不足等问题。因此，容器苗目前仍主要应用于困难立地条件和珍稀树种的造林(李国雷等，2012；段如雁等，2015；孙洁等，2015)。

7.1 容器育苗技术概述

7.1.1 容器育苗的概念及工艺流程

7.1.1.1 容器育苗的概念和优缺点

容器育苗指在容器中装填固体基质，将种子直接播入、扦插插穗或移植幼苗，培育苗木的方法。所培育的苗木，称为容器苗(container seedling)。容器育苗是工厂化育苗广泛采用的一项技术。

(1)容器育苗的优点

①苗木能形成完整根团，起苗、包装、运输时不伤根，苗木活力强；②由于是带原土栽植，根系不受损伤，对造林地适应性强，所以春、夏、秋三季均可造林，不受常规造林季节限制，延长了造林时间，除北方地区严寒的冬季以外，几乎全年都用于造林；③造林成活率高，初期生长量大，容器苗造林没有缓苗期，根系发达完整，初期生长量显著提高。而且在不良立地条件下，采用裸根苗造林难于成活，但容器育苗抗逆性较强，可以显著提高造林成活率；④成苗的速度快，缩短育苗周期，容器育苗采用人工配制的优良基质，加上集约化管理，环境条件优越，苗木生长速度快，3~6个月即可出圃造林，同时可以周年生产；⑤苗木均匀整齐，适合于机械化造林作业；⑥节约育苗的土地和劳力，造林质量高，一般不会出现窝根现象。

(2)容器育苗存在的问题

①育苗成本高，育苗容器、基质、设施及维持，以及精细管理的费用相对较高，据报道，容器苗成本一般比裸根苗高60%左右；②育苗技术相对复杂，容器育苗集约化程度高，需要有相对丰富的经验和技术，才能获得较好的育苗效果；③造林时运输体积大，苗木运输费用较高；④容器苗如不注意会出现苗木根系在容器内盘旋生长现象，造林后会影响林木生长和稳定性。容器育苗的应用应取决于树种特性、造林地自然条件，并受到社会经济条件制约。在自然条件较好、裸根苗繁殖和造林并不困难的情况下，没有必要采用容器育苗。

7.1.1.2 容器育苗的配套设施

容器育苗工厂一般由容器苗生产作业部分和附属设施部分组成。作业部分由育苗全过程分成的几个车间组成，附属设施由仓库、办公室、生活设施组成。

①种子检验和处理车间　工作内容是对种子品质进行检验，筛选出符合育苗标准的种子，并对种子进行播种前处理。车间的设备设施主要有：种子精选机、种子拌药机、种子裹衣机(又称包衣机)、种子数粒机、天平、干燥箱、发芽箱、冰箱、电炉以及测定种子品质和发芽的小器具等。

②装播作业车间　担负育苗容器与苗盘的组合、基质调配、容器装填基质、振实、冲穴、播种、覆土等作业。车间的设备设施主要有：基质粉碎机、调配混合机、消毒设备、传送带、装播作业生产线、育苗盘、小推车等。

③苗木培育车间　担负苗木生长阶段的管理、提供苗木生长所需全部环境条件。主要由温室、炼苗场构成。一般育苗工厂的苗木培育车间也可以是苗木后期的炼苗车间。如果温室是固定玻纹瓦之类的育苗车间，则育苗车间和炼苗车间须分开设置。

④苗木贮运车间　根据地区经济条件与气候环境的需要可选择设置用于暂时贮存容器苗并抑制其生长的车间。

⑤附属设施部分　容器育苗工厂一般设有办公用房；农药、化肥、工具等贮藏室；育苗容器和育苗盘贮备库房；车库和生活区配套房屋建筑。这些建筑面积占育苗工厂总面积的8%~10%。附属设施还应包括扦插床、种子催芽床、道路、水电设施等。

7.1.1.3 容器育苗的工艺流程

容器苗工厂化生产是现代容器育苗发展的新阶段，其全过程可分解为几个部分，按一定生产工艺流程分别在不同的车间内完成(沈国舫，翟明普，2011)。生产工艺是根据育苗树种的生物学特性，结合育苗设施设备，将苗木生长所需的营养基质、水肥、温度、湿度、光照和CO_2等，调控到最适合苗木生长的状态，生产出合格的优质容器苗出圃造林(图7-1)。容器育苗工厂的生产作业按一定的生产工艺流程把育苗全过程分解在各个不同的车间内完成。

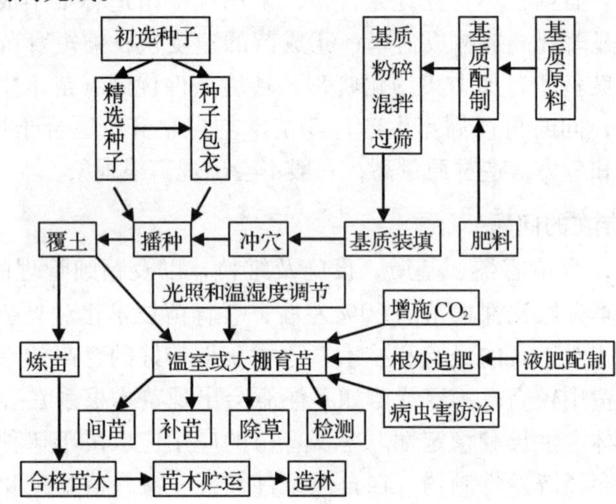

图7-1 工厂化容器育苗生产工艺流程(引自沈国舫，翟明普，2011)

Fig. 7-1 Production processflow of container seedlingsin forestry(Shen Guofang and Zhai Mingpu，2011)

7.1.2 容器育苗的生产要素

工厂化容器育苗除了种子发芽或幼苗生长所需要的环境条件(温度、光照、水分、空气和必要的营养元素)外，还需要与传统育苗完全不同的基质和盛装基质的容器。因此，种子、容器、基质、温度、光照、空气、水和肥料便构成了容器育苗的生产要素。下面主要对容器种类和育苗基质进行阐述：

7.1.2.1 容器的种类

育苗容器的微气候环境及钵障条件，即容器效应，对容器苗的生长，尤其是地下部分生长起着关键的作用。国外研制、使用的育苗容器种类很多，容器的形状、大小以及制作材料也是多种多样(Aghai *et al.*，2014；Muriuki *et al.*，2014；Postemsky *et al.*，2016)。容器因育苗树种、育苗期限、苗木规格要求不同而不同，且与各地区的栽植技术及容器育苗的生产方法有关。目前所用的容器种类有以下两类：一类为容器可与苗木一起栽植入土，这类容器在土中可被水、植物根系所分散或被微生物分解。如中国营养土制营养钵、日本纸质营养杯、美国秸土营养杯、北欧泥炭容器、加拿大弹性塑料营养杯等；另一类为容器不能与苗木一起栽植入土，栽植前要预先将容器除去，如加拿大多孔聚苯乙烯(泡沫塑料)营养砖、瑞典多孔硬质聚苯乙烯营养杯、美国“RL”型硬质聚乙烯营养杯等(李春高，2012)。

(1)用于大苗培育的容器种类

目前容器大苗培育使用的容器主要有以下3种：

①硬质塑料容器　硬质塑料容器是由塑料材料通过吹塑工艺或注塑工艺加工而成，它的问世是容器育苗的一个标志性事件，极大地推进了容器育苗事业的发展(邓华平等，2011)。硬质塑料容器制作简单，易规模化生产，成本相对低廉，是容器大苗上常用的育苗容器。硬质塑料容器多呈圆锥形，方便叠合和装填基质。由于容器制作材料本身不具透水透气性，因而常在容器的内壁和底部进行一些处理以更好地利用和扩展容器的使用功能，如开孔、设置垂直棱线和凸凹等。

②火箭盆控根容器　火箭盆控根容器是由澳大利亚专家于20世纪80年代初研究发明的，随后在澳大利亚、新西兰、美国、日本、英国等国家开始应用。90年代中国科学院水土保持研究所与澳大利亚英达克集团合作，引进该产品并在黄土高原对中国多种乔木和灌木进行了试验，之后在全国范围内进行推广(黄诗铿，2002；苏晶等，2007)。火箭盆控根容器使用聚乙烯材料，由底盘、侧壁和插杆或铆钉3个部件组成(图7-2a)。各部件独立制作而成，使用时将相关部件组装起来即可。选用不同部件可组装成不同规格的系列容器，容器的规格一般在(20～60)cm×(21～62)cm，用于培育胸径1.5～7.0cm的苗木；而大于7.0cm的苗木宜采用无底容器。

③美植袋控根容器　美植袋控根容器又称植树袋或物理袋控根容器，由非纺织聚丙烯材料经特殊加工制成，具有透水透气性，不会有水分蓄积于袋中造成根腐现象，并能允许细根的穿过(岳龙等，2010)。材料厚度可用单位面积的重量表示，一般在200～400g/m^2。容器可根据实际需要进行加厚或装上手柄(图7-2b)，它是美国俄克拉荷马州立大学10多年的研究成果(邓华平等，2011)。

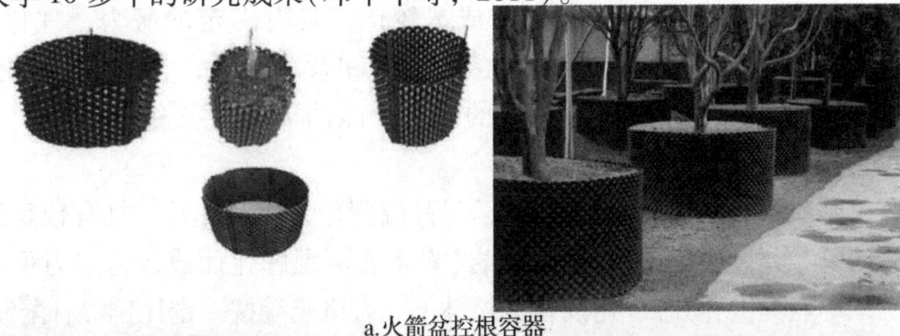

a.火箭盆控根容器

b.美植袋控根容器

图7-2　火箭盆和美植袋控根容器示意

Fig. 7-2　Some examples of root control containerand root control bag for big container seedlings

以上3种容器可以单独使用，也可以将2种容器组合使用，同样可以起到好的效果。如美植袋+美植袋，美植袋+塑料容器，塑料容器+塑料容器。其中塑料容器+塑料容器，并与滴灌等相关技术结合形成双容器或盆套盆(pot in pot)育苗技术是容器大苗培育的一种重要方法(苑兆和和尹燕雷，2005)。

(2)用于小苗培育的容器种类

①塑料薄膜容器　一般用厚度为0.02~0.06mm的无毒塑料薄膜加工制作而成。塑料薄膜容器分有底(袋)和无底(筒)两种。有底容器中下部需订6~12个直径为0.4~0.6cm的小孔，小孔间距2~3cm或者剪去两边底角。

②泥质容器　用腐熟有机肥、火烧土、原圃土，并添加适量无机肥料配制成营养土，经拌浆、成床、切砖、打孔而成长方形的营养砖块；或者用棉农用的制钵器制成营养钵。

③蜂窝状容器　以纸或塑料薄膜为原料制成，将单个容器交错排列，侧面用水溶性胶黏剂粘成，可折叠，用时展开成蜂窝状，无底。在育苗过程中，容器间的胶黏剂溶解，可使之分开。

④硬塑料杯　用硬质塑料制成六角形、方形或圆锥形，底部有排水孔的容器。圆锥形容器内壁有3~4条棱状突起。

⑤其他容器　因地制宜使用竹篓、竹筒、泥炭以及木片、牛皮纸、树皮、陶土等制作的容器。

7.1.2.2 育苗基质

容器育苗基质是苗木培育的物质基础，对育苗基质的基本要求是疏松、质地轻、透气、持水力强、养分充足、阳离子交换能力较高等。容器育苗用的基质要因地制宜，就地取材并应具备下列条件：来源广，成本较低，具有一定的肥力；理化性状良好、保湿、通气、透水；重量轻、不带病源菌、虫卵和杂草种子；含盐量低；用土要用烧土或高温熏蒸消毒，因为经过这样处理的土壤，能消灭病虫害和杂草种子，通过烧土还能减免除草费用。

容器育苗基质一般采用泥炭、蛭石(云母高温膨化，通气性好，具有较高阳离子交换能力，能够贮备养分，逐渐释放)、珍珠岩(岩浆岩高温膨化而成，持水力很强，无阳离子交换能力，不能提供养分)、树皮粉、松林土、有机肥等按一定比例混合配制而成。

7.1.2.3 基质的配制

我国现通用的培养基有：火烧土78%~88%，完全腐熟的堆肥10%~20%，过磷酸钙2%；泥炭土、火烧土、黄心土各1/3；火烧土1/2，山坡土或黄心土1/2~2/3。

日本的营养土有：烧土、冷杉锯末熏炭、堆肥(因冷杉锯末熏炭的通气和透水性好，因此，使用此种营养土，苗木的生长及根系均较好)；烧土2/3、堆肥1/3；用富有腐殖质的保水力好的苗圃土壤50%，与水藓泥炭土30%，再加完全腐熟的堆肥20%，按容积比例配制。最好提前一年进行，将其混合好堆积起来，充分混合，充分腐熟，使用前要充分搅碎拌和。

欧美国家的营养土有：泥炭沼泽土和蛭石的混和物，比例为1∶1或3∶2或3∶1，再加入适量的石灰石及矿质肥料；北美黄杉的树皮粉和蛭石(或泥炭)各1/2，并加入适量的氮肥；泥炭沼泽土25%~50%加蛭石0~25%，再加50%的土壤。

营养土的配制要点：蛭石或珍珠岩加的愈多，培养基的通气性和排水能力愈高，但过多，不利于保持完整的根团；排水不宜太快，否则要增加灌溉次数，但如果排水太慢，容器内积水，易造成烂根；容器愈大、愈深，要求的排水能力也愈强，但容器大了，多余的水分必须通过较长的距离才能排出容器；有些树种要求根部通气良好，而有些树种对通气不太敏感；培养基的通气和排水能力，可用培养基的孔隙度来衡量。

7.1.2.4 基质处理

(1)酸碱度

pH5.0~6.0能适应很多针叶树苗的生长，阔叶树为pH6.0~7.0，但会随着时间推移和加入的肥料种类而发生变化。如加入硝酸盐(氮肥)，pH值会上升；当加入铵素时，则会下降。保持pH值不变的方法是在培养基中一开始就加入泥炭沼泽土和用难溶解的钙盐来控制。

(2)接种菌根

有些植物(如豆科植物、落叶松等)的根上常有瘤状突起，称为根瘤。根瘤是由于土壤中的一种细菌(根瘤菌)侵入植物根部组织而产生的。根瘤菌从根瘤细胞中摄取其生活所需的水分和养分，同时它能把空气中的游离氮(约为78%，但不能被植物直接利用)转变为植物所能利用的含氮化合物。因此，在没有根瘤菌的土壤上播种豆科植物、落叶松(*Larix gmelinii*)等时，常需进行接种工作，方法是用根瘤菌制剂拌种后再播种；有些植物的根与土壤中的某些真菌有着共生关系，这些同真菌共生的根称为菌根菌。菌根菌可以从植物中获取所需的有机营养物质，除能代替根毛吸收水分和养分以供植物生长外，还能促进植物细胞内贮藏物质的溶解增强呼吸作用，加强植物根系的生长。因此，在没有菌根菌的土壤上进行播种时，为使植物生长发育良好，常需进行菌根菌的接种工作。方法是用菌根菌制剂拌种后再播种；幼苗在生长初期很需要磷，而在土壤中很容易被固定。因此，为使苗木健康生长，在播种前需进行磷化菌的接种工作。方法是用磷化菌制剂拌种后再播种。

(3)基质消毒

一是采用高温和蒸汽消毒；二是用化学药剂熏蒸。

7.1.3 林木容器育苗的精量播种装备

林木容器育苗精量播种装备是以采用机械化、自动化、智能化等技术手段完成林木育苗穴盘精量、精准播种作业的装备，而由一次性完成苗盘基质装填、压穴、播种、覆土、喷淋作业的育苗成套机械化装备组成的生产线为育苗装播生产线。该装备由基质装填机、苗盘压穴机构、精量播种机、覆土机、喷淋机等组成(汤晶宇等，2012)。林木容器育苗精量播种生产线的关键设备是精量播种机，而精量播种机的核心机构为播种机构。林木种子种类繁多、形状差异大，国内外机械学专家针对播种的特点，提出了多种排种原理和播种方式。排种器按工作方式可分为机械式、振动式、磁吸式和气力式4种；因各种排种器的结构、基本原理、运动规律、控制排量方式及其在载体上的配置不同，按其结构形式又可分为针式播种机、板式播种机和滚筒式播种机；按自动化程度不同，还可以分为半自动播种机和全自动播种机(汤晶宇等，2012)。

7.1.3.1 国外的容器育苗装播设备

国外林木容器育苗精量播种装备技术发展迅猛，育苗装播生产线自动化程度高、性能稳定，其精量播种机的播种机构大多采用气吸式和振动式，比较适宜播种小粒种子且播种精度高，最早为机械窝眼式播种机，随着气动技术及其元件制造水平的提高，已发展到气吹式精密播种机，并形成了多种系列不同规格的产品。其生产线可一次完成苗盘基质装填、压穴、播种、覆土和浇水等多道工序，根据种子规格可快速完成播种机构的更换，控制精准(汤晶宇等，2012)。国外林木容器育苗装播线的精量播种机按其自动化程度主要分为半自动播种机和全自动播种机两种类型。半自动播种机必须由人工操作，可以节省50%以上的劳动力；全自动播种机按流水线操作，播种效率可提高几十倍甚至几百倍。

国外一些发达国家已生产了较为完善的林木容器育苗装载设备(汤晶宇等，2012)。如美国Blackmore公司主要生产针式、滚筒式精量播种机以及与基质搅拌机、装填机、喷淋机等组成的装播生产线；意大利MOSA公司生产的装播线有MSNSL200型针式播种生产线，M-DSL800型、M-DSL1200型机械滚筒式播种生产线，M-SDS600型、MED-SL1200型电子流滚筒式播种生产线等；英国Hamilton公司的产品主要有针式播种机、滚筒式播种机以及各种精量播种生产线；荷兰Visser公司和澳大利亚Williames公司的精量播种设备主要用于工厂化播种育苗作业；韩国大东机电株式会社Helper精量播种机有手持式、板式、家用针式、自动针式等，其可进行林木、蔬菜、花卉种子的播种育苗。

通过以上对国外穴盘精量播种设备的介绍可以看出，国外的容器育苗装播设备技术完善，产品成熟，播种器多采用真空吸附原理，对种子的适应性强，设备从小型到大型，再到播种生产线，既能满足规模较小的播种需求，也能满足大规模林木容器播种育苗的需求。现有的许多播种设备已经融合了液压气动技术和电子技术，实现了机电一体化，大大提高了播种设备的自动化水平及作业效率。如Turbo/Needle气吸式播种机，其每小时可播种300多个苗盘(图7-3)。

7.1.3.2 我国林木容器育苗播种装备发展中存在的问题

我国现阶段林木容器育苗播种生产线的机械化程度还很低，主要以简单工具播种或借用农用单一播种设备，严重制约了我国林木容器育苗精细化作业的发展。我国现阶段林木容器育苗播种生产线设备在发展应用过程中存在的制约因素主要有以下几方面(汤晶宇等，2012)。

(1)设备整体工作可靠性低

我国现阶段研制的容器育苗成套播种设备整体可靠性较低，播种质量不稳定，影响了林木容器育苗播种设备的推广应用。

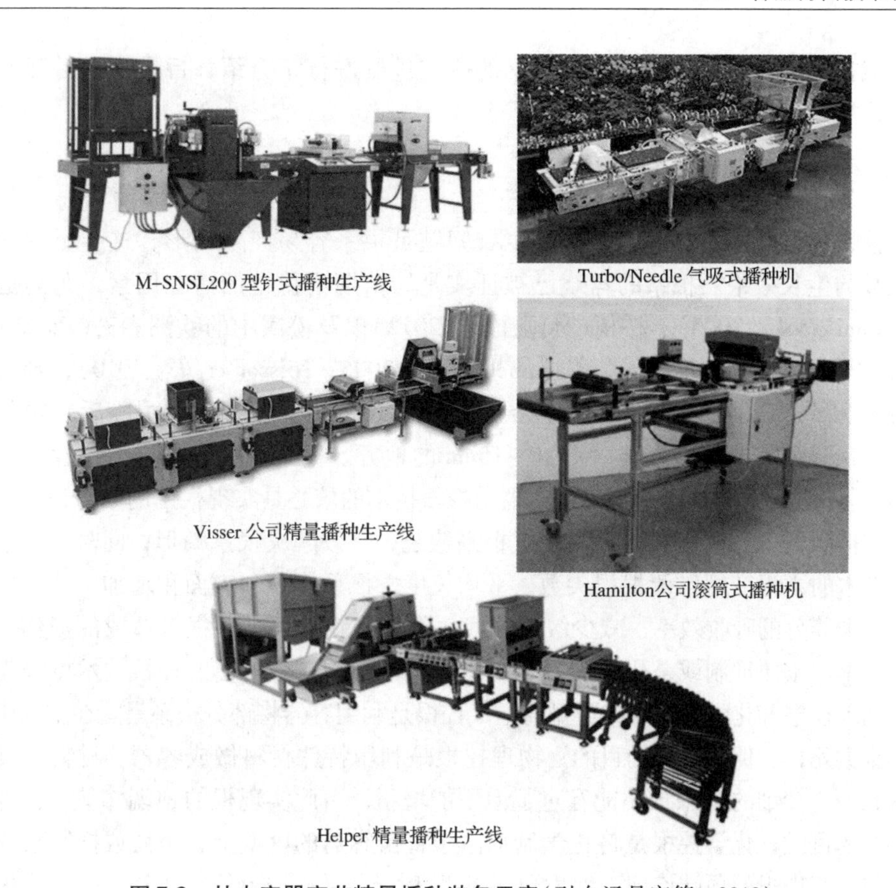

图 7-3　林木容器育苗精量播种装备示意(引自汤晶宇等，2012)

Fig. 7-3　Examples of oversea precision seeding equipment for tree container seedlings

(Tang Jingyu *et al.*, 2012)

(2)自主创新能力有待进一步提高

我国容器育苗装备还处于对国外技术的模仿阶段，没有形成具有独立特点的装播设备，自主创新能力还有待于进一步提高。研制具有自主知识产权的装播设备和设施、形成系列化和规范化是我国现代林业建设和发展的需要。

(3)统一的技术标准有待完善

目前，我国对林木容器育苗装备还没有规范的技术标准，不利于林木容器育苗技术在林业生产中的广泛应用。因此，应尽快制定相应的技术标准，进一步完善已有的技术标准。

7.2　容器育苗技术研究进展

容器育苗技术是一个系统工程，从20世纪60年代开始，国外林业发达国家就开始进行了研究，并相继开发了林木育苗容器生产工业化、容器育苗工厂化、容器苗造林机械化的新技术。70年代以后，林木工厂化容器苗生产技术在世界各国和地区得到迅速推广。Grossnickle 和 El-Kassaby(2016)系统比较了容器苗和裸根苗在造林和森林恢复中的表现，下面主要围绕容器育苗的控根技术、基质特性与苗木生长、容器育苗稳态营养加载技术和容器育苗底部渗灌技术的研究进展进行了介绍，旨在为今后开展相关研究工作提供参考。

7.2.1 容器苗控根技术

目前，容器苗培育过程中存在的主要问题是根系容易产生畸形，这会影响到造林后期成林的生长效果。根系的盘绕已被证实是幼苗期不稳定的潜在因素，尤其是栎属(Tsakaldimi *et al.*, 2005)、桉树(林国祚等，2012)以及松属中的欧洲赤松(*Pinus sylvestris*)和美国黑松(*Pinus contorta*)(Campbell *et al.*, 2006；Nilsson *et al.*, 2010)，容易产生苗木倾倒和基部弯曲的现象。植物枝条存在顶端优势，当顶端优势去除后，侧芽才得以萌发，而且萌发的芽多在剪口下10~15cm的地方。根系也具有同样的特性，有人称为“四英寸”规则(岳龙等，2008)。容器苗控根技术的核心是实现根系的修剪，应用控根技术能够抑制根尖分生组织生长，促进根系缠绕，有效解决根系畸形；同时，由于控根容器使苗木的主根变短，侧根根尖数、平均长度、根系体积和表面积增加，从而提高苗木对水分和养分的吸收效率，减少缓苗时间，降低移栽过程中对根系造成的损伤，提高苗木成活率。按照抑制或杀死根尖分生组织方式的不同，容器苗的控根技术可分为空气控根、物理控根和化学控根3种类型。空气控根是利用容器将部分根系暴露在空气中，从而达到根尖死亡，促发侧根的目的；物理控根是利用特殊材料做成容器，材料上具一定大小的孔径，较细的根系顶端能穿过，但不能增粗，由此实现根的顶端修剪、在容器内促发侧根的目的；化学控根是将化学制剂涂于育苗容器的内壁上，杀死或抑制根的顶端分生组织，实现根的顶端修剪，促发更多的侧根(孙盛等，2006)。通常，空气控根常用于容器小苗的培育，而物理控根和化学控根主要应用于容器大苗的培育。

7.2.2.1 空气控根

空气控根是目前最先进、最环保的防止根系盘旋的方法。缺点是容器的制作工艺要求高，容器的造价相对稍高。自1999年，我国引进了法国Fertiss无纺布育苗容器成型机及平衡根系育苗技术，经过6年研究、探索与实践，研制了适合我国国情的新型无纺布育苗容器成型机及平衡根系育苗技术(林国祚等，2012)。

许多试验研究结果表明，将容器架空是实现空气控根的关键，当苗木主根伸长到容器底端通口时，根尖脱离基质失去适宜生长条件而干枯，从而促使容器内的根系增多，同时根系与基质紧密结合形成牢固的根团，有利于提高造林成活率(秦国峰等，2000；林国祚等，2012)这种方法操作简单，效果显著，应用广泛。Armson和Sadreika(1974)认为容器底面与其放置支架间留1.5cm的空隙可有效地自动断根。杨安敏等(2007)研究表明，在容器壁上开适当数量的竖缝进行空气剪根处理，可明显抑制容器苗根系长度的增加，促进侧根数量的增加，改善苗木根系在容器内的生长状况。宋其岩等(2010)研究杨梅(*Myrica rubra*)容器育苗在控根和不控根条件下生长、生理及光合作用指标，结果表明，控根容器苗在营养生长及生理和光合能力方面均明显优于普通容器苗。

目前空气控根应用最成功的容器是轻基质网袋育苗容器。轻基质网袋育苗容器使用轻基质网袋容器及自动连续生产出来的圆筒肠装容器，内装轻型育苗基质，外表包被一层薄的纤维网孔状材料，再切出单个的单体容器。轻基质网袋容器育苗技术已经在我国得到很好的应用和推广，并在许多林木树种如杉木(*Cunninghamia lanceolata*)(吴光枝等，2009)、湿地松(*P. elliotti*)(韦小丽等，2003)、南方红豆杉(*Taxus chinensis*)(周志春等，2011)等育苗上得到成功运用。平衡根系轻基质容器育苗技术培育出的容器苗不卷根，侧根发达，具有向下直生的直根或具有主根倾向的不定根，苗木经空气切根后形成的蓄势待发、分布平衡的根愈伤组织，入土后可爆发性生根，无缓苗期，实现苗木入土后的快速生长。轻基质网袋育苗容器在小苗培育上取得了较好的成效，但由于其物理空间和承压能力限制，网袋育苗容器不适合大苗培育。

7.2.2.2 物理控根

物理控根的原理是通过改变容器几何形状和在容器壁上制作引导根系生长的突起棱，当根系生长至容器壁时，沿在容器壁上制作引导根系生长的突起棱，当根系长至容器壁时，沿突起棱向下生长而不会在容器内盘旋。缺点是容器的制作工艺要求高，造价也相对稍高。物理控根在一定程度上也是利用了空气控根的原理，当植株根系穿过容器，由于空气和孔径的双重作用，限制了根系的进一步生长。目前，主要用于物理控根的容器有火箭盆控根容器和美植袋控根容器。

火箭盆控根容器是由澳大利亚专家于20世纪80年代初研究发明的，随后在澳大利亚、新西兰、美国、日本、英国等国家开始应用(邓华平等，2011)。苏晶等(2007)对牡丹(*Paeonia suffruticosa*)嫁接苗的结果表明，与塑料盆相比，火箭盆培育的牡丹苗根系分枝增多，粗细根比例改善，植株根系密度提高。但同时也指出，由于容器苗木生长空间相对狭窄，苗木生长时间过长易引起根系老化，所以育苗时间也是一个重要影响因子。王良桂等(2011)对桂花(*Osmanthus fragrans*)嫁接苗的结果表明，随着时间变化，桂花根系长度、根系体积、根长密度均呈增长趋势；须根萌发明显，细根增多，根系分布层上移。目前，火箭盆快速育苗技术已经形成一套专用花盆、育苗基质加控根滴灌相结合的完整的管理技术，该技术解决了大苗快速培育与全年、全冠、全成活率移栽苗木的技术难题，由于控根容器与营养土的双重作用，加上滴灌的科学作用，培育的苗木营养充足，根系发达，但由于其造价成本较高，在实践推广过程中受限。

美植袋控根容器是美国俄克拉荷马州立大学10多年的研究成果。它是由非针织聚丙烯材料制成，有良好的透水透气性，并能有效地控制植株根系的生长，自然断根。许多研究表明，美植袋能够有效控制根系畸形，增加容器内根量，促进根系分枝，减少移植时根系的损伤，降低各项移栽成本，提高移栽后苗木成活率(岳龙等，2010)。目前美植袋控根容器在园林、绿化设施等方面得到广泛的应用。以传统田间种植树木移植时，多至98%的根部受到切除，而用美植袋移植则可保留80%以上的根系，且能于根部累积碳水化合物，形成瘤状物，移植后新根发育生长快速，降低移植至工程地点后的管理费用(林国祚等，2012)。

国内对于美植袋控根容器主要侧重在应用方面，而对其控根技术研究不多。岳龙等(2010)比较了美植袋物理控根容器与大田条件下生长的玉兰(*Magnolia denudata*)苗的生长量、根系构型和透根情况。结果表明，在美植袋容器中生长的苗木根系多集中在容器的中下部位，并且这部分根系占根系总量的71.5%(表7-1)。但试验也表明美植袋也有其缺点，如果埋在土壤中时间过长，容易老化，促使漏根现象发生。

表 7-1 美植袋与大田培育的玉兰苗根表面积和根体积的垂直分布

Tab. 7-1 Vertical distribution of root surface area and root volume of *Magnolia denudata* seedlings under root control bag and field conditions

根系生长指标	大田培育		美植袋培育	
	9~21cm	21~23cm	9~21cm	21~23cm
0<D≤2mm 根系表面积(mm^2/株)	510. 48d	615. 44 c	740. 09b	934. 35a
2<D≤5mm 根系表面积(mm^2/株)	222. 99 c	223. 50 c	418. 71b	550. 37a
0<D≤2mm 根系体积(mm^3/株)	10. 85 c	8. 30 c	16. 39b	24. 43a
2<D≤5mm 根系体积(mm^3/株)	10. 21 c	13. 28b c	15. 47b	52. 26a

注：同行数据后不同字母表示在0.05水平上差异显著，相同字母表示差异不显著。
引自岳龙等，2010。

7.2.2.3 化学控根

目前，国外在化学控根方面有较大的进展，生产应用较为广泛，且拥有较多的控根产品。在美国容器苗生产中有多种控根剂得到推广应用，如 Spin Out TM 是以氢氧化铜为主要成分的控根剂，Root Right TM 是美国费城供应公司生产以氯化铜为有效成分的控根剂(林国祚等，2012)。化学控根技术在国际上得到广泛应用，优点是制作工艺简单，价格也相对低廉，缺点是容易造成环境污染，破坏土壤微生物。国内在这方面研究还处于试验阶段，并未得到广泛的使用。化学控根按照控根剂的种类可分为铜化合物控根剂、锌及其他制剂、生长调节剂等(林国祚等，2012)。

(1)铜化合物控根剂

铜控根剂是化学控根剂中研究最早，取得成果也最显著的控根剂。早在 1968 年，Saul 建议用铜来限制根系的生长(韩建秋，2010)。国内外学者在 20 世纪 90 年代进行了大量的研究工作(林国祚等，2012)。铜化合物控根剂主要有 3 种：$Cu(OH)_2$、$CuCO_3$ 和 CuS。

$Cu(OH)_2$可以降低诸多树种的根系缠绕，并且已经应用在商业生产中。据报道，现在已经有超过250 种谷物、蔬菜及树木使用 Spin out 成功修根(林国祚等，2012)。使用 Spin out 不仅可以有效地控根，提供近乎自然的根系，而且可以促进植物对氮、磷、钾的吸收。虽然许多试验的结果表明铜制剂对植物根系有积极的促进作用，但也有试验观察到 $Cu(OH)_2$并没有使泡泡果(*Asimina triloba*)侧根干重增加，因此，认为铜并不能促进根系发育(Johnson，1996)。

1978 年，Barnett 将 $CuCO_3$与丙烯乳液油漆混合后涂在器壁上，发现它能阻止根尖生长，促进树木侧根发生，而这种生长停止是可逆的(林国祚等，2012)。Wenny 和 Woollen(1989)在使用 $CuCO_3$进行黄松(*P. ponderosa*)、西部白松(*P. monticola*)和北美黄杉(*Pseudotsuga menziesii*)控根试验发现，容器苗出根区较对照组上移，使得容器苗根系在土壤中的分布更接近天然更新苗。现代育苗理念表明容器苗与天然苗之间的不同，主要是根系质量的问题，根系越是接近于天然，就越是成功。不少研究表明，$CuCO_3$的浓度是影响容器苗木质量一个关键的因素。Dunn 等(1997)对澳大利亚本土 5 种树种的研究发现，在容器苗器壁上涂抹浓度为 50g/L 的 $CuCO_3$的试验组较对照组苗木的根系发达；美国爱达荷大学林学院的研究表明，北美黄杉、黄松和西部白松的最佳 $CuCO_3$ 度分别为 180g/L、190g/L 和 130g/L；刘勇和朱学存(1991)试验表明，$CuCO_3$对兴安落叶松(*Larix gmelinii*)容器苗控根效果显著，浓度为 100~150g/L 时对苗木地上部分有促进作用，浓度超过 200g/L 时对苗木生长有抑制作用，并且 $CuCO_3$，改变了苗木根的分布状态，浓度为 100~150g/L 时使苗木根系中上层的新根生长点数量和新根表面积指数均有所增加，而浓度大于 200g/L 时，起到相反的效果。朱晓婷和林夏珍(2011)研究表明浓度为 150g/L $CuCO_3$可显著缩短一级侧根平均长度，增加一级侧根数，浓度为 200g/L $CuCO_3$，对根系造成毒害。另外，$CuCO_3$处理可能会增加苗木的菌根数量，McDonald 等将 $CuCO_3$，控根剂与菌根接种相结合，发现松树的菌根着生率显著提高(林国祚等，2012)。

CuS 在化学控根方面有一定的应用。20 世纪 90 年代，荷兰的 Dong 和 Burdett (1986)、刘勇和朱学存(1991)使用 CuS 浸渍牛皮纸放置在容器底部从而达到控制容器苗主根生长的目的。美国黑松空气修根培育的苗木、容器内壁涂抹 $CuCO_3$ 化学修根培育的苗木的苗高、地径无显著差异；造林 2 年后，化学修根苗木的苗高、地径、茎生物量、整株生物量均高于空气修根的苗木(Campbell *et al.*，2006；Nilsson *et al.*，2010)。化学修根有利于提高造林效果，且化学修根的苗木真菌侵染率在起苗较空气修根的苗木低，化学修根抑制菌根形成(Campbell *et al.*，2006)。此外，苗木培育时使用大量 $CuCO_3$ 是否对环境产生负面影响尚不清楚(Davis *et al.*，2008)，在今后研究中，不仅要重视化学修根对根系矫正效果，还需对环境影响作出评价。

(2)锌及其他制剂

2001 年，Walley 发明了以锌制剂为主要成分的控根剂，该产品在美国获得了专利，它以一定浓度的氯化锌溶于乳胶后喷雾涂于育苗容器的表面进行控根(孙盛等，2006)。周华(2005)使用锌制剂进行试验，结果表明，锌制剂浓度在 120~200g/L 之间可能对一年生核桃(*Juglans regia*)实生苗有控根作用。孙盛等(2009)研究发现，锌制剂对银杏(*Ginkgo biloba*)苗木质量(吸收根体积、根尖数、苗高、地径、叶面积及叶片数)的影响优于铜制剂；控根作用的关键因素是药剂的种类，浓度是次要因素(表 7-2)。国外的研究表明，含锌的化学控根剂既有控根效果，又对苗木的生长及周围环境的毒害较小，可以向环保型控根剂方向发展。

表 7-2 不同制剂及浓度对根系体积及根尖数的影响

Table7-2 Effect of different kinds and concentration preparationson the root volume and the number of root tips of seedlings

药剂种类	浓度(g/L)	直径 <1mm 的根系体积(cm^3)	直径 >1mm 的根系体积(cm^3)	根尖数
对照	/	1.57cd	9.33bc	1240.33c
铜粉	100	0.51a	8.64bc	927.67b
碳酸锌	120	1.48bcd	9.10abc	1081.00bc
	160	1.67d	9.53bc	129.33bc
醋酸锌	120	1.52bcd	10.91c	1242.00c
	160	1.57cd	8.67bc	1257.00c

（续）

药剂种类	浓度(g/L)	直径＜1mm的根系体积(cm^3)	直径＞1mm的根系体积(cm^3)	根尖数
敌草腈纯剂	0.75	0.15a	5.54ab	278.67a
	1.5	0.10a	3.60a	283.00a
敌草快溶液	1	1.20bcd	6.64abc	833.00b
	5	1.01b	6.34ab	776.00b

注：同列数据后不同字母表示在0.05水平上差异显著，相同字母表示差异不显著。
引自孙盛等，2009。

采用Biobarrier(一种含有氟乐灵除草剂的控根剂)可以控制根系向容器外生长，但同时也限制了苗木的生长，其控根效果不如$CuCO_3$(林国祚等，2012)。乙烯磷是一种新型控根剂，不结合容器也能进行控根，但目前还没有进入产品化阶段。有研究发现乙烯磷可以促进实生苗上外生菌根菌短枝的比例，因此，乙烯磷可与外生菌根菌接种结合使用从而增强控根效果。Livingston发现不同的树种，乙烯磷的有效浓度不同，如黑云杉(*P. asperata*)的有效控根浓度为80~120 mg/kg，而赤松(*P. densiflora*)的有效浓度较低，为50~75 mg/kg(林国祚等，2012)。朱晓婷和林夏珍(2011)研究氟乐灵和乙烯磷对大叶桂樱(*Laurocerasus zippeliana*)容器苗生长质量的影响，结果表明，除0.20g/L乙烯磷对根系造成伤害外，不同浓度氟乐灵和乙烯磷对容器苗各项指标影响不显著。

(3)生长调节剂

生长调节剂也在容器苗控根技术方面得到应用。20世纪30年代，林业生产中开始广泛使用植物生长调节剂和其他化学物质。Simpson(1990)研究北美黄杉等容器苗在不同时期浇施不同浓度NAA溶液表明，浇施NAA对各树种侧根的发生都有促进作用，灌溉适期都在播种后20~40 d，灌施浓度因树种而异，北美黄杉的最适浓度为20 mg/L。美国惠好林业公司在裸根苗生产中对北美黄杉和黄松进行试验，结果表明，20 mg/($L \cdot m^2$)NAA溶液灌溉量为2.5 L，使得北美黄杉20~50mm侧根数增加1倍，黄松增加4倍。

目前，林业育苗上常用的生长调节剂有：ABT生根粉、赤霉素(GA)、吲哚乙酸(IAA)、萘乙酸(NAA)、吲哚丁酸(IBA)等。它们主要应用于扦插育苗和苗木移栽等方面，而用于容器苗控根则很少。

7.2.1.4 控根技术研究的发展趋势

近年来，国内外对容器苗控根技术的研究主要集中在控根容器及控根制剂对苗木根系生长质量的研究上，并取得了一定的进展。由于研究水平和研究条件的限制，还有很多研究工作未能进一步开展。因此，围绕不同的控根技术进一步提高容器苗根系的质量，使之更接近于天然实生苗是容器苗培育的最终目标。

①探索根系研究方法　根系是容器苗培育的重点，对于根系质量的研究，以往还停留在简单的形态和生长方面的研究，而对不同控根技术对根系生理及机理影响方面的研究还未深入开展。因此，需要探索新的根系研究方法，对根系生长进行动态监测，确立根系的动态生长模型，从而了解容器苗根系的生长机理，有助于找出更好的控根

方法。

②研制新型控根容器 目前控根容器的种类繁多，不同的控根容器对容器苗质量的影响也不同，同时由于控根容器的生产成本偏高，所以尽快研制针对不同树种苗木的专用容器和开发新型容器材料是下一步的研究重点。

③环境友好型化学控根剂研究 虽然化学控根剂的研究取得很大的进展，但是由于真正在生产实践中推广应用的控根剂产品还较少，而且由于化学制剂都会对环境造成一定的影响，所以，需要加快研发新型环保、节能的化学控根剂，同时加强生物制剂在化学控根剂中的应用，减少环境污染，从而进一步优化现有的化学控根剂研究体系。

7.2.2 容器育苗基质特性与苗木生长

适宜的培养基质是容器苗培育成功的关键。容器苗基质应具有良好的物理性状，有较好的保水、保肥、透气、排水能力，有合理的容重和通气孔隙度，能稳固苗木根坨。此外，还要有良好的化学性状，弱酸性，pH5.5~6.5，本身不需要肥沃，但营养吸收转化能力强。国外普遍认为，基质的物理性质比化学性质更为重要，如果物理性质比较稳定，则苗木所需养分可通过定期定量施肥来实现(朱海军等，2014)。因此，应加强不同因子的综合效应研究，以适宜不同苗木种类对育苗基质的要求。

7.2.2.1 基质物理特性与苗木根系生长

基质物理性质包括通气孔隙度、持水率、总孔隙度、细颗粒比例以及土壤密实度等，影响着容器苗根系的生长形态和功能。合理的基质成分配比是林木培育成功的基本条件之一(Raviv *et al.*，2004)。因此，了解基质物理性质对根系生长的影响具有重要意义，国内外很多专家学者对此做了大量的研究(朱海军等，2014)。

(1)孔隙度和持水力

通气孔隙度是容器苗生产中不可忽视的重要因子，持水力对根系生长的影响次之，因为充足的氧气是根系生长和功能的重要保证，通气性差的基质限制根系的生长发育。基质通气孔隙度过小导致植物生长缓慢，而且容易受冻害、病虫害等胁迫的危害(Bilderback *et al.*，2005；朱海军等，2014)。通气孔隙度过大的基质保水性能差，必须增加灌溉次数以维持植株生长所需水分。

对于基质的物理性质，目前尚没有统一而被广泛认可的标准(Bilderback *et al.*，2005)。在林木容器育苗中，一般认为适宜通气孔隙度为26.56%~42.24%，总孔隙度要在54%以上(李永峰，2008)；理想的基质总孔隙度为70%~90%，通气孔隙度不低于15%~20%(康红梅和张启翔，2001)。也有研究建议将基质的通气孔隙度、总孔隙度、持水力分别控制在20%~30%、50%以上、20%~25%(朱海军等，2014)。有关研究认为10%~20%的基质通气孔隙度适宜多数植物，但有的植物在通气孔隙度达15%时排水不畅(Jarvis *et al.*，1996)。Ownley等(1990)研究发现，疫病引起的根系腐烂与基质通气孔隙度和总孔隙度无关，而与基质密实度和持水力密切相关；通气孔隙度大于20%可保证根系正常生长并维持根系细胞膜完整性，并减少疫病菌的侵染。

(2)基质颗粒大小

容器苗生产中的基质颗粒大小不一，通常分类是将粒径大于0.8mm的定义为粗粒，粒径小于0.5mm的为细粒。研究表明，小于0.3mm的毛细管孔隙在灌水后能保留大部分水分，而大于0.3mm的非毛细管孔隙仅保留少量水分(Argo，1998)；粗粒组成对提高基质通气孔隙度有利，但不利于基质的保水、保肥；细粒组成提高了基质的持水力和养分交换能力。

提高细颗粒比例使基质通气孔隙度降低、排水不畅，导致基质缺氧进而影响根系生长和功能。Beeson(1996)研究发现，由于基质中堆肥比例超过40%，小于0.5mm的细颗粒比例增加，导致基质通气孔隙度降低，使两种常绿植物的根系生长受到影响。然而，也有报道指出，一般认为对移栽成活不利的基质(孔隙度<10%，细颗粒<65%)对3种木本植物的生长却没有影响(朱海军等，2014)。可见，不同植物种类对基质通气孔隙度的要求也不一样。提高粗颗粒的比例或使用较深的容器可以增加基质通气孔隙度，但粗颗粒比例提高导致基质持水力降低，水肥利用率下降，植物生长势减弱。目前研究主要集中在颗粒大小、分布对基质持水力和通气孔隙度的影响方面，而对水肥利用率影响的研究则相对较少。

(3)基质密实度

基质密实度是指单位体积基质的重量。密实的基质通气孔隙度减小，影响根系形态和植物生长。随着时间的推移，基质密实度会发生改变，如以体积比为8∶1的松树皮和河沙为例，经过一段时间和新配制基质的密实度分别为0.19g/cm^{3}和0.17g/cm^3，56d后两种基质的密实度均增加到0.32g/cm^3(Bilderback *et al.*，2005)。当基质密实度达到一定阈值后，将影响根系及整株植物的生长。Ferree等(2004)对密实度1.2g/cm^{3}和1.49g/cm^{3}基质中苹果苗的形态特征进行了研究，发现前者根系干重要高于后者；基质密实度增加到1.5g/cm^3，苹果株高、叶面积、叶片长度及根、茎、叶干重均减小。

基质密实度是影响容器苗生长的主要因素，但它对苗木光合作用的影响并不大，说明密实基质限制植株生长并不是碳供应减少的问题(Wilson *et al.*，2003)。对多数植物种类而言，密实的基质能促进植株生长但影响苗木质量。Zahreddine等(2004)比较了密实度0.71~1.01g/cm^{3}和0.39g/cm^{3}基质(蛭石体积∶泥炭体积∶珍珠岩体积=1∶1∶1)中苗木的根冠比，发现前者要高于后者，但密实基质中根系畸形问题更严重；1.01~1.10g/cm^{3}的基质密实度导致根系卷曲，影响植物移栽后的田间表现。关于基质密实度影响木本植物根系生长的研究较少，Zahreddine等(2004)的研究表明，密实度较高的基质中植株地上和地下部生物量也较高，但根系畸形发生率增加。

(4)基质分解

基质组分的物理性质随时间的延长而发生变化，最终影响植物根系的生长(Allaire-Leung *et al.*，1999)，因此，选择基质组分要充分考虑其物理性质和稳定性。树皮透气性好，特别是与泥炭混合后效果更佳，是林木容器育苗中常用的基质组分。粗木屑分解性好，未分解时通气孔隙度很高，但快速的分解使其通气孔隙度迅速下降。树皮木质素含量较高而分解较难，硬质树木的树皮具有45%的纤维素和55%的木质素，而软质树木树皮纤维素、木质素含量分别为10%、90%，因此前者比后者更容易分解。与木屑相比，树皮的基质通气孔隙度更加稳定。虽然珍珠岩和蛭石不能分解，但当压实或者蛭石含量较高时基质通气孔隙度会下降。

不同基质组分的 C/N 也不同，例如，木屑 1 000:1、稻壳 500:1、针叶树树皮 300:1、硬质树树皮 150:1、椰棕 80:1 及泥炭 58:1(朱海军等，2014)。通常情况下，C/N 较高的基质更容易固着肥料中的营养，降低肥料利用率。

(5)腐熟基质

腐熟基质在容器育苗中的应用越来越多，腐熟基质对容器苗根系生长的影响是基质理化性质和生物因子的综合效应。随着时间的变化，腐熟基质的理化性质如持水力、通气孔隙度、酸碱度等也发生变化(Kraus *et al.*, 2000)。与泥炭相比，添加腐熟物质后基质通气孔隙度变化更大，一定时间后腐熟基质容重改变，影响根系生长和功能(Raviv and Medina, 1997)。腐熟后基质中粗颗粒减少，基质通气孔隙度降低，引起根系渍害和缺氧。因此，添加腐熟物质一般不超过基质总体积的 50%。腐熟的动物残体通常具有较高的 EC 值和营养水平，一般占容器体积的 10%~30%。腐熟后物质通常具有碱化效应，因此配制基质时不必再添加碱性物质和微量元素肥料(Bilderback *et al.*, 2005)。

相关研究表明，不同基质势下腐熟基质的水势是一般土壤的 2.5~4.5 倍(Sera-Wittling *et al.*, 1996)。由于具有比一般土壤更小的孔隙度，腐熟基质的持水力更强。在 1 份松针中添加 3 份腐熟棉壳后，基质的物理性状尤其是持水力显著提高，即使减少一定灌溉量也不会影响植株生长(Cole *et al.*, 2005)。基质腐熟后也能促进植株生长，减小因疫病引起的根系腐烂造成的损失(Hoitink and DeCeuster, 1999)。Hoitink 等(1997)研究发现，在基质中添加一定量腐熟物质，就像加入抗菌剂一样抑制根系的腐烂。

7.2.2.2 基质化学特性与苗木根系生长

基质的酸碱度、阳离子交换量、可溶性盐等对容器苗根系的生长具有重要影响，通过加入其他基质、化学物质和肥料等措施，可以提供植物生长所需营养、减小潜在的毒害。

(1)基质的 pH

基质 pH 是土壤溶液中可溶性 H^+ 的反映，与根系获取和利用营养物质的能力密切相关。不同植物对基质 pH 要求也不一样，很多植物仅在有限的 pH 范围内生长良好，在基质 pH 不适宜的情况下，植物生长表现出营养过剩或缺乏、发育受阻、生长不良。

通常情况下，含 20% 园土的基质 pH 范围在(5.4~6.0)到(6.2~6.8)(朱海军等，2014)。基质 pH 过高，Al^{3+}、Fe^{3+} 和 Mn^{2+} 发生沉淀，利用率降低。在 pH 较高的基质中，植物可能表现出 Fe、B、Zn、Mn、Cu 和 Mo 的缺乏；由于 P 与 Ca 能形成不溶性的磷酸钙，在 pH 较高的基质中，植物也可能出现 P 的缺乏。在 pH 较低的基质中，植物可能表现出 Fe、Zn、Mn、Cu 的毒害作用，Ca 或 Mg 的缺乏，NH_4^+ 的敏感以及 PO_4^{3-} 或 HPO_4^{2-} 析出。调整基质的 pH 可以在一定程度上改善微量元素缺乏的症状。

(2)阳离子交换能力和可溶盐

阳离子交换量(CEC)是指土壤胶体所能吸附各种阳离子的总量，代表了基质的保肥力。阳离子交换量6～15 meq/100g是大部分容器育苗所推荐的(朱海军等，2014)。阳离子吸附颗粒的强度由强到弱的顺序依次为：$H^+ > Ca^{2+} > Mg^{2+} > K^+ = NH_4^+ > Na^+$。与大田种植相比，容器苗生产基质中较低的阳离子交换量能增加施肥频率。基质中的阴离子包括NO_3^-、PO_4^{2-}和SO_4^{2-}。与其他阴离子一样，大多数NO_3^-很容易随大雨或过量灌溉从容器中渗漏。由于NO_3^-利用率对植物的生长具有重要作用，且又很容易渗漏，因此，基质NO_3^-水平的定期管理在容器苗生产中很有必要。

可溶性盐是指来自于肥料、基质中的有机物以及灌溉水中的盐。不同植物对可溶性盐的反应不一样，而且随着植株年龄不同而变化。可溶性盐的周期管理可以估算容器育苗系统中溶解盐总量。测定水中溶解盐的方法是电导度(EC，单位为dS/m)，EC与总溶解盐的关系是：EC×640＝总溶解盐(mg/L)。

在林木容器苗生产中，基质的理化性质是影响根系生长和苗圃建立最重要的因素之一，各种因子相互作用，共同影响着植株根系的生长和构型。因此，今后应加强基质理化性质与容器苗质量相互关系、基质理化性质精准化调控技术、生物因子对影响容器苗根系构型等的研究，保证基质稳定的理化性质和养分利用，更好地克服不利容器苗生长及发育的限制因子。

7.2.3 容器育苗稳态营养加载技术

苗木质量与造林效果取决于苗木体内最终的养分浓度，因此，在容器苗木培育过程中对苗木进行合理施肥，使苗木体内贮藏大量养分，对于提高其造林效果具有重要作用。本章围绕稳态营养加载技术，李国雷等(2012)对其研究进展进行了综述。

7.2.3.1 指数施肥营养加载技术

在苗圃育苗过程中，根据苗木生长的养分需求规律，每次施肥量呈指数增加，施肥量同步于苗木养分需求量，把肥料尽可能多地固定在苗木体内以形成养分库，造林后苗木将利用这一养分库促进根系生长和顶芽发育，从而提高造林效果(Timmer，1996；Birge *et al.*，2006；Oliet *et al.*，2009)。欧美地区已将此技术应用于栎属(Salifu and Jacobs，2006)、桉属(Close *et al.*，2005)、云杉属(Quoreshi and Timmer，2000；Salifu *et al.*，2003a；Way *et al.*，2007)、松属(Dumroese *et al.*，2005；Oliet *et al.*，2009)主要造林树种容器苗的培育。图7-4为蓝桉(*Eucalyptus globulus*)容器苗的氮指数加载量周变化和传统施肥量(Close *et al.*，2005)。

为确定苗木最佳施肥量，需要研究者根据经验或研究资料设置多个施肥量，根据每个施肥量下的生物量、养分浓度、单株养分含量，模拟出生物量、养分浓度和单株养分含量对施肥量的响应曲线，通过寻找拐点的方法来确定出最佳施肥量。随施肥量增大，生物量增大速度增快，继续增大施肥量，生物量维持不变，而苗木体内氮浓度和单株含量一直增大；当施肥量持续增大到一定量时，基质溶液中氮浓度过高，胁迫效应出现，苗木生物量开始下降。苗木养分含量与生物量同时达到最大化时的施肥量称为最佳养分加载量。可见，制定生物量、养分浓度、单株养分含量对施肥量响应曲线时，施肥量需设置足够多浓度梯度，涵盖亏缺、充分、过量等养分状态，因此苗木最佳施肥量的确定成为指数施肥研究的重点。目前北美红栎(*Quercus rubra*)、刺叶栎

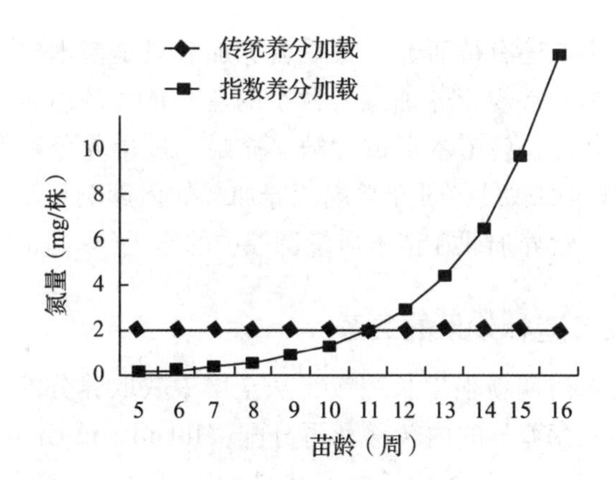

图7-4 蓝桉容器苗氮指数加载量周变化和传统施肥量(引自 Close 等，2005)

Fig. 7-4 Levels of nitrogen applied weekly to seedlings in the nursery for 12 weeks using conventional and exponential nutrient-loadtreatments for container seedlings of *Eucalyptus globulus* (Close *et al.*, 2005)

(*Quercus ilex*)、黑云杉(*Picea mariana*)等容器苗的最佳养分加载量均已探明，而松属还未找到(Salifu *et al.*, 2003a；Salifu and Jacobs, 2006；Oliet *et al.*, 2009)。

7.2.3.2 秋季施肥营养加载技术

在秋季，苗木进入木质化期，顶芽逐渐形成，高生长减慢，而苗木生物量特别是根系生物量继续增长，如果此时停止营养加载，苗木可获得的养分减少，体内养分浓度便会下降，不利于翌年造林效果。

为避免苗木木质化期生物量增加引起的养分稀释效应，对木质化期的苗木进行适量养分加载，即称之为秋季营养加载。秋季营养加载由于操作简便、效果明显，被广泛应用于欧洲云杉(*Picea abies*)(Rikala *et al.*, 2004)、黑云杉(Boivin *et al.*, 2004)、火炬松(*Pinus taeda*)(South and Donald, 2002)、湿地松(*Pinuselliottii*)(Irwin *et al.*, 1998)、脂松(*Pinus resinosa*)(Islam *et al.*, 2009)、北美黄杉(*Pseudotsuga menziesii*)(Birchler *et al.*, 2001)、蓝桉(*Eucalyptus globulus*)(Fernάndez *et al.*, 2007)等常绿树种。

大多研究表明，在木质化期，苗木处于从生长到休眠的过渡阶段，秋季营养加载对苗木形态指标的调控呈现多样性，秋季营养加载有利于顶芽叶原基分化，对地径无显著影响，对苗高的影响因树种而异(Irwin *et al.*, 1998；Rikala *et al.*, 2004；Islam *et al.*, 2009)，对生物量的影响受生长期施肥方式的制约(Boivin *et al.*, 2004)。秋季营养加载能否提高苗木抗寒性存在很大争议(Fernάndez *et al.*, 2007；Islam *et al.*, 2009)，比较一致的观点认为，秋季施肥能显著提高苗木氮的含量，从而提高造林效果。如秋季使用低氮、高氮营养加载的湿地松苗木造林后成活率分别提高12%和15%，苗高分别提高7%和15%(Irwin *et al.*, 1998)。

为避免灼伤苗木，施用氮肥后应立即喷水。在秋季，苗木正处于木质化期，需要控制灌水量，这就限制了秋季施肥的次数；同时，苗木木质化期较生长期短，秋季施肥多采取3~5次等量施肥的方式进行(Rikala *et al.*, 2004；Islam *et al.*, 2009)。尽管秋季施肥对苗木质量影响显著，但秋季施肥的肥料利用率、秋季施肥淋溶情况尚未见报道，秋季施肥对环境影响还有待研究。秋季营养加载只是苗木整个生长季营养加载的一部分，需建立春夏季的常规营养加载与秋季的营养加载的组合试验，在春季和夏季设置多个常规营养加载量，使苗木形成亏缺、充足、过量养分浓度，然后在秋季施用 ^{15}N，设置多个秋季营养加载量，研究常规营养加载如何影响秋季营养加载的效果，探讨常规营养加载、秋季营养加载在苗木质量调控中的作用(李国雷等，2012)。

7.2.3.3 养分加载与造林效果的关系

植苗造林后，苗木初期新根生长缓慢，从土壤中获取养分的能力较低，其成活和生长主要依赖于体内贮存养分的内转移和再分配(Millard and Grelet，2010)。如黑核桃(*Juglans nigra*)苗木造林后，顶梢生长所需氮的68%~83%来源于养分内转移，所施肥料43%被土壤固定，被苗木利用的仅9%(Salifu *et al.*，2009)；通过养分内转移可满足黑云杉苗木造林初期生长所需氮的72%~80%(Boivin *et al.*，2004)。从光合产物方面也能解释矿质营养如何促进造林效果。叶片含氮量高的苗木造林后，光合作用较强，有利于碳水化合物的合成，进而诱导生根、促进茎生长。因此，在苗水培育过程中对苗木进行充足施肥，使苗木体内贮藏大量养分，对于提高其造林效果具有重要作用。此外，苗木造林后进行施肥可促进苗木发育，同时也促进竞争物种的生长。而在苗圃培育苗木时，把肥料尽可能多地固定在苗木体内，造林后苗木就会利用这些养分库促进苗木快速发育，这样就避免造林施用的肥料被其他竞争物种吸收(Birge *et al.*，2006)，指数施肥、秋季施肥等技术具有特殊意义。

在瘠薄等困难造林地上，苗木能向生长点转移更多的养分，因此初始养分高的苗木造林效果较好，指数施肥和秋季施肥的作用得以充分体现(Folk and Grossnickle，2000；Imo and Timmer，2001)。如在瘠薄土壤上，养分加载的北美红栎苗木120d生长量较普通苗木提高118%(Salifu and Timmer，2003a)；在矿山废弃地上，普通苗木存活率仅为66%，而实施养分加载的北美红栎、白栎(*Quercus alba*)苗木成活率高达84%~93%(Salifuand Jacob，2006)。指数施肥相关研究已有30多年的历史，近年来，由于指数施肥营养加载的苗木在困难立地植被恢复效果较好，被视为困难立地造林苗木定向培育的关键技术。

矿质营养与造林效果间的关系受造林地制约。在好的立地，苗木本身提供的养分被土壤供给的养分所掩盖，稳态营养加载的效果则不明显(Rikala *et al.*，2004)。第1年对黑云杉容器苗进行指数施肥养分加载，第2年春季在温室进行沙培移栽试验，并将其中的一半苗木施用氮同位素，120d后发现，盆栽苗木在未施肥情况下(瘠薄土壤)氮内转移率为218%，而在施肥情况下(肥沃土壤)氮内转移率仅为23%(Salifu and Timmer，2003b)。

7.2.4 容器育苗底部渗灌技术

渗灌系统最初主要应用于大田裸根苗农林作物的培育，是利用地下管道将灌溉水输入田间埋于地下一定深度的渗水管道内，借助土壤毛细管作用湿润土壤的灌水方法(李国雷等，2012)。容器苗培育目前主要采用上方喷灌，未被植物利用的灌溉水可达49%~72%(祝燕等，2008)。由于苗圃多采用随水施肥技术，灌溉水的流失导致养分大量浪费，育苗基质的淋溶液中氮、磷含量分别可达到施入量的11%~19%和16%~64%(Juntenen *et al.*, 2002)。富含矿质养分的水长期并且持续地流向地表或地下水系，极易造成水体富营养化和饮用水污染，对生态环境和人体健康构成威胁。随着公众资源环境保护意识的增强，苗圃在容器苗培育过程中存在的水肥资源浪费、环境污染等问题日益突显。因此，节能减排、保护环境成为容器苗可持续发展的关键。容器苗底部渗灌(subirrigation)是针对以上难题所采取的一项灌溉新技术。美国林务局林业研究所在不同树种上对该渗灌系统进行应用，证明了该系统可以减少育苗用水和养分淋溶，并且培育出与上方喷灌效果相同甚至更高质量的苗木(Dumroese *et al.*, 2006、2011)。底部渗灌因其节能、减排、高效，加之该系统生产和安装成本低、易推广，作为一项新型技术受到越来越多的青睐。我国在容器苗生产上一直采用上方喷灌，对底部渗灌研究涉及较少(马常耕，1994；郁书君等，2001)。祝燕等(2008)从容器苗底部渗灌技术产生的背景、系统组成、渗灌效果评价等方面对渗灌系统进行综述，以期为我国容器苗培育提供参考。

7.2.4.1 底部渗灌与苗木质量

采用底部渗灌每个容器接受的灌溉面积、时间均等，灌溉量相对一致，边缘效应小，苗木生长均匀整齐，因此，大多研究认为渗灌下培育的容器苗苗木质量相似或优于喷灌效果。例如，在渗灌和喷灌两种灌溉方式下，蓝云杉(*Picea pungens*)苗高、地径和生物量等指标的表现效果相同(Landis and Dumroese, 2006)。Davis 等(2008)的研究发现，渗灌和喷灌对美国红栎(*Quercus rubra*)苗高和地径生长影响不显著，但 Bumgarner 等(2008)的研究结果表明，渗灌下的美国红栎苗木地上部分生物量和各器官中氮含量均显著增加，如叶片中氮、磷、钾含量分别比喷灌的高41%、5%和40%。Dumroese 等(2011)的研究表明，渗灌条件下，柯阿金合欢(*Acacia koa*)苗木的苗高、地径和叶片光合速率等与喷灌没有差异，而叶片氮含量增多。然而，Davis 等(2011)对美洲山杨(*Populus tremuloides*)播种容器苗底部渗灌和喷灌进行比较研究发现，苗木形态指标和养分浓度无显著差异，而在生长季末底部渗灌的苗木光合速率、气孔通量和叶面积却出现显著下降，其原因可能是因病害或渗灌下的苗木供水不足造成胁迫，使得苗木在秋季更早地进入叶衰老和苗木休眠状态所致。

从造林效果看，采用底部灌溉培育的美国红栎苗造林1年后其地径生长比喷灌苗高15.5%(Bungarner *et al.*, 2008)，而柯阿金合欢的底部灌溉苗地径生长则高出26.9%(Davis *et al.*, 2011)。在结合施肥技术的基础上，苗圃应用并改进底部渗灌技术将有助于苗木质量和造林成活率的提高(Pinto *et al.*, 2011)。

7.2.4.2 底部渗灌与水分和肥料利用效率

容器苗底部渗灌的一个明显优势就是节水，即水分得以循环利用。Dumroese 等(2006)研究发现，上方喷灌育苗70%的水是直接被喷洒流失，13%的水从容器底部沥出，真正被植物利用的仅有17%。例如，对桃金娘花(*Metrosideros polymorpha*)容器苗进行9个月的渗灌育苗可比传统喷灌节省56%的用水，加拿大安大略省的它马纳克苗圃采用底部渗灌可节省70%的水(Landis and Wilkinson, 2004)，而 Ahmed 等(2000)在蔬菜作物上采用容器底部渗灌节水甚至达到86%。底部渗灌系统除使苗木适量获取所需水分外，还消除了在喷灌过程中出现的水分直接浪费，由此极大地提高了水分利用效率。然而，在播种育苗的种子萌发初期，底部渗灌系统提供的水分可能不足以保持容器中育苗基质上层足够的含水量，这时仍需要一定的上方喷灌来进行补水(Landis and Wilkinson, 2004)。

容器苗底部渗灌不仅可以提高水分利用率，而且还可改善肥料利用效率，降低苗木生产成本，和减少环境污染(Goodwin *et al.*, 2003)。Dumroese 等(2006)报道，在均使用控释肥的喷灌和渗灌育苗中，渗灌循环水中 N 含量不到喷灌的1/8。采用控释肥是林木容器苗底部渗灌研究中的主要施肥方法，且具有养分释放缓慢、肥料使用效率高、对环境污染风险小等优点，结合渗灌技术的使用将使得这些特点更加明显(Morvant *et al.*, 2001; Richards and Reed, 2004)。灌溉后，含淋溶养分的水在渗灌的封闭系统中可循环利用，可进一步提高肥料利用效率。对柯阿金合欢苗进行底部渗灌试验后发现，没有养分流失，而其育苗基质中 5cm 深处的养分残留是喷灌方式的 6 倍(Dumroese *et al.*, 2011)。基质中残留的养分可提高植物养分有效性和养分利用效率，有利于种植在贫瘠造林地上的苗木生长。

7.2.4.3 底部渗灌与育苗基质

基质电导率(EC)是反映育苗基质中可溶性离子浓度和施肥效果的重要指标，不同植物对 EC 值的适应范围不同，但 EC 值越高，表明可溶性盐积累越多，从而可能使植物受到损伤或造成植株根系的死亡。不少研究指出，采用上方灌溉方式培育容器苗时，水将基质中的盐分淋洗至下层，基质上层的 EC 值偏低；然而底部渗灌下育苗基质的养分通常随毛细管水分往上运移，随着基质表层水分蒸发，一些来自可溶解肥料或灌溉水的可溶性盐分逐渐聚集，导致基质上层中的 EC 值升高(Dumroese *et al.*, 2006; Bumgarner *et al.*, 2008; Dumroese *et al.*, 2011)。底部渗灌育苗采用的施肥量与浓度参照了上方喷灌随水施肥方法，基质上层 EC 值升高对林木容器苗的负面影响并不显著，原因可能在于苗木对 EC 值的敏感程度因生长阶段、苗龄、树种的不同而发生变化。

对黑云杉(*Picea mariana*)、北美黄杉(*Pseudotsuga amenziesii*)和脂松(*Pinus resinosa*)的研究表明，但当基质 EC 值大于 2.5 ds/m 时，其 1 年生容器苗的根系生长受到危害(Phillion and Bunting, 1983; Timmer and Parton, 1984; Jacobs *et al.*, 2003)。因此，使用高含盐量的水进行底部渗灌时仍应注意 EC 值升高对苗木带来的潜在危害。Bumgarner 等(2008)的研究结果表明，在红栎育苗中底部渗灌使得基质上层 pH 值降低，而底层 pH 值升高。苗木培育基质中的 pH 值应根据树种的不同维持在适宜的范围内，通过对育苗基质的 EC 值和 pH 值进行有效监控或必要的清水淋洗可以降低这些可能的不利影响(Jacobs *et al.*, 2005)。

7.2.4.4 底部渗灌与病虫害

容器苗底部渗灌时，水由容器底部向上运动，基质表层含水量小，苔藓类植物缺少赖以生长的环境，从而可以减少育苗容器内苔藓类植物的生长。如桃金娘花底部渗灌育苗时，基质表层生成的苔藓类植物总量只有上部喷灌的1/3，苔藓类的减少可能减轻病菌及虫类的潜在发生几率(Dumroese *et al.*, 2006)。

尽管在现有容器苗底部渗灌试验中尚未发现植物感染病害，但不排除腐霉菌(*Pythium*)等水霉菌的产生；同时，苗木根系有毒害分泌物在循环水中的不断积累和运移可能对整体苗木生长产生影响(祝燕等，2008)。无论在育苗基质还是在水循环系统中添加杀菌剂都将造成一定程度的污染或者病菌累积的抗药性。因此，目前渗灌系统的水消毒主要采用紫外线辐射(UV-C)、臭氧、氯化或碘化、热处理、渗透膜或缓慢沙滤以及活性过氧化氢等方法(Runia, 1995)。将物理、化学及生物学等方法结合起来综合防治是解决循环灌溉水产生植物病害的最有效方法(Stewart-Wade, 2011)。

此外，封闭循环灌溉水的重复使用可能使得植物非选择性吸收的一些离子积累(Carmassi *et al.*, 2005)，当这些离子剂量达到一定水平则会抑制植物生长，因此有必要定期补充储水箱中的水分并对循环利用水进行定期检测。消除这些毒害物质除了使用洁净的设施、无菌基质之外，也可采用类似于桶装水的内部循环水净化设备(Landis and Wilkinson, 2004)。

7.3　容器苗根系构型的研究方法

近年来，控根技术研究的重点是控根容器的控根效果和对苗木质量的影响，以及控根容器的改造等，并且取得了重大进展，但是关于控根技术下的根系构型研究重复较多，一些结论还存在争议，某些领域还属空白(岳龙等，2008)。因此，应加强以下几个方面的研究：①根系构型研究方法的改进，由于当前各种根系构型研究方法都存在不足之处，可以通过不同方法的组合将误差降到最小；②新的根系构型研究方法的探索，新的根系构型研究方法应当具备不破坏根系，对根系指标测量准确，全方位分析根系，数据分析快，能对根系的生长进行长期动态检测等特点；③通过根系构型动态模型的建立来明确根尖生长和根系分支的发生机理，了解控根容器的断根机理，指导控根容器设计生产；④根系构型三维模型的建立，了解根系构型的三维分布可以了解根系对控根技术的反应，还可以了解控根技术对苗木质量的影响，对科研和生产具有重要的意义。按照不同的实施过程，容器苗根系构型研究方法可以分为挖掘方法、同位素示踪法和图像分析法3种类型(岳龙等，2008)。

7.3.1　挖掘方法

(1)钻土芯法

钻土芯法一般用于对细根的研究。其优点是方法简便，可以动态地观察根系成分的变化，尤其是可以测量细根的长度、体积等指标。但是土钻直径太小会影响结果的精确性，并且土钻法对整个根系的格局分布和粗根的形态指标调查并不精确。另外，取样的频率和重复数也会影响结果。

(2)圆状土柱法

以植株为中心切成土柱，再切成纵横土柱(图7-5)。这种方法可以调查根系在土壤中的分布情况。在控根容器根系结构调查中，可以调查根系成分在容器中的垂直分布，

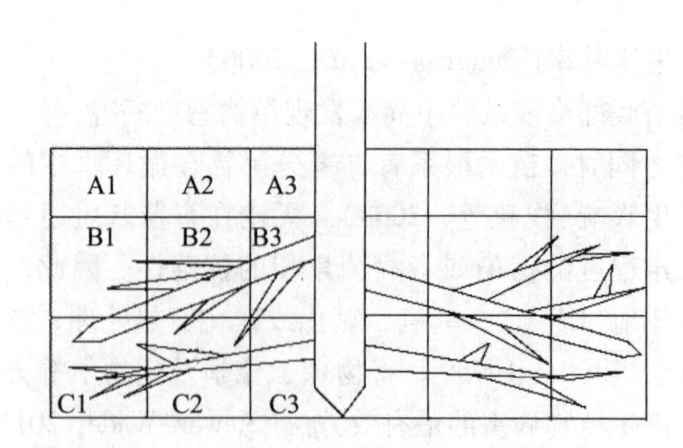

图7-5 根系水平分布与垂直分布区隔划分示意图(引自岳龙等，2010)

Fig. 7-5 Segment classification diagram for studying the root system distribution of seedlings

(Yue Long *et al.*, 2010)

但是存在根系取样的不准确性(张成良和尹富强，2006)。

(3)金属框法和塑料网袋法

该方法用于研究根系生物量和根系结构。金属框法是将用铜丝或者铁丝制成的方形小框埋入土中，取样时，直接将小筐取出并冲洗干净。塑料袋网袋法就是用塑料网袋代替金属框埋入土中，这两种方法都可以降低取根样时的误差，处理的土柱量小，能直接得到活根和死根，但都会使死根在土壤中的分解增加，从而低估了根的年生物量。另外，该方法形成了一个与周围环境不同的隔离状态，会导致根系生长的不一致(管建慧等，2006)。

挖掘法实施简单，不需要精密的仪器。通过挖掘法可以测定根系鲜重、干重、长度、平均半径、根密度以及根系表面积等指标。但普遍存在的缺点是需要将根系从土壤中拔出，对根系的损伤特别大。据统计有30%的根系在洗的过程中脱落，这样就降低了测量的精确度，给研究带来很多的不便(王树林和林永增，2007)。

7.3.2 同位素示踪法

同位素示踪法简称示踪法，是用同位素示踪剂研究被追踪物质的运动及转化规律的方法。通常应用于根系的有地上部标记法、地上茎基部标记法、放射自显影法、种子照相法。这些方法可以在不破坏根系结构的情况下，测定根系的成分和在土壤中的分布，但是成本高，而且具有放射性，所以一般作为根系结构研究的辅助手段(岳龙等，2008)。

7.3.3 图像分析法

(1)WinRHIZO根系扫描法

WinRHIZO由一个根系扫描仪和专业的根系分析软件WinRHIZO组成，将待分析的根系洗净放在扫描仪上，得出根系的图像，再通过根系分析软件WinRHIZO对其分析。该方法在理论上可以测量无限小的根系的长度、根系体积、根长密度、根系表面积和根系直径等指标。在根系构型研究中，使用WinRHIZO可以消除人工带来的误差，精确度达到了99%，该系统不仅对根系的结构学指标测量精确，同以往的测量方法相比，具有测量快、方法简便的优点。但由于取样过程中还是采用挖掘的方法，挖掘过程中的差异难以消除。所以在根系结构研究中要结合好的根系挖掘方法，如使用金属框法和网袋法进行取样。孙盛等(2006)曾在控根容器苗的根系调查中，使用 WinRHIZO 对不同径级的根系进行了分析，取得了良好的效果。

(2)三维坐标容器法

三维坐标容器法是基于根箱法的基础，结合计算机应用，创造的一种新型的根系研究方法(管建慧等，2006)。该方法具有与大田根系特征相一致，可以在不破坏根系的情况下对根系不同垂直分布层的各项指标进行分析，在计算机上绘出完整的三维根系图，并可利用三维根系图求得根长、根长密度、根系直径、根系体积、根系面积和根重等根系参数，而且可以研究根系结构的动态变化的优点。但建立这套系统投入太大，而且计算根系长度比较费时，不能为广大工作者所普遍应用。

该系统在应用中存在的主要问题有：①成本较高；②需要特定的程序进行根系分析；③由于控根容器具有不同的结构和设计，在应用到控根容器苗根系结构调查时，需要进行改造。

(3)植物根系 X-光扫描分析系统

美国 Phenotype Screening 公司生产的植物根系 X-光扫描分析系统，是一套新型、高效率、高精度、非破坏性的测量系统，用于对盆栽植物的根系进行原位成像分析，可以拍摄根系的立体 X-光像片。可以全方位分析植物根系的所有部分(包括根尖等)，并且在植物生长的不同阶段对根系的生长进行长期动态检测，非常适合于研究植物根系对胁迫的动态响应。

这套系统的不足：①必须使用特制的培养容器和介质，不能改变容器的形状；②成本高，国内具有该系统的实验室较少，还不能为广大工作者所普遍应用。但是，这套系统的应用潜力很大。

(4)营养袋纸培系统和分层式培养系统

营养袋纸培系统主要应用在根系对 P 的吸收。该系统在能使根系正常生长的同时，将根构型原位固定在二维平面上。进行根构型参数的原位测定时，先将长在蓝色营养纸上的根系原位图像扫描存入计算机；然后以根部基点为零点，从浅至深将根系分层，用专门的图像分析软件对各层根系的根长和基根生长角度进行定量。该方法可以基本反应根系在实际介质中的空间造型和分布状况，是研究根原位生长简捷可行的试验手段，对研究植物的二维构型比较好。但同根箱法一样，由于支撑架的存在，使植物根系构形与自然条件下的构型有一定的差异，不能代表大田苗木的根系结构(曹爱琴等，2001、2002)。该系统的重要性在于研究水肥对根系构型的影响。

分层式培养系统将培养基质与各种肥料混匀后，装入塑料桶中，将基质从底部的接触面开始加土，然后放入一层孔径为 2mm 的玻璃纤维筛网(主根、基根均能顺利通过)，根系分层取样，之后利用台式扫描仪图像扫描存入电脑，通过软件 WinRHIZO 分析根长、根面积、根直径等指标。分层式培养系统是模拟根箱的方法，较为廉价，简单。但是，由于使用玻璃纤维网，根系在土壤中的分布受到影响，所得到的根系结构同容器苗生长有差异。

(5)微根区管法

微根区管法(minirhizotron)由摄像机、计算机和一根透明的观察管(具体长度要根据土层的厚度而定，直径为5cm左右)组成，将观察管长度的80%部分埋入土壤中，并且与土壤成45°角。取样时，管中放入摄像机探头进行摄像。将获得的图像通过扫描仪输入计算机，通过一系列的相关关系，就可以得到所需要的根系特征值。

该方法可以测定根系的长度、根长密度和根系直径等形态指标，尤其可以在不影响根系生长过程的情况下，动态地观察细根的出现、生长、衰老和死亡(周本智和张守功，2007)，省工、省时和提高了根系研究的效率和精度。但观察管的存在会导致微环境对根系生长产生影响，如管—土空隙、温度和湿度的变化等。并且，微根区管法并不能观察整个根系的结构，只能观察根系在土壤中部分区域的变化(周本智，2002)，对于完整根系在土壤中的分布不合适。这套设备适合于研究容器苗根系的动态变化，因为根系在容器中的变化直接表明了控根容器的控根效果。但是该系统的成本较高，而且在小容器中由于观察管的直径和长度的限制，不易于在基质中埋藏。

参考文献

曹爱琴，廖红，严小龙．2001. 缺磷诱导菜豆根构型变化的一种简易测定方法[J]. 植物营养与肥料学报，7(1)：113－116.

曹爱琴，廖红，严小龙．2002. 低磷土壤条件下菜豆根构型的适应性变化与磷效率[J]. 土壤学报，39(2)：276－281.

邓华平．2008. 林木容器育苗技术[M]. 北京：中国农业出版社.

邓华平，杨桂娟，王正超，等．2011. 容器大苗培育技术研究现状[J]. 世界林业研究，24(2)：36－41.

段如雁，韦小丽，张怡，等．2015. 花榈木容器育苗的基质筛选[J]. 林业科技开发，29(4)：27－31.

管建慧，刘克礼，郭新宇．2006. 玉米根系构型的研究进展[J]. 玉米科学，14(6)：162－166.

韩建秋．2010. 容器育苗控根技术研究进展[J]. 北方园艺 (12)：222－224.

黄诗铿．2002. 控根育苗技术的特点及市场分析[J]. 世界农业(7)：23－24.

康红梅，张启翔．2001. 容器育苗中几项重要技术的研究进展[J]. 北京林业大学学报，23(s2)：71－73.

李春高．2012. 浅谈我国容器育苗的发展[J]. 林业机械与木工设备，40(9)：10－12.

李国雷，刘勇，祝燕，等．2012. 国外容器苗质量调控技术研究进展[J]. 林业科学，48(8)：135－142.

李永峰．2008. 油松、华山松及白皮松容器育苗基质配方研究[J]. 科技情报开发与经济，18(34)：95－97.

林国祚，彭彦，谢耀坚．2012. 国内外容器苗控根技术研究[J]. 桉树科技，29(2)：47－52.

刘勇，朱学存．1991. 兴安落叶松容器苗化学剪根效果与根生长潜力测定的研究[J]. 北京林业大学学报，13(2)：21－25.

马常耕．1994. 世界容器苗研究、生产现状和我国发展对策[J]. 世界林业研究，7(5)：33－41.

秦国峰，吴天林，金国庆，等．2000. 马尾松舒根容器苗培育技术研究[J]. 浙江林业科技，20(1)：68－73.

沈国舫，翟明普．2011. 森林培育学[M]. 2版. 北京：中国林业出版社.

宋其岩，杜国坚，陈友吾，等．2010. 杨梅控根容器苗的光合及生理特性研究[J]. 浙江林业科技，30(1)：32－35.

苏晶，徐迎春，潘易萍，等．2007. 应用控根容器火箭盆培育牡丹嫁接苗的研究[J]. 江苏农业科学(2)：108－111.

孙洁，刘俊，郁培义，等．2015. 不同基质配方对降香黄檀幼苗生长生理的影响[J]. 中南林业科技大学学报，35(7)：45－49.

孙盛，董凤祥，彭祚登．2006. 容器育苗化学控根技术[J]. 世界林业研究，19(5)：33－37.

孙盛，彭祚登，董凤祥，等．2009. Cu，Zn 等制剂对银杏容器苗的控根效果[J]. 林业科学，45(7)：156－160.

汤晶宇，郭克君，李强，等．2012. 国外林木容器育苗精量播种装备现状分析[J]. 林业机械与木工设备，40(4)：4－7.

王良桂，李霞，杨秀莲．2011. 控根栽培下桂花根系的动态生长与垂直分布特征[J]. 南京林业大学学报(自然科学版)，35(4)：43－46.

王树林，林永增．2007. 几种棉花根系的研究方法[J]. 中国棉花，34(2)：21－22.

韦小丽，朱忠荣，尹小阳，等．2003. 湿地松轻基质容器苗育苗技术[J]. 南京林业大学学报，27(5)：55－58.

吴光枝，温恒辉，麻静．2009. 杉木轻基质网袋容器育苗技术[J]. 广东林业科技，25(2)：95－96.

乌丽雅斯，刘勇，李瑞生，等．2004. 容器育苗质量调控技术研究评述[J]. 世界林业研究，17(2)：9－13.

杨安敏，张乃春，尹晓阳，等．2007. 容器苗空气剪根方法初步研究[J]. 山地农业生物学报，26(5)：452－455.

郁书君，汪天，金宗郁，等．2001. 白桦容器栽培试验：循环潮水式灌溉栽培法的营养液研究[J]. 北京林业大学学报，23(2)：90－92.

苑兆和，尹燕雷．2005. 大规格园林苗木双容器育苗技术[J]. 山东林业科技(6)：42－43.

岳龙，董凤祥，徐迎春．2008. 控根容器苗根系构型研究进展[J]. 世界林业研究，21(6)：31－35.

岳龙，徐迎春，张炜，等．2010. 美植袋物理控根容器培育对玉兰苗根系构型的影响[J]. 林业科学研究，23(6)：883－888.

张成良，尹富强．2006. 水稻根系研究法的现状[J]. 江西农业学报，18(2)：34－36.

周本智．2002. 利用 Minirhizotron 技术监测火炬松新根生长动态[J]. 林业科学研究，15(3：276－284.

周本智，张守功．2007. 植物根系研究新技术 Minirhizotron 的起源、发展和应用[J]. 生态学杂志，26(2)：253－260.

周华．2005. 紫叶核桃子苗砧嫁接及容器育苗根控技术研究[D]. 南京：南京农业大学.

周跃华，聂艳丽，赵永红，等．2005. 国内外固体基质研究概况[J]. 中国生态农业学报，2005，13(4)：40－43.

周志春，刘青华，胡根长，等．2011. 3 种珍贵用材树种轻基质网袋容器育苗方案优选[J]. 林业科学，47(10)：172—178.

朱海军，生静雅，刘广勤，等．2014. 影响林木容器苗根系生长的基质特性研究[J]. 浙江林业科技，34(6)：93－98.

朱晓婷，林夏珍．2011. 化学控根试剂对大叶桂樱容器苗生长的影响[J]. 园林花卉(12)：62－65.

祝燕，刘勇，李国雷，等．2013. 林木容器育苗底部渗灌技术研究现状与展望[J]. 世界林业研究，26(5)：47－52.

Aghai M M, Pinto J R, Davis A S. 2014. Container volume and growing density influence western larch (*Larix occidentalis* Nutt.) seedling development during nursery culture and establishment[J]. New Forests, 45: 199－213.

Allaire-Leung S E, Caron J, Parent L E. 1999. Changes in physical properties of peat substrates during plant growth[J]. Canadian Journal of Forest Research, 79(1): 137 – 139.

Argo W R. 1998. Root medium physical properties[J]. Horticulture Technology, 8(4): 481 –485.

Armson K A, Sadreika V. 1974. Forest tree nursery soil management and related practices[M]. Toronto: Ministry of Natural Resources, Division of Forests, Forest Management Branch.

Beeson R C Jr. 1996. Composted yard waste as a component of container substrates[J]. Journal of Environmental Horticulture, 14(3): 115 – 121.

Bilderback T E, Warren S L, Owen J S, *et al.* 2005. Healthy substrates need physicals too! [J]. Horticuture Technology, 15(4): 747 –751.

Birchler T M, Rose R, Haase D L. 2001. Fall fertilization with N and K: Effects on Douglas-fir quality and performance[J]. Western Journal of Applied Forest, 16(2): 71 –79.

Birge Z K D, Salifu K F, Jacobs D. 2006. Modified exponential nitrogen loading to promote morphological quality and nutrient storage of bareroot-cultured *Quercus rubra* and *Quercus alba* seedlings[J]. Scandinavian Journal of Forest Research, 21(4): 306 –316.

Boivin J R, Salifu K F, Timmer V R. 2004. Late-season fertilization of *Picea mariana* seedlings: intensive loading and outplanting response on greenhouse bioassays [J]. Annals of Forest Science, 61 (8): 737 –745.

Bungarner M L, Salifu K F, Jacobs D F. 2008. Subirrigation of *Quercus rubra* seedlings: nursery stock quality, media chemistry, and early field performance[J]. HortScience, 43(7): 2179 –2185.

Campbell D B, Kiiskila S, Philip L J, *et al.* 2006. Effects of forest floor planting and stock type on growth and root emergence of *Pinus contorta* seedlings in a cold northern cutblock [J]. New Forests, 32 (2): 145 –162.

Carmassi G, Incrocci L, Maggini R, *et al.* 2005. Modeling salinity build up in recirculating nutrient solution culture[J]. Journal of Plant Nutrition, 28(3): 431 –445.

Close D C, Bail I, Hunter S, *et al.* 2005. Effects of exponential nutrient loading on morphological and nitrogen characteristics and on after-planting performance of *Eucalyptus globulus* seedlings[J]. Forest Ecology and Management, 205(1/3): 397 –403.

Cole D M, Sibley J L, Blythe E K, *et al.* 2005. Effects of cotton gin compost on substrate properties and growth of azalea under differing irrigation regimes in a greenhouse setting[J]. Horticulture Technology, 15 (1): 145 –148.

DavisA S, Jacobs D F, Overton R P, *et al.* 2008. Influence of irrigation method and container type on northern red oak seedling growth and media electrical conductivity[J]. Native Plants Journal, 9(1): 4 –13.

DavisA S, Pinto J R, Jacobs D F. 2011. Early field performance of Acacia koa seedlings grown under subirrigation and overhead irrigation[J]. Native Plants Journal, 12(2): 94 –99.

DavisA S, Aghai M M, Pinto J R, *et al.* 2011. Growth, gas exchange, foliar nitrogen content, and water use of subirrigated and overhead-irrigated *Populus tremuloides* Michx. seedlings[J]. HortScience, 46(9): 1249 –1253.

Dong H, Burdett A N. 1986. Chemical root-pruning of Chinese pine seedlings raised in cupric sulphide impregnated containers[J]. New Forests, 1(1): 67 –73.

Dumroese R K, Pinto J R, Jacobs D F, *et al.* 2006. Subirrigation reduces water use, nitrogen loss, and moss growth in a container nursery[J]. Native Plants Journal, 7(3): 253 –261.

Dumroese R K, DavisA S, Jacobs D F. 2011. Nursery response of *Acacia koa* seedlings to container size, irrigation method, and fertilization rate[J]. Journal of Plant Nutrition, 34(6): 877 –887.

Dumroese R K, Page-Dumroese D S, Salifu K F, *et al.* 2005. Exponential fertilization of *Pinus monticola* seedlings: nutrient uptake efficiency, leaching fractions, and early outplanting performance[J]. Canadian Journal of Forest Research, 35(12): 2961 –2967.

Dunn G M, Huth J R, Lewty M J. 1997. Coating nursery containers with copper carbonate improves root morphology of five naive Australian tree species used in agroforestry systems[J]. Agroforestry Systems, 37(2): 143 - 155.

Fernάndez M, Marcus C, Tapias R, *et al.* 2007. Nursery fertilization affects the forst-tolerance and plant quality of *Eucalyptus globulus* Labill. Cuttings[J]. Annals of Forest Science, 64(8): 865 - 873.

Ferree D C, Streeter J G, Yuncong Y. 2004. Response of container-grown apple trees to soil compaction[J]. Horticulture Science, 239(1): 40 48.

Folk R S, Grossnickle S C. 2000. Stock-type patterns of phosphorus uptake, retanslocation, net photosynthesis and morphological development in interior spruce seedlings[J]. New Forests, 19(1): 27 - 49.

Goodwin P B, Murphy M, Melville P, *et al.* 2003. Efficiency of water and nutrient use in containerised plants irrigated by overhead, drip or capillary irrigation[J]. Australian Journal of Experimental Agriculture, 43 (2): 189 - 194.

Grossnickle S C, El-Kassaby Y A. 2016. Bareroot versus container stocktypes: a performance comparison[J]. New Forests, 47(1): 1 - 51.

Hoitink H A J, DeCeuster T J J. 1999. Using compost to control plant diseases[J]. Biocycle, 40(6): 61 - 64.

Hoitink H A J, Stone A G, Han D Y. 1997. Suppression of plant diseases by compost[J]. HortScience, 32 (2): 184 - 186.

Imo M, Timmer V R. 2001. Growth and nitrogen retranslocation of nutrient loaded *Picea mariana* seedlings planted oil boreal mixedwood sites. Canadian Journal of Forest Research, 31(8): 1357 - 1366.

Irwin K M, Duryea M L, Stone E L. 1998. Fall-applied nitrogen improves performance of 1 - 0 slash pine nursery seedlings after outplanting[J]. Southern Journal of Applied Forest, 22(2): 111 - 116.

Islam M A, Apostol K G, Jacobs D F, *et al.* 2009. Fall fertilization of *Pinus resinosa* seedlings: nutrient uptake, cold hardiness, and morphological development[J]. Annals of Forest Science, 66(7): 704 - 709.

Jacobs D F, Rose R, Haase D L. 2003. Development of Douglas-fir seedling root architecture in response to localized nutrientsupply[J]. Canadian Journal of Forest Research, 33(1): 118 - 125.

Jacobs D F, Timmer V R. 2005. Fertilizer induced changes in rhizosphere electrical conductivity: relation to forest tree seedling root system growth andfunction[J]. New Forests, 30(2/3): 147 - 166.

Jarvis B, Calkins J B, Swanson B T. 1996. Compost and rubber tire chips as peat substitutes in nursery substrat: effects on chemical and physical substrate properties[J]. Journal of Environmental Horticulture, 14: 122 - 129.

Johnson F. 1996. The use of chemicals to control root growth in container stock: a literature review[M]. Toronto: Northeast Science & Technology. Ontario Ministry of Natural Resources.

Juntenen M L, Hammart T, Rikaia R. 2002. Leaching of nitrogen and phosphorus during production of forest seedlings in containers[J]. Journal of Environmental Quality, 31(6): 1868 - 1874.

Kraus H T, Mikkelsen R L, Waren S L. 2000. Container substrate temperatures affect mineralization of composts[J]. HortScience, 35(1): 16 - 18.

Landis T D, Dumroese R K, Chandler R. 2006. Subirrigation trials with native plants: R6-CP-TP-08-05[R]. Portland, OR: USDA, Forest Service, 14 - 15.

Landis T D, Wilkinson K. 2004. Submirrigation: a better option for broad leaved container nursery crops: R6-CP-TP-07-04[R]. Portland, OR: USDA Forest Service, 14 - 17.

Millard P, Grelet G A. 2010. Nitrogen storage and remobilization by trees: ecophysiological relevance in a changing world[J]. Tree Physiology, 30(9): 1083 - 1095.

Morvant J K, Dole J M, Cole J C. 2001. Fertilizer source and irrigation system affect geranium growth and nitrogen retention[J]. HortScience, 36(6): 1022 - 1026.

Muriuki J K, Kuria A W, Muthuri C W, *et al.* 2014. Testing biodegradable seedling containers as an alternative for polythene tubes in tropical small-scale tree nurseries[J]. Small-scale Forestry, 13(2): 127 -142.

Nilsson U, Luoranen J, Kolström T, *et al.* 2010. Reforestation with planting in northern Europe[J]. Scandinavian Journal of Forest Research, 25(4): 283 -294.

Oliet J A, Planelles R, Artero F, *et al.* 2009. Field performance of *Pinus halepensis* planted in Mediterranean arid conditions: relative influence of seedling morphology and mineral nutrition[J]. New Forests, 37(3): 313 -331.

Ownley B H, Benson D M, Bilderback T E. 1990. Physical properties of container media and relation to severity of phytophthora root rot of rhododendron[J]. Journal of the American Society for Horticultural Science, 1990, 115(4): 564 -570.

Phillion B J, Bunting W R. 1983. Growth of spruce seedlings at various soluble fertilizer salt levels[J]. Tree Plant Notes, 34(3): 31 -33.

Pinto J R, Dumroese R K, DavisA S, *et al.* 2011. A new approach to conducting stock type studies[J]. Journal of Forestry, 109(5): 293 -299.

Postemsky P D, Marinangeli P A, Curvetto N R. 2016. Recycling of residual substrate from *Ganoderma lucidum* mushroom cultivation as biodegradable containers for horticultural seedlings[J]. Scientia Horticulturae, 201: 329 -337.

Quorshi M, Timmer V R. 2000. Growth, nutrient dynamics, and ectomycorrhizal development of container-grown *Picea mariana* seedlings in response to exponential nutrient loading[J]. Canadian Journal of Forest Research, 30(2): 191 -201.

Raviv M, Medina S. 1997. Physical characteristics of separated cattle manure compost[J]. Compost Science and Utilization, 5(3): 44 -47.

Raviv M, Wallach R, Blom T J. 2004. The effect of physical properties of soilless substrate on plant performance-a review[J]. Acta Horticulture, 644: 251 -259.

Richards D L, Reed D W. 2004. New Guinea Impatiens growth response and nutrient release from controlled-released fertilizer in a recirculating subirrigation and top-watering system [J]. HortScience, 39 (2): 280 -286.

Rikala R, Heiskanen J, Lahti M. 2004. Autumn fertilization in the nursery affects growth of *Picea abies* container seedlings after transplanting[J]. Scandinavian Journal of Forest Research, 19(5): 409 -414.

Runia W T. 1995. A review of possibilities for disinfection of recirculation water from soilless cultures[J]. Acta Horticulturae, 382: 221 -229.

Salifu K F, Jacobs D F. 2006. Characterizing fertility targets and multi-element interactions in nursery culture of *Quereus rubra* seedlings[J]. Annals of Forest Science, 63(3): 231 -237.

Salifu K F, Timmer V R. 2003a. Optimizing nitrogen loading of *Picea mariana* seedlings during nursery culture [J]. Journal of Forest Research, 33(1): 1287 -1294.

Salifu K F, Timmer V R. 2003b. Nitrogen retranslocation response of young *Picea mariana* to nitrogen-15 supply[J]. Soil Science Society of America Journal, 67(7): 309 -317.

Salifu K F M, Islama M A, Jacobs D F. 2009. Retranslocation, plant, and soil recovery of nitrogen-15 applied to bareroot black walnut seedlings[J]. Communications in Soil Science and Plant Analysis, 40 (9/10): 1408 -1417.

Sera-Wittling C, Houot S, Barriuso E. 1996. Modification of soil water retention and biological properties by municipal solid waste compost[J]. Compost Science and Utilization, 4(1): 44 -52.

Shi H Q, Miao F. 2013. Application and development trend of container cultivation of landscape seedlings[J]. Journal of Landscape Research, 5(7 -8): 53 -54, 57.

Simpson D G. 1990. NAA effects on conifer seedling in British Columbia[C]. Combined Meeting of the Western Forest Nursery Associations. National Nursery Proceedings. Roseburg Orgon. Washington: USDA Forest Service.

South D B, Donald D G M. 2002. Effect of nursery conditioning treatments and fall fertilization on survival and early growth of *Pinus taeda* seedlings in Alabama, U. S. A[J]. Canadian Journal of Forest Research, 32(1): 1-9.

Stewart-Wade S M. 2011. Plant pathogens in cycled irrigation water in commercial plant nurseries and greenhouse: their detection and management[J]. Irrigation Science, 29(4): 267-297.

Timmer V R, Parton W J. 1984. Optimum nutrient levels in a container growing medium determined by a saturated aqueous extract[J]. Communications in Soil Science and Plant Analysis, 15(6): 607-618.

Timmer V R. 1996. Exponential nutrient loading: a new fertilization technique to improve seedling perform ance on competitive sites[J]. New Forests, 13(1/3): 275-295.

Tsakaldimi M, Zagas T, Tsitsoni T, *et al.* 2005. Root morphology, stem growth and field performance of seedlings of two Mediterranean evergreen oak species raised in different container types[J]. Plant and Soil, 278(1/2): 85-93.

Way D A, Seegobin S D, Sage R F. 2007. The effect of carbon and nutrient loading during nursery culture on the growth of black spruce seedlings: a six-year field study[J]. New Forests, 34(3): 307-312.

Wenny D L, Woollen R L. 1989. Chemical root pruning improve the root system morphology of containerized seedlings[J]. Western Journal of Applied Forestry, 4(1): 15-17.

Wilson S B, Stofella P J, Graetz D A. 2003. Compost-amended media and irrigation system influence containerized perennial Salvia[J]. Journal of the American Society for Horticultural Science, 128(2): 260-268.

Zahreddine H G, Struve D K, Quigley M. 2004. Growing *Pinus nigra* seedlings in Spinout-treated containers reduces root malformation and increases growth after transplanting[J]. Journal of Environmental Horticulture, 22(4): 176-182.

（编写人：方升佐、尚旭岚）

第8章
苗木质量检测与评价

【内容提要】苗木质量是苗木在不同环境条件下成活和造林后生长能力的综合，其质量的优劣直接关系到造林的成败。为了确保用高质量的苗木造林，对苗木质量进行准确评价十分重要。本章在概述苗木质量概念和评价指标(形态指标和生理指标)的基础上，主要阐述了苗木形态分级与苗木质量的关系、苗木生理状况与苗木质量的关系、根系生长潜力(RGP)与苗木质量的关系和苗木质量的综合评价，重点介绍了目前广泛应用的根系生长潜力的测定方法、苗木耐寒能力的测定方法、苗木活力的测定方法以及苗木质量评价的其他方法。

苗木是造林的物质基础，苗木质量的优劣直接关系到造林的成败。为了确保用高质量的苗木造林，对苗木质量进行准确评价十分重要。Ritchie(1984)在综述前人所做的工作后，提出可以从两方面全面评价苗木质量：一是苗木的物质品质(material attributes)，即可以直接测定的苗木品质，包括芽休眠、水分状况、矿质营养、碳水化合物含量、苗木形态、苗木体内的生长调节物质、酶活性水平等；二是苗木的表现品质(performance attributes)，即不能直接测定，而是将苗木置于特定条件下培育，测定苗木的表现情况，包括苗木活力、根生长势、抗寒性、苗木温度等。传统的苗木质量评价方法是依据形态指标来评价苗木质量，但形态指标只能反映苗木的外部特征，难以说明苗木内在生命力的强弱。因为苗木的形态特征相对较稳定，在许多情况下，虽然苗木内部生理状况已发生了很大变化，但外部形态却基本保持不变。因此，人们评价苗木质量的注意力逐渐由形态指标深入到生理指标。自20世纪中叶至今，这一领域的工作已经取得了大量成果(刘勇，1991；喻方圆和徐锡增，2000；李国雷等，2011；Grossnickle，2012)。

8.1 苗木质量检测与评价概述

8.1.1 苗木质量的概念及评价

(1)苗木质量的概念

为统一对苗木质量的认识和科学评价，国际林业研究组织联盟(IUFRO)1979年在新西兰组织了“种植材料质量评价技术学术讨论会”。从“质量是对目的的适合度”这一认识出发，确定苗木质量应是实现经营目标的前提，如若种植苗木是为造林成活和生长良好，那么其适合度就是成活和生长潜力的函数(Ritchie，1984；马常耕，1995)。Puttonen(1989)在有关苗木质量和质量评价方法研究应有原则的讨论中认为，用“苗木表现潜力”比用“苗木质量”概念更确切，因质量检验的结果提供了苗木大田表现潜力的信息。

Johnson 和 Cline(1991)提出，苗木质量是苗木在不同环境条件下成活和造林后生长能力的综合。Langerud(1991)认为，很难确切地给苗木质量下定义，特别是用可测量的品质来描述。通常，苗木质量的好坏应以苗木造林后的成活率和生长表现来衡量。苗木质量的定义与森林培育的目标有关，如培育薪炭林，应把造林成活率放在首位。而用材林则应兼顾造林成活率和幼林生长表现。苗木质量还与造林地的立地条件有关。

(2)苗木质量评价

苗木质量评价和控制技术研究成为研究热点之一，并取得了长足的进步。与20世纪50年代相比，苗木生产目标、质量评价和控制技术(苗木质量管理)等领域发生了如下若干原则转变：①育苗目标由追求单位面积的产苗量向生产能保证造林成活和林分高产的高质量苗木转变，降低播种密度是其重要措施；②苗木质量控制由纯感性地按起苗时苗木大小分级向以决定造林后表现的内在生理特性分级转变；③苗木评价应用由指导个体淘汰向批量淘汰转变；④苗木质量管理由单纯对成苗的质量评价向在苗木生产全过程实行分阶段有目标、定向培育到综合控制成苗质量转变，使苗木生产过程成为高质量苗木的“装配线”；⑤对苗木质量的认识由一组静态参数向动态发展过程转变。

苗木质量测定的目的因时间而异。在培育阶段，主要看苗高、地径和根系生长是否达标，苗木的营养状况、损伤情况、病虫害状况、休眠状况、田间越冬和贮藏性能等；在起苗阶段，重点是监测苗木的贮藏能力和损伤情况；在造林前，主要监测苗木损伤状况，预测造林成活率和幼林生长状况。在苗木质量测定方法的评价标准上，Zaerr(1985)提出理想的苗木质量测定方法：①快速，立即得到最后结果；②容易理解，各种层次均可操作；③费用低，可被不同层次的用户接受；④可靠、无损和定量；⑤具有诊断作用，可指示苗木受损的原因。Puttonen(1989)提出预测苗木造林后生长表现的测定方法的评价标准：①能解释从苗圃到造林地期间苗木质量的任何变化；②预测幅度和预测内容；③测定结果与田间表现相关分析统计方法的适用性；④为采取造林措施提供依据；⑤可测定单株苗木，也可测定一组苗木的特性；⑥不同质量苗木的生长表现能反映造林地的立地条件；⑦能用于育苗期间的质量控制。Grossnickle 和 Folk(1993)应用田间成活率和田间表现潜能来说明苗木质量测定方法和测定目的。

苗木质量测定和评价面临的挑战主要表现在：①进一步调查测定方法的效益；②提出能预测田间表现的可操作方法；③测定胁迫情况下的根生长势，以便更准确地评价苗木田间表现；④通过评价苗木质量，达到改进育苗措施的目的；⑤提出评价不同类型苗木质量的方法；⑥提出适用于不同树种、不同种子区的苗木质量评价方法。

8.1.2　苗木质量评价的形态指标

苗木质量的形态指标易于测定，在苗木质量评价中应用较为广泛(Haase，2008；

李国雷等，2011a）。苗高和地径用以评价苗木质量最多(Jacobs *et al.*，2005)，根系形态指标与苗木造林表现最近研究得较为深入。

(1)苗高

苗高是指地径至顶芽基部的苗干长度。苗高是最直观、最容易测定的形态指标。苗高并不是越大越好，一批苗木在达标的情况下，苗高以大小整齐为好。由于受立地条件的影响，苗木高度与造林效果的关系较为复杂。相对一致的观点认为，较好立地条件下初始苗高与造林效果的关系并不密切(Thompson and Schultz，1995)；而在灌草丛生、竞争激烈的环境下，个体小的苗木受灌草影响较为严重，尤其是在栽植后 1 年内(Garau *et al.*，2009)。

(2)地径

地径又称地际直径，是指苗木土痕处的粗度。在所有形态指标中，地径是反映苗木质量最好的指标之一。地径与苗木根系大小和抗逆性关系紧密，与苗木造林成活率和幼林生长也密切相关，因此，地径是评价苗木质量的首要指标之一。

与其他指标相比，一些研究认为地径最能预测造林效果。但地径能否反映苗木综合质量，采用地径单一指标能否精准预测造林效果至今仍有争议。如红栎造林后，地上部分和根系与初始地径相关性均较强，地径能反映苗木的综合质量(Dey and Parker，1997)。更多研究表明，仅依靠地径单一指标来预测苗木造林效果是有风险的，因此，必须建立包含多个指标的综合评价体系(Thompson and Schultz，1995；Davis and Jacobs，2005；Jacobs *et al.*，2005；李国雷等，2011a)。

(3)根系指标

根系是植物的重要器官，是决定苗木造林后能否成活的关键。但与根系的重要性相比，反映根系状况的形态指标并不十分理想。目前生产上采用的根系指标主要是根系长度、根幅、侧根数等，根重、根表面积指数等还在研究之中(李国雷等，2011)。

一级侧根数这是一个值得关注的指标。非木质化的根系末端很脆弱，苗木在分级、包装、贮藏、运输过程中根尖易损失，二、三级侧根更是“短命”(Thompson and Schultz，1995)，以根系长度作为侧根的计数标准不能客观反映侧根的数量，而我国多以侧根的长度计数其数目，这是否合理应引起足够的重视。比较通用的是直径大于1mm 的一级侧根数，通常简写为 FOLR ($D>1$mm)。

须根数须根数用以反映侧根数目，是一个人为评价出来的相对值(Wilson *et al.*，2007)。迄今为止，须根数测定方法仍难统一。Tanaka 等(1976)将须根数定义为侧根占根系干重的百分比。由于以干重为标准，不仅需要破坏取样，而且需要在实验室内进行，因此难以在实际中应用。Kainer 等(1990)则计数长度大于或等于 2cm 的所有侧根长度，并抽取满足上述条件 10% 的侧根计数根尖数目。与 FOLR 相似，根系末端易损失，即使是同一根系在分级、包装、贮藏和造林时的须根数也不同。Deans 等(1990)则以苗木二级及其以上侧根数表征根系须根数。尽管这些研究一致认为，根系须根数大的苗木造林效果较好，但由于缺乏标准化的方法，使得须根数指标一度难以应用。Wilson 等(2007)根据二级侧根的数目及以上侧根的密度将须根划分为 5 个等级，克服了上述难题。

根体积为不破坏根系的完整性，一般用排水法来测定根体积。该方法的缺点是不能分辨细跟和粗根的差别，也就不能表明根系的结构。20世纪80年代将其作为评价苗木质量的标准开始多起来。很多研究发现，根体积与造林成活率或生长呈正相关(Rose *et al.*，1991；Jacobs *et al.*，2005；李国雷等，2011)，如北美黄松造林2年后，初始根体积大于7cm^3的苗木成活率显著大于根体积小于4.5cm^3的苗木(Rose *et al.*，1991)。由于排水法测定根体积速度相对较慢，最近研究重点在于根体积是否比其他指标更能预测造林效果。

根表面积和长度利用根系扫描系统可以同时获得根系表面积和不同径级侧根的长度，根系长度也可根据人为划定的标准如直径大于0.5mm或1mm等标准用直尺进行测量。一些研究也表明，根系表面积或长度与造林效果相关，如科西嘉黑松(*Pinus nigra*)的造林效果与初始根系总长度的相关性高于与根尖数的相关性(Chiatante *et al.*，2002)。

(4)高径比

高径比是指苗高与地径之比。该指标反映了苗木高度与粗度的平衡关系，是反映苗木抗性及造林成活率的较好指标。通常高径比大，说明苗木越细越高，苗木抗性弱，造林成活率低。反之，说明苗木越粗越矮，苗木抗性强，造林成活率高。在计算苗木高径比时，苗高和地径的单位需相同。

(5)苗木重量

苗木重量是指苗木干重或鲜重。鲜重更易测定，但数据受苗木含水量影响较大。干重不受苗木含水量影响，数据更稳定、可靠。苗木重量可以是苗木总重量，也可以是各部分重量，如地上部分与地下部分重量等。苗木生长量大小，主要看其物质积累的多少，干重是反映物质积累状况的最主要指标，因此也是指示苗木质量的较好指标。排水法测定生物量不需破坏苗木，干重法可测定根、茎、叶各组织的重量，Haase(2008)对控制温度进行了明确要求，在68℃的烘箱里保持48h，这一温度范围既可使苗木体内的分解酶变性(>60℃)，又不会造成热分解和氮挥发(<70℃)。

(6)茎根比

茎根比是指苗木地上部分与地下部分之比，反映苗木根茎两部分的平衡关系。茎根比是受到广泛重视的形态指标之一，反映了地上部分蒸腾面积和地下部分水分吸收面积的关系。一般而言，裸根苗茎根比不超过3∶1，容器苗茎根比不超过2∶1(Haase，2008)。

(7)质量指数

由于单个形态指标通常只反映苗木的某个侧面，而苗木各部分的协调和平衡对造林成活和幼林生长又十分重要，因此人们便试图采用多指标的综合指数来反映苗木质量。Dickson等(1960)提出苗木质量指数(*DQI*)，其计算公式如下：

DQI＝苗木总干重(g)/(苗高cm/地径mm＋茎干重g/根干重g)

*DQI*能反映苗木各部分的总体平衡，Johnson and Cline(1991)认为*DQI*是一个具有发展潜力的综合形态指标，其应用效果如何，需作进一步研究。

(8)顶芽

顶芽的大小、有无是反映苗木质量的重要方面，特别是对一些萌芽力弱的针叶树种，必须在苗木质量评价中加以重视。芽长度是一个很容易测量的形态指标，主要用于评价针叶树的苗木质量。芽体积大，说明苗木生长旺盛，活力强，造林后幼树的生长表现好，苗木质量较高。例如，西黄松(*Pinus ponderosa*)、多脂松(*P. resinosa*)、火炬松(*P. taeda*)、湿地松(*P. elliottii*)等树种，芽长度和幼树生长量都存在正相关的关系(徐明广，1992)。

8.1.3 苗木质量评价的生理指标

苗木生理指标包括苗木矿质营养、碳水化合物含量、苗木水分、芽休眠、植物生长调节物质、叶绿素荧光和酶等。

(1)矿质营养

苗木移栽后，新根生长缓慢，根系从土壤中获取养分能力较差，苗木生长主要依赖于体内贮存养分的内转移和再分配。养分内循环提高造林效果的原因一方面在于苗木造林后旧器官向新生组织转移大量养分，且养分内转移量与体内养分含量呈正相关，苗木利用这一养分库促进根系生长和顶芽形成(Boivin *et al.*, 2004; Birge *et al.*, 2006; Oliet *et al.*, 2009; Salifu *et al.*, 2009)，从而提高苗木成活和生长。

矿质营养对造林效果的影响与造林立地条件有关。在瘠薄的造林地上，土壤本身提供的养分较少，造林效果主要取决于苗木初始养分状况及内转移效率(Folk and Grossnickle, 2000)，因此，初始矿质养分含量高的苗木造林效果得以充分体现。但在立地条件较好的造林地上，苗木的生长状况主要取决于土壤供给的养分，苗木本身提供的养分被掩盖，效果则不明显(Rikala *et al.*, 2004)。

(2)碳水化合物

碳水化合物有3类：①结构碳水化合物，包括如纤维素、半纤维素和果胶；②贮藏碳水化合物，主要是淀粉；③可溶性糖，其中呼吸消耗主要是淀粉和可溶性糖。从起苗到栽植后苗木能进行光合作用之前，苗木靠其体内贮藏的碳水化合物来维持生长和呼吸。如果苗木体内贮藏的碳水化合物不能满足其需要，则会死亡。由于淀粉是木本植物中最多的碳水化合物贮存形式(Ritchie, 1982)，目前主要建立了淀粉与苗木造林效果的数量关系。如Noland等(2001)发现，美国短叶松(*P. banksiana*)新根长度与根系淀粉含量呈负相关，这表明消耗的碳水化合物促进了新根的形成和生长。

(3)苗木水分

水分是维持苗木生命活动不可缺少的物质，苗木体内的一切生命活动都必需在水的参与下才能正常进行。苗木含水量表征指标通常有绝对含水量、相对含水量、水分亏缺等。用水势反映苗木质量，一般是通过对苗木不同时间的晾晒后，测定苗木失水过程中的水势和造林成活率，找出与造林成功、苗木濒危致死等有关的临界水势值。缺水会对苗木的解剖、形态、生理、生化等许多方面产生不利影响。轻度缺水会引起气孔关闭，光合作用减弱，而重度缺水则会破坏光合器官。苗木缺水还会影响呼吸、碳水化合物和蛋白质代谢，损伤细胞膜的结构，改变酶活性等。同时，缺水的苗木还易遭受病虫害。因此，苗木水分状况与苗木质量密切相关。在贮藏过程中，根系生理缺水可能损伤细胞壁，进而影响造林成活率(Davis and Jacobs, 2005)。Radoglou 和

Raftoyannis(2002)对9个树种的研究发现，根系含水量低的苗木造林成活率也低。

(4)生长调节物质

苗木体内的生长调节物质控制着苗木的生长和发育，因此，可以利用生长调节物质的水平及变化情况来评估苗木的活力状况。但是，生长调节物质在苗木体内含量少，作用机理复杂，实际应用时难度较大。

生长素控制苗木分生组织的生长，但与苗木活力没有直接关系。细胞激动素控制苗木细胞分裂，与苗木根系的形成关系密切，细胞激动素还与植物器官分化有密切关系。细胞激动素水平还影响苗木休眠，但难以用于估测苗木活力。赤霉素影响苗木茎的伸长和开花，但赤霉素很难提纯，加上品种很多，故难以在苗木质量估测中应用。脱落酸控制植物叶子的脱落，它与苗木休眠有关。脱落酸可以用生物分析法测定，也可用化学分析法测定，在植物生长调节物质中是最有前途用于苗木质量估测的因子。乙烯控制果实成熟和细胞伸长，苗木在贮藏期间释放乙烯，乙烯可以用于估测苗木活力，但因它是气体，难以收集。

(5)芽休眠

由于苗木从夏末至翌年春天在形态上变化不大，要准确判断苗木的休眠阶段不太容易。目前最可靠的方法为芽开放天数，其他方法还有有丝分裂指数法、导电能力法、植物激素分析法、干重比法等。芽开放天数是将苗木置于类似春天的标准测定环境中(如光照12~14 h，空气温度20℃)，每天观察苗木，当顶芽开放长出新叶时记录日期，在所有苗木的顶芽都开放后，计算顶芽开放所需的平均天数。芽的萌动是苗木从休眠状态到生长时期的转折点，需要消耗大量的能源物质。苗木体内较多的矿质养分不仅增加了顶芽叶原基数量(Islam *et al.*, 2009)，而且可提前打破芽休眠，芽开放时间提前(Birchler *et al.*, 2001)。需要指出的是，高纬度或高海拔地区春季晚霜较为普遍，苗木萌芽时间过早受霜冻危害概率增大，造林效果可能会受到影响，这也是一些生产者对秋季施肥技术持谨慎态度的原因。

(6)苗木的耐寒性

耐寒性是指在寒冷情况下存活一定数量的苗木所能忍受的最低温度。通常用50%的苗木致死的温度(LT_{50})来表示苗木的耐寒水平(Van den Driessche, 1976)。如果造林时苗木遭受忍耐极限以下的低温，苗木将会死亡。因此，耐寒性是影响造林成活率的一个重要因素，是表达苗木质量的一个重要因子。

耐寒性测定通常利用程控降温仪对植物材料进行冷冻处理。一般从2~4℃开始，温度下降的幅度一般为2~6℃/h，最常用的为5℃/h。降到一定温度时，一般持续30~60 min，最常用的为30min(Bigras and Colombo, 2001; Islam *et al.*, 2009)。目前常用的抗寒性测定方法有全株冰冻测试法、电解质渗出率法、叶绿素荧光法、热分析法、差热分析法和电阻抗图谱法等(李国雷等，2011a)。

(7)根系生长潜力

根系生长潜力(Root Growth Potential., RGP)是指苗木在适宜环境条件下新根发生和生长的能力。自Stone(1955)首先提出这一概念以来，作为评价苗木质量的重要因子，得到广泛研究和应用。特别是1979年国际林联(IUFRO)在新西兰召开苗木质量问题国际学术会议后，有关根生长势的研究更是呈指数增长。许多林业机构已经把根生长势作为造林前检测苗木质量的常规指标(Sutton, 1990；喻方圆和徐锡增，2000；李国雷等，2011a)。

RGP的表达方式至今仍未统一，常用的有新根生长点数量(*TNR*)、大于1cm长新根数量(*TNR*>1)、大于1cm长新根总长度(*TLR*>1)、新根表面积指数(*SAI*=*TNR*>1×*TLR*>1)、新根鲜重和新根干重等。不同指标反映的是苗木生根过程中不同的生理过程，*TNR*反映苗木发根状况，而*TNR*>1、*TLR*>1、*SAI*、新根鲜重和新根干重则主要反映根伸长情况。

8.2 苗木质量检测与评价研究进展

苗木质量是影响造林成活率的一个重要方面。过去，对苗木质量的评价，主要是根据苗高、地径和根系状况等形质指标，但形质指标只反映了苗木的外形特征，不能说明苗木生命力的强弱(刘勇，1991)。随着研究的深入，常用生理指标和形质指标将苗木质量评价方法分成两大类，但是这种分类方法已不能完全概括现有的评价方法。Ritchie(1984)提出，应根据苗木的物质特征和性能特征，将苗木质量评价分为苗木物质指标与苗木性能指标。物质指标是可直接测定的形质指标和生理指标，而性能指标则是把苗木置于特定的条件下测定其整株的表现状况。

自20世纪70年代以来，苗木质量评价的研究有了很大进展，但也存在一些问题，主要有以下几个方面：①众所周知，高质量的苗木必须具有良好的生理状态，但是影响苗木成活和生长的一些关键性生理过程仍未被完全了解，例如，贮藏条件下苗木体内碳水化合物储量是如何变化的？这些物质对苗木的成活和生长有何重要意义；②苗木性能指标的测定都是在人为控制的环境下进行的，而造林地的立地条件差异较大，因而就可能出现同样质量的苗木具有不同的成活率和生长状况。如能测定苗木在不同环境条件下的表现状况，对于适地适苗(根据立地条件选择与之相适应的苗木造林)非常重要；③大多数苗木质量指标的测定技术比较复杂，所需时间较长，因而不便于生产上应用；④多数研究只预测苗木的造林成活率，即分析苗木质量与造林成活率的相关性，而忽视苗木质量与造林后苗木生长的关系。下面结合国内外苗木质量研究方面的新进展，围绕苗木形态分级与苗木质量的关系、苗木生理状况与苗木质量的关系、苗木质量与造林效果的关系，从不同形态和生理品质的苗木与立地条件、整地方式间的关系等方面进行综述，以期为我国的苗木质量研究提供一定参考。

8.2.1 苗木形态分级与苗木质量的关系

(1)单一形态指标

从生物学观点看，苗木的形态学(广义的)表现是树种在苗圃对所施培育条件发生的生理学反应的外在表现，因而在苗木保持正常生命状态下，苗木的高度、粗度、针叶颜色、顶芽有无和大小、根系发育程度等可目视的外在形态，以及形态参数之间的比例，应是苗木质量的一种体现(马常耕，1995；Takoutsing *et al.*, 2014；Kelly *et al.*, 2015)。

长期以来，人们认为大苗未来表现会比小苗好的感觉已为早期的苗木形态分级及造林试验所证实。如 Mullin 和 Bowdery(1977)的试验表明，白冷杉(*Abies concolor*)不合格淘汰苗造林成活率比合格苗低 18%~23%，而且随着苗高由低增高至 20cm，造林成活率逐步提高，但当苗高超过 20cm 时，成活率就不再提高。在火炬松上也看到随苗高由低增高到 35cm 时，成活率有所提高，但在劣质立地上造林，大苗的成活率反而不如小苗(Mexal and Landis, 1990)，这说明造林成活率与苗高呈曲线关系，受立地条件所制约。在造林地杂草控制条件下，红栎(*Quercus rubra*)和白栎(*Q. alba*)的初始苗高比根体积和侧根数更能预测造林效果(Jacobs *et al.*, 2005；李国雷等，2011a)，但辐射松(*Pinus radiate*)插条的初始长度与成活率的相关性并不显著(South *et al.*, 2005)。

多数研究认为，苗木直径要比苗木高度更能预测造林的成活率，因为苗木直径与苗木其他形态学性状都有密切相关。如根据 Ritchie(1984)的研究表明，标准密度的北美黄杉(*Pseudotsuga menziesii*)2+0 苗、低密的 2+0 苗、1+1 和 2+1 苗木，其根颈直径与苗高的线性相关系数为 $R^2=0.26-0.45$；与根系干物重的为 $R^2=0.69-0.82$；与地上部分干物重的为 $R^2=0.71-0.89$；与苗木总干物重的为 $R^2=0.76-0.88$，但与苗木地上部和地下部重的比率不相关。Tsakaldimi 等(2013)对地中海 5 个树种的研究结果表明，造林后苗木的田间表现可以用苗木的形态指标来预测，但不同树种最佳的形态指标存在差异，并非所有的形态指标都可预测造林成活率(表 8-1)。如地中海松(*Pinus halepensis*)和乳香黄连木(*Pistacia lentiscus*)造林 2 年后的成活率与苗木地径、苗木生物量和 Dickson 质量指数显著相关；而 2 种地中海常绿栎树仅与地径和苗木高/径比显著相关。

表 8-1 造林 2 年后苗木形态指标与造林成活率的相关系数

Tab. 8-1 Pearson correlation coefficients for the relationship among the initial quality characteristics of seedlings and field survival two years after planting

苗木形态指标	造林成活率(%)				
	地中海松 *Pinus halepensis*	刺叶栎 *Quercus ilex*	铁橡栎 *Quercus coccifera*	长角豆 *Ceratonia siliqua*	乳香黄连木 *Pistacia lentiscus*
根茎比	0.155	-0.509	-0.787	-0.734*	-0.877*
Dickson 质量指数	0.720***	0.520	0.562	0.246	0.954**
总干重(g)	0.732***	0.641	0.718	0.782*	0.990**
总根长(cm)	0.621*	0.789	0.567	-0.440	0.694
根表面积(cm^2)	0.545*	0.722	0.565	-0.372	0.705
根体积(cm^3)	0.555*	0.213	0.673	0.293	0.903*
苗高(cm)	0.730**	0.575	0.877*	0.851**	0.973**
地径(cm)	0.785**	0.570	0.709	0.790*	0.992**
高径比	0.378	0.540	0.926**	0.861**	0.929**

注：***表示在 0.001 水平上显著相关；** 表示在 0.001 水平上显著相关；*表示在 0.05 水平上显著相关。引自 Tsakaldimi *et al.*, 2013。

总体上看，地径是一个较好地评价 5 个地中海树种造林成活率的指标，对于地中海松，地径应 >5mm，而其他 4 个树种地径应 >7mm。地径与造林成活率也呈曲线相关

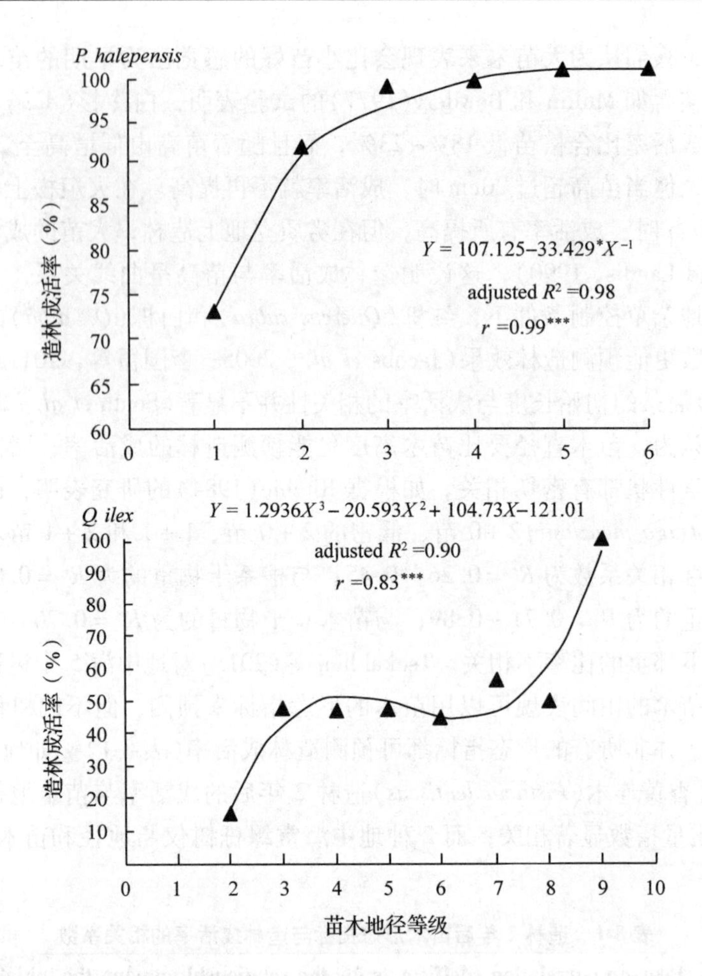

图 8-1　苗木地径等级与造林成活率的关系(引自 Tsakaldimi *et al.*, 2013)

Fig. 8-1　Relationship between seedling fieldsurvivals and initial seedling diameter class two years after planting(Tsakaldimi *et al.*, 2013)

(图 8-1)(Tsakaldimi *et al.*, 2013)。

地径对造林效果的影响还受苗木类型和立地的影响。在造林地控制杂草条件下，辐射松插条粗度应为 8~10mm(South *et al.*, 2005)，裸根苗最佳地径为 5~6mm；在不控制杂草条件下的最佳地径为 7mm(Masson *et al.*, 1996)。虽然影响苗木造林后生长的因子比影响成活率的因子更为复杂，但不少试验表明，林木生长与原始造林苗高有一定相关关系。如 Smith(1966)发现北美黄杉 3+0 苗造林后 2~7 年间的生长与原初植苗高度密切相关，到第 11 年时决定系数仍达 $R^2=0.94$。Mellberg 对 3 种苗型的欧洲赤松(*Pinus sylvestris*)和欧洲云杉(*Picea abies*)造林后所做的追踪研究表明，它们均与初植苗高有正的线性关系(马常耕，1995)。South 等(1985)甚至还发现，火炬松造林 13 年后的材积生长与原始苗高也有密切的正相关。

国内外采用根系指标来评价苗木质量也开展了不少研究。Ruehle 等(1986)首次以 FOLR 数目作为红栎苗木质量的评价标准。FOLR 大于 10 个的红栎造林后，成活率、苗高和地径等显著大于 FOLR 小于 4 个的相应值。Ponder(2000)、Jacobs 等(2005)的研究也表明 FOLR 与红栎造林效果呈正相关。胶皮糖香树(*Liquidambar styraciflua*)(Kormanik, 1986)、美国黑果稠李(*Prunus virginiana*)等苗木的FOLR与造林效果也呈显著相关(Jacobs *et al.*, 2005),但白栎和黑胡桃(*Juglans nigra*)造林4年的高生长与初始FOLR均不相关(Ponder, 2000)。Jacobs等(2005)的研究还表明,美国黑果稠李侧根数最能预测造林效果,但红栎和白栎苗木的根体积比侧根数能更好预测造林效果。Rose等(1991)发现,根体积大于13cm^3的北美黄杉造林后,第1年高生长显著高于根体积小于9cm^3的苗木,然而第2个生长季结束时,差异不再显著。

综合文献报道可以看出,传统的苗木形态与分级和淘汰既有积极作用,也存在很大的不确定性,这是因为任何一个性状都不能单独决定苗木质量,更不用说决定受多种外在因素影响的造林后的表现了。

(2)综合形态指标

由于苗木地上部分和地下部分的平衡比苗木的单一形态性状的大小更有决定性意义,所以早在1960年,Dickson以白云杉(*Picea glauca*)的研究为例,提出了综合多个形态学性状评价苗木质量的指数(DQI)概念(Dickson, 1960),这是苗木形态分级中的一大进步。

Binotto等(2010)的研究结果表明,苗木干物质变量与苗木质量指数(DQI)显著相关,其次是苗木的地径,而叶数量和苗高与DQI相关不显著。Del Campo等(2010)通过对9个苗圃连续2年的调查认为,刺叶栎(*Q. ilex*)容器苗的适宜造林规格为:苗高12~17cm,地径3.5~4.8mm,径和根生物量分别为1.3~1.6 g和2.8~ 4.7 g,叶片中N、P、K最小浓度值分别为10 mg/g、0.9 mg/g、3.7 mg/g。

在正常生理状态下,苗木指数值越大,则苗木形态学品质越高。然而必须特别强调,只有当苗木内在生理学特性无明显差异时,用形态学指标来评价苗木质量才有实用意义。

8.2.2 苗木生理状况与苗木质量的关系

形态指标只能反映苗木的外部特征,难以说明苗木内在生命力的强弱。因为苗木的形态特征相对较稳定,在许多情况下,虽然苗木内部生理状况已发生了很大变化,但外部形态却基本保持不变。因此,人们评价苗木质量的注意力逐渐由形态指标到生理指标。自20世纪中叶至今,这一领域的工作已经取得了大量成果。

8.2.2.1 苗木矿质营养

苗木体内的矿质营养状况与苗木质量的关系非常密切,矿质营养状况的好坏直接影响到苗木造林后的田间表现(van den Driessche, 1991)。要保持良好的生长状态,苗木体内的矿质营养必须足量和平衡。通过大量研究,Youngherg(1984)和Landis(1989)提出了最适的苗木叶矿质营养含量标准(喻方圆和徐锡增,2000)。苗圃工作者可以对具体苗木的叶矿质营养含量进行分析,与标准矿质营养含量进行比较,从而为苗木的合理施肥提供了依据。矿物质含量不仅对苗木的所有生理过程,而且对苗木的形态特征都有影响。人们一直希望能通过对矿物质含量的测定来评价苗木质量。但是,仅依据矿物质状况来评价苗木质量是不可靠的。这是因为各营养元素间存在着一定程度的交互作用,优质苗的营养元素范围不易准确确定;另外,矿物质对苗木生理的影响较复杂，矿物质含量与苗木质量之间还未建立起一种明确的关系，而且矿物质含量和造林成活率及成活后的生长状况之间很难数量化(刘勇，1991)。鉴于上述原因，对矿物质含量的分析结果只有同苗木活力，如根生长潜力等指标结合起来，才能更准确地对苗木质量做出评价。

(1)苗木矿质营养与苗木抗性

矿质营养与苗木的抗寒性关系密切，但究竟为何种关系，不同学者因研究方法、对象的不同而持不同观点。秋季施肥提高苗木抗寒性的原因在于，苗木积累大量可溶性糖、氨基酸、甘氨酸、无机盐等溶质，细胞外液流浓度增大，渗透压增大(李国雷等，2011b；Andivia *et al.*，2014)，细胞脱水风险下降；施用氮肥的苗木合成的质外体蛋白增多，细胞膜的脂质/蛋白比值下降，细胞膜受损程度下降(Ukaji *et al.*，2004)。美国黄松(*Pinus ponderosa*)苗木秋季施肥后，叶片氮浓度为1.55%的抗寒性高于1.47%的苗木(Gleason *et al.*，1990)；蓝桉(*Eucalyptus globulus*)苗木氮浓度为1.25%的苗木抗寒性高于0.89%的苗木(Fernandez *et al.*，2007)。Rikala等(1997)研究2年生欧洲赤松苗木夏末施肥对苗木抗寒能力的影响后认为，夏末施用N、P、K及微量元素复合肥后，尽管延长了苗木的生长期，但苗木的抗寒能力仍然得到提高。

一些研究发现秋季施肥并不能提高苗木抗寒性。晚秋大量施氮肥，必然导致苗木木质化程度降低，易在春天受冷害(喻方圆和徐锡增，2000)；van den Driessche(1983)对北美黄杉所做的抗寒性测定也显示，过量的施肥会导致苗木抗寒性下降。北美黄杉秋季施用氮肥后，抗寒性没有显著变化(Birchler *et al.*，2001)，黑云杉苗木抗寒性甚至下降(Bigras *et al.*，1996)。

实际上，苗木抗寒性的高低取于苗木体内营养元素浓度(Rikala *et al.*，1997)。Fernandez等(2007)对蓝桉、Rikala等(1997)对欧洲赤松秋季施肥的研究结果也表明，苗木氮浓度决定其抗寒性，而磷和钾浓度与之并不相关。苗木叶矿质营养浓度高，特别是氮浓度高，有利于提高苗木抗寒能力；相反，则不利于苗木抗寒。但也有一些研究认为，养分浓度同苗木的抗寒能力关系不大，或认为养分浓度适当，才有利于苗木抗寒(喻方圆和徐锡增，2000；李国雷等，2011b)。苗木抗寒性与苗木体内养分状况密切相关，研究出不同树种苗木最大抗寒性时的最优养分浓度尤其必要(Rikala *et al.*，1997)。欧洲云杉2年生苗木最佳氮浓度为1.9%~2.20%(Ingestad *et al.*，1985)，欧洲云杉1年生苗木最佳氮浓度为3.0%(Rytter *et al.*，2003)，蓝桉1年生苗木叶片氮浓度不低于1.25%(Fernandez *et al.*，2007)。而且，一些研究认为苗木抗寒性与K/N比、P/N比有关。北美黄杉苗木K/N比为0.6时，苗木抗寒性最大(Timmis，1974)。欧洲赤松抗寒性最大时，K/N为0.45，P/N为0.14(Ingestad，1979)。

矿质营养与苗木的抗旱性也有密切关系。Ritchie(1984)指出，苗木矿质营养状况会影响苗木体内的水分状况，通过渗透调节，氮和钾能降低苗木蒸腾速率，从而有利于苗木抗旱，而磷则会引起苗木失水。另有报道认为，高含量的氮会降低火炬松苗木的抗旱能力和降低扭叶松(*Pinus contorta*)的造林成活率(喻方圆和徐锡增，2000)。van den Driessehe(1980)提出，如果提供适量、平衡的氮、磷、钾肥，则苗木的抗旱能力会增强。因此，可通过调控措施，控制苗木叶氮浓度，提高苗木的抗旱能力，以适应干旱造林地的需要。

(2)苗木矿质营养与造林成活率

通常认为，苗圃施肥对造林成活率有促进作用。不少研究认为，施肥对北美黄杉苗木造林成活率有促进作用(Anderson and Gessel，1966；van den Driessehe，1980)。大部分研究结果认为造林时针叶中2%(±0.5%)的氮浓度可获得最高的造林成活率(图8-2，Grossnickle，2012)。Irwin等(1998)研究发现，秋季施肥的湿地松苗木造林后表现出较好的效果，苗木存活率和生长均得到提高，与对照相比，低氮和高氮处理的苗木成活率分别提高12%和15%，苗高分别提高7%和15%。火炬松苗木在秋季施氮肥200 kg/hm^2，造林6个月后生物量和苗高分别提高12%和24%(Vander Schaaf and McNabb，2004)。其主要原因在于秋季施肥使苗木体内养分浓度趋于稳态，生物量增大，在提高苗木规格的同时，也使苗木体内较多地贮存有利于提升造林效果的养分。一方面，苗木移栽后，新根生长缓慢，苗木从土壤中获取养分受到限制，苗木生长主要依赖于体内贮存养分的内转移和再分配(Timmer and Armstrong，1987)；同时，秋季施肥的苗木造林后，旧器官向新生组织转移大量养分，且养分内转移量与秋季施肥量呈正相关(Boivin *et al.*，2004)。

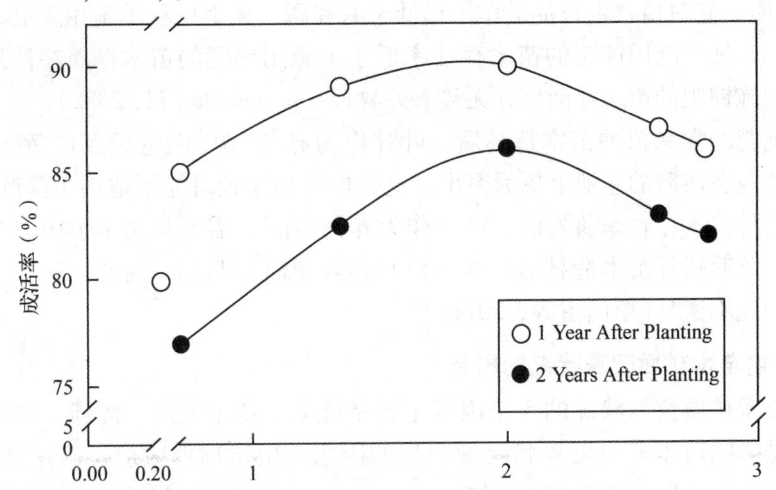

图8-2 造林时北美黄杉针叶中氮浓度与造林后苗木成活率的关系(引自Grossnickle，2012)

Fig. 8-2 Seedling survival at 1 and 2 years after field planting in relation nitrogen concentration for Douglas fir(*Pseudotsuga menziesii*) seedlings at planting(Grossnickle，2012)

目前也有一些研究表明秋季施肥的苗木对造林效果影响不显著。湿地松1年生裸根苗10月末施入氮肥112～448 kg/hm^2，造林后苗木成活率并无显著提高(Gilmore，1959)。用秋季施用氮肥和钾肥的1年生火炬松裸根苗造林，其造林成活率反而下降，高生长无显著影响(Ursic，1956)。Switzer和Nelson(1963)在秋季对火炬松裸根苗同时施用氮肥、磷肥和钾肥，在2个造林地上苗木均表现出秋季施肥显著促进苗木高生长，而对存活率没有影响。北美黄杉1+1苗秋季施用不同量、不同类型的肥料，造林1年后发现，肥料类型和施肥量对造林效果均无显著影响(Birchler *et al.*，2001)。施肥对白云杉的造林成活率影响很小或没有影响(Mullin and Bowdery，1977)；有些研究甚至发现秋季过量施用氮肥会降低苗木造林后的成活率(Duryea，1990；Boinvin *et al.*，2004)。

造成苗木秋季施肥后造林效果并不显著的原因可能与造林立地条件有关。在瘠薄的造林地上，土壤本身提供的养分较少，造林效果主要取决于苗木初始养分状况及内转移效率(Folk and Grossnickle, 2000)，因此，造林效果因苗木秋季施肥得以充分体现。但在立地条件较好的造林地上，苗木生长状况主要取决于土壤供给的养分，苗木本身提供的养分被掩盖，秋季施肥效果则不明显(Gleason *et al.*, 1990；Rikala *et al.*, 2004)。而 South 和 Donald(2002)的试验则对此解释持否定态度，他们认为秋季施肥的苗木在壤土上造林 5 年后，苗木高度、地径、体积均显著提高，但在沙地上差异不大。

有关叶氮含量与苗木造林后高生长的关系研究很多，但结果不尽一致。Switzer 和 Nelson(1963)的研究认为火炬松叶氮含量与造林 3 年后的高生长相关密切(R^2 = 0.84)。但 van den Driessche(1984)在研究了海岸北美黄杉、内陆北美黄杉、西加云杉(*Picea sitchensis*)、扭叶松等树种后，得到的结果是西加云杉和海岸北美黄杉的叶氮含量与造林后的高生长密切相关(R^2 = 0.51 和 0.31)，其余两个树种相关不紧密(R^2 = 0.00 和 0.02)。造成苗木叶氮含量与高生长的相关不紧密的原因可能有苗木形态、苗木生理活动和造林地的立地条件等(Ritchie, 1984；van den Driessche, 1984)。施用钾肥与苗木造林效果似乎没有关联。Dalla-Tea 和 Marcó(1996)认为除非植物叶片钾浓度低于临界浓度 0.4%~0.5%，它对植物生长促进作用远低于氮和磷。火炬松秋季施用钾肥，在壤土造林效果发现，秋季施用钾肥的苗木存活率低于未施用钾肥的苗木；而在沙地造林，施用钾肥和未施钾肥的苗木存活率并无显著差异(South and Donald, 2002)。

秋季施肥的常绿树种苗木造林后，叶片作为养分"源"向生长点("库")转移量增大，这种效应在瘠薄的立地上更为突出。这一内转移途径可能不适用于落叶树种苗木，因为落叶树种苗木在春季萌发时，叶芽作为养分"库"，需要从苗木体内获取养分。而秋季施肥的落叶树种苗木造林后，养分内转移规律尚不明确，因此，秋季施肥对造林效果的影响还不清楚(李国雷等，2011b)。

(3)影响苗木矿质营养状况的因素

影响苗木矿质营养状况的 5 个因素主要是施肥、苗木密度、灌溉、修根、起苗日期。施肥是影响苗木矿质营养状况最明显的因素。由于稀释效应，施用某种元素时，可能会影响其他元素的营养水平。如 van den Driessche(1980)报道，不同树种对施肥的反应也不一样，北美黄杉苗木施氮肥时，叶氮浓度提高，但叶磷和钾的浓度却下降；而海岸北美黄杉、内陆北美黄杉、西加云杉、扭叶松随施肥量的增加，前 3 个树种的叶氮浓度增加，但扭叶松的叶氮含量却基本不变。苗木不同部位对施肥的反应也不同。Switzer 和 Nelson(1963)报道，施氮肥可以增加苗木叶、茎和根的氮浓度，但施磷肥和钾肥却只能增加叶子的磷、钾浓度，其他部位的磷、钾浓度不变。控制苗木密度是仅次于施肥的调节苗木矿质营养状况的方法。因为减小苗木密度可以增加土壤对单株苗木的有效供肥量。据 Richards 等(1973)报道，苗木密度从每平方米 1200 株降到 300 株后，氮、钙、镁含量增加了 3 倍，钾含量增加了 4 倍，磷含量增加了 5 倍。灌溉对苗木矿质营养状况有正反两方面的影响。过分灌溉或暴雨会引起肥分的流失。相反，干旱会影响苗木的生长和改变叶部营养的水平。修根初期，苗木对营养的吸收能力减弱，但修根后，苗木会产生大量须根，随着须根的生长，苗木对营养的吸收能力不断加强。起苗时间不同，苗木的营养状况也有很大差异。Menzies(1980)发现，起苗时间从 12 月到翌年 3 月，2 年生北美黄杉苗木的叶氮、磷、钾、钙、镁含量均显著下降；van den

Driessche(1983)的研究发现，从10月到3月，尽管苗木干重增加，但苗木的矿质营养浓度下降。影响苗木矿质营养状况的因子还有树种、种源、苗木类型、苗龄和苗木组织器官等。因此，分析时应分别情况进行比较。为了建立苗木营养状况与苗木质量的关系，必须对苗木的矿质营养状况进行诊断，诊断的方法主要有症状分析、施肥试验、组织化学分析等。

8.2.2.2 碳水化合物储量

光合作用产生的营养物质，一部分供苗木生长和呼吸消耗，另一部分则以碳水化合物的形式贮藏于苗木体内。起苗后至造林成活以前，苗木全靠贮存的碳水化合物维持生命。因此，苗木体内碳水化合物储量的大小可反映苗木的生命力状况。有关苗木贮藏碳水化合物含量对苗木生长影响的研究很多。目前主要存在两种观点：许多学者认为，一些针叶树种苗木新根生长的碳源主要来自当时光合作用的同化产物，对此已见报道的有北美黄杉、脂松(*Pinus resinosa*)、糖槭(*Acer saccharum*)等(喻方圆和徐锡增，2000)。Ritchie(1982)的研究认为，根生长势的变化并不直接与苗木贮藏碳水化合物的含量有关。Marshall(1984)对一些针叶树种的研究也得出苗木根系生长主要依靠光合作用产生新的碳水化合物，而不是利用贮藏碳水化合物的结果。苗木贮藏碳水化合物与营养状况、根系体积、造林地的立地条件等因子一起影响苗木造林后的生长表现。另有一些学者认为，苗木体内贮藏的碳水化合物供应苗木新根生长所需的碳源(Bind-eret *al.*，1990；喻方圆和徐锡增，2000)。如Binder等(1990)的研究认为，北美乔柏(*Thuja pllcata*)苗木在完全黑暗的情况下仍然萌发新根，说明其碳源是由贮藏的碳水化合物供应的。也有学者认为，新根生长既与当时的光合作用有关，也与贮藏碳水化合物的含量有关，如北美短叶松(*Pinus banksiana*)(Thomas，1997)。通过Kelly等(2015)的研究结果表明，根中非结构性碳水化合物的浓度与颤杨(*Populus tremuloides*)的苗木质量和造林成活率密切相关。

苗木冬季停止生长时，其体内将积累一定量的碳水化合物。Ritchie(1982)对北美黄杉的试验表明，11月份起苗时碳水化合物含量为苗木干重的20%，苗木冷藏4个月后，其碳水化合物含量下降为15%。Jiang等(1995)对白云杉的研究认为，秋季起苗并贮藏的苗木，与春季起苗的苗木相比，可溶性糖的含量差别不大，但淀粉含量却减少一半。用碳水化合物含量不够的北美山地云杉(*Picea engelmannii*)苗造林，结果次年冬季苗木的死亡率很高，原因是苗木耐寒性差(Ronco，1973)。瑞典对欧洲赤松的研究也发现，夏末用碳水化合物累积不足的苗木造林，结果其幼林生长一直到造林后3年都受到不利影响(喻方圆和徐锡增，2000)。碳水化合物含量不足还会降低苗木的抗旱性，如Ritchie(1982)的研究指出，碳水化合物的减少将降低细胞膜的渗透调节能力，从而影响苗木生长。

由此可知，当碳水化合物贮量充足时，碳水化合物含量与苗木造林后的生长表现并不十分密切。但一旦碳水化合物贮量不足，成为苗木正常生长的限制因素，则碳水化合物的含量与苗木造林后生长表现的关系就十分密切。

8.2.2.3 苗木水分状况

水分是苗木生命活动不可缺少的物质，苗木体内的生理活动只有在水分参与的情况下才能进行，因此，苗木体内的水分状况反映了苗木的生命力水平。在夏季，苗木水分胁迫会引起休眠(喻方圆和徐锡增，2000)。仲夏，-0.5~1.0MPa 的中度水分胁迫，会使苗木的抗寒性增强(Blake *et al.*，1979)。McCreary 和 Duryea(1987)的研究认为，苗木栽植后 8d，其水势在 -0.5~3.0MPa 的范围内时，苗木水势可以可靠地预测苗木的未来状况，随水势增大，苗木的造林成活率和高生长也增加。西加云杉失水处理后，苗木成活率与根系含水量密切相关。Tabbush(1987)的研究发现，西加云杉苗木失水处理 1h 44min 后，其相应的造林成活率和生长不受影响，但失水处理 3h 18min 后，造林 2 年后的成活率只有对照的 68%，而且高生长明显降低。如果苗木失水后，重新浸入水中，使其吸水，对提高苗木存活率没有作用(Tabbush，1987)。

含水量对苗木贮藏有较大的影响。一些研究认为，苗木贮藏前的含水量与苗木造林后的生长表现密切相关(喻方圆和徐锡增，2000)。Rose 等(1992)研究了不同含水量的白云杉苗木冷藏后对休眠和造林表现的影响，结果发现，水分胁迫对休眠影响不大，对造林后的高生长有一定影响。Cleary 和 Zaerr(1980)对北美黄杉和西黄松研究表明，如果水势下降到 -1MPa，栽植受损伤树苗的危险性明显存在，如果水势下降到 -2MPa，则植物组织遭受严重生理损害的危险性增大，苗木可能死亡。欧洲槭(*Acer pseudoplatanus*)冷藏后的水势与造林 1 年后的苗高生长量呈显著正相关(O'Reilly *et al.*，2002)。

8.2.2.4 苗木耐寒性

Bigras 和 Colombo(2001)对抗寒性测定方法及针叶树木的抗寒性进行了系统论述。从秋季开始，随着光合作用的减弱，温度的降低等，苗木的耐寒性迅速增加，到冬季达到最大，即所能忍受的温度最低。不同树种所能忍受的温度不同，如北美黄杉最低为 -27℃，西加云杉为 -40℃(Cannell *et al.*，1990)，对一些北美北部的云杉和冷杉，最低可能达到 -70℃(Sakai，1978)。翌年春季，随着温度的升高，苗木耐寒性又逐渐减弱。Grossnickle(2012)指出，扭叶松 50% 的苗木致死的温度与第一年田间成活率成负相关关系(图 8-3)。

苗木如果积累大量可溶性糖、氨基酸、甘氨酸、无机盐等溶质，细胞外液流浓度增大，渗透压增大，细胞脱水风险下降；苗木体内矿质养分含量多，合成的质外体蛋白也增多，细胞膜的脂质/蛋白比值下降，细胞膜受损程度下降，苗木抗寒性增大(Ukaji *et al.*，2004)。例如，美国黄松苗木叶片氮浓度为 1.55% 的抗寒性高于氮浓度为 1.47% 的苗木(Gleason *et al.*，1990)，蓝桉苗木氮浓度为 1.25% 的抗寒性高于氮浓度为 0.89% 的苗木(Fernandez *et al.*，2007)。评价苗木耐寒性的方法是将冷冻处理后的苗木置温室中培育，数周后检查苗木生长情况，包括根系生长情况。Menzies 和 Holden(1981)提出了评价辐射松、加州沼松(*Pinus muricata*)和北美黄杉苗木遭受冻害程度的等级表(表 8-2)。

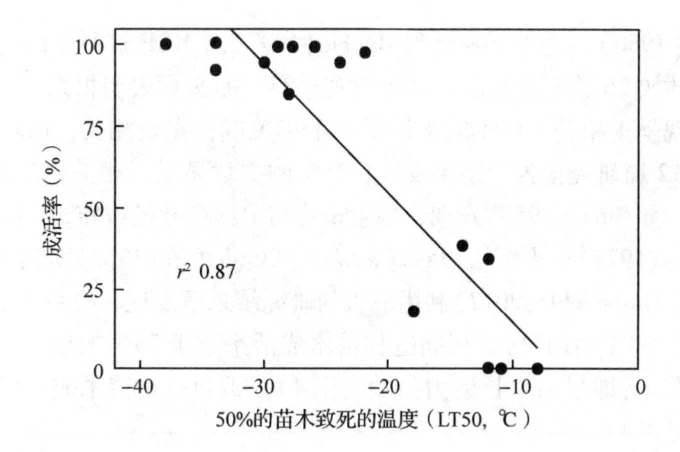

图 8-3 扭叶松 50%的苗木致死的温度与第一年田间成活率的关系(引自 Grossnickle，2012)

Fig. 8-3 Relationship between first year field survival and pre-storage freezing tolerance (measured as thetemperature at which 50% needle electrolyte leakage occurred：LT50) for lodgepole pine (*Pinus contorta*) seedlings(Grossnickle，2012)

表 8-2 评价针叶树种苗木受冻害程度等级表

Tab. 8-2 Cold damage degree scale for evaluating conifer tree seedlings

树　种	评价等级	受害程度
辐射松 *Pinus radiata* 加州沼松 *P. muricata* 北美黄杉 *Pseudotsuga menziesii*	0	无
	1	芽未受冻害，但针叶变红
	2	芽受冻害，10%~30%的针叶死亡
	3	芽受冻害，40%~60%的针叶死亡
	4	芽受冻害，0~90%的针叶死亡
	5	所有针叶死亡，茎干死亡

注：引自 Menzies 和 Holden，1981。

苗木在贮藏期间，其耐寒性不会增加，最多只能保持起苗时的耐寒水平。如 Cannell 等(1990)的研究发现，西加云杉 11 月份起苗时具有 -28℃的抗寒能力，贮藏 4 个月后，苗木只能忍受 -23℃的低温。Cannell 等(1990)的研究还发现，贮藏的苗木在3~4 月份耐寒能力迅速下降，其耐寒能力比留圃苗相差 12℃。苗木耐寒的机制很复杂，包括许多相互影响的因素。如植物组织忍耐冷冻脱水的能力，阻止细胞内致死冰晶形成的能力，忍受细胞内非致死冰晶形成的能力等。

8.2.3 根系生长潜力与苗木质量的关系

苗木栽植后成活的关键在于，根系能否迅速发出新根，以吸收水分和养分。因此，发根的快慢和发根的多少，可反映苗木生命力的强弱。根系生长潜力(RGP)强弱取决于苗木的生理状态，与造林成活率紧密相关。目前，RGP 是评价苗木质量最可靠的指标之一，它与种子品质检验中的发芽率指标相类似(刘勇，1991)。

(1)根系生长潜力与造林成活率及幼林生长的关系

有关根系生长潜力与造林成活率及幼林生长关系的研究很多，主要集中于针叶树。

Ritchie 和 Dunlap(1980)以及 Simpson 和 Ritchie(1997)对 RGP 进行了综述。Ritchie 和 Dunlap(1980)综述了26篇有关文献，结果发现，85%的文章表明根系生长潜力与造林后苗木的田间表现呈正相关，15%的文章显示不相关或存在负相关。Ritchie 等(1990)又综述了其后的12篇研究报告，结果发现，75%的文章显示正相关，25%的文章表明弱相关或不相关。如 Stone(1955)发现，根生长势与美国蓝叶松(*Pinus jeffreyi*)造林成活率密切相关。Rhea(1977)对火炬松(*Pinus taeda*)、Burdett 等(1983)对白云杉的研究也得到了类似结果。Grossnickle(2012)利用前人的研究结果后发现，根系生长潜力低的苗木(即根系生长潜力指数小于1)，田间造林苗木成活率小于75%的概率为52%；但根系生长潜力高的苗木(即根系生长潜力指数大于4)，田间造林苗木成活率小于75%的概率小于10%(图8-4)。

RGP 与幼林生长也密切相关。如 Burdett 等(1983)对扭叶松和白云杉的研究都证明了这一点。但也有少数研究认为 RGP 与造林成活率及幼林生长的关系不密切。如 Sutton(1983)对北美短叶松和黑云杉(*Picea mariana*)的研究结果就是如此。Brissette 和 Roberts(1984)也认为火炬松的 RGP 与造林成活率及幼林生长的相关不密切。20世纪70~90年代 RGP 研究涉及了欧美常见造林树种(Davis and Jacobs，2005)；21世纪以来，Garriou 等(2000)对红栎，O'Reilly 等(2002)对欧洲白蜡(*Fraxinus excelsior*)，Pardos 等(2003)对刺叶栎等阔叶树种进行了报道。

造成根系生长潜力与造林后苗木的田间表现关系不密切的原因很多，不易确定，可能的主要原因有3个方面：一是 RGP 测定方法不规范，影响了测定结果的准确性。

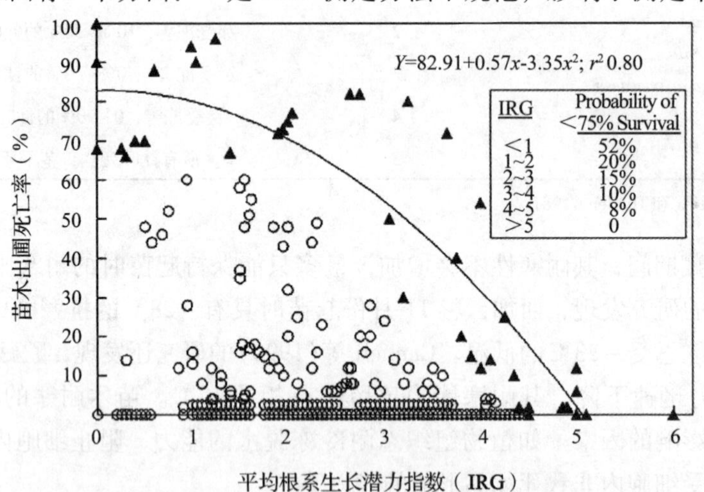

图8-4 苗木出圃后第二年的成活率与苗木平均根系生长潜力指数(IRG)的关系(引自 Grossnickle，2012)

Fig. 8-4 Second year seedling survival of field planted seedlings to mean index of root growth potential(Grossnickle，2012)

IRG 的分级标准是：0 无新根生长；1 有一些新根但长度不超过2cm；2 有1~3根新根长度超过1cm；3 有4~10根新根长度超过1cm；4 有11~30根新根长度超过1cm；5 和6 有>35根新根长度超过1cm。

Meanindex root growth potential (IRG) classes are: 0 no new root growth; 1 some new roots, but none over 2cm; 2 1-3 new roots over 1cm long; 3 4-10 new roots over 1cm long; 4 11-30 new roots over 1cm long; 5 and6 >35 new roots over 1cm long.

如苗木盆栽培育时的水分过干或过湿，温度不稳定等；二是从起苗到造林过程中苗木的保护问题。由于用来测定 RGP 的苗木和直接造林的苗木所处环境不一样，导致苗木在活力上的差异，从而影响测定结果，起苗时的 RGP 与造林效果相关性差，而贮藏后测定的 RGP 与造林效果呈显著正相关，这已在欧洲白桦(*Betula pendula*)和夏栎(*Quercus robur*)等树种上得以验证(Lindqvist, 1998), Del Campo 等(2010)的试验结果也表明，RGP 波动较大与测定时间有关，11 月在培养箱和温室测定的地中海白松(*Pinus halepensis*)RGP 与造林效果均不相关，而翌年 2 月在培养箱测定的 RGP 与造林效果呈显著正相关；三是造林地立地条件的影响，由于立地条件的复杂和多变，在理想的试验室环境下测定的 RGP 给预测造林成活率带来困难(Simpson and Ritchie, 1997)，一般来说，将 RGP 高的苗木栽植在较好的立地条件以及 RGP 低的苗木栽植于差的环境是容易预测其成活率的，但如果将 RGP 高的苗木栽在差的环境中以及 RGP 低的苗木栽在较好的立地上则不太容易预测(李国雷等，2011a)。前 2 个原因可以通过人为控制来克服，但第 3 个原因则无法消除。为了确保造林成功，Simpson 和 Ritchie(1997)提出内陆云杉和扭叶松苗木根生长势的阀值为 10 条大于 1cm 的新根。

(2)影响根系生长潜力的因子

从内因看，影响根系生长潜力的内因有树种、苗批、苗木类型、家系等。例如，在同一圃地，西加云杉的根系生长潜力大于北美黄杉(Cannell *et al.*, 1990)，扭叶松的根系生长潜力大于北美山地云杉(*Picea engelmannii*)。Sutton(1983)曾报道不同苗批的北美短叶松和黑云杉根生长势存在较大差异。不同家系的苗木，其根系生长潜力也有差异，如辐射松(Nambiar *et al.*, 1982)。苗木茎和叶的状况也是影响根系生长潜力的重要因素，因为叶子供应根生长所必须的营养物质。如果苗木因虫害、冻害等原因落叶过多，则会使根系生长潜力下降(Colombo and Glerum, 1984)。

从外因看，影响根系生长潜力的最重要外因之一是土壤温度。对许多树种，苗木根生长的最适温度是 20℃(Stupendick and Shepherd, 1979)；土壤湿度是另一个重要因素，苗木对水分十分敏感，如果水分供应不足，则根系生长减慢。Ritchie(1984)对北美黄杉的研究认为，土壤水分胁迫约为 -0.2MPa 时，苗木根系生长潜力比对照减少约 1/3。对其他树种，也得到了类似的结果(Larson and Whitmore, 1970; Stone and Jenkinson, 1970; Nambiar *et al.*, 1982)。起苗时间也是影响根系生长潜力的主要因素，Ritchie 和 Dunlap(1980)认为冬天起苗的苗木根系生长潜力比秋天或春天起苗的苗木强。Cannell 等(1990)研究西加云杉及北美黄杉不同起苗时间的根系生长潜力后发现，西加云杉根系生长潜力最大值出现在 3~4 月，而北美黄杉则出现在 12 月。另外，土壤紧密度，栽植方法等也对根系生长潜力有一定影响。

(3)根系生长潜力与休眠

苗木根系生长潜力的季节变化主要受休眠周期的影响。早期对落叶阔叶树的研究表明，苗木地上部分处于强休眠状态时，其生根能力也非常弱(Webb, 1977; Farmer, 1975)，但对这些苗木进行冷冻处理，苗木生根能力得到恢复。对针叶树的研究也有类似结果(Ritchie and Dunlap, 1980)。

为了更好地解释休眠周期与根系生长潜力的关系，Fuchigami 和 Nee(1987)提出用生长阶段模型(degree growth stage, GS)来描述温带木本植物的年生长周期，这一模型将年生长周期用360°正弦波来表示(图8-5)。从萌芽开始(zero growth stage, 0°GS)新抽出的芽梢即处于相对休眠相；当春梢经过生长高峰(90°GS)，到营养生长停止(或称营养成熟，vegetative maturity，VM，90°~180°GS)、顶芽形成(180°GS)之后，芽即进入深度逐渐增加的内生休眠相(deep endodormaney)；当枝梢落叶(270°GS)，开始接受低温时，芽即进入内生休眠深度渐减的浅内休眠相(shallow endodormancy)；待芽满足低温需求(315°GS)之后，而低温仍继续时，芽即处于环境休眠相；待气温回升时，芽最后又回到萌芽(0°GS)原点。该模式强调各阶段都有不同"深度"，并在各休眠期内呈重叠或消长变化。多数树木的芽休眠常是从一年春萌开始(0°)一直持续到翌年春萌(360°)周而复始的一连串过程(杨期和等，2011)。

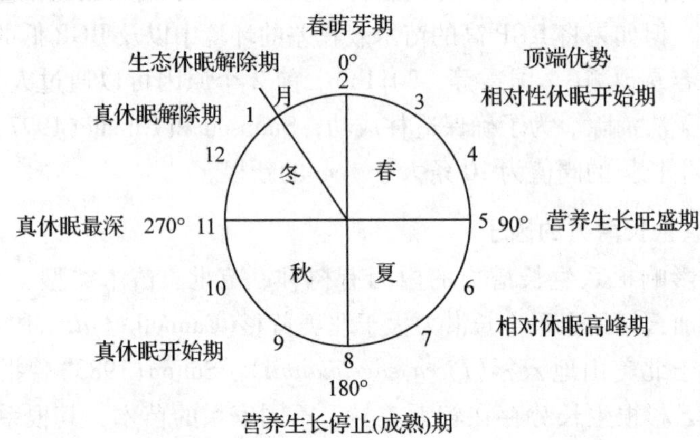

图8-5 温带木本植物年生长阶段模式(引自 Fuchigami and Nee，1987)

Fig. 8-5 Degree growth stage model in temperate woody perennials(Fuchigami and Nee，1987)

8.2.4 苗木质量综合评价

苗木是一个复杂的生物体，仅凭单个指标很难全面反映苗木质量，加之苗木栽植后的成活与生长状况受环境条件的影响很大，因此，人们一直强调以综合指标来评价苗木质量，这方面的研究一直很活跃(Davis and Jacobs，2005；李国雷等，2011a)。矿质营养与造林效果的关系在最近10年研究得较为深入，形态指标与矿质营养哪个更能预测造林效果也引起关注，并有一定争议(李国雷等，2011a)。海岸松造林1年后的生长表现与叶片氮浓度的相关性大于形态指标(Fraysse and Crmire，1998)，而地中海白松的造林效果与形态指标的相关性高于矿质养分(Oliet *et al.*，2009)。

苗木是活的生物体，其形态、生理、活力等都处于不断变化中，苗木质量具有动态性。其中从起苗到造林阶段的苗木质量在20世纪末开始受到人们的重视(李国雷等，2011a)，一些研究论述了苗木质量与起苗时间、冷藏和暖藏等的关系(O'Reilly *et al.*，2000；Martens *et al.*，2008；Cabral and O'Reilly，2008)。将年际间的天气变化纳入造林效果的动态评价是动态评价苗木质量较为新颖之处。刺叶栎造林后，第1年(干旱年份)的成活率与苗木初始高度、水分含量和钾浓度相关，而在第2年(湿润年份)苗木生长与初始养分浓度、水分含量和苗木规格相关(Del Campo *et al.*，2007)。

苗木质量评价仍然面临挑战，主要表现在：①进一步调查研究苗木质量测定方法的效益；②提出能预测苗木田间表现的可操作方法；③测定胁迫情况下的根系生长潜力，以便更准确地评价苗木田间表现；④通过评价苗木质量，达到改进育苗措施的目的；⑤提出评价不同类型苗木质量的方法；⑥提出适用于不同树种和不同种子区的苗木质量评价方法。国外已将苗木质量置于造林目标、苗木类型、遗传基因、起苗因素与造林地特征、造林时间、造林工具与技术等体系中，从苗圃水肥管理、起苗与包装、贮藏、运输、造林等环节调控苗木质量，并针对每一环节进行评价，用试验予以验证，从具体技术中提炼苗木质量的评价体系与调控理论(李国雷等，2011a)。我国不仅要重视苗圃水肥管理对苗木质量的影响，更要重视贮藏和造林中的苗木质量，用多年的造林数据验证苗木质量调控技术的优劣，借鉴国外先进思维方式，结合我国苗木培育过程中的现实问题，提出具体的解决方法。

8.3 苗木质量测定和评价方法

国外对构成苗木质量的因素进行了大量研究，其方法十分丰富(刘勇，1991；徐明广，1992；喻方圆和徐锡增，2000)。不同苗木质量的测定和评价方法，其主要用途存在一定差异(表8-3)。在此仅选择一些较有研究前途的方法作一概述。在强调对苗木生理指标的研究的同时，也不能放弃对其形质指标的研究。因为苗木形态特征是内部生理的外在表现，外形粗大的苗木虽不一定保证成活，但是，如在生理指标相同的情况下，形质指标高的苗木生长肯定更旺盛，且形质指标直观，容易测定，便于生产上应用。将形质指标与生理指标结合起来进行评价，有助于全面了解苗木的质量。目前，对形质指标的研究，除过去的苗高、地径、根系长度外，还加强了对苗木干重、鲜重、侧根数量，侧根长度、根系形态、芽的长度等的研究(刘勇，1991；李国雷等，2011a)。

表8-3 不同苗木质量测定方法的主要用途分类

Tab. 8-3 Main classification of different seedling quality measurement methods according to application purposes

用途分类	测定指标
一般性应用	苗木形态、水势、电导率、叶绿素荧光变化、胁迫诱导挥发性气体等
为起苗作准备	耐寒性、休眠、叶绿素荧光变化、有丝分裂指数、电导率等
预测造林成活率	苗木形态、根系生长潜力、水势、针叶传导能力、电导率、胁迫诱导挥发性气体等
预测造林后生长表现	表现指数(抗寒性、根系生长潜力、造林效果等)

8.3.1 根系生长潜力的测定方法

根系生长潜力不仅可以准确可靠地评估苗木质量，而且可以作为其他测定方法好坏的参照。但是，测定是在最适条件下进行的，而造林地的立地条件是千变万化的。因此，根生长势好的苗木，造林后的田间表现不一定绝对好。另外，因测定所需时间较长，对根生长势指标的推广应用有一定的不利影响。

(1)基本方法

根系生长潜力(RGP)是一个被广泛应用而又十分重要的苗木质量指标。RGP的测定方法比较简单，即将待测苗木植于温室或人工生长箱内，调节温度至该苗木的最适范围，经过一定时间后，挖出苗木并统计新根生长情况。其基本程序是：将苗木洗净，剪去露白的新根，然后植于营养钵中，培养基为1:1的泥炭和蛭石。培养基应排水良好。苗木置于温室或生长箱中培养，温度20℃，16h光照，不需施肥。4周后取出苗木，洗净，统计新根生长情况。

(2)改进方法

为了缩短测定时间，Burdett(1979)提出测定根系生长潜力的改进方法。测定条件为：温度白天30℃，晚上25℃，16h光照，光照强度25 000Lux，相对湿度75%。其他与基本方法相同。据报道，下列树种可用改进方法缩短测定时间：北美黄杉、北美山地云杉、内陆云杉、西加云杉、白云杉、异叶铁杉、北美短叶松、火炬松、扭叶松、海岸松、西黄松、辐射松、脂松、欧洲赤松、湿地松等。

(3)水培方法

水培由Winjum(1963)提出，其方法是将苗木置于透明水槽中，水槽的盖子挖孔，以支持苗木。培养条件与基本方法相同，只是槽水需通气。水培有以下优点：①节省了大量培养介质；②根系有更好的伸展空间；③新根干净，且易与老根区分，不会因起苗而伤根，因此测定结果更准确；④便于应用拍照和排水法测定新根生长情况；⑤可以在测定过程中观察新根生长情况，为缩短测定时间提供可能；⑥易于管理，不需浇水。

(4)根系生长潜力的表达

培养结束后，便是测定新根的生长情况。目前根生长势的所用的指标较多，例如：新根数量、新根总长、>1cm的新根数量、新根体积、新根干物质重量等。由于指标太多，表达方式各异，因而在树种之间或各研究结果之间无法进行比较，给根生长势的统一评价带来困难。而且各表达方式所反映的生理过程也是不同的，如新根生长点数表明发根的情况，根平均生长率则表明根的伸长速度。据研究，控制发根和伸长的内外因素是有差别的，因而，有必要对RGP的表达方式做出统一规定(刘勇，1991)。另外，温度对RGP的影响很大，同样的苗木在不同的温度条件下，RGP差异显著。所以，应分别给不同树种定出其适当的温度及环境条件，以保证RGP结果的准确性与可靠性。鉴于上述指标的测定均较繁琐，Burdett(1979)提出了一套简便的测定方法，即测定新根生长指数，具体做法是将新根生长情况分为六级(表8-4)。据研究，用上述分级方法测定新根生长情况，方法简便，可比较性强，便于实际应用(徐明广，1992)。

表8-4 根系生长指数分级标准

Tab. 8-4 Grade scale of root growth index

级别	新根生长情况
0	没有生长新根
1	有一些新根，但没有超过2cm者

（续）

级别	新根生长情况
2	1~3 条新根超过 1cm
3	4~10 条新根超过 1cm
4	11~30 条新根超过 1cm
5	30 条以上新根超过 1cm

注：引自 Burdett，1979。

8.3.2 苗木耐寒能力的测定方法

苗木耐寒能力是苗木质量的重要标志，测定苗木耐寒能力一般分为两步：①冷冻，将苗木置于低温箱内，逐渐降温至所需温度，保持一段时间后又逐渐回升至起始温度；②评定苗木受冻的情况。目前较为成熟的评定方法有 3 个。

8.3.2.1 生长或变色测验(或称全苗检验法)

将低温试验后的苗木放入适于苗木生长的环境中 3~10d，如受害，苗木根、茎、叶各部分的颜色将改变。通过对颜色的检查，便可得出苗木受冻的情况，这种方法准确可靠。但试验时，需注意下面几个问题：①最低冷冻温度由苗木在全年生长周期中所能遇到的最低温度而定；② 冷冻时冷冻箱内温度下降的速度，一般控制在每小时下降 2~6℃；③ 苗木在最低温度下冷冻的时间，一般在 1~3h，长时期冷冻会造成苗木的过分伤害。

下面以实例说明如何评价苗木的耐寒力(徐明广，1992)。取 80 株火炬松苗木，设置对照、-8℃、-10℃和 -12℃ 4 个冷冻处理。冷冻结束后，将苗木置于适合苗木生长的环境下 3~10d，统计其芽和茎的受害情况，并确定其生活力等级。芽的伤害程度分为 10 级，具体标准因树种不同而异。茎的受害度分成 4 级，标准见表 8-5。根据芽和茎受冻情况，按表 8-6 分级确定苗本生活力。

表 8-5 茎伤害度分级标准

Tab. 8-5 Grade scale of stem damage degree

级别	分级标准
1	从顶芽往下，1/4 茎的形成层受冻
2	从顶芽在下，1/2 茎的形成层受冻
3	从顶芽往下，3/4 茎的形成层受冻
4	整个茎受冻

注：引自徐明广，1992。

火炬松冷冻试验结果表明：冷冻伤害率对照为 2.5% -8℃处理为 7.5%、-10℃处理为 47.5%、-12℃处理为 92.5%。将试验结果绘成图即可以求出 50.0% 致死温度，半致死温度。半致死温度越低，苗木抗寒性越强。

表8-6 苗木生活力分级标准

Tab. 8-6 Grade scale of seedling vigour

生活力等级	芽伤害度	茎伤害度
0(成活)	0~8	0~1
0.5(半死亡)	0~5	0~2
	9	0~1
1.0(死亡)	9~10	2~4
	0~8	3~4
	10	0~2

注：引自徐明广，1992。

8.3.2.2 电导率法

当植物组织受损时，则细胞膜破裂，细胞失去了其特有的选择透性的能力，放入水中时受伤细胞的细胞质产生的电解质能更自由地通过细胞膜渗入水中。植物组织的受害程度与渗入水中的电解质成一定的比例关系，通过对受害组织与未受害组织的渗透物电导率(electrolyte conductivity)的比较，便能估算出苗木组织受害的程度。具体测定方法如下：

①截去45株苗木的顶芽(长2~3cm)。

②以15个顶芽作对照，用蒸馏水冲洗干净，浸于无离子水中，室温下过夜，然后充分摇动浸提液，测电导率 EC_1；把芽在90℃水中杀死2h，过夜后再测电导率 EC_2，按下式计算相对电导率(RC)：

$$\text{相对电导率}(RC) = \frac{EC_1}{EC_2} \times 100\% \quad (8\text{-}1)$$

③把另外30个芽用蒸馏水冲洗后，置于5℃冰箱内平衡1h，再放进冷冻箱中，以每小时下降5℃的速度，使冷冻箱的温度降至-10℃或-15℃时可以把芽取出，使其逐渐温暖，并浸泡在蒸馏水中，室温下过夜。然后测浸泡液的电导率 EC_3。测完电导率后，把芽置于90℃水中杀死2h，室温下过夜，再次测杀死芽后浸泡液的电导率 EC_4，并按上式计算冷冻芽的相对电导率(RC)。

④上述步骤完成后，以下式计算"伤害指数"。计算出的伤害指数高，则苗木抗寒性强伤害指数低，则抗寒性差。

$$\text{伤害指数} = \left(1 - \frac{RC_{\text{对照}}}{100}\right) / (RC_{\text{冷冻}} - RC_{\text{对照}}) \quad (8\text{-}2)$$

电导率测定具有快速、测定样品量大、精确和成本低等优点。不足是为有损检测，且测定基准因季节而变化。

8.3.2.3 渗透压法

取待测苗木顶端15cm部分，把截面削平滑，置于冷冻箱内冷冻，方法如电导率测定。完成后，把试验材料放到压力室，调压力至10.5bar，在试验材料横切面上，放上纸圆片，待吸水饱和后取下，换上新纸圆片，继续加压至17.0bar，纸片再次吸水饱和后，立即取下，用渗透压计测量渗透压(osmotic pressure)。渗透压越低，说明挤出液的电解质含量越高，苗木受害越严重，耐寒性越小。

8.3.2.4 其他方法

(1)电阻抗法

此法是将苗木茎干作为一个电容器，通过测定其电阻抗(electrical impedance)，建立苗木茎干电阻抗与苗木受冻害程度的关系，以此来评价苗木质量。因此，该法主要用于测定苗木受冻害程度。通常可比较苗木低温处理前后的电阻抗之差，差值越小，苗木受冻害越轻。影响测定值的因素主要有苗木大小、测定温度、苗木含水量、电极类型和电流频率等。苗木直径越小，电阻抗越大，但如果苗木直径大于0.5cm，则苗木大小对电阻抗的影响很小。测定温度越低，苗木电阻抗越大。苗木电阻抗法是一种快速无损的检测方法，可以直接用于测定苗木受冻害情况，但该法对测定温度的要求较高，在田间测定难以控制。另外，建立的电阻抗与苗木质量的关系不是很稳定。

(2)热差分析法

热差分析法(differential thermal analysis，DTA)是利用热量计，测定样品鲜枝条与烘干枝条在冷冻时的热量差，低温放热的量与苗木受冻害的程度有关。此法主要用于测定植物的木质部组织，但也可以用于测定花芽、营养芽和叶片。此法的缺点是不能用于硬木阔叶树，且此法尚在研究和探讨之中(喻方圆和徐锡增，2000)。

8.3.3 苗木活力的测定方法

(1)OSU 活力测定

苗木在起苗到造林的过程中，常常会遭遇许多不利因素，如根系暴露、失水等。经过上述逆境，有的苗木成活，有的苗木死亡。基于这一认识，Hermann 于六七十年代在美国俄勒冈州立大学逐步提出一种测定苗木活力的方法，后被称为 OSU 活力测定(喻方圆和徐锡增，2000)。此法是将苗木置于人工逆境下处理，然后在控制条件下培育，监测苗木的生长情况。其理论依据是，苗木栽植后处于一定的逆境条件下，致使其活力降低，生命力减弱，受损直至死亡.

在 OSU 活力测定中，先将苗木暴露于人工逆境中，然后植于人为控制的环境中进行监测，如苗木生长和成活都很好，则说明这批苗木健壮，活力强，具有较高的造林成活率和生长潜力。相反，如苗木死亡，则说明抗逆性差，质量不佳。试验表明，抗逆性试验结果与造林成活率是相吻合的，但是这种方法所需时间太长，一般要 2 个月才能得出结果，因而限制了其推广应用。

(2)TTC 测定

最早用 TTC 法(triphenyl tetrazolium chloride，TTC)测定植物组织生活力的是 Roberts 和 Parker 等人(喻方圆和徐锡增，2000)，均采用的是定性描述。Steponkus 和 Lanphear (1967)该进了这一技术，提出了 TTC 定量法。直接用 TTC 法测定针叶树受胁迫程度的文献不多。Timmis(1976)比较了苗木水分胁迫、光合作用、电阻抗比率、针叶脱氢酶活性(TTC)等监测北美黄杉苗木死活的方法后，认为 TTC 法是第二好的方法(喻方圆和徐锡增，2000）。Binder 等（1990）利用 TTC 法测定冷藏后白云杉芽对热胁迫的敏感程度，结果发现，在40℃和60℃下胁迫12h，苗木的酶活性显著下降，但20℃和30℃下，苗木的酶活性变化不大。Binder 等（1990）还认为，TTC 法测定苗木热胁迫优于呼吸测定。

8.3.4 苗木质量评价的其他方法

（1）压力室法（pressure chamber method）

这是目前应用最广，效果最佳的一种方法（刘勇，1991；吴国南，1992）。测定样品时，将苗木的茎切断，切口向外插入压力室，然后用压力瓶内的氮气或空气对其加压当切口出现水泡时，记录下当时的压力，这就是苗木的水势。通常以负埴表示，单位是兆帕斯卡（MPa）。采用压力室法在苗木逐渐失水过程中建立 *P-V* 曲线，对于研究苗木体内水分的动态变化规律十分有益。目前，国内外学者正致力于找出各主要造林树种的造林成活水势、濒危致死水势等一系列重要的苗木水分参数，把苗木水势与造林成活率联系起来，甚至根据苗木水势进行苗木分级。这些工作对于苗木质量的评价都有重要意义。

（2）红外自动温度计法（infrared thermography）

为了快速、无损地检测苗木的休眠和其他生理状况，Weatherspoon and Robert（1985）提出用红外自动温度计测定苗木体表的温度变化，以达到估测苗木质量的目的（郭新宝，2000）。其依据是植物体表的温度变化与两项苗木的重要生理活动有关：①苗木叶片的温度与气孔开张度有关，而气孔开张度又与苗木的水分状况有关；②种子，苗木的芽、根尖的温度与生命活动的速率有关。初步的试验结果表明，苗木叶片的温度变化与苗木气孔张开度密切相关，可用于估测苗木的水分状况。但以测定种子，苗木芽、根尖温度变化的方法来估测苗木生命活动速率的试验没有成功（喻方圆和徐锡增，2000）。

（3）叶绿素荧光测定（variable chlorophyll fluorescence，FVAR）

在一个有生命的植物体中，被叶绿素吸收用于光合作用的部分光能会以红外长波光的形式反射出去，这一现象被称为 Kautsky 效应或简称为 FVAR（Hipkins and Baker，1986）。从叶绿体膜中反射出的红光与光合作用的主要过程有关，包括光的吸收、能量转换的激活、和光系统Ⅱ的光化学反应。叶绿素荧光反应是植物光化学反应的指示物，因物种、季节、环境、样品情况和其他影响植物生理作用的因素有关。因此，可测定叶绿素荧光的变化来反映苗木的质量状况。

近年来，植物生理的许多领域已越来越多地应用荧光测定。如用于测定冷害、监测耐寒能力、研究水分作用、探测胁迫状况和生理生态调查等。Lichtenthaler（1988）出版了荧光测定应用的首部专著。

在针叶树领域，荧光测定已应用于光合作用的季节变化、胁迫评价、森林衰退、冰冻和解冰冻、水分胁迫、营养缺乏、光胁迫和种源差异等。

荧光测定是直接测定叶绿体膜的生理状况。能与电导测定、根生长势测定和胁迫诱导挥发性物质测定等生理评价方法结合应用。这项测定所需的时间很短，先将材料置于黑暗下 20min，然后再过几分钟就能测出结果，该法具有可靠、提供瞬间结果、完全无损的特点。

荧光测定在以下方面有潜力发挥作用：①确定起苗时间；②测定苗木贮藏后的活力；③监测环境条件对光合作用的影响；④测定针叶树种源光化学作用的差异。

(4)胁迫诱导挥发性物质测定(stress induced volatile emissions, SIVE)

测定的原理是针叶树苗木在胁迫状况下，其体内的一些低相对分子质量碳氢化合物会逸出。如在空气污染、缺水和冻害等胁迫情况下，木本植物会挥发出乙烯、乙烷、乙醇、乙醛等物质。所产生气体的量与胁迫的程度有关。乙烯作为植物生长调节剂的一种，是苗木胁迫反应的组成部分之一。乙烷是细胞伤害的敏感指示物。上述两种气体可共同用于指示苗木胁迫和伤害。乙醇和乙醛也可用于指示胁迫伤害。在 4 种气体中，乙醇和乙醛是快速监测抗逆性和植物组织质量的最佳选择。如果选一种气体，则应选乙醇，因为乙醇可以在木本植物中连续产生，不管是好气还是嫌气条件下。

SIVE 的主要优点是快速和能在症状出现之前监测微小的物理机械损伤。另外，SIVE 可以在贮藏运输期间监测苗木的质量变化。但 SIVE 的缺点是一种有损检测，而另一个大的缺点是测定的费用高。培养 1~2h 后，就可以打开气体层析计，测出结果。据研究，乙醇和乙醛可以用于测定苗木的抗寒性。随温度的降低，乙醇的量减少，而乙醛的量增加。Hawkins and Deyoe(1992)建立了挥发性气体量与电导率以及目视症状的相关关系，认为关系密切。因此，SIVE 可以用于测定苗木受冷害程度和抗寒能力。从起苗到栽植过程中，苗木遭受胁迫，挥发性气体的量显著减少，然后缓慢恢复到原有的水平，恢复的时间与苗木受胁迫的程度有关，胁迫愈深，恢复愈慢。因此，SIVE 可用于起苗到造林期间胁迫程度的测定。

(5)有丝分裂指数(mitotic index)

苗木通常从秋季开始有丝分裂指数减少，到冬季降到最低，直至为零。不同树种、种源的苗木，有丝分裂指数不同。据 Macey(1982)报道，白云杉的有丝分裂指数与苗木抗寒性密切相关，由此可利用有丝分裂指数预测苗木耐冷藏的能力。Colombo 和 Glerum(1989)对黑云杉的研究也得到了类似结果。Dunsworth 和 Hartt(1987)发现，有丝分裂指数可用于区分不同种批的北美黄杉苗木。Dunsworth 和 Kumi(1982)将有丝分裂指数用于研究根系活动，结果发现，有丝分裂指数可以监测北美黄杉和太平洋冷杉苗木根系活动的季节变化。已有足够的证据表明，有丝分裂指数与其他苗木抗性测定结合使用，在起苗到栽植期，对苗木质量的评价将起重要作用。但 Macey(1982)指出，有丝分裂指数不能用于预测起苗日期，因为进入冬季后芽开始休眠，但一遇适宜条件，芽便会萌发，这说明有丝分裂指数不能反映苗木的休眠状况。

(6)打破芽休眠的日期(days to bud break, DBB)

打破芽休眠的日期可用于估测针叶树苗木的休眠程度(Ritchie, 1984; Ritchie *et al.*, 1985)。打破芽休眠的时间越长，休眠的程度越深。DBB 的测定与 RGP 的测定类似，可将苗木置于适宜的环境条件下，测定顶芽萌发所需的天数。在 DBB 的基础上，Ritchie(1986)提出休眠解除指数(dormancy release index, DRI)的概念，DRI 可表示为苗木预冷处理后休眠解除的天数与 DBB 之比。Ritchie(1986)建立了一些针叶树 DBB 与芽休眠状况、抗寒性、抗逆性以及根生长势等因子的关系，并认为苗木的最大抗逆性出现在数百小时的预冷处理之后。DBB是一种简便、直接、低廉的测定方法，但该法在生产上的应用并不多，原因是测定时间过长。

参考文献

郭新宝．2000. 杉木马尾松苗木质量的研究[D]．南京：南京林业大学．

李国雷，刘勇，祝燕，等．2011a. 国外苗木质量研究进展[J]．世界林业研究，24(2)：28－35.

李国雷，刘勇，祝燕．2011b. 秋季施肥调控苗木质量研究评述[J]．林业科学，47(11)：166－171.

刘勇．1991. 苗木质量评价的研究现状与趋势[J]．世界林业研究，4(3)：62－68.

马常耕．1995. 世界苗木质量研究的进展和趋势[J]．世界林业研究，8(2)：8－16.

吴国南．1992. 评估苗木质量的几个生理指标[J]．林业科技开发(4)：3－4.

徐明广．1992. 国外苗木质量研究方法概述[J]．山东林业科技(4)：1－5.

杨期和，杨和生，李姣清，等．2011. 植物芽休眠的类型、影响因素及调控的研究进展[J]．广东农业科学，(11)：4－9.

喻方圆，徐锡增．2000. 苗木生理与质量研究进展[J]．世界林业研究，13(4)：17－24.

Anderson H W, Gessel J P. 1966. Effects of nursery fertilization on out planted Douglas fir[J]. Journal of Forestry, 64: 109－112.

Andivia E, Fernández M, Vázquez-Piqué M. 2014. Assessing the effect of late-season fertilization on Holm oak plant quality: insights from morpho-nutritional characterizations and water relations parameters[J]. New Forests , 45: 149－163.

Bigras F J, Gonzales A, D'Aoust A L, *et al.* 1996. Frost hardiness, bud phenology, and growth of containerized *Picea mariana* seedling grown at three nitrogen levels and three temperature regimes[J]. New Forests, 12(3): 243－259.

Bigras F J, Colombo S J. 2001. Conifer cold hardiness[M]. Kluwer Academic Publishers, Netherlands.

Binder W D, Fielder P M, Scagel R, *et al.* 1990. Temperature and time related variation of root growth in some conifer tree species[J]. Canadian Journal of Forestry Research, 20(8): 1192－1199.

Binotto A F, Lucio A D L, Lopes S J. 2010. Correlations between growth variables and the Dickson quality index in forest seedlings[J]. Cerne, Lavras, 16(4): 457－464.

Birchler T M, Rose R, Haase D L. 2001. Fall fertilization with N and K: effects on Douglas-fir quality and performance[J]. Western Journal of Applied Forestry, 16(2) : 71－79.

Birge Z K D, Salifu K F, Jacobs D. 2006. Modified exponential nitrogenloading to promote morphological quality and nutrient storage of bareroot-cultured *Quercus rubra* and *Quercua alba* seedlings[J]. Scandinavian Journal of Forest Research, 21(4) : 306－316.

Blake J, Zaerr J, Hee S. 1979. Controlled moisture stress to improve cold hardiness and morphology of Douglas fir seedlings[J]. Forest Science, 25: 576－582.

Boivin J R, Salifu K F, Tmimer V R. 2004. Late-season fertilization of *Picea mariana* seedlings: intensive loading and outplanting response on greenhousebioassays[J]. Annals of Forest Science, 61(8): 737－745.

Brissette J C, Roberts T C. 1984. Seedlings size and lifting date effects on root growth potential of Loblolly pine from two Arkanasas nurseries[J]. Tree Planters' Notes, 35: 34－38.

Burdett A N. 1979. New methods for measuring root growth capacity: their value in assessing Lodgepole pine stock quality[J]. Canadian Journal of Forestry Research, 9: 63－67.

Burdett A N, Simpson D G, Thompson C F. 1983. Root development and plantation establishment success[J].

Plant and Soil, 71: 103 - 110.

Cabral R, OReilly C. 2008. Physiological and field growth responses of oak seedlings to warm storage[J]. New Forests, 36(2): 159 - 170.

Cannell M G R, Tabbush P M, Deans J D, *et al.* 1990. Sitke spruce and Douglas fir seedlings in the nursery and in cold storage: root growth potential, carbohydrate content, dormancy, frost hardiness and mitotic index [J]. Forestry, 63(1): 10 - 27.

Chiatante D, DiIorio A, Scippa G S, *et al.* 2002. Improving vigour assessment of pine (*Pinus nigra* Arnold) [J]. Plant Biosystems, 136(2) : 209 - 216.

Cleary B D, Zaerr J B. 1980. Pressure chamber techniques for monitoring and evaluating seedling water status [J]. New Zealand Journal of Forestry Sciences, 10 (2) : 133 - 141.

Colombo S J, Glerum C. 1984. Winter injury to shoots as it affects root activity in black spruce container seedlings[J]. Canadian Journal of Forestry Research, 14: 31 - 32.

Dalla-Tea F, Marcó M A. 1996. Fertilisers and eucalypt plantations in Argentina//Attiwill P M, Adams M A. Nutrition of eucalypts. Melbourne, Australia: CSIRO, pp 327 - 333.

Davis A S, Jacobs D F. 2005. Quantifying root system quality of nursery seedlings and relationship to outplan ing performance[J]. New Forests, 30(2/3) : 295 - 311.

Deans J D, Lundberg C, Cannell M G R, *et al.* 1990. Root system fibrosity of Sitka spruce transplants: relationship with root growth potential[J]. Forestry, 63 (1) : 1 - 7.

Dey D C, Parker W. 1997. Morphological indicators of stock quality and field performance of red oak (*Quercus rubra* L.) seedlings underplanted in a central Ontario shelterwood[J]. New Forests, 14 (2): 145 - 156.

Del Campo A D, Navarro-Cerrillo R M, Hermoso J, *et al.* 2007. Relationship between root growth potential and field performance in Aleppopine[J]. Annals of Forest Science, 64 (5) : 541 - 548.

Del Campo A D, Navarro R M, Ceacero C J. 2010. Seedling quality and field performance of commercial stock lots of containerized holmoak (*Quercus ilex*) in Mediterranean Spain: an approach for establishing a quality standard[J]. New Forests, 39 (1) : 19 - 37.

Dickson A, LeafA L, Hosner J F. 1960. Quality appraisal of *White spruce* and *White pine* seedling stock in nurseries[J]. Forestry Chronicle, 36: 10 - 13.

Dunsworth B G, Kumi D R. 1982. A new technique for estimating root system activity[J]. Canadian Journal of Forestry Research, 12: 1030 - 1032.

Dunsworth B G, Hartt R. 1987. Mitotic indexing as an indicator of dormancy status in Douglas fir and mountain hemlock seedlings [R]. Macmillan Bloedel limited, LUPAT, Nanaimo, British Columbia, Final file report 315.

Duryea M L. 1990. Nursery fertilization and top pruning of Slash pine seedlings[J]. Southern Journal of Applied Forest, 14(2): 73 - 76.

Farmer R E. 1975. Dormancy and root regeneration of northern red oak[J]. Canadian Journal of Forest Research, 5: 175 - 185.

Fernandez M, Marcos C, Tapias R, *et al.* 2007. Nursery fertilization affects the frost-tolerance and plant quality of *Eucalyptus globulus* Labill. cuttings[J]. Annals of Forest Science, 64(8): 865 - 873.

Folk R S, Grossnickle S C. 2000. Stock-type patterns of phosphorus uptake, retanslocation, net photosynthesis and morphological development in interior spruce seedlings[J]. New Forests, 19(1) : 27 - 49.

Fraysse J Y, Crmire L. 1998. Nursery factors influencing containerized *Pinus pinaster* seedlings' initial growth [J]. Silva Fennica, 32(3): 261 - 270.

Fuchigami L H, Nee C C. 1987. Degree growth stage model and rest breaking mechanisms in temperate woody perennials[J]. HortScience, 22: 836 - 845.

Garau A M, Ghersa C M, Lemcoff H, *et al.* 2009. Weeds in *Eucalyptus globules* subsp. *maidenii*(F. Muell) establishment: effects of competition on sapling growth and survivorship[J]. New Forests, 37 (3): 251 - 264.

Garriou D, Girard S, Guehl J M, *et al.* 2000. Effects of desiccation during cold storage on planting stock quality and field performance in forest species[J]. Annals of Forest Science, 57(2) : 101 - 111.

Gilmore A R, Lylc J E S, May J T. 1959. The effects on field survival of late nitrogen fertilization of Loblolly pine and Slash pine in the nursery seedbed[J]. Tree Planters'Notes, 36: 22 - 23.

Gleason J F, Duryea M L, Rose R, *et al.* 1990. Nursery and field fertilization of 2 + 0 Ponderosa pine seedlings: the effect on morphology, physiology, and field performance[J]. Canadian Journal of Forest Research, 20(11): 1766 - 1772.

Grossnickle S C, Folk R S. 1993. Stock quality assessment: Forecasting survival and performance on a reforestation site[J]. Tree Planters'Nots, 44(3): 113 - 121.

Grossnickle S C. 2012. Why seedlings survive: influence of plant attributes[J]. New Forests, 43: 711 - 738.

Haase D L. 2008. Understanding forest seedling quality: measurements and interpretation[J]. Tree Planters' Notes, 52 (2) : 24 - 30.

Hawkins C D B, Deyoe D R. 1992. SIVE, a new stock quality test: The first approximation, FRDA Research Report in review Forestry Canada, Victoria, British Columbia.

Hipkins M F, Baker N R. 1986. Photosynthesis energy transduction: A practical approach[M]. IRL press, Oxford.

Ingestad T. 1979. Mineral nutrient requirements of *Pinus silvestris* and *Picea abies* seedlings[J]. Physiologia Plant, 45(4): 373 - 380.

Ingestad T, Kǎhr M. 1985. Nutrition and growth of coniferous seedlings at varied relative nitrogen addition rate [J]. Physiologia Plant, 65(2): 109 - 116.

Islam M A, Apostol K G, Jacobs D F, *et al.* 2009. Fall fertilization of *Pinus resinosa* seedlings: nutrient uptake, cold hardiness, and morphological development[J]. Annals of Forest Science, 66(7) : 1 - 9.

Jacobs D F, Salifu K F, Seifert J R. 2005. Relative contribution of initial root and shoot morphology in predicting field performance of hardwood seedlings[J]. New Forests, 30(2/3): 235 - 251.

Jiang Y, Macdonald S E, Zwiazek J J. 1995. Effects of cold storage and water stress on water relations and gas exchange of White spruce seedlings[J]. Tree physiology, 15: 267 - 273.

Johnson J D, Cline M L. 1991. Seedling quality of southern pines[M]. In: Duryea M L, *et al.* (Eds.) Forest regeneration manual, Kluwer Academic Publishers, The Netherlands, pp143 - 159.

Kainer K A, Duryea M L. 1990. Root wrenching and lifting date of Slash pine: effects on morphology, survival and growth[J]. New Forests, 4(3): 207 - 221.

Kelly J W G, Landhǎusser S M, Chow P S. 2015. The impact of light quality and quantity on root-to-shoot ratio and root carbon reserves in aspen seedling stock[J]. New Forests, 46: 527 - 545.

Kormanik P P. 1986. Lateral root morphology as an expression of *Sweetgum* seedling quality[J]. Forest Science, 32 (3): 595 - 604.

Langerud B. 1991 " planting stock quality": a proposal for better terminology[J]. Scandinavian Journal of Forest Research, 6: 49 - 51.

Larson M M, Whitmore F W. 1970. Moisture stress affects root regeneration and early growth of oak seedlings [J]. Forest Science, 16: 495 - 498.

Lichtenthaler H K. 1988. Application of chlorophyll fluorescence in photosynthesis research, stress physiology, hydrobiology and remote sensing[M]. Kluwer academic publishers, Dordrecht.

Lindqvist H. 1998. Effect of lifting date and time of storage on survival and dieback in four deciduous species [J]. Jour al of Environmental Hortculture, 16(4): 195 -201.

Macey D E. 1982. The effect of photoperiod and temperature regimes on bud dormancy, frost hardiness and root growth capacity on *Picea glauca* seedlings[D]. University of Victoria, Victoria, British Columbia.

Marshall J D. 1984. Physiology control of fine root turnover[D]. Oregon state university, Corvallis, 98p.

Martens L A, Landhǔusser S M, Lieffers V J. 2007. First-year growth response of cold-stored nursery-grown aspen planting stock[J]. New Forests, 33 (3) : 281 -295.

Masson E G, South D B, Weizhong Z. 1996. Performance of *Pinus radiata* in relation to seedling grade, weed control and soil cultivation in the central North Island of New Zealand[J]. New Zealand Journal of Forestry Science, 26: 173 -183.

McCreary D D, Duryea M L. 1987. Predicting field performance of Douglas fir seedlings: comparison of root growth potential , vigor and plant moisture stress[J]. New Forests 3: 153 -169.

Menzies M I. 1980. Effect of nursery conditioning on the water relations of two year old Douglas fir seedlings after lifting and out planting[D]. University of Washington. , Univ. microfilms inter. Ann. Arbor, MI 208p.

Menzies M I, Holden D G. 1981. Seasonal frost tolerance of *Pinus radiata*, *Pinus muricata* and *Pseudotsuga menziesii*[J]. New Zealand Journal of Forestry Science, 11: 92 -99.

Mexal J G, Landis T D. 1990. Target seedling concepts: height and diameter[R]. In proceeding: Target Seedling Symposium, USDA Forest Service. General Technical Report RM-200, pp 17 -35.

Mullin R E, Bowdery L. 1977. Effects of seedbed density and nursery fertilization on survival and growth of white spruce[J]. Forestry Chronicle, 53: 83 -86.

Nambiar E K S, Cotterill P P, Bowen G D. 1982. Genetic differences in the root regeneration of *Radiata pine* [J]. Journal of Experimental Botany, 33: 170 -177.

Noland T L, Mohammed G H, Wagner R G 2001. Morphological characteristics associated with tolerance to competition from herbaceous vegetation for seedlings of Jack pine, black spruce, and white pine[J]. New Forests, 21 (3): 199 -215.

Oliet J A, Planelles R. , Artero F, *et al.* 2009. Field performance of *Pinus halepensis* planted in Mediterranean arid conditions: relative influence of seedling morphology and mineral nutrition[J]. New Forests, 37(3): 313 -331.

O'Reilly C, McCarthy N, Keane M, *et al.* 2000. Proposed dates for lifting Sitka spruce planting stock for fresh planting or cold storage, based on physiological indicators[J]. New Forests, 19 (2) : 117 -141.

O'Reilly C, Harper C, Keane M. 2002. Influence of physiological condition at the time of lifting on the cold storage tolerance and field performance of ash and sycamore[J]. Forestry, 75 (1) : 1 -12.

Pardos M, Royo A, Gil L, *et al.* 2003. Effects of nursery location and outplanting date on field performance of *Pinus halepensis* and *Quercus ilex* seedlings[J]. Forestry, 76(1) : 67 -81.

Ponder F Jr. 2000. Survival and growth of planted hardwoods in harvested openings with first-order lateral root differences, root dipping, and tree shelters[J]. Northern Journal of Applied Forestry, 17(2): 45 -50.

Puttonen P. 1989. Criteria for us seedling performance potential test[J]. New Forests, 3(1): 67 -87.

Radoglou K, Raftoyannis Y. 2002. The impact of storage, desiccation and planting date on seedling quality and survival of woody plant species[J]. Forestry, 75(2): 179 -190.

Rhea S B. 1977. The effects of lifting time and cold storage on root regenerating potential and survival of sycamore, sweetgum, yellow poplar and loblolly pine seedlings[D]. Clemson University, Clemson, S. C. , pp 108.

Rikala R, Repo T. 1997. The effect of late summer fertilization on the frost hardening of second-year Scots pine seedlings[J]. New Forests, 14(1): 33 -44.

Richards N A, Leaf A L, Bickelhaupt D H, *et al.* 1973. Growth and nutrient uptake of coniferous seedlings: comparison among 10 species at various seedbed[J]. Plant and Soil, 38: 125 -143.

Rikala R, Heiskanen J, Lahti M. 2004. Autumn fertilization in the nursery affects growth of *Picea abies* container seedlings after transplanting[J]. Scandinavian Journal of Forest Research, 19(5): 409 -414.

Ritchie G A, Dunlap J R. 1980. Root growth potential: its development and expression in forest tree seedlings [J]. New Zealand Journal of Forestry Science, 10: 218 -248.

Ritchie G A. 1982. Carbohydrate reserves and root growth potential in Douglas fir seedlings before and after cold storage[J]. Canadian Journal of Forestry Research, 12(4): 905 -912.

Ritchie G A. 1984. Assessing seedling quality[M]. In Duryea M. L. and Landis T. D. (Eds.) Forest nursery manual : Production of bareroot seedlings. Martinus Njihoff/Dr. W Junk Publishers, pp 243 -260.

Ritchie G A, Roden J R, Kleyn N. 1985. Physiological quality of Lodgepole pine and Interior spruce seedlings: effects of lift date and duration of frozen storage[J]. Canadian Journal of Forestry Research, 15: 636 -645.

Ritchie G A. 1986. Relationship among bud dormancy status, cold hardiness, and stress resistance in 290 Douglas fir[J]. New Forests, 1: 29 -42.

Rorco F. 1973. Food reserves of *Engelman spruce* planting stock[J]. Forest Science, 19: 213 -219.

Rose R, Atkinson M, Gleason J, *et al.* 1991. Root volume as a grading criterion to improve field performance of Douglas fir seedlings[J]. New Forest, 5(3): 195 -209.

Rose R, Gleason J, Sabin T. 1991. Grading Ponderosa pine seedlings for outplanting according to their root volume[J]. Western Journal of Applied Forestry, 6(1): 11 -15.

Rose R, Omi S K, Court B, *et al.* 1992. Dormancy release and growth responses of 3 +0 bare root white spruce (*Picea glauca*) seedlings subjected to moisture stress before freezer storage[J]. Canadian Journal of Forestry Research, 22: 132 -137.

Ruehle J L, Kormanik V R. 1986. Lateral root morphology: a potential indicator of seedling quality in northern red oak[R]. USDA Forest Service Southeastern Forest Experiment Station, pp 6.

Rytter L, Ericsson T, Rytte R M. 2003. Effects of demand-driven fertilization on nutrient use, root: plant ratio and field performance of *Betula pendula* and *Picea abies*[J]. Scandinavian Journal of Forest Research, 18 (5): 401 -415.

Salifu K F, Jacobs D F, Birge Z K D. 2009. Nursery nitrogen loading improves field performance of bareroot oak seedlings planted on abandoned mine lands[J]. Restoration Ecology, 17(3): 339 -349.

Sakai A. 1978. Low temperature exotherms of winter buds of hardy confiers[J]. Plant and Cell Physiology, 19: 1439 -1446.

Simpson D G, Ritchie G A. 1997. Does RGP predict field performance: a debate[J]. New Forests, 13(1/3): 253 -277.

Smith J H G. 1966. Relative importance of seedbed fertilization, morphological grade, site, provenance, and parentage to juvenile growth and survival of Douglas fir[J]. Forestry Chronicle, 42: 83 -86.

South D B, Boyer J N, Bosch L. 1985. Survival and growth of Loblolly pine as influenced by seedling grade: 13-year results[J]. Southern Journal of Applied Forest, 9(2): 76 -81.

South D B, Donald D G M. 2002. Effect of nursery conditioning treatments and fall fertilization on survival and early growth of *Pinus taeda* seedlings in Alabama, U. S. A[J]. Canadian Journal of Forest Research, 32 (1): 1 -9.

South D B, Menzies M I, Grant Holden D. 2005. Stock size affects outplanting survival and early growth of fascicle cuttings of *Pinus radiata*[J]. New Forests, 29(3): 273 - 288.

Steponkus P L, Lanphear A O. 1967. Refinement of the triphenyl tetrazolium chloride method of determining cold injury[J]. Plant Physiology, 42: 1423 - 1426.

Stone E C. 1955. Poor survival and the physiological condition of planting stock[J]. Forest Science, 1: 90 - 94.

Stone E C, Jenkinson J L. 1970. Influence of soil water on root growth capacity of *Ponderosa pine* transplants [J]. Forest Science, 16: 230 - 239.

Stupendick J T, Shepherd K R. 1979. Root regeneration of root pruned *Pinus radiate* seedlings: I. Effects of air and soil temperature[J]. Australian Forestry, 42: 142 - 149.

Sutton R F. 1983. Root growth capacity: relationship with field root growth and performance in out planted Jack pine and Blue spruce[J]. Plant and Soil, 71: 111 - 122.

Sutton R F. 1990. Root growth capacity in coniferous forest trees[J]. HortScienc, 25 : 259 - 266.

Switzer G L, Nelson L E. 1963. Effects of nursery fertility and density on seedling characteristics, yield, and field performance of loblolly pine (*Pinus taeda* L.)[J]. Soil Science Society of America Journal, 27(4): 461 - 464.

Tabbush P M. 1987. Effect of desiccation on water status and foist performance of barefooted Sitka Spruce and Douglas transplantings[J]. Forestry, 60(1): 31 - 43.

Takoutsing B, Tchoundjeu Z, Degrande A, *et al.* 2014. Assessing the Quality of seedlings in small-scale nurseries in the highlands of Cameroon: The use of growth characteristics and quality thresholds as indicators [J]. Small-scale Forestry, 13: 65 - 77.

Tanaka Y, Walstad J D, Borrecco J E. 1976. The effects of wrenching on morphology and field performance of Douglas fir and Loblolly pine seedlings[J]. Canadian Journal of Forest Research, 6(3): 453 - 458.

Thomas L N. 1997. The dependence of root growth potential on light level, photosynthetic rate and root starch content in Jack pine seedlings[J]. New Forests, 13: 105 - 119.

Thompson J R, Schultz R C. 1995. Root system morphology of *Quercus rubra* L. planting stock and 3-year field performance in Iowa[J]. New Forests, 9(3): 225 - 236.

Timmer V R, Armstrong G. 1987. Growth and nutrition of containerized *Pinus resinosa* at exponentially increasing nutrient additions[J]. Canadian Journal of Forest Research, 17(7): 644 - 647.

Timmis M. 1974. Effect of nutrient stress on growth, bud set, and hardiness in Douglas fir seedlings[S]. Proceedings of the NorthAmerican containerized forest tree seedling symposium. Denver, CO: Great Plains Agricultural Council, pp 197 - 193.

Tsakaldimi M, Ganatsas P, Jacobs D F. 2013. Prediction of planted seedling survival of five Mediterranean species based on initial seedling morphology[J]. New Forests, 44: 327 - 339.

Ukaji N, Kuwabara C, Takezawa D, *et a*l. 2004. Accumulation of pathogenesis-related (PR) l0/Bet v1 protein homologues inmulberry (*Morus bombycis* Koidz.) tree during winter[J]. Plant Cell & Environment, 27 (9): 1112 - 1121.

Ursic S J. 1956. Late winter prelifting fertilization of Loblolly seedbeds[J]. Tree Planters′Notes, 26: 11 - 13.

Van den Driessche R. 1976. Prediction of cold hardiness in Douglas fir seedlings by index of injury and conductivity methods[J]. Canadian Journal of Forest Research, 6: 511 - 515.

Van den Driessche R. 1980. Effects of nitrogen and phosphorus fertilization on Douglas fir nursery growth and survival after outplanting[J]. Canadian Journal of Forestry Research, 10: 65 - 70.

Van den Driessche R. 1983. Growth, Survival, and physiology of Douglas fir seedlings following root wrenching and fertilization[J]. Canadian Journal of Forestry Research, 13: 270 - 278.

Van den Driessche R. 1984. Relationship between spacing and nitrogen fertilization of seedlings in the nursery, seedlings mineral nutrition, and out-planting performance[J]. Canadian Journal of Forestry Research, 14: 431 - 436.

Van den Driessche R. 1991. Effects of nutrients on stock performance in the forest[M]. Mineral nutrition of conifer seedlings. Boca Raton, Fla: CRC Press, pp 230 - 260.

Vander Schaaf C, McNabb K. 2004. Winter nitrogen fertilization of Loblolly pine seedlings[J]. Plant and Soil, 265(1/2): 295 - 299.

Webb D P. 1977. Root regeneration and bud dormancy of sugar maple, silver maple and white ash seedlings: effects of chilling[J]. Forest Science, 23: 474 - 483.

Winjum J K. 1963. Effects of lifting date and storage on 2 + 0 Douglas fir and Noble fir[J]. Journal of Forestry, 61: 648 - 654.

Wilson E R, Vitols K C, Park A. 2007. Root characteristics and growth potential of container and bare-root seedlings of red oak (*Quercus rubra* L.) in Ontario, Canada[J]. New Forests, 34(2): 163 - 176.

Zaerr J B. 1985. The role of biochemical measurements in evaluating vigor[P]. In: Duryea M L, (Eds.) Evaluating seedling quality: Principles, Procedures, and Predictive Abilities of major tests, Workship held October, 16 - 18. 1984, For. Res. Lab. Oregon State Univ. Corvalis, Oregon, pp 137 - 141.

（编写人：方升佐）

第9章

森林立地分类与评价

【内容提要】森林立地分类与评价是实现科学造林、科学育林的重要基础工作。森林的类型与生产力在很大程度上取决于森林所在地的立地环境，森林立地研究对提高育林质量、发展持续高效林业、恢复和扩大森林资源等都具有十分重要的作用。本章在概述森林立地分类与评价(森林立地研究的理论基础、森林立地分类、森林立地类型划分)的基础上，主要阐述了国内外森林立地分类和森林立地质量评价研究进展，重点介绍了目前广泛应用的立地主导因子的确定方法、立地类型划分的方法、数理化立地质量评价方法以及基于遥感影像的神经网络立地质量评价方法。

森林的生长发育与环境因子有着密切的关系，森林的类型与生产力在很大程度上取决于森林所在地的立地环境。为了经营好森林，就必须要认识森林生长的环境，进而对环境进行调控。立地分类与立地评价是实现科学造林、科学育林的重要基础工作。通过森林产地研究能够选择最优生产力的造林树种(品种、无性系)，采取最适当的育林措施，预测将来的森林生产力及木材产量，从而对森林经营的各种效益，木材生产成本和造林、育林的投资作出估算。在一些森林经营强度较高的国家，如德国、芬兰、瑞典、日本、美国等，历来都强调立地条件的调查，都有立地分级的规定，并作为经营规划设计的重要依据。

我国位于亚洲大陆东部，地跨寒、温、热三带，面积达 $960\times10^4 km^2$。南北相距约 5000 km，东西宽约 5200 km。地貌以山地丘陵为主(占国土面积的 43%)，其次为高原(占 26%)、盆地(占 19%)、平原(占 11%)。我国地貌类型繁多，有西北部的大沙漠景观，又有西部高山的冰川地貌，有著名的内蒙古、黄土、青藏和云贵四大高原，又有塔里木、准噶尔、柴达木和四川盆地；南北水热分布差异明显，如闽浙山地东南坡、广西十万大山、海南五指山，年降水量高达 2000mm 以上，而西北干旱区域年降水量一般仅为 100~200mm；我国森林土壤种类丰富，共有 10 个纲 46 个土类 170 个亚类；因气候条件和地貌类型的多样性形成了各种各样的森林类型；山区面积广大，占全国土地面积的 2/3 以上；还有超过 $1\times10^8 hm^2$ 疏林地和宜林荒山荒地亟待绿化。由于上述地貌、气候、土壤和生物的广泛差异性，必然对林业生产措施产生重要的影响，因此，在我国有必要对这些因子进行系统的研究、分类和评价。

9.1 森林立地分类与评价概述

9.1.1 森林立地研究的理论基础

9.1.1.1 森林立地的基本概念

立地是近年来林学文献常用的概念，在全面分析森林立地之前，弄清所涉及的一些名词术语的含义十分必要。

(1)立地(site)

即森林立地，是指林业用地中体现气候、地质、地貌、土壤、水文、植被及其他生物等自然环境因子的综合作用，所形成的各种不同立地条件的宜林地段。美国林学家 Smith 等(1997)在"实用育林学"中提出，立地在传统意义上是指一个地方的环境总体，生境是指林木和其他活体生物生存和相互作用的空间场所。目前，林学上的"立地"和生态学上的"生境"内涵已趋于相同。一般来讲，立地有两层含义，第一，它具有地理位置的含义；第二，它是指存在于特定位置的环境条件(生物、土壤、气候)的综合。即应理解为空间位置和与这个位置相关联的环境两个方面的结合。

(2)立地质量(site quality)

立地质量是指某一立地上既定森林或其他植被类型的生产潜力，所以，立地质量与树种相关联，并有高低之分。立地质量包括气候因素、土壤因素及生物因素。一个既定的立地，对于不同的树种来说，可能会得到不同的立地质量评价结果。立地条件是指在造林地上凡是与森林生长发育有关的自然环境因子的综合。在一定程度上立地质量和立地条件是可以通用的(沈国舫，2001)。

(3)立地质量评价(site quality evaluation or assessment)

就是对立地的宜林性或潜在的生产力进行判断或预测。立地质量评价的目的，是为收获预估而量化土地的生产潜力，或是为确定林分所属立地类型提供依据。立地质量评价的指标多用立地指数(site index)，也称地位指数，即该树种在一定基准年龄时的优势木平均高或几株最高树木的平均高(也称上层高)。

(4)立地分类(site classification)

这是林业用地立地条件和林地生产力的自然分类。在森林培育学实践中，立地分类可从狭义和广义分类两方面来理解。狭义上讲，将生态学上相近的立地进行组合，叫立地分类。广义上说，立地分类包括对立地分类系统中各级分类单位进行的区划和划分。一般意义上的立地分类，多指狭义分类。

(5)立地类型(site type)

为地域上不相连接，但立地条件基本相同，林业生产潜力水平基本一致的地段的组合。立地类型是土壤养分和水分条件相似地段的总称。

9.1.1.2　森林立地因子特征

目前用于森林立地分类与评价的因子有：物理环境因子，包括气候、地形(属间接因素)，但综合反映着气候和土壤特性)、土壤；森林植被因子，包括树木生长(地位指数)、植被(地被植物或上层下层植被结合)。

(1)物理环境因子

在许多情况下，森林植被不能可靠地用于划分森林立地类型和评定立地质量，如在农用地、宜林荒山荒地，以及一切森林植被受到较为严重干扰的地区，特别是营造人工林，大多在上述地区造林，在这种情况下，用物理环境因子作立地分类和立地质量评价更为可靠而简便。

物理环境因子可以单独地或几个因子结合起来用于划分立地类型或评价立地质量。用作立地分类与评价的立地因子应当具备下列 3 个条件：①简单，不繁杂，便于测定，同时花费不高；②具有一稳定性；③必须与森林生长有高度相关。不是所有立地因子都可以用于衡量立地质量，有的因为没有稳定性或与森林生长相关不显著，有的因为难于测定，或者虽可测定，但耗资太大，故失去了作为森林分类与评价因子的条件。最适用于评价森林立地质量的是那些对林木生长所必须而又敏感的立地因子，这些立地因子稍有改变，就能明显地影响到林木生长。目前国内外普遍采用于立地分类与评价的环境因子是与林木生长密度相关的气候、地形、土壤等因素。

(2)气候

大气候主要决定着大范围或区域规模上森林植被的分布，而小气候则影响树种或群落的局部分布。影响植被分布的主要气候因子是水热条件。我国由北向南，从北纬 53°~18°，地跨 8 个热量带；由东向西由于受海洋性气候影响不同，湿度也有很大变化。这种大气候上的差别，形成了迥然不同的森林植被类型。由北向南相应植被类型为寒温带针叶林，温带针阔叶混交林，暖温带落叶阔叶林，亚热带常绿阔叶林及热带季雨林及雨林。从经向看，北部温带湿润的针阔叶混交林，向西很快过渡到半干旱、干旱的森林草原和草原，而亚热带经向变化虽没有北方明显，但在云贵高原的东部和西部气候上也是不同的。东部旱季不明显，具有湿性的常绿阔叶林，以青冈栎、甜槠、苦槠、丝栗栲、石栎为主，针叶树以马尾松为主；西部干湿季明显，具偏干性常绿阔叶林，以耐旱的滇青冈、高山栲、石栎为主要成分，针叶树以云南松为主。

此外，在同一个热量带内还由于纬度不同及大地形的干扰，水热条件还有一定差别，使得森林植被类型的种属组成及森林的生产力上发生变化。如南方的中亚热带，北部温度较低，降水量较少，在森林植被型中以青冈、细叶青冈、苦槠、甜槠和峨眉栲、石栎为主；而南部，则以栲树、罗浮栲、南岭栲、米槠、钩栗、烟斗石栎、多穗石栎为主，而且包含南亚热带的成分，如毛果青冈、槟榔青冈、猴欢喜、黄杞、蕈树、马蹄荷、红苞木等。

同一树种林下植被也不同。北部马尾松林下主要为檵木、映山红及乌饭树，而南部则还出现桃金娘、岗松；杉木林北部的林下植被主要有狗脊、金星蕨、鳞毛蕨、淡竹叶等，而南部则以乌毛蕨、观音座莲蕨、草珊瑚、高良姜等为主。

气候不仅影响到森林植被类型，而且也影响到林木的生长及生产力。南方的杉木地跨北、中、南3个亚热带，生产力以中亚热带南部最高，南、北亚热带较低(图9-1)；而马尾松则由北亚热带到南亚热带生产力逐渐提高。杉木和马尾松的这种不同的生长变化模式，与本身生态特性有关。

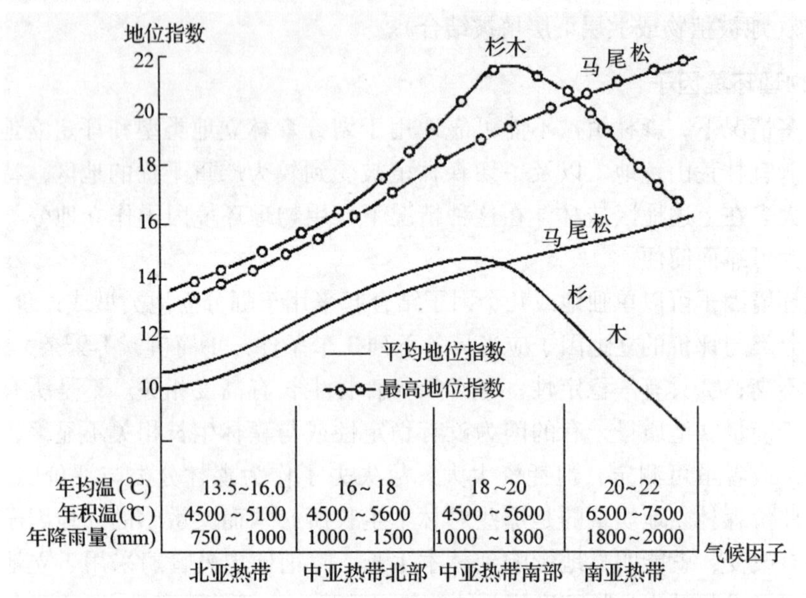

图9-1 气候因子对林木生长的影响(引自张万儒，1997)

Fig. 9-1 Effects of climate factors on tree growth (Zhang Wanru, 1997)

上述因大气候条件的变化而导致森林植被型及林木生产力的变化，是立地区域分类的主要依据。如立地区域，立地带及有时为立地区，主要是将水热条件的变化与森林植被的变化结合起来考虑的，因为森林植被类型本身也是气候条件的综合指示者。

在生产力评价上，气候立地因子通常只用于提供粗略生产力的指标，提供一个不同气候带(区域)间的生产力的相互比较，还不能建立起气候与林木生长关系的精确模型。在立地研究中，大气候对森林生产力影响的评价是通过区域分类，以及在分类基础上的分区加以解决的。即在分区的基础上对树种的生产力分别评价，而后再加以比较。分区间同一树种生产力的差别，反映了区域气候的作用。小气候对林木生长的影响也很重要，但也很少用于立地质量评价和分类。这是因为小气候变化常常与地形变化紧密相关，而地形的变化还伴随着土壤等因子的改变。如坡向、坡位的不同，小气候与土壤条件同时发生改变，因此，很难单独获得小气候因素与林木生长相关的精确资料。在立地分类中，小气候的作用是通过地形，如坡向、坡位来间接反映的。

(3)地形

地形虽是间接的生态因子，但地形影响到与林木生长直接有关的水热因子和土壤条件。在地形变化复杂的山区，地形是控制生态环境的主导因子。我国地形多种多样，既有高原、高山与低山，也有丘陵、盆地与平原。众多的山脉，纵横交错，对气候起到控制与阻隔作用。如南岭山地为东西走向，对东南来的海洋气候有阻挡作用，南麓以南为南亚热带，以北则为中亚热带。杉木在南岭山地是中心产区，生长良好，但一到南麓以南则生长较差。

同一个山区，特别是由低山到高山，由于地势不同形成明显的植被垂直带谱。随着海拔的升高，气温下降，湿度与雨量增高，伴随着森林植被类型发生更替。如中亚热带东部垂直带谱结构为从基底的常绿阔叶林—山地常绿落叶阔叶混交林或山地常绿针阔混交林—山顶常绿矮林—常绿灌木草丛；在中亚热带东部和中部，杉木一般可分布到1000m左右，但在800m以下300m以上生长为佳，而马尾松一般分布在800m以下。由此可知森林植被的类型，森林的生产力是同地形、地势的变化密切相关，大地形可作为划分立地区(或亚区)的依据，而垂直带作为划分立地类型区的一个依据。

这种将地形作为森林立地分类与分区的依据，是比较可靠和稳定的，且容易识别和掌握。在立地高级分类中，立地分区的目的是要评价气候对森林植被形成及林木生长的作用。目前不同地形条件的气候因子很难掌握，而植被因素也因受到人为的干扰，不易确定。因此，用地形作为立地分类依据是一种简便、稳定而有效的方法。局部地形对森林生产力有重要影响，目前国内外的森林立地工作者都着力研究局部地形来划分立地类型，并与林木生长建立回归方程，评价立地质量。这是因为：①局部地形比其他生态因子稳定、直观，易于调查和测定；②局部地形因子常常与林木生长高度相关，地形稍有变化就能在林木生长上明显反映出来；③每一个局部地形因素，如坡向的阳坡与阴坡，坡位的山脊，山坡与山洼，都能良好地反映着一些直接生态因子(小气候、土壤、植被等)的组合特征。如山脊(或坡的上部分)反映着阳光充足、干燥、风大，土层较薄(为残积母质)，水分较少，生长比较耐瘠的地被植物；而山洼(或坡麓)则反映着比较阴湿，风小，土层厚(通常为坡积土)而生长着喜湿喜肥的地被植物。

(4)土壤

土壤是林木生长的基质，是森林立地的基本因子。土壤性质与林木生长有十分密切的关系，因此，它是森林立地基层分类与评价的重要依据。因为土壤因素本身要受气候、地质、地形等多种因素的影响，不同地理区域有不同的土壤，而不同的树种对土壤又有不同的要求与影响。所以，林木生长与土壤因子的关系是因地理区域和树种而异的。

一般而言，主导土壤因子有以下几个特点：①均不用直接作用于林木生长的因子，然而这些因子与直接作用因子(水、肥、气、热)密切相关，或者说直接作用因子是这些因子的函数，如土壤质地，密切影响土壤的通气和水份状况，地下水位直接影响到林木水分供给；②都比较容易测定和掌握；③与林木生长均有高度相关；④综合性强，如土层厚度，实际上反映了林木根系发展空间的大小，养分水分保持与供给状况。

(5)母岩及水文

在立地分类中涉及母岩特性，与母岩有关的母质是土壤分类中划分土属的依据。岩性对土壤理化性质有重要影响，而且不同岩性发育的土壤其抗蚀能力及对耕作的要求均有所差异，故岩性也作为在立地类型区下划分亚区的一个依据。如页岩、板岩及千枚岩类，它与花岗岩、片麻岩及流纹岩类形成土壤的性质就不同。花岗岩类形成的土壤比较疏松、透水、透气性能好，但抗蚀能力差，一旦森林植被破坏，水土流失严重，土壤肥力衰退也快，所以在植被破坏严重的地区，花岗岩类形成的土壤肥力不如板页岩。页岩类形成的土壤比较黏重，心土层比较板结，透水、透气性能差。但页岩类发育的土壤抗蚀能力较强，因此在植被受到破坏的地区总的肥力下降的程度比花岗岩类轻，因而肥力也比花岗岩类高。在植被保护好的地方，页岩类与花岗岩类的土壤肥力很相似。

水文包括地下水深度及季节变化、地下水的矿化度及盐分组成，有无季节性积水及其持续期等。在平原地区的立地分类中，水文因子特别是地下水位经常成为主要考虑的因子之一，而在山地的立地分类中则一般不考虑地下水位问题。

(6)植被因子

反映生态系统特征的主要组成森林群落的植物种，相对多度及相对大小，是立地质量的指示者，从大的森林类型到林下植被，从不同生态特性的建群树种，到一些非建群植物种分布，在不同层次及不同程度上反映着森林生态的环境特征。从树种分布讲，红松代表温带湿润地区的树种，油松代表暖温带耐旱树种，而马尾松、杉木则代表喜湿热的亚热带树种，因为这些森林植被类型及树种分布综合地反映着不同的大气候条件，故作为划分立地带的依据。

此外，在山区随海拔升高发生森林植被带(森林植被类型)更替，也反映了垂直气候等立地环境的变化规律，可作为划分立地类型区的依据之一(类型区的界线常常根据森林植物分布来确定的)。

关于地被植物指示作用，应视具体情况而定。即使在人工林中也有一定的指示作用，如南方林龄较大的杉木林地，不同林下植被也反映杉木林所在立地条件和生产力的差异。如铁芒萁杉木林，分布于山脊及山坡上部，代表干瘠及生产力低的立地；而狗脊等杉木林，一般代表中等立地及生产力；杜茎山、砂仁、观音座莲蕨等代表湿润土壤肥沃的立地，生产力高。南方林区荒山荒地植被也有一定指示作用，如生长高大的五节芒及次生乔灌木的地方立地条件一般都好，但生长铁芒萁、岗松、映山红、桃金娘的地方立地一般都差，这是南方杉木造林地选择的重要依据(表9-1)。地被植物比较直观，比土壤容易观察，特别是立地制图如能掌握立地条件与植被分布关系，其界线就容易确定。因此，在立地分类与评价中如能将植被与地形、土壤结合起来综合判断立地类型，评价生产力将会得到满意结果。

表9-1 林下植被类型对杉木林立地条件的指示

Tab. 9-1 Indicator of understory vegetation to site condition of Chinese fir

林下植被类型	山脊	山坡	山洼	地位指数(幅度)
铁芒萁	6	4	—	10~12
狗 脊	1	9	7	14~16
蕨 类	—	1	3	18~20
灌木—铁芒萁	2	2	—	10~14
灌木—狗脊	—	4	3	14~18

注：引自张万儒，1997。

但是，一种植物在分布区的中心及边缘指示作用是不同的。如狗脊在中亚热带南部反映较差的立地，而在中亚带北部却反映中等立地，在北亚热带反映较好的立地。乌毛蕨也有同样情况，在中亚热带北部反映较好立地，但到中亚热带南部则反映中等立地。一些树种对立地环境指示也有类似情况。因此，利用指示植被要考虑区域性，在一定的区域范围内选择有指示意义植物或林下植被，如能应用多种植物(或群落)结合起来判断立地条件则更为可靠。

9.1.2 森林立地分类

200多年来，世界各国对森林立地分类进行了大量的研究、实践和探索。但由于各国的自然地理条件、森林集约经营强度、科学技术发展水平和研究人员的经历、认识不同，产生了各种各样的分类体系。归纳起来，立地分类大体上可概括为植被因子途径、环境因子途径和综合多因子途径三个方面。目前应用最为广泛的森林立地分类途径还是综合多因子途径，即通过对气候、地形、土壤、植被的综合研究，划分立地条件类型或立地单元。在综合途径中，还可分为因子路线和景观路线，前者以前苏联的乌克兰学派和德国巴登—符腾堡立地分类系统为代表，后者则以加拿大的生物物理分类系统为代表。

9.1.2.1 立地分类系统的划分原则

(1)地域分异原则

自然综合体诸要素中，与森林生产力关系最密切的是光照、热量、水分与养分。森林立地分类应以光、热、水分、土壤与植被的地域分异为主要依据。森林立地单元是具有营林意义的自然地理因子综合体的客观反映。在森林立地分类系统中的任何一级森林立地单元，都必须反映本级范围内自然地理因子(对林木来讲，即生态环境因子的差异，这种差异又必须在营林上是有意义的)。系统的级次不宜过细，等级不宜过多。立地类型之间在主要立地因素上有明显差异，相同立地类型在地域上可不相连，但立地条件必须基本一致，而且相对稳定，要求采取相同的造林和营林技术措施，有基本相同的生产力。

(2)综合多因子与主导因子相结合的原则

森林立地既是一个自然综合体，其分类必然取决于自然综合特征的差异，必须综合立地的各构成因素，找出立地的分异特征，这样的分类才能反映立地的固有性质，只考虑单个或几个自然因子做出分类，往往是片面的。然而仅根据综合分析又很难进行具体的分类，因为综合特征难以简要表明，综合指标也很难确定，尤其在确定类型界线时难以着手。因此，在综合分析的基础上，找出一两个主导因子及其划分指标，就能较容易地将类型区分开来。在划分类型界线时，根据主导因子并参考其他因素，容易确定下来。主导因子直观，更能表达类型的主要特征。主导因子不是派生的，它制约着其他一些因素。主导因子既是分类的主要依据，也是影响立地利用改造的主要因素，对生产应用具有容易掌握的特点。

(3)简明实用原则

森林立地分类的任务，不仅要求立地分类工作者运用丰富的生态学和造林学知识和经验，按上述两原则建立科学的立地分类系统，而且应使生态学、造林学知识和经验不太丰富的广大营林工作者也容易理解和使用，即森林立地分类要着眼于生产应用，服务于造林营林工作。因此，要求立地分类工作者在建立系统时以最简明、最准确、最直观的命名和文字描述表达出来，确定的主导因子要求容易鉴别，以达到森林立地分类所要求的科学性与实用性的结合。分类中各级类型划分的依据和指标都要紧密地考虑树种、造林和森林经营上的差别以及可能带来的经济效益。在立地分类中经常采用定性和定量的方法，因此在划分立地条件类型时，要求其组成因子在野外调查时应便于测定，如土层厚度、坡向、海拔、植被等比较容易测定和把握。划分的立地类型粗细适当，能落实到小班，便于在规划设计和造林生产中应用。例如，用土壤水分含量作为立地分类依据是科学的，但实际上在生产中无法应用，所以采用间接反映土壤水分含量的地形因子分类。

9.1.2.2 森林立地分类系统

森林立地分类系统是指以森林为对象，对其生长的环境进行宏观区划和微观分类的分类方式。一个森林立地分类系统一般由多个(级)分类单元组成。如德国的立地分类系统由4级组成，分别为生长区、生长亚区、立地类型组、立地类型，前二级是宏观区划单位，立地类型则是微观的基本立地分类单元。进入20世纪80年代后，我国对立地分类系统也展开了广泛的讨论和研究。目前，我国比较完善的立地分类系统是由詹昭宁主编的《中国森林立地分类》和以张万儒主编的《中国森林立地》提出的两个全国性分类系统。詹昭宁等人(1996)建立的分类系统，共分为6级，即立地区域(site area)、立地区(site region)、立地区分(site sub-region)、立地类型小区(site type district)、立地类型组(group of site type)和立地类型(site type)。按照这一分类系统，在全国范围内区划分了8个立地区域、50个立地区、166个立地亚区、494个立地类型小区、1716个立地类型组和4463个立地类型。由张万儒等(1997)建立的分类系统，其分类单位由5个基本级和若干个辅助级的形式组成。下面简要介绍张万儒等建立的分类系统的分类单位和依据。

(1)森林立地区域

根据我国综合自然条件的重大差异，森林立地区域(forest site region)可概分为东部季风森林立地区域、西北干旱森林立地区域和青藏高寒森林立地区域。这三个范围十分广阔的区域，是我国自然条件不均衡性的综合表现。三大森林立地区域的主要特征是东部季风型湿润、西北干旱、青藏高寒。这种重大的区域差异决定了对3个森林立地区域总体上的林业战略的不同。东部季风森林立地区域自第四纪以来天然植被以森林为主，为宜林区，是我国发展林业指望取得生物产量(木材产量)的依靠，即使其中的防护林等林种，也可期望提供可观的生物产量，这个森林立地区域是我国用材林基地宜林区域；西北干旱森林立地区域除其中的个别山地外，基本上是天然草原和荒漠，从总体上讲是非宜林区，但半干旱的森林草原和草原仍具有一定的造林条件，其主要任务是改造自然，改善生态环境，提高牧场、农田抗御自然灾害的能力，为非用材林基地立地区域；青藏高寒森林立地区域除其要东南边缘和南部外，从总体上讲，属高原寒漠，为林业不可利用区。

(2)森林立地带

森林立地带(forest site zone)是立地分类系统中区域分类的是高级单位。森林立地带的划分，主要依据气候，特别是其中的空气温度(＞10℃日数、＞10℃积温数)，还参照地貌、植被、土壤以及其他自然因子的分布状况。对人工林栽培来说，还要考虑到最热月气温(℃)、最冷月气温(℃)、低温平均值(℃)等辅助指标(表9-2)。

表9-2 森林立地带的划分指标(单位:℃)

Tab. 9-2 Indexes for dividing forest site zones (unit: ℃)

森林立地带	主要指标		辅助指标		
	>10℃日数(d)	>10℃积温	最热月气温	最冷月气温	低温平均值
寒温带	<105	<1700	<16	< -30	< -45
中温带	106~180	1700~3500	16~24	-30~ -10	-45~ -25
暖温带	181~225	3500~4500	24~30	-10~0	-25~ -10
北亚热带	226~240	4500~5300	24~28	0~5	-10~ -5
中亚热带	241~285	5300~6500	24~28	5~10	-5~0
南亚热带	286~365	6500~8200	20~28	10~15	0~5
北热带	365	8200~8700	24~28	15~20	5~10
南热带	365	8700~9200	>28	15~25	10~15
赤道热带	365	>9200	>28	>25	>15
干旱中温带	105~180	1700~3500	16~24	-30~ -10	-45~ -25
干旱暖温带	181~225	4000~5500	26~32	-10~0	-25~ -10
高原寒带	不连续出现		<6		
高原亚寒带	<50		6~12		
高原温带	50180		12~18		

森林立地带与地带性森林类型和土壤类型有密切关系。寒温带森林立地带分布的森林为寒温带针叶林，土壤为棕色针叶林土；温带森林立地带分布的森林为针阔混交林，土壤为暗棕壤；暖温带森林立地带分布的森林为落叶阔叶林，土壤为棕壤；北亚热带森林立地带分布的森林为常绿阔叶与落叶阔叶混交林，土壤为黄棕壤；中亚热带森林立地带分布的森林为常绿阔叶林，土壤为红壤、黄壤；南亚热带森林立地带分布的森林为季风常绿阔叶林，土壤为砖红壤性红壤；热带森林立地带分布的森林为热带季雨林、热带雨林，土壤为砖红壤。命名可采用表示主要特征作用的温度带名称，如寒温带森林立地带、热带森林立地带等。

(3)森林立地区

森林立地区(forest site area)是一个大地区范围。这个大地区范围是通过大地貌构造(岩性和大地形单元)、干湿状况、土壤类型、水文状况和地史与其他大地区相区别(表9-3)。森林立地区应该在大区地理上和植物地理互相符合。一般情况下，森林立地区是一些森林立地类型区组合而成的。森林立地区是立地分类系统中区域分类的重要立地单位。各森林立地区的自然综合体特征明显。一般，同一个森林立地区内的综合自然条件基本相似，其林业经营方向与林业利用改造措施也大致相同。森林立地区的划分指标为大地貌构造、干湿状况、土壤类型、水文状况和地史。大地形单元划分指标为：①平原；②丘陵(相对高度一般在100m上下)；③低山(相对高度200m至500m间)；④山地(基带以上的山地)；⑤高山及高原山地(顶部接近或超过雪线的山地)。

森林立地区可以由区内的自然地理环境因子的差异和林业经营上的方便，划出一个辅助级——森林立地亚区。

表9-3 干湿状况划分

Tab. 9-3 Classification indexes of dry and wet conditions

地　区	年干燥度	年降水量(mm)	植被
湿　润	<1.00	>1000	森林
半湿润	1.00~1.49	500~1000	森林草原
半干旱	1.50~4.00	250~500	草原
干　旱	>4.00	<250	荒漠

(4)森林立地类型区

森林立地类型区(forest site type district)是森林立地分类系统中基层分类的最高一级单位，在地理上可以重复出现。其划分的指标是：中地貌、母质、气候、植被、地史。作为划分的主要特征可因不同地区而异，在丘陵山区可能是中地貌、海拔；在平原可能是成土母质。在我国西南地区，如横断山脉森林立地区，具有高山峡谷地貌，垂直差异很大，在这种情况下垂直带差异实际上反映了树种和土壤的垂直分布差异，这种垂直地带性虽然与水平地带性有相似的性质，但由于垂直地带性差异是由海拔高差产生并压缩在较小的属于一个水平地带性基带的区域范围内，因此，用垂直带差异来划分森林立地类型区比较合乎造林营林的要求。森林立地类型区在命名上可采用表示主要特征的立地因子，在南方丘陵山区，可根据中地貌(海拔)差别来命名，如丘陵森林立地类型区、低山森林立地类型区。

森林立地类型区下也可根据林业经营的需要(如在丘陵山区由于岩性的生态学作用不同，平原由于含盐类型不同等)来划分森林立地类型亚区这一辅助级。森林立地类型亚区在命名上可根据主要特征来命名，在南方丘陵山区，划有石灰岩丘陵森林立地类型亚区等。

森林立地类型组是相似的森林立地类型的总称，应用于各种经营和设计规划部门，例如，用于造林树种选择、土地改良和集约经营强度分级等方面，即把生态条件相似的森林立地类型归并成森林立地类型组，以便采取相同的造林营林措施。森林立地类型组在命名上可根据主要特征来定名，在南方丘陵山区，如山坡森林立地类型组等。

(5)森林立地类型

森林立地类型(forest site type)是森林立地分类系统的基本单元。它是多个相似森林立地的总括，这些森林立地在造林的可能性和危险性方面基本上是共同的，并且大致上具有相同的生产力。森林立地类型的划分可以根据对影响林木生长的土壤主导因子来进行。如上层厚度、腐殖质层厚度、质地和排水状况等。森林立地类型在命名上可以根据其主导因子来定名，如厚土层中腐殖质层森林立地类型。

森林立地类型下可根据更高的经营集约度划分森林立地变型。如群落演替型，是指同一森林立地类型(林型)处于不同的演替阶段，其植被状况不同，会影响天然更新条件下的技术措施或人工更新条件下整地抚育措施等。张万儒等(1992)提出的森林立地分类系统的单位由包括4个基本级、若干辅助级的形式构成：

0 级 森林立地区域 forest site region。

1 级 森林立地带 forest site zone。

2 级 森林立地区 forest site area；（森林立地亚区）(forest site subarea)。

3 级 森林立地类型区 forest site type district；（森林立地类型亚区）(forest site type subdistrict)；（森林立地类型组）(forest site type group)。

4 级 森林立地类型 forest site type；（森林立地变型）(forest site type variety)。

该森林立地分类系统根据森林立地分类原则共划分 3 个立地区域、16 个立地带、65 个立地区、162 个立地亚区。

9.1.3 森林立地类型划分

森林立地类型是森林立地分类系统中的最基本的分类单位。国外用于立地分类的依据有：植被、地形、地形—土壤及结合多因子方法。我国林业用地大多在山区，森林多遭破坏，土地利用历史也很复杂，而且不可靠。根据以往的经验，将局部地形、土壤及植被三个因素结合起来划分立地类型可较好地反映立地特性。

(1)地形

地形虽是间接因素，但它却是环境系统的主要成分，强烈地影响着小气候和土壤湿度、质地、厚度、母质堆积方式和化学性质，从而影响到森林植被的分布和林木生长量。地形还是考虑营林措施的重要依据，且地形比较稳定、容易辨识、容纳量大，一种局部地形常常包含着多种立地因素的综合特征。例如，在北半球，北坡通常较冷和较湿，土层也较厚；相反，南坡则较暖和、较干燥，土层较薄。因此，用局部地形作为立地分类的一个依据是比较方便可靠的。

(2)土壤

土壤是林木的"立足"之地，是影响林木生长的直接因素，所以，是立地分类的重要依据。一方面，土壤的一些重要特性不直观，如酸碱度、土壤中的养分元素含量、含盐量及其组成等，需要在室内分析，甚至定性观察才能掌握；另一方面，土壤和地形又存在依存关系，因此不少研究指出，将土壤和地形因素结合起来使用，比单独用土壤因素来评价立地质量要可靠、实用。

(3)植被

由于长期适应环境的结果，植被能在一定程度上反应生境的特点。我国荒山荒地及人工林的林下植物存在着过渡性和不稳定性，所以不像原始林区那样可以通过植被来划分立地类型。但在植被不是经常受到干扰的地区，现状植被的种类成分及生长状况，仍然可在一定程度上反映土壤和小气候特点，特别是水湿条件。南方群众有利用植被选择造林地的经验，植被因素也是设计造林、营林措施的依据。因此，在荒山荒地和人工林地进行立地研究时，植被是一个不可忽略的因素。

(4)林木生长状况

林木生长状况在划分立地条件类型工作中有特殊意义。划分立地条件类型的目的是为了培育林木，因此，林木生长好坏就应该成为验证立地类型划分是否合理的依据。

综上所述可知，在一定区域内，划分立地条件类型的主要依据是地形因子与土壤因子，还要以指示植物作参考，以林木的生长状况作验证。

9.2　森林立地分类与评价研究进展

森林立地学是识地用地的科学，是研究环境条件(包括地貌、气候、土壤等)对树木生长影响及其分异规律的科学，是科学育林十分重要的应用技术基础。通过森林立地研究，能够选择最有生产力的造林树种，提出适宜的育林措施，并预估将来的森林生产力及木材产量，能够对森林经营的各种效益、木材生产成本和育林投资做出估计。森林立地研究对提高育林质量、发展持续高效林业、恢复和扩大森林资源等都具有十分重要的作用。

森林立地分类和评价是实现科学造林、充分利用土地生产潜力、实现对现有森林资源进行科学管理和制定营林规则所必备的理论基础。世界上第一部森林培育学教材由德国的Hager于1764年编写。20世纪初，德国盛行森林立地学体系，而差不多同一时期，芬兰人Cajander于1909年提出森林立地类型(forest site type)的概念；稍后，在北美、欧洲及日本相继开展了森林立地研究。自20世纪20年代起，立地类型划分和立地质量评价受到了国内外广泛重视，并在理论和技术应用上取得了长足进展。

9.2.1　森林立地分类研究进展

9.2.1.1　国外森林立地研究进展

(1)多因子综合森林立地分类

前苏联乌克兰学派诞生于1952年。其基本思想是：森林分类要以立地为基础，而植物种是立地最好的指示者，就立地来说，光、热、水和养分最重要，在一定气候范围内。水和养分是最基本的，地形对森林也有重大影响。学派主要分为3级：林地型(立地型)、林型和立木型。

德国的巴登—符腾堡立地分类系统1926年由Krauss提出(滕维超等，2009)。Krauss认为气候、地质地貌、土壤和水文等是影响林木生长的重要立地因子，并将地理学、地质地貌学、土壤学、植物地理、植物生态和植物群落学等都综合应用于森林立地分类、评价和制图(Tesch，1980)。

美国和加拿大的多层次综合分类系统美国依据气候、地文和植被相关性区划了“生态区”，还开展以地质、地貌、土壤为重点的土地系统清查。并将其应用于国有林区。1947年以来，加利福尼亚州一直应用土壤、地形和植被的多因子方法进行公有土地上的植被、土壤调查。巴恩斯把巴登—符腾堡立地分类系统应用于美国，并汲取了加拿大全生境立地分类和美国生境类型分类的经验，发展成为生态分类(Barnes *et al.*，1982)。

加拿大早期森林立地分类系统和划分依据为：立地带(site regime)，主要根据反映气候(水热条件)地带性差异的植被—地文相关性来划分. 共区划了13个立地带：立地区(site district)，在立地带内主要根据地形、基岩和成土母质类型的不同来划分；地文立地类型(physiographic site type)在立地区内主要根据根系分布范围内的土层和母质深度、土壤湿度以及地方性气候的不同分类：立地类型，主要根据土壤和植被(上木和地被物特征)的不同来划分；立地质量评价，以地文立地类型为单位，采用Ⅰ(最高)到Ⅴ(最低)，对目前和潜在树种生产力进行评价，还通过潜在生产力与要达到这一生产力所需的努力程度等级结合得出生产力等级(A为最好，依次分级到G为最差)。

(2)侧重于植被的森林立地分类

利用植被进行森林立地分类，其理论基础是植物对环境的指示作用。在森林生态系统中，森林植物与环境是相互联系的，因为植被长期适应于所处的环境条件。其组成、结构和生长状况与立地条件有密切的关系，特别是一些生态幅度较窄的植物种类，可以作为一种植物计反映立地特征(Barnes *et al.*，1982)。因此，一些学者主张用植被来作为立地分类的标志(Damman，1979)。

芬兰学者Cajander(1926)提出直接以森林中的下木特征(即优势种、恒有种、特征种和区划种)为基础来鉴别立地类型；前苏联苏卡乔夫学派强调植被对环境的指示作用，采用一套森林植物群落分类系统，根据林木层和林下植物的优势种来确定林型(Tesch，1980)；美国也盛行着重于植被的立地分类，有代表性的道本迈尔(Daubenmire)提出采用生境类型分类方法，该方法是在凯扬德尔方法的基础上，把种群结构的作用包括进去，以植物群落特别是顶极群落作为立地分类的尺度。在加拿大，Pfister和Arno据此在蒙大拿生境分类中采用以下三级分类系统：一级为系列(series)，依据顶极阶段树种分布反映主要环境因子的异同，用潜在顶极优势树种命名；二级为生境类型(habitate type)，用植被组成反映环境差异，根据系列和林下特征种命名；三级为生境相(habitate phase)，反映一个生境类型内环境的微小差异，用指示植物命名(滕维超等，2009)。

(3)侧重于土壤的森林立地分类

该分类方法认为森林是林分和环境(大气和土壤)相互作用的统一体，环境是统一体中的决定因子。环境的量变可引起森林及其组成和生产力的质变，林分是环境的反映和指示者。气候因子在大范围内起决定作用，但同一地区，森林的差异主要受土壤因素的影响。

9.2.1.2 国内森林立地研究进展

我国自20世纪30年代起，就曾在一些农学院森林系设立森林立地学课程(滕维超等，2009)。中华人民共和国成立后的森林立地研究工作，大体上可分为两个阶段：第一阶段，20世纪50年代重视对“波氏林型学说”原理的研究，并力图把它作为划分立地条件类型的理论依据；50年代中期，北京林学院曾两次根据波氏立地条件类型学说，在华北石质山地开展立地条件类型划分的研究工作；50年代也曾用苏卡乔夫林型学说，在我国部分原始林区，以森林群落结构特征为根据，开展林型划分和分类，到60年代这项工作仍在继续进行，但不够系统，研究的范围也有限。第二阶段，是20世纪70~90年代，在总结国内外立地研究工作经验的基础上，开展杉木产区区划、宜林地选择以及立地质量评价的研究工作，并编制了多型性立地指数表，建立了杉木林区立地分类系统及应用模型，提出以地貌、岩性、局部地形和土壤因素为主要依据的三级分类系统和质量评价(南方十四省区杉木栽培科研协作组，1981)。这是我国第一次规模较大、比较系统的森林立地研究。在这一时期，有关专家纷纷提出各自的立地分类原则。如周政贤和杨世逸(1987)强调地质地貌分异是山区立地分类的重要依据，并根据我国地域分异特点，提出将我国立地分类和造林区划组成为一个系统，分为5个等级单位。石家琛(1988)认为森林立地分类依据，应是森林立地生产力包括现实生产力、集约经营生产力、潜在生产力以及适宜性(包括限制性)。沈国舫(1987)在论述立地分类方法时，强调要对各种可用的方法，如生态序列法、主导因子法、指示植物种谱应用、生产力评价及数量化分类法等加以对比分析和综合应用。杨继镐(1988)认为我国的立地分类应利用现有的省级区和造林类型区，对其作适当的调整和修改，强调要以材种、树种为前提研究立地。我国一些学者如蒋有绪(1990)以较为翔实的材料，论述了我国的森林立地分类系统；刘寿坡等(1990)论述了华北地区森林立地分类，这对推动我国的立地分类研究起到积极的作用。近年来，伴随着计算机技术、空间分析技术在森林立地研究领域的广泛应用，高新技术已经成为未来发展的一个方向(余其芬等，2003；马明东等，2006；Altun *et al.*，2008；郭艳荣等，2012；巩垠熙等，2013)。

9.2.2 森林立地质量评价研究进展

立地是指在某一空间范围内对林木生长发育影响较大的外部环境条件总和，具体有气候条件、地形条件、土壤条件和生物条件4类。立地质量评价(site quality evaluation or assessment)是指对森林立地的宜林性或潜在的生产力进行判断和预测，从而量化土地的生产潜力。森林立地质量评价历史悠久，在国外已有200多年的历史，始于18世纪初的德国。19世纪以来，各国林学家、生态学家对立地评价方法进行了大量的研究和探讨。由于各国自然地理背景、历史条件、经营目标和研究者经历不同，形成了许多不同的森林立地质量评价方法。这些方法可以概括为直接评价和间接评价两种类别。直接评价法是指直接利用林分的收获量和生长量的数据来评定立地质量，如地位指数法(site index curves)、树种间地位指数比较法(site index comparisons between species)、生长截距法(growth intercept)等(郭晋平等，2007)；间接评价方法是指根据构成立地质量的因子特性或相关植被类型的生长潜力来评定立地质量，如测树学方法(mensurational methods)、指示植物法(plant indicators)、地文学立地分类法(physiographic site classification)、群体生态坐标法(synecological coordinates)、土壤—立地评价法(soil-site evaluation)、土壤调查法(soil surveys)等(张万儒，1997；滕维超等，2009)。目前，国外对立地质量定量评价方法研究主要有3种类型，即以地位指数为指标的直接评价方法、地位指数的间接评价方法和以林分材积为指标的评价方法。我国当前所采用的立地质量评价方法主要为地位指数的间接评价方法。

(1)以地位指数为指标的直接评价方法

地位级是用林分平均年龄和林分平均高确定立地质量；立地指数是用林分优势木平均高和优势木平均年龄确定立地质量。以地位指数为指标的直接评价方法的研究比较深入，是一种已被普遍接受的评价方法，并取得了一系列新的进展。为了提高地位指数的估计精度，以临时样地为样本的导向曲线编表方法，已被解析木或固定样地复测资料建立地位指数模型的方法所取代。在建模函数和拟合方法的选择上，由于对

Chapman-Richards 函数的参数可作出生物学解释而被广泛采用(Henry，1981；Clutter，1983；Carmean *et al.*，1989；Carmean and Lenthall，1989；张万儒，1997；肖君等，2006)。以 Chapman-Richards 生长函数建立的多型地位指数模型，虽然在实践中已被普遍接受，但在推广应用上尚受到一定的限制。由于现代集约经营需要在同一立地类型中对诸多适生树种进行对比选择，以地位指数为评价指标的另一个进展，就是树种间的地位指数转换。美国已为大量树种建立了地位指数配对代换方程，并相应地绘制了树种间地位指数比较图(骆期邦等，1989)。但近年来的深入研究发现，这种未考虑立地因子影响的树种间地位指数直接代换评价方法，不仅会产生较大的地位指数预估偏差，而且不能正确判断树种间生产潜力的高低(骆期邦等，1989)，因此，需要进一步研究解决。由于全球气候变化的影响，Nothdurft 等(2012)探讨了气候变化对德国 6 个主要树种地位指数的影响，结果表明，不同树种在不同区域的潜在变化趋势不同。

(2)地位指数的间接评价方法

用立地因子特性间接估计地位指数的方法，也称多元地位指数法，在全世界进行了广泛的研究(Bjorn，1981；张万儒，1997；Curt *et al.*，2001；Louw and Scholes，2002；滕维超等，2009；惠刚盈等，2010)。这种方法能解决有林地和无林地统一评价以及多树种代换评价的问题，因而被认为是最终解决问题的根本方法(Bjorn，1981；巩垠熙等，2013)。一般用多元统计方法构造数学模型，即多元地位指数方程，以表示地位指数与立地因子之间的关系，用以评价宜林地对某树种的生长潜力。其可表示为：

$$SI = f(x_1, x_2, x_3, \cdots, x_n, Z_1, Z_2, Z_3, \cdots, Z_m) \tag{9-1}$$

式中 SI——立地指数；

x_i——立地因子中的定性因子($i=1, 2, \cdots, n$)；

Z_j——立地因子中的可定量因子($j=1, 2, \cdots, m$)。

多元地位指数法的基本内容是：采用数量化理论 I 或多元回归的方法，构建某树种的立地指数，即建立该树种在一定基准年龄时的优势木平均高或几株最高树木的平均高与各项立地因子如气候、土壤、植被以及立地本身特性的相关关系，根据各立地因子与立地指数间的偏相关系数的大小(显著性)，筛选出影响林木生长发育的主导因子。在此基础上，根据不同主导因子分级组合下的立地指数的大小，建立多元立地质量评价表，以评价立地质量，立地指数大者立地质量高。目前在立地因子中已纳入了诸如有机质含量、养分浓度、C/N、pH 值等土壤化学特性，但这些变量需要经实验室分析而成为生产应用的一个障碍，以致这些预估方程较难在实际中应用。迄今，在地位指数的间接评价方法上已做了大量的研究工作，仍有许多实际问题需要进一步研究解决，主要是有效立地因子的定义、选择和测定方法，多元方程和统计分析方法的设计，实用性和预估精度的提高以及将地位指数转换到蓄积量为评价指标的方法等(张万儒主编，1997；郭艳荣等，2012；巩垠熙等，2013)。

(3)以林分材积为指标的评价方法

早在 18 世纪初叶，由于森林经营者最关心的是林分蓄积量，德国林学家曾试图用林分收获量来评价林地生产力的高低(张万儒，1997)。1923 年，美国亦曾确认林分材积为立地质量评价的主要指标，但由于当时技术上的局限性而未能提出一套适用的方法(Carmean, 1975)。20世纪70年代后，由于集约经营的需要，科学技术的进步，以及对立地指数作为评价指标的局限性认识，以材积作为评价指标被再次引起重视和研究。目前，用材积评价立地质量的研究途径有两种：一是估计年平均材积生长量(MAI)与地位指数的关系；二是直接用MAI与立地因子建立数学模型。但由于立木密度对林分蓄积生长量的影响，如何排除林分密度的影响是解决以材积作为评价指标的关键技术环节。

近年来，由于新技术和新方法的引入，森林立地质量评价方法的研究发展很快。以生态学和景观生态学理论为基础，以遥感、地理信息系统和专家系统为主要技术手段，借助相关数学分析，对森林进行立地类型划分和在此基础上的立地质量评价及多目标动态决策，即应用"3S"技术进行立地分类和立地质量评价的研究也在国内外开展(Waring *et al.*, 2006；Altun *et al.*, 2008；Günlü *et al.*, 2009；巩垠熙等，2013)，但它的实际应用还有待于进一步完善。如马明东等(2006)以云杉为对象，利用卫星遥感为研究手段，研究了岷江流域森林生态系统的立地指数，通过应用植被指数的方法测定森林立地指数；余其芬等(2003)采用遥感技术对纸坊沟流域立地特征及地形部位、坡向、坡度等各因子的定性分析，用GIS技术建立各分类因子的专题数据库和图形数据库，通过各分类层次的主导因子及辅助因子的专题图叠置，编制了该领域的立地类型图。

9.3 森林立地质量评价方法

我国森林地理环境十分复杂，一般情况下任何单一立地因子都无法全面反映多级的环境特征和正确地评价立地质量，必须采用多因子综合的方法。实际上影响森林类型和森林生长的因素是众多的、综合的，因此当揭示的影响因子愈多，愈综合，则对森林立地质量的评价愈逼近真实。从理论上讲，一块造林地上作用于林木生长的环境因子相当多，然而，各个因子所起的作用差异很大，有些因子对林木生长发育的作用微不足道，有的因子却起着决定的作用，这些起决定性作用的因子，在造林学上称之为主导因子。一般而言，在分析立地与林木的关系时，不可能也没有必要对所有立地因子进行调查分析，只要找出主导因子，就能满足造林树种选择和制定造林技术措施的需要。

9.3.1 立地主导因子的确定方法

由于立地因子千变万化，要找出主导因子并不存在一个万能处方，关键是要对具体问题做具体的分析。主导因子可以从两个方面去探索。一方面是逐个分析各环境因子与植物必须的生活因子(光、热、气、水、养)之间的关系，从分析中找出对生活因子影响面最广、影响程度最大的那些环境因子；另一方面则是找出处于极端状态，有可能成为限制植物生长的那些环境因子，按照一般规律，成为限制因子的多是起主导作用的因子，如干旱、严寒、强风、过大的土壤含盐量等。把这两方面结合起来，逐个分析各环境因子的作用程度，注意到各因子之间的相互联系，特别注意那些处于极端状态有可能成为限制因子的环境因子，主导因子就不难找出。主导因子的确定可采用定性分析与定量分析相结合的方法。下面仅介绍几种常用的方法供参考。

(1)主分量分析

主分量分析(principal component analysis)就是一种把原来多个指标，化为少数几个相互独立的综合指标的一种统计方法。主分量分析主要用于简化数据结构，寻找综合因子与主导因子，样本排序及分类等方面。在林业、生物等领域有着众多的应用。陈建新等(2002)以28个点的气象资料为基础，用主分量分析方法，对秃杉的栽培区进行了划分(表9-4)，将广东省秃杉栽培区划分为4个区域。前3个主成分累积贡献率达89.4%，第一主成分与1月平均气温、年平均气温、纬度、无霜期等热量因子有关，第二主成分与经度和7月平均气温有关。

表9-4 秃杉栽培区划分的主分量分析特征值和特征向量

Tab. 9-4 Principal component analysis eigenvalues and eigenvectors in cultivation division of *Taiwania flousiana*

主成分	经度(E)	纬度(N)	年平均气温	1月平均气温	7月平均气温	年降水量	日照时数	无霜期	特征值	累积贡献率
γ_1	-0.155	-0.453	0.463	0.465	0.0363	0.082	0.361	0.447	4.483	0.560
γ_2	0.617	0.112	-0.086	0.043	-0.622	0.294	0.321	0.146	1.595	0.760
γ_3	0.403	0.126	0.032	0.028	0.233	-0.799	0.354	0.035	1.071	0.894

(2)通径分析

通径系数(P_{xay})是变量标准化的回归系数，它是用于表示特定条件下因果关系的有方向的相关系数，用此进行相关分析，称为通径分析(path coefficient analysis)。在这个分析中将相关关系进一步分割，研究事物中因果关系的直接和间接影响，以及因子影响的总和。在长江中游平原地区，金志农(1997)以I-69杨优势木高为因变量，以局域位置、排水条件、地下水位、质地、结构、容重、pH值等15个立地因子作为自变量，选出了影响I-69杨生长的7个主导因子(表9-5)。

表9-5 I-69杨生长与立地因子的通径分析结果

Tab. 9-5 Path coefficient analysisbetween clone I-69 growth and site factors

系数类别	林分年龄	立地因子						
		局域位置	经营集约度	排水条件	地下水位	质地	pH值	结构
直接通径系数	5	0.444	0.184	0.171	0.171	0.177	0.222	0.014
	7	0.530	0.197	0.220	0.140	0.127	0.232	0.074
	8	0.454	0.208	0.195	0.145	0.187	0.133	0.080
	10	0.451	0.227	0.141	0.235	0.160	0.153	0.047
因子贡献率(%)	5	41.35	15.77	10.22	9.46	8.96	9.98	0.85
	7	46.56	16.23	13.35	6.10	4.58	6.37	4.96
	8	39.09	16.58	11.78	7.35	8.47	2.65	5.54
	10	37.00	19.91	8.33	15.21	7.71	4.31	3.26
	平均	41.00	17.12	11.03	9.53	7.43	5.83	3.65

(3)典型相关分析

典型相关分析(canonical analysis)的特点是将原来较多变量化为少数几个典型变量，

通过较少的典型变量之间的典型相关系数来分析一个多元随机变量之间关系的一种数学方法。在森林立地分类中，常将地形因子划分为立地类型组，土壤特性划分为立地类型，因此，阐明地形与土壤的相关关系，对森林立地分类与评价非常有意义。罗美娟等(2000)对巨尾桉生长与立地因子的典型相关分析表明，第Ⅰ对典型变量(u_1，v_1)实际上反映了影响巨尾桉胸径生长的主要立地因子是土层厚、海拔、坡向；第Ⅱ对典型变量中，u_2与土壤有机质相关系数最大($Y_{uzi}=0.7651$)，其次为有效磷($Y_{uzi}=0.7447$)、毛管持水量($Y_{uzi}=0.6507$)，而v_2与树高y_1有较高的正相关($Y_{vzi}=0.8407$)(表9-6)。

表9-6 巨尾桉典型变量和与典型变量有关性状的相关系数

Tab. 9-6 Canonical variables and correlation coefficients of canonical variables in *Eucalyptus*

典型变量 典型相关系数	Ⅰ $\lambda=0.9875^{**}$		Ⅱ $\lambda=0.9692^{**}$		Ⅲ $\lambda=0.7536^{**}$	
	m_{1i}	$\gamma_{u_1 i}$	m_{2i}	$\gamma_{u_{21} i}$	M_{3i}	$\gamma_{u_3 i}$
坡向 x_1	0.171 6	0.231 9	0.093 5	0.164 5	0.406 3	0.071 6
坡度 x_2	0.553 1	0.186 7	0.508 2	0.640 3	-0.291 0	0.099 5
坡位 x_3	1.042 3	0.119 3	-0.230 5	0.746 8	0.294 1	0.196 8
海拔 x_4	-0.497 2	0.257 4	0.067 5	0.176 4	-0.756 0	-0.187 0
土层厚 x_5	1.024 6	0.568 4	0.126 2	0.579 3	-0.005 3	0.054 3
腐殖质 x_6	-0.625 8	0.084 3	-0.416 3	0.452 1	2.655 2	0.262 8
容重 x_7	-0.739 6	-0.187 9	0.025 9	-0.333 1	1.129 5	0.559 8
田间持水量 x_8	0.509 2	-0.000 1	-1.178 4	0.531 0	2.509 6	0.422 5
毛管持水量 x_9	-1.671 8	-0.087 2	1.111 7	0.650 7	-0.204 0	0.462 0
有效磷 x_{10}	-0.315 2	-0.035 1	0.938 5	0.744 7	-2.651 3	0.086 5
有机质 x_{11}	-0.762 4	-0.046 0	0.185 0	0.765 1	-0.013 7	0.113 1
	n_{1j}	$\gamma_{v_1 j}$	n_{2j}	$\gamma_{v_2 j}$	n_{1j}	$\gamma_{v_3 j}$
树高 y_1	-1.054 2	0.319 5	-1.610 6	0.840 7	6.156 6	0.437 1
胸径 y_2	0.422 0	0.926 8	-4.171 2	0.292 8	7.700 3	0.235 3
蓄积 y_3	1.249 0	0.742 4	5.900 2	0.606 0	-12.262 4	0.285 7

注：m_i、n_j为典型变量的系数，γ_{ui}、γ_{vj}为原始变量与典型变量之间的相关系数。

(4)逐步回归分析

在森林立地研究中，经常用此法筛选对林木生长有显著影响的环境因子，分析主导因子。因为一般多元线性回归方程建立之后，很可能包含一部x的分量对y没有显著影响，于是很自然地希望建立回归方程中，逐步剔除一些没有显著影响的x，使方程简化有效，称为逐步回归分析(*multivariate step regression analysis*)。逐步回归在分析对林木生长有重要和主导影响的立地因子时，有特殊作用。张志云等(1991)用多元逐步回归，研究土壤物理性质与杉木，马尾松的生长关系。研究结果表明。在花岗岩发育的土壤主导因子是容重、非毛管孔隙和腐殖层厚度；砂岩发育的土壤主导因子为土层厚度，非毛管孔隙度和腐殖质层厚度(表9-7)。

表 9-7 土壤物理性质与地位指数相关分析

Tab. 9-7 Correlation analysis between soil physical properties and site index

母岩树种		偏相关系数					复相关系数
		容重	非毛管孔隙度	腐殖质层厚度	土层厚度	总孔隙度	
花岗岩	杉木	-0.422	0.344	0.336	0.037	-0.175	0.705
	马尾松	-0.532	0.520	0.499	0.089	-0.320	0.725
砂岩	杉木	-0.191	0.476	0.308	0.662	-0.392	0.797
	马尾松	-0.139	0.260	0.072	0.384	0.044	0.758

(5)数量化分析

数量化分析(quantitative analysis)方法在森林立地中应用最广泛，特别是数量化方法Ⅰ。因为许多立地因子不能用数值表示，但通过数量方法将不能用数值表示的资料通过数学处理使之能用数值表示的量。非数量数据，又称质量数据，可以通过处理转为量的数据作为自变量，多个这种自变量与相应的应变量之间建立数学模型，通过计算求解，并进行分析，这就是数量化(Ⅰ)的方法。

数量化方法要想取得较理想的效果，最重要的是选择、划分项目和类目。关于项目的选择与划分，一般是根据大量观测和经验确定，也可以先用逐步回归方法分析判断。项目中类目的划分，对使用效果有重要意义。如海拔、土层厚度作为项目，那么其下又划分多少个类目，即多少个海拔段，多少个土层厚度等级为适宜。划分细了，要求扩大样地的量，并应用不方便，划分粗了也不利于控制立地环境。类目的划分也是多半有赖于长期调查观察的经验，也可以通过反复几次的数量化方法的计算，控制调整到较适宜的范围。

在分析主导因子时还需要补充说明两点：第一点是探索主导因子不能只凭主观分析，而要依靠客观调查，要善于从各环境因子对林木生长影响程度的客观现象中总结出生主导因子，对不同生态要求的树种，立地条件中的主导因子是不同的，应分别加以调查和探索；第二点是主导因子的地位离不开它所处的具体场合，场合变了，主导因子也会发生变化。前面提到的坡向在一些场合下起重要作用，而在另一些场合就没有明显作用了，低纬度地区的平缓坡就是一个例证。所以不能用固定的眼光来看待主导因子。

9.3.2 立地类型划分的方法

立地条件类型的划分，可以分为以环境因子为依据的间接方法和以林木的平均生长指标为依据的直接划分方法。由于我国造林区多为无林地带，因此，间接的方法最为常用。

9.3.2.1 利用主导环境因子分类

根据环境因子，特别是主导环境因子的异同性，进行分级和组合来划分立地条件类型，有的辅以立地指数。这种方法比较适合无林、少林地区，以及因森林破坏严重实在难以利用现有森林进行立地条件类型划分的地区。其特点是简单明了，易于掌握，因而在实际工作中广为应用。但这种方法包含的因子较少，显得比较粗放。下面以杉木为例说明利用主导环境的分类方法(湖南省杉木协作组，1985)。主导环境因子：坡位、坡形和黑土层厚度；环境因子分级：坡位分为3级、坡级分为3级、土层厚度分为3级；环境因子组合：共27个立地类型(如上部—凸—薄层黑土为第一个类型，表9-8)。

应该指出，不同地区和不同地类的主导环境因子及其分级标准不可能完全一致，因此，进行立地条件类型的划分时，可参照上述例子，结合本地具体条件制定出合适的立地条件类型表。

表9-8 杉木中带东区湘东幕阜山地亚区立地条件类型表

Tab. 9-8 Site index table of Chinese fir in eastern area of Hunan Province

坡位	坡形	立地类型序号/20龄杉木优势高值(m)		
		薄层黑土	中层黑土	厚层黑土
上部	凸	1/7.71	2/9.7	3/10.59
	直	4/8.4	5/10.9	6/11.28
	凹	7/9.13	8/11.13	9/12.02
中部	凸	10/9.22	11/11.21	12/12.11
	直	13/9.92	14/11.91	15/12.80
	凹	16/10.65	17/12.64	18/13.54
下部	凸	19/8.50	20/10.49	21/11.38
	直	22/9.19	23/11.18	24/12.07
	凹	25/9.92	26/11.91	27/12.81

9.3.2.2 利用生活因子分类

根据生活因子(水分、养分)划分立地条件类型。具体做法如下：

①以纵坐标代表土壤湿度，横坐标代表土壤养分；

②土壤湿度从极干旱至湿润分为若干水分级，并以数字表示各自干湿程度，同时借助于植物组成(主要是反映土壤湿度状况的指示植物)和覆盖度指示水分状况；

③土壤养分按土类、土层厚度分为若干养分级，也以字母表示其养分高低；

④最后制成二维表格形式。

在实际应用当中，只要测定造林地土壤湿度、土层厚度及出现的植物种类、覆盖度，通过立地条件类型表就可查得造林地相应立地条件类型。

这种方法，反映的因子比较全面，类型的生态意义比较明显。但生活因子不易测定。在立地调查过程中，一次测定代表不了造林地的情况，需要长期定位观测才能够比较客观地反映造林地的水分状况，而且水分和养分受地形的影响较大，因此还要分别不同的地形条件测定土壤肥力，这就需要布设大量的定位观测点，这在大面积造林调查规划设计中，很难执行。

9.3.2.3 利用立地指数代替立地类型

用某个树种的立地指数级来说明林地的立地条件，具体做法见立地质量的评价。这种方法有如下特点：

①应用于大面积人工林地区评估立地质量，易做到适地适树；

②能够预测未来人工林的生长和产量；

③编制立地指数类型表外业工作量大；

④某一树种的立地指数类型表仅适用于该调查地区该树种，不同的树种要制作不同的立地指数类型表；

⑤立地指数只能说明立地的生长效果，不能说明原因。

立地指数法对立地因子进行定量的评价，准确地划分立地条件类型具有十分重要的意义，但要用立地指数完全代替立地条件类型，则是困难的。

9.3.2.4 森林立地类型的应用

立地类型是组织林业生产、调查设计、制定造林技术措施及提高林地生产力的基础。它在森林调查、造林和营林生产实践中具有广泛的作用。

(1)在造林和造林规划中的应用

在造林工作中，立地类型是制定科学造林技术措施的基础。诸如林种、造林树种选择，林分结构、造林施工及幼林抚育管理等技术都需要依据立地类型进行设计，不同的立地类型具有不同的造林技术措施。在规划林种时，进行一个地区(县、林业局、林场)林种的科学配置和布局，除考虑社会经济发展的需要外，立地类型是主要依据之一。根据区域立地条件的异同进行林种布局，能充分发挥林地生产力或林种的功能。如按立地类型上分别地块发展速生丰产用材林、一般用材林、经济林、水土保持林、水源涵养林等。在造林规划设计中，立地类型是划分造林类型的主要依据，是造林设计的基础工作。应用立地类型进行造林设计，在施工中容易掌握。因此，要对每个立地类型设计若干不同的造林技术措施方案，为造林施工单位提供最优技术选择。在造林规划设计中最为重要的是要制定出立地条件类型表，以供造林典型设计或森林经营类型设计之用。

(2)在森林抚育和主伐更新中的应用

立地类型是林木生长周期内制定各种抚育、主伐更新技术措施的主要依据。在森林抚育方面，立地类型是确定抚育间伐的时间(林龄)、方式、强度和间隔期的主要依据。如立地条件好的林分，林木自然分化来得早，宜采用早间伐、强度小、间隔期短的抚育间伐措施。在次生林改造中，也要考虑立地条件，如立地条件差的林地，尽量采用保护措施，而少加以干扰。在森林主伐更新时，更新措施的制定、采伐和集材方式的选择、划分林场等级等都要依据立地条件类型。如皆伐后引起迹地小气候、土壤、植被条件变化，对森林更新不利的小班；沼泽、水湿地、水位较高排水不良及坡度较大、水土容易流失的小班；降低森林涵养水源作用的小班，均避免选用皆伐。与草原镶嵌的林缘，高山森林带上限的森林应禁止采伐。

(3)在森林资源调查设计中的应用

根据野外专业调查，划分立地条件类型，编制成立地类型表。在森林调查工作中应用立地类型表，对照调查小班的环境条件，确定小班立地类型，然后按各立地类型小班统计面积，提出调查区各立地类型的比重，进而评价立地质量，作为制定造林规划设计、森林抚育和主伐更新规划等的依据，并编绘立地类型分布图。此外，小班经营法即把小班调查设计和林业生产措施落实到地块的一种集约经营方法，立地类型是其理论基础，它揭示林地自然条件的差异，为划分经营范围、确定小班经营措施和组织经营类型的依据。

9.3.3 数理化立地质量评价方法

9.3.3.1 森林立地质量评价的资料采集方法

(1)选择样本资料收集基点的原则

立地质量评价属于探索森林生长发育与立地环境因子之间的关系的自然规律性，样本资料的采集方法，本质上不能等同于对一个抽样总体特征数进行一次性抽样估测的随机抽样方法，技术标准的明确性和分类取样的典型代表性，是保证研究质量的关键。因此，样本资料的收集应以点为主点面结合的样本采集方法。选择在地貌、海拔、地形、岩性、土壤特性、所规定的主要研究树种的分布范围，以及经营水平比较一致和生长正常的成熟林分较多等条件能构成比较完整系列的地区为研究基点，以便使样本资料能代表有较大变化幅度的环境因子，客观真实地反映出立地因子梯度变化规律的基本信息，并兼顾面上取样进行补充和检验。

(2)样本资料收集的主要内容和样地分类

①分立地类型和研究树种，收集足够数量的详测样地并采集优势木树干解析样木，作为建立地位指数模型的样本。

②分立地类型收集足够数量的树种间配对样地，用以研究地位指数的直接代换评价方法。

③分立地类型收集足够数量的各树种一般样地，用以分析主要立地因子及其综合效应对各树种的不同影响，研究地位指数数量化预估模型的建立，探讨以立地因子为依据的树种间地位指数代换预估方法。

④分立地类型选设足够数量的精测样地，分径阶采样树干解析样本(或要详测样地中采集林分平均木树干解析样木)和立木冠幅与胸径和林分郁闭度之间的相关样本，用以研究标准蓄积量收获模型的建立。

⑤分立地类型采集足够数量的土壤分析样品，为分析土壤理化特性与林木及其他立地因子间的相关规律提供依据。

⑥分立地类型收集足够数量的详测样地和优势木树干解析样木，作为检验研究成果适用性的依据。

上述内容构成了5套用于不同研究目的的样本，一些样地需要进行多相取样，取样内容不同，对样地的要求标准也不一样。为了保证取样质量，将样地分成：精测、详测、配对和一般4种类型。每类样地除需进行全林每木检尺，实测树高并绘制曲线，实测5株优势木高度，求算林分平均直径、平均高、平均年龄、平均优势高和单位面积蓄积量外，还需详细调查记载立地环境因子、林下植被、林分特征和林分经营沿革。其中精测样地为多相取样重点，除应采集优势木树干解析资料外，还需采集林分平均木树干解析或分径阶采集树干解析资料和冠幅样本资料，详测样地只伐取优势木树干解析，配对样地由精测和详测样地中选择，一般样地不伐取树干解析样木。

(3)样地数量的确定原则

研究地区对森林生长具有显著影响的主要立地因子及其等级水平的总数，是确定前述4类样地总数最低要求标准的主要依据。考虑到即使在同一立地类型条件下，必然还存在其他影响林分生长的因素，使得现实林分的地位指数存在一定的变化幅度。为了使样本对各类目平均数的估计能达到一定的精度，每个类目的取样重复数不应少于3次，在立地因子变化幅度大的地区和对立地因子反应敏感的树种，其重复次数应相应增加。由此可见，样地总数的确定，应以总类目数、类目中地位指数的变动幅度和要求精度为原则依据。而且按类目总数和重复次数所确定的样地总数，是保证每个样地按既定的项目和类目必须到位的最低数量要求。

(4)主要技术标准

立地质量评价所采用的各项技术标准，必须确定和规定，否则将引起不同人员在野外取样上的混乱，造成样本在整体上不能真实反映客观规律。由于评价是在立地分类的基础上进行的，有关立地因子的定义和技术标准与立地分类是一致的。分类系统中未涉及的几个主要技术标准有：

标准年龄除小兴安岭红松和樟子松定为30年外，其他立地区的红松、樟子松、落叶松均定为20年；杉木、马尾松20年；南方型杨树定为6年；毛白杨定为15年；泡桐定为10年；刺槐定为20年。

优势高指样地内优势木的平均高。

标准蓄积量林分某一标准密度条件下的林分蓄积量。

单形地位指数曲线模型对各不同地位指数曲线具有单一或近似单一曲线形状的树种，采用导向曲线法建立的地位指数曲线模型。

多形地位指数曲线模型对各不同地位指数曲线在一定地域范围内具有多形不相交曲线簇的树种，采用参数随地位指数而变化的地位指数曲线模型。

检验样本为检验各种预估模型的使用精度而单独收集的样本。它不参与模型的建立。

使用精度检验用检验样本验证所建模型在应用中所能达到的预估精度。

(5)取样方法

取样方法是决定所采集的信息能否正确反映客观规律和能否减少无效取样量的关键技术环节。研究表明，以下取样方法对保证样地按项目和类目到位、满足重复次数、提高信息的采集精度、真正反映客观规律、减少无效取样量具有重要作用。

①样地按项目、类目完成进程控制法　野外取样前，先按初编的立地分类系统所选定的项目和类目，编成样地设置控制表，逐日按类目登记完成情况，以便对样地的选设加以控制，保证完成类目重复次数而又不盲目增加样地数。

②样地系列配套设置法　在同一海拔梯度的同一坡面上，按脊、坡、洼同时取一组样地；或者在同一立地类型区内的同一地点，按不同立地类型组，进而按不同立地类型同时取一组样地，使其能体现出林分生长因立地环境的不同而产生的明显差异。实践证明，这是一种能有效地保证正确反映客观规律和减少无效取样的可靠方法。因为在同一立地类型组或立地类型中，还存在其他影响林木生长的因素，使得相邻立地

类型乃至相邻立地类型组之间的相邻边缘，出现地位指数的交叉重叠。

③混交林中选取配对样地　对于树种间配对样地的选择，可采取样地配对和在同一混交林样地内选择配对优势木两种方法。前者是在相邻的相同立地类型中选设不同树种的两块样地，这种条件一般比较难找；后者是在某树种人工林混有约20%另一树种的林分中，同时伐取两个树种平均优势木各一株予以配对。这类林分一般为某树种(如杉木)全垦造林后另一树种(如马尾松)飞籽侵入而形成，侵入的树种一般比主要树种年龄小2~3年；也有同时造林的人工混交林。事实证明，后者由于立地条件的一致性强，更能如实反映出树种间的转换关系。

9.3.3.2　数量化立地质量评价表的编制方法

目前，我国各地区对许多树种进行了立地质量评价的研究。下面以I-69杨数量化立地质量评价(梁军等，1997)为例说明立地质量评价表的编制方法。

(1)树高曲线拟合和标准年龄确定

建模材料来自151块固定和临时标准地。调查区分布于I-69杨栽培区内，包括江苏、安徽、山东、湖南、湖北和河南等地。标准地数据随林分年龄、林分密度、立地指数、综合经营水平的分布基本均匀。

①树高曲线的拟合　林分平均优势高是比较合理的评价立地质量的指标，拟合树高曲线的数学模型很多。本着既要正确反映树高的生长过程，又要达到使计算过程简捷的目的，确定I-69杨的单分子生长曲线为：

$$H = 83.910\,6 - 84.366\,4\exp^{(-0.041\,33A)} \tag{9-2}$$

②基准年龄的确定　基准年龄应以树高生长已趋稳定且最能反映林分生长的立地差异为准。根据5个固定标准地连续10年的观测数据，并参照其余标准地调查材料，表明南方型杨树3个无性系的树高平均生长量在5年生时达最大，树高变动系数在6年生时已趋稳定，已能反映出其树高生长优劣的位次。因而，根据上述分析认为，确定南方型杨树的基准年龄为6年。

(2)立地指数曲线的展开

展开之前，在已选定树高曲线的基础上，进行样本标准差曲线的拟合，然后计算出I-69杨1~10年的平均树高和样本标准差理论值。立地指数曲线分为7级，选定中心线的指数为20m，间距为2m。立地指数曲线展开的方法采用标准差法。定义立地指数等级为5级，龄级距为1，表9-9列出了I-69杨的立地指数值。

表9-9　I-69杨立地指数表

Tab. 9-9　Site index table for poplar clone of I-69

林分年龄	立地指数级(m)				
	14	16	18	20	22
2	2.65~4.05	4.06~5.50	5.51~6.90	6.91~8.35	8.36~9.85
3	5.30~4.90	6.91~8.50	8.52~10.10	10.11~11.70	11.71~13.30
4	8.05~7.95	9.76~11.45	11.46~13.20	13.21~14.95	14.96~16.65
5	10.60~12.40	12.41~14.25	14.26~16.15	16.16~18.05	18.06~19.95

（续）

林分年龄	立地指数级(m)				
	14	16	18	20	22
6	13.00~15.00	15.01~17.00	17.01~19.00	19.01~21.00	21.01~23.00
7	15.35~17.45	17.46~19.60	19.61~21.75	21.76~23.85	23.86~25.95
8	17.60~19.80	19.81~22.05	22.06~24.35	24.36~26.60	26.61~28.80
9	19.70~22.10	22.11~24.50	24.51~26.85	26.86~29.20	29.21~31.60
10	21.75~24.25	24.26~26.75	26.76~29.25	29.26~31.37	31.76~34.25
11	23.65~26.35	26.26~29.00	29.01~31.60	31.61~34.20	34.21~36.80
12	25.65~28.35	28.36~31.05	31.06~33.75	33.76~36.50	36.51~39.30
13	27.50~30.30	30.31~33.10	33.11~35.90	35.91~38.70	38.71~41.50
14	29.25~32.15	32.16~35.05	35.06~37.95	37.96~40.85	40.86~43.75

①地因子项目和类目的划分　通过对立地因子与林分优势高之间的关系分析，抓住主导因子，选择前7个立地因子作为立地质量评价的因子，它们分别是pH值、有机质含量、有效层厚、土壤全氮含量、地下水位、土壤容重、土壤质地。类目的划分见表9-10。

②数量化理论I模型的建立及得分表的编制　以数量化后的7个立地因子作为自变量，以立地指数为因变量建立数量化理论I模型。在对数量化得分表的检验的基础上，根据各项目对立地指数贡献的大小，也就是该立地项目的重要程度，按得分范围从大到小的排列顺序为有机质含量、pH值、有效层厚、容重、全氮、地下水位、土壤质地，结果见表9-10。

表9-10　立地因子项目和类目的划分

Tab. 9-10　The division of site factor item and category

综合因子	项目	类目及标准
有效水分	地形条件	凸地，平地无积水，低洼地有积水
	地下水位(cm)	<50，50~99，100~149，150~200，>200
通气条件	质地	砂、轻壤，重、中壤，砂土、黏土
	结构	粒状，块状，单粒
	容重(g/cm^3)	<1.2500，1.2500~1.3499，1.3500~1.4500，>1.4500
	有效层厚(cm)	>110，80~110，<80
	经营强度	强，中，差
	孔隙度(%)	>55，55~50，49~45，<45
有效养分	有机质(%)	>1.0000，1.0000~0.6000，0.5999~0.2000，<0.2000
	全氮(%)	>0.1200，0.1200~0.0600，<0.0600
	pH值	<7.0，7.0~8.0，8.1~8.5，>8.5
	速效磷(mg/m^3)	<2.5，2.5~4.9，5~9.9，10~15，>15

9.3.3.3　数量化地位指数表的应用

数量化地位指数得分表使有林地和无林地的立地质量有了统一的评价标准。根据得分表可以求出有林地或计划造林无林地的地位指数值。数理化立地质量表可以在以下两个方面得以应用(方升佐等，2004)：

(1)对有林地生长情况进行评价

用立地质量表查得的林分优势木高与实际林分优势木高比较，以确定该林分是否达到该立地应达到的生产力水平。若实际林分优势木高达到或超过立地质量表查得的值，则说明该林分充分发挥了立地的生产潜力；否则，说明立地生产潜力未充分发挥，需要林分管理。

(2)评价无林地的生产潜力及预测林分生长量

在实际应用中，可根据表9-11中1个、2个以及7个立地因子(X_1~X_7)查数理化立地质量表，各立地因子得分之和就是该立地可能达到的林分优势木高。数值越大，表明该立地条件越好；反之，则表明该立地质量越差，数值太小，则表明该立地不适宜于种植该树种。

表9-11 I-69杨数量化立地质量得分表

Tab. 9-11 Quantitative site quality score for poplar clone of I-69

项目		类目	模型(y_7-y_1)							偏相关系数
			Y_7	Y_6	Y_5	Y_4	Y_3	Y_2	Y_1	得分范围
X_1	有效层厚	>110	2. 205 8	2. 212 1	2. 740 9	2. 136 9	3. 371 9	11. 585 1	18. 867 7	0. 348 7 / 1. 796 9
		80~110	1. 910 7	1. 662 2	2. 112 4	1. 628 9	2. 467 2	10. 871 3	17. 941 1	
		<80	0. 408 9	0. 432 1	0. 817 6	0. 279 5	1. 227 5	9. 538 6	16. 839 9	
X_2	pH值	<7. 0	0. 157 6	0. 429 9	0. 240 3	0. 102 0	0. 436 2	6. 867 0		0. 334 7 / 2. 239 7
		7. 0~8. 0	2. 381 6	2. 464 6	2. 686 0	3. 029 5	3. 334 3	8. 104 8		
		8. 1~8. 5	1. 960 4	2. 095 4	1. 968 4	1. 909 2	1. 952 8	8. 285 2		
		>8. 5	0. 534 0	0. 859 9	0. 377 7	0. 418 4	0. 488 0	6. 759 5		
X_3	有机值	>1. 000	11. 162 9	11. 939 4	14. 074 2	15. 067 8	14. 504 7			0. 289 7 / 5. 410 1
		0. 600 0~1. 000	10. 574 8	11. 452 9	13. 823 1	15. 365 0	15. 637 3			
		0. 200 0~0. 599 9	10. 968 6	11. 892 2	13. 879 2	14. 814 0	15. 365 8			
		<0. 200 0	5. 752 8	6. 540 8	7. 368 0	7. 814 1	8. 365 9			
X_4	全氮	>0. 120 0	1. 646 3	1. 897 5	1. 851 8	1. 654 8				0. 268 9 / 1. 548 2
		0. 060 0~0. 120 0	0. 317 7	0. 385 3	0. 165 8	0. 055 7				
		<0. 060 0	0. 098 1	0. 330 6	0. 197 8	0. 112 1				
X_5	容重	<1. 250 0	1. 809 3	2. 474 5	2. 366 4					0. 205 3 / 1. 701 5
		1. 250 0~1. 349 9	0. 877 8	1. 454 6	1. 283 2					
		1. 350 0~1. 450 0	0. 107 8	0. 509 8	0. 410 5					
		>1. 450 0	0. 131 1	0. 432 5	0. 230 7					
X_6	土壤质地	砂土	1. 529 6	2. 133 7						0. 185 2 / 1. 195 1
		砂轻壤	1. 988 6	2. 449 7						
		中重壤	2. 465 9	2. 694 5						
		黏土	1. 270 8	1. 475 8						
X_7	地下水位	<50	1. 328 9							0. 172 5 / 1. 249 8
		50~99	1. 345 7							
		100~149	1. 672 1							
		150~200	1. 691 1							
		>200	2. 578 7							
复相关系数			0. 695 6	0. 583 3	0. 568 3	0. 531 9	0. 495 1	0. 378 7	0. 301 9	

9.3.4 基于遥感影像的神经网络立地质量评价方法

人工神经网络(artificial neural networks, ANN)以其自组织、自适应、自学习、并行分布处理等独特的性能引起广泛关注(黄家荣等, 2006; 李正茂等, 2010; 巩垠熙等, 2013)。尤其是BP(back propagation)神经网络模型, 一种由非线性传递函数神经元构成的前馈型神经网络, 采用误差反向传播的学习算法, 能够很好地实现预测功能, 但目前应用神经网络进行立地质量评价的研究还较少。为了稳定和有效地进行森林立地质量评价, 研究引入多光谱遥感数据, 巩垠熙等(2013)以落叶松为研究对象提取6项与林分生产力相关性较强的植被指数, 作为生物植被因子, 结合地形因子与土壤因子, 应用BP神经网络进行了立地质量评价, 通过分析评价各方案的精度和效果, 得到最优的预测方案, 为森林立地质量评价提供更为有效的方法。

9.3.4.1 立地信息提取

(1)光谱信息提取

多光谱遥感数据的波段组合值与地表植被长势之间的关系显著。因此, 研究选取6项具有代表性的植被指数: 差值植被指数(D_{VI})、比值植被指数(R_{VI})、归一化植被指数(N_{DVI})、绿度信息(G_{vi})、亮度信息(B_{vi})以及转换型土壤调节植被指数(T_{SAVI})用于研究区域生物植被因子的提取。

①差值植被指数(difference vegetation index, D_{VI}) 该指数是近可见光红波段与红外波段数值之差。对于T_M影像, D_{VI}的计算公式为:

$$D_{VI} = T_{M4} - T_{M3} \tag{9-3}$$

式中, T_{M4}为近红外波段发射率; T_{M3}为红光波段反射率。该指数可以有效地反映森林植被的土壤背景以及植被覆盖度的变化(贺中华等, 2012)。

②比值植被指数(ratio vegetation index, R_{VI}) 这种植被指数通过近红外波段与红光波段的灰度比值表达两者之间反射率的差异, 对于T_M影像, R_{VI}的计算公式如下:

$$R_{VI} = T_{M4}/T_{M3} \tag{9-4}$$

比值植被指数对绿色植物表现出较强的敏感性, 与生物量、叶面积指数(L_{AI})和叶绿素含量等森林参数均具有显著的相关性。

③归一化植被指数(normalized diference vegetation index, N_{DVI}) 对于T_M影像, N_{DVI}的计算公式为:

$$N_{DVI} = (T_{M4} - T_{M3})/(T_{M4} + T_{M3}) \tag{9-5}$$

这种植被指数可以反映森林植被在光合作用中对太阳辐射的吸收情况, 还可以反映诸如植被长势等植被生长相关信息。

④绿度分量信息(G_{vi})和亮度分量信息(B_{vi})计算 通过k-t变换分离了植被与土壤的光谱信息, 获得G_{vi}和B_{vi}分量, 这两个分量可以很好地反映森林植被和土壤的光谱特征差异。其计算公式如下:

$$G_{vi} = -0.284T_{M1} - 0.243T_{M2} - 0.543T_{M3} + 0.724T_{M4} + 0.084T_{M5} - 0.180T_{M7} \tag{9-6}$$

$$B_{vi} = 0.303T_{M1} + 0.279T_{M2} + 0.474T_{M3} + 0.558T_{M4} + 0.508T_{M5} + 0.186T_{M7} \tag{9-7}$$

⑤转换型土壤调节植被指数(Transformed soil adjusted vegetation index，T_{SAVI})。对于T_M影像，T_{SAVI}的计算公式为：

$$T_{SAVI}=(T_{M4}-T_{M3}-0.5)/(T_{M4}+T_{M3}+0.5) \tag{9-8}$$

这种指被指数通过增加土壤调节系数，从而修正N_{DVI}对土壤背景的敏感性并解释了背景的光学特征变化特点(贺中华等，2012)。

(2)地形和土壤信息提取

巩垠熙等(2013)研究使用的地形和土壤信息取自森林小班调查数据，通过森林资源小班调查数据表中提取坡向、坡位、坡度、地貌、海拔、土壤种类、土壤厚度和腐殖质厚8项属性，构成了落叶松生长立地信息表。

9.3.4.2 BP神经网络模型的建模原理

BP网络是误差反向传播的多层前馈式网络，是人工神经网络中最具代表性和应用最广泛的一种网络。鉴于多项立地因子与立地质量问复杂的非线性关系，研究选取了可以利用多尺度数据来源进行预测的多层前馈型神经网络——BP神经网络(back propagation NN)。BP网络能学习和存贮大量的输入—输出模式映射关系，而无须事前揭示描述这种映射关系的数学方程。它的学习规则是使用最速下降法，通过反向传播来不断调整网络的权值和阈值，使网络的误差平方和最小。BP神经网络模型拓扑结构包括输入层(input)、隐层(hide layer)和输出层(output layer)。

图9-2是一个典型的三层BP网络。它由输入层、中间层(隐含层)、输出层三部分组成。如果网络的输入节点数为m，输出节点数为n，网络是从$R^m \rightarrow R^n$的映射，对此有如下定理：对有界闭集K上的连续函数，$f(x)=f(x^1 \cdots x^m)$和任意$\varepsilon>0$时，存在一个三层网络，其隐单元的输出函数为$\varphi(x)$，输入和输出单元输出函数为线性的，此三层网络的总的输入，输出关系为：

$f(x)=f(x^1, x^2, \cdots, x^m)$，使

$x=(x^1, x^2, \cdots, x^m)^t$

$\mathrm{ma}|f(x^1, \wedge, x^m)-f(x^1, \wedge, x^m)|<\varepsilon$

一般而言，BP网络算法主要有以下几个步骤：

①对全部连接权的权值进行初始化一般设置成较小的随机数，以保证网络不会出现饱和或反常情况。

②取一组训练数据输入BP神经网络，计算出BP神经网络的输出值。

③计算该输出值与期望值的偏差，然后从输出层计算到输入层，向着减少该偏差的方向调整各个权值。

④对训练集的每一组数据都重复上而两个步骤，直到整个训练偏差达到能被接受的程度为止。

前向三层BP网络需要一个训练集和一个评价其训练结果的测试集。训练集和测试集应源于同一对象的由输入—输出对构成的集合。其中，训练集用于训练网络，以达到指定的要求；测试集是用来评价已训练好的网络性能。

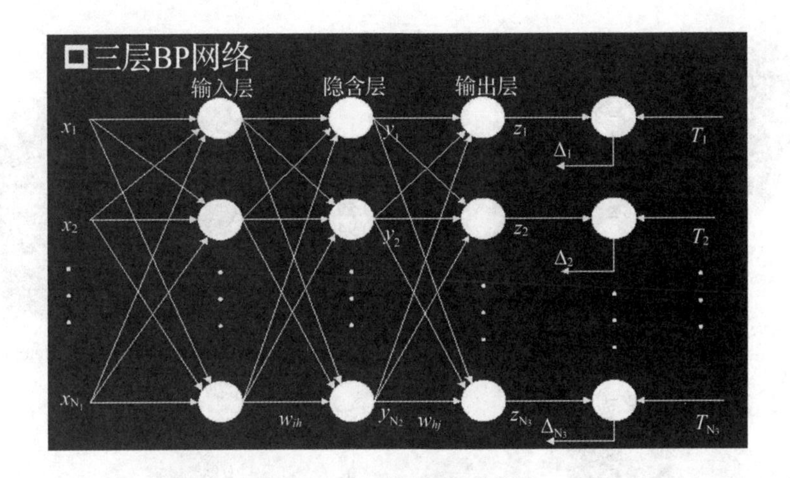

图 9-2 BP 神经网络结构图

Fig. 9-2 Back-propagation network structure

9.3.4.3 参数确定与模型建立

由于地位指数的预测实际是函数的拟合的问题，巩垠熙等(2013)选取 3 层拓扑结构的 BP 神经网络建立了神经网络模型。利用所得到的数据集，选择 100 条记录作为学习样本，并根据评价网络训练的收敛情况调整神经元数量，确定每一隐含层神经元的数量。为了使模型结果可以重现，每种方案的神经网络模型均输入随机种子来确定网络的连接权重[1:0:0]、连接偏置[1:1:1]、层连接权重[000:100:010]。性能函数采用 Msereg；初始化函数采用 Initlay。

巩垠熙等的研究采用两种方案运用 BP 神经网络进行地位指数预测(巩垠熙等，2013)。两个方案具体如下：

①方案一 BP 神经网络 + 小班调查因子(XB factors，X_{BF})：使用传统小班调查数据中的地形因子(海拔、坡向、坡度)和土壤因子(土壤种类、土壤厚度、腐殖质层厚度)作为输入数据集，输出层因子选择地位指数，采用经典的 BP 神经网络进行预测。

②方案二 BP 神经网络 + 多光谱遥感生物因子(RS factors，R_{SF}) + 小班调查因子：采用多光谱遥感生物因子(D_{VI}、R_{VI}、N_{DVI}、G_{vi}、B_{vi}、T_{SAVI})，结合传统小班调查数据中的地形因子(海拔、坡向、坡度)和土壤因子(土壤种类、土壤厚度、腐殖质层厚度)作为输入数据集，输出层因子选择地位指数，采用经典的 BP 神经网络进行预测。

通过两种方案的预测结果对比表明，方案二的预测精度为 90.97%，高于仅适用小班调查因子的方案一的预测精度，并且方案二的训练误差也显著小于方案一，说明引入多光谱遥感生物因子可以显著的提高地位指数的预测精度。对比两种方案的 BP 神经网络训练收敛速度，发现方案二的 Epoch 为 77，高于方案一的 38，说明增加了输入因子的训练数据集，也会相应的增加训练时间(巩垠熙等，2013)。利用上述预测精度最高的方案二，使用多光谱遥感数据结合小班调查数据对内蒙古旺业甸林场内落叶松小班的地位指数进行预测情况如图 9-3 所示。

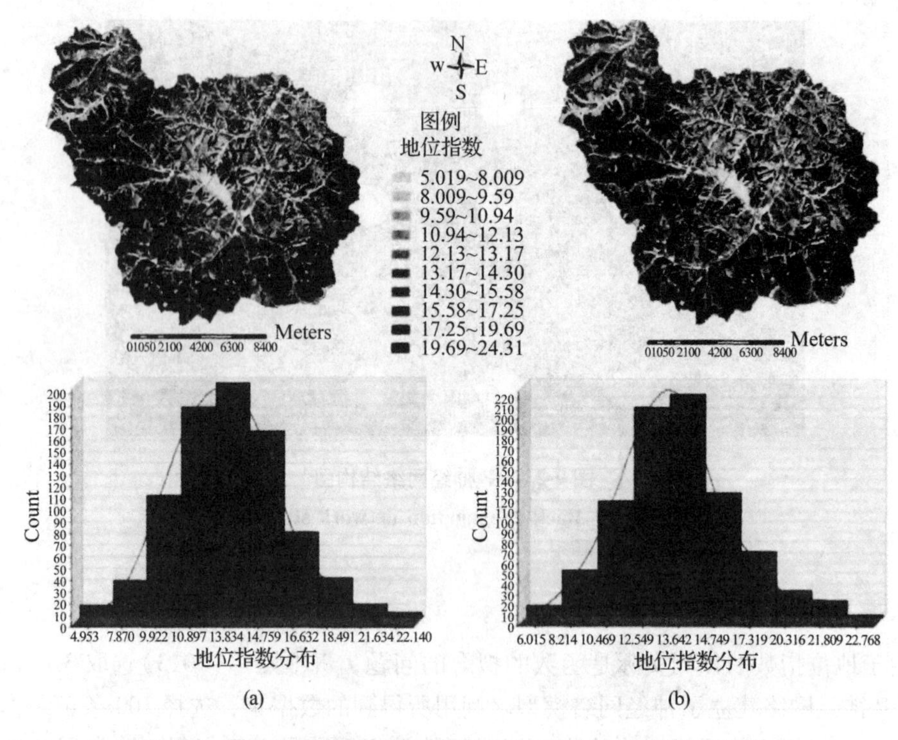

图 9-3 最终预测结果与检验数据对比(引自巩垠熙等, 2013)

Fig. 9-3 Comparison between simulated results and test results (Gong *et al.*, 2013)

参考文献

陈建新, 王明怀, 殷祚云, 等. 2002. 广东秃杉引种栽培效果及栽培区划分研究[J]. 林业科学研究, 15(4): 399-405.

方升佐, 徐锡增, 吕士行. 2004. 杨树定向培育[M]. 合肥: 安徽科学技术出版社.

巩垠熙, 高原, 仇琪, 等. 2013. 基于遥感影像的神经网络立地质量评价研究[J]. 中南林业科技大学学报, 33(10): 42-47, 52.

郭艳荣, 吴保国, 刘洋, 等. 2012. 立地质量评价研究进展[J]. 世界林业研究, 25(5): 47-52.

郭晋平, 张浩宇, 张芸香. 2007. 森林立地质量评价的可变生长截距模型与应用[J]. 林业科学, 43(10): 8-13.

贺中华, 陈晓翔, 梁虹, 等. 2012. 基于植被指数的喀斯特流域赋水动态变化遥感监测研究—— 以贵州省为例[J]. 国土与自然资源研究, 21(4): 48-56.

湖南省杉木协作组. 1985. 湖南省杉木立地条件类型划分的研究[J]. 中南林学院学报, 5(2): 103-132.

黄家荣, 马天晓, 王艳梅, 等. 2006. 基于BP网络的无林地立地质量评价模型研究[J]. 山地农业生物学报, 25(6): 479-483.

惠刚盈, 张连金, 胡艳波, 等. 2010. Richard多形地位指数模型研建新方法[J]. 林业科学研究, 23(4): 481-486.

李正茂, 李昌珠, 张良波, 等. 2010. 油料树种光皮树人工林立地质量评价[J]. 中南林业科技大学学报, 30(3): 75-79.

梁军, 方升佐, 徐锡增, 等. 1997. I-69杨胶合板材用材林优化栽培模式[A]. //吕士行, 方升佐, 徐锡增主编．杨树定向培育技术[M]．北京：中国林业出版社，pp. 172 – 180.

刘寿坡，朱占学，张瑛．1990. 黄泛平原区林业用地立地分类及质量评价的研究（方法与实践）[J]．林业科学研究，3(1)：22 – 28.

罗美娟，李宝福，魏影景，等．2000. 闽南山地桉树生长与立地因子间的典型相关分析[J]．福建林业科技，27(1)：14 – 17.

骆期邦，吴志德，肖永林．1989. 立地质量的树种代换评价研究[J]．林业科学，25(5)：410 – 419.

骆期邦，吴志德，肖永林．1989. Richards 函数拟合多形地位指数曲线模型研究[J]．林业科学研究，2(6)：534 – 539.

蒋有绪．1990. 试论建立我国森林立地分类系统[J]．林业科学，26(3)：64 – 72.

金志农．1997. 杨树人工林系统立地质量因子的定量排序与评价[A]．//吕士行，方升佐，徐锡增主编．杨树定向培育技术[M]．北京：中国林业出版社，pp. 122 – 128.

马明东，江洪，刘世荣，等．2006. 森林生态系统立地指数的遥感分析[J]．生态学报，26(9)：2810—2816.

南方十四省区杉木栽培科研协作组．1981. 杉木产区立地类型划分的研究[J]．林业科学，17(1)：37 – 44.

沈国舫．1987. 对《试论我国立地分类理论基础》一文的几点意见[J]．林业科学，23(4)：463 – 467.

沈国航．2001. 森林培育学[M]．北京：中国林业出版社．

石家琛．1988. 论森林立地分类的若干内容[J]．林业科学，24(1)：59 – 64.

肖君，方升佐，徐锡增．2006. 南方型杨树人工林立地指数表的编制[J]．福建农林大学学报，35(6)：604 – 609.

滕维超，万文生，王凌晖．2009. 森林立地分类与质量评价研究进展[J]．广西农业科学，40(8)：1110 – 1114.

杨继镐．1988. 试论我国立地分类原则[J]．林业科学，24(1)：65 – 70.

余其芬，唐德瑞，董有福．2003. 基于遥感与地理信息系统的森林立地分类研究[J]．西北林学院学报，18(2)：87 – 90.

张万儒．1997. 中国森林立地[M]．北京：科学出版社．

张万儒，盛炜彤，蒋有绪，等．1992. 中国森林立地分类系统[J]．林业科学研究，5(3)：251 – 262.

张志云，蔡学林，黎祖尧，等．1992. 土壤物理性质与林木生长关系的研究[J]．江西农业大学学报，14(6)：64 – 68.

中国森林立地分类编写组．1989. 中国森林立地分类[M]．北京：中国林业出版社．

周政贤，杨世逸．1987. 试论我国立地分类理论基础[J]．林业科学，23(1)：61—67.

Altun A, Basken E Z, Gunlu A, *et al.* 2008. Classification and mapping forest sites using geographic information system (GIS): a case study in Artvin Province[J]. Environmental Monitoring and Assessment, 137: 149 – 161.

Barnes B V, Pregitzer K S, Spies T A, *et al.* 1982. Ecological forest site classification[J]. Journal of Forestry, 80(8): 493 – 498.

Bjorn H. 1981. Evaluation of forest site productivity[J]. Forestry Abstracts, 42(11): 515 – 527.

Carmean W H. 1975. Forest site quality evaluation in the United States. Advance In Agronomy, Vol. 27[M]. New York; Academic Press.

Carmean W H, Lenthall D J. 1989. Height-growth and site index curves for *Jack pine* in north central Ontario [J]. Can. J. For. Res., 19: 215 – 224.

Carmean W H, Hahn J T, Jacobs D, *et al.* 1989. Site index curves for forest species in the eastern United States[J]. USDA For. Serv. Gen. Tech. Rep. NC – 128.

Clutter J L. 1983. Timber management: a quantitative approach[M]. New York: Wiley & Sons.

Curt T, Bouchard M, Agrech G. 2001. Predicting site index of Douglas fir plantations from ecological variables in the Massif Central area of France[J]. Forest Ecology and Management, 149(1): 61 – 74.

Damman A W H. 1979. The role of vegetation analysis in land classification[J]. Forestry chronicle, 55: 175 – 182.

Günlü A, Başkent B E, Kadloĝullar A, *et al.* 2009. Forest site classification using Landsat 7 ETM data: A case study of *Maçka-Ormanüstü* forest, Turkey[J]. Environmental Monitoring and Assessment, 151: 93 – 104.

Louw J H, Scholes M. 2002. Forest site classification and evaluation: a South African perspedtive[J]. Forest Ecology and Management, 171(1/2): 153 – 168.

Nothdurft A, Wolf T, Ringeler A, *et al.* 2012. Spatio-temporal prediction of site index based on forest inventories and climate change scenarios[J]. Forest Ecology and Management, 279: 91 – 111.

Simith D M, Larson B C, Kelty M J, *et al.* 1997. The practice of silviculture: applied forest ecology[M]. 9th edition. New York: John Wiley & Sons. Inc.

Tesch S D. 1980. The evaluation of forest yield determination and site classification[J]. Forest Ecology and Management, 3: 169 – 182.

Waring R H, Milner K S, Jolly W M, *et al.* 2006. Assessment of site index and forest growth capacity across the Pacific And Inland Northwest U. S. A. with a MODIS satellite—derived vegetation index[J]. Forest Ecology and Management, 228(1 – 3): 285 – 291.

（编写人：方升佐）

第10章 困难地造林技术

【内容提要】我国的困难地种类多、规模大，是重要的造林地后备资源，但是由于干旱、盐碱、低温、风沙、贫瘠等原因，许多困难地难以进行人工造林绿化。因此，有必要探明困难地的自然特征和发展规律等基础性问题，选择和培育适宜的树种和灌草等植被，研发科学合理的造林绿化技术与方法，为充分利用困难地资源，提高植被覆盖率，改善生态环境提供理论依据和技术支撑。本章在概述困难地基本概念、主要类型和分布的基础上，阐述了目前各类困难地造林技术研究进展，并详细介绍了各类困难地造林的技术和方法。

我国的造林困难地主要包括石质山地、石漠化山地、风沙侵蚀地、滨海滩涂地、干热河谷和高原冻融地等类型，具有有效土壤少、养分含量低、植被稀疏等特征。造林困难地是生态建设的关键区域，也是造林地的主要后备资源。探明困难地的自然特征和发展规律是造林绿化的前提，树种选择和造林技术的研发是困难地造林的基础。随着"三北"防护林、京津风沙源治理、退耕还林等一系列国家生态建设重点工程的实施，立地条件较好的宜林地基本都得到了治理，剩余的多是干旱瘠薄、沙化、盐碱等造林困难地。如何提高困难立地的造林成活率和保存率，恢复困难地植被已成为广大林业科技工作者研究的焦点问题(吕士行和吕志英，1994；赵明范等，1997；张建锋等，2005；Eilmann and Rigling，2012；Assal *et al.*，2016)。

10.1 困难地造林技术概述

10.1.1 困难地的基本概念

困难地是指造林地立地条件差，人工造林成活率低、保存率低、林木生长迟缓、植被恢复速度慢，长期处于无林或疏林状态的地块。困难地主要包括土层瘠薄的石质山地、石漠化山地、风沙侵蚀地、滨海滩涂地、干热河谷等类型，它们是生态建设和植被修复的关键区域。

10.1.2 困难地主要类型及分布

10.1.2.1 风沙侵蚀地

风沙侵蚀地是指气候干燥、沙源丰富、植被稀疏、风大且频繁的地区，在风蚀下，砾石残留、细土飞扬，地表被沙覆盖的土地。沙漠化是干旱半干旱地带(也包括一部分半湿润地带)干旱多风和疏松沙质地表条件下，由于人为高强度土地利用等因素破坏脆弱的生态平衡，使原非沙漠的地区，出现了以风沙活动、沙丘起伏为主要标志的类似沙漠景观的环境退化过程。这一过程导致生物产量的下降和可利用土地资源的丧失。

我国沙漠、风沙侵蚀地以新疆、青海、甘肃、宁夏、内蒙古、陕西、吉林等省(自治区)分布最多，并且还在以一定的速度扩展。截至2010年，中国沙漠化土地达到了 $37.59 \times 10^4 km^2$，其中轻度沙漠化土地占33.80%，中度沙漠化土地占22.84%，重度沙漠化土地占22.16%，严重沙漠化土地占21.21%。治理风沙区已经成为我国生态环境建设、国土整治中非常重要的任务，治理沙漠也已成为我国林业六大工程之一(张建国，2007)。造林既能固定流沙，改善环境，又能提供林副产品，是改造风沙侵蚀地的基本措施。

10.1.2.2 石漠化山地

石漠化是指在热带、亚热带湿润、半湿润气候条件和岩溶极其发育的自然背景下，受人为活动干扰，使地表植被遭受破坏，导致土壤严重流失，基岩大面积裸露或砾石堆积的土地退化现象，也是岩溶地区土地退化的极端形式。从成因来说，导致石漠化的主要因素是人为活动。由于长期以来自然植被不断遭到破坏，大面积的陡坡开荒，造成地表裸露，加上喀斯特山区土层薄，基岩出露浅，暴雨冲刷力强，大量的水土流失后岩石逐渐裸露，呈现石漠化现象。石质山地的干旱是一种湿润气候背景下的临时性干旱，其形成原因不是降水不足，而是土体贮水量低，受制于土层浅薄，土体石砾含量高，土壤物理性差和得不到地下水补给。临时性干旱具有发生频率高，持续时间短，水分亏缺程度变异性大的特点，直接影响造林成活率。

根据国家林业局(2004)《西南岩溶地区石漠化监测技术规定》中岩溶地区石漠化土地的界定标准，可将石漠化类型分为：

①石漠化土地　指基岩裸露度(或石砾含量)≥30%，且符合：植被综合盖度<50%的有林地、灌木林地；或植被综合盖度<70%的牧草地；或未成林造林地、疏林地、无立木林地、宜林地、未利用地和非梯田化旱地条件的土地。

②潜在石漠化土地　指基岩裸露度(或石砾含量)≥30%，且符合：植被综合盖度≥50%的有林地、灌木林地；或植被综合盖度≥70%的牧草地；或梯田化旱地条件的土地。潜在石漠化土地不属于石漠化土地范畴，但当人为干扰超过土地承载力时，就有可能成为石漠化土地。

石漠化的程度：综合考虑基岩裸露度、植被类型、植被综合盖度、土层厚度等因素，将石漠化土地划分为4个等级，即轻度石漠化(Ⅰ)、中度石漠化(Ⅱ)、重度石漠化(Ⅲ)和极重度石漠化(Ⅳ)。

根据国家林业局(2012)第二次石漠化监测工作报告，截至2011年年底，我国岩溶地区石漠化土地总面积为 $1200.2\times10^4hm^2$，占岩溶土地面积的 26.5%，占区域国土面积的 11.2%，主要分布在湖北、湖南、广东、广西、重庆、四川、贵州和云南 8 个省(自治区、直辖市)455 个县 5575 个乡。潜在石漠化土地总面积为 $1331.8\times10^4hm^2$，占区域国土面积的 12.4%。石漠化土地以云贵高原东部为中心区，边缘区域呈块状或带状分布。按省份分布状况，贵州、云南和广西三省(自治区)石漠化发生最为严重，三省(自治区)石漠化土地总面积为 $302.4\times10^4hm^2$，占石漠化土地总面积的 64.9%；其次是湖南、湖北、重庆、四川和广东分别占石漠化土地总面积的 11.9%、9.1%、7.5%、6.1%和 0.5%。按流域分布状况，石漠化土地主要分布在长江流域和珠江流域。按程度分布，石漠化土地以轻度、中度为主，轻度石漠化土地面积为 $431.5\times10^4hm^2$，占石漠化土地总面积的 36%；中度石漠化土地面积为 $518.9\times10^4hm^2$，占 43.1%；重度石漠化土地面积为 $217.7\times10^4hm^2$，占 18.2%；极重度石漠化土地面积为 $32\times10^4hm^2$，占 2.7%。

10.1.2.3 滨海滩涂地

滨海滩涂地仅指潮间带新沉积的滩地，是受陆地、海洋和人类活动共同作用，具有典型生态“边缘效应”的地带，也是生态环境相对脆弱的区域。在人类活动的干扰下极易发生环境改变，严重者甚至导致整个湿地生态系统的退化。海洋行政主管部门将滩涂界定为平均高潮线以下低潮线以上的海域，国土资源管理部门将沿海滩涂界定为沿海大潮高潮位与低潮位之间的潮浸地带。滩涂的形成和发育与海岸类型、潮汐及泥沙来源密切相关。根据滩涂的物质组成成分，可分为岩滩、沙滩、泥滩 3 类；根据潮位、宽度及坡度，可分为高潮滩、中潮滩、低潮滩 3 类。由于岸的类型多样，水流的作用以及河流的含沙量等因素的影响，有的岸受水的冲刷，滩涂向陆地方向后退；有的岸堆积作用强，滩涂则向有水方向伸展；有的岸比较稳定，滩涂的范围也较稳定。

我国沿海滩涂资源十分丰富，主要分布在辽宁、山东、江苏、浙江、福建、台湾、广东、广西和海南等沿海 9 省(自治区)，总面积达 $353.87\times10^4hm^2$，并且在泥沙来源丰富的海岸带仍在不断淤长(何书金，2005)。由北往南跨越暖温带、亚热带和热带，受不同气候、地质、地貌、成土母质、海水及生物等因素的影响。另外，黄河、长江、珠江等大、中河流，每年挟带大量泥沙入海，富含有机物和营养盐类，是我国沿海滩涂形成的物质基础。由于形成滩涂的泥沙主要来自陆地，一般具有生物活动和土壤肥力的特征。但因受海水的淹浸，含大量可溶性盐，剖面无明显发育层次(胡思敏，1983)。当前，随着沿海经济的快速发展，城市的快速扩张，我国沿海地区人多地少的矛盾日益突出，如何缓解用地紧张局势、开辟新的经济增长空间已成为沿海地区关注的重点。而作为海岸带重要组成部分的沿海滩涂则成为沿海地区扩展发展空间重要的后备土地资源。滨海滩涂造林是我国滩涂资源开发的一项重要工程，不仅有降低海岸风速，调节区域性气候，降盐改土，增加土壤肥力，保持水土，增加生物多样性等生态效益，同时产生降低台风造成经济损失，确保农作物稳产高产，加固海堤，开拓空间等经济效益(林文棣，1993)。

10.1.2.4 干热河谷地

干热河谷是指高温、低湿河谷地带，大多分布于热带或亚热带地区，是我国典型的生态脆弱区。生态脆弱性具体表现在自然环境恶化、土地荒漠化严重、植被破坏加剧、生物多样性降低和水土流失严重等方面。造成生态脆弱的原因，除了降雨稀少、土壤浅薄等自然因素外，人口剧增、对土地的过度开发起着重要的作用。干热河谷燥热干旱的气候是受远离海洋和高山深谷地形的“焚风”效应影响的结果。第四纪以来，由于高原的隆起和河谷的深切，“焚风”效应逐渐加强，干热河谷气候日趋干热。干热河谷地区降水量相对较少，年降水量580~1200mm，主要集中在5~10月，占全年的80%~92%，尤其是6~8月的降水量占全年的47%~63%(熊东红等，2011)。干热河谷地区的土壤大多是在紫色砂岩或砂页岩上发育而成的燥红土，土壤水土肥力保持能力差。干热河谷植被的自然演化相当缓慢，且滞后于气候演化，所以在降水量比较集中的6~8月，强降水会冲刷植被稀少、沙石裸露的地表，造成严重的土壤侵蚀，而人类的过度开发加速了植被退化的进程(田园等，2013)。

我国干热河谷面积约$3.2\times10^4km^2$，主要分布在云南、台湾、海南、四川等地，其中云南、四川两省干热河谷分布最广，面积最大，主要位于金沙江、元江、怒江、南盘江等干流及某些支流。最为典型的区域为金沙江干流及支流(四川攀枝花地区和云南元谋县)，总长1123km，总面积$4840km^2$(杨振寅等，2007)。

10.1.2.5 南方红壤地

红壤为发育于热带和亚热带雨林、季雨林或常绿阔叶林植被下的土壤。其主要特征是缺乏碱金属而富含铁、铝氧化物，呈酸性红色。红壤在中亚热带湿热气候常绿阔叶林植被条件下，易发生脱硅富铝过程和生物富集作用，发育成红色、铁铝聚集、酸性、盐基不饱和的铁铝土(李庆逵和熊毅，1987)。中国红壤区的年平均气温为15~25℃，≥10℃的积温为4500~9500℃，最冷月平均气温为2~15℃，最热月平均气温28~38℃；年降水量为1200~2500mm；冬季温暖干旱，夏季炎热潮湿，干湿季节明显。根据红壤成土条件、附加成土过程、属性及利用特点可划分为红壤、黄红壤、棕红壤、山原红壤、红壤性土等5个亚类。

红壤在我国分布范围广，北起长江沿线，南至海南，东起台湾，西至云贵高原。其中以广东、广西、福建、台湾、湖南、江西、浙江、贵州、云南等省(自治区)分布最广。酸性土壤会对土壤结构及其土壤生物群落产生负面影响，改变生态系统中生物地球化学性质，影响生态环境(Delhaize *et al.*，1995；Hoegh-Guidberg *et al.*，2007；Guo et *al.*，2010)。通常来说丘陵红壤体现的养分特征是：盐基离子少，氮、磷、钾的供应不足，有效态钙、镁的含量少，硼、钼贫乏，重金属有效性大，严重影响土壤质量(Ritchie，1989；Cregan，1998)。我国大部分红壤地由于利用不当，水土流失严重，人工造林困难。

10.1.2.6 盐碱地

一般把盐土和碱土，以及各种盐化、碱化的土壤统称为盐碱土(龚洪柱等，1986)。盐土中含有大量可溶性盐类，主要为氯化钠、硫酸钠、硝酸钠等；而碱土的土壤胶体吸附有大量代换性钠，约占代换总量的20%以上，土壤呈强碱反应，并有不良物理性状。土壤中盐分和水分的运动往往是相伴进行，密不可分，从Darcy定律(固体热传导方程)到水盐运动的两域模型，对水盐运移规律的研究也从未停止(Richards，1931；Brusseau and Rao，1990；Narasimhan，1998)。一般认为，盐土的形成是因为地下水矿化程度高，离地表近，当地表水分强烈蒸发，含盐的地下水沿土壤毛细管不断上升，水分蒸发散失后，盐分就在土壤表层聚集起来，这一过程也称为“返盐”。碱土的形成是由于降雨或“脱盐”作用，土壤表层盐分淋失而转移至下层，在干旱季节，钠盐随毛管水上升的可能性要远大于已积淀的钙镁盐类，土壤的钠离子含量显著增加，并代换土壤胶体中的钙，形成钠胶体，土壤就变成了碱土。另外，有些深根性和耐盐碱的植物可从土层深处吸收水分和盐分，这些含盐的有机体死亡后，盐分累积于土壤表面，形成盐土。盐碱土最常发生的地段是内陆盆地、洼地以及排水不良的平原，即所谓闭流地区或径流不畅的地区(张建国，2007)。

根据联合国教科文组织和联合国粮农组织不完全统计，全世界盐碱地面积约为 $9.5\times10^8hm^2$，其中我国为 $9913\times10^4hm^2$，主要分布于新疆、青海、西藏、甘肃、宁夏、内蒙古、黑龙江、吉林、辽宁、华北等干旱、半干旱、半湿润地区和滨海地带，西部地区占了相当大的比重。根据土壤类型和气候条件变化，我国盐碱土分为滨海盐渍区、黄淮海平原盐渍区、荒漠及荒漠草原盐渍区、草原盐渍区 4 大类型。一般的盐碱土所在地往往地形平坦，土层深厚，适于机耕，具有潜在肥力，严重的盐碱土植物几乎不能生存，是亟待改良和开发的土壤。

10.1.2.7 高原冻融区

冻融是指土层由于温度降到零度以下和升至零度以上而产生冻结和融化的一种物理地质作用和现象。冻融荒漠化是在气候变异以及人为活动的作用下，使高海拔地区多年冻土发生退化，季节融化层厚度增大，地表岩土的冻土地质地貌过程得到强化，造成植被衰退、土壤退化、地表裸露化、破碎化的土地退化过程，是中国冷高原所特有的荒漠化类型。冻融土地主要分布在青藏高原的高海拔地区，在甘肃的少数高山区及横断山脉北侧的四川巴塘、得荣、乡城等县的金沙江及其支流流域上游有零星分布。

根据 2010 年土壤冻融侵蚀普查结果，依据冻融侵蚀下界海拔高度计算模型，确定全国冻融侵蚀区总面积为 $190.32\times10^4km^2$，扣除其中的水域、冰川和永久积雪地、建设用地、沙地(沙漠)后的总面积为 $172.48\times10^4km^2$，占我国陆地国土总面积的 17.97%。全国冻融侵蚀面积 $66.096\times10^4km^2$，按侵蚀强度划分，轻度侵蚀面积 341 848.66km²、中度 188 324.10km²、强烈 124 216.93km²、极强烈 6462.72km²、剧烈 106.23km²，分别占冻融侵蚀面积的 51.72%、28.49%、18.79%、0.98%和 0.02%。

我国冻融侵蚀以轻度、中度侵蚀为主，极强烈侵蚀和剧烈侵蚀面积非常小且主要分布在青藏高原的西藏和四川。从表 10-1 中可以看出，西藏是我国冻融侵蚀最严重的地区，占我国冻融侵蚀面积的 48.9%；其次是青海，占 23.57%；其余省(自治区)冻融侵蚀面积从大到小依次为新疆、四川、甘肃、内蒙古、黑龙江、云南(刘淑珍等，2013)。

表10-1 全国各省区冻融侵蚀面积(单位：km²)

Tab. 10-1 Area of freeze thawing and erosion land in China(Unit：km²)

省(自治区)	总面积	强度分级				
		轻度	中度	强烈	极强烈	剧烈
内蒙古	14 489.48	13 454.28	1 015.20	0.00	0.00	0.00
黑龙江	14 100.88	13 295.13	805.75	0.00	0.00	0.00
四　川	48 366.85	17 916.89	16 010.51	14 120.92	318.38	0.15
云　南	1 305.64	182.38	393.23	720.47	9.47	0.00
西　藏	323 229.65	138 278.82	91 018.68	84 655.79	6 080.28	106.08
甘　肃	10 162.73	7 889.97	1 847.72	424.83	0.22	0.00
青　海	155 768.07	99 189.45	40 272.59	16 270.65	35.37	0.00
新　疆	93 552.43	51 638.74	33 870.42	8 024.27	19.00	0.00
全　国	660 955.63	341 845.66	188 324.10	124 216.93	6 461.72	106.23

10.2 困难地造林技术研究进展

10.2.1 固沙造林技术研究进展

(1)固沙造林树种引种与选择

固沙造林的核心内容是优良固沙树种的选择与引进。在干旱少雨、多风沙的沙漠地区，适宜的植物材料非常有限。我国最早固沙植物引种选择是于1952年辽宁章古台固沙造林试验站开始的，通过对20余种植物的试验，筛选出5种优良固沙植物种，分别是盐蒿(*Artemisia halodendron*)、小叶锦鸡儿(*Caragana microphylla*)、胡枝子(*Lespedeza bicolor*)、黄柳(*Salix gordejevii*)和紫穗槐(*Amorpha fruticosa*)。随后，我国开始引种国外固沙植物，首次从中亚国家引入梭梭(*Haloxylon ammodendron*)、白梭梭(*Haloxylon persicum*)、沙拐枣(*Calligonum mongolicum*)等6种固沙植物。到目前为止，我国的林业工作者通过几十种沙生植物的引种、育苗及固沙造林试验工作，先后筛选出适合沙区生长的一批优良固沙植物，主要有梭梭柴、白梭梭、小叶锦鸡儿、柠条(*Caragana korshinskii*)、沙拐枣、花棒(*Hedysarum scoparium*)、踏郎(*Hedysarum fruticosum*)、杨柴(*Hedysarum laeve*)、沙柳(*Salix psammophila*)、胡枝子等；其次，还对樟子松(*Pinus sylvestris* var. *mongolica*)、沙地云杉(*Picea mongolica*)、长白松(*Pinus sylvestriformis*)和欧洲赤松(*Pinus sylvestris*)等乔木树种开展了试验研究(焦树仁，2009)，比较全面地掌握了它们的生物生态学特性、繁育技术和造林技术，为更好地推广利用固沙树种提供了良好的依据，为采取生物措施防治沙漠化奠定了基础。

(2)人工固沙林的造林技术

抗旱造林模式一直是固沙植被营建的重点研究内容，土壤水分是林木成活的限制因子。周心澄(1985)对紫穗槐、花棒、杨柴进行固沙造林试验的结果表明，纯林密集式造林(25 000 株/hm²)，紫穗槐4年就可以固定流动沙丘，但此后生长会明显衰退；

花棒和杨柴造林2年内的保存率小于20%，但3年以后就开始稳定，并伴有根蘖生长。赵一宇等(1980)分析认为，花棒在半荒漠地带的流动、半流动沙丘基部和迎风坡植苗造林能够成功的主要因素是其具有独特的解剖结构以抗拒沙割、沙埋。傅金海等(1987)研究认为，在沙区进行直播造林，最好提前一年整地、抢墒播种(6月下旬~7月)、播种深度适宜(3~5cm)，可以显著提高柠条、花棒的造林成功率。其他林业工作者还对踏郎、沙棘(*Hippophae rhamnoides*)等固沙灌木树种的生物学、生态学特征及造林技术进行了细致的研究，提出了适宜的造林技术(曹显军，1999；王俊峰等，2001)。此外，甘肃省治沙研究所廖空太(1995)重点对人工固沙林树种选择欠佳、配置不当、效益不高的问题进行了研究，通过主分量分析选择出花棒等最佳造林树种，并提出了在灌溉条件下，应把防风固沙和经济利用综合起来考虑的观点。Pretzsch(1997)和Thomas(1998)还认为在考虑树种的同时，还应结合林分结构调控，最大程度的发挥固沙林分的生态效益。

对于乔木树种在防风固沙方面的应用，仍然以樟子松的相关研究居多，尤其以辽西的沙地造林为主。焦树仁等(2009)以辽宁章古台的樟子松为研究对象，从引种、造林、水分动态、生物量与营养元素的关系、生长周期、更新演替等多方面进行了研究，积累了樟子松用于防沙治沙的丰富经验，为周边地区的防沙治沙提供了很好的借鉴。关于樟子松人工固沙林的研究内容还包括生态稳定性、生长状况、天然更新等多个方面。其次，对于白榆(*Ulmus pumila*)、杨树(*Populus* spp.)在治沙方面的应用也有过少量的研究，主要集中在造林技术和造林模式配置方面(李钢铁等，2005；王玉魁等，2010)。

10.2.2 石漠化山地造林技术研究进展

(1)石漠化山地造林树种选择

选择适宜的造林树种是石漠化治理的第一步，正确选择林种、树种和造林方式是石漠化治理的关键。中国林业科学研究院热带林业实验中心从1980年起就开展了山地岩溶树种造林技术的研究，不断探索石漠化治理的方法与技术措施，经过20多年的探索，掌握了治理石漠化的配套技术与经验，并筛选出了一大批耐干旱、生长快、易成林、保水能力强、生态效益和经济效益明显，适宜于石漠化治理的优良树种(蔡道雄和卢立华，2002)。陈家庸(1995)根据自然森林植被分布纬度地带性规律，将广西石山地区划分为北热带、南亚热带和中亚热带3个造林区。并为各造林区提出了用材和经济树种。蔡道雄和卢立华(2001)在广西马山县古零乡对16个石质山树种开展石漠化治理推广试验与示范，认为墨西哥柏木(*Cupressus lusitanica*)生长最好，年平均树高、胸径生长量分别达到1.41m和1.63cm。李军等(2006)认为在滇东岩溶山区，印楝(*Azadirachta indica*)、甜酸角(*Tamarindus indica*)、墨西哥柏木、马鹿花(*Pueraria wallichii*)、木豆(*Cajanus cajan*)等树种适宜在海拔500~800m地带造林，思茅松(*Pinus kesiya*)、墨西哥柏木、车桑子(*Dodonaea viscosa*)、马鹿花、木豆等树种适宜在海拔1000~1500m的地带造林，冬樱花(*Cerasus cerasoides*)、圆柏(*Sabina chinensis*)、板栗(*Castanea mollissima*)、杉木(*Cunninghamia lanceolata*)等树种适宜在海拔1800~2000m的地带造林。龙永光等(2011)针对黔东南石漠化区域分别提出了不同石漠化等级的适宜植物种。蒋宣斌等(2011)认为在重庆喀斯特峡谷石漠化地区，紫穗槐造林成活率较高，生长表现良好，而任豆(*Zenia insignis*)和红椿(*Toona ciliata*)表现较差。

(2)石漠化山地造林技术

就整地方法而言，在我国石漠化山区要依照水土保持的要求，尽量减少破土面，因地制宜，多采取穴状或鱼鳞坑的整地方式，“品”字形排列，造林方式应以点播为主。但新球等(2003)将我国南方石漠化区域区划为4个一级区划单位和13个二级区划单位，并提出各区域相应的适宜造林树种，对西部石漠化石山提出了任豆、苹婆(*Sterculia nobilis*)、鱼尾葵(*Caryota ochlandra*)、茶条木(*Delavaya toxocarpa*)、构树(*Broussonetia papyrifera*)、鸡皮果(*Clausena lansium*)、台湾相思(*Acacia confusa*)、桄榔树(*Arenga pinnata*)等先锋造林树种。在立地条件较差、坡度较大、水土流失隐患等级较高的地段规划营造生态公益林。在立地条件较好、地势较平坦的山坡地，选择名、特、优的竹、药、果、藤等树种营造生态经济林(张锦林，2003)。林业科技工作者的研究说明，石漠化地区并非草木不生，只要树种选择得当，技术措施到位，方法科学，石漠化是可以治理的，石山岩溶地区造林绿化同样具有可行性。

10.2.3 滨海滩涂地造林技术研究进展

10.2.3.1 滨海滩涂地造林树种选择

根据滨海滩涂地的自然状况与立地条件，林业科研工作者针对滨海滩涂造林所需克服的困难进行了大量的研究与实践，主要包括：

(1)耐盐碱试验研究

陈永辉等(1996)对落羽杉属杂种——中山杉302和401(*Taxodium* 'zhongshanshan 302')两无性系在江苏滨海盐碱地上的生态适应性和生长表现进行了研究，认为它们在其母本落羽杉(*Taxodium distichum*)和池杉(*Taxodium ascendens*)不宜生长的沿海盐碱地生长良好，是适宜在滩涂造林的优良树种。对辽东半岛滨海盐碱地的造林试验表明，重盐土以柽柳(*Tamarix chinensis*)为先锋树种，覆盖地膜可促进成活；苏打盐渍土以沙枣为优良改土树种，铺山皮土及压稻草有利于树木存活和生长；在中盐土上，绒毛白蜡(*Fraxinus velutina*)为耐盐的珍贵用材树种，掺沙可降低土壤盐分，能有效地提高苗期的造林成活率和保存率(张建锋等，2004)。韩步阳和周武忠(1995)结合不同地区土壤和气候特点，对盐碱地造林树种的选择进行了深入研究，筛选出当地的适宜树种。

(2)防风害试验研究

李慧仙和信文海(2000)以湛江强热带风暴对不同树种的风害调查结果为依据，用平均风害级数来衡量树种的抗风性能，并据此提出华南沿海城市绿化抗风树种的选择方案及防风措施。陈士银等(1999)通过对不同园林绿化树种的受风害情况的调查分析表明，树种的抗风性能与树高、胸径、冠幅、叶面积指数等因子有关。相同树种，树高越小，胸径越大则抗风性能越强；不同树种，抗风指数越大则抗风性能越强。并确定椰子(*Cocos nucifera*)、大王椰子(*Roystonea regia*)、柠檬桉(*Eucalyptus citriodora*)、台湾相思(*Acacia confusa*)、麻栎(*Quercus acutissima*)等为强抗风树种；羊蹄甲(*Bauhinia* purpurea)、大叶相思(*A. auriculiformis*)、桃花心木(*Swietenia mahagoni*)为弱抗风树种；锡兰橄榄(*Elaeocarpus serratus*)、木麻黄(*Casuarina equisetifolia*)、石栗(*Aleurites moluccana*)为中等抗风树种。

(3)树种搭配与筛选

林文棣(1993)将江苏省海岸分为7个岸段，对各岸段按其特殊性并结合沿海防护林体系规划选择适宜树种。陈万章等(2000)对提高刺槐(*Robinia pseudoacacia*)在江苏沿海造林树种中比重的必要性和可能性进行了探讨，认为通过引进良种和丰产栽培技术，提高刺槐的造林比重是必要和可行的。

10.2.3.2 滨海滩涂地造林技术

贺位忠等(2008)通过对舟山海岛不同土壤含盐量盐碱地造林的多个树种的生长调查、多点造林对比试验表明，用ABT 3号生根粉、GGR生长调节剂、绿孢宝KELPAK等植物生长激素浸根能明显提高香樟(*Cinnamomum camphora*)、女贞(*Ligustrum lucidum*)、木荷(*Schima superba*)、枫香(*Liquidambar formosana*)4种阔叶树种的成活率；应用保水剂一般可提高海岛困难地造林成活率10%左右，施用方式以保水剂加生根粉浸蘸根系处理效果较好；施用效果与干旱持续时间有密切关系，在干旱持续时间少于40d时，效果较为明显，随干旱持续时间的增加，效果减弱，如果干旱持续时间过长时，保水剂作用不明显，甚至出现负影响。张建锋等(2003)比较了黄河三角洲30多个常见树种的耐盐能力，并提出了选用大苗造林、根际覆盖、绿肥压青等盐碱地造林配套技术。李保成等(2006)对上海滨海地区沿海防护林栽培技术进行了深入研究，提出了相应的综合技术措施，例如：①种植前结合整地营造有利地形；②尽量选用适应性好的树种和乡土树种，苗木必须壮实；③适时种植、墒情合适、抗热防旱。同时对起苗、移植、栽植技术、使用土壤改良剂和增施有机肥、控制杂草等种植技术和养护管理提出了相应技术方案。

10.2.4 干热河谷地造林技术研究进展

近年来，我国林业科学工作者围绕干热河谷地区植被恢复问题展开了大量的科学研究，取得了一定的成果，主要体现在干热河谷地区植被恢复理论、树种选择、造林技术3个方面。

(1)干热河谷地区植被恢复理论

张映翠(2005)、杨万勤等(2001)提出根据土地质量的差别进行金沙江干热河谷植被恢复研究工作，并把金沙江干热河谷土地质量划分为5个等级；纪中华等(2003，2006)将水作为干热河谷地造林困难的主要制约因素，进而将金沙江脆弱生态系统划分为雨养生态系统、集水补灌系统、适水灌溉系统3种子系统，并针对不同系统的水分条件，加以细化，并由此进行不同植被恢复模式研究；田广红等(2003)提出在生态规划与设计中应以绿化荒山、改善生态环境为主，能林则林，能灌则灌，能草则草，同时建议生态建设与经济建设相联系。也有一部分人提出了岩土组成是影响金沙江干热河谷水分变化的主要因子(杨忠等，1999；张信宝等，2003)，并针对干热河谷各立地类型的特点提出了相应的植被恢复措施，同时指出干热河谷的植物应具备以下特性：①耐旱、耐热、耐瘠薄、抗逆性强、适生性广；②速生、萌芽力强、林分郁闭快，能在短期内起到水土保持的作用；③自我繁殖和更新能力强；④具有结瘤固氮和改土功能；⑤有一定的利用价值和经济效益。

(2)干热河谷地区造林树种选择

树种选择得当与否是植被恢复成败的关键因素之一。因此，近些年来许多学者研究了适应干热河谷地区恶劣环境的植物品种，一方面研究乡土植物；另一方面引进一些理论上可行的植物。王道杰等(2004)通过试验筛选出20余种适应干热生境和退化山地植被恢复的乔、灌、草植物，其中属澳大利亚区系类型的桉树类和相思类生长最好。王卫斌等(2007)鉴定了云南干热河谷地区常见结瘤植物共有46科97属111种，并通过综合评价确定了这些植物适应性的强弱。张尚云等(2007)在元谋干热河谷通过主分量分析法、生理生态指标法，结合试验栽培，综合评定筛选出赤桉(*Eucalyptus camaldulensis*)、柠檬桉、新银合欢(*Leucaena leucocephala*)、绢毛相思(*Acacia holosericea*)、马占相思(*A. mangium*)、大叶相思(*A. auriculiformis*)、木豆(*Cajanus cajan*)、山毛豆(*Tephrosia candida*)、车桑子(*Dodonaea viscosa*)和大豆(*Glycine max*)等可在不同水热条件、立地类型及结构模式中选择使用；李昆和陈玉德(1995)对干热河谷区大叶相思、绢毛相思、赤桉和坡柳(*Salix myrtillacea*)等的蒸腾作用进行了研究；杨忠等(1999)、张信宝等(2003)对适宜干热河谷不同坡地类型的桉树类、相思类、合欢类、豆类等进行了试验，筛选出银合欢、刺槐、龙舌兰(*Agave americana*)、山毛豆、余甘子(*Phyllanthus emblica*)等25个树种和草种；郭玉红等(2007)对干热河谷区树种的选择、配置和生态效益进行了研究，提出了生态、经济、社会效益有机结合的退耕还林还草模式。此外，周麟(1998)对百喜草(*Paspalum notatum*)在元谋地区自然环境的适应性和效益进行了研究，发现百喜草具有适应性强、耐高温干旱等特点；袁远亮等(2002)在四川宁南县进行了黑荆树(*Acacia mearnsii*)引种试验，结果表明黑荆树适应该区自然条件，生长状况良好，对干热河谷地区造林和水土保持都有积极的作用；纪中华等(2007)在元谋干热河谷节水补灌条件下进行了木豆引种试验，结果表明其有良好的适应性和较好的经济价值；攀枝花煤业集团与中国科学院成都山地灾害与环境研究所合作在攀枝花市引种印楝(*Azadirachta indica*)，目前表现出非常良好的生态适应性。

(3)干热河谷地区造林技术

目前有关金沙江干热河谷造林技术的研究较多，主要集中于栽种季节、造林密度、肥料施用、整地方式、整地规格等方面。张尚云等(2007)对造林技术中的整地、育苗、造林时间等关键技术作了总结与研究。杨忠等(1999)从坡地类型划分、整地、育苗、定植和抚育管理等方面阐述了金沙江干热河谷植被恢复的主要技术关键。纪中华等(2007)采用内倾式水平带状整地与调控水系统建设相结合的方法，在育苗、造林时间、造林后管理等方面进行了研究，同时营建了多种不同结构和功能的植物群落，治理区森林覆盖率从原来的5%增加到65%。张建平等(2000)进行了旱坡地"地下地膜隔水墙"节水造林技术及果树节水灌溉栽培试验，取得了良好的效果。也有运用因子分析与点群分析相结合的方法，研究划分立地类型的主导因子，认为土层厚度、坡向和土壤速效磷是划分立地类型的主导因子，并确立6个立地类型，为干热河谷林业生态工程的实施提供了参考(张尚云等，2007)。

10.2.5 盐碱地造林技术研究进展

10.2.5.1 盐碱地改良措施

世界上对盐碱地的认识见诸文字最早的是伊拉克，公元前2400年伊拉克就对盐碱地有了分类和描述记录。在中国，相传公元前2200年大禹治水时，就开始采用沟渠排灌网对盐碱地进行改良，在随后的农书“禹贡”中又对盐碱土(也叫卤土)进行了分类和描述(张建锋，2008)。在长期的盐碱地改良过程中，人们积累了丰富的经验，总结出了许多行之有效的措施，可归纳为以下几个方面。

(1)灌排措施

国内外学者基于盐水中含有多种植物生长所必需的营养物质，在海水灌溉及相关的田间措施等方面进行了大量研究，发现适当的海水灌溉能有效改良盐碱地，同时还能提高作物产量(Ventura *et al.*，2011)。在淡水资源丰富的地方，引淡水灌溉盐碱地，将土壤盐分稀释，再通过排水措施将含有盐分的水排掉以达到洗盐的目的。多采用大水漫灌，排水有明沟排水、暗管排水、竖井排水等形式。灌排措施能较快地起到改良盐碱的作用(张建锋，2008)。

(2)放淤压盐

主要应用于黄灌区，结合黄河清淤，把含有泥沙的黄河水抽入筑好堤埂的田块，水分在由排水系统排出的过程中将原来土壤中的盐分溶解、淋洗，含有丰富有机质和矿物质的泥沙沉积下来，增加了土壤肥力。

(3)耕作措施

针对盐碱土的特点，采取一些农业耕作措施，降低土壤盐分含量也是盐碱地改良中的重要措施。发展节水农业、深耕细耙、增施有机肥等都能降低土壤耕作层的土壤含盐量。发展节水农业的主要措施是种植耐旱作物，或采用滴灌、喷灌等新型节水灌溉方式，这样不仅能解决水源不足的问题，还能有效防止土壤盐渍化，促进植物生长，提高产量和质量(任崴等，2004)。深耕细耙，既可以防止土壤板结，又能改善土壤结构，增强透水透气性和田间持水量，促进微生物和酶活性，达到保水保肥，降低盐分危害的目的。增施有机肥不仅可以增加土壤有机质，还能改善土壤结构和林木根际微环境，增强土壤微生物的活动，达到提高土壤肥力，抑制盐分积累的目的(张永宏，2005)。

(4)化学改良措施

最常用的化学改良剂是石膏(硫酸钙)，使钙离子置换钠离子，再经过灌溉冲洗使土壤得到改良(Chun，2001；Guo *et al.*，2006)。菲律宾国际水稻研究所在钠化盐碱地上，采用深翻与石膏相配合，并采用水稻与小麦轮作制度，使土壤中可交换性钠的含量降低。巴基斯坦农业研究中心用1%的盐酸，在自由淋洗条件下改善钠化盐碱地土壤，降低了土壤电解率、pH值和氯化钠含量(张建锋，2008)。生物覆盖也是改良盐碱地的一种有效措施，Clark 等(2007)在印度平原东北部利用小麦秸秆进行覆盖处理，能明显降低土壤可溶性 Na 和 Cl 含量以及电导率和 pH 值。王永忠和沈振荣(2009)通过燃煤脱硫废弃物和自行研制的专用改良剂为主要原料，在西大滩盐碱地上进行了改良试验示范，取得了明显效果，使作物产量在原有基础上有大幅度增加。山东省德州市盐碱土绿化研究所在1995年推出盐碱土改良肥料，起到了降低土壤盐碱含量，提高土壤肥力的作用。之后多种盐碱地改良肥料不断被推出，李学麒等(2011)利用植物纤维、苔藓植物、沼渣、蚯蚓粪、有益微生物菌群等制成有机质混合料，再加入红糖水进行堆沤制成盐碱土改良肥料；孙玉珂(2012)将腐植酸、活性炭、氮磷钾肥、石膏、硼砂、硫酸锌进行配比制备出盐碱土改良肥料，均在盐碱地改良中起到了良好的效果。此外，高聚物改良剂、土壤综合改良剂等盐碱地改良材料也得到广泛研究和应用。

(5)生物改良

现行的盐碱地生物改良方法主要有作物轮作改良、不同植被模式改良、耐盐碱树种筛选驯化改良、基因工程和杂交工程提高植物耐盐性改良、微生物菌剂改良等，特别是耐盐碱树种筛选驯化改良方法发展迅速，取得了良好的经济效益和生态效益。20世纪60年代美国农业部成立了国家盐碱地实验室，对许多草本植物和木本植物进行了研究，构建了耐盐植物数据系统(Wallender and Tanji，2011)。巴基斯坦在盐渍土上种植豆科植物、滨黎属植物，对盐渍土起到了良好的改良效果。Ashraf(2004)对树木的生理生化指标和基因指标进行了对比分析，认为生理生化指标对树木耐盐性评价意义更大。张玲菊等(2008)利用水培试验筛选出15种耐盐碱苗木，研究认为耐盐碱植物能够较好地应用于盐碱地绿化，起到良好的改良作用。邹桂梅等(2010)研究认为种植盐地碱蓬可有效降低土壤盐分含量，提高土壤水分含量和土壤总孔隙度。同时，利用基因工程提高植物耐盐性、利用杂交技术选育耐盐植物新品种、利用微生物结合植物对盐碱地进行改良的研究在近年来也得到了长足发展(Tyerman，1998；Carden *et al.*，2003；Babgohari，2014；Ahmed *et al.*，2015)。

10.2.5.2 盐碱地造林技术

盐碱地造林绿化作为众多盐碱地改良与利用技术措施之一，国内外许多科技工作者开展了研究，取得了一系列的成果，主要集中在以下2个方面。

(1)盐碱地造林技术措施研究

比较传统的方法是首先根据盐碱地类型选择适宜的整地方法。对滨海盐碱地造林多采用台田、条田和大坑整地方法；对内陆盐碱地造林多采用机耕全面整地、沟垄和高台整地方法；对平原盐碱土造林采用防盐躲盐、沟垄整地方法。另外，采用磷酸钙泥浆蘸根、有机物在树穴底部作隔盐层，采用锯末和炉灰搅拌，放在树穴底部；采用合理密植和混交造林，可使林地提早郁闭，增加地表覆盖，减少地面蒸发，防止土壤返盐，对幼林的成活和生长均有积极作用。密植造林一般采取大行距、小株距措施，就地育苗、平穴浅栽。

抚育管理包括蓄水压碱，排涝除碱、除草盖草松土(马淑玲和王秋丰，2005)。近年来，一些应用于干旱地区或瘠薄立地造林的技术措施如卡氏植树法、穴盘法等也开始在盐碱地绿化中得到应用。苏洪君等(2005)研究认为，施入调理剂后，可使土壤的pH值下降，盐含量降低，土壤的有机质、全氮、全磷含量增加，土壤肥力增高，为树木生长创造了良好的环境。施入土壤调理剂后造林成活率显著增加，根系由对照2.04m增长到3.3m，3年的树高生长量由对照0.88m增长到1.0m。宋玉珍等(2009)对16个树种应用微生物菌肥造林，结果表明在成活和生长等方面均优于对照，并在一定程度上改善了盐碱土的理化性质。郭喜军等(2009)提出了文冠果在盐碱地上造林的适宜pH值范围和耐盐量，并通过施肥处理可提高文冠果的耐盐能力。

(2)盐碱地造林树种选择研究

盐碱地造林树种一般要具有耐盐能力强、抗旱抗涝能力强、易繁殖、生长快和具有改良土壤的能力(张建锋，2008)。目前已确认全世界高等盐生植物约有5000~6000种，占被子植物的2%左右。联合国粮农组织针对气候和地形的不同特点提出了分别适宜在热带、温带、寒温带海滨、盆地、高原等盐碱地栽培的植物种类。澳大利亚、新西兰等地在耐盐树种选择和培育方面做了大量的工作，选出了许多适宜当地生长的耐盐树种(Niknam and McComb，2000；Comey *et al.*，2003)。中国现有盐生维管植物423种，分属66科199属，在树种耐盐机理研究方面提出了泌盐、避盐等学说(赵可夫和冯立田，1993)。在耐盐树种选择方面，选出了大量的适宜不同地区盐碱地的造林树种，如李清顺和卢志伟(2009)分析盐碱地对树木的危害，阐述通过物理、水利和化学土壤改良的措施；在造林树种选择中以耐盐能力强、抗旱耐涝能力强、易繁殖、生长快、经济价值高为原则，选择了槐树、刺槐等11种乔木和灌木树种，并提出进行高标准长周期的后期养护方法。宋丹等(2006)综述了国内外植物耐盐种质资源评价研究，总结了我国滨海地区耐盐碱植物引种和选育中存在的主要问题，同时对林木耐盐性研究及开发利用提出展望；对于如何解决我国耐盐碱树种引种和选育研究中存在的诸多问题，尤其对于东部沿海地区的土地资源开发和利用进行了探讨。

10.3 困难地造林的技术和方法

10.3.1 风沙侵蚀地

10.3.1.1 立地条件

治沙造林必须首先认识风沙地区的自然特点。我国风沙侵蚀区多数位于内陆地区，其显著的气候特征是干旱，年降水量低，大部分地区在200mm以下；蒸发量大，一般在2000mm以上；干燥程度大多在2.0以上，有些地方在4.0以上；风大而频繁，常发生沙尘暴。

沙地具有贫瘠、导热快、昼夜温差大等特性。沙地表面温度在每天的早晨和每年的早春回升快，解冻较早，对及时开展林业生产活动有利。沙地土壤的水分状况具有透水性强、毛管水上升力弱、地表蒸发量较小、持水力低、产生凝结水等特点。在风的作用下，沙地开始流动，先形成单个新月形沙丘，随着沙地风蚀的继续，沙丘高度不断增加，几个沙丘连在一起，就形成新月沙丘链。当新月沙丘左右不能相连，而前后相连时，就形成纵横交错的沙丘群。不同风沙侵蚀程度，其地貌特征也不相同，不同沙丘部位的立地条件也有所差异，这对固沙造林工作十分重要。

10.3.1.2 造林困难的主要原因

(1)土壤颗粒组成

由于风力的分选作用，使得风沙侵蚀地土壤中细沙含量高达90%左右，粉粒和黏粒少。流动风沙几乎全部由细沙组成，物理性黏粒一般不超过1%~2%；半固定风沙侵蚀土表层小于细沙的颗粒含量显著增加，物理性黏粒达3%~4%；固定风沙侵蚀土的粗粉粒和物理性黏粒可达到25%以上。一般风沙侵蚀地土壤理化性质较差，肥力较低。

(2)土壤水热状况

由于土壤物理性结构差，土壤孔隙度大，粉粒、黏粒等含量少，不利于土壤水分的保存，再加上常年风大且频繁，加快了土壤水分的丧失。流动风沙土的干沙层以下土壤含水量约2%~3%，半固定风沙土上层的含水量低于2%，固定风沙土1m深度内水分含量往往低于1%。

在热状况方面，风沙侵蚀地导热性强，但土壤热容量小，不易于温度的保存，所以易受气候环境的影响，白天光照强，地表温度过高，夜晚又急剧下降，使得昼夜温差大，对植物的生长极为不利。由于风沙侵蚀地特殊的水热条件，加上土壤腐殖质含量少，并有碳酸存在，使地表形成多孔的结皮。

(3)化学性质

土壤瘠薄、含盐量高、有机质含量低，不利于植物生长。流动风沙土壤有机质含量约为0.1%~0.3%，半固定风沙土表层为0.2%~0.8%，固定风沙土可达1%以上。由于风沙侵蚀地区，地表温度高导致土壤毛管水蒸发而产生“返盐”现象，风成盐积和植物盐积也是该地区土壤盐分过高的重要原因。

(4)微生物组成

由于风沙侵蚀地土壤有机质含量低、水分难以固持，无法满足微生物正常生殖生长所需的能源物质，导致土壤细菌、真菌和放线菌等微生物含量较低，微生物活性也不高。如与植物生长密切相关的自生固氮菌含量几乎为零，使得土壤肥力和植物营养难以得到改善。

10.3.1.3 风沙侵蚀地造林技术

(1)提高造林成活率的措施

结合风沙侵蚀地风沙大、干旱、土壤瘠薄等特点，造林时应采取特殊措施。根据长期治理沙地的实践，整理出我国风沙侵蚀地区主要的造林技术措施有：

①设置沙障 针对流动沙地、沙丘造林前采取的措施，目的是先进行固沙，然后再造林，可以保护苗木免受风蚀沙埋，提高苗木的成活率和保存率。设置沙障是我国首创的治沙技术，已在全球进行推广和应用。沙障主要由草方格沙障和直立式沙障两种。草方格可采用当地的麦草编制，以1m×1m或1m×2m的规格效果最好，有效期限

一般为3~5年。直立式沙障可采用灌木条、树枝、秸秆、芨芨草等材料制作，埋入沙层的深度约为50cm，外露1m以上，从防风固沙效果上看，以小孔隙度(0.25~0.35)的疏透结构最好，与主风方向垂直时阻沙量最大(张建国，2007)。在国外，如印度、埃及等国也有采用喷涂沥青等来固定流沙。

②整地　根据规划区造林地立地条件和立地类型的差异程度，因地制宜地设计整地方式、整地规格。在流动和半固定的沙地上造林时，一般不整地。但在丘间低地无积沙且黏质土壤区，可以提前犁耕，犁沟方向尽可能与主风方向垂直，以便自然积沙，起到保墒的作用，有利于造林成活与植物生长。在杂草丛生的草滩上造林时，应采取带状整地，以防风蚀。夏季翻耕灭草效果最为显著，春季风沙大，翻耕既不利于保墒，又不利于灭草。

(2)防风固沙树种的选择

树种选择首先应考虑具有良好的抗旱性、抗风蚀沙埋的能力和耐瘠薄能力的乡土树种，同时还需要重视生态经济价值较高、经引种后确认是成功的外来种。影响造林成活的环境因子很多，但对具体的造林地而言，其主导因子一般只有1~2个，因此，在进行树种选择时，必须首先考虑要适应主导因子的特殊要求(张余田，2007；张建国，2007)。

①水文条件对树种的要求　治沙造林关键的限制因子是水，干旱缺水是我国沙漠地区的基本自然特征。因此，在树种选择上必须立足当前考虑长远，尽可能选择抗性强、易成活、水分消耗少的乡土灌木树种或乔木树种。地下水位往往是决定造林树种选择的重要因子，当地下水位深度小于1m、矿化较低时选择杨、柳类乔木树种；地下水位1~2m时，一般乔灌木树种均可栽植；地下水位2~5m时，沙地干燥，应以耐旱的灌木树种为主，适当搭配适生的乔木树种；地下水深大于5m的，只能选择抗旱、防风沙的灌木树种。

②地下物质对树种的要求　当地下物质为黏、壤质土壤、且深度较浅时，土壤肥力较高，保水性能好，可选择乔木树种，当地下物质为基岩、卵石、粗砂时，土壤肥力低，保水性差，只能选择灌木树种。

③土壤含盐量对树种的要求　土壤含盐量在0.3%以下时，一般树种均能生长；含盐量0.3%~0.7%时，可选择柽柳、白刺(*Nitraria tangutorum*)、沙枣、胡杨(*Populus euphratica*)、梭梭、紫穗槐等；含盐量大于0.7%时，必须采用改良盐碱地的措施选择柽柳等抗盐性强的树种。

④沙丘部位对树种的要求　沙丘迎风坡下部，风蚀比较严重，必须采用机械固沙措施后，栽植根系发达固沙能力强的灌木树种；迎风坡上及背风坡是积沙部位，沙质疏松而干燥，不宜造林；背风坡脚，根据沙丘大小和移动速度，选择抗沙埋和抗旱的乔木树种。

⑤不同自然地带对树种的要求　适合于草原地带沙化土地的乔灌木树种：乔木有小叶杨(*Populus simonii*)、白榆、小青杨(*P. pseudo-simonii*)、加杨(*Populus × canadensis*)、桑树(*Morus alba*)、旱柳(*Salix matsudana*)、油松(*Pinus tabuliformis*)、樟子松等。灌木及半灌木有盐蒿、油蒿(*Artemisia ordosica*)、籽蒿(*A. sphaerocephala*)、柽柳、紫穗槐、山竹子(*Garcinia mangostana*)、沙棘、柠条、沙柳、乌柳(*Salix cheilophila*)、胡枝

子等；适合半荒漠地带的主要造林树种：沙枣、白榆、旱柳、小叶杨、美洲黑杨（*Populus deltoides*）、新疆杨（以上乔木树种适于地下水位较高或有灌溉条件的地区，杨、柳、榆还要满足沙下有壤质土的地带）。灌木有油蒿、籽蒿、柠条、花棒、沙拐枣、毛条、柽柳、踏郎、沙柳等。适合荒漠地带的造林树种：新疆杨（*Populus alba* var. *pyramidalis*）、青杨（*P. cathayana*）、白柳（*Salix alba*）、白榆、箭杆杨（*P. nigra* var. *thevestina*）、旱柳、胡杨、小叶杨、沙枣、沙拐枣、柽柳、梭梭等。

(3)初植密度及配置

在水分条件较好的情况下，造林密度要根据立地条件、树种的生物学特性及人工植被的种类合理确定，一般为1500~3000株/hm^2。

在流动、半固定沙丘地区或地下水位深难以利用的丘间低地，从保证林木水分收支平衡考虑造林密度，采用单行或双行为一带的混交方式，窄株距、宽行距。这样既可增强防沙固沙的效果，又可减少沙丘水分的消耗。一般株距为1~1.5m，行距为3~6m，密度为1000~3000株/hm^2。

当用灌木直接栽植代替机械沙障时，双行式株距为6~10cm，行距为2~3m；单行式株距为3~5cm，行距为8m左右，中间栽植一行乔木。

(4)种植方法

沙地造林一般采用植苗造林的方法。造林时每穴施泥炭与细沙的混合物1~1.5kg，或施大豆荚碎片等蓄水物，既能吸水保水，又能腐熟后成为肥料，增加土壤肥力。近年在沙地造林中出现了许多新的技术，如吸水剂、深栽造林技术，防渗膜容器造林技术，网袋容器苗造林技术等。

对于不同的沙丘地貌和不同的沙丘部位，造林工作所采用的具体措施也不相同。平缓沙地，缓起伏沙地，沙层不厚，沙的流动性不大可直接造林。中、小型沙丘或沙丘链的移动快，危害大，是治沙的主要对象，可采取前挡后拉围攻方法造林。大型沙丘及格状沙丘、移动慢，造林困难，应逐步造林固定，或暂缓造林，待周围绿化后再进行。沙丘的不同部位有不同的宜林性质，一般将沙丘划分为迎风坡、落沙坡和丘间低地3部分，迎风坡又分下部、中部和上部3个部分。迎风坡的下部一般风力较小，湿度较大，宜于造林；迎风坡中部，风蚀沙埋较为严重，应先设沙障后造林；迎风坡上部流动性大，干燥疏松，不宜直接造林。落沙坡的积沙多，基部水分条件较好，可用于带秆苗植苗造林。丘间低地，风蚀沙埋轻微，水分条件较好，可直接造林。另外，植物覆盖度在15%以下的沙地，流动性大，造林前最好先设置沙障固沙；植被覆盖度在15%~35%之间，沙的流动性较小，属于半固定沙地，可直接造林；植被覆盖度在35%以上的固定沙地应考虑沙地的利用问题（张建国，2007）。造林季节，以春季为主，春季解冻后，土壤湿润，地温回升，苗木根系再生能力强，地上部分尚未发叶，蒸腾量小，有利于苗木成活。有些地区和有些树种也可根据实际情况选择雨季或秋季造林。

此外，在多年的沙地造林实践中，沙区群众运用风力与林木的相互作用，还创造了固沙、撵沙、拉沙、挡沙等一些独特的因地制宜的沙地造林方法，发挥了治沙的功效。

①前挡后拉的造林法　陕北群众运用前挡后拉的造林方法，即在两个沙地之间低

地较湿润的区域营造乔灌混交林。前挡是在沙丘背风坡的丘间地带栽植乔灌混交林带，阻止沙丘前进。后拉，是在迎风坡脚下栽植乔灌木，造成不饱和气流，引起风蚀，削低沙丘。

②撵沙腾地造林法　可以概括为"撵沙腾地、腾地造林、引沙入林、以林固沙"。在荒漠和荒漠草原地带沙丘间低地较湿润的情况下，除了利用沙丘间较好条件栽植多种乔灌木树种外，进一步采取措施，人工促进迎风坡风蚀从而扩大沙丘间的造林面积，并在风蚀的下方造林，使沙子堆积在林内，用沙埋促进林木生长。根据调查，经沙埋的林木有的树高生长量可达同龄林的5倍，堆积的沙子可以保墒，防止土壤次生盐渍化。这种方法适用于沙丘不高、水分条件较好的地区。

③固放结合造林法　具体做法是在一排排的流动沙丘中，把前后两排沙丘固定，中间的沙丘反而用来清除天然植物，大风时用人工扬沙等方法使其迅速移动，沙粒堆积在前一个固定沙丘上，中间的沙丘变成宽阔的平坦沙地。逐步扩大平坦沙地的面积，便可作农田、果园。

④背风坡的高干造林　流动沙丘背风的主要特点是易遭受沙埋。因此，过去一向认为背风坡是不能造林的。具体做法：在清明前选择3~4年生、粗4~6cm的枝条，截成2~5m长的高插杆。插杆长度取决于沙丘的高度，以造林后不被沙埋为度。将底部15~20cm浸在水中，等到清明后，天气转暖，水的温度升高时，再把枝条全部浸入深30~60cm的水中10~15d，到谷雨时(4月下旬)将枝条拿出来栽植。栽植部位应选在不长草的落沙坡和沙丘间地的交界处。因为这里有沙埋的条件，保水能力强，土壤肥力较高，没有杂草争夺水分。造林时，随时整地随时栽植，整地时先将干沙层除去，穴深1~1.5m，穴口0.5~0.6m，然后将插杆放入穴中，填进湿沙砸实。因为水分条件差，株距2~3m。过1~2年之后，沙丘向前移动了，在新的落沙坡和丘间地的交界处再进行高干造林。高干造林以旱柳高干最好，也可采用其他树种，如小叶杨、河北杨等大苗造林，效果也十分明显。

⑤其他方法　在前挡后拉的基础上，在周围所有丘间低地都进行造林，称"四面围攻"。在沙丘风坡下1/2~2/3处设置沙障，在沙障保护下，栽植梭梭等灌木，可固定住沙丘基部，削低丘顶，称"固身削顶"。从迎风坡脚开始，每年逐次栽植一行灌木，当年灌木成活后，沙丘迎风坡被吹出一定宽度(约8m)的浅凹地带，翌年再接连栽植，称"逐步推移"等，这是行之有效的造林方法。

10.3.2　石漠化山地

石漠化山地造林成活及幼林成长的主要限制因素是土壤水分不足，尤其是春旱比较严重。此外，水土流失造成土壤量减少，土壤肥力不足也是限制林木成活和生长的重要因素。

10.3.2.1　提高造林成活率的措施

(1)整地方法

由于石漠化山地坡陡、石多，一般只采用局部整地的方法。如鱼鳞坑整地、水平阶整地、反坡梯田整地等。这些整地方法的主要特点是都带有水土保持破面工程的性质，能够拦截斜坡径流，可统称为水土保持整地法，它们对解决石漠化山地水分不足问题，尤其是春旱问题起到了较好的作用(张建国，2007)。其做法要点如下。

①鱼鳞坑整地法　适用于坡面破碎、地形复杂的地方。一般坑下沿半圆形埝高、宽23~33cm，坑面依据地形可大可小、可长可短。一般横长0.7~1.2m，竖长0.5~1.0m。坑间距离60cm左右，上下1.0~1.3m，可根据具体地形适当调整，鱼鳞坑多呈品字形排列。苗木应栽植于坑内边至外沿一线靠外边的1/3处。

②大穴整地　也适用于坡面破碎、地形复杂的地方。方法是做成宽1m，长1~2m的方形大穴或长沟，穴(沟)内土面低于穴(沟)外地面20cm左右，坑边不培土埂，使径流流入穴(沟)内，集水育林。

③带状整地　包括水平沟、水平阶、反坡梯田等整地方法。

水平阶、反坡梯田都适用于坡面比较完整的地带。水平阶是沿水平线里切外垫，做成外高内低，水平阶宽0.7m、反坡梯田1.3m的台阶，外边比内边高出10~20cm，阶间距离1.3~2.0m。反坡梯田与水平阶类似，但阶面较宽，大体1.5~2.6m，阶面向内倾斜的角度略大于水平阶。这两种整地方法的阶面宽度，坡度越陡应越宽。同时，反坡梯田坡度越陡向内倾斜角应越大，在坡度45°以上时，可加大到12°。采用以上两种方法时苗木均应栽植于坑内边至外边一线靠外边的1/3处。

水平沟整地适合于特别干旱和较陡的斜坡上，一般沟底宽30cm，沟底至沟埂上部深40cm，沟内每隔3.3~6.6m留一稍低于沟埂的横挡，沟间距离3m的水平沟，可拦蓄全部径流，基本解决林木生长用水问题。苗木应栽植于水平沟埂内缓坡的中部。

④短水平条状整地　一般挖掘长、宽、深3m×0.4m×0.3m的水平条沟，在坡陡、土薄的地段，可以适当缩短长度。条面要平，条下侧要做拦水的外埂。水平条呈品字形排列。苗木应栽植于水平条沟埂内缓坡的中部。

以造林前一年的雨季、秋季进行整地效果较好。这时土壤松软，容易保证整地深度，打碎土块，杂草翻入地下后滋生较少。但是无论何时整地，都必须下透雨后，才能造林。

(2)树种选择

①树种选择要求　a. 适应性广，抗逆性强，能忍耐土壤干旱瘠薄、昼夜温差的剧烈变化；b. 根系发达，能穿窜岩隙，趋水趋肥性强；c. 易成活，生长迅速，能短期内郁闭成林或显著增加地表覆盖度；d. 具有较强的萌芽更新能力；e. 适宜于中性偏碱和钙质土壤生长。

②依据不同类型石漠化山地选择树种(张余田，2007)：

在南方石灰岩山地适宜的树种有香椿(*Toona sinensis*)、菜豆树(*Radermachera sinica*)、肥牛树(*Cephalomappa sinensis*)、降香黄檀(*Dalbergia odorifera*)、顶果木(*Acrocarpus fraxinifolius*)、刺槐、栎类、苦楝(*Melia azedarach*)、黄连木(*Pistacia chinensis*)、任豆树(*Zenia insignis*)、狗骨木(*Cornus wilsoniana*)、望天树(*Parashorea chinensis*)、金丝李(*Garcinia paucinervis*)、黄枝油杉(*Keteleeria calcarea*)、吊丝竹(*Dendrocalamus minor*)、核桃(*Juglans regia*)、扁桃(*Amygdalus communis*)、木棉(*Bombax malabaricum*)、川桂(*Cinnamomum wilsonii*)、柏木(*Cupressus funebris*)、滇柏(*Cupressus duclouxiana*)、桤木(*Alnus cremastogyne*)、银荆(*Acacia dealbata*)、杜仲(*Eucommia ulmoides*)、酸枣

(*Ziziphus jujuba*)、花椒(*Zanthoxylum bungeanum*)、火棘(*Pyracantha fortuneana*)等树种。

在中部石灰岩山地适生树种有青檀(*Pteroceltis tatarinowii*)、榉树(*Zelkova serrata*)、朴树(*Celtis sinensis*)、琅琊榆(*Ulmus chenmoui*)、刺槐、枣树(*Ziziphus jujuba*)、石榴(*Punica granatum*)、棕榈(*Trachycarpus fortunei*)、柏木、侧柏、刺柏(*Juniperus formosana*)等。

在北方石灰岩山地适宜的树种有油松、柏木、侧柏、刺槐、山杏(*Armeniaca sibirica*)、山皂荚(*Gleditsia japonica*)、山桃(*Amygdalus davidiana*)、黄刺玫(*Rosa xanthina*)、荆条(*Vitex negundo*)、黄栌(*Cotinus coggygria*)、虎榛子(*Ostryopsis davidiana*)、沙棘、胡枝子、绣线菊(*Spiraea salicifolia*)等。

(3)初植密度及配置

石漠化山地造林密度宜大，每公顷一般应在1200株以上，但密度要求不能强求一致，具体视树种、经营目的、立地条件、造林技术和经济条件而定。石窝和石缝中造林则见缝插针，密度灵活掌握。

(4)种植方法

造林技术方法应突出其抗旱技术措施，除了细致整地外，一般应以植苗造林为主，有条件的地方应该多用容器苗造林，可以提高造林的成活率。播种造林多用于橡栎类大粒种子，有无性繁殖能力的树种，也可适当采用插条、压条或分根造林的方式。

造林季节的选择需要根据树种的特性来决定，春季、雨季、秋季均可。为了抗春旱，春季造林宜早。秋季造林时，苗木当年根系就能愈合并长出新根，有利于度过来年的春旱。

在石质山区植苗造林一般采用穴植法，针叶树也可用靠壁栽植法。应提倡适当深栽和丛植。进行适当的封山育苗，育成后在育苗地上保留一定数量苗木使之成林，把另一部分苗木起出在附近造林。这一套山地育苗、留床成林与就地分栽相结合的造林方式是行之有效的方法，尤其在深山远山大面积造林地区可积极推广。

10.3.2.2 造林后抚育管理措施

造林后幼林抚育包括除草松土、培土、正苗、踏实、除萌、除藤蔓植物，以及对分枝性强的树种进行修枝或平茬等，但重点是除草松土作业。除草松土作业的目的是增加土壤的透气和保墒作用，消除杂草对苗木的水肥竞争和光照竞争等。一般从春季造林的当年或秋、冬季造林的第二年开始，直到幼树郁闭为止。一般第1年抚育2~3次，第2年2次，第3年1次。每年春天的松土至关重要，雨季前还应进行1次，在穴状整地的地方，还应结合抚育扩大穴面并进行压青作业，增加土壤水分与肥力。

10.3.3 滨海滩涂地

沿海滩涂地一般以潮积滨海沙土为主，主要分布在海滩的高潮线以外和潮水沟两侧，范围不宽，一般数百米。这种土壤母质是靠潮水涨落的力差带来的矿物质粒(主要为石英砂)和海生动物残体(如破碎的贝壳)所组成。由于长期受潮水的侵袭影响，土壤含盐量一般在0.2%以上，局部高达0.6%~1.2%，土壤呈碱性，pH 7.5~9.0，一般可分为沙质滩涂和泥质滩涂。沙质滩涂的土壤质地疏松，由于含沙量较多，透气透水性能较好，土壤含盐量较少；泥质滩涂土壤淤泥黏性大，透水性差，易板结，不易脱盐，土壤含盐量比沙质滩涂高，碱性强(张余田，2007)。

10.3.3.1 提高造林成活率的措施

(1)整地方法

为了降低土壤盐分，应适当提早整地，一般在造林前一年的秋冬季完成，有利于土壤经过一段时间风化、雨淋，降低土壤含盐量。常用的整地方法有：①全面翻犁或隔行翻犁：具备机耕条件的地区，可全面翻犁作畦或隔行 1~2m 翻犁作畦，畦宽 1.4m，畦高 50cm 左右；②筑大畦高垄：适宜在低洼地，畦宽 2.4m，畦高 60~70cm；③筑堆：一般堆高 70~80cm，堆径 100~140cm。上述方法挖穴都宜浅(一般 20cm 左右)，结合整地施足基肥。

(2)树种的选择

根据沿海滩涂地的立地条件，宜选择适应盐碱沙地生长的抗风、固沙、耐旱、耐贫瘠、耐潮汐盐渍的树种，如木麻黄、相思树、黑松(*Pinus thunbergii*)、刺槐、垂柳(*Salix babylonica*)、旱柳、臭椿、苦楝、毛白杨、白榆、桑树、梨树(*Pyrus bretschneideri*)、杏树(*Armeniaca vulgaris*)、紫穗槐、柽柳、红树(*Rhizophora apiculata*)等(张余田，2007)。

(3)初植密度及配置

根据不同树种生物学特性而定，株行距一般为 1m×2m、1m×1m，每公顷5000~10 000株。

(4)种植方法

滨海滩涂地造林苗木一般选用优良品种苗木，有条件可选择容器苗或大苗，以穴植为主，施足基肥，分层踏实踏紧。根据不同地类合理确定栽植深度。在陆地、堤岸或浅滩沙地，栽植宜深些，一般比原土痕深 10~15cm；在泥质滨海滩涂地，宜浅栽培土，一般比原土痕高 1~2cm。栽植季节选择春、夏雨季。

10.3.3.2 造林后抚育管理措施

(1)培土扶正

在造林后 1~2 年内(特别是当年)，每次台风大雨后对栽植幼树应及时进行培土扶正等工作，以防幼树歪斜倒伏，促进其正常生长。

(2)封禁管理

造林初期，植被稀少，幼树扎根浅，林地要实行封禁管理。一般在造林前三年，应严禁人畜进入林地，严禁割草、扒叶、挖草根、锄草、玩火、放牧等活动，以促进杂草植被繁茂与幼林共生，保护幼树健康生长。

(3)适时抚育间伐

幼林郁闭后直至成林前，对栽植密度大的幼林一般应进行 3~4 次抚育间伐，以防主干徒长纤细、枝下高过高和树冠狭小。通过适时间伐，既可促使幼林高、径生长，又能防止风害倒木现象的发生，改善幼林生长条件。

10.3.4 干热河谷地

干热河谷地区气候炎热，降雨少而蒸发量大，土壤质地黏重，干季土壤板结、坚硬。土壤类型有燥红土、褐红壤、赤红壤、紫色土等，燥红土是热带干旱气候条件下形成的一种典型土壤，它矿物风化程度较低，富铝化作用不明显，淋溶作用较弱，致使土壤中盐基物质淋失少，盐基饱和度达70%~80%，有向表层聚集的趋势。表土有机质含量低。由于恶劣的气候与土壤条件，加上长期的人为干扰，生态系统十分脆弱，水土流失严重。

10.3.4.1 干热河谷地造林技术

(1)整地方法

根据不同立地条件采用不同的整地方式。坡度小于15°，坡面较为完整，土层较厚的可采用环山带状水平整地和撩壕整地，规格60cm×(30~60)cm，带间距200~300cm。土层较薄的可采用带状水平整地或穴状整地，规格为100cm×(20~30)cm，带间距200~250cm或规格为40cm×40cm×(20~30)cm；坡度大于15℃，坡面破碎挖大穴，规格为60cm×60cm×(40~60)cm；坡度25°以上的陡坡可按品字形挖穴整地，规格为40cm×40cm×20cm。整地时间一般在10月至翌年3月进行。造林前将翻晒过的土壤回填至沟内或穴内，呈鱼脊形，同时施足底肥。

(2)树种选择

造林树种选择要考虑水(雨量、湿度、土壤水分状况)、热(温度、日照)、土(土壤状况和肥力)等基本条件，在干热河谷地区气候条件下，要造林成活且成林，要求造林树种耐干旱，具有在长时间(160d以上)缺水条件下仍能成活的抗旱能力；在极干旱条件下还要能承受高温和强烈日灼；在维持生计的前提下，在贫瘠的土壤条件下尚需有一定的生长量，最终达到保水改土、恢复地力、防止水土流失、促进农业生产、保护环境、改善生态等森林综合功能。

经过长期研究和生产实践，筛选出适于干热河谷地区生长的树种主要有：乔木树种柠檬桉、马占相思、大叶相思、新银合欢、铁刀木(*Cassia siamea*)、黄葛树(*Ficus virens* var. *sublanceolata*)、白头树(*Garuga forrestii*)等；灌木树种车桑子、小桐子(*Jatropha curcas*)、木豆、山毛豆等；经济林树种石榴、柿子(*Diospyros kaki*)、酸角、杧果(*Mangifera indica*)、龙眼(*Dimocarpus longan*)等；草本植物扭黄茅(*Terminalia franchetii*)、黄背草(*Themeda japonica*)、芸香草(*Cymbopogon distans*)、龙须草(*Eulaliopsis binata*)、羊胡子草(*Eriophorum vaginatum*)等。这些植物都具有耐干旱、耐瘠薄，保存率高，或生长迅速、成材快，或具有固氮、自肥能力等特征。

(3)初植密度及配置

不同立地条件造林密度不同，一般情况下人工纯林的造林密度如图10-1所示；灌木树种点播间距一般为1m×1.5m，每穴5~8粒种子。板栗、枇杷(*Eriobotrya japoni-*

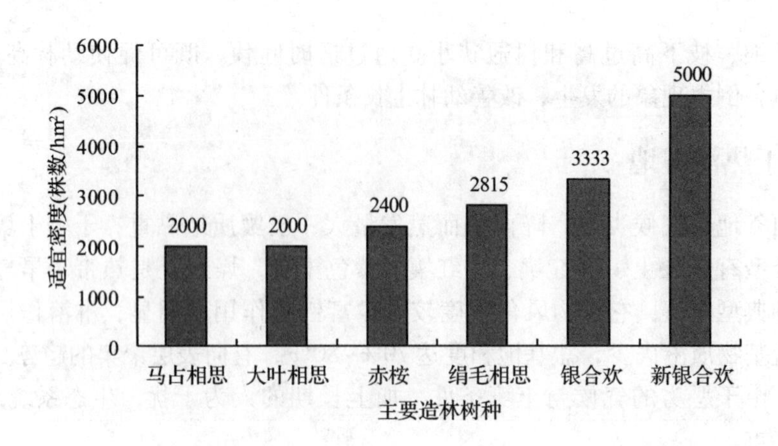

图 10-1 主要造林树种的适宜造林密度(引自张余田，2007)

Fig. 10-1 Suitable planting density of main tree species (Zhang, 2007)

ca)、柑橘(*Citrus reticulata*)、石榴、柿子、杧果、荔枝等经济果树林造林密度一般为300~1200株/hm^2。

(4)种植方法

由于干热河谷地区环境恶劣，选择容器苗造林是提高该地区造林成活率和保存率的有效技术措施。容器苗根系完整，造林时根系不易损伤，抵抗性强。栽植时采用深栽培土，增加土壤厚度，提高土壤保水、蓄水能力，可提高造林成活率。对于灌木覆盖良好的地块，可在原有植被的基础上采用穴状整地，通过补播补造填补空缺。灌木树种可进行直播造林。造林后，应全面封山育林。在土壤浅薄、肥力差的造林地段乔木树种造林很难成功，在该类型区域以营造草本类植物和灌木林为重点，种草促灌，造林密度适当加大。根据干热河谷区气候特点，一般每年6月进入雨季后即有透雨，但随后又常伴有高温和间歇性干旱。因此，造林时间宜选在雨季降水比较稳定的时间进行，多在7~8月或6月下旬至7月上旬透雨后进行，此时植树造林的保存率较高。各干热河谷区的降雨规律不甚相同，各地可根据情况选择适宜的造林时间。

10.3.5 盐碱地

10.3.5.1 造林困难的主要原因

土壤盐碱对树木的危害主要表现在以下几个方面(龚洪柱，1986)：

①土壤盐分过多，提高了土壤溶液浓度和渗透压，导致树木的根系吸水困难，造成生理干旱，破坏了树木体内水分的正常代谢，从而发生枝叶枯萎的现象。

②土壤盐分过多，对植物产生直接的毒害作用，如碳酸钠和碳酸氢钠对树木的毒害较大，它们在土壤溶液中碱性很强，能腐蚀植物组织，破坏酶的作用，阻碍树木正常生理活动，抑制生长，甚至死亡。土壤可溶性盐类对植物毒害性的大小，可因土壤盐类的不同而异，具体表现为氯化镁 > 碳酸钠 > 碳酸氢钠 > 氯化钠 > 硫酸镁 > 硫酸钠。

③土壤盐分过多，可以破坏叶绿体内蛋白质的合成，减少叶绿体蛋白质数量，减弱叶绿素与胡萝卜素的结合能力，甚至使叶绿体发生分解，降低植物光合作用。

④土壤盐碱度高，特别是碳酸钠或碳酸氢钠含量高，可使土壤胶体吸附大量的钠

离子，钠离子表面有一层厚水膜，具有很强的分散作用，使土壤呈高度离散状态，湿时膨胀泥泞，干时收缩坚硬，造成土壤板结，透水性和透气性差，不利于植物生长。

⑤盐碱地上植被稀少，且生长差，土壤有机质积累少，营养物质少；盐碱土中往往钠、镁含量多，影响植物对钙等营养元素的吸收，造成吸收比例失调，从而影响植物生长。

10.3.5.2 盐碱地造林技术

(1)改良盐碱土

主要包括水利措施(灌溉、排水、冲洗等)、土壤改良措施(即平整土地、耕作、客土、施肥等)、生物措施(种植耐盐植物、绿肥、牧草和植树造林等)。

①排涝除盐　盐碱地常处低洼地段，易形成涝害，含盐过多，有效排水和降低地下水位是降低盐分的关键。可以采取修筑台田、条田的整地方法来实现。具体做法是在造林前1~2年，深翻土壤，然后在预定营林地两侧及内部挖排水沟，把沟中的土壤翻到林带用地上，做成比地下水位高1.5m左右的台田或条田，四周筑埂蓄水，并在田面盖草，经过1~2年的雨水淋洗，使盐分降低后方可造林。

②洗盐　利用淡水对盐碱土进行灌溉冲洗，使盐分淋洗至底层，再通过排水沟或排水管把盐水排走，降低盐分后再造林。但需要注意的是排灌系统必须完善，防止产生新的盐渍化土壤。黄河中下游有洪流的地方所采用的引洪放淤洗盐方法效果比较显著，已经被应用。

③深耕深翻　可以疏松土层，并将多余的盐分翻入下层，切断毛细管，提高土壤透水和保水的能力，从而加速土壤淋盐，并防止返盐。

④客土改良　把盐碱最集中的盐斑、碱包挖出去，更换无盐的客土。造林时一般穴径穴深都应在1m以上，坑要大于盐斑、碱包，不要留下碱圈，穴底要铺炉渣或砂等，厚度应在20cm以上，建立隔盐层，用以控制盐分上升。

⑤广种绿肥　苕子(*Vicia tetrasperma*)、田菁(*Sesbania cannabina*)、紫穗槐等绿肥可以增加土壤有机质，改土肥田，特别是豆科绿肥植物效果更好，同时，绿肥根系分泌的有机酸能中和碱性，可以达到防碱改碱的作用。

⑥化学药剂改良　碱土由于土壤胶体上有许多可代换性钠，灌水洗碱等方法难以收到明显效果，除了施用有机肥和种绿肥改土培肥外，还可使用化学改良剂。目前常用的改良剂有石膏、磷石膏、黑矾等。

施用石膏形成的中性硫酸钠盐，毒性小，溶解度高，易于洗去，含钙物质亦可与土壤胶体中代换性钠离子互换，达到除碱的目的。施用磷石膏的作用与石膏的作用相同。黑矾又称皂矾，主要成分是硫酸亚铁，由于它与水作用形成硫酸，可以直接与土壤中的碱起中和作用，如果土壤中含有石灰，它与石灰作用，生成石膏，起到石膏的改良效果。

药剂的施用一般在高温、多雨的季节里采用沟施和穴施或与表土充分混合施用，林地施用后要灌水。

(2)耐盐碱树种的选择

为了提高盐碱地造林成活率和林木生长量，造林前必须结合整地进行洗盐、脱盐等措施，但选用或培育抗盐性强的树种或品种也是重要措施。要正确选择盐碱地造林树种，首先要了解树种的耐盐碱能力，以及造林地土壤的含盐量和含碱量。经过长期试验和生产实践，目前已被选育、且适合于盐碱土造林的主要树种有：

①轻度盐碱地　胡杨、沙枣、白榆、柽柳、白柳、大叶白蜡、箭杆杨、沙棘、紫穗槐、乌柳、杞柳(*Salix integra*)、白刺等。

②中度盐碱地　柽柳、胡颓子(*Elaeagnus pungens*)、苦楝、紫穗槐等。

③中度盐碱低洼地　柽柳、枸杞(*Lycium chinense*)、新疆杨等，或经过改良后栽植旱柳等高茎植物(张建国，2007)。

此外，采用生物技术将某些耐盐基因转移到普通植物上增强其耐盐性，或培育出新的耐盐品种，可为今后盐碱地造林树种的选择提供一条可靠的途径，拥有广阔的前景。

(3)初植密度及配置

合理密植，多采用大行距、小株距或窄带等配置方式。如采用速生杨树大苗造林，株行距可为1.5m×3m、2m×3m、3m×3m的。

(4)种植方法

造林方法以植苗造林为主，尽量采用容器苗或带土球苗。

造林时提倡乔灌混交，适当密植，可以尽快郁闭，覆盖地面，增强林木的生物排水能力，降低地下水位，减少土壤水分蒸发，抑制土壤返盐，增加林木凋落物量，进一步改良盐碱地。

栽植时植苗不宜过深，做好树盘，以便雨季蓄积淡水，冬季积雪，加速幼树周围土壤的脱盐过程。

造林后要及时中耕松土除草，以切断毛管水，减轻土壤返盐，尤其在透雨后进行效果更佳。

参考文献

蔡道雄，卢立华．2002. 浅谈石漠化治理的对策及造林技术措施[J]．世界林业研究，15(2)：76－80.

蔡道雄，卢立华．2001. 石漠化治理丰富的树种资源库——大青山石山树木园[J]．广西林业(4)：26.

曹显军，刘玉山，斯钦昭日格．1999. 踏郎、黄柳植物再生沙障治理高大流动沙丘技术的探讨[J]．内蒙古林业科技，(增刊)：67－69.

陈家庸．1995. 广西石山地区造林树种区划布局探讨[J]．广西林业科学，24(2)：73－75.

陈士银，杨新华，杜盛珍．1999. 庭园绿化树种抗风性能的调查与分析[J]．防护林科技(4)：32－35.

陈万章，仇才楼，李荣锦．2000. 提高刺槐在江苏沿海造林树种中比重的探讨[J]．江苏林业科技，27(5)：60－62.

陈永辉，伍寿彭，殷云龙，等．1996. 江苏滨海盐碱地中山杉造林推广试验[J]．江苏林业科技，23(4)：18－22.

但新球，喻甦，吴协保，等．2003. 我国石漠化区域划分及造林树种选择探讨[J]．中南林业调查规划，22(4)：20－23.

龚洪柱，魏庆莒，金子明，等．1986. 盐碱地造林学[M]．北京：中国林业出版社．

郭玉红，郎南军，和丽萍，等．2007. 元谋干热河谷8种植被类型的林地土壤特性研究[J]. 西部林业科学，36(3)：56－64.
郭喜军，李成军，李峰．2009. 盐碱地引种文冠果及怪柳初步研究[J]. 防护林科技(3)：30－31.
国家林业局．2004. 西南岩溶地区石漠化监测技术规定[S].
国家林业局．2012. 中国石漠化状况公报．中国绿色时报[N]，06，18.
国家林业局中国林业区划办公室．2011. 中国林业发展区划图集[M]. 北京：中国林业出版社.
韩步阳，周武忠．1995. 苏北沿海地区树种选择和造林技术的调查研究[J]. 华东森林经理，9(3)：49－52.
何书金．2005. 中国典型地区沿海滩涂资源开发[M]. 北京：科学出版社.
贺位忠，李玉芬，高大海．2008. 舟山海岛困难地造林树种选择与配套技术研究[J]. 浙江林业科技，28(4)：39－42.
胡思敏．1983. 试论我国沿海滩涂资源的自然条件特征及利用途径[J]. 土壤通报(2)：4－8.
纪中华，刘光华，段日汤，等．2003. 金沙江干热河谷脆弱生态系统植被恢复及可持续生态农业模式[J]. 水土保持学报，17(5)：19－22.
纪中华，潘志贤，沙毓沧．2006. 金沙江干热河谷生态恢复的典型模式[J]. 农业环境科学学报，25(增刊)：716－720.
纪中华，杨艳鲜，拜得珍，等．2007. 木豆在干热河谷退化山地的生态适应性研究[J]. 干旱地区农业研究，25(3)：158－162，202.
蒋宣斌，王轶浩，田艳，等．2011. 峡谷石漠化地区红椿、任豆、紫穗槐造林试验初报[J]. 四川林业科技，32(1)：89－93.
焦树仁．2009. 辽宁省章古台引种樟子松造林研究[J]. 防护林科技(6)：10－14.
廖空太．1995. 防风固沙林优化模式的树种选择及其配置[J]. 甘肃林业科技(3)：15－21.
李保成，汪仕涛，蔡臻，等．2006. 提高上海滨海防护林工程中树木种植成活率的几点浅见[J]. 上海农业科技(6)：105－106.
李钢铁，姚云峰，张德英．2005. 科尔沁沙地疏林草原植被恢复技术体系[J]. 内蒙古农业大学学报(自然科学版)，26(3)：1－6.
李清顺，卢志伟．2009. 渭南市卤泊滩盐碱地造林方法探讨[J]. 林业调查规划，34(4)：123－125.
李庆逵，熊毅．1987. 中国土壤[M]. 2版. 北京：科学出版社.
李慧仙，信文海．2000. 华南沿海城市绿化抗风树种选择及防风措施[J]. 华南热带农业大学学报，6(1)：15－17.
李军，李卓新，谷勇．2006. 滇东南岩溶山区退耕还林适宜造林树种筛选试验[J]. 广西林业科学，35(3)：129－132.
李昆，陈玉德．1995. 元谋干热河谷人工林地的水分输入与土壤水分研究[J]. 林业科学研究，8(6)：651－657.
李学麒．2013. 一种改良盐碱地土壤的营养基质及其制备方法[P]. 专利：CN102336614A.
林文棣．1993. 中国海岸带林业[M]. 北京：海洋出版社.
刘淑珍，刘斌涛，陶和平，等．2013. 我国冻融侵蚀现状及防治对策[J]. 中国水土保持(10)：41－44.
龙永光，宋林．2011. 黔东南石漠化治理主要植物种选择研究[J]. 现代农业科技(7)：330，332.
吕士行，吕志英．1994. 盐胁迫对杨树无性系生理特性及高生长的影响[J]. 南京林业大学学报(自然科学版)(4)：13－18.
马淑玲，王秋丰．2005. 盐碱地造林技术[J]. 林业实用技术(12)：14－15.
任崴，罗廷彬，王宝军，等．2004. 新疆生物改良盐碱地效益研究[J]. 干旱地区农业研究，22(4)：

211－214.
宋玉珍，安志刚，崔晓阳，等．2009. 大庆苏打盐碱地造林研究[J]．森林工程，25(3)：39－42，47.
宋丹，张华新，白淑兰，等．2006. 植物耐盐种质资源评价及滨海盐碱地引种研究与展望[J]．内蒙古林业科技（1)：37－38，44.
孙玉珂．2012. 一种适用于盐碱土壤的农作物肥料及其制备方法[P]．专利：CN102603429A.
苏洪君，孙钊，钱喜友．2005. 土壤调理剂在盐碱地造林实验研究[J]．林业科技情报，37(4)：1－3.
田园，王静，胡燕．2013. 我国干热河谷地区土壤侵蚀研究进展[J]．中国水土保持（6)：51－54.
田广红，王仁师，张尚云．2003. 金沙江干热河谷立地类型的划分及其造林技术措施[J]．云南林业科技（3)：29－35.
熊东红，翟娟，杨丹，等．2011. 元谋干热河谷冲沟集水区土壤入渗性能及其影响因素[J]．水土保持学报，25(6)：170－175.
王俊峰，梁宗锁，李鸿德．2001. 提高沙棘造林成活率的机理与途径[J]．沙棘，14(2)：5－7.
王玉魁，杨文斌，卢琦，等．2010. 半干旱典型草原区白榆防护林的密度与生物量试验[J]．干旱区资源与环境，24(11)：144－150.
王道杰，崔鹏，朱波，等．2004. 金沙江干热河谷植被恢复技术及生态效应——以云南小江流域为例[J]．水土保持学报，18(5)：95－98.
王卫斌，郑海水，景跃波，等．2007. 云南热区4种乡土阔叶树种人工林营建技术研究[J]．西部林业科学，36(1)：10－15.
王永忠，沈振荣．2009. 脱硫废弃物改良盐碱地田间试验研究[J]．宁夏农林科技（2)：11－12.
杨振寅，苏建荣，罗栋，等．2007. 干热河谷植被恢复研究进展与展望[J]．林业科学研究，20(4)：563－568.
杨万勤，宫阿都，何毓蓉，等．2001. 金沙江干热河谷生态环境退化成因与治理途径探讨(以元谋段为例)[J]．世界科技研究与发展，23(3)：37－40.
杨忠，庄泽，秦定懿，等．1999. 元谋干热河谷水保林营造技术研究[J]．水土保持通报，19(1)：38－42.
傅金海，沈长江，陈一鄂，等．1987. 宁夏盐池农业资源与利用研究论文集[M]．银川：宁夏人民出版社．
袁远亮，孙辉，唐亚．2002. 金沙江干热河谷区黑荆树引种研究[J]．中国生态农业学报，10(4)：99－100.
张玲菊，黄胜利，周纪明，等．2008. 常见绿化造林树种盐胁迫下形态变化及耐盐树种筛选[J]．江西农业大学学报，30(5)：833－838.
张建国，李吉跃，彭祚登．2007. 人工造林技术概论[M]．北京：科学出版社．
张建平，杨忠，张信宝，等．2000. 元谋干热河谷旱地地下地膜隔墙试验初报[J]．水土保持通报，20(2)：39－40.
张建锋．2008. 盐碱地生态修复原理与技术[M]．北京：中国林业出版社．
张建锋，邢尚军，孙启祥，等．2004. 黄河三角洲重盐碱地白刺造林技术的研究[J]．水土保持学报，18(6)：144－147.
张建锋，邢尚军，郗金标，等．2003. 树木耐盐的生理指标测定[J]．东北林业大学学报，31(6)：90－93.
张建锋，张旭东，周金星，等．2005. 世界盐碱地资源及其改良利用的基本措施[J]．水土保持研究，12(6)：28－30.
张锦林．2003. 林业生态工程是石漠化治理的根本措施[J]．中国林业，6(A)：9－10.
张尚云，高洁，傅美芬，等．1997. 金沙江干热河谷恢复植被与造林技术研究[J]．西南林学院学报，

17(2)：1－7.
张信宝，杨忠，张建平．2003. 元谋干热河谷坡地岩土类型与植被恢复分区[J]. 林业科学，39(4)：16－22.
张永宏．2005. 盐碱地种植耐盐植物的脱盐效果[J]. 甘肃农业科技（3)：48－49.
张映翠．2005. 乡土草本植物对干热河谷退化土壤修复的生态效应及机制研究[D]. 重庆：西南农业大学．
张余田．2007. 森林营造技术[M]. 北京：中国林业出版社．
赵一宇，刘惠兰，马德滋，等．1980. 花棒的形态结构、水分生理及造林问题[J]. 宁夏农学院学报(1)：33－39.
赵可夫，冯立田．2001. 中国盐生植物资源[M]. 北京：科学出版社．
赵明范，葛成，翟志中．1997. 干旱地区次生盐碱地主要造林树种抗盐指标的确定及耐盐能力排序[J]. 林业科学研究，10(2)：194－198.
周心澄．1985. 紫穗槐的固沙效益[J]. 中国沙漠，5(1)：46－51.
周麟．1998. 云南元谋干热河谷植被恢复初探[J]. 西北植物学报，18(3)：450－456.
邹桂梅，苏德荣，黄明勇，等．2010. 人工种植盐地碱蓬改良吹填土的试验研究[J]. 草业科学，27(4)：51－56.
Ashraf M. 2005. Some important physiological selection criteria for salt tolerance in plants[J]. Flora, 199(5): 361－376.
Ahmed I M, Nadira U A, Bibi N, *et al.* 2015. Secondary metabolism and antioxidants are involved in the tolerance to drought and salinity, separately and combined, in Tibetan wild barley[J]. Environmental and Experimental Botany, 111: 1－12.
Assal T J, Anderson P J, Sibold J. 2016. Spatial and temporal trends of drought effects in a heterogeneous semi-arid forest ecosystem[J]. Forest Ecology and Management, 365: 137－151.
Babgohari M Z, Ebrahimie E, Niazi A. 2014. In silico analysis of high affinity potassium transporter (HKT) isoforms in different plants[J]. Aquatic Biosystems, 10: 9.
Brusseau M L, Rao P S C. 1990. Modeling solute transport in structured soils: a review[J]. Geoderma, 46(1): 169－192.
Carden D E, Walker D J, Flowers T J, *et al.* 2003. Single-cell measurements of the contributions of cytosolic Na^+ and K^+ to salt tolerance[J], Plant Physiology, 131: 676－683.
Chun S, Nishiyama M, Matsumoto S. 2001. Sodic soils reclaimed with by-product from flue gas desulfurization: corn production and soil quality[J]. Environmental Pollution, 114(3): 453－459.
Clark G J, Dodgshun N, Pwg S, *et al.* 2007. Changes in chemical and biological properties of a sodic clay subsoil with addition of organic amendments[J]. Soil Biology and Biochemistry, 39(11): 2806－2817.
Cregan P D, Scott B J. 1998. Soil acidification-an agricultural and environmental problem[A]. In: Pratley J E and Robertson A ed. Agricultural and the Environmental Imperativel[C]. CSIRO Publishing: Melbourne, 98－128.
Comey H J, Sasse J M, Ades P K. 2003. Assessment of salt tolerance in cuealyors using chlorophyll fluorescence attributes[J]. New Forests, 26(3): 233－246.
Delhaize E, Ryan P R. 1995. Aluminum toxicity and tolerance in plants[J]. Plant Physiology, 107(2): 315－321.
Eilmann B, Rigling A. 2012. Tree-growth analyses to estimate tree species' drought tolerance[J]. Tree Physiology, 32(2): 178－187.
Guo J H, Liu X J, Zhang Y, *et al.* 2010. Significant acidification in major Chinese croplands[J]. Science,

327: 1008 - 1010.

Guo G, Araya K, Jia H, *et al.* 2006. Improvement of salt-affected soils, part 1: Interception of capillarity [J]. Biosystems Engineering, 94(1): 139 - 150.

Hoegh-Guldberg O, Mumby P J, Hooten A J, *et al.* 2007. Coral reefs under rapid climate change and ocean acidification[J]. Science, 318: 1737 - 1742.

Narasimhan T N. 1998. Hydraulic characterization of aquifers, reservoir rocks, and soils: A history of ideas [J]. Water Resources Research, 34(1): 33 - 46.

Niknam S R, McComb Jen. 2000. Salt tolerance screening of selected Australian woody species-A review[J]. Forest Ecology and Management, 139: 1 - 19.

Pretzsch H. 1997. Analysis and modeling of spatial stand structures: Methodological considerations based on mixed beech-larch stands in Lower Saxony[J]. Forest Ecology and Management, 97(3): 237 - 253.

Richards L A. 1931. Capillary conduction of liquids in porous mediums[J]. Physics, 1(5): 318 - 333.

Ritchie G P S. 1989. The chemical behaviour of aluminium, hydrogen and manganese in acid soils[A]. In: Robson A. D. ed. Soil Acidity and Plant Groth[C]. Sydney: Academic Press, 1 - 60.

Tyerman S D, Skerrett I M. 1998. Root ion channels and salinity[J]. Scientia Horticulturae, 78(1 - 4): 175 - 235.

Thomas S. 1998. Forest structure: A key to the ecosystem[J]. Northwest Science, 72(2): 34 - 39.

Ventura Y, Wuddineh W A, Myrzabayeva M, *et al.* 2011. Effect of seawater concentration on the productivity and nutritional value of annual *Salicornia*, and perennial *Sarcocornia*, halophytes as leafy vegetable crops [J]. Scientia Horticulturae, 128(3): 189 - 196.

Wallender W W, Tanji K K. 2011. Agricultural Salinity Assessment and Management[M]. New York: American Society of Civil Engineers.

(编写人：唐罗忠)

第11章 林分结构构建与调控

【内容提要】林分结构是指林木群体各组成成分的空间和时间分布格局，它是群落内各种生物相互作用的表现形式。合理的林分结构是充分发挥森林多种功能的基础，因此，对林分结构构建与调控就显得尤为重要。本章在概述林分结构构建与调控的基础上，阐述了林分水平结构和垂直结构的构建、林分空间结构和非空间结构的相关指数及人工林和天然林的结构构建与调控方法，重点介绍了林分密度的作用及量化方法、描述林分空间结构的常用指数、混交林的营造及其结构调控、人工林结构构建与调控方法及其实例。

林分结构是指林木群体各组成成分时空分布格局，它是群落内各种生物相互作用的表现形式，主要包括组成结构、水平结构、垂直结构和年龄结构，其中林分水平结构由林分密度和种植点配置决定，树种组成和年龄主要决定林分垂直结构。人工林林分结构可以经过人为设计和培育而得到调控，天然林分结构的形成则更依赖于自然因素，但也可通过一系列营林措施来实现有效的调控。合理的林分结构是充分发挥森林多种功能的基础。

11.1 林分结构构建与调控概述

11.1.1 林分水平结构构建

林分密度(stand density)是指单位面积林地上林木的数量，它可以用单位面积林地上的林木株数表示，也可以用单位面积林地上林木胸高断面积来表示。其中，人工林的初始密度称为造林密度(planting density)，是指单位面积造林地上栽植株数或播种点(穴)数。造林时确定合理的林分密度以及在林木生长过程适时适当调控林分密度十分重要。

11.1.1.1 林分密度的作用

(1)初始密度在郁闭成林中的作用

树冠郁闭是林木生长过程中的一个重要转折点，一般规定郁闭度大于0.2才算成林。达到一定郁闭度有利于增强幼林对不良环境因子的抗性，减缓杂草的竞争，保持林分的稳定性，提高对林地环境的保护作用。初始密度在郁闭成林过程中作用较大，合理初始密度的确定要从树种特性、林地条件及育林目标等多方面综合考虑(沈国舫，2002)。

(2)林分密度对生长的作用

密度对林木生长的作用，从林分接近郁闭时开始出现，一直延续到成熟收获期(翟明普，2011)。

①密度对直径生长的作用　密度对林木直径生长的影响具有一致性，即林分密度越大，直径生长越小(图11-1)。此外，密度对直径生长的作用还表现在直径分布上，密度增大小径阶的树木比例增多，大径阶的树木比例减少。

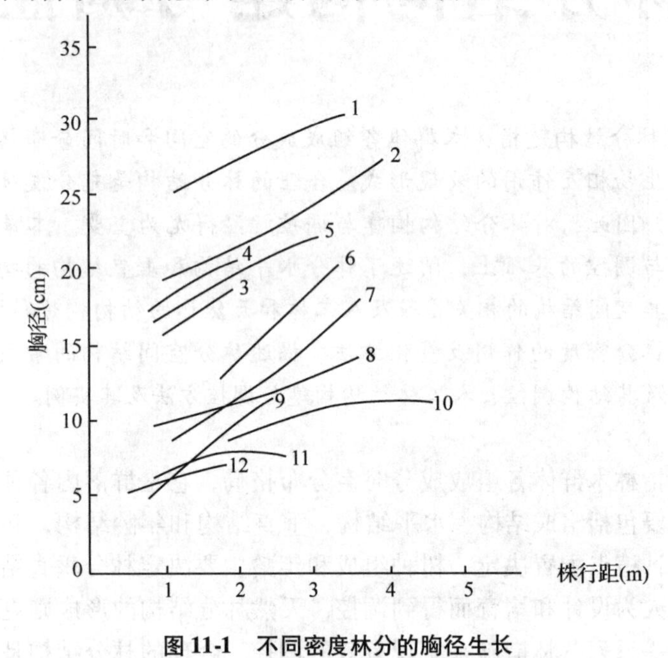

图11-1　不同密度林分的胸径生长

Fig. 11-1　DBH growth of forest in different densities

②密度对树高生长的作用　a. 密度对树高生长的作用比对其他生长指标的作用要弱，在相当宽的一个中等密度范围内，密度对高生长几乎不起作用；b. 不同树种因其喜光性、分枝特性及顶端优势等生物学特性的不同，对密度有不同的反应；c. 不同立地条件，尤其是不同的土壤水分条件，可能使树木对密度有不同的反应。

③密度对单株材积生长的作用　立木单株材积主要决定于树高、胸径和树干形数3个因子。林分郁闭后，形数是随密度增大而增大，但差异较小。由于胸径受密度的影响很大，因而它是不同密度下单株林木材积的决定性因子。密度对单株材积生长的作用规律与对直径生长的相同，即林分密度越大，林木平均单株材积越小。

密度对单株材积生长的影响，可以用一些数学公式来表示。在$N-V$关系中最著名的公式当属日本学者在20世纪60年代提出的：

$$V=KN^{-a} \tag{11-1}$$

式中　V—— 单株材积；

N——单位面积林木株数；

K——参数，因树种而异；

a——因竞争状态而变化的参数。

此式被称为密度竞争效应幂乘式。当 N 趋于最大密度时，a 值接近于 1.5(耐阴树种稍小)，故有时也称之为3/2 幂法则。这个法则与雷尼克公式是当前编制密度管理图的主要基础。

(3)林分密度对干材质量的作用

林分密度适当增大，能使林木的树干饱满(尖削度减小)、干形通直(主要对阔叶树而言)、分枝细小，有利于自然整枝，减少木材中节疤的数量及大小，总体来说是有利的。但如果林分过密，干材过于纤细，树冠过于狭窄，既不符合用材要求，又不符合健康要求，应当避免这种情况的出现。但必须指出，树干材质在很大程度上取决于树种的遗传特性，密度控制的效果是有限的(沈国舫，2002)。

(4)林分密度对根系生长及林分稳定性的作用

林分密度对林木根系生长影响的研究报道较少，从有限的研究结果可以看出，林分过密会影响林木根系生长发育。林木根系的发育与全树的生长状况及全林的稳定性有很大关系。林分过密，不但使林木地上部分生长纤细，也使根系发育受阻，这样的树木易遭风倒、雪压及病虫侵袭的危害，林分处于不稳定状态。

综上可知，在一定条件下存在一个生物学最适密度范围，在这个范围内，林分的群体结构最为合理。但这个最适密度范围并不是一成不变的，不同的林木发育时期有着不同的最适密度范围。研究者的任务就是要通过理论探索与实践，找出不同树种及不同发育时期的最适密度范围(沈国舫，2002)。

11.1.1.2　确定林分密度的原则

最适密度不是一个常数，而是一个随经营目的、培育树种、立地条件、培育技术和培育时期等因素变化而变化的数量范围。为了确定林分密度，就要弄清林分密度和这些因素之间的关系。初始密度是形成各个时期密度的基础，初始密度的确定原则主要包括以下几点(表 11-1)。

表 11-1　确定林分密度的原则

Tab. 11-1　Principle of determining stand density

立地条件	好的立地条件宜培育大径材，应稀植；而较差的立地条件宜培育中小径材，可适当密植
树种特性	慢生、耐阴、树冠狭窄、根系紧凑的树种之间肥力竞争不激烈，耐干旱瘠薄的树种需要的养分相对较少，可适当密植；反之，可适当稀植
培育目的	经营目的首先体现在林种上。林种不同，在培育过程中所需的林分群体结构不同，林分密度也不同，在确定林分密度时一定要确立结构与功能统一的指导思想
经营水平	中幼林抚育等森林经营水平高低影响造林初植密度的确定
造林前地被植物状况	造林前地被植物中具有培育前途的幼苗或幼树，影响着单位面积人工植苗数量的确定
苗木规格和有效造林标准	苗木规格大小影响造林初植密度；造林 3 年(南方)至 5 年(北方)后，是否能够达到成林或有效造林标准，也影响造林初植密度的确定

注：引自《造林技术规程》，2016。

综合而言，确定造林密度的总原则是，特定树种在一定的立地条件和栽培条件下，根据经营目的，能取得最大经济效益、生态效益和社会效益的造林密度，即造林密度应当在由生物学和生态学规律所控制的合理密度范围之内，其具体值又应当以能取得最大效益为最终目标。表11-2显示的是我国主要树种的造林密度。

表11-2 中国主要树种造林密度表

Tab. 11-2 Planting densities of main tree species in China

树 种	密度(株/hm^2)	树 种	密度(株/hm^2)
马尾松(*Pinus massoniana*)、云南松(*Pinus yunnanensis*)、华山松(*Pinus armandii*)	3000～6750	旱柳(*Salix matsudana*)和其他乔木柳	240～1500
火炬松(*Pinus taeda*)、湿地松(*Pinus elliottii*)	1500～2400	泡桐(*Paulownia fortunei*)	195～1500
油松(*Pinus tabuliformis*)、黑松(*Pinus thunbergii*)	3000～5000	农桐间作	45～60
落叶松(*Larix gmelinii*)	2400～5000	油茶(*Camellia oleifera*)	1100～1650
樟子松(*Pinus sylvestris*)	1650～3300	三年桐(*Vernicia fordii*)	600～900
红松(*Pinus koraiensis*)	3300～4400	千年桐(*Vernicia montana*)	150～270
杉木(*Cunninghamia lanceolata*)	1650～4500	核桃(*Juglans regia*)	300～600
水杉(*Metasequoia glyptostroboides*)	1250～2500	核桃间作	150～370
樟(*Cinnamomum camphora*)、油樟(*Cinnamomum longepaniculatum*)	1350～6000	油橄榄(*Olea europaea*)	300左右
柳杉(*Cryptomeria fortunei*)	2400～4500	枣树(*Ziziphus jujuba*)	220～600
桉树(*Eucalyptus*)	2500～5000	柑橘(*Citrus reticulata*)	800～1200
木麻黄(*Casuarina equisetifolia*)	2400～5000	板栗(*Castanea mollissima*)	200～1650
枫杨(*Pterocarya stenoptera*)	1350～2400	山楂(*Crataegus pinnatifida*)	750～1650
刺槐(*Robinia pseudoacacia*)	1650～6000	猕猴桃(*Actinidia chinensis*)	450～900
桢楠(*Phoebe zhennan*)	2500～3300	漆树(*Toxicodendron vernicifluum*)	450～1250
侧柏(*Platycladus orientalis*)、柏木(*Cupressus funebris*)、云杉(*Picea asperata*)、冷杉(*Abies fabri*)	4350～6000	散生竹	330～500
核桃楸(*Juglans mandshurica*)、水曲柳(*Fraxinus mandschurica*)、黄波罗(*Phellodendron amurense*)	4400～6000	丛生竹	520～820
木荷(*Schima superba*)	2400～3600	沙枣(*Elaeagnus angustifolia*)	1500～3000
檫木(*Sassafras tzumu*)	600～900	苹果(*Malus pumila*)、梨(*Pyrus* spp)、桃(*Amygdalus persica*)、李(*Prunus salicina*)、杏(*Armeniaca vulgaris*)	450～1240
榆(*Ulmus pumila*)	1350～4950	巴旦杏(*Amygdalus communis*)	300～450
杨树(*Populus* spp.)	240～3300	沙柳(*Salix cheilophila*)、柠条(*Caragana korshinskii*)、柽柳(*Tamarix chinensis*)	1240～5000
相思类(*Acacia* spp.)	1200～3300	花棒(*Hedysarum scoparium*)、沙拐枣(*Calligonum mongolicum*)、梭梭(*Haloxylon ammodendron*)	660～1650

(续)

树 种	密度(株/hm²)	树 种	密度(株/hm²)
栎类(*Quercus*)	3000~6000	沙棘(*Hippophae rhamnoides*)、紫穗槐(*Amorpha fruticosa*)	1650~3300
桤木(*Alnus cremastogyne*)	1650~3750	花椒(*Zanthoxylum bungeanum*)	600~1600

注：引自《全国造林技术规程》，2006。

11.1.1.3 林分密度确定的方法

根据密度作用规律和确定密度的原则，确定林分密度可采用经验法、试验法、调查法及编制密度管理图与查阅图表等方法(表 11-3)，每种方法各有优缺点(沈国舫，2002)。

表 11-3 确定林分密度的方法

Tab. 11-3 Methods of determining stand density

经验法	从过去不同密度的林分所取得的实际经营效果来确定合适的造林密度。采用这种方法时，决策者应当有足够的理论知识及生产经验，否则会产生主观随意性的弊病
试验法	通过不同密度的造林试验结果来确定合适的造林密度及经营密度
调查法	通过大量调查不同密度林分的生长发育状况，采用统计分析的方法，得出类似于密度试验林可提供的密度效应规律和有关参数
编制密度管理图及查阅法	一些主要的造林树种，如落叶松、杉木、油松，通过大量的密度规律研究，制定了密度管理图或表，通过查阅相应的图表来确定造林密度(图 11-2)

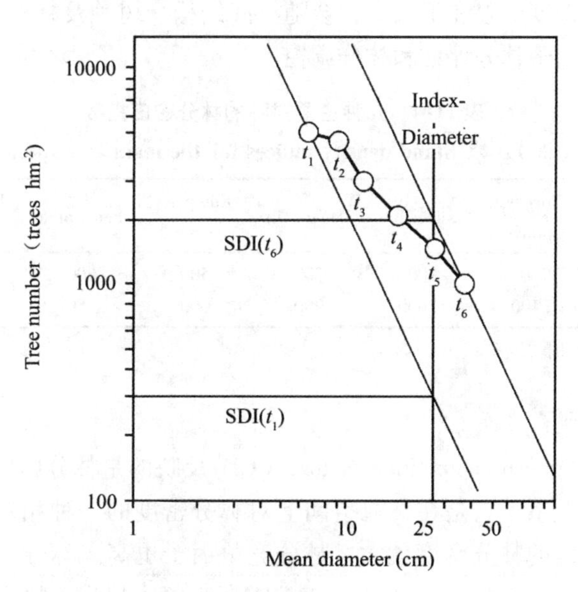

图 11-2 林分密度指数图(引自 Pretzsch，2009)

Fig. 11-2 Stand density index(Pretzsch，2009)

11.1.1.4 常用的林分密度指数

(1)林分密度指数

林分密度指数(stand density index，SDI)是通过单位面积株数与林分平均胸径预先确定的最大密度线性关系计算而得。Reineke(1933)发现在同龄林中，林分密度与林分平均胸径之间的最大密度线在双对数坐标上呈线性关系，并定义林分密度指数为：

$$SDI = N\left(\frac{D_g}{D_0}\right)^{\beta} \tag{11-2}$$

式中 N——每公顷株数；

D_g——平均胸径；

D_0——标准直径；

β——林分的自然稀疏率(张连金等，2011)。

Reineke进一步研究不同树种的林分密度与林分平均胸径之间的关系后发现，最大密度线都具有相同的斜率($\beta = 1.605$)；在我国林业生产中，D_0通常取20cm，不同地区D_0的值会有所不同。因此，将自然稀疏斜率和标准直径带入上式，得

$$VI = GI \times S \tag{11-3}$$

图11-2所表示的是当$D_0 = 25$，$SDI = N(25/D_g)^{-1.605}$，在斜率$\beta = -1.605$和$D_g = 25$cm情况下，t_1和t_6两次调查所对应的SDI值，可以看到$SDI(t_1) = 200$，$SDI(t_6) = 2000$。

表11-4所显示的是Sterba(1991)根据林分密度指数公式($D_g = 25$cm)所计算出的几种主要树种的林分密度上限和下限，它会随空间结构、树种及林地的不同而有所变化。林分密度指数经常用于林分评估和林分调控。

表11-4 几种主要树种的林分密度指数

Tab. 11-4 Stand density indices for the main tree species

Species	Norway spruce	Silver fir	Douglas fir	European larch	Scots pine	European beech	Common/ Sessile oak
SDI(trees from	900	800	700	500	600	650	500
per ha) to	1.100	1.000	900	600	750	750	600

注：引自Sterba，1991。

(2)林冠竞争因子

林分竞争因子(crown competition factor，CCF)反映的是林分内所有林木投影面积和林地总面积之间的关系。它是在林冠空间上对林分密度的一种相对描述。林冠投影面积大，在林冠空间内的林分密度就大，林分竞争因子也高。林分竞争因子可以表示为单位面积上的最大林冠面积。1961年，克拉吉斯克等人提出，树木若充分发育，其树冠面积应为最大，并且有$SVI = G \times S$的线性关系。其中，CA为树冠面积；$D_{1.3}$为林木1.3m处胸径。

最大树冠面积：$MCA = f(CW)$，可以推导出，$MCA = f(D_{1.3})$。

树冠竞争因子：$CCF = MCA/A$。

式中，A 表示林地面积；CW 表示树冠直径。CCF 值越大表明林分密度越大(方怀龙，1995)。

从图 11-3 也可直观看出不同林分内的树冠竞争因子大小。在没有竞争下，单株林木林冠竞争因子低于 1(图 11-3a)。如果林分密度增加到林木刚达到最大的投影面积时，林地被林冠全覆盖，此时的林冠竞争因子大约为 1(图 11-3b)。由于林冠和根系空间竞争的加剧，后期林冠竞争因子将超过 1(图 11-3c)。经过疏伐后，剩下的林木林冠竞争因子值降低(图 11-3d)。

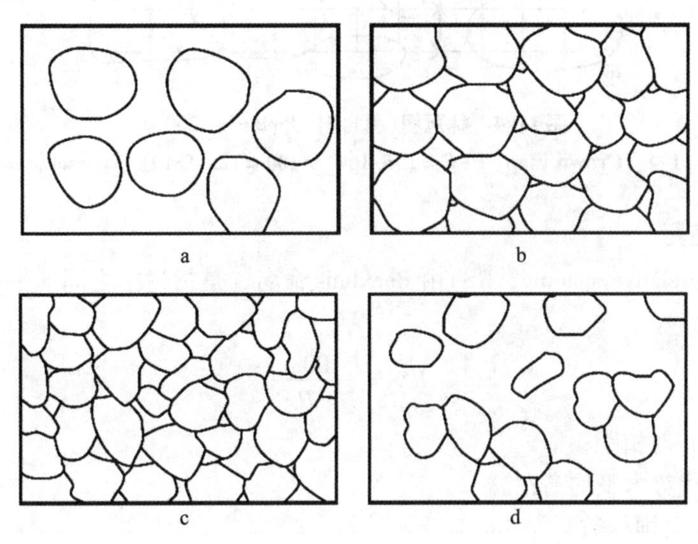

图 11-3 林分密度的树冠竞争因子(CCF)的描述(引自 Oliveira，1980)

Fig. 11-3 Description of stand density by the crown competition factor CCF(Oliveira，1980)

(3)郁闭度百分比

郁闭度百分比(percentage canopy cover，PCC)是另外一种描述林分密度的指标，表明林地被林冠覆盖的百分比：

$$郁闭度百分比(\%) = (林冠投影面积/总林地面积) \times 100 \qquad (11\text{-}4)$$

立木密度和郁闭度百分比变化不一定同步。例如，对欧洲山毛榉(*Fagus sylvatica*)林地进行疏伐后，立木密度和郁闭度百分比都会急剧降低，但是，郁闭度百分比会随着林冠向周边可利用空间扩张而迅速恢复。相比之下，立木密度只会缓慢增加，树冠扩张速度在本质上要比直径生长快很多。立木密度和郁闭度百分比是对林分密度不同方面的反映，前者与立木蓄积量有关，后者与林冠空间密度有关。

郁闭度通常是通过林冠图上的点来进行计数分析。林冠图一般成网格状分布(图 11-4)，通过点计数来确定郁闭度百分数。郁闭度百分比是利用林冠覆盖的点数除以网格点的总数来进行计算。网格线之间的距离可以根据林分密度确定。且计算机搜索程序可以对点计数，检查每个网格上的交叉点来确定点是否被林冠覆盖，或者被一层、两层或多层林冠覆盖(Pretzsch，2009)。

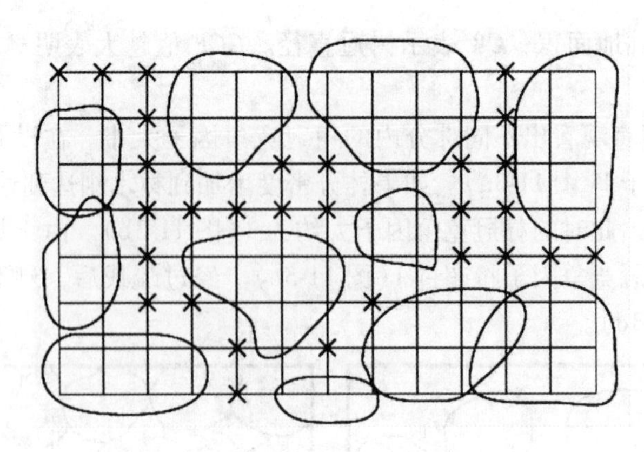

图 11-4 林冠图(引自 H. Pretzsch, 2009)

Fig. 11-4 Crown map: PPC = (75/104) ×100 = 72.1%(H. Pretzsch, 2009)

(4)相对植距

相对植距(relative spacing, RS)由 Beekhuis 命名，是指树木之间的平均距离与优势木平均高之比。

$$RS = \frac{100}{N^{0.5} H_0} \tag{11-5}$$

式中 RS——相对植距；

H_0——优势木平均高；

N——每公顷株数。

RS 具有与年龄或立地无关、无参数、简单且应用方便等优点。在描述现实林分密度变化时，RS 是一个比较好的指标，得到了广泛的应用(张连金等，2011)。

此外，较为常用的还有相对密度、疏密度、郁闭度，单株断面积等指标。

11.1.1.5 林分密度控制管理方法

林分密度控制管理方法主要包括以下几种(王迪生，1994)：

(1)林木分级的定性控制法

林木分级法是以林木分化和自然稀疏规律作为依据，林木在生长发育过程中，由于个体遗传差异和所处环境的差异，导致林木之间产生大小分化现象。随着生存空间竞争的加剧，林木分化程度会进一步提高。因此，根据林木的分化程度适时对林木进行分级，可以为密度的人为控制提供依据。通过伐除那些生长不良，无发展前途的低劣木、被压木、枯死木、濒死木，来调整林分密度，有利于促进保留木的生长发育。

(2)根据密度与生长的关系编制各种生长收获表

利用林分密度与林木生长因子间的关系寻求合理密度，早期多是设置密度试验观察站或临时标准地，通过对比试验，运用数理统计理论与技术进行分析、比较，确定合理密度。

收获表也是一类根据林分内各种因子(如株数、平均高、断面积、材积等)之间随年龄变化而编制的经营表，可反映林分生长发育的过程，通常包括正常收获表、经验收获表和可变密度收获表(图 11-5)。

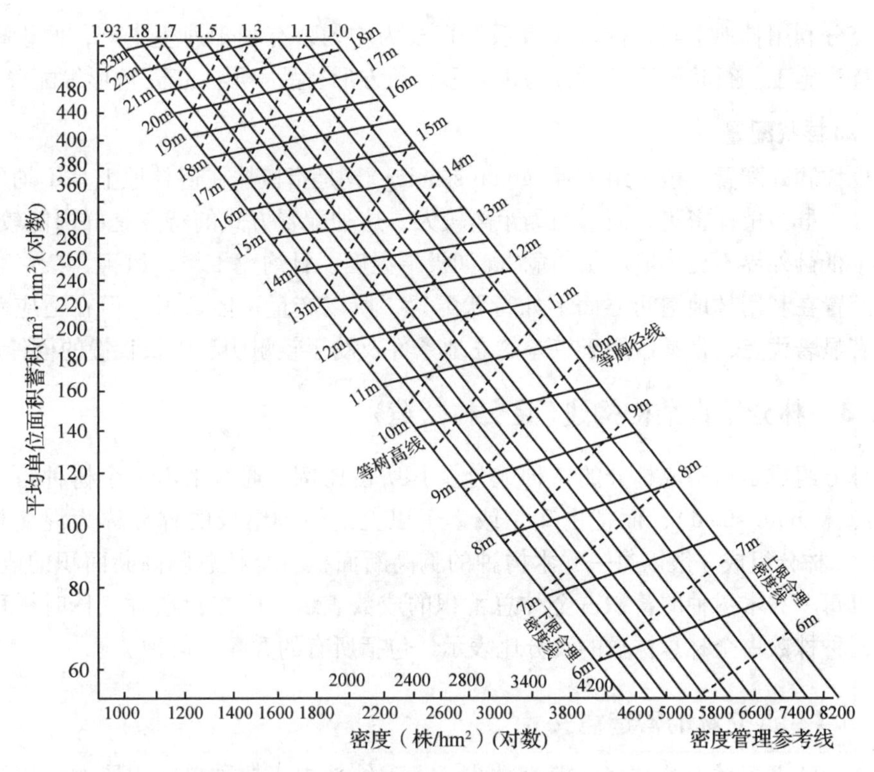

图 11-5　华北落叶松人工林合理密度管理(引自吴增志，1996)

Fig. 11-5　Reasonable density management diagram of *Larix principis-rupprechtii* plantations (Wu Zengzhi，1996)

11.1.2　种植点的配置

人工林中种植点配置(disposing of planting point)是指种植点在造林地上的间距及其排列方式。同一种造林密度可以由不同的配置方式来体现，配置方式不同，生物学意义及经济意义也有所不同。一般将种植点配置方式分为行状和群状(簇式)两大类。在天然林中树木分布也按树种及起源的不同而呈一定的规律，可以在培育过程中采用人为干预措施因势利导达到培育目的(沈国舫，2002)。

11.1.2.1　配置原则

按照林种、立地条件、树种和确定的造林密度进行种植点配置。

11.1.2.2　种植行的走向

①在平地造林时，种植行宜南北走向。

②在坡地造林时，种植行宜选择沿等高线走向。

③在风害严重地区，种植行宜与风向垂直。

11.1.2.3　配置方式

(1)行状配置

行状配置(strip spacing)是指单株有序地排列为行状的一种方式。采用这种配置方式能充分利用林地空间，树冠和根系发育较为均匀，有利于速生丰产，便于机械化造林及抚育施工。行状配置又可分为正方形、长方形、品字形、正三角形等配置方式。

(2)群状配置

也称簇式配置、植生组配置(group spacing)，是指植株在造林地上呈不均匀的群丛状分布，群内植株密集，而群间隔距离较大。这种配置方式的特点是群内能较快郁闭，有利于抵御外界不良环境因子的危害(如极端温度、日灼、干旱、风害、杂草竞争等)。群状配置在利用林地空间方面不如行状配置，所以产量可能较低，但在适应恶劣环境方面有显著优点，常常适用于较差的立地条件及幼年较耐阴、生长较慢的树种。

11.1.3 林分垂直结构构建(混交林营造)

林分组成是指构成林分的树种成分及其所占比例。通常把由一个树种组成的林分称为纯林(pure stand)，而把由2个或2个以上的树种组成的林分称为混交林(mixed stand)。林分组成一般以每一乔木树种的胸高断面积占全林总胸高断面积的成数表示，也可以每一乔木树种的蓄积占全林总蓄积的成数表示。而在营造人工林时树种组成是以各树种株数占全林总株数的百分比表示，包括所有的乔灌木树种。

11.1.3.1 混交林的营造意义

我国的人工林中纯林多，混交林少。人工纯林由于树种单一、层次结构简单和生物多样性较差而容易导致地力衰退、病虫害严重、生产力下降，影响和制约可持续经营。与纯林相比，合理的混交林能较充分地利用光能和地力，改善立地条件，增强林木抗逆性，促进林木生长，发挥林地的生态效益和社会效益。因此，对于混交林的营造与研究具有重要意义。

11.1.3.2 混交林的营造方法

混交方法是指参加混交的各树种比例及其在造林地上的排列方式。混交方法不同，种间关系和林分生长状况也不同，因而有着深刻的生物学和经济学意义。常用的混交方法主要有以下几种(表11-5)。

表11-5 混交林的营造方法

Tab. 11-5 Construction method of mixed forest

行间混交	相同树种成单行与其他树种单行间隔种植的一种混交方法。这种方法种间矛盾较激烈，如果伴生树种生长快，会造成相邻行的主要树种被压，造成混交失败
株间混交	在行内隔株混交其他树种的一种方法。如果树种选择恰当，能充分发挥种间的有利关系，否则种间关系的矛盾会很突出，难以形成相对稳定的混交林
带状混交	每一树种以若干行(通常3行或3行以上)组成的“带”相互混交的方法。主要树种的行数可多些，伴生树种行数可少些，种间关系比较尖锐的树种更适用
块状混交	分为两种形式：规则的块状混交是将林地划分成若干正方形或长方形小块，相邻块栽不同树种；而不规则的块状混交在小块地形变化明显的造林地上更适用
不规则混交	构成混交林的树种间没有规则的搭配方式，随机分布在林分中。这是天然混交林中树种最常见的方式，也是利用自然力形成接近于天然混交林林相的方法

11.1.3.3　混交类型、混交树种选择和混交比例

(1)混交类型

混交林中的树种，依其所起的作用可分为主要树种、伴生树种和灌木树种3类。主要树种是人们培育的目的树种，伴生树种是在一定时期与主要树种相伴而生，为其生长创造有利条件的乔木树种，而灌木树种的作用与伴生树种相似。

混交类型就是将上面3种类型树种人为搭配而成的不同组合，通常可将混交类型分为4种。

主要树种与主要树种混交；主要树种与伴生树种混交；主要树种与灌木树种混交；主要树种、伴生树种与灌木的混交(又称为综合性混交模型)，综合性混交类型兼有上述3种混交类型的特点，一般可应用于立地条件较好的地方。

(2)混交树种选择

首先应该按照培育目标要求及适地适树原则选择主要树种，其次按照培育的目标和结构模式要求选择适合的混交树种。混交树种在生态位上应尽量与主要树种互补，具有较高的生态、经济和美学价值，较强的耐火和抗病虫害能力。此外，混交树种最好是萌发力强、繁殖容易的树种，以利于采种育苗、造林更新。

(3)混交比例

混交林中各树种所占的比例称为混交比例。通常指造林初期各树种株数所占的百分比。它对混交林的发展有很大作用，一般情况下，主要树种的混交比例应大些，但速生、喜光的乔木树种，可在一定条件下适当缩小比例。混交树种的比例应以有利于主要树种为原则，竞争力强的树种，比例不宜过大；反之，可适当增加(沈国舫，2002；翟明普，2011)。

11.1.3.4　混交林的培育理论基础

培育混交林能否取得成功，关键在于正确调控树种之间的相互关系。正确的调控必须建立在对种间关系正确认识的基础上，因此，混交林中树种间关系的研究一直是国内外森林培育学及森林生态学的一个重点方向(沈国舫，2002)。

(1)混交林树种间的生态学基础

从理论上讲，任何两种植物生长在一起，生态位关系有如下3种表现形式：①二者的生态位完全不重叠；②部分重叠；③完全重叠。第一种无竞争，完全互补利用环境资源，种间表现互利作用。第二种情况存在部分竞争，种间可能出现互利、单利和互害作用。第三种情况下，根据竞争排斥原理，最终会有一种植物必然被竞争掉。通常在混交林中第二种生态位关系是普遍存在的。因此，在营造混交林中确定树种的生态位就显得尤为重要。

(2)混交林中树种关系表现模式

指树种间通过复杂的相互作用而对彼此产生的利害作用的最终结果。一般当两个以上树种混交时，其种间关系可表现为有利和有害两种情况，是由各树种生态位的差

异来决定的。树种间作用表现方式实际上是中性(0)、促进(+)和抑制(-)3种形式的排列组合。根据不同的排列组合又可将他们分为两大类：①单方面利害00、0+、-0和+0；②双方面利害--、++、-+和+-(前者为主要树种，后者为辅助树种)(图11-6)。

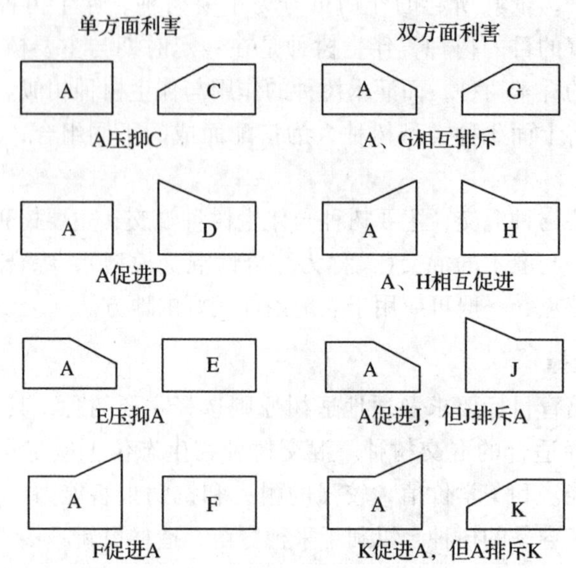

图11-6 树种种间关系作用(引自沈国舫，2002)

Fig. 11-6 Relationships between tree species(She Guofang，2002)

但是，混交林中树种间的相互作用没有绝对的正相互作用，也没有绝对的负相互作用，种间关系表现出的是多种作用的综合效应。此外，种间关系的表现模式还随时间、立地和其他条件的改变而相互转化。

(3)树种间相互作用的主要方式

树种间相互作用的方式总体来说可分为两大类，即直接作用和间接作用。直接作用是指植物间通过挤压、摩擦等直接接触实现相互影响的方式，包括机械作用和生物物理作用等；间接作用是指树种间通过对生活环境的影响而产生的相互作用，如化感作用和生理生态作用等。间接作用在混交林种间关系中普遍存在，常被认为是种间的主要作用方式。

11.2 林分结构构建与调控研究进展

11.2.1 林分结构研究现状与进展

林分结构和功能与林分的树种组成和林木间的空间位置有着密切的关系(张建国等，2004)。合理的林分结构是充分发挥森林多种功能的基础，林分结构的研究对于森林经营和优化决策都具有重要的理论和实际意义(惠刚盈和克劳斯，2001)。林分结构包括非空间结构和空间结构，非空间结构主要包括直径结构、生长量和树种多样性等，空间结构包括林木空间分布格局、大小分化等(龚直文等，2009)。

11.2.1.1　林分的非空间结构

林分非空间结构(stand non-spatial structure)主要描述树高、胸径、年龄等状态，不对林木分布位置进行描述。传统的森林经理学对林分非空间结构的研究一直很重视。

(1)林分的直径分布

林分的直径分布(stand diameter distribution)属于林分的组成结构，用以描述林分内林木的大小组成。了解了林分的直径分布，也就对林分的整体生长态势有了比较详尽的掌握，对单木生长及林分竞争所产生的结果有了清楚的认识，因而有利于科学地实施人为调控与良性干预。

林分直径分布模型是研究林分直径分布的重要手段。林分直径分布模型可分为参数法和非参数法两种(张建国，2013)，具体包括相对直径法、概率密度函数法、理论方程法、联立方程法、最相似回归法等。相对直径法和概率密度函数法是常用方法。

①相对直径法　是指以林分各径阶上、下限值与林分平均直径的比值所要求的相对直径为横坐标，以各径阶上限的株数累积百分数为纵坐标作图的方法。采用该方法便于不同平均直径、不同株数的林分在同一尺度上进行比较，并能在一定程度上反映各单株在林分中的相对竞争力大小。根据所绘制的曲线，只要已知林分中任意林木的直径，即可求出小于这一直径的林木占林分总株数的百分数。

②概率密度函数法　从20世纪60年代至今，所采用的概率密度函数主要有正态分布、对数正态分布，β分布、Γ分布、Weibull分布、SB分布及综合Γ分布。其中正态分布、β分布、Weibull分布应用较多。

正态分布是较早用来描述林分直径分布的函数。Bailey(1980)、寇文正(1982)等均用正态分布拟合不同树种的直径分布，效果较好。但正态分布只有两个参数，分布曲线变化小，只能拟合林分发育过程中的某一阶段的直径分布，具有一定的局限性。

在正态分布函数的基础上，Meyer利用对数正态分布研究了北美黄杉林分直径分布。β分布是由Levacovi首次用来描述直径分布，它具有很大的灵活性，可拟合同龄林和异龄林的直径分布。Nelson(1963)首次把Γ分布作为直径分布模型应用在林业上。Bailey和Dell(1973)提出用Weibull分布拟合直径分布。Hafley和Schreuder(1977)通过研究后建议采用SB分布来描述林木直径分布。

在所有的概率密度函数中，Weibull概率密度函数因其具有足够的灵活性、参数容易求解和预估、参数的生物学意义明显及在闭区间内存在累积分布函数且形式简洁明了等优点，吸引了众多研究者的重视并取得了广泛的认同。

Weibull分布的概率密度：

$$f(x) = \frac{c}{b}(x-a)c^{-1}\exp(-(x-a)^{\frac{c}{b}}) \tag{11-6}$$

当$x \geqslant a$，Weibull分布有3个参数，其中$b>0$为尺度参数；$c>0$为形状参数。这可以认为是Weibull分布比传统的正态分布研究森林结构规律有较强的灵活性与实用性的原因。Weibull分布一般多取$a=0$，则3参数Weibull分布变成了2参数Weibull分布，尺度参数b像正态分布那样，只是一个整体尺度参数而已，只有c才是Weibull分布中具有实质意义的参数。当$c<1$，呈倒J形；当$1<c<3.6$，呈正偏山状分布；当

$c \approx 3.6$，近于正态分布；当 $c > 3.6$，转负偏山状分布(沈国舫，1998)。

(2)林分树高分布

林分树高分布(stand height distribution)是林分结构研究的重点内容之一，也是林木及其结构研究的基础。树高分布状态直接影响林下植被组成、生物量等因子的变化。人工林和天然林的树高分布状态在未遭遇严重的干扰情况下，都表现为较稳定的结构规律性(王军等，2013)。林木生长过程中，树高分布具有一定的变化规律，了解树高分布可以为森林的抚育管理、间伐等提供科学的依据(王秀云等，2004；孟宪宇，1988)。

实践证明，Weibull 分布函数以其灵活性较强的优点，在一定程度上可以反映出林分树高分布规律，为计算林地的出材量与经济效益提供理论依据。但利用该分布函数预测异龄林树高分布时，由于影响因子较多，往往会导致结果偏差较大。

(3)林分年龄分布

林分年龄分布(stand age distribution)在生态学上是指年龄结构，林木的年龄结构是指林木株数按年龄分配的状况，它是林木更新过程长短和更新速度快慢的反映。年龄结构的分析有益于估计斑块入侵的速率，分析不同条件对群落发展的影响，理解群落内部的动力学(Dietz，2002)。直方图法是研究年龄分布比较常用的方法。直方图的绘制有多种方法，如以年龄或年龄级为横坐标，以株数或株数百分比为纵坐标。用数学函数拟合直径分布，应用的函数主要有 Weibull 分布和 β 分布。

(4)林分树种组成

林分树种组成(stand species composition)对决定森林的类型具有重要意义，它也是衡量生物多样性的重要指标。目前对树种组成的研究主要有3种方法(姚爱静等，2005)。

①简单描述物种种类　不同地区，由于立地条件不同，物种的组成也不尽相同。很多研究只是单纯地罗列研究地的物种组成，以了解物种种类，并没有做进一步的分析和总结。

②物种的多样性和丰富度　生物多样性保护是森林可持续经营的重要基础，物种丰富度往往随经营强度的增加而减小。由于天然林的大量砍伐，森林的物种多样性呈下降趋势，保护生物多样性是人类面临的又一难题。随着人类生态意识的增强，对生物多样性的研究也越来越多，方法也不尽相同。生物多样性指标大致可分为3类，即物种与群落、结构、过程(雷相东和唐守正，2002)，但主要是通过多样性指数和丰富度来研究。

Hattemer(1994)和 Konnert(1992)从遗传学角度对物种丰富度和多样性进行了定义。物种丰富度 R 被定义为观察到的基因类型、等位基因及物种种类。例如，在一块包含4个树种的混交林中，R 是4种树种的独立频率分布，即 $R=4$。

相比之下，物种多样性被认为是当前物种的数量和出现的频率。如果所有的基因型、等位基因及物种出现的频率相同，则认为物种多样性达到最大值。可以从遗传学中借用一个参数来量化遗传多样性。

$$D = \left[\sum_{i=1}^{n} (p_i)^2 \right]^{-1} \tag{11-7}$$

式中 i—— 物种的数量，$i=1,2\cdots,n$；

p_i—— 物种出现的相对频率。

而 Shannon 多样性指数 H 是另外一种量化多样性的方法，它是基于当前树种的种类和出现的频率进行计算(Shannon，1948)。

$$H=-\sum_{i=1}^{S}p_i\times \ln p_i \tag{11-8}$$

式中 S—— 现存的物种数量；

p_i—— 物种在群体中所占的比例($p_i=n_i/N$)；

n_i—— 物种 i 的个体数量；

N—— 群体的总个数。

③分类方法　用分类方法研究物种的组成，可以判断出该地区的优势树种和地带性植被。应用分类方法可以很好地把复杂的物种组成分成几类。分类方法很多，最常用的是 TWINSPAN(two-way indicator species analysis)分类法，DCA(detrended correspondence analysis)和 GNMDS(global nonmetric multi-dimensional scaling)分类法等。

11.2.1.2　林分的空间结构

林分空间结构(stand spatial structure)主要是指林木在林分内的分布位置。通过研究林分空间结构，能够掌握林木空间分布格局、混交和竞争关系。传统的林分空间结构研究主要从林分的水平结构(如直径分布)、垂直结构(树高分布)和物种多样性(树种组成)来描述，没有涉及林分的空间信息、林分内树种的空间分布等参数，不能完整地表达林分的空间特征(Kint *et al.*，2003)。目前，国内外许多学者主要从林分树种隔离程度、林木竞争、林木空间分布格局 3 个方面来定义和计算林分空间结构指数(曹小玉和李际平，2016)。

(1)树种隔离程度(spatial isolation of trees)

在森林生态系统中，同一物种之间的竞争几乎是最激烈的，而且影响一般是不利的。这就要求树种间保持一定的混交度，传统的采用非空间结构指标混交比来描述林分的混交程度，它表示的是某一树种的株数占整个林分中所有树种株数之和的比例，不能反映某一树种与周围树种的隔离关系。Fisher 等(1943)的物种多样性指数只是对物种丰富程度的度量，无法对物种间的分布作出判断。Pielou(1961)提出的分隔指数仅适用于树种的两两比较。基于此，Gadow(1992)提出了混交度的概念，也常被称为树种混交度或简单混交度。混交度被定义为目标树 i 的 n 株最近邻木中，与目标树不属于同种的个体所占的比例，用公式表示为：

$$M_i=\frac{1}{n}\sum_{j=1}^{n}v_{ij} \tag{11-9}$$

式中 M_i——目标树 i 的混交度；

v_{ij}——离散变量。

当目标树 i 与第 j 株最近邻木非同种时 $v_{ij}=1$，反之，$v_{ij}=0$。$M_i=0$ 时，表示零度混交；$M_i=0.25$ 时，表示轻度混交；$M_i=0.50$ 时，表示中度混交；$M_i=0.75$ 时，表示强度混交，$M_i=1.00$ 时，表示完全混交(图 11-7)。

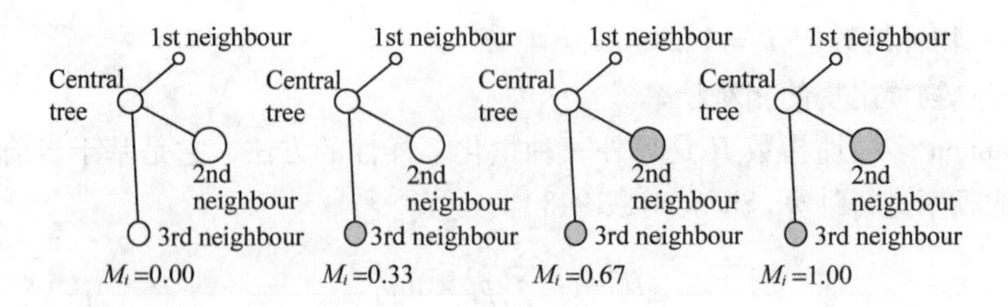

图 11-7 离散变量混交度的可能取值(引自 Füldner, 1996)

Fig. 11-7 Possible values for the discrete variable species intermingling index M_i(Füldner, 1996)

为了计算一块林分内混交度的均值，需要将目标林分内所有目标树的混交度相加除以所有的目标树(N)，公式如下：

$$\overline{M} = \frac{1}{N} \times \sum_{i=1}^{N} M_i \tag{11-10}$$

$\overline{M}$ 取值范围在 0~1 之间，$\overline{M}$ 的值越大，表明与其他植物混交的越密集(图 11-8)。

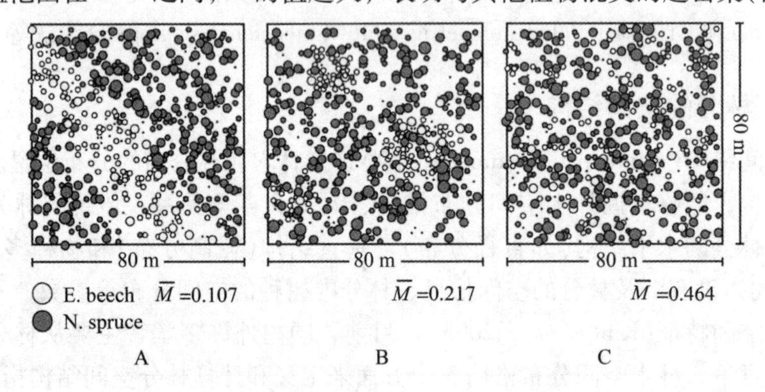

图 11-8 树种混交模式的例子(引自 Pretzsch, 2009)

Fig. 11-8 Examples of tree species intermingling patterns, and the behaviour of index(Pretzsch, 2009)

A. 块状混交；B. 丛状混交；C. 株间混交

$\overline{M}$：A. a large cluster; B. in groups; and C. single-tree mixture

混交度考虑了林木的空间位置，能够描述某株中心木与其周围最近邻木的树种异同情况，但没有考虑周围近邻木相互之间的树种异同情况。在汤孟平(2003)和惠盈刚(2008)等人的研究基础上，汤孟平(2012)综合分析了简单混交度、物种多样性混交度以及物种空间状态各自存在的问题，提出了全混交的概念。它不仅考虑了林木空间结构单元中邻近木之间的隔离程度，还考虑了林木空间结构单元的物种多样性 Simpson 指数。用公式表示为：

$$Mc_i = \frac{1}{2}\left(D_i + \frac{c_i}{n_i}\right) \times M_i = \frac{M_i}{2}\left(1 - \sum_{j=1}^{s_i} p_j^2 + \frac{c_i}{n_i}\right) \tag{11-11}$$

式中 Mc_i——中心木 i 点的全混交度；

D_i——中心木 i 所在空间结构单元的 Simpson 指数；

c_i——中心木的最近邻木中成对相邻木非同种的个数；

n_i——邻近木株数；

M_i——中心木 i 点的简单混交度；

s_i——中心木 i 所在空间结构单元内的树种个数；

P_j——空间结构中第 j 树种的株数比例。

(2)林木竞争(tree competition)

林分生长导致的营养空间和生活空间的不足，必然引起林木种内和种间的激烈竞争，导致林木枯死、林窗产生等结果，从而引起林分空间结构的变化，因此，在研究林分空间结构因子时，竞争指数是一个关键因子。林木竞争的概念至今已有 100 多年的历史，最初采用形态定性描述林木竞争关系。Staebler(1951)首次定量描述了林木竞争指数，此后许多学者从不同的角度提出了林分内林木影响圈的定义和计算方法。Amery 在 1973 年提出的竞争压力指数就是以竞争木和对象木影响圈的重叠面积作为计算林木竞争指数的参数，公式如下：

$$CSI_i = 100 \times \left[\frac{\sum AO_{ij} + A_i}{A_i}\right] \tag{11-12}$$

式中 CSI_i——对象木 i 的竞争压力指数；

AO_{ij}——竞争木 j 和对象木 i 影响圈重叠面积；

A_i——对象木 i 的影响圈。

后来提出的该类竞争指数都在此竞争指数的基础上，对影响圈的半径和重叠测算方法进行了修改和完善(曹小玉和李际平，2016)。

竞争指数在形式上是反映树木个体在生存空间上的相互关系，实质上是反映树木对环境资源需求及其争取环境资源所承受的压力。竞争指数的建立取决于：①林木本身的状态(如粗细、高度、冠幅等)；②林木所处的局部环境(近邻木的状态)(唐守正等，1993)。竞争指数从总体上可以分为两类：与距离无关的竞争指数和与距离有关的竞争指数(Biging and Dobbertin，1995)。

与距离无关的竞争指数不需要林木的坐标，没有利用空间信息，一般都是林分变量的函数，如每公顷的断面积、株数和林分密度指数等(表 11-6)，这些指数比较容易计算，应用不是很广泛(汤孟平，2013)。

表 11-6 与距离无关的林木竞争指数

Tab. 11-6 Distance-independent adjacent wood competition indexes

竞争指标	表达形式	各字母代表的含义
相对胸径	$CI_{i1} = \frac{D_i}{D}$	D_i 为第 i 株对象木的胸径；D 为林分平均胸径
相对树高	$CI_{i2} = \frac{Hi}{H}$	H_i 为第 i 株对象木的树高；H 为林分平均树高
相对冠幅	$CI_{i3} = \frac{CW_i}{\overline{CW}}$	CW_i 为第 i 株对象木的冠幅；$\overline{CW}$ 为林分平均冠幅
相对断面积	$CI_{i4} = \frac{BA_i}{\overline{BA}}$	BA_i 为第 i 株对象木的胸高断面积；$\overline{BA}$ 林分平均胸高断面积
树冠伸展度	$CI_{i5} = \frac{CW_i}{H_i}$	CW_i 为第 i 株对象木的冠幅；H_i 为第 i 株对象木的树高
树冠冠长率	$CI_{i6} = \frac{CLi}{H_i}$	CL_i 为第 i 株对象木的冠长；H_i 为第 i 株对象木的树高
树冠圆满度	$CI_{i7} = \frac{CW_i}{CL_i}$	CW_i 为第 i 株对象木的冠幅；CL_i 为第 i 株对象木的冠长

（续）

竞争指标	表达形式	各字母代表的含义
树冠投影比	$CI_{i8} = \frac{CW_i}{D_i}$	CW_i为第 i 株对象木的冠幅；D_i为第 i 株对象木的胸径
生长空间指数	$GSI_i = \frac{CV_i}{D_i}$	CV_i为第 i 株对象木的树冠体积；D_i 为第 i 株对象木的胸径

注：引自曹小玉和李际平，2016。

与距离有关的竞争指数考虑林木的空间信息，主要用于估计林木生长，计算比较复杂(表 11-7)。从理论上讲，包含空间信息的竞争指数应当有助于提高林木生长和发育的预估效果。通常用与距离有关的竞争指数定量描述树木竞争状况，可分为 3 类：①影响圈；②生长空间；③大小比(Holmes and Reed，1991)。影响圈就是树木冠幅充分伸展的圆形区域。影响圈竞争指数是根据影响圈及其重叠面积建立的(Arney，1973)。生长空间指数是竞争树木之间连线的垂直平分线所生成的 Voronoi 多边形的面(Brown，1965)。大小比指数则根据树木的大小比值确定(Bella，1971)。在这 3 类竞争指数中，大小比竞争指数计算最简便，而且结果比影响圈和生长空间指数好，原因是它包含了反映树木生长状况的胸径因子(Holmes and Reed，1991)。

表 11-7 与距离有关的竞争指数

Tab. 11-7 Distance-dependent wood competition indexes

竞争指标	表达形式	个字母代表的含义
Steabler 指数(AO－COD)	$AO-COD = \sum_{j=1}^{n} D_{ij}$	D_{ij}为对象木 i 与竞争木 j 重叠的距离
Hegyi 指数(H)	$H = \sum_{j=1}^{n} \frac{D_j}{D_i} \times \frac{1}{d_{ij}}$	D_i为对象木 i 的胸径；D_j为竞争木 j 的胸径；d_{ij}为对象木 i 与竞争木 j 之间的距离
Lorimer 指数(L)	$L = \sum_{i=1}^{n} \frac{D_j}{D_i}$	D_i为对象木 i 期初的胸径；D_j为竞争木 j 的期初的胸径
Daniels 竞争指数(D)	$D = \frac{d_i 2}{\sum_{j=1}^{n} d_j 2}$	d_i为对象木 i 期初的胸径；d_j为竞争木 j 的期初的胸径
Bella 竞争指数(CIO)	$CIO = \sum_{j=1}^{n} \frac{ZO_{ij}}{ZA_i}\left[\frac{D_j}{D_i}\right]$	ZO_{ij}为对象木 i 与竞争木 j 冠幅重叠的面积；ZA_i为对象木 i 的冠幅面积；D_i 为对象木 i 期初的胸径；D_j 为竞争木 j 的期初的胸径
Martin&Ek 指数(ME)	$ME = \sum_{j=1}^{n} \frac{D_j}{D_i} \times e^{-}\left[\frac{16d_{ij}}{D_i + D_j}\right]$	D_i为对象木 i 期初的胸径；D_j为竞争木 j 的期初的胸径；d_{ij}为对象木 i 与竞争木 j 之间的距离
Gerrard 指数(GC)	$GC = \sum_{j=1}^{n} \frac{ZO_{ij}}{ZA_i}$	ZO_{ij}为对象木 i 与竞争木 j 冠幅重叠的面积；ZA_i为对象木 i 的冠幅面积
Biging&Dobbertin 指数(CC)	$CC = \sum_{j=1}^{n} \frac{CC_j}{CC_i(d_{ij}+1)}$	以对象木树高 66% 为基准；CC_j为竞争木 j 在这一高度的横断面积；CC_i为对象木 i 在这一高度的横断面积；d_{ij}为对象木 i 与竞争木 j 之间的距离

注：引自曹小玉和李际平，2016。

其中 Hegyi 指数应用最为广泛。Hegyi 指数以胸径为计算参数，在说明林木竞争关系中应用较多(Hegyi，1974)。Hegyi 竞争指数计算公式为：

$$CI_i = \sum_{j=1}^{n} \frac{d_i}{d_j \cdot L_{ij}} \tag{11-13}$$

式中　CI_i——林木 i 的竞争指数；

L_{ij}——对象木 i 与竞争木 j 之间的距离(m)；

d_i——对象木 i 的胸径(cm)；

d_j——竞争木 j 的胸径(cm)；

n——竞争木株数(株)。

且 Füldner 于 1995 年提出了直径分化的概念，T_i被定义为：

$$T_i = \frac{1}{m} \times \sum_{j=1}^{m} r_{ij} \tag{11-14}$$

$$r_{ij} = 1 - \frac{\min(d_i, d_j)}{\max(d_i, d_j)} \tag{11-15}$$

式中　i——目标树($i=1$，2，…，n)；

j——距目标树最近的相邻树($j=1$，2，…，m)；

d_i，d_j——目标树和最近木的胸径。直径分化取值范围在 0 到 1 之间(图 11-9)：

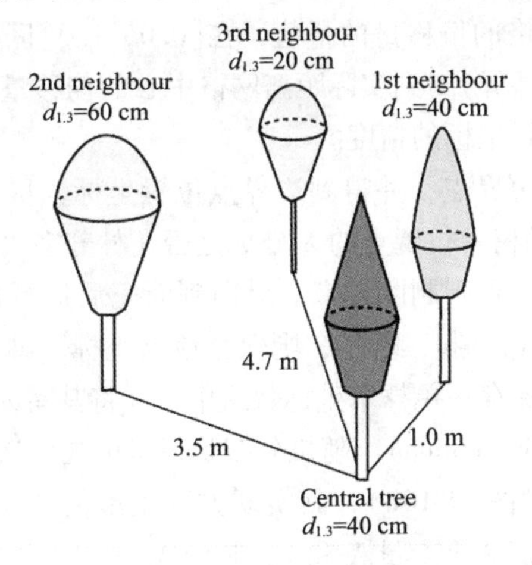

图 11-9　结构四方包含 1 株中心树和 3 株邻近木，根据公式(11-14)计算可得 T_i = 0.28(引自 Pretzsch，2009)

Fig. 11-9　The structural quartet consists of a central tree i and its three nearest neighbours. According to the style of 11-14, the diameter differentiation for the group presented is T_i = 0.28(Pretzsch，2009)

除上述竞争指数外，1999 年惠刚盈等还提出一个新的描述林木大小分化和反映树种优势的林分空间结构参数——大小比数。大小比数(U)是指胸径、树高或冠幅大于目标树的相邻木占最近 4 株相邻木的株数比例，U_i为某一株目标树的大小比数，用公式表示为：

$$U_i = \frac{1}{4}\sum_{i=1}^{4} K_{ij} \tag{11-16}$$

U_i = 0 时，表示目标树处于绝对优势地位；U_i = 0.25 时，表示目标树处于优势地位；U_i = 0.50 时，表示目标树处于中庸地位；U_i = 0.75 时，表示目标树处于劣态；

$U_i=1.00$ 时，表示目标树处于完全劣态。大小比数作为一个用于描述树种或单株生长优势状态的单木参数，被很多学者成功地用于我国林分空间结构分析中。

(3)林木分布格局

林木个体的空间分布格局(stand spatial distribution pattern)描述林木在水平空间的分布位置。林木空间分布格局是林分各种群物种特性、物种之间关系及生境的综合作用结果，代表了种群空间的属性，也是种群的基本生物学数量特征之一。分布格局类型有三种(贺珊珊等，2008)。

①均匀分布(regular distribution) 是分布格局中最简单和规则的分布形式。在具有林分边界的图上绘制均匀的网格，网格的边距(也是树木间距离)为林分面积比林分内树木总株数的平方根，即

$$d = \sqrt{S/N_{\text{总株数}}} \tag{11-17}$$

在初始化时，每一个网格的中心坐标被获取后，作为树木的初始位置(图 11-10a)。另外，在[-0.5，0.5]区间随机生成 2 个随机变量 offsetX 和 offsetY，分别乘以 d，计算出树木位置对于网格中心 X 坐标和 Y 坐标的最大偏移量，再将其乘以随机因子(随机因子是所生成网格与标准网格的偏移量的量值，在[0.0，1.0]区间内，其中[0.5，1.0]区间内网格结构并无明显差异)得到实际距离网格中心的偏移量值，控制树木位置在允许的偏移范围内，提高位置坐标的精度。

从林分边界图中读取边界点，并得到边界点位置坐标，从 X_0(林分边界点 X 坐标最小值)起判断纵向生成的树木位置点的 X 坐标是否在林分多边形内，若是，则保存该点坐标，继续下一点判断；否则删除该点。纵向判断完后进行横向判断 Y 坐标值，从 Y_0(林分边界点 Y 坐标最小值)起，若是，则保存该点坐标，继续下一点判断；否则删除该点。所有点判断完后保存在单株木坐标数组中，并将其写入数据库。

②随机分布(random distribution) 随机分布是很多可视化软件在没有具体位置坐标时应用最广泛的分布格局(图 11-10b)，其实现方法也最简便易行。只需在 $X_0\sim X_{max}$ 区间，$Y_0\sim Y_{max}$ 区间内随机生成 2 个变量 X 和 Y，其中 X_{max}、Y_{max} 是林分边界点 X 坐标和 Y 坐标的最大坐标值；将生成的坐标值保存在单株木坐标数组中，并将其写入数据库。

③集群分布(clustered distribution) 又称为团状分布。林木以超出平均密度的聚集程度分布在林地里，林木之间以相互吸引的态势分布。聚集分布是林分空间格局中较普遍的分布形式(图 11-10c)。根据聚集中心分布方式分为两种：均匀聚集分布和随机聚集分布。

在可视化过程中，首先要确定聚集分布的中心个数及分布形式。聚集中心个数是由聚集比例确定的，即聚集中心个数占林分单株木总数量的比例值，其范围在[0.01，0.5]区间内，将其乘以总株数后得到聚集中心个数。围绕在聚集中心的树木株数与聚集比例成反比，即聚集比例越高，围绕株数越少；聚集比例越低，围绕株数越多，例如：林分有 250 株树，聚集比例为 0.1，则聚集中心个数为 250×0.1=25，每个中心围绕树木为 250/25=10 株。聚集中心的分布形式决定了聚集中心的位置，实现方法与单株木的随机和均匀分布方法相同。其中，每个团块的距离为林分面积比聚集中心个数的平方根，即

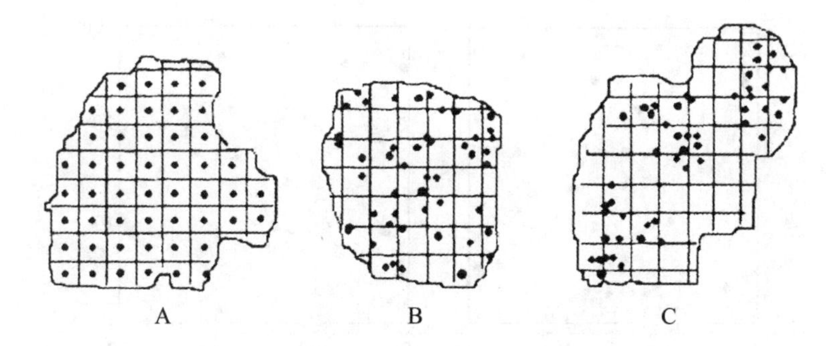

图 11-10 林分分布格局类型(引自贺珊珊，2008)

Fig. 11-10 Stand distributiom pattern(He Shanshan，2008)

A. 均匀分布；B. 随机分布；C. 集群分布

A. Regular distributiom；B. Random distribution；C. Clustered distribution

$$d = \sqrt{S\text{面积}/N\text{中心株数}} \tag{11-18}$$

其次，确定围绕聚集中心的单株树木的位置，该位置由角度和半径 2 个因素决定，在[0.0，360.0]的角度区间内，产生随机数，其半径满足下式：

$$R = (1.5 - 1.4C\text{聚集因子})d \tag{11-19}$$

式中 d——团块距离；

C——聚集因子，即控制每个团块大小的因子，该因子只影响团块的格局形式。

C 越小，团块越大(其中 C 不能等于0)；C 越大，团块越小越紧密，且各个团块距离越远。为了使尺具有随机性，将尺乘以[0.0，1.0]区间内产生的随机数，最后将二者结合得到单株木位置。

如何定义和量化林木空间分布格局一直是研究的重点。按照与距离的相关性，分为与距离有关的空间分布格局指数和与距离无关的空间分布格局指数。与距离无关的空间格局指数是采用一些离散分布的数学模型对样地的实测数据进行理论拟合和分析，将种群类个体分布分为聚集、随机和均匀分布(曹小玉和李际平，2016)。

最近邻体分析、聚块样方方差分析以及 Ripley's $K(d)$ 函数分析是常见的与距离有关的林木空间分布格局指数。1954 年，由 Clark 和 Evans 提出的简单最近邻体分析方法，又称聚集指数 R。用公式表示为：

$$R = \frac{\frac{1}{N}\sum_{i=1}^{N} r_i}{\frac{1}{2}\sqrt{\frac{F}{N}}} \tag{11-20}$$

式中 r_i——第 i 株林木与其最近邻木之间的距离；

N——样地林木株数；

F——样地面积。

理论上，聚集指数 R 的值在 0~2.149 1 之间，不同的取值范围代表不同的分布格局。聚集指数 R 值低于 1、约等于 1 和大于 1 分别表示集群分布、随机分布和均匀分布 3 种类型(图 11-11)。

聚块样方方差分析法是一种简单有效的空间格局分析方法。然而，聚块样方方差分析与聚集指数 R 的分析结果均与选取的样方大小有关，无论样方大小取值如何都不能完整反映林分的空间分布格局。1977 年，Ripley 提出了 Ripley's $K(d)$ 函数分析。用

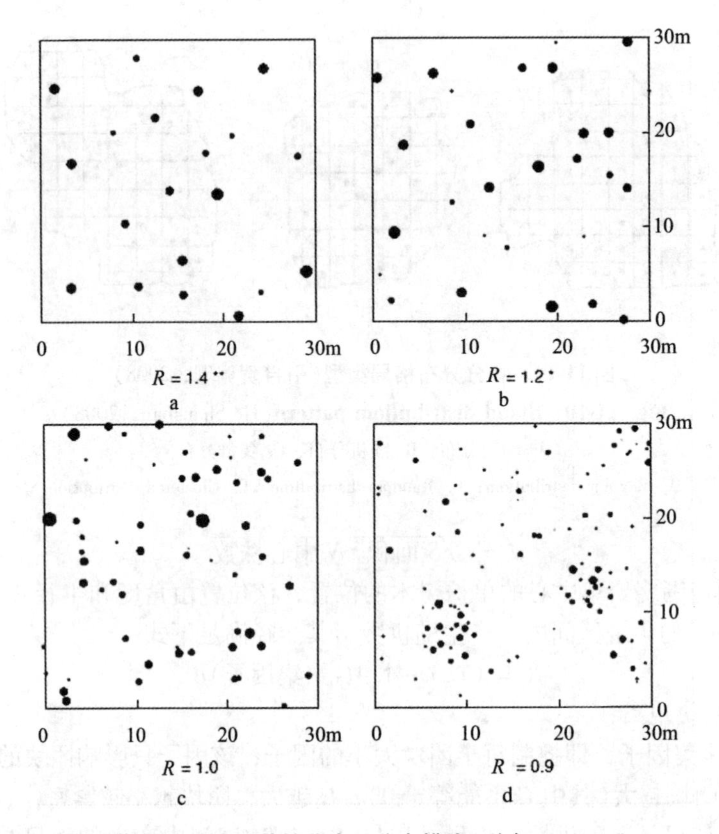

图 11-11　聚集指数 *R* 确定 4 种林分水平分布模式(引自 Clark and Evans, 1954)

Fig. 11-11　Identification of four horizontal tree distribution patterns with the aggregation index *R*
(Clark and Evans, 1954)

公式表示为:

$$\hat{K}(d) = A \sum_{i=1}^{N} \sum_{j=1}^{N} \frac{\delta_{ij}(d)}{N^2} \quad (i \neq j) \tag{11-21}$$

$$\hat{L}(d) = \sqrt{\frac{\hat{K}(d)}{\pi}} - d \tag{11-22}$$

式中　N——样地内林木株数;

A——样地面积;

d_{ij}——林木 i 与林木 j 间的距离。

若 $d_{ij} \leqslant d$, $\delta_{ij}(d) = 1$; 若 $d_{ij} > d$, $\delta_{ij}(d) = 0$。当 $\hat{L}(d) = 0$ 时, 林分呈完全随机分布; $\hat{L}(d) > 0$ 时, 林分呈聚集分布; $\hat{L}(d) < 0$ 时, 林分呈均匀分布。大量的科学研究表明 Ripley′s $K(d)$ 函数分析方法是林木空间分析最有效的方法, 它比其他分析方法能够利用更多的信息, 其结果显示出多尺度上的格局信息, 而且不受种群密度的影响, 目前已被广泛应用。

图 11-12 表示的就是 K, L 和对相关函数在挪威云杉(*Picea abies*)林地上分布模式的应用。从左到右分别为均匀分布, 随机分布和集群分布。图的上半部表示的是幼龄林生长期, 下半部表示的是同一块林地成熟林生长期。

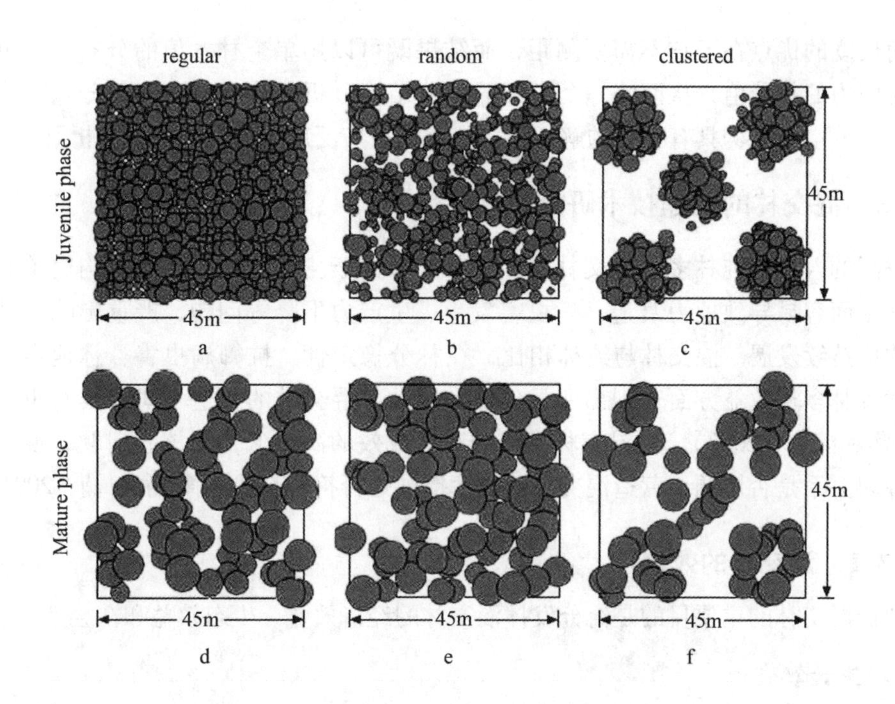

图 11-12　*K*，*L* 和对相关函数在挪威云杉林地上分布模式的应用(引自 Pretzsch，2009)

Fig. 11-12　Distribution patterns as examples of the application of *K*－，*L*－and pair correlation functions in Norway spruce stands(Pretzsch，2009)

1999 年，惠刚盈提出了一个描述林木个体在水平面上分布格局的结构参数——角尺度，角尺度可用来描述相邻木围绕目标树的均匀程度。任意 2 个邻接最近相邻木的夹角有 2 个，小角为 α，最近相邻木均匀分布时的夹角设为标准角 α_0。则角尺度被定义为 α 角小于标准 α_0角的个数占所考察的 4 个夹角的比例。W_i 为某 1 株目标树与最近 4 株相邻木构成的角尺度值，表达式为：

$$W_i = \frac{1}{4}\sum_{j=1}^{4} z_{ij} \tag{11-23}$$

式中，当第 j 个 α 角小于标准角 α_0时，z_{ij}为 1；反之为 0。$W_i = 0$，表示 4 株最近相邻木在参照树周围分布特别均匀；而 $W_i = 1$，则表示 4 株最近相邻木在参照树周围分布特别不均匀或聚集。图 11-13 进一步明确给出了角尺度的可能取值和意义(王宏翔，2014)。

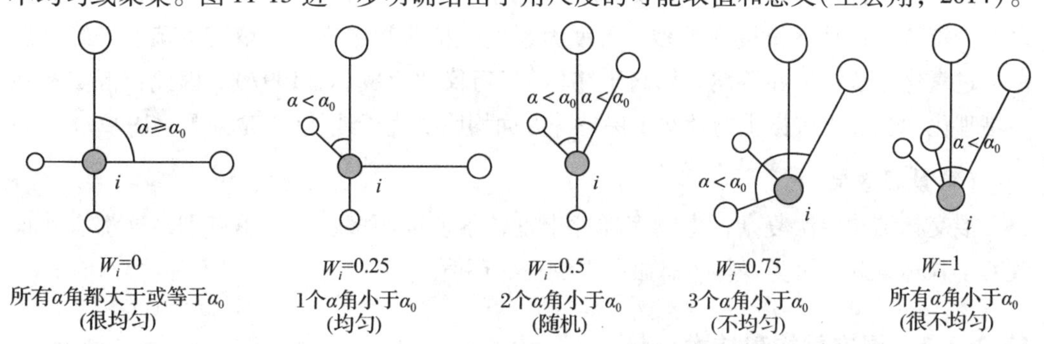

图 11-13　角尺度的可能取值及意义(引自王宏翔，2014)

Fig. 11-13　Possible value and significance of uniform angle index(Wang Hongxiang，2014)

角尺度的优点在于它不需要测距，而结果既可以用单个林木值的分布，又可以用具有说服力的林分值，从而使一个详细的林分结构分析和接近实际的林分重建成为可能。对林分空间结构具有很强的解析能力，因此被广泛应用于林分格局分析研究中。

11.2.2 混交林的构建技术研究进展

我国的人工林纯林多，混交林少。人工纯林由于树种单一、层次结构简单和生物多样性差而容易导致地力衰退、病虫害发生、生产力下降等问题，严重影响了社会和经济的可持续发展。混交林与纯林相比，在林分稳定性、抗御病虫害、林地生产力以及发挥森林多种效益方面表现出明显优势。因此，混交林的营造与研究具有重要意义(韦如萍和薛立，2002)。但混交林的成与败、成效的高与低，其核心问题是混交林树种的种间关系是否协调、营造混交林的技术措施是否符合自然规律(俞白楠，2001)。

11.2.2.1 混交林的效益

营造混交林的主要目的是充分发挥混交林的经济效益、生态效益和社会效益。

(1)生长效益

混交林能提高林木生长量。国内外研究表明，合理的混交林单位面积蓄积量一般比纯林提高20%~70%，甚至达3倍以上(翟明普，1993)。我国南方14个省(自治区、直辖市)52种混交林中，林木产量均高出纯林20%以上，甚至1~2倍(王宏志，1993)。在半干旱地区，杨树与沙棘混交，杨树平均树高比纯林高44.8%，胸径平均大32.7%，林分生物量高139.76%(Cui and Yang，2003)。

(2)抗性和防护效益

混交林是一个结构复杂的生态系统，抗御各种自然灾害的能力非常强。近年来，除了生长效益外，国内外研究较多的是混交林的抗性效益。如德国用桤木与云杉混交可免受冻害和鼠害(翟明普，1993)。此外，混交林也对抑制病虫害的发生和蔓延有积极作用。

(3)改良土壤，提高林地养分有效性

混交林中物种多样性高，形成独特的小气候，具有林内气温低、湿度大、光照弱、蒸发少等特点；林下植被种类多、盖度大，林内枯落物丰富，土壤固氮菌、纤维分解菌、过氧化氢酶数量和活性等均高于纯林(卢巧仪和卢成林，1997)。因此，混交林在土壤理化性状、土壤微生物及水土保护等方面均明显优于纯林(王楚荣等，1999)。

(4)景观效果

混交林结构层次复杂，生物多样性丰富，景色绚丽多彩，四季有别，这都有效地改善了森林景观，可为森林生态旅游提供良好环境。

11.2.2.2 混交林构建技术

关于混交林合理林分结构的研究，多数侧重于从树种选择、混交方式、混交比例及混交时间等方面进行。

(1)混交林营造条件

一般而言，适于多树种生长的立地可营造混交林；气候严寒、干旱、土壤贫瘠的立地，应先选择耐干旱瘠薄的针叶先锋树种营造纯林，待环境条件改善后，阔叶树种自然侵入或人工引进，逐步形成混交林(吕树英，2001)。

(2)混交树种的选择

营造混交林时，树种的选择应考虑3个条件：一是不同树种的林学特性的协调性；二是立地条件的适应性；三是经营的目的性(卢巧仪和卢成林，1997)。但实际情况下往往很难找到完全满足以上3个条件的树种，一般认为，应选择喜光与耐阴，速生与慢生，针叶与阔叶，常绿与落叶，深根与浅根，吸收根密集型与吸收根分散型及冠型不同的树种相互搭配。

(3)混交方式和混交比例

混交方式是调节混交树种种间关系的措施之一。不同的混交方式可产生不同的混交效益。一般来说，种间关系协调的树种以株间或行状混交效果较好(陈际伸，2001)。乔灌混交常采用株间混交方式。带状混交往往适用于种间竞争明显，初期生长速度悬殊的树种混交。块状混交造林施工方便，适用于种间竞争较强的主要树种与主要树种混交，也可用于幼龄纯林改造成混交林或低价值林改造(李铁牛和于东亚，2001)。

混交比例指造林时每一树种的株数占混交林总株数的百分比。立地条件好的造林地主要树种的混交比例可高些，反之应低些。一般认为，混交林内主要树种的比例不宜少于60%（陈际伸，2001)。但不同林种混交比例应有差异，如营造经济效益较高的经济林，主要树种和次要树种混交比例可为1:1，营造防护林主次树种混交比例可为7:3或6:4，营造速生丰产用材林或工业原料林，主次树种混交比例可为8:2或7:3，营造珍贵速生用材林主要树种在混交林中要高于70%(吕树英，2001)。此外，保持混交林林下植被多样性，对提高林地养分有效性及林分生产力具有积极的作用(杨曾奖等，1995)。

(4)混交时间

混交时间分同步造林与异步造林两种。同步造林就是目的树种与混交树种同时造林，异步造林主要指在已造林分中套种混交树种(梁建平，1995)。种间关系较协调的树种，造林时可同时栽植；种间竞争激烈的树种，应分期造林，否则效果较差或混交难以成功。如杉木、木荷、马尾松不宜同时混交；杉松混交以先松后杉的效果较好(卢巧仪和卢成林，1997)。

(5)抚育间伐

抚育间伐应及时进行，并且在不同时期采用的抚育间伐方法有所不同。间伐应坚持“三去三留”原则，即去劣留优，去弯留直，去小留大。间伐强度主要依据培育目标和混交时间的长短而定。

11.2.2.3　混交林生长模型研究

生长和收获模型是森林经营的重要工具，在过去的一个世纪，生长模型主要受到了以下四个方面的影响(Porté *et al.*, 2002): ①营林体制从同龄纯林转向混交林; ②模型中越来越多地考虑了随机关系; ③森林经营目标发生变化, 不仅仅是林木生长和收获; ④计算机的广泛应用。对于人工纯林的生长规律, 已有了比较统一的认识, 即将林分生长模型分为 3 类: 全林模型、径级模型和单木模型(唐守正等, 1993)。由于混交林不同树种具有不同的生态学特性(生长发育、对光的需求、对营养的利用等), 混交林的结构和生长动态比纯林更为复杂。总的来说, 针对混交林的生长、收获以及经营的模拟研究还处于初步阶段, 至今还没有统一的方法。

Porté 和 Bartelink(2002)在前人的生长模型分类系统基础上, 提出了混交林模型分类的一些标准, 包括组织层次(如单木、林分)、对象的异质性、是否与距离有关、空间明确性、更新单元的大小、径级大小、确定性和随机性等。据此, 提出了新的生长模型分类系统。本文仍以单木模型、径级模型和全林分模型进行简单阐述。

(1)单木模型

①与距离无关的单木模型 除了林分层次的变量如年龄和立地指数外, 多数与距离无关的单木模型需要林分数据作为输入。与距离无关, 不需要地位指数和年龄, 并在异龄混交林中有应用潜力的是 Prognosis 模型, 最新版本为 FVS(Teck *et al.*, 1996)。这个模型的主要特点是能预测任何组成林分从纯林到混交林和异龄林的生长和收获。与距离无关的模型的优点是不需要树木的坐标, 但是, 该模型在提供准确的单木生长信息方面存在局限性。

另一个与距离无关的模型是林窗模型, 森林被作为一组林窗或斑块来模拟, 考虑了一些关键的生态过程, 如起源、生长、死亡和养分循环(于振良, 1997)。林窗模型主要有 JABOWA 和 FORET 模型及其两者的扩展(Shugart and West, 1977)。林窗模型主要用于森林演替研究。

②与距离有关的单木模型 这类模型需要确定树木位置的坐标, 需要的单木信息包括胸径、树高、树冠比或冠幅, 物种组成和竞争指数是重要的变量。Jõgiste(1998)认为, 单木生长模型用与距离有关的模型较好, 因为与距离有关的单木模型能更好地反映竞争效应, 因此, 可用来研究竞争对单株生长的效应。

与距离有关的单木模型能反映树木和林分生长的详细信息, 但利用与距离有关的模型来研究混交林时有两点不足: ①建立模型的费用较高, 因为单株的坐标不易得到; ②由这种模型产生的样地往往不够大, 难以准确代表异龄林(雷相东和李希菲, 2003)。

(2)径级模型

此类模型以直径分布为自变量(唐守正等, 1993), 主要是矩阵模型。由 Use 首先应用于林业, 之后又在两个方面进行了改进: 一是加入与密度有关的转移概率(Solomon *et al.*, 1986); 二是把树种合并为树种组(Buongiorno *et al.*, 1994、1995)。这种与密度有关的多树种矩阵模型, 包括进阶、枯损和进界 3 个方程, 模型为:

$$Y_t + 1 = A(Y_t - H_t) + R_t \tag{11-24}$$

式中 A——包含径阶转移概率的矩阵, 转移概率与林分年龄、立地条件和密度有关;

$Y_t = [Y_i, t]$, $i = 1$, …, n, n——径级数, Y_i, $t = [Y_i, t]$, Y_i, t 为 t 时刻 i 径级的单位面积株数;

$H_t = [H_i, t]$，H_i，t——t 时刻 i 径级的单位面积采伐株数；

向量 R 是与林分状态无关的进入起测径级部分。

(3)全林分模型

唐守正等(1993)对此进行了详细的论述。全林分模型对于模拟人工纯林非常有用，但对于混交林，由于树种数量和多态大小分布使得用较少的林分变量来反映林分的特征比较困难。模拟变量常常包括林分断面积、蓄积、林木株数、平均直径和平均高生长等，但较少涉及物种组成、枯损和进界。因此，这类模型对于混交林的模拟效果一般(雷相东和李希菲，2003)。

11.2.2.4 混交林营造的途径

混交林成败的核心问题是种间关系是否协调、营造技术是否顺应自然规律。全面营造混交林虽然在特定条件下不失为一种必要手段，但往往耗工费时、难度大。因此，高效低耗、可持续经营的混交林营造途径——近自然混交林的营造途径成为关注焦点(林思祖和黄世国，2001)。

11.3 林分结构构建与调控方法

11.3.1 人工林

人工林(artificial forest)是通过人工种植、培育所形成的一种森林资源。第八次全国森林资源连续清查统计数据显示，我国现有 $6933 \times 10^4 hm^2$ 的人工林，占世界人工林总面积的 26.2%，占中国有林地面积的 36%，人工林蓄积 $24.83 \times 10^8 m^3$，占中国森林蓄积量的 17%(陈幸良等，2014)。人工林培育已成为社会发展的必要趋势，是解决 21 世纪森林资源紧缺、木材供应矛盾的关键所在，也是改善生态环境，实现社会可持续发展的基本要求(梅静，2013)。

11.3.1.1 营造人工林的意义

(1)解决我国现有木材供需矛盾的根本办法

随着人们对于可持续发展观念和实现生态、经济一体化发展要求的逐步加强，天然林保护条例和制度逐渐颁布与实施，有效地改善了生态环境，但是木材供需矛盾变得更加尖锐，供需缺口日益扩大，造成了相关企业和行业经济利益受到制约。基于我国森林资源的严峻现实，必须立足于自己解决木材问题的战略，而解决这一问题的根本出路是采用定向培育和木材高效利用技术，建立优质工业用材林基地。

(2)实施天然林保护工程和生态环境建设的必然选择

近年来，由于我国人口的迅速增长和经济发展，对森林资源的需求已远远超过了森林的承载能力，再加上长期以来林业生产以木材为主，导致了我国森林资源面临着许多重大问题，如：①天然林面积逐渐减少，林分质量显著下降，资源日趋枯竭；②许多动植物濒临灭绝，森林生物多样性降低，地力衰退；③森林生态系统退化，森林功能下降。

(3)增加森林资源最有效的途径

天然林锐减是森林资源量下降的主要原因。扩大有林地面积、提高森林覆盖率、加强优质工业用材人工林的建设是增加森林资源的必由之路和有效途径。实践证明，人工林的营建可应用最新的技术成果，生长量可比一般的天然林高几倍甚至十几倍。

(4)实现林业产业战略目标的关键

到21世纪中叶，林业的战略目标是建立比较完备的林业生态体系和比较发达的林业产业体系。国务院也正式把速生丰产林建设列为国家的产业政策，可见，发展人工林是实现未来林业建设目标的重要举措。

(5)解决林农争地的有效手段

林农争地是一个长期没有得到解决的矛盾，尤其是在山区和林农交错区，矛盾更为尖锐。人工林高效培育是建立在集约经营的水平上，可通过少量的土地生产大量的木材，在一定程度上缓解林农争地的矛盾，对增加农业面积，解决未来16亿人口吃饭问题做出了贡献。

11.3.1.2 人工林经营存在的问题

①我国人工林多为单一树种组成的同龄林，结构和功能单一，生态系统较为脆弱，抗灾害能力较差。在现有的人工林中，纯林占85%左右，杉木、马尾松、桉树3个树种的面积所占比例就达46.6%。

由于树种单一、结构简单、生物多样性低，人工纯林可能出现大面积病虫害，造成巨大损失。人工林地力衰退现象也比较严重，难以形成乔、灌、草配套的林分结构。同时，森林地表凋落物少，土壤理化性状较差，无法形成较强的储蓄水源能力，难以达到良好的生态防护效果

②我国的人工林以中幼龄林为主，且质量不高。人工林单位面积蓄积量52.76m^3/hm^2，仅为天然林的1/2左右；人工林生长量3.71m^3/(hm^2·a)，林分郁闭度0.51，平均胸径12.1cm，均低于天然林和森林平均水平，森林资源质量的提高有很大潜力(表11-8)。

表11-8 我国第八次森林清查期内人工林质量

Tab. 11-8 Quality of artificial forest in eighth forest inventory period in China

质量指标	天然林	人工林	平均
单位面积蓄积量(m^3/hm^2)	104.62	52.76	89.79
年生长量(m^3/hm^2)	5.49	3.71	4.23
林分郁闭度	0.59	0.51	0.57
林分平均胸径(cm)	14.0	12.1	13.6
乔木林密度(株/m^2)	981	884	953
混交林比重(%)	49	15	39

注：引自陈幸良，2014。

③宜林地减少、质量下降、营林成本上升。近年来我国林地面积增长趋势有所减缓，林地净增面积中有1/2以上分布在西北、华北和西藏东北部等干旱半干旱地区，有22%分布在南方石漠化岩溶地区，林地质量较差，营林成本明显上升(陈幸良等，2014)。

11.3.1.3 人工林林分结构构建方法

人工林林分结构主要通过以下途径构建。

(1)林分密度与配置

不论是人工纯林还是混交林，林分结构构建都需要确定合理的林分密度和配置方式。林分密度和配置方式是影响林分生长的重要因素之一，它不仅影响着各生长时期林分的生长发育、林木的材质及蓄积量，而且影响着林内环境(光照、温度、水分和土壤等)、林分的稳定性、林内物种的种类及其分布。因此，在造林时确定合理的林分密度和配置方式尤为重要。

(2)树种选择

对于人工纯林，树种选择应遵循适地适树的原则，尽量选择具有优良表现性状的乡土树种或者引进的优良树种；而对于人工混交林，除了遵循以上原则外，还应考虑混交树种间的生物学和生态学特征，以及目的树种与伴生树种之间的关系、造林目的等。

(3)混交时间和混交比例

种间关系比较协调的树种，造林时可同时栽植；种间竞争激烈的树种，宜分期造林。混交比例在混交林的结构构建中具有较大作用，一般来说，立地条件好的造林地混交树种的混交比例可高些；反之应低，或营造纯林。

(4)抚育间伐

人工纯林郁闭后的抚育间伐对林分结构的调整，以及林分的发展都起到至关重要的作用。对于混交林来说，抚育间伐是调节种间关系的重要措施，对促进混交林生长，增强林内光照强度，提高林分的生物多样性均有显著作用(陈洪，2000)。

11.3.2 天然林

天然林是由天然下种或萌芽而形成的森林。根据演替的不同又可分为原始林、原生次生林与次生林。原始林是在不同的原生裸地上，经过内缘生态演替，逐步趋同，最后形成地带性(或区域性)的森林植被。次生林，是原始林经过大面积的彻底破坏或者严重的反复破坏(如不合理的樵采、火灾、垦殖、过度放牧等)后，经次生演替而形成的群落。原生次生林是一种过渡类型，是原始林遭到不同强度的破坏，但却未退化到次生林的程度，而后经逐步恢复形成的森林(沈国舫，2002)。

11.3.2.1 天然林资源现状

根据第八次全国森林资源调查显示，全国天然林面积$1.22\times10^8 hm^2$，蓄积123×

10^8m^3，分别占森林总面积和总蓄积的58.7%和81.2%。我国天然林主要分布在黑龙江、内蒙古、云南、四川、西藏、江西、吉林、陕西、广西等9省(自治区)，面积合计为$8468.2\times10^4hm^2$，约占全国天然林面积的69.5%。其中黑龙江、内蒙古和云南3省(自治区)天然林面积超过了$4000\times10^4hm^2$，占全国天然林面积的36.5%。全国各省(自治区、直辖市)天然林面积分布情况如图11-14所示(国家林业局，2013)。

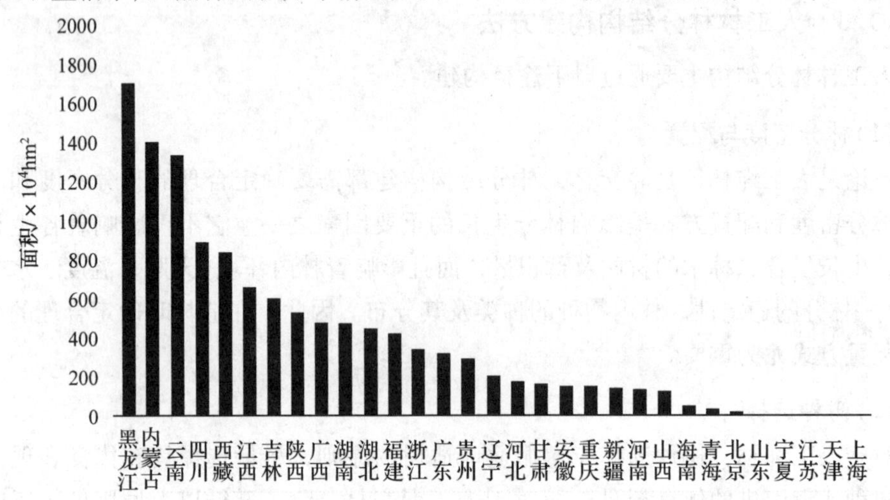

图11-14 全国各省天然林面积(引自国家林业局，2013)

Fig. 11-14 Natural forest area of all provinces in China(State Foresery Administration, 2013)

11.3.2.2 天然林特点

①天然林有大量珍贵用材树种和很高的产量。如红松阔叶林区，原始林与原生次生林中有水曲柳、黄波罗、核桃楸、椴树(*Tilia tuan*)、春榆(*Ulmus davidiana*)、色木槭(*Acer mono*)等多种高级用材树种；亚热带常绿阔叶林中有樟木、楠木、格木(*Erythrophleum fordii*)、多种栎木；热带雨林、季雨林中有蚬木(*Excentrodendron hsienmu*)、柚木(*Tectona grandis*)、轻木(*Ochroma lagopus*)等。它们都是非常好的建筑用材或特种用材树种。

②天然林的生物多样性十分丰富。不但森林生态系统多样化，系统内的物种多样性与基因多样性也较高。天然林中往往存在大量的野生动物、植物、昆虫与微生物，都是人工林无法比拟的。

③天然林有其合理的群落结构。无论在成分、层次、年龄与不同种群的数量上，都有着合理的配置，形成功能完整的生态系统，因而天然林有很强的再生能力，当受到自然或人为的干扰后，天然林能较快、较好地恢复。

④天然林有良好的森林环境。原始林土壤肥力往往较高，次生林土壤也会随着群落的发展不断改善。破坏过的天然林只要加以保护与合理经营，群落会逐渐由简单到复杂，环境条件也会逐步变好，而人工林则往往不如天然林。

⑤天然林有巨大的水源涵养、防控自然灾害的能力。无论原始林或次生林，林下都有一定的灌木层与草本、苔藓层，还有很厚的枯落物层以及良好的土壤结构，这对蓄水防洪来说作用巨大。

⑥天然林有很多的风景名胜区与生态旅游地。中国大量的风景区、游憩地是在天然林区，诸如长白山、九寨沟、张家界、武夷山等，其美景绝无仅有。

11.3.2.3 天然林的生态功能

(1)水文生态功能

我国天然林主要分布在大江大河的源头和部分农业主产区周围，对维持黑龙江、松花江、长江、珠江、钱塘江、渭河等流域的生态稳定性，保障农业高产、稳产都起着至关重要的作用。

(2)生物多样性

天然林结构复杂，蕴藏着极为丰富的生物物种，是多种动植物生存和繁衍的重要场所，被称为世界上最丰富的生物资源库和基因资源库。我国的陆地生态系统有460个群系，其中，天然的森林生态系统就有185个群系。我国有乔、灌树种约8000种，其中乔木约2000种，包括1000多种优良用材和特种经济树种，还有不少孑遗种，如水杉、银杏(*Ginkgo biloba*)、银杉(*Cathaya argyrophylla*)、金钱松(*Pseudolarix amabilis*)、水松(*Glyptostrobus pensilis*)、普陀鹅耳枥(*Carpinus putoensis*)、金花茶(*Camellia nitidissima*)、连香树(*Cercidiphyllum japonicum*)、珙桐(*Davidia involucrata*)等和许多珍稀特有物种及其基因资源，它们绝大多数生长在天然林之中。

(3)碳固定及碳循环

最近100年内，大气二氧化碳浓度增加了1倍，温室效应日益明显，因此维持地圈和生物圈的碳平衡具有重大的意义。森林是陆地生态系统中最大的碳库，它储存了全球陆地生态系统90%以上的碳，在调节全球碳循环过程起着重要的作用。目前，由于全球森林大面积破坏所产生的二氧化碳排放已成为仅次于矿物燃料的二氧化碳排放源。恢复、扩大和可持续利用天然林资源是减少大气中温室气体浓度和缓解气候变化的重要手段(唐守正和刘世荣，2000)。

11.3.2.4 天然林的保护及林分结构的构建

人工林林分结构可以经过人为设计和培育而得到调控，天然林林分结构的形成则更依赖于自然因素，但也可通过一系列营林措施来实现有效的调控(沈国舫，2002)。

①就东北林区而言，次生林是目前林区森林的主体，其面积占有林地面积的近70%，次生林能否得到合理经营与保护，是天然林保护的关键。华北地区的天然林几乎全是次生林，天然林保护主要是提高林分质量。由于这些次生林都有较好的立地条件，但是缺乏优良的用材树种，因此需要“栽针保阔”与引进珍贵阔叶用材树种。东北林区就是在次生林林下栽植针叶树，或在林隙栽植诸如水曲柳、黄波罗、椴树、核桃楸等阔叶树种，对上层进行疏伐，促进次生林向针阔混交林方向发展。

②成林抚育是培育优质高产林分的重要手段。林相残败或有较严重病虫害的林分应采取抚育采伐。抚育采伐时，应与林分改造结合起来，可以伐去一些形质不良的优势木、生长衰退的被压木、濒死木以及散生木，然后在林窗中补植一些珍贵用材树种，形成人天混合型的复层异龄林分。

③已达工艺成熟的天然林应进行适宜强度的择伐，或二次渐伐，保留好前更幼树，大量的林窗应及时补栽耐阴树种，或中性树种。林中枯立木与倒木可适当保留，有啄木鸟、猫头鹰等鸟类巢穴的树木应尽量保留。

④次生林尤其生长良好的次生林，不能借改造之名加以皆伐、更换树种或营造速生丰产林。生长好的次生林不但有一定的材积生长量，而且有很高的生物多样性与非木质产品资源，还可防止地力衰退与周边人工林病虫害的发生，具有较好的生态环境。

⑤为了提高土地利用率，宜对稀疏林地施行人工促进更新措施，如去草整地，播种栽苗，尽可能形成针阔混交林。所有的种植点都应选择在林隙与局部水肥条件好的地方，种植点可簇式配置，以形成与天然林相似的团状分布的林分，以便充分利用空间与地力，形成更高的产量。

⑥具有种源与天然更新幼苗幼树的采伐迹地、火烧迹地与荒山荒地，应进行封山育林，禁止樵采、放牧和采药。根据天然更新状况，幼树的大小，也可实行半封与轮封，适当开放一个时期让群众进山砍柴或放牧。

⑦天然林除培育商品林外，还应进行多资源培育，如培育中药材、花卉、食用植物、果饮原料等。但都应是有计划的开发利用，不可竭泽而渔。有的次生林地可适度用于发展畜牧业，以及开展森林旅游，使其具有多种价值。

⑧在人口较多的农林交错区，应尽可能进行林农复合经营。要因地制宜地选择树种、农作物或其他经济作物进行间作。这样可以达到以耕代抚、长短结合的目的，并且可以将近期的经济收益和森林的长远生态效益结合起来。

总之，天然林保护不是简单和消极的保护，而是天然林经营技术体系和森林经营思想的大转变。由天然林保护工程的基本思想与国家制定的相关政策可以看出，中国天然林保护是林业发展的重要转折点，标志着中国进入森林资源与林业可持续发展的新时期。

11.3.3 林分结构调整技术

11.3.3.1 林分结构调整目的

林分结构在森林的生长过程中并不是一成不变的，它随着时间的变化而变化。适时合理地调整林分结构，能够最大程度发挥森林的作用，让森林更好地服务人类。

11.3.3.2 森林优化经营的原则

(1)与当地的原始林模型相匹配

从目前的认识水平来看，未经人为干扰的原始林空间结构是最好的，经历千百万年的自然选择、自然演替，林木之间的空间关系复杂、多样，高度协调，原始林的生态效益远远高于其他类型的林分。因此，对于其他林分来说，原始林的空间结构是森林经营的方向。

(2)遵循森林总量控制原则

尽量减少对森林的干扰，每次采伐的总量一般不超过总蓄积的15%，在同地段原始林保存完好或者经过轻微干扰的天然林区，采伐后林分密度不低于原始林密度。

(3)遵循生态有益原则

禁止皆伐，采用单株采伐，保护森林环境；保持林冠的连续覆盖，相邻大径材不同时采伐，按树高一倍的原则确定下一株相邻最近采伐木；不采伐稀有或濒危树种的单木，保护林分的树种多样性；不过量采伐林木，保持林分的稳定性和可持续性；以乡土树种为主，选用生态适宜种增加树种混交；保护天然林分更新。

(4)对主要的建群种进行经营研究

大多数的原始林树种众多，种间关系错综复杂，想在所经营林分内重建这些关系是不现实的。因此，经营时以调节林分内主要建群种的空间结构为主，保持建群种的生长优势并减少其竞争压力(胡艳波和惠刚盈，2006)。

11.3.3.3 林分结构优化的方法

森林经营的方法可根据经营目的划分为生产型经营与生态型经营2种类型。生产型经营的主要目的是创造经济效益，利用木材、柴炭等林产品并加工生产林副产品，满足市场需求，获取经济资源。生态型经营也可称之为公益型经营，其主要目的是保护环境、美化环境、维持生态平衡。生态型经营模式的受益对象不仅仅是人类，还有生物群体，包括陆生动物、水生动物、两栖动物以及各种微生物(阙远胜，2015)。

(1)明确保留木与采伐木

优化林分空间结构的森林经营方法首先要明确林分空间结构中应当保留与采伐的植物，针对保留与采伐的树种进行经营方案制定，对于采伐时间不同的林木，应根据种类、生长特点以及所处地势制定经营方案，为有效采伐奠定基础。对于保留木应当根据林木的品种、大小、生长年限以及周围环境对其进行竞争调节，促进其健康生长。在林分空间结构中保留木包括四大种类：稀有和濒危的树种、古树、顶极与原始木、直径较大的伴生树种。为了保证森林资源的多样性与稳定性，严禁对稀有和濒危树种以及古树进行采伐。稀有和濒危树种具有极高珍藏价值，而古树历经上百年甚至上千年的历史演变，形成了稳定的生长状态。

从景观角度来看，稀有树种以及古树均具有极高的观赏价值。另外，古树还具有一定的人文价值，往往具有较高的纪念价值。可采伐利用的林木并不是除了保留林木以外的一切林木。采伐树木应根据采伐目的以及林木的生长形态而决定。断梢木、病腐木等亚健康林木，弯曲、枝叶稀疏等亚美观树木可优先采伐，而生长质量稍好的树木则可根据采伐利用目的合理地采伐。对于断梢木与病腐木的采伐应及时，以免病菌滋生影响健康的保留木。

(2)对林分空间结构进行优化调整

优化调整林分空间结构就是调节林木分布的格局。其依据是林木种类、生长特点以及林木之间的关系等因素。我国在林分结构调控方面的研究还处于起步阶段，缺乏一套完善的指导思想和方法，但是优化调整林分结构是森林经营中必不可少的过程。

林分中的林木有些是有规律分布的，而有些则是随机分布的。在实践中，为快速调整结构对顶极林木以及树径较大的伴生树种进行调整即可，无须对空间内的所有树木进行调整。例如，某林分空间结构的林木分布原本为团状分布，林木之间的平均角尺度大于0.517，而对于林分角尺度大于平均角尺的单木可进行调整，确定调整目标后，如果目标最近的4株相邻木聚集分布在目标一侧，则对其中一株或者几株进行调整。

对林分空间结构的优化调整需要注意林木之间的竞争关系。对单木或者分布角尺度较大、调整后易导致周围竞争关系不平衡，则要避免调整。符合角尺度分布条件的林木若对周围林木的竞争关系不产生影响可适当对其进行调整。针对林木之间竞争关系的调整在以林木的分布格局为基础以外还应遵循可操作性、直观简洁的原则。

(3)对林分更新进行优化

林分更新是改善森林生态环境的重要途径，是维持森林资源可持续发展的必要条件。林分更新的优化方案首先应根据森林的经营类型而定。森林的经营类型决定了栽培林木的种类与植株数量。其次要根据林分空间结构的具体参数而定，林分空间结构决定了林分更新模式。稀疏的林分空间采取栽培的模式，而竞争压力过大的林分空间则可采取采伐的手段。因此，在林分更新之前应对林分空间结构进行调查研究，再制订更新计划，保证更新的科学性。

参考文献

曹小玉，李际平．2016. 林分空间结构指标研究进展[J]. 林业资源管理(4)：65－73.

陈洪．2000. 闽南混交林种间关系的动态调整技术研究[J]. 华南农业大学学报，21(4)：55－58.

陈际伸．2001. 混交林营造及其机理的研究概况[J]. 江西林业科技(2)：26－28.

陈幸良，巨茜，林昆仑．2014. 中国人工林发展现状、问题与对策[J]. 世界林业研究，27(6)：54－59.

方怀龙．1995. 现有林分密度指标的评价[J]. 东北林业大学学报，23(4)：100－105.

龚直文，亢新刚，顾丽，等．2009. 天然林林分结构研究方法综述[J]. 浙江农林大学学报，26(3)：434－443.

国家林业局．2013. 全国森林资源统计：第八次全国森林资源清查[M]. 北京：中国林业出版社.

胡艳波，惠刚盈．2006. 优化林分空间结构的森林经营方法探讨[J]. 林业科学研究，19(1)：1－8.

贺姗姗，张怀清，彭道黎．2008. 林分空间结构可视化研究综述[J]. 林业科学研究，21(Z1)：100－104.

惠刚盈，Klaus von Gadow，Matthias Albert. 1999. 一个新的林分空间结构参数——大小比数[J]. 林业科学研究，12(1)：1－6.

惠刚盈．1999. 角尺度——一个描述林木个体分布格局的结构参数[J]. 林业科学，35(1)：37－42.

惠刚盈，胡艳波．2001. 混交林树种空间隔离程度表达方式的研究[J]. 林业科学研究，14(1)：23－27.

惠刚盈，胡艳波，赵中华．2008. 基于相邻木关系的树种分隔程度空间测度方法[J]. 北京林业大学学报，30(4)：131－134.

惠刚盈，克劳斯·冯佳多．2001. 德国现代森林经营技术[M]. 北京：中国科学技术出版社.

惠刚盈，Gasow K，胡艳波，等．2007. 结构化森林经营[M]. 北京：中国林业出版社.

贾忠奎．2005. 北京山区油松侧柏生态公益林抚育效果研究[D]. 北京：北京林业大学.

寇文正．1982. 林木直径分布的研究[J]. 南京林业大学学报：自然科学版(1)：51－65.

雷相东，李希菲．2003. 混交林生长模型研究进展[J]. 北京林业大学学报，25(3)：105－110.
雷相东，唐守正．2002. 林分结构多样性指标研究综述[J]. 林业科学，38(3)：140－146.
李铁牛，于东亚．2001. 混交造林在充分发挥森林生态效益上的重要意义[J]. 内蒙古林业调查设计，24(3)：8－9.
林思祖，黄世国．2001. 论中国南方近自然混交林营造[J]. 世界林业研究，14(2)：73－78.
梁建平．1995. 广西混交林树种选择及其营造技术[J]. 广西林业科学，24(4)：199－201.
卢巧仪，卢成林．1997. 混交林建设及其营造技术的应用推广[J]. 林业建设（6）：14－18.
吕树英．2001. 关于营造混交林的几个基本观点[J]. 云南林业科技，1(1)：26－28.
梅静．2013. 人工林在我国林业建设中的意义[J]. 科技致富向导（6）：267.
孟宪宇．1988. 使用 Weibull 函数对树高分布和直径分布的研究[J]. 北京林业大学学报，10(1)：40－47.
阙远胜．2015. 优化林分空间结构的森林经营方法[J]. 现代园艺（20）：215－217.
沈国舫．2002. 森林培育学[M]. 北京：中国林业出版社.
沈国舫．1998. 现代高效持续林业——中国林业发展道路的抉择[J]. 林业经济（4）：1－8.
汤孟平．2010. 森林空间结构研究现状与发展趋势[J]. 林业科学，46(1)：117－122.
汤孟平．2013. 森林空间结构分析[M]. 北京：科学出版社.
汤孟平，娄明华，陈永刚，等．2012. 不同混交度指数的比较分析[J]. 林业科学，48(8)：46－53.
汤孟平，唐守正，雷相东，等．2004. 两种混交度的比较分析[J]. 林业资源管理（4）：25－27.
唐守正，李希菲，孟昭和．1993. 林分生长模型研究的进展[J]. 林业科学研究，6(6)：672－679.
唐守正，刘世荣．2000. 我国天然林保护与可持续经营[J]. 中国农业科技导报，2(1)：42－46.
王楚荣，陈红跃，许炼烽．1999. 混交林的改土效益及其在防止地力衰退上的应用[J]. 土壤与环境，8(1)：58－60.
王迪生．1994. 关于林分密度研究[J]. 林业资源管理（1）：67－71.
王宏翔，胡艳波，赵中华，等．2014. 林分空间结构参数——角尺度的研究进展[J]. 林业科学研究，27(6)：841－847.
王宏志．1993. 中国南方混交林研究[M]. 北京：中国林业出版社.
王军，麻晏华，李秀明．2013. 冀北山区典型森林类型林木树高 Weibull 分布规律研究[J]. 河北林果研究，28(1)：14－16.
王秀云，黄建松，程光明，等．2004. 用 Weibull 分布拟合刺槐林分直径结构的研究[J]. 林业勘察设计（2）：1－3.
韦如萍，薛立．2002. 混交林研究进展[J]. 湖南林业科技，29(3)：78－81.
吴增志，杨瑞国，王文全．1996. 植物种群合理密度[M]. 北京：中国农业大学出版社.
杨曾奖，郑海水，翁启杰．1995. 桉树与固氮树种混交对地力及生物量的影响[J]. 广东林业科技，11(2)：10－16.
姚爱静，朱清科，张宇清，等．2005. 林分结构研究现状与展望[J]. 林业调查规划，30(2)：70－76.
俞白楠．2001. 营造混交林技术发展的新趋势[J]. 林业科技通讯（8）：5－7.
余新晓，岳永杰，王小平，等．2010. 森林生态系统结构及空间格局[M]. 北京：科学出版社.
于振良．1997. 林窗模型研究进展[J]. 生态学杂志，16(2)：42－46.
翟明普．1993. 混交林和树种间关系的研究现状[J]. 世界林业研究（1）：39－45.
翟明普．2011. 现代森林培育理论与技术[M]. 北京：中国环境科学出版社.
张连金，惠刚盈，孙长忠．2011. 不同林分密度指标的比较研究[J]. 福建林学院学报，31(3)：257－261.
张建国．2013. 森林培育理论与技术进展[M]. 北京：科学出版社.
张建国，段爱国，童书振．2004. 林分直径结构模拟与预测研究概述[J]. 林业科学研究，17(6)：

787 - 795.

Amery J D. 1973. An individual tree model or stand simulation in Douglas fir[A]//Growth models for tree and stand simulation[C]. Sweden: Royal College of Forestry Stockholm, 36 - 38.

Arney J D. 1973. Tables for quantifying competitive stress on individual trees (information report Canada) [M]. Victoria, BC: Pacific Forest Research Center, Canadian Forestry Service.

Bailey R L. 1980. Individual tree growth derived from diameter distribution models[J]. Forest Science, 26 (4): 626 - 632.

Bailey R L, Dell T R. 1973. Quantifying Diameter Distributions with the Weibull Function[J]. Forest Science, 19(2): 97 - 104.

Bella I E. 1971. A New Competition Model for Individual Trees[J]. Forest Science, 17(17): 364 - 372.

Biging G S, Dobbertin M. 1995. Evaluation of competition indices in individual tree growth models[J]. Forest Science, 41(2): 360 - 377.

Brown G S. 1965. Point density in stems per acre. New Zealand Forestry Service Research Notes, 38: 11.

Buongiorno J, Dahir S, Lu H C, *et al.* 1994. Tree size diversity and economic returns in uneven-aged forest stands[J]. Forest Science, 40(1): 83 - 103.

Buongiorno J, Peyron J L, Houllier F, *et al.* 1995. Growth and management of mixed-species, uneven-aged forests in the French Jura: implications for economic returns and tree diversity[J]. Forest Science, 41(3): 397 - 429.

Clark P J, Evans F C. 1954. Distance to nearest neighbor as a measure of spatial relationships in populations [J]. Ecology, 35(4): 445 - 453.

Cui L, Yang J. 2003. Biomass, soil and root system distribution characteristics of *sea buckthorn* × poplar mixed forest[J]. Scientia Silvae Sinicae, 39(6): 1 - 8.

Dietz H. 2002. Plant invasion patches-reconstructing pattern and process by means of herb-chronology[J]. Biological Invasions, 4(3): 211 - 222.

Gadow von K, Fueldner K. 1992. ZurMethodik der Bestandesbeschreibung. Vortrag Anlaesslich der Jahrestagung der AG Forsteinrichtung in Klieken b Dessau.

Staebler G R. 1951. Growth and spacing in an even-aged stand of Douglas fir[D]. Master's Thesis, University of Michigan.

Fisher R A, Steven C A, Williams C B. 1943. The relation between the number of species and the number of individuals in a random sample of an animal population[J]. The Journal of Animal Ecology, 12(1): 43 - 58.

Hafley W L, Schreuder H T. 1977. Statistical distributions for fitting diameter and height data in even-aged stands[J]. Canadian Journal of Forest Research, 7(3): 481 - 487.

Hattemer H H. 1994. Die genetische Variation undihre Bedeutung für Wald und Waldbaüme. J Forestier Suisse, 145 (12): 953 - 975.

Hegyi F. 1974. Asimulation model for managing jack-pine stands[A]. //Fries J. Growth models for tree and stand simulation[C]. Stockholm: Royal College of Forestry, 74 - 90.

Holmes M J, Reed D D. 1991. Competition indices for mixed species northern hardwoods[J]. Forest Science, 37(5): 1338 - 1349.

Jõgiste K. 1998. Productivity of mixed stands of Norway spruce and birch affected by population dynamics: amodel analysis[J]. Ecological Modelling, 106(1): 77 - 91.

Kint V, Van Meirvenne M, Nachtergale L, *et al.* 2003. Spatial methods for quantifying forest stand structure development: a comparison between nearest-neighbor indices and variogram analysis[J]. Forest Science, 49

(1): 36 - 49.

Konnert M. 1992. Genetische Untersuchungen in geschädigten Weistannenbeständen (Abies alba Mill.) Südwestdeutschlands[D]. Forstl Fak, Univ Göttingen.

Nelson T C. 1963. Basal area growth of Loblolly pine stands[J]. USDA For. Serv. Res., 10: 4.

Oliveira A. 1980. Untersuchungen zur Wuchsdynamik junger Kiefernbest¨ande[D]. LMUMünchen.

Pielou E C. 1961. Segregation and symmetry in two-species populations as studied by nearest-neighbour relationships[J]. Journal of Ecology, 49(2): 255 - 269.

Porté A, Bartelink H H. 2002. Modelling mixed forest growth: A review of models for forest management[J]. Ecological Modelling, 150(1): 141 - 188.

Pretzsch H. 2009. Forest Dynamics, Growth and Yield[M]. Springer Berlin Heidelberg.

Reineke L H. 1933. Perfecting a stand-density index for even-aged forests[J]. Journal of Agricultural Research, 46: 627 - 638.

Ripley B D. 1977. Modelling Spatial Patterns[J]. Journal of the Royal Statistical Society, 39(2): 172 - 212.

Shannon C E. 1948. The mathematical theory of communication[M]. In: Shannon CE, WeaverW(eds)
The mathematical theory of communication. Urbana, University of Illinois Press, 3 - 91.

Shugart H H, West D C. 1977. Development of an Appalachian deciduous forest succession model and its application to assessment of the impact of the chestnut blight[J]. Journal of Environmental Management, 5(2): 161 - 179.

Sterba H. 1991. Forstliche Ertragslehre 4[D]. Lecture at the Univ Bodenkulturl, Wien.

Solomon D S, Hosmer R A, Hayslett H T. 1986. A two-stage matrix model for predicting growth of forest stands in the Northeast[J]. Canadian Journal of Forest Research, 16(3): 521 - 528.

Teck R, Moeur M, Eav B. 1996. Forecasting ecosystems with the forest vegetation simulator[J]. Journal of Forestry, 94(12): 7 - 10.

（编写人：唐罗忠）

第12章

林地长期立地生产力维护

【内容提要】随着社会对木材需求量的增大及更多的天然林被划为环境保护林，人工林在未来木材生产中将起越来越大的作用，致使林地长期生产力的维护问题引起了全世界的重视，但目前很少有直接的证据证明经营措施导致了立地质量下降，并使人工林立地生产力下降。本章主要介绍了人工林长期立地生产力维护的概况、研究进展和经营措施对林地长期生产力影响的研究策略，并比较了演替时序研究、追溯研究及长期定位试验3种研究方法的优缺点及应用概况，阐明了建立长期田间试验是准确预测长期立地生产力变化的唯一途径。

长期以来，由于对森林多种效能的认识不够全面，森林经营中木材利用的指导思想较为突出，着眼于木材生产的传统经营模式虽能取得一定的经济效益，但因人工林群落结构简单，生物多样性差，也潜伏了一系列严重的问题，如：①地力衰退和林分生产力下降；②病虫灾害频繁；③林地生境恶化，水土流失加剧；④人工林生态系统失调，对气候变化的适应能力差。如何合理经营森林，维护人工林地力和林地生产力的持续性，已成为世界各国林学家普遍关注的问题(盛炜彤主编，1992；Smith *et al.*，2000；盛炜彤，2014)。社会需要森林发挥多种多样的功能，传统的森林经营模式已无法满足社会需求，森林经营的现状要求人工林培育的指导原则必须从单纯的木材收获利用转移到以生态系统管理为基础的森林持续经营上来，才能从根本上解决上述问题。国际上最早涉及人工林长期生产力保持的是19世纪末欧洲挪威云杉人工林第二代生产力下降问题的报道；20世纪40年代以后，报道了印度尼西亚第二代柚木(*Tectona*)林生长下降以及澳大利亚南部、新西兰辐射松(*Pinusr adiata*)、南非的展叶松(*Pinus patula*)及辐射松也存在第二代生产力下降问题(盛炜彤，2014)。为此，国内外对人工林是否存在生产力下降，并就如何才能维持人工林长期立地生产力和立地肥力开展了广泛的研究。但是，就第二代人工林生产力下降问题争论很多(Dyck and Cole，1990；盛炜彤，2014；Mack *et al.*，2014)，一种意见认为树种本身不会导致地力衰退，而且当前人工林达到第二轮伐期的不多，现有的证据还不足以证明第二代生产力下降；另一种意见认为，树木本身的影响与经营管理措施对地力的影响两者很难区分，影响地力衰退的因素是综合的。

12.1 林地长期立地生产力维护概述

生态系统管理(ecosystem management)是近年来备受林学家关注的应用生态学方法，将森林生态系统作为具有完整结构和功能的整体来考虑，判别森林培育过程所采取的各项措施是否有利于维护森林与环境的协调。生态系统管理是现代森林管理和持续经营的必然要求，正如Daniel(1979)在"育林学原理"中提到的林学家和整个社会已进入了一个普遍关心环境保护的新时代。这意味着要明智地利用自然资源，因为社会所期望于森林的不单是提供木材和木材的稳产丰产，同时能够更好地涵养水源、繁衍野生动物、提供旅游场所和美化环境。生态系统管理是森林资源经营的生态过程，它试图长期维持森林生态系统的复杂过程、通径和完整性，保持系统的全部价值和恢复能力(朱春全和王虹，1994)。从森林持续经营的角度出发，生态系统管理的整个过程，均要讲究其对森林环境、物质循环、能量转化和林分产量的影响，保持人工林物种及遗传基因的多样性，使采取的各种措施尽可能对人工林生态系统的干扰减少到最轻、影响时间最短的程度，以利于森林生态系统尽快复原，保持人工林的稳产丰产。

生态系统管理注重森林生长、生物量积累、生物区系等状态的变化，要求在森林生态系统的构建、经营和更新的整个过程，形成一套完整的管理体系，其主要途径是立地控制、遗传控制和结构(密度)控制。即根据林地立地特性，选择适宜的造林树种和品系，合理配置树种组成并选用相应的育林措施，增强人工林生态系统的生物多样性和生态适应性，形成合理的生态系统景观结构，维持林地生境的协调稳定和生物生产力的有效增长。生态系统管理是一种更加综合的途径，它维持着森林生态系统的生物多样性、整体性和可恢复性，可达到真正的永续收获。由传统的永续收获经营转向生态系统管理是造林学发展的必然方向，也是林业经营史上的根本转变(朱春全和王虹，1994)，它有赖于森林生态系统相关知识的普及和应用，必须分阶段实施。近期内可选择有代表性的森林生态系统类型，研究森林生态系统的内部运作机制，以及系统在外部干扰下的反应，探讨森林生态系统在各种育林措施下的环境响应和土壤肥力变化过程，通过试验积累材料和经验，建立国际或国内的示范网络。

维护地力是森林生态系统管理的重要方面，而生态系统养分循环状况又直接关系到土壤养分的有效供应和林地肥力的动态变化。森林生态系统管理的中心内容就是根据森林持续发展的要求，在林木定植到采伐更新的整个经营过程中，通过各种途径促进生态系统的养分循环，增加系统的养分流通量。许多研究表明，混交林的营养元素积累量和归还量均大于纯林，合理混交有利于改善土壤养分供应状况，促进营养元素的良性循环(俞新妥，1989；俞新妥和叶功富，1992)。林下植被的养分含量十分丰富，且养分循环速度较快(姚茂和等，1991)，采用密度控制技术促进林下植物的适度发展，无疑能加速系统的养分循环。森林生态系统中林木吸收利用、积累的营养元素数量仅占系统所有量的极少部分，多数养分以林木不能吸收利用状态存在于土壤和林地枯落物层中(聂道平，1991)。林地上凋落物越多，分解速度越快，则养分周转就越快，林木的养分利用率和生长水平也就越高。在林木生长发育过程中，如能适时适量间伐调节林分结构，提高林冠的通透度，能促进地被物的发育和凋落物的分解，维持生态系统养分循环平衡。采取整地、合理抚育等措施改善土壤水热条件，促进枯落物的分解及土壤中养分的有效转化，也是提高生态系统养分循环速率和森林生产力的有效手段。在林木采伐更新过程中，增加采伐剩余物归还林地的数量，改变传统的炼山清理植被的做法，采取堆腐、堆烧和化学除草等措施，有利于减少系统中各种营养物质的流失，使生态系统生产力不致下降。

森林生态系统的养分循环与林分结构、土壤肥力和森林生产力密切相关，对人工林生态系统管理，根本目标是维持森林生态系统结构、功能的多样性和系统的稳定性，为满足当代和后代需要提供可持续利用的森林资源和良好的生态环境。要实现森林持续经营，必须重视对森林生态系统的科学管理，使森林生态系统的各个动态发展阶段的养分输入和输出之间保持动态平衡，确保林地土壤养分的协调供应和地力的持续提高。营养元素的合理循环对维护森林的持续发展有着促进作用，因此，生态系统管理中应加强养分循环过程的调节和控制，为森林的持续发展提供物质基础。

12.2 林地长期立地生产力维护研究进展

12.2.1 人工林长期立地生产力的研究现状

目前，有很多研究是关于人工林长期立地生产力的。低的林地土壤养分状态、收获强度的加大以及在森林采伐和整地阶段造成的土壤干扰是造成人们对人工林长期生产力关注的重要原因。许多关于养分平衡的研究结果表明，由于森林采伐和整地过程中养分的移出将导致一些立地生产力下降，然而却很少有直接的证据(Johnson，1983；Evans，1984；Dyck and Skinner，1990)。但这并不意味着立地生产力没有下降，而是这些研究的不足及不合理的试验设计造成了不能解释综合因子对长期立地生产力的影响。

由于世界对木材需求量的增大和大面积的天然林被划为环境保护林，森林生产力的持续性就显得越来越重要。要使森林经营者和政策制定者相信林业生产是能持续的，就必需使他们充分了解林业经营措施对人工林长期产地生产力的影响，其中，最重要的是要了解森林采伐和整地技术对养分输出和土壤物理性质的影响。为此，研究者必须采取适当的研究方法，深入了解木材生产与立地条件及经营措施的关系，从而采取合理的措施来维护森林的长期生产力。为了增加人们对森林生态系统过程的理解和提高对人工林长期立地生产力的预测能力，本章在回顾已有的关于收获技术对长期立地生产力影响的基础上，着重探讨了加强此方面研究的迫切性及需进一步深入研究的问题。本章中的“立地质量”是指某一立地的生产潜力，由气候和立地条件决定；而“生产力”则是指林木在某一立地上的生产力。生产力受立地质量的影响，也受经营措施的制约(图12-1)，经营措施通过影响土壤特性而影响立地质量。

测定林木生产量通常不能解释生长量下降的原因，也不能准确反映立地质量下降，而仅仅反映了生产力下降。目前，国内外仍缺少设计完善的田间试验研究以调查收获技术及其他经营措施对人工林长期立地生产力的影响，也缺乏更为基础的生态系统过程研究(方升佐和徐锡增，1999a)。所以，现有的研究结论都是间接的或仅是一种推测，主要通过生态系统的养分收支平衡或通过追溯研究法(retrospective studies)获得。下面小结了各地区的一些现有研究结果。

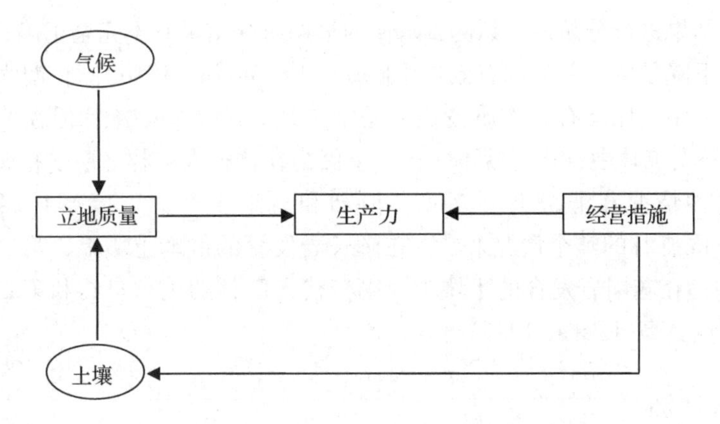

图 12-1　立地质量、经营措施及生产力之间的关系

Fig. 12-1　The relationship between productivity, site quality and management practices

12.2.1.1　北美

总的来说，目前北美的森林还没有生产力下降的报道，尽管人们怀疑生产力将会下降(Johnson, 1983)。不少研究者认为，由于在美国东南部更新前整地的强度很高，导致有机质部分表土流失，很有可能造成严重的立地质量下降。然而目前尚无证据证实这一假设。近十多年来的研究表明，集约经营及土壤受到很大干扰的试验林分反而比对照区的林木早期生长量更大(Morris, 1989)。这主要在集约经营的试验地上杂草竞争较弱，土壤养分的有效性高及土壤的松紧性得到了改良之故。人们推测，在林分树冠郁闭后，杂草得到了抑制，则养分输出及流失对立地生产力的副作用就会表现出来(Morris, 1989)。

美国东南部的研究实践表明，为了减少试验结果的复杂性，必须有效地控制试验。如果研究的主要目的是研究有机质对生产力的影响，则特别重要的是杂草控制，使得各处理间的竞争一致。此外，有些学者认为，由于试验设计中的综合效应，美国东南部的大部分立地生产力研究，也不能用于检验某一特定的试验假设(Dyckand Cole, 1990)。为了回答经营措施和土壤干扰对森林长期立地生产力的影响，1989 年美国主导实施了"北美长期立地生产力研究计划"(The north american long term soil productivitys-tudy, LTSP Study)，其目标是研究北美地区采伐、植被控制和立地干扰等人工林经营措施对持续生产力和土壤过程的影响(Powers *et al.*, 2005)。10 年的研究结果表明，土壤表层有机质完全移除造成了 20cm 土层中土壤碳浓度和养分有效性降低，但采伐时采伐剩余物移走对森林的生长没有影响；土壤紧实(soil compaction)降低了黏土立地的生产力，但提高了砂土立地的林分生产力(Power *et al.*, 2005)。

12.2.1.2　非洲

展叶松是非洲主要的人工林栽培树种。斯威士兰是世界上展叶松长得最快的，人们已经担心，由于土壤养分的过度消耗会导致这一地区展叶松人工林立地生产力下降。早期的研究结果把第二代展叶松生产力下降归结为第二个轮伐期时季节性降水量减少所造成，而不是立地质量下降之故 (Evans, 1978)。但是将现有的资料和来自养分平衡及施肥试验的结果进行分析后，认为Evans的早期研究结果并不完全正确；在有些立地上，生产力的下降是由于养分的有效性下降所造成(Morris, 1986)。在澳大利亚南部的辐射松的人工林中，保留有机物质被认为是维护地力的重要措施；但在非洲的斯威士兰Usutu展叶松人工林中，情况就不一样了，因为在这种人工林下层的粗腐殖质能固定养分。虽然这种情况在非洲并不多见，但却和立地生产力下降密切相关（Morris, 1986)。从Usutu森林的整个情况来看，在辉长岩发育的低磷土壤上，第二代展叶松下降在15%以内；在花岗岩发育的土壤上，第三代人工林的生长量约和第二代一样，甚至比第二代产量更高(Evans, 1986)。

12.2.1.3 大洋洲

澳大利亚的研究表明，至少在人工林早期发育阶段，通过杂草控制和施肥完全可以避免澳大利亚南部第二代人工林产量下降（Cellier *et al.*, 1985)，但是与有机质及养分输出有关的整地技术对立地质量有很大的副作用（Squire, 1983)。主伐时保留有机物质可为后续的人工林提供养分，保持土壤含水量和抑制杂草生长，从而可以减少施肥量和除草的工作量。尽管已认识到有机质对人工林长期生产力维护的重要性，但对其作用机理了解甚少。目前澳大利亚正在进行这方面的研究（Smethurstand Nambiar, 1990)。

在新西兰，与收获时造成养分输出并导致立地质量下降的报道源于南岛Nelson地区(Stone and Will, 1965)，研究结果表明，在Nelson地区从林地中仅收获辐射松原木可导致第二代生产力的下降，但是可通过施肥得到改良。其他有关立地质量下降的证据来源于追溯研究，即认为以前的环境状况或经营措施可反应在目前林木的生长量上。一些研究表明，采伐剩余物的移出可导致辐射松生产力减少40%（Dyck *et al.*, 1989)，但是这些研究是基于追溯研究方法，生长效应不能完全归结于某一因子；同时还由于所有试验处理的杂草控制技术并不一致，所以生长量下降的估计还是比较保守的。在澳克兰附近的黏土上，一项具有多次重复的试验研究表明，森林地被物的移出及由收获机械造成的土壤紧实导致了材积生长量明显下降（Skinner *et al.*, 1989)。然而由于有机质移出和土壤物理性质变化的综合作用，仍很难确定机械紧实立地上材积生长量下降的原因。此项研究结果强调了严格控制试验设计及经营管理对研究结果准确性的重要性。为了研究不同经营措施(主要指收获技术和整地技术)对第二代辐射松人工林生产力和养分的影响，新西兰从1986年开始在全国范围内按土壤类型和气候条件共建立了6个长期田间试验点。

新西兰长期定位试验的试验设计主要是为了确定森林收获时树干、枝条和叶子、森林地被物，以及在有些立地上A层土壤移出对第二代辐射松人工林生长和养分的影响，以及有机质对辐射松人工林生长发育的重要性(Smith *et al.*, 2000)。这些试验处理的选择密切结合了当前新西兰林业经营的现状，同时还考虑到了不同立地上有机质的C/N比、养分浓度和养分矿质化的潜力。通过保留这些物质或从立地上移出这些物质，或通过施肥来弥补由于这些物质输出所造成的营养损失等，人们可以确定这些物质对立地上总的养分含量、养分有效性、林木营养及林木生长的相对贡献。新西兰全国范围内的这一系列试验的研究结果将用于检验由于森林收获时养分输出，不同土壤类型对立地生产力下降的敏感性，并提出合理的经营措施以保证人工林的长期持续经营。

12.2.1.4　斯堪的那维亚地区

斯堪的那维亚地区的一些国家，如瑞典等，已取得了一些设计较完善的长期田间试验的研究结果。但是许多老的试验林也缺乏合理的统计设计，同时也由于当时建立这些试验林的目的不是为了研究经营措施对长期立地生产力的影响。与其他地区相比，斯堪的那维亚地区的整地技术对立地生产力的影响相对而言较小。目前也没有迹象表明，传统的收获技术已降低了长期立地生产力。然而，开始于20世纪20年代的长期试验结果表明，与传统的仅树干移出的间伐方式相比，在有些立地上全树移出的间伐方式所造成的生物量和养分输出，导致了20%的材积生长量下降（方升佐和徐锡增，1999b）。

12.2.1.5　中国

在我国，地力衰退也已在人工林栽培中出现，主要的栽培树种有杉木（*Cunninghamia lanceolata*）、马尾松（*Pinus massoniana*）、长白落叶松（*Larix olgensis*）、华山松（*Pinus armandi*）和杨树（*Populus* spp.）等，其中以南方的杉木最为严重（盛炜彤，1992，2014）。我国现有杉木人工林的面积已达1239.1×$10^4$$hm^2$，约占全国人工林面积的24%（国家林业局森林资源管理司，2010）。杉木人工林占南方人工林面积的比重很大，有的地区高达60%~80%（盛炜彤，1992）。尽管杉木林地力衰退的原因错综复杂，但随着研究的不断深入，大多数研究者认为，传统和现行杉木栽培制度中一些不合理的技术环节，如“炼山”和“整地”等，是导致杉木林地力衰退的根本原因（盛炜彤，1992；黄宝龙和蓝太岗，1998）。

据叶镜中等(1990)研究，南方次生阔叶林被采伐后单位面积采伐迹地上的残留物（采伐剩余物+凋落物）的重量约为50t/hm^2，平均厚度为15cm，经火烧后全部化为乌有。土壤表层(0~5cm)中的活性有机质含量减少16%~33%。“炼山”过程中，有机质的N素大量挥发，导致土壤全N量迅速下降。燃烧后富积在地表的灰分元素（50t残留物所产生的3.6t灰分）、又因不合理的整地方式（全垦或带垦），致使矿质土壤充分裸露而被大量淋失。速效P、K等元素虽因火烧后大量增加，但在“炼山”后1年内的流失量高达40%。若杉木连栽3代，需“炼山”“整地”3次，则土壤的有机质及有效养分含量，将一代接一代地成倍下降（方奇，1987；俞新妥和张其水，1989）。现有的研究结果还表明，炼山以后使土壤物理性状恶化（叶镜中等，1990；孙多和叶镜中，1992）、无机养分过度消耗（孙多，1993）和土壤动物类群数量明显减少（许文力等，1992）。

面对林地地力日益衰退的现实，国内林业界的众多专家、学者积极地开展了广泛而深入的研究，并取得了一些成果。中国林学会于1991年召开了“人工林土壤退化及防治技术学术讨论会”，从不同的研究角度提出了防止人工林地力衰退的建议和对策。这些对策包括：①改变杉木林树种单一的现状，大力营造杉阔混交林；②改变杉木结构简单的状况，保护林下植被和林地凋落物，促进杉木林生态系统的养分循环；③改变单一树种多代连栽的局面，采用不同树种的轮作制；④增加林地的养分输入，开展林地施肥。1995年，世界林业研究中心（The Center for International Forestry Research，

CIFOR)人工林项目组织实施国际伙伴合作项目“热带人工林长期生产力研究”，包括 8 个国家的 9 个树种，其中我国有 2 个树种分别为杉木和桉树(*Eucalyptus*)(盛炜彤，2014)。

总之，由于林木经营周期长，目前多数国家的科学家还没提供出令人信服的证据来证明收获技术及其他经营措施对立地质量和人工林长期生产力的影响。现有的有关研究资料很有限，且由于缺乏设计完善的试验，大多数的研究结论来自于推测。通过追溯研究所得到的有些结论是有用的，但由于研究者无法控制的许多因素的存在，有些研究结论也许是不正确的，特别是由于有机物质和表层土壤的移出会造成不均匀的杂草更新和生长，对林木生长有很大的影响。由于来自设计完善的试验地材料的缺乏，森林经营者很难判断收获及其他经营措施对立地质量和人工林长期生产力的影响。为了帮助森林经营者作出决策，借助于模拟生态系统的动态变化，目前已研究出了一些计算机模型(Kimmins，1986)。这些模型结合了现有的知识，但缺乏重要的生态系统过程分析的资料，只能用假设来填补这些空白，因此，目前所研制的模型尚不能很可靠地应用到生产实践中。

12.2.2　需要深入研究的问题

森林生态系统中，由于立地特征变化很大、复杂的生态系统过程的相互作用，以及林木长的生长期从而限制了人们了解和预测经营措施对人工林长期生产力的影响。预测人工林长期立地生产力的变化是我们研究的主要目标，因此，我们不仅要利用现有的知识去研制预测模型，而且还必须要通过一些与长期田间试验相结合的过程研究来填补一些研究空白(图 12-2)。只有通过世界各地区研究者的交流和合作，特别是建模专家、立地分类学家和研究科学家之间的通力合作和交流，此方面的研究才能取得实质性的进展。当然，我们还需要和森林经营者和政策制定者进行交流，因为他们是这些研究成果的主要利用者。

12.2.2.1　计算机模型和立地分类

现有的生态系统模型可分为两大类，即经验模型和理论模型。经验模型又可分为

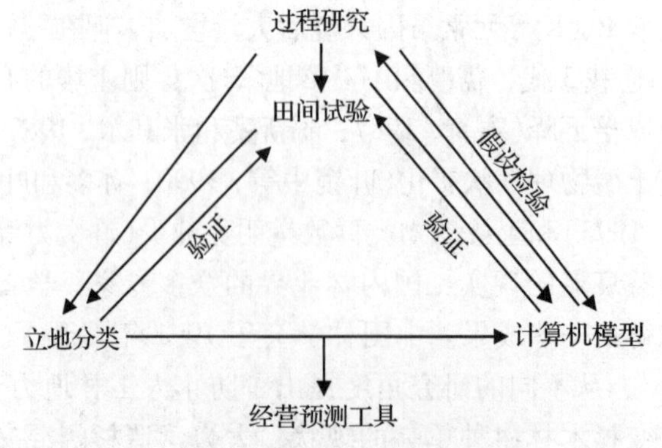

图 12-2　经营预测工具研制、过程研究、立地分类及计算机模拟之间的关系

Fig. 12-2　The linkage between field trials, process studies, site classification, and computer models in the development of a management predictor tool

传统的生长和产量模型、森林立地质量评价模型和 FORCYTE 系列模拟模型（Kimmins，1986、1990）。一般而言，生长和产量模型不能用于预测目前经营措施对将来生产力的影响，因为这种模型所体现的是在过去某段时间里的生长量。如果要用生长和产量模型来预测未来的产量，则必需确定经营措施及林分密度对立地指数的影响。

立地质量评价模型通常用的是回归技术，即将选定的环境参数和立地指数或其他森林生产力指标进行回归分析。Williams 和 Gresham（1988），Dyck 和 Mees（1989）曾采用经验研究法探讨了用立地质量评价模型来预测经营措施对立地生产力的影响。他们假设独立变量在一个轮伐内是常量(即立地指数不随时间而变化)。然而事实上，经营措施会改变独立变量的数值，因此，立地质量评价模型也不能预测经营措施对长期立地生产力的影响。

FORCYTE 系列模拟模型，如 FORCYTE－10，是专门为评价目前经营措施对将来生产力影响的仅有的几个模型之一。然而其本质上仍可认为是经验模型，因为它的主体仍是 Chapman-Richards 方程；不同之处是该模型系统模拟了林分 N 素循环以预测立地质量。该模型系统的最大可取之处是，可以充分利用过去的生长和产量资料，并将这些资料和经营措施对 N 素循环的影响紧密结合起来。它的不足之处与生产和产量模型相似；同时人们对森林生态系统中的 N 素循环的认识还很有限，也影响了模型的精度。

目前有许多林分动态的理论模型（Kimmins *et al.*，1990），但却很少是专门为评价经营措施对将来生产力影响而设计的；即使是专门为此而设计的，也是泛泛而论，缺乏实质性内容。

一个理想的预测经营措施对长期立地生产力影响的模型系统，应含有能体现养分、光照、温度和湿度对生产量影响的组分，而生产量可通过经验和理论模型获得。因此，理想的预测模型只有当我们对主要的生态系统过程有了完善的了解以及有着这些过程是如何被外界干扰所影响的充分认识后，才能被研制出来。

在预测收获技术对立地生产力影响方面，立地分类为森林经营者提供了一个比较迅速有效的工具（Jones，1988）。为了帮助森林经营者在收获技术上作出决策，瑞典常采用立地分类这种方法（Lundmark，1988）。如果对相关的立地特征已有记载，则立地分类系统能使研究结果从某一立地推广到其他具有相似土壤或类似生态特征的立地上。由于缺乏用于构建这种用于立地分类系统的资料，现有的立地分类系统还很少能够被应用到预测经营措施对立地生产力影响的预测上。然而随着地理信息系统(GIS)的发展及在立地分类系统中的应用，立地分类系统的研究将会取得长足进展（Hunter *et al.*，1988；Jones，1988）。与计算机模型一样，立地分类系统的研制和其预测精度的高低也依赖于来自田间长期试验的资料。

12.2.2.2 长期田间试验

为了研制一个可靠的经营措施对人工林长期立地生产力影响的预测模型，设计完善的田间试验是十分必要的。目前，许多国家如新西兰、美国、瑞典、澳大利亚等都认识到在全国按土壤类型和气候条件建立这种长期田间试验的重要性（Dyck *et al.*，1989；Powers *et al.*，1990；Smith *et al.*，2000）。如新西兰林业研究院已在全国建立了6

个辐射松长期试验点，北岛3个，南岛3个；美国林务局的长期土壤生产力研究项目(LTSP)等（Powers *et al.*，1990）。美国的LTSP研究包括了3种有机质移出处理和3种机械紧实处理，并按树种和土壤类型在全国建立试验点。在有些立地上还包括一些补充处理，如施肥、除草剂及深耕等。目前已有一些有关长期田间试验(第二代人工林)林生长和土壤性质变化后的报道（Cole，1995；Smith *et al.*，1994；Powers *et al.*，2005）。

像其他试验研究一样，长期田间试验不仅需要很好地设计以表述某一特定的假设，而且还应该有足够的重复以满足统计上的要求；同时还应按长期试验来设计，即至少需要一个轮伐期。因此，试验区的大小必须要满足树冠和根系生长的需要，也必须要保证一定的林木数量以防止由于自然死亡和自然稀疏所造成的损失。如果试验林分的经营目的是木材生产，则可应用林木生长量作为立地质量评价的指标，但还必须消除杂草竞争对试验的干扰或在所有处理间尽量保持一致。

在长期田间试验中，保证有严格的试验控制是相当重要的。如果在试验结束时，研究结果没有达到预期的目标，则浪费了大量的时间、人力和物力。近几十年来，由于大气中N沉积量的增加，增大了长期田间试验的难度。如在许多北半球森林中，由于大气中N沉积的结果，立地质量会提高，从而完全可以补偿在森林收获过程中N素的输出。因此，在一个N素是林木生长限制因子的立地上，试验的精度受到了较大的影响；同时，过量N素的沉积还会导致营养不平衡和其他营养元素的缺乏（Blank *et al.*，1988）。

早期立地生产力研究存在的问题是，试验设计更多地注重于调查现有森林经营实践对生产力的影响，而不是为了表述和验证某一特定的假设。其结果是所得到的研究结果常常不能扩展，而只能应用于原研究地点，应用范围受到了很大限制。研究结果能否成功推广也取决于研究地点立地特征的选择，特别是一些关键的立地参数。这些主要参数不仅对立地生产力有很大影响，而且能被经营措施所改变。例如，土壤容重和土壤空隙度在调节水分有效性和根系生长上起着重要作用，但在许多立地上，这两个指标很容易由于外界的土壤干扰而改变；土壤养分水平很易量化，但通常与植物相关性不强。为了判别这些对立地生产力的相对重要性以及对森林经营措施的敏感性，需要更深入的基础研究，如过程研究。

12.2.2.3 过程研究

长期田间试验主要是用于确定立地生产力是否改变了，而过程研究则是为了回答为什么这些变化会发生。例如，土壤干扰会导致林木生长下降，但是只有我们了解了为什么生长量会下降以后，才能可靠地预测在其他立地上土壤干扰的后果。目前，我们还不能预测土壤受到干扰后的恢复情况，因此也就很难明确地断言，土壤改良处理对恢复立地生产力的作用。

深入地了解生态系统中的一些重要过程，有助于提高来自经验试验研究结果的实用性，最终建立一个由过程控制的计算机模型。为了更好地理解生态系统过程，特别在下述内容需要深入研究：

①森林地被物及土壤的动态变化，有效性养分与森林生产力的关系；

②土壤物理性质变化对根系生长和养分吸收的影响；

③根系动态，特别是根系生长、循环和林分生产力的关系；

④气态养分交换过程，例如反硝化作用和氨化作用造成的养分逸出及其对森林生态系统养分循环的重要性。

虽然研究者在上述各方面已做了不少研究，但是我们仍缺乏对上述各方面最基本的了解，从而限制了机理性生态系统模型的研制。只有当我们充分了解了某一经营措施变化对生态系统中几个关键过程的影响后，才能够预测立地生产力的长期变化。

12.2.3 几点建议

关于经营措施对人工林长期立地生产力影响的研究，国外一些发达国家，如新西兰、美国等起步较早。有完善试验设计的第二代人工林的试验林，其林分年龄已达11年，并已得到了一些初步的研究结果，但我国在此方面的研究才处于起步阶段。为了提高林业经营者对经营措施对长期立地生产力影响的认识以及提高对这种影响的预测能力，我国亟需加强这方面的研究。为此，我们提出以下建议供参考：

①在全国范围内设计长期田间试验，按主要造林树种、气候及土壤类型建立长期，系统研究经营措施(特别是收获技术和整地技术)对长期立地生产力的影响，为我国人工林的持续经营提供依据。国家应把此项研究看作一项基础性研究，给予经费上的支持；如有可能应加入国际合作研究。

②为了提高研究结果的实用性和增加对重要生态系统过程的认识，过程研究应结合设计完善的田间长期试验进行，并在全国范围内采用与国际接轨的研究方法和研究手段。

③过程研究和田间长期试验的试验设计必须考虑到建模者和立地分类学家的要求，从而使研究结果能应用于长期立地生产力预测模型的构建中，提高预测模型的实用性。

④在研究的各个阶段，研究者之间必须加强联系和交流，特别是研究者须与森林经营者保持联系和交流，因为他们才是研究成果的真正应用者。

⑤通过协作攻关，研制出预测经营措施对短期和长期立地生产力的影响的决策工具(计算机模型系统)是本项研究的努力目标。

12.3 林地长期立地生产力研究方法

目前，有许多研究是关于长期立地生产力的，但由于种种原因，并非所有的研究都很成功，甚至有不少研究得出了不正确的结论（Dyckand Cole，1990、1994）。这些研究的不足之处和不合理的试验设计导致了不能解释综合因子对长期生产力的影响。要使森林经营者和政策制定者相信林业生产是可持续的，就必须使他们充分了解林业经营措施对立地生产力的影响。其中基本的是要了解森林收获和整地技术对养分输出和土壤物理性质的影响。为了达到这个目的，研究者必须要采取适当的研究方法，深入地了解木材生产与立地条件及经营措施的关系，以便采取合理的措施来维护森林的长期生产力。

关于将来的立地生产力可能会下降的早期研究是从养分平衡预算中得出来的。这些研究仅估算了总养分含量及自然养分(natural nutrient)的输入，并将其与收获时养分的输出相比较（方升佐和徐锡增，1999）。有些研究者对几个地区作了将来生产力会下降的预测，但几乎无证据证明生产力下降是由于生物量移出之结果（Dyckand Cole，1994）。此外，像在澳大利亚南部的“第二代林生产力下降”问题，也无证据表明生产力的下降是由于主要立地干扰措施（如火烧采伐剩余物等）所致；但在中国，大多研究者认为，杉木林地力衰退的主要原因是传统和现行杉木栽培制度中一些不合理的技术环节所致，如“炼山”等（孙多，1993）。由于采用了不灵敏的研究方法，人们很难检测某一立地上的生产力是否发生了变化（Dyck and Cole，1990）。地上部分的生产力通常被看成立地质量的指示器，因此，测定木材生产量可作为一种方便的立地生产力的相对评价指标。然而，木材生产量反应的是立地质量，它还受经营管理措施的影响。在集约经营的人工林中，由于速生品种的应用及把除草剂及施肥作为常规营林技术，可大大促进林木的生长。所以生产力的变化并不能真正反映立地质量的变化。同时，由于两个轮伐期间气候条件的波动也会使生长量的比较更趋复杂。

关于经营措施对长期立地生产力影响的研究方法，大体上可分为3类，即演替时序研究、追溯研究和长期田间试验。每一种研究方法都各有其自己的优缺点，在选用研究方法时，必须充分考虑到这些优点和不足，否则会得出错误的结论，浪费人力和物力。

12.3.1 演替时序研究

12.3.1.1 演替时序的概念

演替时序（chronosequences）能给研究者提供一种快速方法来确立经营措施对生态系统长期变化的影响，而不需要等待变化发生。一个演替时序代表了一个生态时间序列，在这个序列中，不同生态系统间所观察到的差异是由于年龄或时间差异所造成。其有两个基本假设：

①在这个序列内，所有生态系统的时间起点是一致的，后期也未受到会改变生态系统发展模式的生物因子的影响，如病、虫或人为活动（如收获、火烧、施肥等）。

②在这个演替序列中，气候条件变化不大，或用于比较的立地气候条件基本相似。如果这两个假设不能满足，用演替时序研究就会得出不正确的结论。很明显，要满足这些要求在实践中是很困难的（图12-3）。况且对时间较长的演替时序还缺乏详细的气候、病虫及其他环境因子的记载，因此很难知道这些要求是否被满足了。

12.3.1.2 优点和不足

尽管演替时序研究带有技术上的不确定性，但在生态系统的研究中仍起着重要作用。其主要优点有：

(1)时间浓缩

演替时序研究最显著的特点之一是允许研究者评价生态系统随时间的变化，而不需要等待变化发生，这对长时期的研究相当重要。在有些情况下，研究时间需要经历从试验开始到研究结束，如土壤发育和植物演替研究，而这是研究者一生所不能完成的。以演替时序为基础，跟踪时间序列而不是时间本身，能够使试验分解成研究者可

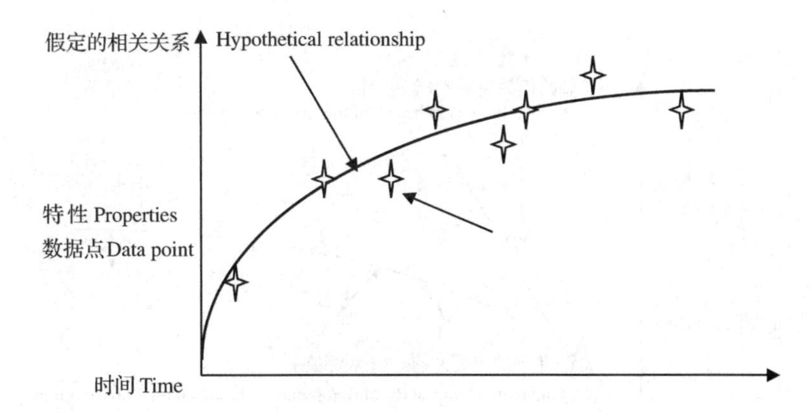

图 12-3 应用演替时序法时所定义的生态系统特性与时间的关系(引自 Cole and Van Miegroet, 1989)

Fig. 12-3 Hypothetical relationship between ecosystem properties and time as defined through the use of a chronosequence (Cole and Van Miegroet, 1989)

完成的各个阶段。

(2)定义相关关系

由于一个演替时序是由若干个代表不同时间点的观察数据组成，就能够定义生态系统特性是如何随时间变化的。通过了解这种功能相关关系的表现形式，人们就能够详细评价随时间变迁而发生的变化。采用数据序列间的内插法，还可以预估在其他时间点这种相关关系的特性。

这种研究方法的主要不足是构成演替时序概念的基本内在假设。这些假设包括：

①在该演替时序内所有点都经历相似的气候条件，包括温度和降水量。作为一个有效的比较，在一个演替时序内，气候条件不应该有变化。

②在一个演替时序没有包括在试验设计中的生物因子(如以往的病虫危害)不会有选择地影响某试验小区。如果试验序列中的一个或更多的小区被外界因子所干扰，则会明显削弱时间序列的相关关系，从而使调查的特性随时间序列的变化呈不规则性。

③在试验序列内，每一立地的生态特性，包括土壤、坡度、坡向、植被组成、生物量累积量和结构，在时间为零时是相似的。而这一点很难做到，通常在初始状态，立地与立地之间存在较大的差异。这种差异可能导致不正确的相关关系，以及得出与长期定位研究不同的结论。

④立地条件代表演替时序的整个时间跨度。如果演替时间内的数据资料存在很大差异或演替序列的早期模式与后期模存在显著差异，则这一点就相当重要。而来自于短期观察的资料可能得出一个不真实的演替序列模式(图 12-4)。

⑤演替时序内很少有年龄相似的小区间重复。尽管存在这些内在的困难，但演替序列法在生态系统研究中仍起着很有价值的作用，并也应用于长期立地生产力的研究。这种方法的成功应用需要研究者充分认识这种方法的步骤，及合理地设计研究计划。鉴于此，这种方法仅在相对简单的相关关系的变化持续很长时间时，才能广泛应用。在一个序列内，所建立的试验地数量越大，误差越小。如果样本充分，初始时各立地间的差异是可以接受的，且所抽取的立地能够代表整个时间系列，则这种技术可获得所研究对象的总体相关模式。

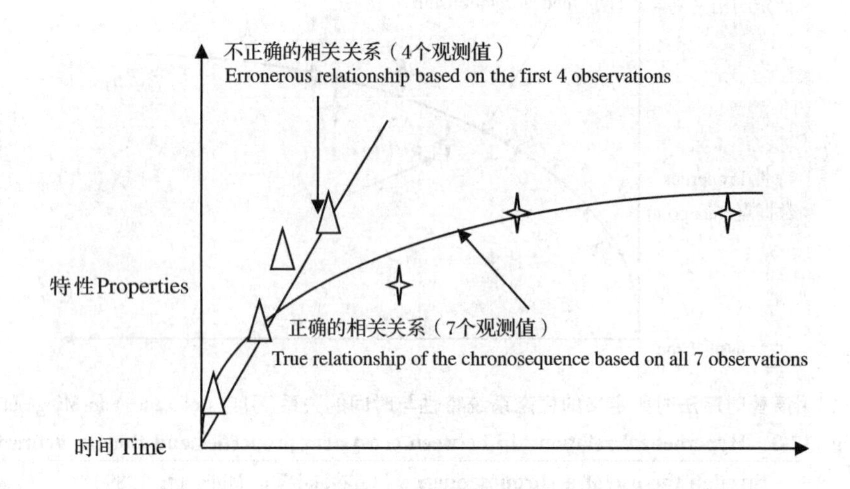

图12-4 时间序列长短对演替时序法研究结果的影响(引自 Cole 和 Van Miegroet, 1989)

Fig. 12-4 Effect of insufficient length of the time series on the relationships inferred from the chronosequence data (Cole and Van Miegroet, 1989)

12.3.1.3 应用概况

(1)评价生态系统特性的长期变化

①植物演替 由于植物演替变化的时间跨度通常是非常长且变化相当明显，因此，演替时序是一种理想的执行此类研究的好方法。最近关于演替研究的例子有，Crooker 和 Major(1955)用演替时序技术很有效地研究了阿拉斯加 Glacier Bay 冰川表面的植物群落发育；Christensen 和 Peet(1984)研究了北卡-罗来纳 Piedmant 地区林分中树种组成的演替聚合度。

②生物量累积 在大部分生长和产量表的构建中，所用的基本资料都是来自演替时序的测定。演替时序也能有效地应用于检验林木发育过程中上层木和下层木树种组成及生物量累积的演替变化。这项技术特别适合于这一类的分析研究，因为前文所述的该技术的不足被消除了。在时间为零时，无剩余的生物量来干扰时间序列，其特性很容易被测定，且时间序列也易建立。MacLean 和 Wein(1977)对加拿大 New Brunswick 省北美短叶松(*Pinusbanksiana*)及及阔叶混交林的研究，Madgwick 等(1977)对新西兰辐射松的研究以及 Long 和 Turner(1975)对美国 Washington 洲北美黄杉(*Psuedotsugamenziesii*)的研究都是此类研究的实例(图12-5)。

③矿质营养循环的变化 关于演替时序研究法在生态系统的研究上，文献最多的可能是有关矿质营养循环的研究。生态系统特性的系统变化，如N及有机质含量更易用演替序列来建立其相关关系。这可能主要是因为物流很小受系统的缓冲，年与年间、月与月间及天与天间变化相当明显。Ovington(1959)发表了一片题为“欧洲赤松(*P. sylvestris*)人工矿质营养循环”一文，为首次用演替时序法来研究营养循环(图12-6)。

(2)经营措施对生态系统特性的影响

演替时序研究较少用于评价经营措施对生态系统特性的影响，其可能原因是：

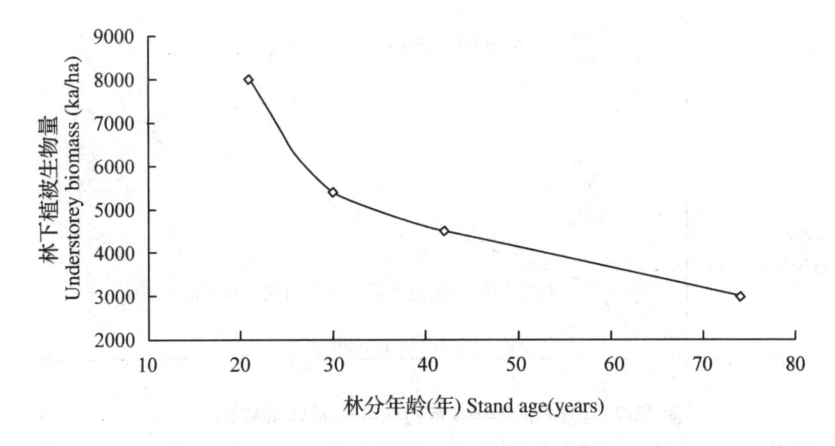

图 12-5 第二代北美黄杉林下植被生物量积累的时间序列(引自 Long 和 Turner, 1975)

Fig. 12-5 Achronosequence of understorey biomass accumulation by second growth Douglas-fir (Long and Tuener, 1975)

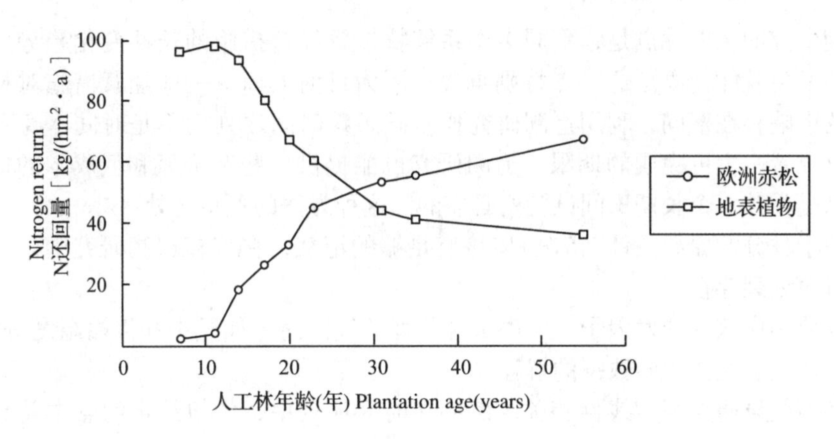

图 12-6 欧洲赤松人工林林木及地表植物的 N 素年还回量(引自 Ovington, 1959)

Fig. 12-6 Annual return of nitrogen by the tree and ground flora in a Scots pine plantation (from Ovington, 1959)

①当人们人为地加入一些经营措施时，生态系统内部的空间变异进一步加大；②很难从其他影响因子区别某一特殊的经营措施。

12.3.2 追溯研究

12.3.2.1 追溯研究的概念

追溯研究(retrospective studies)是通过来自以前不同处理区及试验区的资料来检测这些处理对目前状况的影响。追溯研究成功应用的先决条件是，原始处理需以某种方式记载下来，且除了原始处理所产生的差异外，研究区林分的发育不受其他因子的影响。虽然最初试验和追溯研究的研究目标可能存在较大差异，但是它们基本的试验设计的相似性越强，得出较完善的科学结论的可能性越大。另一个关键是，在最初试验测定和追溯研究开始时必须经历足够的时间使变化充分发生。追溯研究的概念可用图 12-7 加以说明。

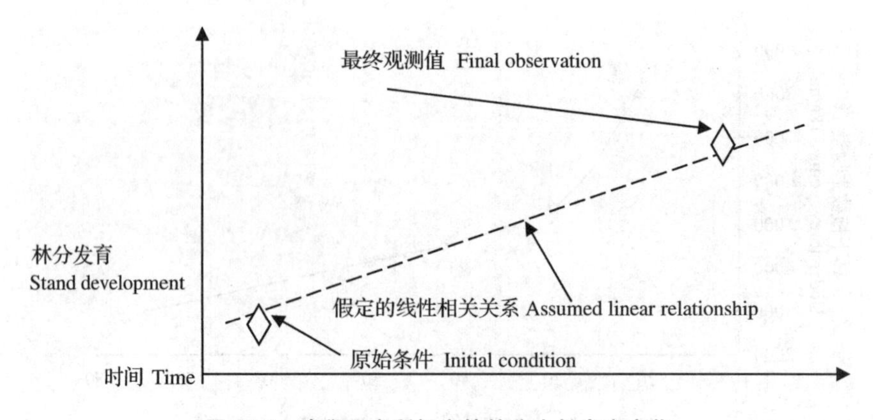

图 12-7 追溯研究所假定的林分生长发育变化

Fig. 12-7 Changes in stand development established through a retrospective study

12. 3. 2. 2 优点和不足

追溯研究的主要优点是，不同生态系统特性及经营措施的长期变化趋势不需要等到变化的发生就能建立。这一点特别重要，因为目前人们对一些经营措施对林分长期生产力的影响存在疑问，利用追溯研究作基础跟踪时间序列而不是时间本身可将试验分解成研究者一生可完成的期限。追溯研究也能提供一些有价值和低成本的信息，而这些信息是设计一个长期田间试验所必需的。这种方法的不足之处：

①关于林分的原始条件(情况)应该有足够的记载，在许多追溯研究中，没有一个真正的对照处理存在。

②林分不应该受偶发因子，像病虫害危害及气候因子如风害和极端温度等的影响，这些因子往往会混淆观察数据的解释。

③必须假设两点间为线性相关。然而在时间序列中，任何给定的点中其真实的变化率并不知道，仅仅是整个时间序列的平均变化率。

④由于受到试验设计及原始资料记载的限制，很难满足试验结果统计分析的要求。

12. 3. 2. 3 应用概况

在林业研究中，追溯研究起着重要的作用，常用于检验具有较大影响的经营措施，如火烧及机械化整地的效应。但很少用于调查影响较小的经营措施，如森林收获强度的效应等。

(1)采伐剩余物的堆积(windrowing)

追溯研究很适合于在已有的设计上进行。Ballard(1978)和 Dyck 等(1989)调查了采伐剩余物堆积对新西兰 KaingaroaToonest 地区第二代辐射松生长量的影响，研究结果表明，在采伐剩余物堆积的两个林分(林龄分别为 7 年和 17 年)，其材积生长量减少了约 40%，这是由于采伐剩余物和表层土壤的替换所造成的营养效应(图 12-8)。

(2)机械化整地和火烧

于 1979 年在 Canterbury 平原建立的一个随机区组试验有两个主要目的：一是检验不同整地方法的成本；二是检验不同整地方法对林木的成活和 13 年生时的生长量的影响(Balneaves，1990)。整地方法具 3 次重复，处理包括：全面烧荒；采伐剩余物堆积

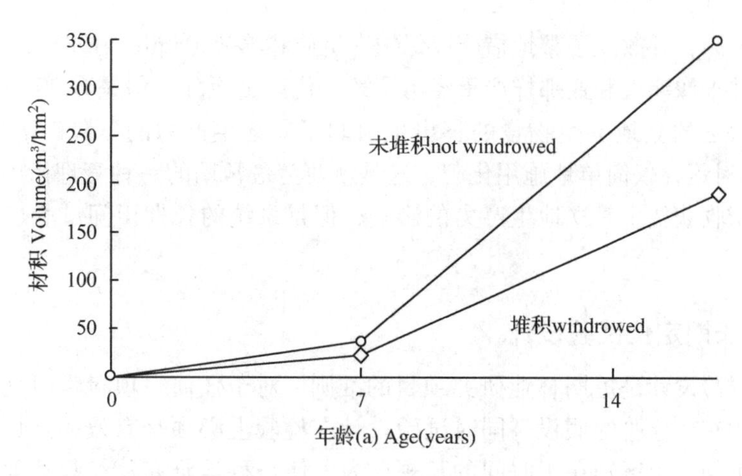

图 12-8 采伐剩余物的堆积对辐射松材积生长效应的追溯分析(引自 Dyck 等, 1989)

Fig. 12-8 Retrospective analysis of the effect of windrowing on radiata pine volume production at ages 7 and 17 years (Dyck, *et al.*, 1989)

后火烧；采伐剩余物堆积；条状推铲；采伐剩余物保留不动。由于在研究开始前采用了化学除草剂，所以杂草竞争是一致的。林分 3 年生时测定生长量，在此以后该试验放弃不管。致 1983 年时，整个试验区已被金雀儿(*Cytisus scoparius*)所占据，但整个试验区杂草的竞争强度并不一致。在林分 10 年生时，该试验地再次被调查研究，其目标是探讨最初的整地方法对中期生产力的影响。研究结果表明，与其他方法相比，在这一干燥、N 素较低的立地上，保留采伐剩余物可大大提高林木的生长量。

①火烧 Morris 在 1946—1952 年间，采用综合的追溯研究技术研究了火烧采伐剩余物对长期立地生产力的影响。Miller 等（1989）在 44 个地点重新建立了这些试验区(火烧和未火烧)，这些试验区上主要树种为花期松。Morris 的研究目标是为了确定火烧对能体现立地条件的 7 个群落的影响及构建一个能预测火烧对材积生长影响的模型。确定火烧对立地生产力的影响通常会严重受到杂草竞争的混淆，且因立地条件的不同而存在较大差异，因此设计对照区是相当重要的。

②收获 Helms 等(1986)采用树干解析得到了林木的生长趋势，然后将树高与目前的土壤容积密度进行相关分析。结果表明，紧实度大的土壤减少了栽植 1 年后的林木树高生长。在 15 年生时，生长在土壤容积密度最大的土壤上(1.27g/m³)的树高生长比在较低（0.68g/m³）的土壤上降低了 15%。

12.3.3 长期定位试验

与演替时序研究和追溯研究相比，长期定位试验(long-term experiments)是从零点开始，并且具有长期目标。长期定位研究既不是仅仅对目前情况作短期研究，也不是分析过去的影响，而是从现在开始进行跟踪研究。瑞典在 60 年前就开始进行了长期定位研究。

像澳大利亚、新西兰等一些人工林集约经营的国家，轮伐期相对而言较短。自 Keeves（1966）报道了在澳大利亚南部第 2 代辐射松产量明显下降以来，立地生产力问题已经引起了广泛的注意。为此，在澳大利亚的 Victoria 开始了田间试验，以研究第 2 代产量下降的原因，并改变了整地措施以保护有机质和养分（Sqire，1983）。

新西兰并未像澳大利亚那样严重经历了第2代产量下降，但是在20世纪60年代，由于在养分缺乏的立地上生物量的移出也引起了立地生产力的下降（Dyck and Cole，1994）。作为对策，仅简单地施用化肥，这是新西兰最常用的一种管理措施。虽然新西兰已做过关于收获技术对立地生产力的影响，但是系统的长期田间试验也是最近才开始建立。

12.3.3.1 长期定位试验设计

科学地试验设计是短期林业研究项目的准则。对于任何一项科学研究，必须有一个清楚定义的有待检验的假设，同时试验设计在检验上必须是有效的。长期试验和短期试验最基本的一个区别在于时间的长短。为了使与科学研究及经营管理有关的试验能保持一个轮伐期以上，就必须在试验设计上具灵活性，以便检验新的假设。

长期定位试验将用林木的生长作为生产力和立地质量的一个指示器。因此，为了避免各处理间林木的边缘效应及保证在试验结束时有足够的林木数量。处理区必须有足够的大小，并且具备足够的林木数量。研究成功的最关键因素之一是来自科学家和研究机构的责任。在试验的建立及早期，当外界因子可能混淆研究结果时，这一点特别重要。

12.3.3.2 优点和不足

与追溯研究和演替时序相比，长期定位研究的优点是显著的。特别是对于科学家而言，有机会在完全控制的处理和有效的统计设计下进行研究，可以克服一些混淆因子，如杂草竞争对试验结果的影响。尽管为长期研究，但来自于试验早期的研究结果也是很有价值的。

长期定位研究的主要不足是时间长、代价高。相反，追溯研究法可以用较小的代价迅速获得答案。然而，如果长期定位试验设计合理，试验期间混淆因子能很好地控制或能完全解释，则科学家所获得的研究结果可信度很高，但追溯研究所取得的试验结果可信度就不可能有长期定位研究的高。

长期定位研究也需要有“远见”，以及科学家和资助机构的承诺，使得试验设计上能满足研究重点转移的需要。没有这一点，尽管长期定位试验也可以获得有用的研究结果，但不能充分发挥长期定位研究的潜力。

12.3.3.3 应用概况

(1)长期营养试验

为了评价太平洋西北地区森林的营养问题，美国华盛顿大学在该区森林工业及有关机构的资助下，开展了森林营养研究(即RFNRP研究项目)。作为该项目的一部分，就北美黄杉和铁杉对施用N肥的生长反应进行了20多年的研究。这项试验设计包括了6个北美黄杉和2个铁杉种源，共277个试验区1905个小区。该项试验的目的之一是建立一个适宜的N肥施用量和施用频度。每一试验区设计3个试验小区和3种处理水平，即0 kg/hm^2、220 kg/hm^2和40 kg/hm^2，肥料种类为尿素。在8年生时，每对试验小区中的一半再次施肥，施用量为 220 kg/hm^2；在 12 年和 16 年生时，再次进行施肥，施用量均为 220 kg/hm^2。20 年生时，测定这些小区的生长量。

(2)二代林产量下降

在澳大利亚的 Victoria 省，为了讨论第二代林下降的可能性，建立了"1R 2R"试验林。试验目的是比较在同一立地上辐射松与生长在"原始"森林立地上的第 1 代辐射松生长的差异（Dyck and Cole，1994；Squire，1983）。同一立地上的比较依赖于第一代林木的树干解析资料，以构建生长模型。在第二代和"原始"立地上第一代林的比较是有价值的，可避免在同一立地上比较第二代和第一代产量差异时，由于气候条件不同所造成的误差。该项试验研究结果表明，在差的立地上，如果养分保护得较好，则可避免第二代林产量下降。

(3)生物量移出

瑞典有长期试验研究的历史，有些问题可追溯 20 世纪初（Andersson，1989）。然而大部分长期试验研究并不是特别为检验收获方法对长期立地生产力而设计的，但是由于设计上的灵活性，可用于多种试验目的。这种早期的研究结果表明，在有些立地上由于全树间伐所造成的生物量和养分移出，在 50 年后会造成材积生长量减少 20% 左右。最近，瑞典建立了一项比较完善的试验以调查强度收获以及全树间伐操作对立地生产力的影响，这些研究通常包括了 2 个处理(即仅树干移出和整树移出)和 4 个重复。由于 N 的有效性被认为是这些立地上限制林木生长的主要因子，因此，试验设计中也包括了 N 的矿化研究。

(4)生物量移出和改良措施

为了提供新西兰主要土壤类型上林业生产持续性的资料，于 1986 年开始了一系列有关"强度收获"的研究，这些试验在 6 种土壤类型上进行。试验目的是为了检验 2 个假设：一是辐射松的生产力与收获时生物量的移出量呈负相关；二是造成此结果的原因是营养问题。这些试验结果不仅能提供一些关于目前的经营实践对生产力影响的资料，而且也可以确定能否通过改变经营措施来改善生产力。

除了主处理外，该试验设计的灵活性很大。例如，在亚小区中调查紧实度的影响。过程研究，如 N、P 的矿化和吸收，叶面积生产、光合效率及水分利用等也在一些立地上进行研究。同时，他们还将不同辐射松家系的遗传表现也汇入了此项研究中，以调查基因和立地的交互作用。所有处理均有 3 或 4 次重复，此依赖于变异的程度。所有小区被分成两块：一块用于施肥试验；一块不施肥，从而排除水分对施肥效果的影响。杂草竞争直接影响到试验的成败，因此，在整个试验期间均进行杂草控制。

(5)生物量移出和树种替换

Compton 和 Cole（1991）采用了 3 种处理研究了北美黄杉第二代林的产量下降问题。这 3 种处理水平是：收获时仅树干移出；整树移出；整树移出及地表物移出。该项试验开始于 1979 年，在两种立地上(北美黄杉 55 年生时，树高分别为 24 m 和 34 m)进行。在每种立地上对 3 种处理水平均建立 20m^2 的处理重复小区，每隔 2 年测定 1 次。10 年的研究结果表明，4 年以后不论在好的产地还是差的产地上，3 种处理上的生长量均呈下降趋势。这种生长的递减几乎与生物量的移出量直接相关。为了确定这种生产力下降是否为N素损失所引起，于1984年（年龄为5年）在一些重复小区上进行了施肥，施肥量为200 kg/hm^{2}尿素。目前已得出了一些明显的变化趋势，即收获时生物量的移出对第2代北美黄杉生长不利的影响，生长量和N素损失越大，产量下降越多。

综上所述可知：①演替时序研究和追溯研究有着相似优点和不足。这两种方法所需要的时间短、经费低，研究者不需从资助机构得到高水平的承诺，从而显得很有吸引力。然而其也有很多不足，如缺乏对照处理，很难进行设计分析及置信度较低等。②演替时序研究和追溯研究途径对于发展假设是非常有用的。如果方法应用得当也可用于生态系统的模型预测。但是其不能满足检验与前期立地生产力有关的假设，这主要是因为研究者不能控制处理采用时的条件及外界因子，如杂草竞争、病虫害危害等，而这影响了结果的可信度。③ 长期定位试验的优点很多。事实上，这是唯一的能够得到高置信度的研究途径。当然，只有在研究者具有对将来的研究有很敏锐的观察力时，长期定位的优点才能充分发挥。为了得到较完善的研究结果，试验设计及研究者和资助机构的共同承诺是相当重要的。

参考文献

方奇．1987. 杉木连栽对土壤肥力及其林木生长的影响[J]. 林业科学，23(4)：389－396.
方升佐，徐锡增．1999. 经营措施对林地长期生产力影响的研究策略[J]. 世界林业研究，12(2)：13－18.
方升佐，徐锡增．1999. 人工林长期立地生产力研究的现状和前景[J]. 世界林业研究，12(3)：18－23.
国家林业局森林资源管理司．2010. 第七次全国森林资源清查及森林资源概况[J]. 林业资源管理，2(1)：1－8.
黄宝龙，蓝太岗．1988. 杉木栽培利用历史的初步探讨[J]. 南京林业大学学报，12(2)：54－58.
聂道平．1991. 森林生态系统营养元素的生物循环[J]. 林业科学研究，3(4)：435－440.
盛炜彤．1992. 人工林地力衰退研究[M]. 北京：中国科学技术出版社，3－36，408－419.
盛炜彤．1992. 我国人工林的地力衰退及防治对策[M]. 见：盛炜彤主编．人工林地力衰退研究．北京：中国科学技术出版社，15－19.
盛炜彤．2014. 中国人工林及其育林体系[M]. 北京：中国林业出版社．
孙多．1993. 告别"刀耕火种"走向育林新革命—残留物管理育林法[M]. 见：中国科学技术协会编．全国首届新学说新观点学术讨论会论文集．北京：中国科学技术出版社，208－213.
许文力，叶镜中，李宗硕．1992. 炼山对森林土壤动物的影响[M]. 见：盛炜彤主编．人工林地务衰退研究．北京中国科学技术出版社，151－154.
姚茂和，盛炜彤，熊有强．1991. 林下植被对杉木林地力影响的研究[J]. 林业科学研究，3(3)：246－251.
叶镜中，邵锦锋，王桂馨．1990. 炼山对土壤理化性质的影响[J]. 南京林业大学学报，14(4)：1－7.
叶镜中，孙多．1992. 提高生态系统有机养分的物质循环是防止杉木林地力衰退的主要途径[M]. 见：盛炜彤主编．人工林地力衰退研究．北京：中国科学技术出版社，262－266.
俞新妥，张其水．1989. 杉木连栽林地土壤理化特性及土壤肥力的研究[J]. 福建林学院学报，9(3)：263－271.
俞新妥，叶功富．1992. 混交造林与人工林的持续速生丰产[J]. 福建林学院学报，12(3)：322－326.
俞新妥．1989. 混交林营造原理及技术[M]. 北京：中国林业出版社．

朱春全，王虹．1994. 美国保持长期的森林健康和生产力的有关概念[J]. 世界林业研究，7(4)：83－86.

Andersson F O, Lundkvist H. 1989. Long-term Swedish experiments in forest management practices and site productivity[M]. In: Research Strategies for Long-term Site Productivity. Proceedings, IEA/BE A3 Workshop, Seattle, WA, August 1988. (Eds). Dyck W J and Mees C A. IEA/BE A3 Report No. 8. Forest Research Institute, Rotorua, New Zealand, FRI Bulletin 152, pp. 125－137.

Ballard R. 1978. Effect of slash and soil removal on the productivity of second rotation Radiata pine on pumice soil[J]. New Zealand Journal of Forestry Science, 8(2): 248－258.

Balneaves J M. 1990. Maintaining site productivity in second-rotation crops, Canterbury Plains, New Zealand [M]. In: *Impact of Intensive Harvesting on Forest Site Productivity. Proceedings*, IEA/BE A3 Workshop, South Island, New Zealand, March 1989. (Eds) Dyck W J and Mees C A. IEA/BE T6/A6 Report No. 2. Forest Research Institute, Rotorua, New Zealand FRI Bulletin No. 159, pp. 73－83.

Blank L W, Roberts T M, Skeffington R A. 1988. New perspectives on forest decline[J]. Nature, 336: 27－30.

Cellier K M, Boardman R, Boomsma D B, *et al.* 1985. Response of *Pinus radiata* D. Don to various silvicultural treatments on adjacent first-and second-rotation sites near Tantanoola, South Australia. 1. Establishment and growth up to age 7 years[J]. Australian Forest Research, 15: 431－447.

Christensen N L, Pee R K. 1984. Convergence during secondary forest succession[J]. Journal of Ecology, 72: 25－36.

Cole D W, Van Miegroet H. 1989. Chronosequences: a technique to assess ecosystem dynamics[M]. In: Research Strategies for Long-term Site Productivity. Proceedings, IEA/BE A3 Workshop, Seattle, W A, August 1988. (Eds). Dyck W J and Mees C A. IEA/BE A3 Report No. 8. Forest Research Institute, Rotorua, New Zealand, FRI Bulletin 152, pp. 5－23.

Cole D W. 1995. Soil nutrient supply in natural and managed forests[J]. Plant and Soil, 168: 43－53.

Compton J E, Cole E W. 1991. Impact of harvest intensity on growth and nutrition of successive rotations of Douglas fir[M]. In: Long term field Trials to Assess Environmental Impacts of Harvesting. Proceedings, IEA/BE T6/A6 Workshop, Florida, USA, February 1990. (Eds). Dyck W J and Mees C A. IEA/BE T6/A6 Report No. 5. Forest Research Institute, Rotorua, New Zealand, FRI Bulletin No, 161. pp. 151－161.

Crocker R L, Major J. 1955. Soil development in relation to vegetation and surface age at Glacier Bay[J]. Journal of Ecology, 43: 427－448.

Daniel T W. 1979. Principle of silviculture[M]. McGraw Hill Book Company.

Dyck W J, Cole D W. 1994. Strategies for determining consequences of harvesting and associated practices on long-term productivity[M]. *Impact of Intensive Harvesting on Forest Site Productivity. Proceedings.* (Eds) W J Dyck, D W Cole and N B Comerford, pp. 13－36.

Dyck W J , Mees C A, Comerford N B. 1989. Medium-term effects of mechanical site preparation on radiata pine productivity in New Zealand a retrospective approach[M]. In: Research Strategies for Long-term Site Productivity. Proceedings, IEA/BE A3 Workshop, Seattle, WA. (Eds). W J Dyck and C A Mees, IEA/BE A3 Report No. 8. Forest Research Institute, Rotorua, New Zealand, FRI Bulletin 152, pp. 72－92.

Dyck W J, Skinner M F. 1990. Potential for productivity decline in New Zealand radiata pine forests[M]. Pp. 318－332 In: S. P. Gessel, D. S. Lacate, G. F. Weetman, and R. F. Powers(Ed). Sustained Productivity of Forest Soils. Proceedings, 7th North American Forest Soils Conference, University of British Columbia, Vancouver, Canada.

Dyck W J, Cole D W. 1990. Requirements for site productivity research[M]. IEA/BE T6/A6 Report No. 2.

Forest Research Institute, New Zealand, FRI Bulletin, 159: 159 – 170.

Evans J. 1978. A further report on second rotation productivity in the Usutu Forest, Swaziland—Results of the 1977 assessment[J]. Commonwealth Forestry Review, 57: 253 – 261.

Evans J. 1986. Productivity of second and third rotations of pine in the Usutu Forest, Swaziland[J]. Commonwealth Forestry Review, 65(3): 205 – 214.

Helms J A, Hipkin C, Alexander E B. 1986. Effects of soil composition on height growth of a California ponderosa pine plantation[J]. Western Journal of Applied Forestry, 1: 104 – 108.

Hunter I R, Dyck W J, Mees C A, *et al.* 1988. Site degradation under intensified forest harvesting: a proposed classification system for New Zealand[M]. IEA/BE Project A3(CPC – 10) Report No. 7, Forest Research Institute, Rotorua, New Zealand, 22p.

Long J N, Turner J. 1975. Above-ground biomass of understorey in an age sequence of four Douglas-fir stands [J]. Journal of Applied Ecology, 12: 179 – 188.

Johonson D W. 1983. The effects of harvesting intensity on nutrient depletion in forests[M]. In: R Ballard and S P Gessel(Ed.). IUFRO Symposium on Forest Site and Continuous Productivity. USDA Forest Service, Pacific Northwest Range Experiment Station, Portland, OR., General Technical Report PNW-163: 157 – 166.

Jones R K. 1988. Site classification in Ontario: review, evaluation and opportunities for intergration with process models[M]. IEA/BE Project A3 Report No. 6. Baruch Forest Science Institute of Clemson University. Georgetown, S. C. USA. : 1 – 27.

Keeves A. 1966. Some evidence of loss of productivity with successive rotations of inus radiata in the south-east of South Australia[J]. Australian Forestry, 30: 51 – 63.

Kimmins J P. 1986. Predicting the consequences of intensive forest harvesting on long-term productivity: the need for a hybrid model such as FORCYTE-11[M]. In: G D Agren(Ed.). Predicting Consequences of Intensive Forest Harvesting on Long-term Productivity. Swedish University of Agriculture Sciences, Department of Ecology and Environmental Research, Repot No. 26: 31 – 84.

Kimmins J P. 1990. Modeling the sustainability of forest production and yield for a changing and uncertain future[M]. In: B J Boughton and J K Samoil(Ed.). Forest Modeling Symposium. Forestry Canada, Northwest Region, Northern Forestry Centre, Edmonton, Alberta, Information Report NOR-X-308: 6 – 17.

Lundkvist H. 1988. Ecological effects of whole tree harvesting—some results from Swedish field experiments [M]. IEA/BE Project A3 Report No. 6. Baruch Forest Science Institute of Clemson University, Georgetown, S. C. USA. : 131 – 140.

Mack J, Hatten J, Sucre, *et al.* 2014. The effect of organic matter manipulations on site productivity, soil nutrients, and soil carbon on a southern Loblolly pine plantation[J]. Forest Ecology and Management, 326 : 25 – 35.

MacLean D A, Wein R W 1977. Changes in understorey vegetation with increasing stand age in New Brunswick forests: species composition, cover, biomass, and nutrients[J]. Canadian Journal of Botany, 55: 2818 – 2831.

Madgwick H A I, Jackson D S, Knight P J. 1977. Above-ground dry matter, energy and nutrient contents of trees in an age series of *Pinus radiata* plantations[J]. New Zealand Journal of Forestry Science, 7: 445 – 468.

Miller R E, Hazard J W, Bigley R E, *et al.* 1989. Some results and design considerations from a long-term study of slash burning effects[M]. In: Research Strategies for Long-term Site Productivity. Proceedings, IEA/BE A3 Workshop, Seattle, WA, August 1988. (Eds). W J Dyck and C A Mees. IEA/BE A3 Report

No. 8. Forest Research Institute, Rotorua, New Zealand, FRI Bulletin, 152: 63 -78.

Morris A R. 1986. Soil fertility and long-term productivity of *Pinus patula* plantations in Swaziland[D]. PhD Thesis, Dept of Soil Science, University of Reading, Oct. 1986, 398p.

Morris A A. 1989. Long-term site productivity research in the U. S. Southeast: experience and future directions [M]. IEA/BE A3 Report No. 8. Forest Research Institute, New Zealand , FRI Bulletin 152: 221 -235.

Powers R F, Alban D H, Ruark G A, *et al*. 1990. A soils research approach to evaluating management impacts on long-term productivity[M]. IEA/BE T6/A6 Report No. 2. Forest Research Institute, New Zealand, FRI Bulletin, 159: 127 -145.

Powers R F. 1989. Retrospective studies in perspective: strength and weaknesses. In: Research Strategies for Long-term Site Productivity[M]. Proceedings, IEA/BEA3 Workshop, Seattle, WA, August 1988. (Eds). W J Dyck and C A Mees, IEA/BE A3 Report No. 8. Forest Research Institute, Rotorua, New Zealand, FRI Bulletin, 152: 47 -62.

Powers R F, Scott D A, Sanchez F G, *et al*. 2005. The North American long-term soil productivity experiment: Findings from the first decade of research[J]. Forest Ecology and Management, 220: 31 -50.

Ovington J D. 1959. The circulation of minerals in plantation of *Pinus slyvestries*[J]. Annals of Botany, 23: 229 -239.

Skinner M F, Murphy G, Robertson E D, *et al*. 1989. Deleterious effects of soil disturbance on soil properties and the subsequent early growth of second rotation Radiata pine[M]. IEA/BE A3 Report No. 8. Forest Research Institute, New Zealand, FRI Bulletin, 152: 201 -211.

Smethurst P J, Nambiar E K S. 1990. Efforts of contrasting silvicultural practices on nitrogen supply to young *Radiata pine*[M]. IEA/BE T6/A6 Report No. 2. Forest Research Institute, New Zealand, FRI Bulletin, 159: 85 -96.

Smith C T, Lowe A T, Beets P N, *et al*. 1994. Nutrient accumulation in second-rotation *Pinus radiata* after harvest residue management and fertilizer treatment of coastal sand dunes[J]. New Zealand Journal of Forest Science, 24(2/3): 362 -389.

Smith C T, Lowe A T, Skinner M F, *et al*. 2000. Response of *Radiata pine* forests to residue management and fertilisation across a fertility gradient in New Zealand[J]. Forest Ecology and Management, 138: 203 -223.

Squire R O. 1983. Review of second rotation silviculture of *P. radiata* plantations in southern Australia: establishment practice and expectations[J]. Australian Forestry, 46(2): 83 -90.

Stone E L, Will G M. 1965. Nitrogen deficiency of second generation Radiata pine in New Zealand[M]. In: C. T. Youngberg(Ed.). Forest-soil Relationships in North America. Oregon State University Press, Corvallis, OR: 117 -139.

Will G M. 1985. Nutrient deficiencies and fertiliser use in New Zealand exotic forests[M]. New Zealand Forest SERVICE, Forest Research Institute Bulletin No. 97.

Williams T M, Gresham C A, (Ed.). 1988. Predicting Consequences of Intensive Forest Harvesting on Long-term Productivity by Site Classification[M]. IEA/BE Project A3 Report No. 6. Baruch Forest Science Institute of Clemson University. Georgetown, S. C. USA. 180p.

（编写人：方升佐）

第13章 人工林模式化定向培育

【内容提要】人工林模式化栽培具有系统化、指标化和规范化的特点，因此，人工林模式化定向培育是森林培育科学具有战略意义的新发展。本章在概述人工林定向培育概念、实现途径、模式化定向培育的特点和发展过程的基础上，主要阐述了国内外森林经营模型研究的历史、经营模拟的原理与依据以及林分生长和收获模型的发展趋势，重点介绍了人工林模式化定向培育研究的方法论，FORECAST模型的原理、模型结构、数据结构及其优缺点，并以杨树人工林为例介绍了杨树胶合板材优化栽培模式研究和模式化定向培育的研究方法、步骤和过程。

“定向培育”一词，近年来反复出现于文献中，特别是涉及速生丰产林的文献，几乎都出现该词，说明定向培育已得到广大林业工作者的肯定，至少在速生丰产工业用材林的培育上得到了肯定(方升佐等，2004；盛炜彤，2014)。定向培育的定义处在历史的发展过程中，具体来讲，就是根据市场的需求定向培育高产、优质、高效的工业用材林。但也有许多学者将这一概念拓宽，如盛炜彤(1992)提出，速生丰产林必须首先定向，然后确定所采用的树种、品种及轮伐期、密度等。俞新妥(1989)对定向培育的论述更具体：从实地情况出发，通过经济分析，按照各种培育目标(包括拟定造林模式和产品规格、产量指标、收获年限等)和立地类型分别拟定造林模式和管理体系(即造林体制或称栽培制度)，有针对性地确定出科学配套的造林、营林技术措施，实现定向培育。黄枢和沈国舫(1993)对定向培育论述时指出：“每造一片林都应在统一的规划下有具体的培育目标，而所采用的造林技术措施应在最大程度上有利于实现这个目标，这就是定向培育的原则”，但“即使在有明确分工的情况下，每一片森林，甚至每一个林分，所能具有的效益也是多方面的，培育森林的技术措施在主要考虑某个培育目标的同时，也要适当照顾其他可能达到的从属目标，使森林能全面发挥作用”。在某些情况下，在进行造林规划时有可能一开始就明确所培育的森林具有复合的培育目的。在培育有复合目标的森林时，仍旧需要考虑定向培育这个问题，只不过这个“向”是复合的“管”。因此，定向培育是针对某个特定林区或林分而言的。它既要体现林业分工所要求的主体培育目标，又要指导实现多种效益的结合，在任何情况下，在制定造林技术措施时，都要体现定向培育的原则。

综上所述，把定向培育作为一种森林培育的科学制度来对待是正确的。即定向培育是根据经济、社会和生态上的技术要求，确定相应的培育目标，然后根据造林地区和造林地的条件，造林树种或树种组合的特性，以及当地的经济水平和技术水平，采用相应专向、系统、先进、配套的培育技术体系，以可能的最低成本和最快速度，达到定向要求的一种森林培育制度。

13.1 人工林模式化定向培育概述

13.1.1 人工林定向培育的概念及实现途径

13.1.1.1 定向培育的基本概念

定向培育(orientation cultivation)，简单地说，是指按最终用途所确定的对木材原材料的要求，采用集约经营等科学管理措施缩短营林周期、生产出种类、质量、规格都大致相同的、具价格竞争力的大批木材原料，使工业与木材原料生产之间关系密切(方升佐等，2004)。从广义去理解，人工林定向培育应作为一种森林培育的制度来对待(沈海龙，2007)，即根据经济、社会和生态上的特定要求，确定相应的培育目标(林种、材种及其相应的数量和质量指标)，然后按照造林地区和造林地的条件(自然的和经济的)、造林树种或树种组合特性以及当地的经济和技术水平，采用相应专向、系统、先进和配套的培育技术体系，以可能的最低成本和最快速度，达到定向要求的一种森林培育制度。与这种制度相适应的定向培育体系由基础体系、目标体系、栽培技术体系和产品加工利用体系四个方面组成。

定向培育与分类经营既相关又不同。分类经营是定大的方向，而定向培育是定具体的目标方向和相应的技术体系。分类经营可以看作定向培育的第一个层次(商品林、公益林、兼用林)，定向培育又是分类经营的必然要求，商品林、公益林和兼用林都存在定向培育的问题。

定向培育是一种培育机制，速生丰产林仅是一种定向的培育目标。速生丰产林必须按照定向培育的经营机制进行培育，才能实现速生、丰产、优质和高效的目标。不是速生丰产林也应该实行定向培育，只是定向培育的机制和措施不同而已。定向培育是有预定目标，并按目标要求建立相应技术体系的一种经营机制，投入和产出的高低取决于经营目标。集约经营(intensive management)可简述为高投入(资金、科技、劳动力等)和高产出(高利润)的经营，而定向培育的投入不一定都高。

13.1.1.2 定向培育的实现途径

实现定向培育的手段是多方面的，但经营模型的建立则是达到此目的的基础(方升佐等，2004；盛炜彤，2014)。没有一套系统的完整的精度高的经营模型用于指导生产，要实现定向培育是不可能的。经营模型作为指导定向培育的工具，经营模型的建立则是以大量的基础研究为前提，如果没有大量的基础研究作为后盾的话，得到经营模型是不可能的。因此，经营模型不仅是必然的，而且是必须的。

模式化栽培是实现定向培育的手段，特别是对于林业生产而言，由于其生产周期较长，林分生长受环境的严重制约。如果在栽培技术的制定上不具备模式化，则会在整个培育期中无章可循，或制定的栽培技术体系缺乏协同性，这必然导致生产力水平的下降。因此，模式化培育是营林生产中必须遵循的一条规则。

实现定向培育必须以定向目标、定向基础、栽培技术为前提，最后集中体现在经营模型上。定向培育的定向目标包括林种、材种及其数量和质量指标。定向基础是指立地基础、需求基础、生物学基础、技术基础。栽培技术是指从造林到采伐前的所有培育措施。在拥有以上3项条件的情况下便可建立经营模型。通过经营模型可以制定在特定的自然、社会经济条件下的优化栽培模式。在实施优化栽培模式的条件下达到定向培育的目标。模式化定向培育的实现可用图13-1表示。

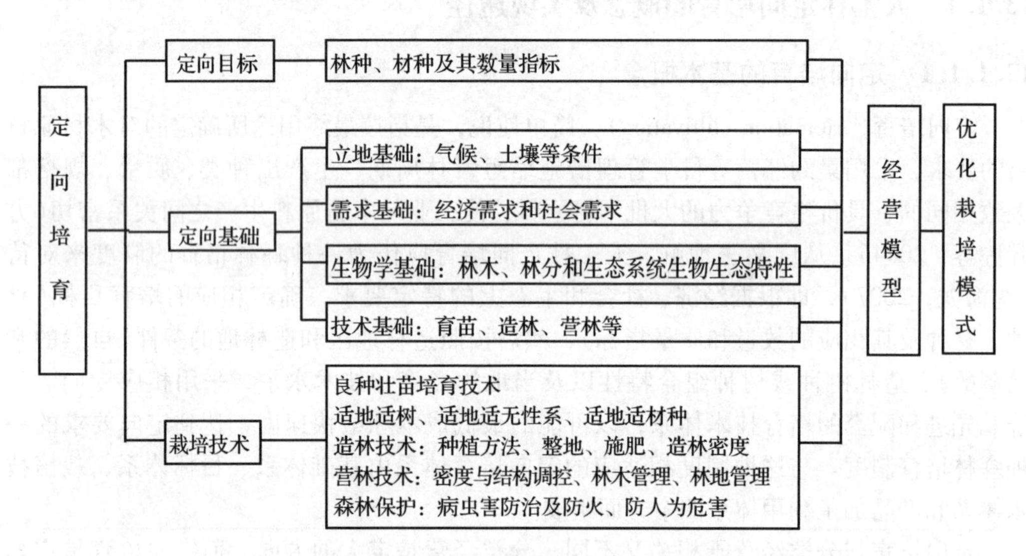

图13-1 实施模式化定向培育的途径(引自方升佐等，2004)

Fig. 13-1 Approaches to implement the model oriented cultivation (Fang *et al.*, 2004)

13.1.2 模式化定向培育的特点和发展过程

13.1.2.1 模式化栽培的特点

模式化栽培是一个复杂的系统，可划分为作物、环境和栽培措施3个子系统。模式化栽培的任务在于最大限度地提高土地生产力、资源利用率、劳动生产率和经济效益。由于农业生产具有共性又具有区域性，因此，要求所提供的栽培模式一定要反映这一特点。由于地区间、年际间、季节间栽培条件存在着差异，因此所提出的模式既要优化，又要具有应变功能。制定一个好的栽培模式，不是一次可以完成的，而是一个不断示范印证，不断修改完善的过程。而没有栽培模式的大面积推广，也即谈不上模式化。因此，所谓模式化栽培，可表述为在系统工程原理的指引下，综合作物、环境、栽培措施3个子系统的研究成果和已有经验，围绕提高土地生产力、资源利用率、劳动生产率和经济效益等目标，提出具有共性和区域性特点的优化栽培技术方案和应变决策方案，并进行示范印证和大面积推广的过程。模式化栽培区别于常规栽培的主要特点在于：

(1)较强的综合性和整体性

作物栽培是由若干子系统组成的大系统。常规的栽培研究则重于肥料、密度、浇水、幼穗分化规律、分蘖成穗规律等子系统的孤立研究。但在生产实践中经常会发现，这种基于子系统孤立研究的结果一旦用于生产，情况就会发生变化。例如，新的施肥方法增产30%，合理密植增产20%，合理灌溉增产30%，当把这些结果一起用于生产实践后，总共只能增产40%。这种情况是经常发生的。这就充分证明了单项研究的局限性。而模式化栽培研究，是在弄清系统、子系统、要素以及环境之间的普遍联系的基础上，充分利用国内外一切单项和单科研究成果，根据系统的多目标需要，结合当地条件，有选择地进行组装配套，以创造一个高效能的新系统。基于这种综合研究所提出的模式化栽培方案，以整体功能最佳为目标，使各个子系统有机地结合起来。既包括对各个子系统的组装配套，又包括各个子系统相互之间的影响规律以及各个子系统在综合条件下对目标函数影响规律的研究。因而更能反映栽培系统自身的运动规律，更能解决生产实践问题。

(2)系统化、指标化、规范化

常规的栽培研究在单项措施的孤立研究情况下，多采用常规的试验设计和变量分析方法，因而局限于定性研究或机械的定量。虽然有时也能提出一些指标，但这些指标的可靠性有限。因而在常规栽培研究中，很难实现栽培方案的系统化、指标化和规范化。但在模式化栽培研究中，由于采用了先进的设计和分析方法，注重系统观点和定量研究，注重动态分析，因而模式化栽培方案，必然不同程度地具有系统化、指标化和规范化的特点。也可以说，没有系统化、指标化和规范化，也就谈不上模式化栽培。由于模式化栽培具有系统化、指标化和规范化的特点，因而模式化栽培既是栽培研究水平提高的重要标志，也是生产水平提高的重要标志。

(3)回归设计和电算技术得到了更加广泛的应用

如前所述，常规栽培试验多采用常规设计和方差分析。在此情况下，应用电算技术更好，不用电算技术也可完成分析研究任务。但是在模式化栽培研究中，常规的试验设计和常规的分析手段都不能适应，必然要求在试验设计和分析技术方面有新的发展。而回归设计是进行综合研究的有效方法。电算分析是回归设计所必然要求的分析手段，更是建立专家系统的先进工具。因而模式化栽培研究的结果必然促进回归设计和电算技术在栽培研究中更加广泛的应用，从而促进栽培研究水平的不断提高。

由于模式化栽培具有更加的综合性、整体性，具有系统化、指标化和规范化的特点，电算技术得到了更加广泛的应用，因此，可以说模式化栽培是作物栽培科学具有战略意义的新发展。

13.1.2.2 模式化栽培的发展过程

模式化栽培是一个由浅入深的过程，定量和综合研究成分逐步增加的过程，电算技术、信息技术等现代科学技术逐步向栽培科学渗透的过程，也是模式化栽培所提供的决策方案逐步科学化、实用化的过程。这一过程可大致分为3个互相联系的发展阶段。

(1)经验模式阶段

经验模式也可称作初级模式。在此阶段，主要是经过对已有群众经验、科研成果的筛选组装，提出初步的栽培方案，并在示范推广过程中逐步修正完善。这一阶段的主要特点是：以对已有群众经验、科研成果的筛选组装为主，以对各个技术单元相互联系规律的深入研究为辅；以栽培技术措施的组装为主，以作物的生长发育规律和环境条件对模式影响的研究为辅；以定性或机械定量为主，以定量和考虑栽培措施的动态变化为辅；参与组装的技术单元一般只包括水、肥、密等主效栽培措施，较少考虑微效和独效措施的选用。这一阶段的研究方法仍以常规设计为主，回归设计为辅，开始应用电算技术，但还很不系统普遍。

(2)数学模式阶段

马克思说过，一切科学只有数学化以后，才能成为精确的科学。这一阶段正是栽培科学更加数学化的过程。本阶段是从整体功能最优出发，进行“由总而细”和“由上而下”的研究，建立一组能反映作物栽培系统特点和功能的数学模型(式)。并在此基础上进行定量分析、择优和模拟，提出优化栽培方案和应变决策方案，开展示范印证和大面积推广。其实施步骤包括系统目标的研究，系统环境的辨识，系统的开发研究，系统的分析和辨识，系统的仿真寻优，系统的决策与实施，信息反馈与模型修正。本阶段的主要特点是以综合、定量的研究为主，以单项和定性研究为辅：不仅考虑栽培措施的组装，而且也要考虑作物的生长发育规律和环境的研究；在栽培措施中，不仅考虑主效措施，而且也考虑微效和独效措施的选用；在研究方法和手段上，必需借助回归设计、双重组合设计等先进的试验设计方法和电算技术的广泛应用。

(3)计算机专家系统阶段

计算机专家系统是目前国内外人工智能开发中探索和应用最多、经济效益最大的一个分枝。所谓专家系统，乃是一个具有大量专门知识与经验的计算机程序系统。它用人工智能技术，根据专家们提供的知识和经验，进行推理、判断和模拟，以解决某一个领域的复杂问题。把人工智能技术应用于栽培领域，就可逐步开发出作物栽培计算机专家系统。计算机专家系统的主要特点是：①可汇集一个或多个领域专家的知识、经验和他们解决实际问题的能力，从而能使专家系统地在人类权威专家水平上进行工作；②专家系统一旦建成，能够高效、准确、周密、全面和不知疲倦地工作；③专家系统能使专家们的知识、经验永久保存并可拷贝给更多的用户；④一个好的专家系统还应具备自学习功能，能不断总结经验发现问题，修正原有知识，补充新的知识，逐步完善和丰富自己求解问题的能力；⑤专家系统可指导、协助用户进行工作，获取巨大的经济效益和社会效益；⑥通过栽培计算机专家系统的研制，必然促进栽培学科的发展。这一阶段是在前二阶段取得重大进展的基础上逐步实现的。它是栽培领域经验、知识、成果全面、系统地高度概括和科学运用。人工智能计算机系统是这一阶段必备的研究手段。

13.1.2.3 模式化栽培研究的技术路线

人工林模式化栽培实际上是在各树种产区区划、立地质量评价的基础上，针对各项栽培技术措施(良种选择、造林密度、整地方式、抚育次数、施肥、间伐、保留密度、主伐年龄等)进行不同产区、不同立地上的优化组合和经济上的优化分析，实现高产、优质和高效的目的。其精髓就是利用模型描述复杂的林木群体生长规律，通过模型模拟探索多变条件下的林分生长动态，预测经营措施对林木生长的影响，制定优化的经营方案，从而回答怎样进行栽培，取得什么样的生长与产出效果，以及何时收获的问题。

人工林优化栽培模式因树种不同而不同，且具有时效性。这是因为人工林栽培技术措施在不断发展变化，同时，栽培成本和产品的市场价格也是不断变动的(盛炜彤，2014)。因此，人工林模式化栽培模式是因树种和因地因时而异，在模式化栽培的研究上也必须按树种进行，研究的技术路线应按下列基本思路展开：首先，针对树种分别产区和不同立地条件类型(立地指数)来制定，因为不同产区与不同立地条件是人工林培育的关键因素，不同产区与不同立地条件人工林的生长和生产力是不同的，而且要求的栽培技术措施也不尽相同；其次，在产区和立地分类与评价的基础上，研究和测

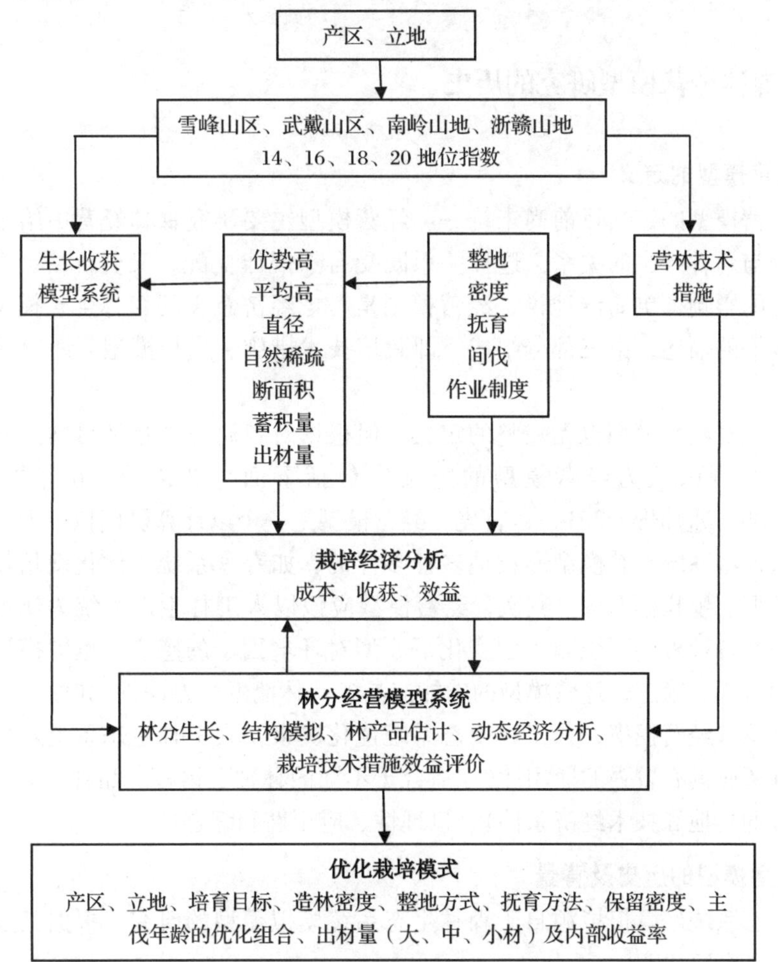

图 13-2 杉木人工林优化栽培模式研究的技术路线(引自盛炜彤，2014)

Fig. 13-2 The technical route for the research of optimizing cultivation pattern of Chinese fir plantation (Sheng Weitong, 2014)

定所采用的栽培技术措施对生长、质量和经济的影响，并编制生长收获的模型系统，这两项研究是研制优化栽培模式的基本资料，人工林的培育成本、收获与经济效益均要依靠这些研究取得精确而有效的数据；第三，是如何根据人工林林分生长、结构模拟、经营技术措施与生长的关系和经济效果，进行综合分析评价以形成优化栽培模式，因而需要研究一个林分经营模型系统作为栽培技术措施效益评价的工具；最终是通过经营模型系统综合技术效益评估，提出优化的栽培模式。

图13-2反映的是杉木人工林优化栽培模式研究的技术路线(盛炜彤，2014)。应当说明的是，人工林也是多功能的，不仅有经济效益，也有生态和环境效益。但是，目前人工林优化栽培模式的研究主要是从培育用材林的目标出发，是人工林研究中一个主要部分。在今后人工林模式化栽培研究中应包含生态与环境功能的内容，开展更综合的评价。

13.2 人工林模式化定向培育的研究进展

13.2.1 森林经营模型研究的历史

(1)经营模型的定义

关于经营模型的定义目前尚未统一。经营模型主要研究森林经营中给定的各种生产要素组合与森林产出的关系。这种关系既受自然规律支配，又受价格、政策、科学技术等因素的影响。更简洁地说，经营模型是考虑经济意义的森林生长模型，是经营措施及其效果的描述，由三部分组成，即栽培技术措施、生长模型、评价系统(梁军，1997)。

国外文献对经营模型也无完整的定义。但根据对各研究文献及目前经营模型研究的发展状况，可以认为经营模型的定义应包括下面一些内容(方升佐等，2004；Pretzsch，2009；盛炜彤，2014)：首先，经营模型是一个以计算机模拟模型为基础的森林栽培经营模型系统。其模型形式是多种多样的，如专家系统、优化栽培模型、经济效益评价模型、生长模型等。其次，经营模型应该以人工林生态系统为研究对象，能精确地反映在各种外界环境因子的变化下原型对环境因子的感应。也即模型能精确地反映原型的行为。第三，经营模型的功能应具备：林地生产力评价(如立地质量评价)，人工林生态系统经营模拟，人工林生态系统优化决策，人工林生态系统栽培经济效益评价，并且还应具有较强的通用性(如适合于不同的林种、树种、品种、无性系，适合于广大区域的立地和技术经济条件)、机理性、应用性和综合性。

(2)经营模型的历史及背景

森林生态系统经营模拟源自于森林生态系统模拟模型的研究，根据其发展的历史大致可分为4个阶段：

第一阶段：19世纪中叶以前。当时只能对森林的状态和产量作定性描述，是凭感觉与经验对森林生长状况的一种不精确的、含糊的表达。这可以算是定性描述或叙述性模型。

第二阶段：19 世纪中叶至 20 世纪 60 年代中。这时有了许多测树学和生物统计的研究，产生了多种生长曲线、生长方程和产量表。这些都属于生物统计预测模型，尽管在有了电子计算机后，计算机速度大大提高，但本质上仍是生物统计预测模型。

第三阶段：从 20 世纪 60 年代中后期。即开始所谓"过程的"或"动态的"模型。其特点是把森林生态系统分解成许多单独的过程，基于这些过程的知识把它们综合成计算模型，对森林的动态行为进行预测。这种动态模型由于它是从生长机理出发，而不是从忽视内部机理的单纯统计学出发，使它易于理解，结果也易于解释，所以至今大部分林学家还认为它是很好的模拟方法。有一些研究项目，例如，瑞典的针叶林计划，对这种研究方法做出了很好的贡献。

第四阶段：从 20 世纪 70 年代末开始。可以说是一种综合的、完善的阶段。首先，计算机模拟是近 20 年发展起来的一种对于森林生态系统生长进行表达的全新方法。计算机模拟可以将数十、数百种或者更多的数学公式按照一定的层次和规则联结在一起，依靠计算机存储量大和运算速度快、准确等特点，表达森林生态系统生长过程、环境过程和技术经济过程中错综复杂的数量关系。其次，由于有了计算机作为工具，从而能使许多模拟方法、理论相结合，如定性与定量的结合，机理与统计的结合，模拟与优化的结合等。特别是 20 世纪 70 年代末人们对森林生态系统的模拟产生了新的认识，即把以前的生物统计模型和新的动态学模型结合起来，构成了一种"杂交的"模型。

不少研究者认为，这是在自然条件下能做出最佳预报的模型。Kimmins 和 Scoullar (1984)就以此观点研制了森林生态模拟系统 FORCYTE(forest nutrient cycling and yield trend evaluator)。Kimmins 和 Scoullar(1984)认为，为了认识个别树木和林木群体的生长，需要对林木的器官、组织和细胞水平的光合作用有所了解。但是依据这些精细的研究，到目前为止，只能构成个体和群体的生长模型，而不能构成生态系统的生长模型。大部分动态模型至今还不能把林分生长的所有因子都包括在一个模型中，而必须摒弃掉一部分因子，甚至一些重要的因子。这样，它的预测效益往往不好，而混合的"杂交"模型效果往往比较好(Kimmins *et al.*，2010)。

随着对树木的生长机理、林分生态系统模拟和预测研究的日益重视，树木和林分的三维计算机建模和可视化技术成为植物学、生态学、森林经理学等领域的一个研究热点。目前，国内外对林分可视化的研究有以下几个重点：树木三维模型的构建、树木三维可视化技术、林分生长的动态模拟、可视化环境下林分结构的分析、景观级别的森林模拟等。国外林分可视化系统的研究比较深入，美国、德国等研究实现了一系列林分可视化系统，并在生产投入实际应用。其中比较有代表性的系统有法国的林业决策计算机辅助系统(CAPSIS)，瑞典的 Heiireka 林业决策支持系统，美国的林分可视化系统(forest vegetation simulator，FVS)，芬兰的 PUME 森林生长模拟器等(张瀚，2012)。

我国对林分可视化系统的研究主要集中在林分场景的三维模拟。目前，国内的林分可视化系统大都是为了跟踪研究国外的同类系统而建立的原型系统，或概念系统，总体上处于系统开发的概念设计阶段或原型验证阶段。这些原型系统主要采用地理信息系统 ArcObject 组件、通用图形编程接口 OpenGL，以 Visual C++ 为开发环境实现单木或林分三维可视化模拟(陈崇成，2007；舒娱琴等，2004)。这些系统都是在ArcObject

的基础之上开发，利用了ArcObject的二维地图管理功能，并没有直接运用 GIS 的三维可视化功能表现林分场景。近年来，我国在林分生长可视化模拟开展了多方面的研究，取得了丰富的研究成果。然而，在国内较早研究将 GPU 编程应用在森林可视化模拟中，其研究注重于林分场景的真实性展示，但是对可视化林分中的三维树木模型的表意性研究较少(李长银等，2011)。

13.2.2 经营模拟的原理与依据

森林生长机理和结构的复杂性随着时间(从秒到数千年)和空间(从分子到景观水平)水平的变化而增大。但是，由于长时间和大区域的森林机制很难用试验研究获得，因此，我们对相关机制的了解，如从分子和细胞水平上的生理和生化机理到生态系统和区域水平上的进化和演替机制，是在不断减少(Leuschner and Scherer，1989)。图13-3中的灰色窗展示了目前森林生长研究和模拟的时间和空间范围。从现有研究现状看，关于森林生长和模拟研究在时间尺度上仅为天(如用电子测树仪测定林木生长)到几十年或百年(如对间伐试验林分的重复调查)；而在空间尺度上为林木组分(如冠型分析)到地区(如区域生长和产量预测)(Pretzsch，2009)。总的来看，经营模拟的原理与依据大致可分为以下四类。

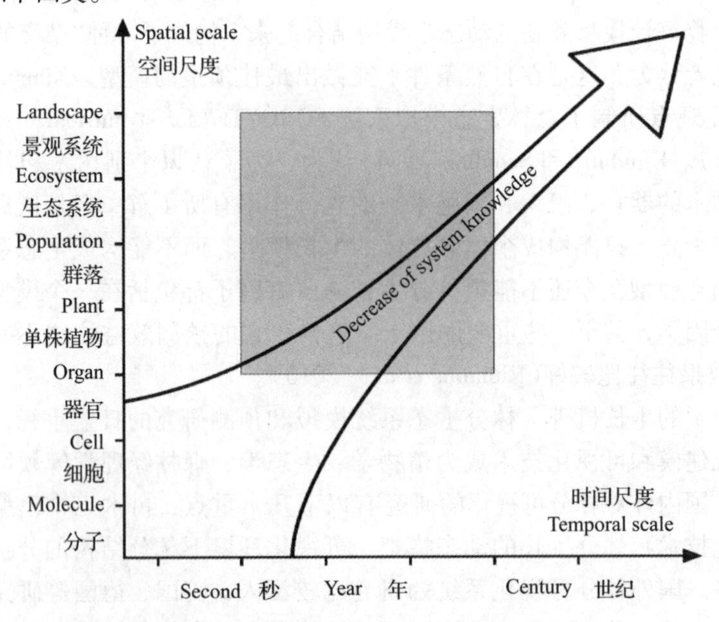

图13-3 森林生长研究和模拟(灰色阴影部分)与时间—空间尺度的关系(引自 Pretzsch，2009)

Fig. 13-3 The difficulty to approach experimentally in spatial – temporal range in observation for forest growth research and modeling(area shaded grey) (Pretzsch，2009)

(1)以生态学理论为基础的森林经营模型

生态学理论为基础的森林经营模型以 Kimmins 等研制的 FORCYTE 模型为代表(唐明星，2000)。最先设计 FORCYTE 的目的是想用它来研究养分对森林生长的影响。该软件是一个以林分群体特征及林地养分循环为基础的森林生态系统管理模型，它通过使用者输入有关森林生态系统的林分特征、林下植被、苔藓、土壤及林分内养分循环的数据信息，模型软件就可以提交出林分生长、林地养分变化的趋势文件，并以此趋势文件为基础，用户可以通过施以不同的经营措施进行模拟，得到一个最佳的森林经营方案，以供实际应用中参考。但养分的研究必然要牵涉到种种其他因子，于是FOR-CYIE就逐步发展成为综合许多森林生态因子的森林经营模型。

FORCYTE是建立在整个森林生态系统的物质生产和养分循环的规律基础之上，致力于养分状况对生长的限制以及改变树冠光照状况对生长的影响的研究；它从能量的收支角度认为，一个森林生态系统的生产力大小取决于该系统的叶量和光合效率的情况(Kimmins and Scoullar, 1984；唐明星，2000)。对于某一个特定的树种来说，光合效率的高低取决于光照条件和叶片中的氮素含量两因素。氮素含量的多寡则由系统养分循环(包括植物的吸收、在植物体内的运输和转化、通过凋落物回复到土壤表面以及回复的营养元素的矿化和固定过程)状况的好坏来决定。叶片中的氮素含量是一个能反映系统的物质生产、养分循环以及环境的良好综合性指标。因此，FORCYTE选择了叶氮同化率作为它的驱动机制。尽管以生态理论为基础的森林经营模型大多能反映生态系统的机理，但达到完备是很困难的。

(2)以单木生长理论为基础的森林经营模型

单木模型是以模拟个体树木生长信息为基础的林分生长模型，可以模拟同龄林、异龄林、混交林及不同经营措施下林分未来的发展情况。其一般从林木竞争机制出发，用竞争指标揭示或控制单株树木在林分中所处的环境与位置。

自Newnham(1964)首次研究单木模型以来，经过40多年的发展，单木模型的研究工作已取得了很大的进展。目前，国内外学者已经在该类模型上做了大量的研究(Roise, 1986；Stage and Wykof, 1993；Simnen *et al.*, 2001；Sironen *et al.*, 2003；马丰丰和贾黎明，2008)。以单木生长模型为基础的林分经营措施优化模型，开创性的研究工作是由Roise(1986)完成。后来瑞典和芬兰等国相继应用此方法对挪威云杉的经营方案进行了研究。Valsta(1992)用单木生长理论建立了挪威云杉经营方案的优化模型。其中包括生长模拟器和优化算法。解决的问题是林分经营方案的优化。决策变量包括间伐次数、间伐时间、间伐量、间伐方式、轮伐期、非商品间伐(幼林抚育)等。

Munro(1974)依据是否与单株林木的位置有关，将单木模型划分为与距离无关和与距离有关2种。单木生长模型的建模方法包括生长量修正法、经验分析法和合成分析法。目前，大多采用生长量修正法(马丰丰和贾黎明，2008)。

生长量修正法的基本思想是：建立自由树(或林分中无竞争压力的优势木)的生长过程，确定林分的潜在生长量；选择合适的单木竞争指标计算每株林木所受的竞争压力或所具有的竞争压力；利用单木竞争指标所表示的修正函数对潜在生长量进行修正或调整，得到林木的实际生长量预估值。如张惠光(2006)对福建柏单木生长模型的研究就采用此方法。

合成分析法是指通过分析单木生长量与其自身大小、竞争和立地条件的关系，确定影响林木生长量的主要因子或指标，来建立单木生长量模型。该方法不需要年龄和立地指数，对数据的信息要求也不多，可应用多种样地数据建立单木模型(杜纪山，1999)。

2005年，引进的森林植被模型(forest vegetation simulator, FVS)也属于与距离无关

的单木模型。该模型源于Stage研制的Prognosis模型，且采用的建模方法为生长量修正法。这类模型系统体系完善、具体、灵活、可操作性强，可以预测任何组成林分从纯林到混交林和异龄林的生长和收获情况，也可以在疏伐、修枝和施肥等各种经营条件下预测林分未来的发展，并可在群体和区域水平上模拟林分和树木的生长过程及其收获状态。通过FVS，森林经营管理者可获得林分和单木方面的详细信息。FVS还开发了图形用户界面——SUPPOSE，大大简化了FVS模拟的准备工作，并为用户提供了更简洁的操作平台(Crookston，1997)。目前，FVS已经被推广应用到美国的26个地区(马丰丰和贾黎明，2008)。

(3)以林分生长为基础的森林经营模型

全林分模型主要是以林分总体特征指标变量为基础，如立地指数、林分密度等作自变量。根据是否将林分密度作为自变量，可将模型分为与密度无关和与密度有关2类(马丰丰和贾黎明，2008)。传统的林分收获表属于与密度无关的模型。可变密度收获表及一致性生长和收获模型都是以林分密度为自变量，属于与密度有关的模型。

20世纪60年代初，林分生长模型和收获模型必须一致的理论的提出，标志着林分生长和收获模型的发展进入一个新的历史时期(Buckman，1962；Clutter，1963)。林分生长和收获模型的一致，消除了因分开建立生长模型和收获模型而导致的预测收获量不一致的情况。Kilkki(1969)以林分生长为基础建立了森林经营模型并对欧洲赤松的间伐方式进行了模拟；Mielikainen(1985)对挪威云杉也建立了经营模型，研究了优化问题的不同方面，如林分经营目标、可间伐次数、初植密度和生长模型，并给出了芬兰南部挪威云杉林分的数值模拟结果，与原有的研究结论及芬兰林业技术推广机构的推荐方案作了对比；Atta - Boateng和Moser(2000)将一致性林分生长和收获模型用于对混交热带雨林的管理，建立了包含林分水平的进阶生长变化率、死亡率和存活率的方程式模型系统。该系统可直接根据预定义的林分初始条件来预测用材林未来的发展情况，对清查数据的更新、天然林和人工林的经营计划都是十分有用的，还可以评估林分特性对林分生长量的影响，是上述一致性模型的扩展。国内也逐渐开始重视林分生长模型和收获模型的一致性问题(马丰丰和贾黎明，2008)，如洪玲霞(1993)以大青山杉木整体生长模型为例，指出由该模型推导出的林分密度控制图和各种常用林分表，如收获表之间是一致的。

在新西兰，Manley(1989)和Whiteside(1989)分别采用FOLPI森林评估模型系统和STANDPAK林分模型系统对森林经营的间伐评价，产量模拟以及经济效益等方面进行研究。结果认为森林经营模型方法在营林策略、人工林管理、造林区评价等方面显示出其独特的优越性。美国在这方面做了大量的工作并且起步较早，Boyce(1977)、Brand(1981)、Joyce(1983)先后建立了以预测林分生长为目的计算机模型。Brand(1981)的STEMS(simulating timber management system)，Belcher(1982)的TWIGS(The woodsman's ideal growth projection system)则是以研究造林为目的而设计的计算机栽培模型。

由于对森林生态系统研究的局限性以及技术水平的限制，森林生态系统的机理不可能完全明了，以至于一些行为过程无法定量而只能采用定性的方法来描述。因此，客观上促进了综合的方法论的产生。FORECAST(forestry and environmental change assessment)模型是一个基于森林生态系统林分水平的模型，由加拿大著名森林生态学教授Kimmins经过近25年的开发而建立的一个针对可持续森林经营管理的模型。该模型是在系统研究了森林生物产量与林分结构、演替阶段、营养运输途径以及各种经营管理措施之间的相互规律后，基于森林经营的生态学原理基础上开发的。FORECAST模型的主要价值在于对预测未来生态系统的发展趋势和对转换不同的森林管理策略可能造成的结果进行排序。限于各方面的条件，人们不能精确地预测森林生态系统在一种特定的管理措施下将来的发展状况，但是如果建立的模型相当准确，就能够找出各种需要的可选方案和预测未来森林的生长和主要分布区的变化。该模型可模拟林业中的不同管理措施(如轮伐期、采伐利用水平、施肥水平、种植密度、混交比例、疏伐、火烧或炼山等)对长期生产力或碳储量的影响，通过比较不同的经营管理措施，找出针对某一人工林树种可持续的经营管理措施。目前，该模型在世界范围内的一些主要人工林树种中得到了较广泛的应用(Kimmins *et al.*, 1999, 2010; Seely *et al.*, 2002; Blanco *et al.*, 2005、2008; Wei *et al.*, 2012; 魏晓华等, 2015)。

(4)以生态生理学原理为基础的单株生长模型

随着人们对植物生命活动各个过程研究的不断深入，以植物生理过程、物理过程为基础的各种生理生态学模型逐渐发展起来，而植被冠层尺度生理生态学过程模型已成为生态系统模型的核心之一。目前，植被冠层尺度的大叶模型、多层模型、二叶模型以其成熟的理论基础及对植被冠层的光合作用、蒸腾作用较为成功的模拟，并得到了广泛的应用(张弥等, 2006)。3个模型都以光合作用、气孔导度、蒸腾作用耦合模型为基础，但又具有各自的特点。这类模型是建立在生态生理的基础之上，具有较强的机理性。但是往往由于模型中的输入变量不可能考虑到环境因子的各个方面，即使考虑到由于因子间的错综复杂的关系，模型模拟的结果往往偏离实际较远，必须进行修正才可使用(方升佐等, 2004)。

在林业研究方面，由于森林生态系统在地圈、生物圈的生物地球化学循环过程中起着重要的“缓冲器”和“阀”的功能，因此，对森林生态系统与环境之间相互作用的研究具有重要意义。科学家利用这些模型模拟了森林与环境之间的物质与能量交换及森林的光合生产力，同时模拟了在大气CO_2浓度改变的条件下，森林生态系统与环境之间的物质与能量交换发生的变化(Leuning *et al.*, 1995; 张弥等, 2006)。如多层模型已被用于模拟环境因子中CO_2升高、温度改变对植被冠层生理生态过程的影响，并与叶片表面的水分平衡相耦合来模拟在有降水的天气条件下冠层与大气之间的CO_2与水汽交换(Wang, 1996; 冯险峰等, 2004)。另外，冠层尺度模型还用到ECOPHYS(ecophysiological growth process model)(Holden, 2004;)、GOTILWA(growth of trees is limited by water)(Gracia *et al.*, 1999)等树木生长模型当中，来模拟树木的生长，同时也模拟了水分等环境因子变化时树木的生长变化，从而使人们掌握树木的生长规律以及与环境之间的相互作用，为森林保护及其功能研究提供较好的方法(Host *et al.*, 2004; 张弥等, 2006)。

20世纪70年代，美国林务局的中北部林业实验站对“杨树人工林纤维和能源生产的集约经营栽培”进行了研究，在此基础上研制了一个杨树幼苗单株生长过程的生理生态模型(ECOPHYS)(Rauscher *et al.*, 1990; 刘建伟和胡新生, 1993)。该模型以单株叶片为基本单元，原始基本参数为其形态学、物候学和生理学的指标，以及逐小时的光合作用有效光量子密度和温度环境因子参数。通过模拟所有叶片的受光和遮阴，经建立光合作用的光反应曲线，拟合逐叶的光合作用。同时，计算出呼吸消耗，得出光合产物积累，用其发配系数求出各器官的建成，最终模拟出生物量以及苗高和地径生长。这套模型不同于其他经验的或统计的林木生长模型而独树一帜，它的形成为判断控制树木生长的植物叶形、叶位和叶发生等遗传选择因子，以及迅速评价遗传改造的效果——即生产力的高低提供了有效工具。同时，它通过仿真，一方面，为育种家提出理想株形，以便达到育种的选择目标和目的；另一方面，可用于早期选择中，利于定向培育为短周期轮伐的集约经营提供科学依据。张继祥等(2004)也探讨了美国黑核桃实生苗单叶片光合作用生理生态模型的建立与验证问题。

此外，植被冠层模型还被嵌套入区域或全球尺度的模型中，如 SiB(Simple biosphere model)、BATS 以及 GCM(General circulation model)等，为这些模型提供植被的水、热通量、CO_2通量以及某些生理参数(Sellers and Randall, 1996)。例如，大叶模型被嵌套入陆表气候模型中(Land surface climate modeling)(Dickinson *et al.*, 1998)，二叶模型嵌套入 CLM(Common land model)中，从而模拟较大尺度的陆面过程与气候的相互作用，并预测生态环境的变化(冯险峰等，2004)。

13.2.3 林分生长和收获模型的发展趋势

(1)加强机理化模型和混合型模型的研究

随着对全球气候变化研究的日益关注，将林木自身和生长环境对林木生长的生理生态过程的影响考虑到林分生长和收获模型的建立中来，是目前林分生长和收获模型发展的重要趋势。机理性模型更贴近林木生长的实际状态，更加注重森林的生态功能，更能科学地解释森林生长演替过程，模拟精度更高。如 FVS—BGC 就是一个机理化兼混合型模型(McMaban *et al.*, 2002)，它依托于 FVS，是 FVS 的一个扩展模块。该模型中的林木生长是通过气候数据驱动的，反映林木之间竞争、获取光和水的过程(刘平等，2007；马丰丰和贾黎明，2008)。机理性模型是混合型模型的一种，混合模型是指将过程模型和林分与生长收获模型结合起来模拟森林动态变化的模型。

(2)重视 GIS 和林分可视化技术的研究

目前无论是全林分模型还是单木模型，都是模拟单一林分，因此林分生长和收获模型与 GIS 相结合，将有助于模拟景观或更大空间尺度的林分生长和收获。赖日文等(2007)以森林二类清查数据和相关图形为基础资料，选择林分生长模型，借助 GIS 相关软件建立属性数据库与图形数据库并运用 D 连接，用 VB 语言进行编程开发，形成林分经营管理空间数据库，为科学管理、经营和规划森林提供有效的帮助。

近年来，随着对树木的生长机理、森林生态系统的模拟与预测研究的日益重视及计算机技术的进一步提高，人们已不再满足用简单的二维图形来表达树木的形态，而是追求用更完美的三维图像及采用其他可视化工具来对林分的生长动态进行实时仿真及模拟。郝小琴等(1993)采用文法构图法建立树木形体的计算机模型，将计算机视景仿真技术引入单木模型，建立了能产生树木三维逼真图形的单木生长视景仿真模型。

又如，FVS(Dixon，2002)，将用于预测林分生长情况的生长和收获模型与林分可视化系统结合起来，为任何一种林分清查和模拟提供了详细的图示描述。

(3)强化模型系统性和实用性的研究

目前，国内外学者越来越重视模型系统化研究，将反映林分特性的各种模型如直径生长模型、树高生长模型、枯死模型和林分收获模型等集成模型系统(秦建华，2002；Pretzsch，2009)。模型系统中的子模型是单独拟合的，而系统模型则是用同一数据拟合所有方程的参数。如 FVS 所包含的模型参数基本采用多元线性回归来拟合，且主要以直径生长量作为主要预测变量，其他子模型如树高生长模型等都是建立在其基础之上(马丰丰和贾黎明，2008)。同时，还发展了许多扩展模块，如病虫害、更新恢复模块、BGC 等。

林木生长和收获模型正逐步由简单的人工同龄纯林模型深化到复杂的天然异龄混交林模型。因此，可以推测以后所建立的生长和收获模型必将要适合这 2 种林分类型，而且不但要能模拟短时间内的林分生长动态，还能模拟长久的林分生长动态，也能模拟一个小样方甚至一个区域的林分生长动态情况。如 Tomé 等(2006)建立不同的与年龄无关的模型模拟单木和林分的生长，其优势在于允许直接模拟收获量来替代生长量。这些模型方程不仅能模拟同龄林还能模拟异龄林的林分生长动态，真正实现了同龄林和异龄林模型的统一。

13.3 人工林模式化定向培育的研究方法

我国人工林优化栽培模式研究开始于“八五”(1991—1995)国家科技攻关项目“短周期工业用材林定向栽培技术的研究”(盛炜彤，2014)。通过研究，目前已提出了杉木、马尾松、落叶松、杨树、刺槐等树种的优化栽培模式，促进了我国人工林培育研究向深度和广度发展，推动了我国人工林栽培技术的进步。但是，由于我国人工林基础理论与技术研究较为薄弱，仍有许多问题尚待拓展和深入，特别是目前优化得出的各树种的优化栽培模式还需要在实践中进一步检验和完善，不断提高其可靠性。

13.3.1 人工林模式化定向培育研究的方法论

人工林经营模型的研究方法取决于人工林生态系统的特性。对人工林生态系统研究的速度发展缓慢，技术水平比较落后。其原因：客观上是由于人工林生产是一个复杂的大系统，具有因子多、关系复杂、边界模糊、弹性大、周期长、追踪困难等特点，给研究工作带来许多困难。另一个原因是对生态系统的研究思想、方法、手段比较落后，惯于沿用传统的“还原论”思想，依凭直观、经验累积、单因子田间试验和定性分析等方法，这是人工林生态系统研究难以有突破性进展的“主体性”原因。根据上述特点，人工林生态系统经营模拟研究可以概括为以下几种方法。

(1)黑箱方法

黑箱方法的基本思想是将人工林生态系统看成一个黑箱，以系统工程的方法为基本手段对人工林生态系统模拟进行研究。具体做法是在田间试验、调查研究、获取大量数据资料的基础上，借助于计算机进行环境辨识和建立栽培技术措施(密度、轮伐期、间伐等)与产量的关系模型，以及分析、模拟、优化和筛选技术措施水平寻求优化组合，然后按生产时序组装成总体化的优化栽培技术方案，并在推广、应用中反馈调整，逐步完善。其研究过程如图13-4所示。

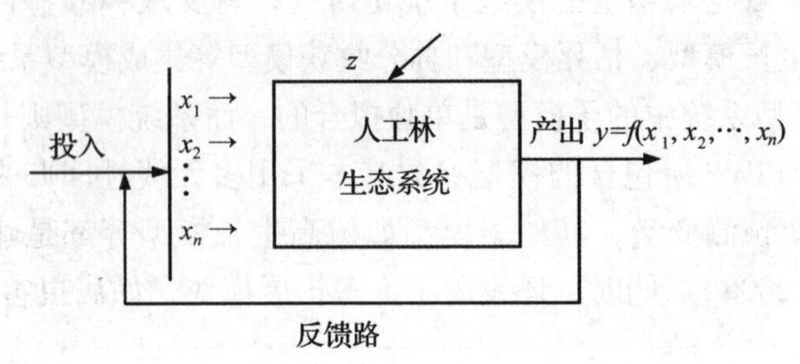

图13-4 黑箱方法

Fig. 13-4 Black-box approaches

图中 x_1，x_2，…，x_n是技术措施水平量，z是环境条件(自然、社会、经济)；y是产量或产值，$y=f(x_1, x_2, \cdots, x_n)$是技术措施与产出间的关系模型。而反馈路实际上是对特定环境条件下的栽培技术措施的优化过程。

(2)白箱方法

白箱法是以系统论为指导思想，在研究个体和群体的生长规律与林木(或林分)叶、冠、根等器官间的关系，以及林木、林分高产的形态、生态指标的基础上，研究分析栽培技术措施与器官生长及外部形态、生态指标之间的关系。然后结合两方面的研究成果研制高产的栽培技术措施，并在推广应用中进一步反馈调整(优化)(图13-5)。

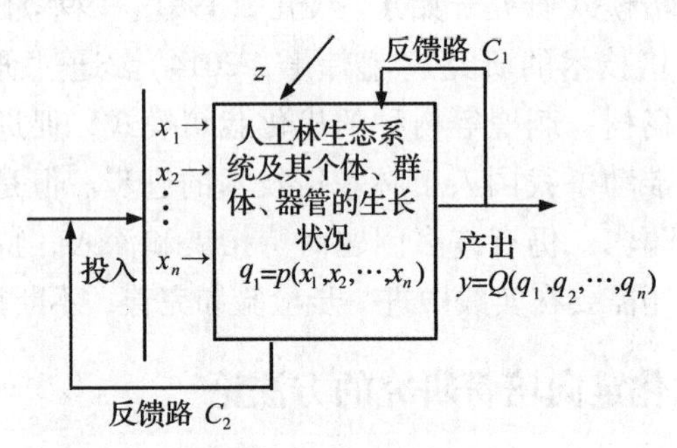

图13-5 白箱方法

Fig. 13-5 White-box approaches

C_1：寻求人工林生态系统高产的形态、生态指标；C_2：根据投入与生长状态间的关系确定栽培技术措施及水平量。

C_1: Morphological and ecological indexes for seeking high yield of plantation ecosystem; C_2: determination of cultivation practices and their quantification based on the relationship between investment and growth rate.

Ecophys 模型则基本属于这种类型，它对植物叶形、叶位和叶发生、光合、呼吸、光合产物分配、干物质积累等进行了模拟，但缺乏优化部分。

(3)双维系统法

黑箱法和白箱法是两种比较科学的人工林栽培技术研究方法。但从实践来看，它们各有一定的局限性。其中黑箱法的局限性主要表现在对林木生长规律及内部机理的认识较少；没有把林木器官生长及外部形态、生理规律、生态特性模式化、指标化，这样就在实践上难以运行；它一般只确定栽培技术措施的水平量及投入时间，而没有与林木具体的生长规律、产量构成等挂起钩。白箱法的局限性主要表现在：研究的着眼点是产量形成的机理，而对投入的经济效益、生态效益以及社会条件等因素考虑的比较少；综合研究的思想比较薄弱，没有将栽培技术措施综合起来加以研究和分析。

从研究现状来看，作者认为经营模型的研究是一项复杂的系统工程，应有明确的"工程"目标。根据我国目前林业生产的组织形式、技术经济条件、科学技术研究成果，提出了以下 4 个目标：第一，林木生长、器官生长、林分生长模型化；第二，生态环境指标数量化；第三，操作技术规范化，简易化，总体效益最优化；第四，栽培技术运行可行化。对以上黑箱法和白箱法进行对照。显而易见，这两种研究方法各有所长，并且其不足之处具有互补性。鉴于此，作者认为将两种研究方法有机地结合起来，就可以形成一种更加全面、完善、科学的研究方法。这种在黑箱法和白箱法基础上提出来的新方法，由于有两条反馈路，所以称之为双维系统法(图 13-6)。双维系统法取两种研究方法的长处，避其不足之处。因此，它是人工林生态系统栽培模拟研究的发展方向。

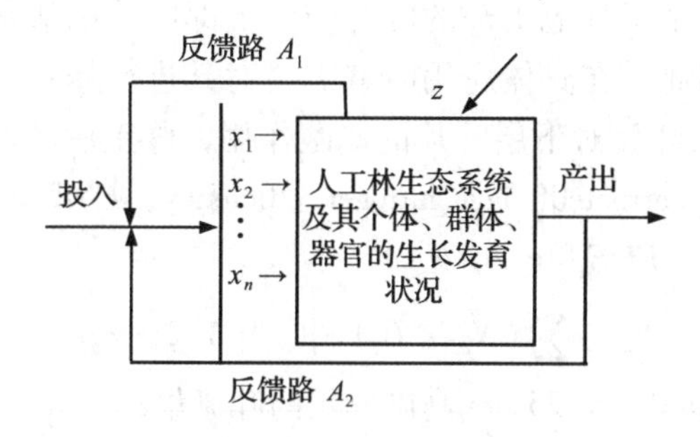

图 13-6 双维系统法

Fig. 13-6 Two dimensional system method

13.3.2 FORECAST 模型的原理和研究方法

FORECAST 模型是一个基于森林生态系统过程的林分水平模型(接程月等，2009)，是在系统地研究了森林生物产量与林分密度与结构、演替阶段、生物地球化学循环以及各种经营管理措施之间的相互规律后，在森林经营生态学原理基础上开发的。该模型系统是建立在整个森林生态系统的物质生产和养分循环的规律之上，致力于养分状况对生长的限制以及改变树冠光照状况对生长影响的研究，主要用于预测和验证同龄林在不同的管理措施下所产生的效果，而且能够预测森林生态系统结构和功能的未来发展趋势，为森林生态系统的优化管理服务。

13.3.2.1 FORECAST 模型的原理

一个森林生态系统的生产力大小取决于该系统的叶量和光合效率情况。对于某一个特定的树种来说，光合效率的高低取决于光照条件和叶片中的氮素含量2个因素。氮素含量的多寡则由系统养分循环(包括植物的吸收、在植物体内的运输和转化、通过凋落物回复到土壤表面以及回复的营养元素的矿化和固定过程)状况的好坏来决定的。叶片中的氮素含量是一个能反映系统的物质生产、养分循环以及环境的良好的综合性指标。因此，FORECAST 是建立在整个森林生态系统的物质生产和养分循环规律的基础上，其驱动机制就是叶氮同化率(foliage nitrogen efficiency，FNE)。所谓叶氮同化率是指叶片中单位质量的氮素在单位时间内所同化产生的干物质量，即

$$
\begin{aligned}
FNE &= P_t / N_f \\
P_t &= \Delta B_t + E_t + M_t \\
N_f &= B_f \times N_c
\end{aligned}
\tag{13-1}
$$

式中 P_t——单位时间内净初级生产总量；

ΔB_t——单位时间内生物量的增量；

E_t——单位时间内的凋落量；

M_t——单位时间内的枯损量或自然稀疏量；

N_f——叶中的氮量；

B_f——系统的叶量；

N_c——叶中的氮的浓度。

在实际的林分中，由于林冠下部的叶片受到上部叶片的遮蔽作用，所以其光合有效效率会有所下降。因此，在具体应用时就需要对其进行修正。通过将林冠层模拟成“不透光层”来表示上层叶片对下层叶片的遮蔽作用，修正后的叶氮同化率称之为遮阴纠正叶氮同化率(shade-correctedfoliage nitrogen efficiency，FNE_{sc})，即

$$
\begin{aligned}
FNE_{sc} &= P_t / N_{scf} \\
N_{scf} &= \sum (N_{fi} \times C_i) \quad (i = 1, 2, \cdots, n)
\end{aligned}
\tag{13-2}
$$

式中 N_{fi}—— 在林冠部第 i 个 25 cm 高度叶层的叶氮量；

C_i—— 在林冠部第 i 个 25cm 高度叶层的叶氮量处的光合作用光饱和曲线值；

n——表示林冠层以 25cm 为一层，共划分出的总层数。其模型的原理如图13-7所示。

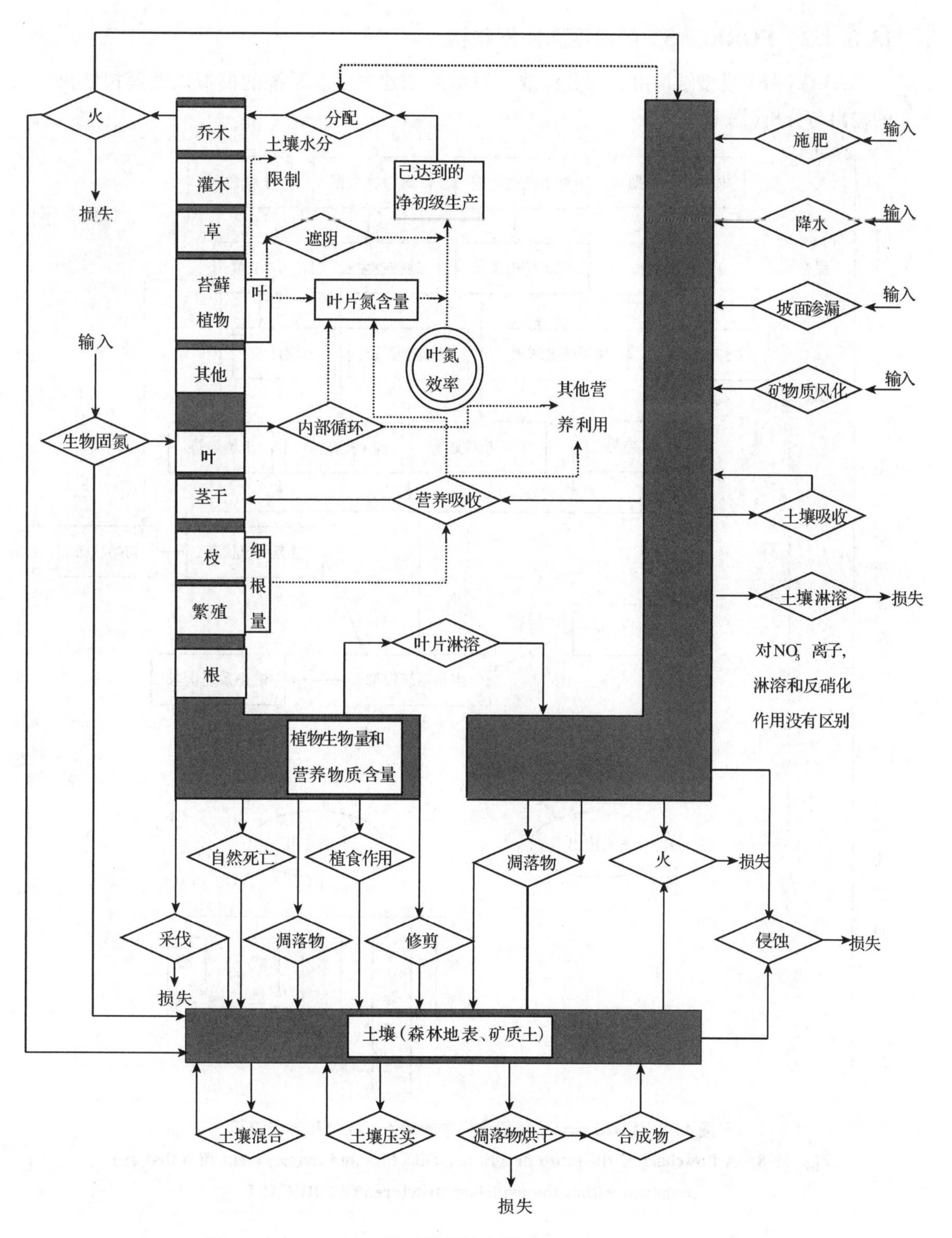

图 13-7 FORECAST 模型模拟的主要生态系统组分及其转化路径

Fig. 13-7 A schematic of the major ecosystem compartments and transfer pathways represented in FORECAST

13.3.2.2 FORECAST的模型和数据结构

FORECAST模型结构由3部分组成：模型的创建、生态系统的模拟以及模拟结果的输出与分析(图13-8)。

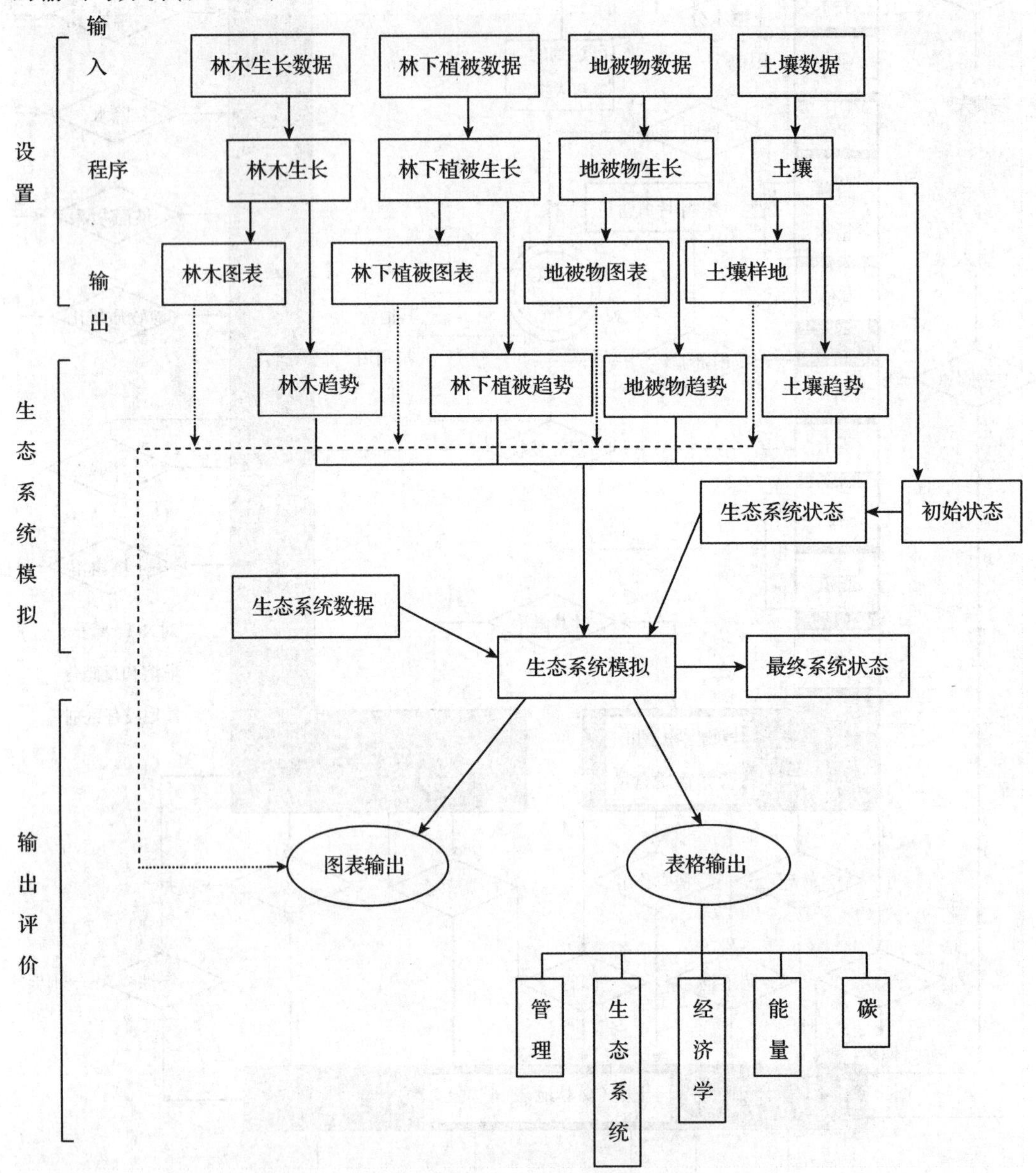

图13-8 FORECAST模型结构中的输入、模拟和输出流程

Fig. 13-8 A flowchart of the setup programs, data files and management files that are contained within the modeling structure of FORECAST

(1)数据收集与调准

模型所需要的数据包括土壤养分数据、林木数据、林下植被数据和苔藓数据4种类型(表13-1)，其中土壤和林木部分是进行模拟所必须的，其他两部分可供选择。在

表 13-1　FORECAST 模型模拟新物种所需的数据

Tab. 13-1　Calibrating FORECAST for new species

编号	乔木数据	土壤数据	林下植被数据	苔藓数据
A	树干、树皮、树枝、树叶、根生物量积累★	矿质土壤和腐殖质 N 的阳离子交换容量★	叶片、茎干、根生物量▲	苔藓种类●
B	不同年龄林分密度数据★	腐殖质分解速率★	林分优势种平均顶端高度▲	定义光饱和曲线●
C	林分中优势种平均顶端高度★	腐殖质的 N 浓度★	林分最矮活林木顶端高度▲	苔藓 N、P、K 含量●
D	林分中最矮活立木平均顶端高度★	叶子凋落物的分解速率★	树木各组分的营养浓度▲	生物量的转变●
E	林冠底部平均高度★	腐殖质酸碱度★	从活到死组分生物量的转变▲	
F	活立木数量★	黏土矿物类型▲	从死到凋落物的转变▲	
G	树木各组分的营养浓度★	矿质土壤中 NO_3^-/NH_4^+ 的比例▲	遮荫条件下光饱和曲线●	
H	叶片生物量的转变★	树干、树皮、树枝、根的分解速率▲	无遮荫条件下光饱和曲线●	
I	林分最大叶量(t/hm^2)▲	树干、树皮、树枝、根分解时的 N 浓度▲	关于种子发芽的相关数据●	
J	林木最大叶量(kg/hm^2)▲			
K	新叶到自然衰落的最大年龄▲			
L	林冠郁闭的林分年龄▲			
M	有无遮阴条件下光饱和曲线▲			
N	从活到死组分生物量的转变▲			
O	从死到凋落物的转变▲			
P	与密度有或无关的树木死亡比例●			
Q	树木死亡的光最高临界值●			
R	果实生物量和营养浓度数据●			
S	降水方面的数据(叶片淋溶)●			

注：★表示重要数据，模型运行所必须的数据；▲表示推荐数据，对新树种模拟很有意义，如果不可获得，可以使用与其相似物种进行代替；●表示附加数据，是精细校准和细节研究方面有用的数据，通常可以使用假设的数据和其他种类数据。

数据收集部分，需要收集固定样地或空间代替时间的一系列时间序列原始数据，将这些原始数据依次输入模型程序中所设置的“子程序”中，“子程序”会对原始数据进行调准以便于变化趋势曲线平滑，最后将“子程序”代入到模型程序中，准备生态的模拟。

(2)构建 3 种生态系统

FORECAST 模型需要构建好、中和差 3 种生态系统，3 种生态系统是建立在与其相应的 3 种立地指数(地位指数)基础上通过收集上述数据构建而成的。对于特定的树种，FORECAST 是以好、中、差 3 种立地条件下林木材积生长过程表为基础，考虑到土壤养分和光照对生长的影响来“修正”这一生长过程。收集数据的同时将数据按照好、中和差3种立地条件的要求进行分类，以便后期的输入。立地指数是模型正常运行的基本数据，也是必不可少的数据。

(3)设置管理模式或自然干扰情景

模型的使用者可以根据自己的需要定义一个管理模式或自然干扰情景，通过改变不同的管理策略来预测森林的生产力、土壤养分含量、生态系统碳储量等多项指标。基于林分水平上的管理实践都可以被模拟，例如，整地(火烧或机械方法)、林木更新(人工栽植、天然下种或植被繁殖)、林木和杂草间的竞争(除草)、林分密度(间距布置、疏伐、间伐)、修剪整枝、施肥、收获(皆伐、渐伐、选择性采伐不同年龄的树木)、轮作时间等。自然干扰情景包括风、火和昆虫等的破坏(田晓等，2010)。

(4)模型模拟结果输出

将土壤养分数据、林木数据、林下植被数据和苔藓数据输入到模型以后，通过程序对原始数据进行处理，模型会有2种类型的文件输出：①图形文件，通过图显示出各生长因子和立地条件随时间变化的特征曲线，以便检验输入数据的合理性；②生长变化趋势文件，即生态系统模拟的输入文件。输出的结果可以很直观地反映出林分特征及养分变化趋势。

13.3.2.3 FORECAST模型的优缺点

目前，FORECAST模型已运用于全球生态系统中，除加拿大外，美国、瑞典、芬兰、巴西、印度尼西亚、西班牙、中国等许多国家也开始运用该模型(田晓等，2010；魏晓华等，2015)。FORECAST模型是一个框架式模型，而不是一个具体的模型，所以它不受特定的树种、立地条件的限制，只要能找到相关的参数，就可以对不同林分、不同树种做出比较精确的预测；如果缺少它所需要的资料，也可以删除一些过程。FORECAST模型是将经验模型和过程模型相结合，摒弃各自的缺点，综合2种模型优点的混合性模型。模型最大优点是存在一个营养反馈机制，它所预测的不同营林措施下最终的收获量是依据传统的林分生长和收获的经验模型并根据时间变化对光和一个或多个有效性养分元素的竞争来修改这些经验值，这在很大程度上提高了预测的准确度。

FORECAST模型模拟的树种大多只是针叶树种，如果能够将FORECAST模型的研究扩展到阔叶树种或者针阔混交林，那样会有更大的实践意义，因为阔叶树冠层较厚，凋落物量大，分解养分归还多；FORECAST模型没有考虑水分对生长的影响，只是将水分作为养分吸收的一个限制因子，如果将来将水分模型与FORECAST模型成功耦合，则对森林生态系统的预测将会更加精确。同时，在FORECAST模型中，许多土壤过程的表示相对简单。土壤范围、土壤混合和根分配表示的缺乏限制了FORECAST模型解决土壤压实和土壤侵蚀问题的能力。

13.3.3 人工林模式化定向培育研究实例

工业人工林经营模型研究是一个全新的研究领域，存在着许多问题有待于深入研究。无论是模型建立理论还是栽培机理都还不成熟，有必要在这方面进行探讨。现仅以I-69杨用材林定向培育为例(方升佐等，2004)，说明其研究过程。

13.3.3.1 杨树人工林经营模型构建

1）立地质量评价模型

立地条件作为影响林木生长和发育的重要因子之一，是森林生长和产量预估模型都要考虑的主要因子。立地质量评价模型包括有林地评价和无林地评价2种。在I-69杨数量化立地质量评价表的编制方法上，具体关于树高曲线拟合和标准年龄确定、立地因子项目和类目的划分、数量化理论Ⅰ模型的建立及得分表的编制等已在第10章作了讨论，在此不再赘述。

2）林分胸径分布模型

（1）林分胸径分布模型的拟合

直径分布是研究林木及其材种结构的基础，并在林分生长量、产量测定工作中起着重要的作用。描述同龄纯林直径分布的概率密度函数有：正态分布、韦伯分布、对数正态分布、伽玛分布、贝塔分布、泊松分布、奈曼*A*分布、负二项分布等。根据189块标准地的拟合结果，检验分析后认为，当密度小于等于278株/hm^2时以韦伯分布为好，当密度大于278株/hm^2时以正态分布为好。

正态分布的概率密度函数为：

$$f(D)=\begin{cases}\dfrac{1}{\sqrt{2\pi}\sigma_D}\exp\left[-\dfrac{(D-\bar{D})^2}{2\sigma_D^2}\right] & (D>0)\\ 0 & (D\leqslant 0)\end{cases} \tag{13-3}$$

式中 D——胸径；

$\bar{D}$——林分平均胸径；

σ_D——林分胸径的标准差。

Weibull分布的概率密度函数表达式为：

$$F(D)=\begin{cases}0 & (D\leqslant a)\\ \dfrac{c}{b}-\left(\dfrac{D-a}{b}\right)^{c-1}\exp\left[-\left(\dfrac{D-a}{b}\right)^{c}\right] & (D>a)\end{cases} \tag{13-4}$$

式中 a——位置参数；

b——范围参数；

c——形状参数；

D——胸径。

（2）分布模型参数的动态预估

为了实现预估直径分布的模型以及动态模拟林分直径分布，寻求分布模型参数与经营措施和林分特征指标间的回归关系是十分必要的。Weibull分布系数c、b的回归模型形式较多。孟宪宇(1985)用Weibull分布研究人工油松林直径分布时指出，参数c与林分特征因子之间存在着线性关系，受平均直径和林分变动系数的影响较大。基于此，选择c、b为母序列，以H_o、N、A为子序列进行灰色关联度分析，结果表明c、b和H_0、N的关联度分别为0.794 9、0.573 4和0.634 7、0.605 4而与其他子序列的关联度很小。因此，选择了适应性很强的模型$c=K_1N^{a_1}H_0^{b_1}$，$b=K_2N^{a_1}H_0^{b_2}$作为c、b的预估模型。通过拟合得 $K_1 = 12.4688$，$a_1 = 0.0223$，$b_1 = 0.5199$，$R = 0.5038$；$K_2 = 25.2251$，$a_2 = 0.2345$，$b_2 = 0.0721$，$R = 0.5350$。a 为最小直径这里取 $0.5\bar{D}$。

正态分布参数 $\bar{D}$ 是采用直径与断面积预估模型直接得到，而 σ_D 的预估是通过多个模型的筛选采用 $\sigma_D = k\bar{D}^a N^b$ 为最佳，通过建模拟合得：$a = 0.9729$，$b = -0.1706$，$K = 0.3123$，$R = 0.8272$。

(3)分布模型参数的回收

进入20世纪80年代以来，研究直径分布收获模型时，参数回收模型几乎替代了参数预估模型，并认为参数回收模型比参数回归模型具有更多的优点。当用参数回收模型时，对于林分特征微小的变化，分布参数的敏感性更强。

对于正态分布，模型参数的回收较简单，$\bar{D}$ 为林分的平均直径，σ_D 为林分直径的标准差。可通过林分调查直接用矩法得到。

韦伯分布的参数回收是采用矩法来实现的，分布函数的一阶原点矩即数学期望 $E(x)$ 为林分算术平均直径 $\bar{D}$，二阶原点矩 $E(x^2)$ 为林分断面积平均直径(D_g)的平方。为此有：

$$E(x) = \bar{D} = \int_0^{\infty} xf(x;a,b,c)\mathrm{d}x = a + b\Gamma\left(1 + \frac{1}{c}\right) \tag{13-5}$$

$$E(x^2) = D_g^2 = \int_0^{\infty} x^2 f(x;a,b,c)\mathrm{d}x = b^2\Gamma\left(1 + \frac{2}{c}\right) + 2ab\Gamma\left(1 + \frac{1}{c}\right) + a^2 \tag{13-6}$$

a 是林分最小直径，取 $\bar{D}$ 的0.5倍。对于给定了 $\bar{D}$ 和 D_g^2 则可解得 b、c 的值。

通过86块密度小于等于278株/hm^2 的标准地资料进行拟合，其结果符合率为72%，对103块密度大于278株/hm^2 的标准地资料拟合，其结果符合率为81%。

(4)各径阶株数的计算

无论是通过参数收，还是参数回归得到分布模型后，即可对每个径阶的林木株数进行求算。

对于正态分布：

$$N_i = N\int_{D_{i-1}}^{D_1} \frac{1}{\sqrt{2\pi\sigma_D}}\exp\left(-\frac{(D - \bar{D})^2}{2\sigma_D^2}\right)\mathrm{d}D \tag{13-7}$$

对于Weibull分布：

$$N_i = N\left\{\exp\left[-\left(\frac{D_{i-1} - a}{b}\right)^c\right] - \exp\left[-\left(\frac{D_i - a}{b}\right)\right]^c\right\} \tag{13-8}$$

式中 N_i——第 i 径阶的林木株数；

N——林分单位面积总株数；

D_{i-1}——第 i 径阶的下限；

D_i——第 i 径阶的上限。

3)断面积直径与断面积预估模型

(1)断面积直径模型

林分断面积平均直径与林分算术平均直径存在着密切的线性关系。为此采用 $D_g = a + bD$ 进行拟合，结果为当林分密度小于等于278株/hm^2 时，$D_g = 0.00255 + 1.0091D$，

$R=0.9872$；当林分密度大于278株/hm^{2}时，$D_g=0.00375+1.0048D$，$R=0.9693$。

(2)断面积预估模型

在未进行间伐的具有相同优势高的林分中，直径与株数之间存在幂函数关系(惠刚盈等，1994)。

$$D_g = a/N^{-b} \tag{13-9}$$

对于不同优势高的林分其参数是不同的，由于幂函数基本上概括了几乎全部的单峰曲线形式，模型适应性强，所以取

$$a = a_1 H_0^{b_1}, \ b = a_2 H_0^{b_2}$$

则：
$$D_g = a_1 H_0^{b_1} N^{-a_2 H_0^{b2}}$$

而林分断面积：
$$G = \pi D_g^2 N/40\,000$$

则：
$$G = \pi a_1^2 H_0^{2b_1} N^{1-2a_2 H_0^{b2}}/40\,000$$

对以上两模型拟合，结果为：

$$a = 0.098\,514 H_0^{1.913\,8} \quad (R=0.665\,8)$$

$$b = 0.001\,085 H_0^{1.341\,7} \quad (R=0.687\,9)$$

$$D_g = 0.098\,514 H_0^{1.913\,8} N^{-0.001\,085 H_0^{1.341\,7}}$$

4)单木材积与生物量方程

根据各样地189株平均木的解析木材料，对5个常用的材积式进行回归，按相关系数大小选择了以下方程：

$$V_{去皮} = -0.014\,6 + 1.491\,0D - 7.484\,4D^2 - 0.03(4DH + 0.586\,5D^2H$$

$$(R=0.983\,5)$$

式中 D——带皮胸径(cm)；

H——树高(m)；

$V_{去皮}$——去皮材积(m^3)。

单株生物量共选了八个模型进行拟合，由相关系数大小表明：$W = b_1 D^{b_2} H^{b_3}$ 为最佳，其结果为：

枝：$W=0.006\,5D^{1.119\,3}H^{1.735\,2}$ $(R=0.941\,7)$

干：$W=0.009\,5D^{1.005\,7}H^{2.034\,7}$ $(R=0.959\,2)$

皮：$W=0.008\,9D^{0.601\,3}H^{2.004\,8}$ $(R=0.891\,6)$

式中 W——单株生物量(kg/株)；

D——胸高直径(cm)；

H——树高(m)。

5)胶合板材、磨木浆材和化学浆材产量模型

胶合板材、磨木浆材的主要工艺指标是圆木粗度(径阶)，该指数的数值直接影响着林分胶合板材、磨木浆材的出材量。在林分中胸径分布状况是随林分因子和立地因子而变化。在计算林分某一胸径范围的产量时，主要有两种方法：一是建立胸径分布模型，然后据胸径分布模型来估计；二是直接建立某一胸径范围的出材量与林分的子模型。本研究采用林分材积式的形式为：

$$V'_m = C_1 + V_m[C_2 + C_3\exp(C_4 \cdot \overline{D})] \tag{13-10}$$

式中 V_m——小头直径大于 20cm 的商品材积(m^3/hm^2)。

根据此模型及建模要求输入变量 D_m(小头直径)进行建模，经多种模型拟合选定最佳拟合形式为：

$$V'_m = C_1 + V_m[C_2 + C_3\exp(C_4 \cdot \overline{D})]/D_m \tag{13-11}$$

式中 V'_m——小头直径 D_m 时的商品材材积(m^2/hm^2)。

此模型的建立过程，首先是根据 I-69 杨绝对削度公式 $L = (\overline{D} - D_m)/1.21 + 1.3$ 求算小头直径等于 D_m(10～36)的材长 L，然后根据 L、D_m 和 N 采用圆木材积公式求出 V'_m，其结果为：

$$V'_m = 0.785\,4\ln[D_m + 0.5L + 0.005L^2 + 0.000\,125L(14 - L)^2(D_m - 10)]^2/10\,000$$

由此得出各相应 D_m、$\overline{D}$ 和 V_m 下的 V'_m，然后对模型采用 151 株解析木资料进行拟合，其结果为：

$$V'_m = 4.727\,4 + V_m[-16.432\,8 + 14.058\,3\exp(0.023\,3 \cdot \overline{D})]/D_m \quad (R = 0.988\,8)$$

通过复相关系数 t 值检验和回归模型适合性检验认为，该模型预估效果很好，无系统偏差。

根据国家标准规定胶合板用材的小头直径必须大于或等于 26cm，材长不得短于 2m，取 D_m 为 26cm。磨木浆材则参考生产的需要以及工艺上的要求 $D_m = 12$cm。根据所建模型，首先计算小头直径为 26cm 时的产量，即胶合板材产量，然后再计算小头直径等于 12cm 时的产量，后者与前者的差即为磨木浆材产量。总蓄积中余下的部分则为化学浆材产量。

6)栽培动态经济效益评价模型

(1)评价指标及方法

①净现值净现值 指把模式在整个轮伐期内的净现金流量全部换算为等值的现值之和，或是所有现金流入的现值与所有现金流出的现值之差。计算公式为：

$$NPV = \sum_{t=0}^{n} CF_t \frac{1}{(1+i)^t} \tag{13-12}$$

式中 NPV——模式的净现值；

CF_t——t 年时的净现金流量；

n——轮伐期；

i——标准收益率(贴现率)如果模式的净现值大于零，说明其能取得大于标准收益率的良好经济效益，证明该模式在经济上是可取的。

②内部收益率 反映了投资的收益状况，是指在轮伐期内所有现金流入现值之和等于所有现金流出现值之和时的收益率。即 $NPV(i) = 0$ 时的 i 值，此时的 i 值为内部收益率 IRR。求解 IRR 值时必须先进行试算，然后用内插法求出。其计算公式为：

$$IRR = i_L + \frac{|NPV_L|}{|NPV_H| + |NPV_L|}(i_H - i_L) \tag{13-13}$$

式中 IRR——内部收益率；

i_L——较低的贴现率；

i_H——较高的贴现率；

$|NPV_H|$——贴现率为 i_H 时净现值的绝对值；

$|NPV_L|$——贴现率为 i_L 时净现值的绝对值。

采用内插公式求算 *IRR* 的条件是：$NPV_L > 0$；$NPV_H < 0$；$i_H - i_L < 2\%$。当计算的 *IRR* 大于标准收益率 12%时，说明该模式的经营是合算的。*IRR* 与标准收益率的差值越大说明该模式的投资收益率越高。

③效益成本比　指模式在轮伐期内所有收益现值与所有成本现值之比。反映了每元投资现值能够带来的收益现值。计算公式为：

$$B/C = \frac{\sum_{t=0}^{n} \frac{B_t}{(1+i)^t}}{\sum_{t=0}^{n} \frac{C_t}{(1+i)^t}} \tag{13-14}$$

式中　B/C——模式的效益成本比；

B_t——t 年时的收益；

C_t——t 年时的成本；

i——标准收益率。

④净效益投资　指净效益现值与投资现值之比。即一系列正净收益的现值总计与早些年代的负净收益之和的比。它反映了每单位的投资额的最大收益。计算公式为：

$$N/K = \frac{NPV^+}{NPV^-} \tag{13-15}$$

式中　N/K——模式的净效益投资比；

NPV^+——净现值为正值时的和；

NPV^-——净现值为负值时的和。

土地期望值是净现值的一种特殊情况，即当土地的机会成本为零时，同块土地长期作为林地培育用材林，并且每个生产周期的现金流量相同，这时用来估计土地生产木材的价值。以下列公式计算：

$$LEV = NPV \frac{(1+i)^n}{(1+i)^n - 1} \tag{13-16}$$

式中　LEV——模式土地期望值；

i——标准收益率；

n——轮伐期；

NPV——模式净现值。

(2)评价参数

通过对南方地区 I-69 杨工业用材林栽培地区的调查分析认为，把 I-69 杨工业用材林经营作为一个独立的、自负盈亏的实体来研究与经营有直接关联的投入与产出是合理的。其收入与支出包括：

①支出　支出的构成与划分直接影响着经济效益评价的结果，应全面、正确地构造成本。根据 I-69 杨胶合板用材林的生产活动及整个生产周期中的特点，成本构成包括：挖穴、栽植、苗木费、施肥、修枝、间作、采伐造材、护林防火及其管理费。地

租不能加计算，目前我国土地为国家所有，不能买卖，经营者只有土地使用权，虽然有人已经提出了土地有偿使用的建议，但在没有立法的条件下，暂时仍无法计算土租，因此不考虑地租是合理的。

②税收　根据国家现行的对林业生产的税收规定，其税收包括：产品税10%、特产税8%、城市建设税(产品税的1%)0.1%、教育附加税(产品税的1%)0.1%、木材检疫费0.2%和育林基金12%。

③收入　I-69杨胶合板用材林的栽培区在平原，在整个生产周期中，为了提高土地的利用率及生产力，造林后的近几年里林场除了正常的营林活动外都间作小麦和黄豆等农作物。因此，收入项除了采伐时的胶合板材、磨木浆材和化学浆材收入外还有间作收入。

④贴现率　由于采用了动态经济分析方法，在考虑资金的时间价值时，贴现率是一个影响经济效益的关键因子。研究采用国务院技术经济研究中心(1987)所规定的计算净现值、效益成本比、净效益投资比、土地期望值、内部收益率的贴现率为12%，并以此(12%)作为资金的机会成本或标准收益率。

13.3.3.2　杨树胶合板材优化栽培模型

(1)最佳造林密度模型

大量研究表明，在一定条件下单位面积蓄积量随着林分密度的增加而增加，当密度达到某一值时达到最大，而后随着密度的增加单位面积上蓄积量逐渐减小；林分密度越大，林木平均直径越小，单株材积也就越小，即密度作用规律。描述密度作用规律的数学模型称为密度效应模型。密度效应模型包括林分平均单株材积，单位面积蓄积，平均胸高断面积、平均胸高直径等平均个体或群体的大小与立木密度之间的数学模型。

林分产量与树高、断面积和立木密度三因子紧密相关。立地质量决定了林分树高和断面积，是评价林分生产力的第一主要因子。林分密度本身除直接影响林分产量外，并间接影响到林分断面积，而且对林木的质量作用极大，是评价林分生产力的第二重要因子。一旦立地确定，密度就是影响林分产量与质量的主要因子，则可以通过调节林分密度来改善树干质量，促进直径和材积生长，使林分按着定向培育的目标发展。

Ando(1968)从竞争密度法则出发对许多树种提出了密度效应模型：

$$V = \frac{1}{AN + B} \tag{13-17}$$

式中　V——单株材积(m^3/株)；

N——林分密度(株/hm^2)。

其中：$$A = a_0 h_0^{a_1}\ ;\ B = b_0 h_0^{b_1}$$

h_0——林分平均优势高。

有研究认为：式(13-15)对拟合平均胸径(d)比单株材积更好(方升佐等，2004)。

$$d = \frac{1}{AN + B} \tag{13-18}$$

其中：$$A = a_0 h_0^{a_1}\ ;\ B = b_0 h_0^{b_1}$$

则：
$$d = \frac{1}{a_0 h_0^{a_1} N + b_0 h_0^{b_1}} \tag{13-19}$$

对于相同的立地条件来讲，平均优势高可以通过林龄来测定。不同的优势高将得到不同的 A 和 B，从而形成不同的密度效应曲线。

一些学者提出，以式(13-16)为基础来计算林分断面积(G)。

$$G = \pi N d^2/4 = \frac{\pi N}{4\ (AN + B)^2} \tag{13-20}$$

对上式求一阶偏导数并令其等于0。

$$\frac{\mathrm{d}G}{\mathrm{d}N} = \frac{\pi(AN - B)}{4\ (AN + B)^3} = 0$$

则得林分断面积最大时的林分密度 $N_{G\max} = B/A$。代入式(13-18)，则林分断面积最大时的林分平均胸径为 $d_{G\max} = \frac{1}{2B}$，再将 A 和 B 代入可得：

$$N_{G\max} = \frac{b_0}{a_0}(h_0^{b_1 - a_1}) = \frac{b_0}{a_0} h_0^{b_1 - a_1} \tag{13-21}$$

$$d_{G\max} = \frac{h_0^{-b_1}}{2b_0} \tag{13-22}$$

很显然，如果 $a_1 > b_1$ 则随着林分平均优势高的增大，林分密度将减小。在林分的生长过程中如果不进行人为间伐。要保持林分断面积最大，林分必须以自疏方式来减少林分密度。这种自然死亡而导致的最大断面积称为“自然断面积”。式(13-21)和式(13-22)即为断面积最大时的林分密度和林分胸径方程。由此可求解不同林分平均优势高的最大林分蓄积量。

根据式(13-21)和(13-22)式则可得：

$$N_{G\max} = \frac{b_0}{a_0}(2b_0 d_{G\max})^{\frac{a_1}{b_1} - 1} \tag{13-23}$$

式(13-23)即为林分断面积最大时林分密度与平均胸径的关系式。对同一树种具有完满立木度(疏密度1.0)的同龄纯林，若林分胸径相同，则单位面积的株数也相同，而与立地和林龄无关。因此，据此式可求算特定胸径(林分断面积最大时)的林分密度。

通过调查材料对式(13-18)及 A、B 进行回归拟合，得到回归参数。并对模型进行了适应性检验和残差分析。结果表明，模型预估精度很好，无系统偏差，满足使用要求。经回归后的参数为：$a_0 = 2.5044 \times 10^{-6}$；$b_0 = 2.4300$；$a_1 = 0.9687$；$b_1 = -1.4474$。

根据树干绝对削度公式和胶合板材的要求，要达到胶合板用材林培育的目标则最小的带皮胸径为26.8cm，也即营造的林分平均胸径必须大于26.8cm，为了满足此要求，根据式(13-22)得最小的林分平均优势高为28.9m，再由式(13-21)得最大的造林密度为286株/hm^2。也即营造I-69杨胶合板用材林时，造林密度不得大于286株/hm^2。

根据模型式(13-21)、式(13-22)以及优势高模型 $H_0 = SI(4.6428 - 4.6681\exp(-0.04133A))$ 来搜索满足 $H_0 \geq 28.9$ m，$\bar{D} > 26.8$cm 和 $N < 286$ 株/hm^2 立地指数(SI)和林分年龄(A)。

(2)最佳主伐年龄

确定主伐年龄必须研究森林成熟。森林成熟有多种，对用材林主要是数量成熟、工艺成熟和经济成熟。最佳主伐年龄的确定应首先在考虑立地潜能及可能的优势营林措施基础上确定培育目标，最后依据工艺成熟为基限，重点考虑经济成熟，适当兼顾数量成熟的原则，确定最佳主伐年龄。

①数量成熟龄　指单株材积生长过程中平均生长量达最大的林龄。林分数量成熟随着林分密度的减小而增大。这是由于当密度增大时林分生长越早地受到了阻滞和抑制。并且数量成熟龄随着立地指数的增大，有增大的趋势。表明 I-69 杨对立地质量的要求较高，当立地质量差时将严重限制林分的生长。在所有类型林分中数量成熟龄集中在 5~12 年。

②工艺成熟龄　是培育胶合板用材林必须考虑的一个指标。工艺成熟是指林分生长过程中某材种材积平均生长量达最大时的林龄。工艺成熟龄是指林分生长过程中的质量指标，有别于数量成熟龄。对于营造以胶合板材为目的的用材林而言，则要求胶合板材产量的平均生长量达最大。根据研究结果看，当林分平均胸径大于 30cm 时，胶合板材产量占林分总蓄积的百分比稳定在 50% 左右。由此看出胶合板材产量在一定条件下与林分产量成正比线性关系。根据绝对削度公式 $L = (D - D_m)/1.21 + 1.3$ 和国家标准取 $D_m = 26\text{cm}$，$L = 2\text{m}$，则得 $\overline{D} = 26.8\text{cm}$，即当林分平均胸径达 26.8cm 时，即可满足胶合板材的最低要求，因此，工艺成熟龄就必须首先满足林分胸径大于或等于 26.8cm。在此条件下必须达到胶合板材单株平均生长量最大即数量成熟龄的数值。不同立地指数和不同造林密度林分的胶合板材工艺成熟龄等见表 13-2。

从表 13-2 可以看出，立地指数为 14m 时在 20 年的生长过程中无法达到 $\overline{D} = 26.8\text{m}$；立地指数为 18m 时，密度 278 株/hm^2 的数量成熟龄为 9 年，工艺成熟龄为 12 年，也属于不宜营造胶合板用材林情况；立地指数 20m 时，密度 204 株/hm^2 和156 株/hm^2 是合理的，278 株/hm^2 数量成熟龄仅小于工艺成熟龄一年也可考虑合理；而立地指数 22m 时，密度 278 株/hm^2、204 株/hm^2、156 株/hm^2 都是数量成熟龄在后，可以作为杨树胶合板材的造林密度。

③经济成熟龄　数量成熟和工艺成熟是从林分的材积数量和材积质量方面考虑来确定。而经济成熟是从经济角度考虑森林成熟。通过投入产出分析即经济分析手段，把获得最大经济收益时的年龄确定为经济成熟龄。确定经济成熟龄的方法有多种，如森林纯收益最高的成熟龄；土地纯收益最高的成熟龄；净现值最大的成熟龄；内部收益率最大的成熟龄等。目前净现值法和内部收益法是两个广泛被国内外采用确定经济成熟龄的方法。为了统一及实现可比性，这里采用内部收益率最大法。

内部收益法是指用内部收益率评价收益的经济性。即在不同的林龄阶段，主伐收入扣除营林成本后净收益折算成净现值，把净现值看成利率的函数，采用迭代法或内插法求出其使净现值等于零时的利率。在比利率时间序列中寻其最大。

利率所对应的林龄，此林龄即为经济成熟龄。根据此方法求算不同立地指数，不同造林密度在间作 3 年、修枝 2 次、造林后施肥 1 次，采伐前施肥 2 次条件下的经济成熟龄。

表 13-2 I-69 杨胶合板材用材林成熟龄及主伐年龄(年)

Tab. 13-2 The mature and harvest ages for poplar clone I-69 for plywood

立地指数(m)	造林密度(株/hm²)	数量成熟龄	$\bar{D}$=26.8时林龄	工艺成熟龄	经济成熟龄	主伐年龄 S=0.4
14	625	5			4	
	400	7			7	
	278	8			7	
	204	9			9	
	156	9			9	
16	625	5			5	
	400	6			5	
	278	7			8	
	204	9	12	12	8	10
	156	10	10	10	9	9
18	625	7			5	
	400	8			6	
	278	9	12	12	7	9
	204	9	10	10	7	8
	156	10	9	10	8	9
20	625	6			6	
	400	8			7	
	278	9	10	10	7	8
	204	10	9	10	8	9
	156	11	8	11	8	9
22	625	7			7	
	400	9			7	
	278	10	9	10	7	8
	204	12	8	12	8	10
	156	12	7	12	8	10

从表 13-2 可看出，I-69 杨胶合板用材林的经济成熟龄小于数量成熟龄和工艺成熟龄。经济成熟龄随林分立地指数的增大和造林密度的增大而减小，其变化范围为 4~9 年。达到经济成熟的内部收益率则随立地指数的增大和造林密度的增大而增大。变动于 18%~27% 之间。

④最佳主伐年龄模型 确定最佳的主伐年龄，首先应确定原则。根据 3 个成熟龄的定义、特点综合分析培育目标，充分利用地方，获取最大经济效益，制定以下原则。首先是必须在 20 年的生长过程中满足胶合板用材的工艺要求，即平均胸径大于 26.8cm；第二，在满足第一条要求后达到胶合板材平均生长量最大；第三，为了追求经济效益最大必须达到内部收益率最大，即达到经济成熟。综合以上 3 点，制定出“以工艺成熟为基限，重点考虑经济成熟，适当兼顾数量成熟”的原则用于确定合理的主伐年龄。

确定主伐年龄，现在还没有适当的数学模型。有些学者把经济成熟作为主伐年龄；有些学者则在某种森林成熟许可范围内，择优选取某一种森林成熟作为主伐年龄。这两种确定主伐年龄的方法都有充分的依据。这里综合上述方法，提出新的设想，即在经济成熟和工艺成熟之间取其一点作为主伐年龄。由于经济成熟与工艺成熟的非一致性，很难从理论上找到这一点的确切位置。下面简略导出主伐年龄模型。

设 x_1 为经济成熟龄，x_2 为工艺成熟龄，Z 为主伐年龄，且 $x_1 \leqslant x_2$，$x_1 \leqslant Z \leqslant x_2$，$Z$ 为 x_1 和 x_2 之间的一动点。则 $Z = x_1 + (x_2 - x_1) \cdot \frac{Z - x_1}{x_2 - x_1}$ 成立，令 $S = \frac{Z - x_1}{x_2 - x_1}$。

则：

$$Z = x_1 + (x_2 - x_1)S \tag{13-24}$$

式(13-24)即为确定主伐年龄的模型，S 为决策系数。由于 $x_1 \leqslant Z \leqslant x_2$，所以 $0 \leqslant S \leqslant 1$，当 S 由 0 逐步变到 1 的过程，也就是内部收益率缓慢下降而材积质量逐步上升的过程。主伐龄模型的意义非常明显，当 $S = 0$ 时，主伐年龄为经济成熟龄；当 $S = 1$ 时，主伐龄为工艺成熟龄；当 $0 < S < 1$ 时，符合经济成熟和工艺成熟确立主伐年龄。决策系数应以满足经济效益要求为前提，提高材积质量为原则，取决策系数 $S = 0.4$。

13.3.3.3 杨树优化栽培模式

应用"双维系统法"对 I-69 杨胶合板用材林的栽培模式进行了系统研究，在建立立地质量评价模型、经营模型、胶合板材出材量模型等基础上，以各模式的平均净收益、单位面积蓄积量、造林密度、综合经营水平、间作年限、胶合板出材量为目标，对各栽培模式进行优化，针对不同立地指数得出了 4 套 I-69 杨的优化栽培模式(表 13-3)。

表 13-3 I-69 杨胶合板材优化栽培模式

Tab. 13-3 The optimum cultivation patterns of poplar clone I-69 for plywood

优化模式序号	立地指数(m)	造林密度(株/hm^2)	间作年限(a)	采伐年龄(a)	平均胸径(cm)	总蓄积(m^3/hm^2)	胶合板材产量(m^3/hm^2)	效益成本比
1	16	278	6	12	32.6	243.15	131.99	3.52
2	18	278	6	10	31.8	217.23	113.56	5.60
3	20	204	6	10	33.8	228.56	131.65	6.90
4	22	204	4	10	34.5	265.90	157.43	8.99

上述 4 套培育胶合板材的优化栽培模式，其综合经营强度均为强，即选用 1 级苗(地径 >4cm)造林、穴植、穴大小为 1m×1m×1m；施底肥(磷肥 0.5kg/穴)；第 4 年后开始修枝，修枝强度(1/3)H；及时防治病虫害等。

比较 4 个优化栽培模式可以看出，模式 3 和模式 4 中的平均胸径均大于 33cm，胶合板产量较高，轮伐期较短(仅为 10 年)，效益成本比分别达 6.90 和 8.99。因此，在营造杨树胶合板用材林时，最好选择立地指数在 18 以上的造林地，密度为 204 株/hm^2 或 278 株/hm^2，并采用强度集约化经营才能充分发挥立地潜能和最大经济效益。

参考文献

陈崇成，唐窗玉，权兵，等. 2005. 基于信息管理的一种虚拟森林景观构建及应用探讨[J]. 应用生态学报，16(11)：2047－2052.

杜纪山. 1999. 用二类调查样地建立落叶松单木直径生长模型[J]. 林业科学研究, 12(2): 160－164.
方升佐, 徐锡增, 吕士行. 2004. 杨树定向培育[M]. 合肥: 安徽科学技术出版社.
郝小琴, 孟宪宇. 1993. 单木生长的视景仿真模型[J]. 北京林业大学学报, 15(4): 21－31.
冯险峰, 刘高焕, 陈述彭, 等. 2004. 陆地生态系统净第一性生产力过程模型研究综述[J]. 自然资源学报, 19(3): 369－378.
洪玲霞. 1993. 由全林整体生长模型推导林分密度控制图的方法[J]. 林业科学研究, 6(5): 510－516.
黄枢, 沈国舫. 1993. 中国造林技术[M]. 北京: 中国林业出版社, 32－47.
惠刚盈, 盛炜彤, 罗云伍, 等. 1994. 杉木人工林收获模型系统的研究[J]. 林业科学研究, 7(4): 353－358
李长银, 陈永福, 张怀清. 2011. 基于GPU和场景分页的森林可视化模拟[J]. 林业科学研究, 24(4): 541－544.
梁军, 方升佐, 徐锡增, 等. 1997. I-69杨胶合板材用材林优化栽培模式. 见: 吕士行, 方升佐, 徐锡增主编. 杨树定向培育技术[M]. 北京: 中国林业出版社, 172－180.
梁军. 1997. I-69杨胶合板材用材林优化栽培模式[D]. 南京: 南京林业大学.
刘建伟, 胡新生. 1993. Ecophys: 杨树幼苗单株生长过程的生理生态模型简介[J]. 世界林业研究, 6(1): 77－79.
刘平, 马履一, 段劼. 2007. 森林动态计算机模拟模型研究[J]. 世界林业研究, 20(3): 45－49.
马丰丰, 贾黎明. 2008. 林分生长和收获模型研究进展[J]. 世界林业研究, 21(3): 21－27.
孟宪宇. 1985. 使用Weibull分布对人工油松林直径分布的研究[J]. 北京林业大学学报, 7(1): 30－39.
赖日文, 孟宪宇, 冯仲科. 2007. 基于空间数据库的林分生长模型的研究[J]. 江西农业大学学报, 29(2): 220－224.
秦建华. 2002. 林分生长与产量模型系统研究综述[J]. 林业科学, 38(1): 122－129.
沈海龙. 2007. 论森林定向培育[J]. 华南农业大学学报, 28(增刊): 11－16.
盛炜彤. 2014. 中国人工林及其育林体系[M]. 北京: 中国林业出版社.
舒娱琴, 祝国瑞, 陈崇成. 2004. 虚拟林分场景的构建[J]. 武汉大学学报(信息科学版), 29(6): 540－543.
唐明星. 2000. FORCYTE森林生态系统经营模拟模型[J]. 湖南林业科技, 27(4): 76－80.
田晓, 胡靖宇, 刘苑秋, 等. 2010. 森林生态系统经营的新模式: FORECAST模型[J]. 林业调查规划, 35(6): 18－22, 25.
魏晓华, 郑吉, 刘国华, 等. 2015. 人工林碳汇潜力新概念及应用[J]. 生态学报, 35(12): 3881－3885.
俞新妥. 1989. 论造林工作的宏观指导[J]. 福建林学院学报, 9(3): 327－330.
张瀚. 2012. 林分生长收获模拟系统的关键技术研究与系统研建[D]. 北京: 北京林业大学.
张惠光. 2006. 福建柏单木生长模型的研究[J]. 中南林业调查规划, 25(3): 1－4.
张弥, 关德新, 吴家兵, 等. 2006. 植被冠层尺度生理生态模型的研究进展[J]. 生态学杂志, 25(5): 563－571.
张继祥, 毛志泉, 魏钦平. 2004. 美国黑核桃实生苗单叶片光合作用生理生态模型的建立与验证[J]. 生物数学学报, 19(2): 213－218.
Ando T. 1968. Ecological studies on the stand density control in even-aged stand[R]. Bulletin of Government Forest Experimental Station, No. 210, Tokyo.

Atta-Boateng J, Moser J W. 2000. A compatible growth and yield model for the management of mixed tropical rainforest[J]. Canadian Journal of Forest Research, 30(2): 311 -323.

Belcher D M. 1982. TWIGS: the woodsman's ideal growth projection system[A]. // In: Moser, J W Jr (ed.), Microcomputers: a new tool for foresters[C]. Society of American Foresters, Bethesda. MD. Publication No. 82 -05, pp70 -95.

Blanco J A, Seely B, Welham C, *et al.* 2008. Complexity in modelling forest ecosystems; How much is enough? [J]. Forest Ecology and Management, 256(10): 1646 -1658.

Blanco J A, Zavala M A, Imbert J B, *et al.* 2005. Sustainability of forest management practices: Evaluation through a simulation model of nutrient cycling[J]. Forest Ecology and Management, 213(1/3): 209 -228.

Boyce S G. 1977. Management of eastern hardwood forests for multiple benefits[R]. US Forest Service Technical Report , SE -168.

Brand G J. 1981. Simulating timber management in Lake State's forest[R]. US Forest Service Technical Report, NC -69.

Buckman R E. 1962. Growth and yield of red pine in Minesota[R]. Tech Bull 1272. St. Paul, MN: USDA Forest Service Lake States Forest Experiment Station, pp50.

Clutter J L. 1963. Compatible growth and yield model for Loblolly pine[J]. Forest Science, 9(3): 354 -371.

Crookston N L. 1997. Suppose: an interface to the Forest Vegetation Simulator[R]. General Technical Report INT-373. Ogden, UT: USDA Forest Service Intermountain Research Stmion, pp222.

Dickinson R E, Shaikh M, Bryant R, *et al.* 1998. Interactive canopies for a climate model[J]. Journal of Climate, 11: 2823 -2836.

Dixon G E. 2002. Essential FVS: a user's guide to the forest vegetation simulator[R]. Fort Collins, CO: USDA Forest Service Forest Management Service Center, pp193.

Gracia C A, Tello E, Sabaté S, *et al* . 1999 . GOTILWA : An Integrated model of water dynamics and forest growth[A]. In: Rodà F, eds. Ecology of Mediterranean Evergreen Oak Forests. Ecological Studies[C]. Berlin Heidelberg : Springer Verlag , 137 : 163 -179 .

Holden C. 2004. A parallel-processing implementation of ECOPHYS, a functional structural tree growth metabolism model[R]. Mathematics technical report TR 200425. University of Minnesota Duluth.

Host G, Lenz K. , Stech H. 2004. Mechanistically-based functional-structural tree models for simulating forest patch response to interacting environment al stresses[A]. In : Godin C, eds . Proceedings of the 4th International Workshop on Functional-Structural Plant Models[C]. France : Montpellier.

Kimmins J P, Scoullar K A. 1984. FORCYTE-11: a flexible modeling framework with which to analyse the long-term consequences for yield, economic returns and energy efficiency of alternative forest and agro-forest crop production strategies[C]. Proceedings of the 5th Bioenergy Research and Development Seminar. National Research Council Canada.

Kimmins J P, Mailly D, Seely B. 1999. Modelling forest ecosystem net primary production: the hybrid simulation approach used in FORECAST[J]. Ecological Modelling, 122(3): 195 -224.

Kimmins J P, Blanco J A, Seely B, *et al.* 2010. Forecasting Forest Futures: A Hybrid Modelling Approach to the Assessment of Sustainability of Forest Ecosystems and their Values[M]. Earthscan, London: Routledge.

Joyce L A. 1983. Analysis of multi-resources production for national assessments and appraisals[R]. US Forest Service Technical Report, RM-101.

Leuning R, Kelliher F M, De Pury D G G, *et al.* 1995. Leaf nitrogen, photosynthesis, conductance and transpiration: scaling from leaves to canopies[J]. Plant Cell and Environment, 18 : 1183 -1200.

Manley B R. 1989. Use of the FOLPI forest estate modeling system for forest management planning. In: James R N, Tarlton G L, (eds.), New approaches to spacing and thinning in plantation forestry. Proceedings of a IUFRO symposium held at Forest Research Institute, Rotoroua, New Zealand. FRI Bulletin No. 151.

McMaban A J, Milner K S, Smith E L. 2002. FVS—BGC: a process model extension to the Forest Vegetation Simulator [R]. Fort Collins, CO: USDA Forest Service Forest Healthy Technology Enterprise Team, pp51.

Munro D D. 1974. Forest growth models—a prognosis, in growth models for tree and stand simulation[R]. Stockholm: Department of Forest Yield Research, Royal College of Forestry, 7 - 21.

Newnham R M. 1964. The development of a stand model for Douglas fir[D]. University of Column, Vancouver.

Pretzsch H. 2009. Forest Dynamics, Growth and Yield: From Measurement to Model[M]. Springer-Verlag Berlin Heidelberg.

Rauscher H M, Isebrands J G, Host G E, *et al.* 1990. ECOPHYS: An ecophysiological growth process model for juvenile poplar[J]. Tree Physiology, 7: 255 - 81.

Roise J P. 1986. A nonlinear programming approach to stand optimization. Forest Science 32(3): 735 - 748.

Seely B, Welham C, Kimmins H. 2002. Carbon sequestration in a boreal forest ecosystem: results from the ecosystem simulation model, FORECAST[J]. Forest Ecology and Management, 169(1/2): 123 - 135.

Sellers P J, Randall D A. 1996. A revised land surface parameterization (SiB2) for atmospheric GCMs part Ⅰ: Model formulation[J]. Journal of Climate, 9: 679 - 705.

Simnen S, Kangas A, Maltamo M, *et al.* 2001. Estimating individual tree growth with the k—nearest neighbour and most similar neighbour methods[J]. Silva Fennica, 35: 453 - 467.

Sironen S, Kangas A, Maltamo M, *et al.* 2003. Estimating individual tree growth with nonparametric methods [J]. Canadian Journal of Forest Research, 33(3): 444 - 449.

Stage A R, Wykof W R. 1993. Calibrating a model of stochastic effects on diameter increments for individual-tree simulations of stand dynamics[J]. Forest Science, 39(4): 692 - 705.

Tomé J, Tomé M, Barreim S, *et al.* 2006. Age-independent difference equations for modelling tree and stand growth[J]. Canadian Journal of Forest Research, 36(7): 1621 - 1630.

Valsta L. 1992. An optimization model for Norway spruce management based on individual tree growth models [R]. Acta Forestalia Fennica 232.

Wang K Y. 1996. Canopy CO_2 exchanged of Scots pine and its seasonal variation after four-year exposure to elevated CO_2 and temperature[J]. Agricultural and Forest Meteorology, 82: 1 - 27.

Wei X H, Blanco J A, Jiang H, *et al.* 2012. Effects of nitrogen deposition on carbon sequestration in Chinese fir forest ecosystems[J]. Science of The Total Environment, 416: 351 - 361.

Whiteside I D. 1989. The STANDPAK modeling system for Radiata pine stand evaluation[A]//In: James R N, Tarlton G L(eds.), New approaches to spacing and thinning in plantation forestry[C]. Proceedings of a IUFRO symposium held at Forest Research Institute, Rotoroua, New Zealand. FRI Bulletin No. 151.

（编写人：梁军、方升佐）